Kistner · Betriebsstörungen und Warteschlangen

Beiträge zur betriebswirtschaftlichen Forschung
Herausgegeben von
Prof. Dr. Horst Albach
Prof. Dr. Herbert Hax
Prof. Dr. Paul Riebel
Prof. Dr. Klaus v. Wysocki
Band 38

Klaus-Peter Kistner

Betriebsstörungen und Warteschlangen

Die Erfassung
störungsbedingter Stauungen
mit der Warteschlangentheorie

Westdeutscher Verlag 1974

Gedruckt mit Unterstützung
der Deutschen Forschungsgemeinschaft

ISBN-13: 978-3-531-11208-4 e-ISBN-13: 978-3-322-87437-5
DOI: 10.1007/978-3-322-87437-5

Softcover reprint of the hardcover 1st edition 1974
Gesamtherstellung:

Graphische Konzeption des Reihentitels:
Hanswerner Klein, Opladen

Vorwort

Kistner legt eine streng aufgebaute vollständige Theorie störanfälliger Produktionssysteme vor. Der erste Teil enthält eine Einführung in das Problem, der zweite Teil behandelt Betriebsstörungen bei einzelnen Maschinen, und der dritte Teil analysiert Betriebsstörungen bei mehreren interdependenten Maschinen. Im vierten Teil werden die Ergebnisse zusammengefaßt.

Die vorliegende Arbeit ist ein fundamentales Werk zur Theorie der Betriebsstörungen. Hier wird eine wesentliche Lücke geschlossen. Der Abhandlung liegt ein strenges Schema zugrunde: In einem störanfälligen Produktionssystem sind vier Basisprozesse zu unterscheiden: Ankunftsprozeß, Bedienungsprozeß, Störungsprozeß und Reparaturprozeß. Von diesen Basisprozessen werden der Warteschlangenprozeß, Wartezeitprozeß und der Maschinenzustandsprozeß abgeleitet. Den Störungsprozessen kommt die größte Bedeutung zu. Kistner führt eine eigene sehr sachadäquate Systematik der Betriebsstörungen ein. Innerhalb der Störungen unterscheidet Kistner unterbrechende Störungen, ausschußverursachende Störungen, verzögerte Störungen und ein Nachlassen der Bedienungsgeschwindigkeit. Im Rahmen dieser Hauptgruppen von Störungen werden kumulative Störungen, externe Störungen und interne Störungen unterschieden.

Diese Grundformen von Betriebsstörungen und ihre verschiedenen Kombinationen ergeben eine Fülle von Erklärungsmodellen und Optimierungsmodellen, die Kistner auf ihre Eigenschaften hin untersucht. Besonders glücklich gelungen ist die Verbindung von allgemeinen Zustandsbedingungen und Optimalitätsbedingungen und ihre anschauliche numerische Auswertung. Eindrucksvoll sind auch die anschaulichen Vergleiche der verschiedenen Modelle.

Kistner leitet viele analytische und durch Simulation gewonnene neue Ergebnisse ab. Hier kann nur auf einige hingewiesen werden: Die optimale Betriebsgeschwindigkeit in einem störanfälligen Prozeß ist größer als bei einer störungsfreien Maschine. Die Verringerung der Schlangenlänge durch die Erhöhung der Betriebsgeschwindigkeit kann durch die Verlängerung der Ausfallzeiten des Aggregats kompensiert werden, wenn die Störfunktion stark ansteigt. Bei exponentiell verteilten Ausfallzeiten ist die vorbeugende Wartung in keinem Fall sinnvoll. Bei allen anderen Verteilungsmodellen ist sie dagegen angebracht, die Optimalitätseigenschaften des Wartungsprozesses können aber nur durch Simulation bestimmt werden. Kistner weist nach, daß die gleichmäßige Aufteilung der Maschinen eines Maschinenparks auf Wartungsbereiche optimal ist.

Das Werk richtet sich vorwiegend an den theoretisch interessierten Betriebswirt und Unternehmensforscher. Die Darstellung der analytischen Ergebnisse in anschaulichen numerischen Beispielen macht das Buch darüberhinaus aber auch zu einem Kompendium der Betriebsstörungen, aus dem der Praktiker wertvolle Anregungen gewinnen kann.

Bonn-Bad Godesberg, im November 1973 Horst Albach

Inhaltsübersicht

Erster Teil: Betriebsstörungen als Problem der Betriebswirtschaftslehre und der Unternehmensforschung

1. Kapitel: Die Grundlagen einer Theorie der Betriebsstörungen

I. Das Problem der Betriebsstörungen in der Literatur

1) Betriebswirtschaftliche Literatur

Die betriebswirtschaftliche Produktionstheorie befaßt sich im allgemeinen nur mit der Frage des störungsfreien Ablaufs der Produktion [1]; das Problem der Betriebsstörungen, die durch den vorübergehenden Ausfall einzelner Aggregate, die zeitweilige Verhinderung des Bedienungspersonals oder durch Stockungen in der Material- und Energieversorgung etc. verursacht werden, finden hingegen nur wenig Beachtung. Die Produktionstheorie abstrahiert vielmehr meist von diesem Problem, indem sie solche Störungen als "oszillative Schwankungen" ansieht, die sich auf die Dauer und im Durchschnitt ausgleichen [2], oder indem sie voraussetzt, daß sich die Unternehmung im "produktionswirtschaftlichen Gleichgewicht" befindet [3], in dem derartige Probleme optimal gelöst sind. Gelegentlich wird gefordert, daß "der Betrieb bestrebt sein muß, die (störungsbedingten) Brachezeiten zugunsten der Nutzungszeiten immer mehr zu verringern. Durch sorgfältige Wartung der Anlagen müssen die Störungen auf ein Minimum reduziert werden" [4]. Diese Forderung dürfte überspitzt sein, es ist vielmehr erforderlich, durch Kostenuntersuchungen festzustellen, ob die hierdurch verursachten Kosten durch eine entsprechende Verringerung der störungsbedingten Kosten kompensiert werden können: anstelle des technischen Prinzips der Minimierung der Ausfallzeiten sollte daher das ökonomische Prinzip der Kostenminimierung treten.

Bei der Aufgliederung der Betriebsmittelzeit werden im Refa-System [5] die durch den Ausfall von Maschinen hervorgerufenen Brachezeiten untersucht und folgende Störungsursachen angegeben:

1. Der Werkstoff und Arbeitsgegenstände sind bei Auftragswechsel nicht rechtzeitig bereitgestellt

2. Die Zufuhr von Werkstoffen ist unterbrochen, weil der Vorrat erschöpft ist

3. Stockungen im vorhergehenden Teil des Arbeitsablaufes

4. Hilfsmittel sind bei Arbeitswechsel nicht rechtzeitig bereitgestellt

5. Das Betriebsmittel ist ausgefallen, weil
   a) es Schaden gelitten hat
   b) die Energiezufuhr unterbrochen ist.

Gutenberg [6] sieht in Betriebsstörungen ein organisatorisches Problem; die Beseitigung von Betriebsstörungen wird als eine originäre Führungsaufgabe angesehen, die nicht delegiert werden kann. Als Ursachen von Betriebsstörungen führt Gutenberg folgende Gründe an:

1. Menschliche Unzulänglichkeiten
2. Organisatorische Mängel
3. Planungsfehler
4. Unzulängliche Anpassungsmaßnahmen an Änderungen der ökonomischen Daten
5. Unzulängliche Anpassungsmaßnahmen an Veränderungen technischer Gegebenheiten
6. Technisches Versagen

Diese Ansätze führen in erster Linie die Gründe für das Auftreten von Störungen im betrieblichen Ablauf an, ohne diese nach einheitlichen Gesichtspunkten zu gliedern; einige der angeführten Störungsursachen betreffen planungsbedingte Brachezeiten, die nicht als Betriebsstörungen anzusehen sind. Sie beschränken sich auf eine Beschreibung des Tatbestandes der Betriebsstörungen, entwickeln jedoch keine Regeln, wie man ihnen begegnen kann. Indem er die Beseitigung von Betriebsstörungen als eine originäre Führungsaufgabe ansieht, verneint Gutenberg sogar die Möglichkeit, zu solchen generellen Regelungen zu kommen.

2) Mathematische Statistik und Unternehmensforschung

Im Gegensatz hierzu werden in der mathematischen Statistik und in der Unternehmensforschung Methoden entwickelt, die es erlauben, für bestimmte Teilprobleme optimale Regeln zur Behandlung von Betriebsstörungen anzugeben. Die wichtigsten Probleme, die mit diesen Methoden behandelt worden sind, sind

1. die statistische Qualitätskontrolle
2. die Ersatztheorie
3. die Maschinenwartungstheorie.

Ziel der statistischen Qualitätskontrolle ist es, mit Hilfe geeigneter Stichprobenverfahren Veränderungen bestimmter Merkmale des Produktionsprozesses zu erkennen, die auf Betriebsstörungen hinweisen, um geeignete Wartungs- und Reparaturmaßnahmen einleiten zu können [7].

Der Grundgedanke der statistischen Qualitätskontrolle ist, die statistische Testtheorie auf die Kontrolle des Produktionsprozesses anzuwenden. Mit Hilfe regelmäßig entnommener Stichproben wird geprüft, ob die Ergebnisse noch mit der Hypothese in Einklang stehen, daß Abweichungen von bestimmten Normwerten auf zufälligen Schwankungen beruhen.

Ein nützliches Instrument zur Vereinfachung dieses Kontrollprozesses sind die Kontrollkarten [8], in die die Meßergebnisse der Stichproben eingetragen werden: liegen diese innerhalb eines vorgegebenen Toleranzbereichs, dann ist der Prozeß "unter Kontrolle", wird dieser Bereich verlassen, dann müssen Korrekturmaßnahmen eingeleitet werden.

Während sich die Qualitätskontrolle mit Maschinen befaßt, deren Produktionsqualität im Laufe der Zeit absinkt, so daß sie von Zeit zu Zeit neu eingestellt werden müssen, befaßt sich die Ersatztheorie [9] mit Aggregaten oder mit Komponenten von Aggregaten, die verschleißen oder in zufälligen Zeitabständen ausfallen und ersetzt werden müssen. Aufgrund bestimmter Annahmen über den Ausfallprozeß werden verschiedene Strategien für den Ersatz untersucht, die zu einem Ausgleich der durch Ausfall entstehenden höheren Reparaturkosten und dem Nutzungsentgang bei vorzeitiger Erneuerung führen sollen.

Die Maschinenwartungstheorie [10] untersucht schließlich mit Methoden der Warteschlangentheorie die Ausfallzeiten von Maschinen, die darauf zurückzuführen sind, daß das Wartungspersonal beim Auftreten einer Störung an einer Maschine noch damit beschäftigt ist, eine andere Maschine zu reparieren. Es wird versucht, die durch die Ausfallzeiten der Maschinen verursachten Kosten und die Kosten des Wartungspersonals gegeneinander abzuwägen [11].

Reparatur- und Wartungsmaßnahmen sind nun in der Regel mit Stillstandskosten der betreffenden Maschinen verbunden: um das Wartungs- und Reparatursystem optimal auszugestalten, ist es erforderlich, die hiermit verbundenen Kosten zu berücksichtigen. In der Maschinenwartungstheorie wird nun vorausgesetzt, daß diese Ausfallkosten proportional der Ausfalldauer sind. In der Ersatztheorie werden die Ausfallkosten meist nicht explizit berücksichtigt, man kann jedoch davon ausgehen, daß sie in den Wartungs- und Reparaturkosten enthalten sind; dies würde implizieren, daß die Ausfallkosten ebenfalls proportional der Dauer der Wartungen bzw. Reparaturen sind.

Es stellt sich nun die Frage, unter welchen Bedingungen diese Annahme sinnvoll ist, bzw. unter welchen Bedingungen es erforderlich wird, die Ausfallkosten explizit zu berücksichtigen. Hierzu sind zwei Fälle zu unterscheiden:

1. Aufträge, die während einer Reparatur oder während einer Wartung angeliefert werden, können von der Maschine überhaupt nicht mehr bearbeitet werden, sondern gehen verloren oder müssen auf einer anderen Maschine bearbeitet werden.

   In diesem Fall lassen sich die Ausfallkosten als entgangene Gewinne interpretieren, die proportional der Zahl der verlorenen Aufträge und damit proportional der Dauer der Ausfallzeiten sind.

2. Aufträge, die während einer Reparatur oder einer Wartung angeliefert werden, müssen bis zur Beendigung der Reparatur in einem Pufferlager warten. In diesem Fall müssen die Kosten der Zwischenlagerung der Aufträge mit in die Kosten der Ausfallzeiten eingehen. Es ist sinnvoll, davon auszugehen, daß diese Kosten proportional dem durchschnittlichen Bestand in diesem Zwischenlager sind; wie im folgenden gezeigt wird, steigt der Bestand des Zwischenlagers jedoch überproportional mit der Dauer der Ausfallzeiten.

Der zweite Fall dürfte der für die betriebliche Praxis repräsentative Fall sein: es ist daher nicht möglich, die Kosten der Ausfallzeit als proportional der Ausfalldauer anzusetzen.

Vielmehr müssen die durch die Ausfallzeiten der Maschinen verursachten Stauungen im Produktionsfluß explizit berücksichtigt werden, um die Ausfallkosten erfassen zu können. Ein Instrument zur Behandlung solcher Stauungsprobleme liefert die Warteschlangentheorie.

In dieser Arbeit ist zu zeigen, wie mit Hilfe der Warteschlangentheorie die bei Reparaturen und Wartungen entstehenden innerbetrieblichen Stauungen und die damit verbundenen Kosten zu erfassen sind und wie man daraus zu Regeln für die Ausgestaltung von Wartungs- und Reparatursystemen gelangen kann.

Ehe das dieser Problemstellung entsprechende Grundmodell dargestellt wird, ist es erforderlich, den dieser Arbeit zugrundeliegenden Begriff der Betriebsstörungen zu definieren.

3) Der Begriff der Betriebsstörungen

Die oben dargestellten Ansätze zur Behandlung des Problems der Betriebsstörungen kommen zu keiner einheitlichen Definition des Begriffs der Betriebsstörungen: die betriebswirtschaftlichen Ansätze zählen lediglich einzelne Störungsursachen auf, ohne den Begriff der Betriebsstörungen eindeutig zu fassen; auch die Unternehmensforschung ist bisher zu keiner einheitlichen Begriffsbildung gekommen, weil die einzelnen Modelltypen jeweils nur einen Teilaspekt des Störungsphänomens erfassen: die Qualitätskontrolle befaßt sich mit dem Absinken der Produktionsqualität, die Ersatztheorie mit dem Ausfall von Aggregaten und Komponenten, die Maschinenwartungstheorie mit der Notwendigkeit, gestörte Maschinen zu reparieren und hierfür Reparaturkapazitäten zur Verfügung zu stellen.

Eine systematische Klassifikation der Betriebsstörungen findet sich bei Bürk [12], der in einer empirischen Untersuchung über die Gesetzmäßigkeiten von Ausfallzeiten die Ausfallursachen nach folgenden Gesichtspunkten gliedert:

1. Ursache der Unterbrechung
   a. maschinenbedingt
   b. personalbedingt
   c. betriebsbedingt

2. Wiederkehr der Unterbrechung
   a. regelmäßig
   b. unregelmäßig

Einige Beispiele für die von Bürk untersuchten Ausfallursachen sind in der Tabelle 1 zusammengestellt. Leider kommt Bürk aufgrund dieser Gliederung zu keiner Definition des Begriffs der Betriebsstörungen.

In einer auf Probleme der Ersatztheorie abgestellten Untersuchung definiert Opfermann [13] Betriebsstörungen als "Ausfälle von Betriebsmitteln, deren Teilen oder Arbeitskräften, also von sogenannten Potentialfaktoren, sowie Verzögerungen, welche geeignet sind, eine Unterbrechung des Betriebsprozesses herbeizuführen". Opfermann schließt Störungen, die zu unerwünschten Veränderungen der Erzeugnisse führen, ausdrücklich

Tabelle 1

Beispiele für Ausfallursachen[15]

Ausfallgruppe	Ausfallursache
regelmäßig maschinen-bedingt	Werkzeugwechsel wegen Verschleiß, Schmierung, Kontrolle, Ölpumpe überprüfen, Öl für Druckpumpe nachfüllen
regelmäßig personal-bedingt	Geld holen, Frühstück einkaufen
regelmäßig betriebs-bedingt	Messen, neue Werkstücke holen
unregelmäßig maschinen-bedingt	Werkzeugwechsel nach Bruch, Vorschub dauert zu lange, Lenker ist verstellt, Maschine läuft nicht an, Gewindebohrer funktioniert nicht, Bohrwasser läuft nicht ab
unregelmäßig personal-bedingt	persönliche Bedürfnisse, Gespräche mit Kollegen
unregelmäßig betriebs-bedingt	Futter paßt nicht, neuer Fräser nicht in Ordnung oder nicht vorhanden, Gewindebohrer fehlt, keine Werkstücke vorhanden, Gespräche mit Meister

aus seinen Überlegungen aus, da diese nicht mit Methoden der Ersatztheorie, sondern mit Methoden der Qualitätskontrolle zu behandeln sind [14]. Da störungsbedingte Qualitätsveränderungen von erheblicher praktischer Bedeutung sind, scheint es jedoch angebracht zu sein, auch diese bei der Behandlung des Problems der Betriebsstörungen zu berücksichtigen.

Dieser Arbeit soll folgender Begriff der Betriebsstörungen zugrundegelegt werden:

1. Betriebsstörungen äußern sich in der Veränderung bestimmter Normen des Produktionsprozesses, sie führen insbesondere zu einer Verschlechterung der Produktionsqualität, zu einem Absinken der Produktionsgeschwindigkeit oder zu einem Ausfall eines Aggregates.

2. Sie sind nicht auf oszillatorische, sich selbst korrigierende Schwankungen zurückzuführen, sondern sind Ausdruck systematischer Veränderungen, zu ihrer Beseitigung bedarf es eines Eingriffes in den Produktionsprozeß.

3. Sie sind nicht die Folge von Planungsfehlern oder von Disproportionalitäten im Betriebsablauf.

4. Sie führen zu Ausfallzeiten, da sie entweder zu einer sofortigen Unterbrechung des Produktionsprozesses führen oder ihre Beseitigung eine Stillegung des Aggregates erforderlich macht.

Betriebsstörungen umfassen also neben dem Ausfall von Maschinen auch die Verzögerung der Produktion durch ein Absinken der Produktionsgeschwindigkeit und ein Absinken der Produktionsqualität; im Unterschied zu den Katalogen der Störungsursachen von Gutenberg und dem Refa-System umfassen sie jedoch keine ablauf- und planungsbedingten Leerzeiten, die Gegenstand der Ablaufplanung sind [16].

Im allgemeinen ist zwischen der Störung und der durch sie verursachten Unterbrechung der Produktion zu unterscheiden. Besteht nun ein fester Zusammenhang zwischen der Störung und der Unterbrechung, so daß die Produktion unmittelbar nach dem Auftreten einer Störung unterbrochen wird, dann wird die Störung als Ausfall bezeichnet, die Beseitigung eines Ausfalls wird als Reparatur bezeichnet. Erfordert die Unterbrechung der Bedienung hingegen einen Eingriff von außen oder wird sie durchgeführt, um einen Ausfall zu verhindern, dann liegt eine Wartung vor.

Die oben beschriebene Systematik der Betriebsstörungen nach Bürk knüpft an die Ursachen der Unterbrechungen an; diese Einteilung hat den Vorteil, daß sie aufzeigt, welche Faktoren für das Auftreten von Störungen verantwortlich sind und damit Anhaltspunkte für Maßnahmen zur Einschränkung der Störanfälligkeit gibt. Eine solche Systematik muß sich jedoch eng an die jeweiligen betrieblichen Gegebenheiten anlehnen und liefert nur wenige Ansatzpunkte für eine allgemeine Behandlung des Problems. Steht hingegen im Vordergrund der Untersuchung die Frage, wie die Störungen den Produktionsprozeß beeinflussen, dann sollte man von den Störungsursachen abstrahieren und der Einteilung Gesichtspunkte zugrundelegen, die an den Produktionsprozeß und an die Wirkungen der Störungen auf diesen anknüpfen. Eine solche Systematik könnte an folgende Eigenschaften der Betriebsstörungen anknüpfen:

1. Bedingungen für das Eintreten einer Störung:

a. Störungen werden durch den Produktionsprozeß verursacht und können deshalb nur dann auftreten, wenn das Aggregat tätig ist.

b. Störungen sind auf äußere Umstände zurückzuführen und können daher auch dann auftreten, wenn das Aggregat leer steht.

c. Das Auftreten ist unabhängig davon, ob das Aggregat störungsfrei arbeitet oder nicht, so daß auch mehrere Störungen kumulativ hintereinander auftreten können.

2. Zusammenhang zwischen dem Auftreten der Störungen und der Unterbrechung des Produktionsprozesses:

a. Das Aggregat unterbricht seine Arbeit sofort bei dem Auftreten einer Störung: unterbrechende Störungen.

b. Das Aggregat unterbricht seine Arbeit nach dem Auftreten einer Störung erst dann, wenn es einen Bearbeitungsvorgang abgeschlossen hat: verzögerte Störungen.

c. Es besteht kein fester Zusammenhang zwischen dem Auftreten einer Störung und der Unterbrechung des Bearbeitungsvorganges, es kann vielmehr innerhalb gewisser Grenzen frei entschieden werden, wann die Maschine ihre Arbeit unterbricht.

3. Auswirkung der Störung auf die Produkte:

a. Nach Beseitigung einer Störung kann die Bearbeitung eines Werkstückes in dem Stadium wieder aufgenommen werden, in dem sie unterbrochen wurde.

b. Nach der Beseitigung einer Störung muß ein Bearbeitungsvorgang von vorne begonnen werden.

c. Mit dem Auftreten einer Störung wird das Werkstück verdorben, ein Abschluß der Bearbeitung ist nicht mehr sinnvoll.

II. Die Erfassung von störungsbedingten Stauungen mit Hilfe der Warteschlangentheorie

Die Reparatur und die Wartung eines Aggregates führen nun zu einer Unterbrechung des Produktionsprozesses. Wird bei einer solchen Unterbrechung auch die Anlieferung von Werkstücken, die auf der betroffenen Maschine bearbeitet werden sollen ebenfalls unterbrochen, dann entstehen keine störungsbedingten Pufferläger vor den Maschinen, die Ausfallkosten sind dann, wie oben gezeigt wurde, proportional der Ausfalldauer. Die herkömmlichen Modelle der Erneuerungs- und Maschinenwartungstheorie können ohne Modifikationen übernommen werden. Wird die Anlieferung der Werkstücke hingegen nicht unterbrochen, weil der

Produktionsprozeß vorgelagerter Maschinen nicht unterbrochen wird, dann bildet sich während der Unterbrechung des Produktionsprozesses ein störungsbedingtes Pufferlager, das nach Beginn der Produktion wieder abgebaut werden muß. Die störungsbedingte Unterbrechung muß dann einen nachhaltigen Einfluß auf das Verhalten des Produktionssystems haben; treten die Störungen in mehr oder weniger regelmäßigen Abständen auf, dann wird die Kapazität des Systems verringert. Man kann also das System nicht beschreiben, ohne die Unterbrechungen aufgrund von Betriebsstörungen zu berücksichtigen.

Zur Verdeutlichung der sich hierbei ergebenden Probleme soll zunächst ein einfaches Beispiel die Grundstruktur der hier zu behandelnden Systeme aufzeigen.

Vor einer Maschine werden in regelmäßigen Abständen von $1/\alpha$ Zeiteinheiten Werkstücke zur Bearbeitung einzeln angeliefert; die Maschine benötigt zur Bearbeitung eines Werkstückes $1/\beta$ Zeiteinheiten. Alle $1/\lambda$ Zeiteinheiten wird die Bearbeitung der Werkstücke unterbrochen, um die Maschine zu warten; jede Wartung dauert genau $1/\mu$ Zeiteinheiten. Während der Reparatur sammeln sich n_R Werkstücke in einem Pufferlager vor der Maschine an, das nach Beendigung der Reparatur abgebaut werden muß. Der Bestand dieses Pufferlagers nimmt den in der Abb. 1 dargestellten zeitlichen Verlauf.

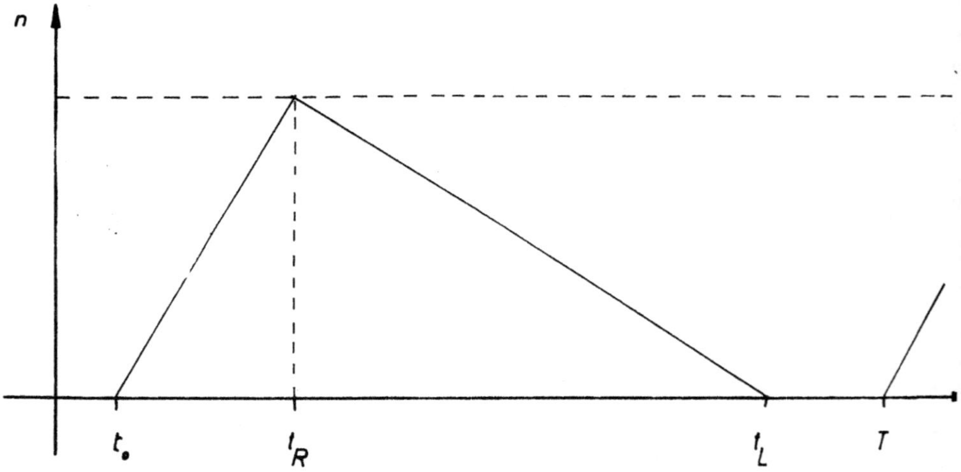

Abbildung 1

Im Zeitpunkt t_o des Beginns der Wartung sei das Pufferlager leer, während der Wartung steigt das Lager mit der Rate α Werkstücke/Zeiteinheit an und erreicht in $t_R = 1/\mu + t_o$ den Maximalbestand

$$n_R = \frac{\alpha}{\mu} \tag{1}$$

Nach Abschluß der Wartung sinkt der Lagerbestand mit der Rate $(\beta - \alpha)$ Werkstücke/Zeiteinheit ab, bis das Lager im Zeitpunkt

$$t_L = \frac{1}{\mu} + \frac{n_R}{\beta-\alpha} = \frac{\beta}{\mu(\beta-\alpha)} \tag{2}$$

abgebaut ist. Bis zum Zeitpunkt $T = 1/\lambda + 1/\mu$ der nächsten Wartung bleibt der Lagerbestand gleich Null, die Maschine bearbeitet die angelieferten Werkstücke sofort.

Das während der Wartung aufgebaute Lager kann nur dann abgebaut werden, wenn $t_L \leq T$ ist, d. h. wenn

$$\frac{\beta}{\mu(\beta-\alpha)} \leq \frac{1}{\lambda} + \frac{1}{\mu} \qquad \text{bzw.} \quad \beta \geq \alpha(1 + \frac{\lambda}{\mu}) \tag{3}$$

Die Größe

$$\kappa = \frac{\alpha}{\beta}(1 + \frac{\lambda}{\mu}) \tag{4}$$

gibt den Anteil der Zeit an, während der ein Werkstück zu bearbeiten ist, und kann als die Kapazitätsauslastung der Maschine angesehen werden.

Ist $\beta < \alpha(1+\frac{\lambda}{\mu})$, ist die Kapazitätsauslastung größer als 1, dann kann das Pufferlager während des Arbeitsintervalls nicht abgebaut werden, das Lager wächst dann im Laufe der Zeit über alle Grenzen. Falls hingegen $\beta > \alpha(1+\frac{\lambda}{\mu})$, dann kann man den mittleren Bestand des Pufferlagers während eines Zyklus berechnen:

$$\bar{n}_L = \frac{n_R\, t_L}{2\, T} = \frac{\alpha\beta\lambda}{2(\beta-\alpha)(\lambda+\mu)\mu} \tag{5}$$

Aus diesem einfachen Modell wird folgende allgemeine Struktur der zu untersuchenden Modelle deutlich (vgl. Abb. 2):

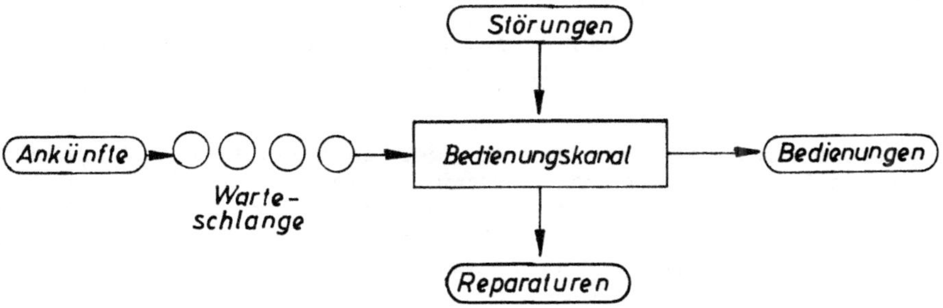

Abbildung 2: Grundstruktur eines Wartesystems mit Betriebsstörungen

Werkstücke werden vor einer Maschine angeliefert, um auf dieser bearbeitet zu werden. Ist die Maschine bereits belegt, dann müssen die Werkstücke in einem Pufferlager darauf warten, daß die Maschine frei wird. Zeitweilig wird die Bearbeitung der Werkstücke unterbrochen, weil Störungen aufgetreten sind oder die Maschine gewartet werden muß, und kann erst dann fortgesetzt werden, wenn die Reparatur oder die Wartung beendet ist.

Dieses Grundmodell der Wartesysteme mit Betriebsstörungen ist in der Abb. 2 wiedergegeben. Hierbei wurden die Begriffe Lieferung von Werkstücken, Zwischenlager, Maschine und Bearbeitung durch die in der Warteschlangentheorie üblichen, allgemeineren Bezeichnungen "Ankünfte von Kunden", "Warteschlange", "Bedienungskanal" und "Bedienungen" ersetzt.

Unter Kunden versteht man in der Warteschlangentheorie Einheiten, die eine bestimmte Leistung in Anspruch nehmen; die Leistung wird allgemein als Bedienung bezeichnet, diejenige Stelle, die diese Leistung erbringt, heißt Bedienungskanal; Stauungen vor dem Bedienungskanal werden als Warteschlange bezeichnet.

Wartesysteme dieses Typs entstehen durch das Zusammenwirken von vier stochastischen Prozessen:

1. dem Ankunftsprozeß
2. dem Bedienungsprozeß
3. dem Störprozeß
4. dem Reparaturprozeß.

Im allgemeinen werden die Ereignisse dieser Prozesse nicht wie in dem oben dargestellten Beispiel in regelmäßigen Abständen auftreten, sondern zufälligen Schwankungen unterliegen; allein durch die Schwankungen der Bedienungszeiten und der Unregelmäßigkeiten der Ankünfte ergeben sich, wie die Warteschlangentheorie gezeigt hat, Warteschlangen vor den Bedienungskanälen; durch die zeitweilige Unterbrechung der Bedienung durch Betriebsstörungen wird sich diese Warteschlange noch vergrößern.

Bei der Analyse von Wartesystemen sind grundsätzlich zwei Betrachtungsweisen möglich:

1. Untersuchung des zeitabhängigen Verhaltens des Systems
2. Untersuchung des stationären Zustandes, des Gleichgewichtsverhaltens des Systems.

Mathematisch ist die Untersuchung des zeitabhängigen Verhaltens eines Wartesystems von besonderem Interesse, da hierbei die wesentlichen mathematischen Probleme auftreten; vom ökonomischen Standpunkt aus ist die Untersuchung des Gleichgewichtsverhaltens im allgemeinen ausreichend, da

1. der zeitabhängige Prozeß im allgemeinen recht schnell konvergiert, wenn die Kapazitätsauslastung nicht zu groß ist [17],

2. das Gleichgewichtsverhalten gerade das langfristige Verhalten des Systems beschreibt, das durch geeignete Beeinflussung der Systemgrößen optimiert werden soll.

Diese Untersuchung beschränkt sich daher auf das Gleichgewichtsverhalten von Wartesystemen mit Betriebsstörungen.

Unter dem stochastischen Gleichgewicht eines Wartesystems versteht man den Zustand des Systems, in dem die Wahrscheinlichkeitsverteilungen der das System kennzeichnenden Zufallsgrößen von der Zeit unabhängig sind, den Zustand, der sich einstellt, wenn das System lange genug gearbeitet hat.

Eine Untersuchung des stochastischen Gleichgewichts ist selbstverständlich nicht in der Lage zu klären, ob dieser Zustand tatsächlich erreicht werden kann.

Wie in der Warteschlangentheorie üblich, wird daher von der heuristischen Annahme ausgegangen, daß ein stochastisches Gleichgewicht erreicht werden kann, wenn die Gleichungen für den Gleichgewichtszustand eine eindeutige Lösung haben, die eine Gleichgewichtsverteilung ist.

2. Kapitel: Die Struktur von Wartesystemen mit Betriebsstörungen

I. Stochastische Prozesse als Elemente von Wartesystemen

1) Stochastische Prozesse [1]

Im vorigen Kapitel wurde gezeigt, daß sich die durch Betriebsstörungen verursachten Stauungen durch ein Modell der Warteschlangentheorie erklären lassen. Wartesysteme entstehen durch das Zusammenwirken mehrerer stochastischer Prozesse. Bevor nun diese Komponenten eines Wartesystems und deren Beziehungen untereinander analysiert werden können, ist es angebracht, einige Ergebnisse der Theorie der stochastischen Prozesse, die für die weitere Untersuchung von Bedeutung sind, zu betrachten.

"Stochastische Prozesse sind mathematische Modelle für Zufallsexperimente, die man als eine Folge aufeinanderfolgender Versuche und Beobachtungen, ... als die Registrierung eines zufallsbedingten Ablaufes ansehen kann." [2]

Ein stochastischer Prozeß ist wie folgt definiert [3]: Gegeben sei ein Wahrscheinlichkeitsraum $(\Omega, \mathfrak{F}, P)$ mit dem Stichprobenraum $\Omega = \{\omega\}$, der Menge der Ereignisse $\mathfrak{F}$ und dem Wahrscheinlichkeitsmaß P, sowie eine unendliche geordnete Indexmenge $T = \{t\}$, in der Regel die Menge der reellen Zahlen $\mathbb{R}$. Ein stochastischer Prozeß ist dann eine Menge von Zufallsgrößen X_t:

$$\gamma = \{X_t | t \in T\} \tag{1}$$

Der Wertevorrat von X_t sei S_t, die Vereinigungsmenge $S = \bigcup_t S_t$ heißt der Zustandsraum des Prozesses, die Menge T heißt Parameterraum.

Man kann einen stochastischen Prozeß als Verallgemeinerung einer Zufallsgröße auffassen: "Eine Zufallsgröße X ordnet jedem ω eine Zahl zu, ein stochastischer Prozeß ordnet jedem ω eine Funktion zu, die den Parameterraum T in die Menge S abbildet." [4]

Nach der Mächtigkeit des Parameterraumes und des Zustandsraumes unterscheidet man Prozesse mit diskretem und kontinuierlichem Parameterraum bzw. Prozesse mit diskretem und kontinuierlichem Zustandsraum [5]. Aus dieser Einteilung ergeben sich die in der Tabelle 2 mit Beispielen belegten Typen von stochastischen Prozessen:

Jeder stochastische Prozeß erzeugt nun eine Familie endlichdimensionaler Verteilungsfunktionen

$$\psi(t_1, t_2, \ldots, t_n; x_1, x_2, \ldots, x_n) =$$
$$= \mathrm{Prob}\{X_{t_1} \leq x_1, X_{t_2} \leq x_2, \ldots, X_{t_n} \leq x_n\} \tag{2}$$

Tabelle 2

Typen von stochastischen Prozessen

Parameterraum / Zustandsraum	kontinuierlich	diskret
kontinuierlich	Wasserstand eines Stausees im Zeitablauf	Messungen des Wasserstandes in bestimmten Zeitpunkten
diskret	Zahl der Autos in einer Garage im Zeitablauf	Zahl der Schadensfälle einer Versicherung in aufeinander folgenden Monaten

Nach einem Satz von Kolmogoroff definieren diese unter bestimmten Regularitätsvoraussetzungen wiederum den entsprechenden stochastischen Prozeß eindeutig [6].

Gilt nun für alle $n \geq 1$, alle $\{t_1, t_2, ..., t_n\} \in T$ und für alle $s > 0$, daß die Verteilung der n-dimensionalen Zufallsgrößen $X(t_1), X(t_2), ..., X(t_n)$ und $X(t_1+s), X(t_2+s), ..., X(t_n+s)$ gleich sind, dann ist der durch diese Verteilung charakterisierte stochastische Prozeß stationär [7]. Vielfach erreichen nichtstationäre Prozesse nach einem Einschwingungsvorgang für $t \Rightarrow \infty$ einen stationären Zustand; der stationäre Zustand wird daher auch als stochastisches Gleichgewicht bezeichnet [8].

Bei den in dieser Untersuchung zu behandelnden Problemen treten u. a. vier stochastische Prozesse, der Ankunfts-, der Bedienungs-, der Stör- und der Reparaturprozeß, auf, deren Parameterraum die Zeit und deren Zustandsraum die Zeitspanne bis zum nächsten Ereignis ist. Stochastische Prozesse dieser Art werden als Punktprozesse bezeichnet [9].

Neben diesen vier Punktprozessen, die ich als Basis-Prozesse [10] bezeichnen möchte, sind mit den hier zu untersuchenden Wartesystemen mit Betriebsstörungen eine Reihe abgeleiteter Prozesse verbunden, die sich aus dem Zusammenspiel der Basisprozesse ergeben: der Warteschlangenprozeß, dessen Zustandsraum, die Zahl der Kunden im System, diskret ist; der Wartezeitprozeß, mit dem kontinuierlichen Zustandsraum "Wartezeit eines Kunden" und ein Prozeß, dessen Zustandsraum nur die beiden Zustände "Bedienungskanal tätig" und "Bedienungskanal gestört" umfaßt.

Während bezüglich der Basisprozesse im folgenden vorausgesetzt wird, daß sie stationär sind, sind die abgeleiteten Prozesse in der Regel nicht stationär, konvergieren jedoch unter bestimmten Voraussetzungen gegen einen stationären Gleichgewichtsprozeß. Wie bereits oben gesagt, beschäftigt sich diese Untersuchung im wesentlichen mit diesen Gleichgewichtsprozessen, weil diese für die hier zu behandelnden Fragen einer optimalen Ausgestaltung der Systeme von besonderem Interesse sind.

In der Warteschlangentheorie werden als Basisprozesse zwei Klassen von stochastischen Prozessen,

1. die Markoff-Prozesse
2. die Erneuerungsprozesse

betrachtet. Im nächsten Abschnitt sollen daher einige Eigenschaften dieser Prozesse untersucht werden.

2) Markoff-Prozesse

Ein stochastischer Prozeß $\{X(t) \mid t \in T\}$ heißt Markoff-Prozeß, wenn für alle $n \geq 3$ und für alle reellen Zahlen $x_1, x_2, \ldots, x_n$ sowie für alle $\{t_1 < t_2 < \ldots < t_n\} \in T$ gilt [11]:

$$\text{Prob}\{X(t_n) \leq x_n \mid X(t_{n-1}) = x_{n-1}, \ldots, X(t_1) = x_1\} = $$
$$= \text{Prob}\{X(t_n) \leq x_n \mid X(t_{n-1}) = x_{n-1}\} \qquad (3)$$

Ein Markoff-Prozeß läßt sich also wie folgt charakterisieren [12]: "Hat man die Gelegenheit, die Realisation eines Prozesses an einem bestimmten Punkt $t \in T$ zu beobachten, so ist durch diese Beobachtung das Wahrscheinlichkeitsgesetz des weiteren Verlaufs insoweit bestimmt, als durch die zusätzliche Kenntnis des Verlaufs vor t keine weiteren Informationen über den zukünftigen Verlauf gewonnen werden können".

Der Poisson-Prozeß ist ein Markoff-Prozeß mit kontinuierlichem Parameterraum und kontinuierlichem Zustandsraum. Wegen seiner Bedeutung als Basisprozeß von Wartesystemen sollen hier einige Eigenschaften dieses stochastischen Prozesses hergeleitet werden. Der Poisson-Prozeß wird durch folgende Eigenschaften charakterisiert [13]:

1. Die Wahrscheinlichkeit dafür, daß in einem Intervall der Länge Δt ein Ereignis eintritt, ist unabhängig von der Lage dieses Intervalls gleich

$$\text{Prob}\{\text{Ereignis in } (t, t+\Delta t)\} = a\Delta t + o(\Delta t) \qquad (4)$$

2. Die Wahrscheinlichkeit dafür, daß in einem Intervall der Länge Δt kein Ereignis auftritt, ist unabhängig von der Lage dieses Intervalls und

$$\text{Prob}\{\text{Kein Ereignis in } (t, t+\Delta t)\} = 1 - a\Delta t + o(\Delta t) \qquad (5)$$

3. Die Wahrscheinlichkeit dafür, daß in einem Intervall der Länge Δt mehr als ein Ereignis auftritt, ist gleich

$$\text{Prob}\{\text{Mehr als ein Ereignis in } (t,t+\Delta t)\} = o(\Delta t) \quad (6)$$

Die Wahrscheinlichkeit, daß ein Ereignis in einem bestimmten Zeitintervall auftritt, ist also wegen der Markoff-Eigenschaft des Poisson-Prozesses unabhängig von der Lage des Intervalls im Infinitesimalen proportional der Dauer des Intervalls. Der Parameter a heißt Intensität des Poisson-Prozesses.

Die Verteilung der Dauer X bis zum nächsten Ereignis läßt sich wie folgt herleiten [14]: Es sei t_o der Zeitpunkt, in dem der Prozeß beginnt und

$$P(x) = \text{Prob}\{X > x\} \quad (7)$$

dann gilt für $\Delta x > 0$:

$$P(x+\Delta x) = \text{Prob}\{X>x+\Delta x\} \quad (8)$$

$$= \text{Prob}\{X>x \text{ und kein Ereignis in } (t_o+x,t_o+x+\Delta x)\}$$

Wegen der Markoff-Eigenschaft des Poisson-Prozesses sind die beiden Ereignisse unabhängig voneinander, so daß wegen des Multiplikationstheorems gilt:

$$P(x+\Delta x) = \text{Prob}\{X>x\}\ \text{Prob}\{\text{Kein Ereignis in } (t_o+x,t_o+x+\Delta x)\} \quad (9)$$

Setzt man (5) in (9) ein, so erhält man:

$$P(x+\Delta x) = P(x)\,[1 - a\Delta x + o(\Delta x)] \quad (10)$$

Für $\Delta x \Rightarrow 0$ folgt daraus

$$\frac{dP(x)}{dx} = - aP(x) \quad (11)$$

Die Lösung dieser homogenen Differentialgleichung ist

$$P(x) = P(0)\ e^{-ax} \quad (12)$$

Da der Abstand zweier Ereignisse wegen (6) eine positive Größe ist,

$$P(0) = \text{Prob}\{X>0\}= 1 \quad (13)$$

gilt schließlich

$$P(x) = e^{-ax} \quad (14)$$

Die Verteilungsfunktion der Dauer bis zum nächsten Ereignis ist also beim Poisson-Prozeß gegeben durch

$$\Phi_X(x) = 1 - P(x) = 1 - e^{-ax} \qquad (15)$$

die Dichte dieser Zufallsgröße ist gleich

$$\psi_X(x) = a\, e^{-ax} \qquad (16)$$

Bei einem Poisson-Prozeß ist also die Zeitdauer bis zum nächsten Ereignis eine exponentialverteilte Zufallsgröße. Wegen der Markoff-Eigenschaft des Poisson-Prozesses gilt diese für jeden beliebigen Zeitpunkt, also auch für einen Zeitpunkt unmittelbar nach einem Ereignis, so daß bei einem Poisson-Prozeß auch die Abstände der einzelnen Ereignisse exponentialverteilt sind.

Der Name des Poisson-Prozesses ist darauf zurückzuführen, daß die Zahl der Ereignisse in einem Intervall der Länge T Poissonverteilt mit dem Mittelwert aT ist [15]:

$$\text{Prob}\{\text{Zahl der Ereignisse in } (t,t+T) \text{ gleich } N\} = \frac{(aT)^N}{N!}\, e^{-aT}$$

3) Der Erneuerungsprozeß [16]

Der Erneuerungsprozeß läßt sich als eine Verallgemeinerung des Poisson-Prozesses auffassen: Während die Intervalle zwischen zwei Ereignissen beim Poisson-Prozeß exponentialverteilte, unabhängige Zufallsgrößen sind, sind bei einem Erneuerungsprozeß die Abstände zwischen den einzelnen Ereignissen beliebig verteilte, unabhängige Zufallsgrößen [17].

Hieraus ergibt sich, daß die Markoff-Eigenschaft nicht mehr in jedem Zeitpunkt gilt: die Zeit bis zum nächsten Ereignis ist vielmehr im allgemeinen abhängig von der Zeit, die seit dem letzten Ereignis vergangen ist; die Markoff-Eigenschaft bleibt jedoch erhalten für die Zeitpunkte unmittelbar nach einem Ereignis.

Ein Erneuerungsprozeß ist, aufgrund des Satzes von Kolmogoroff, definiert durch die Verteilung der Abstände der Ereignisse $\Phi_T(t)$ bzw. falls diese existiert, durch deren Dichtefunktion $\Psi_T(t)$.

Aus der Natur der hier zu behandelnden Probleme ergeben sich zwei wesentliche Einschränkungen für die Verteilung der Abstände der Ereignisse

1. Die Abstände der Ereignisse können nur positive Werte annehmen, so daß nur solche Verteilungen in Frage kommen, die nur für positive Parameterwerte definiert sind.

2. Die Ereignisse können in beliebig großen Abständen auftreten, es sind also grundsätzlich nur kontinuierliche Verteilungen zu berücksichtigen.

Aus praktischen Gründen wird es jedoch gelegentlich erforderlich sein, die kontinuierlichen Verteilungen durch diskrete Verteilungen anzunähern.

Zur Charakterisierung eines Erneuerungsprozesses wird neben der Dichtefunktion und der Verteilungsfunktion vielfach die Zufallsrate [18] benutzt, die als die bedingte Wahrscheinlichkeit eines Ereignisses im Intervall $(t,t+\Delta t)$ definiert ist, wenn seit dem letzten Ereignis bereits t Zeiteinheiten vergangen sind [19]:

$$r(t) = \lim_{\Delta t \to o} \frac{\text{Prob}\{t<T\leq t+\Delta t \mid t<T\}}{\Delta t} \tag{17}$$

$$= \frac{\psi_T(t)}{1-\Phi_T(t)}$$

Entsprechend der Entwicklung der Zufallsrate im Zeitablauf sind folgende Fälle zu unterscheiden [20]:

1. die Zufallsrate ist unabhängig von der Zeit, die seit dem letzten Ereignis vergangen ist

2. die Zufallsrate sinkt mit der Zeit seit dem letzten Ereignis

3. die Zufallsrate steigt im Laufe der Zeit an.

Neben diesen reinen Formen treten häufig Mischungen dieser Grundtypen auf, so kann z. B. die Zufallsrate zunächst sinken und sich dann asymptotisch einer konstanten Zufallsrate nähern oder umgekehrt zunächst ansteigen und dann in einen konstanten Verlauf einmünden oder wieder absinken; sie kann schließlich zunächst absinken, dann einige Zeit konstant bleiben und dann wieder absinken.

Die physikalische Bedeutung des Verlaufs der Zufallsrate soll anhand der Ausfallrate, d. h. der Zufallsrate des Störprozesses geklärt werden [21]: Eine konstante Ausfallrate entspricht der Exponentialverteilung der Abstände der Störungen: sie tritt insbesondere dann auf, wenn die Störungen auf Unfälle zurückzuführen sind, sie wird aber auch häufig bei elektronischen Schaltungen etc. beobachtet.

Eine steigende Ausfallrate ist auf Verschleißerscheinungen zurückzuführen, die zu einer höheren Störanfälligkeit führen. Sinkende Ausfallraten sind schließlich auf Anlaufschwierigkeiten nach einer Reparatur zurückzuführen; sie können jedoch auch durch Mischung mehrerer Exponentialverteilungen entstehen.

Unterliegt ein Aggregat neben plötzlich auftretenden Unfällen auch dem Verschleiß, dann wird die Ausfallrate zunächst annähernd konstant sein und dann nach einiger Zeit ansteigen. Ergeben sich außerdem nach einer Reparatur Anlaufschwierigkeiten, dann ergibt sich ein u-förmiger Verlauf der Ausfallrate.

Neben der Exponentialverteilung werden in der Erneuerungstheorie insbesondere folgende Klassen von Verteilungen untersucht [22]:

1. die Gamma-Verteilung
2. die Weibull-Verteilung
3. die Lognormal-Verteilung

Als Beispiel für eine Verteilung mit steigender Zufallsrate wird weiter häufig die Normalverteilung erwähnt [23]; da diese nicht auf positive Parameterwerte beschränkt ist, ist sie jedoch nicht als Verteilungsmodell für Ausfallzeiten u. a. geeignet [24]. Die häufig beobachtete Übereinstimmung empirischer Verteilungen dürfte auf die Konvergenz der oben angegebenen Verteilungen gegen die Normalverteilung zurückzuführen sein. Die Normalverteilung kann also höchstens als Näherung für andere Verteilungen benutzt werden.

a) Die Gamma-Verteilung [25]

Die Dichte der Gamma-Verteilung ist gegeben durch:

$$\psi_T(t) = \frac{\eta(\eta t)^{\delta-1} e^{-\eta t}}{\Gamma(\delta)} \tag{18}$$

wobei

$$\Gamma(\delta) = \int_0^\infty u^{\delta-1} e^{-u} du$$

die Gamma-Funktion ist.

Die Verteilungsfunktion der Gamma-Verteilung ist gegeben durch

$$\Phi(t) = \frac{1}{\Gamma(\delta)} \int_0^{\eta t} u^{\delta-1} e^{-u} du = \gamma(\eta t, \delta) \tag{19}$$

wobei

$$\gamma(\eta t, \delta) = \int_0^{\eta t} \frac{u^{\delta-1} e^{-u}}{\Gamma(\delta)} du$$

die unvollständige Gamma-Funktion ist.

Die Zufallsrate der Gamma-Verteilung ist gleich

$$r(t) = \frac{\eta(\eta t)^{\delta-1} e^{-\eta t}}{\Gamma(\delta)[1-\gamma(\eta t, \delta)]} \tag{20}$$

Die Zufallsrate fällt für $\delta < 1$ monoton und steigt monoton für $\delta > 1$. Für $\delta = 1$ geht die Gamma-Verteilung in die Exponentialverteilung über, die Zufallsrate ist in diesem Fall konstant.

Der Erwartungswert der Gamma-Verteilung ist gegeben durch

$$E(T) = \frac{\delta}{\eta} \tag{21}$$

die Varianz ist gleich

$$Var(T) = \frac{\delta}{\eta^2} \tag{22}$$

und der Variationskoeffizient ist gegeben durch

$$C(T) = \frac{1}{\sqrt{\delta}} \tag{23}$$

Bei gegebenem Erwartungswert und Variationskoeffizient erhält man aus (21) und (23) für die Parameter der Gamma-Verteilung

$$\delta = \frac{1}{C^2(T)} \tag{24}$$

und

$$\eta = \frac{1}{E(T)\ C^2(T)} \tag{25}$$

Ist der Parameter der Gamma-Verteilung jedoch ganzzahlig, dann geht die Gamma-Verteilung über in die Erlang-Verteilung [26]:

$$\psi_T(t) = \frac{\eta(\eta t)^{k-1} e^{-\eta t}}{(k-1)!} \tag{26}$$

und

$$\Phi_T(t) = 1 - \sum_{i=o}^{k-1} \frac{e^{-\eta t}(\eta t)^i}{i!} \tag{27}$$

Eine Erlang-verteilte Zufallsgröße entsteht aus der Addition von k exponentialverteilten Zufallsgrößen mit gleichem Parameter η. Erlang-verteilte Abstände zwischen Ereignissen lassen sich dann wie folgt interpretieren [27]: Ein Ereignis setzt sich aus mehreren Elementarereignissen mit exponentialverteilten Abständen zusammen und tritt erst dann ein, wenn alle Elementarereignisse nacheinander eingetreten sind; ein Aggregat fällt beispielsweise erst dann aus, wenn mehrere redundante Komponenten hintereinander ausgefallen sind.

b) Die Weibull-Verteilung [28]

Die Dichte der Weibull-Verteilung ist gegeben durch

$$\psi_T(t) = \delta\eta(\eta t)^{\delta-1} e^{-(\eta t)^{\delta}} \tag{28}$$

ihre Verteilungsfunktion ist gleich

$$\Phi_T(t) = 1 - e^{-(\eta t)^{\delta}} \qquad (29)$$

Die momentane Ausfallrate der Weibull-Verteilung ist gegeben durch

$$r(t) = \delta\eta(\eta t)^{\delta-1} \qquad (30)$$

Sie steigt für $\delta > 1$ und fällt für $\delta < 1$ monoton. Für $\delta = 1$ geht die Weibull-Verteilung ebenfalls in die Exponentialverteilung über und hat dann eine konstante Ausfallrate.

Der Erwartungswert der Weibull-Verteilung ist gleich

$$E(T) = \frac{\Gamma(1 + 1/\delta)}{\eta} \qquad (31)$$

ihr Variationskoeffizient ist gleich

$$C(T) = \sqrt{\frac{\Gamma(1 + 2/\delta)}{[\Gamma(1+1/\delta)]^2} - 1} \qquad (32)$$

Bei gegebenem Erwartungswert und gegebenem Variationskoeffizient erhält man daraus für die Parameter der Weibull-Verteilung:

$$\eta = \frac{\Gamma(1 + 1/\delta)}{E(T)} \qquad (33)$$

und

$$1 + C^2(T) = \frac{\Gamma(1 + 2/\delta)}{[\Gamma(1+1/\delta)]^2} \qquad (34)$$

Der der Weibull-Verteilung zugrunde liegende Störprozeß läßt sich wie folgt interpretieren: Ein Aggregat besteht aus mehreren störanfälligen Komponenten, die unabhängig voneinander ausfallen; bei Ausfall einer einzigen Komponente muß das Aggregat sofort seine Arbeit einstellen. Ist die Zahl der Komponenten groß, dann ist die Dauer des Arbeitsintervalls näherungsweise Weibull-verteilt [29].

c) Die Lognormal-Verteilung [30]

Die Dichte der Lognormalverteilung ist schließlich gegeben durch

$$\psi_T(t) = \frac{1}{t\sqrt{2\pi\delta}} \exp - \left[\frac{\{\ln(\eta t)\}^2}{2\delta}\right] \qquad (35)$$

die Verteilungsfunktion ist gleich

$$\Phi_T(t) = \frac{1}{\sqrt{2\pi\delta}} \int_0^t \exp -\left[\frac{\{\ln(\eta u)\}^2}{2\delta}\right] \frac{du}{u} \tag{36}$$

Durch die Substitution

$$v = \frac{\ln(\eta t)}{\sqrt{\delta}} \tag{37}$$

geht (36) in die standardisierte Normalverteilung über

$$\Phi_T(v) = \frac{1}{\sqrt{2\pi}} \int_{-\infty}^{w} e^{-u^2/2} du \tag{38}$$

mit $w = (\ln t + \ln\eta)/\sqrt{\delta}$

Die Logarithmen einer lognormalverteilten Zufallsgröße sind also normalverteilt mit Mittelwert $-\ln\eta$ und Varianz δ. Der Erwartungswert der Lognormalverteilung ist gleich

$$E(T) = \frac{e^{\delta/2}}{\eta} \tag{39}$$

der Variationskoeffizient ist gleich

$$C(T) = \sqrt{e^{\delta} - 1} \tag{40}$$

Bei gegebenem Erwartungswert und gegebenem Variationskoeffizient erhält man aus (39) und (40) für die Parameter der Lognormal-Verteilung

$$\delta = \ln\{1 + C^2(T)\} \tag{41}$$

und

$$\eta = \frac{\exp\{\ln[1+C^2(T)]/2\}}{E(T)} \tag{42}$$

Die momentane Ausfallrate steigt zunächst an und fällt dann nach Erreichen eines Maximums asymptotisch auf Null.

Lognormalverteilte Zufallsgrößen lassen sich aufgrund des Gesetzes der großen Zahl als das Produkt einer großen Zahl unabhängiger Zufallsgrößen interpretieren.

d) Vergleich der Verteilungsmodelle

In der Abb. 3 sind die Dichtefunktionen der Gamma-Verteilung, der Weibull-Verteilung und der Lognormal-Verteilung für

$E(T) = 5$
$C(T) = 0{,}5$

dargestellt. Wie hieraus zu erkennen ist, verläuft die Dichte der Weibull-Verteilung bei gleichem Mittelwert und gleicher Varianz flacher als die der Gamma-Verteilung und diese wiederum flacher als die der Lognormalverteilung; die Lognormalverteilung ist also stärker um den dichtesten Wert konzentriert als die Gamma-Verteilung und die Weibull-Verteilung. Die Lognormal-Verteilung ist stärker linksschief als die Gamma-Verteilung und die Weibull-Verteilung.

Die Zufallsrate ist in der Abb. 4 in Abhängigkeit von der Zeit dargestellt: Während bei der Weibull-Verteilung die Zufallsrate nahezu linear ansteigt, steigt sie bei der Gamma-Verteilung zwar ebenfalls monoton an, nähert sich jedoch asymptotisch einer Obergrenze; bei der Lognormalverteilung steigt sie hingegen zunächst stark an und fällt dann wieder langsam ab und nähert sich asymptotisch Null. Die hier dargestellten Verteilungsmodelle beschreiben also einige der wichtigsten Verläufe der Zufallsrate:

1. kontinuierlicher Anstieg
2. monotoner Anstieg bis zu einer Obergrenze
3. Absinken nach Erreichen eines Maximalwertes.

II. Die Elemente des Systems und ihre Beziehungen zueinander

Nachdem im vorigen Abschnitt einige Ergebnisse der Theorie der stochastischen Prozesse und einige für die Basisprozesse der hier zu behandelnden Wartesysteme mit Betriebsstörungen behandelt wurden, ist es nun erforderlich, die Struktur der Basisprozesse und ihre Beziehungen zueinander zu präzisieren. Die wesentlichen Eigenschaften eines Wartesystems mit Betriebsstörungen lassen sich in folgenden Prämissen zusammenfassen:

Prämisse 1: Die Ankünfte der Kunden werden durch einen stochastischen Prozeß (Ankunftsprozeß) beschrieben.

Die Zeit zwischen zwei aufeinander folgenden Ankünften ist eine Zufallsgröße A mit der Verteilung

$$\text{Prob}\{A \leq t\} = \begin{cases} 0 & \text{für } t<0 \\ \Phi_A(t) & \text{für } t \geq 0 \end{cases}$$

Prämisse 2: Die Kunden kommen einzeln an.

Prämisse 3: Die reine Bedienungsdauer der Kunden (ohne während einer Bedienung auftretende Unterbrechungszeiten) ist eine Zufallsgröße B mit der Verteilung

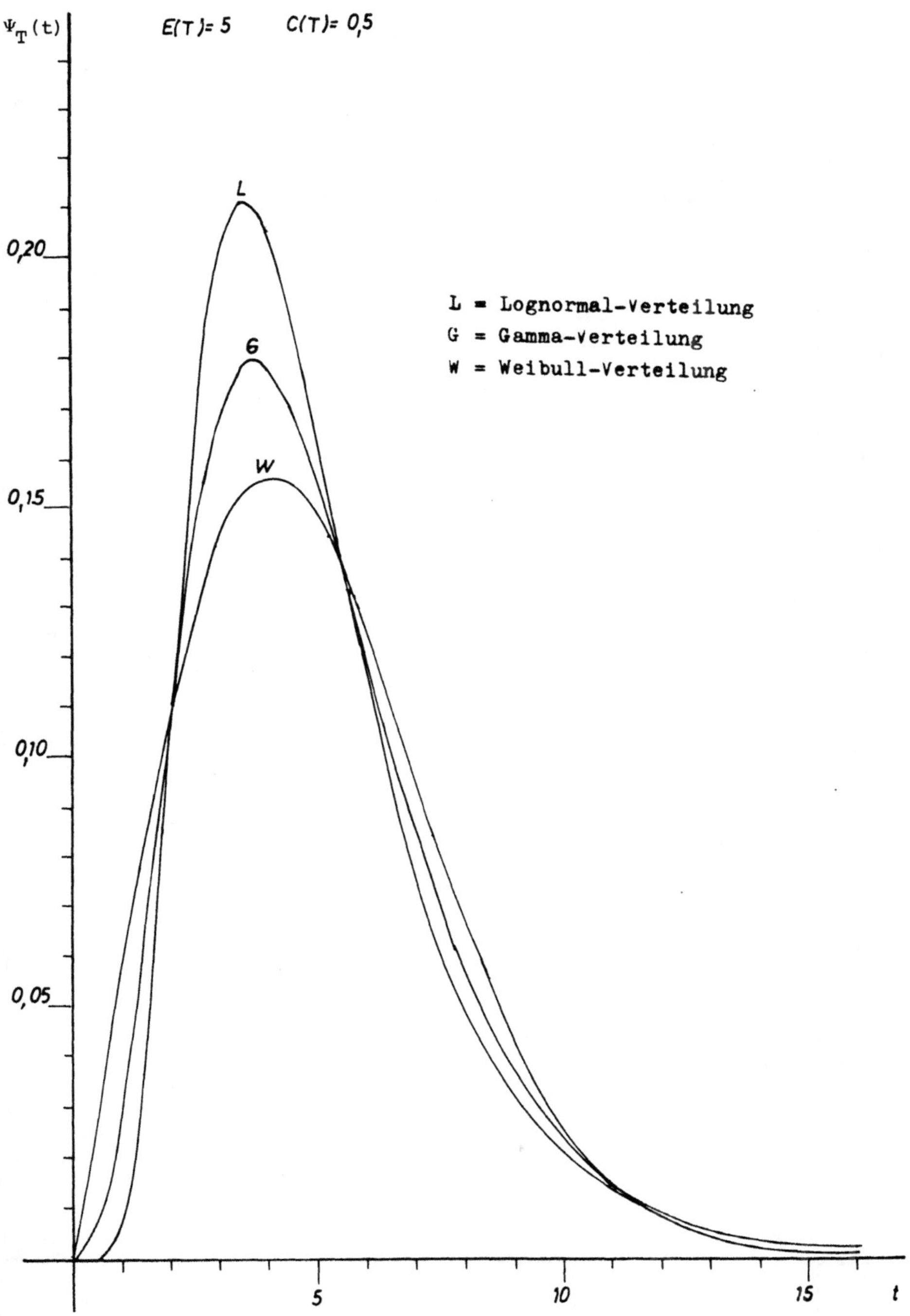

Abbildung 3: Beispiele für Dichtefunktionen der Abstände von Ereignissen

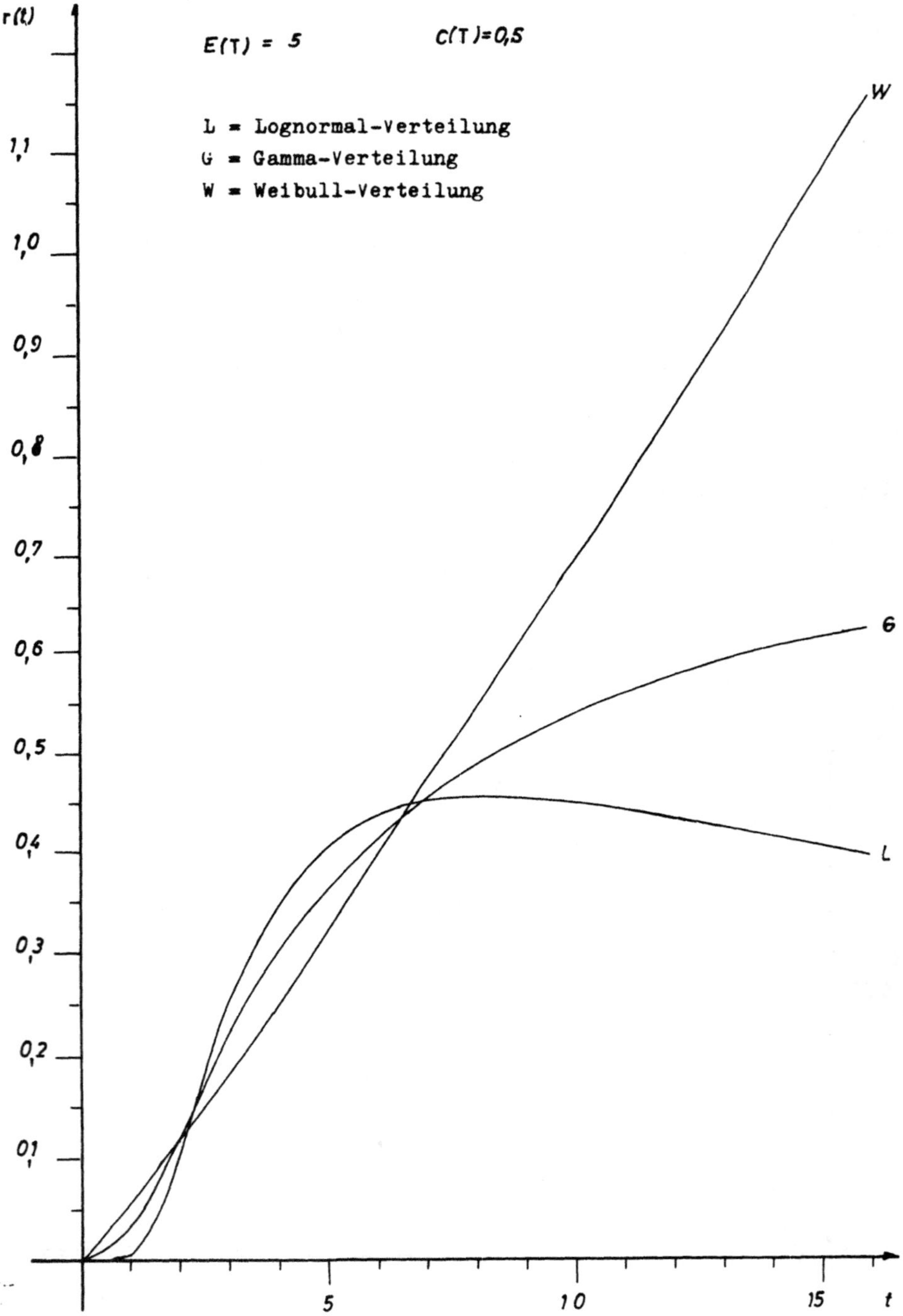

Abbildung 4: Zufallsraten einiger Verteilungen

$$\text{Prob}\{B \leq t\} = \begin{cases} 0 \text{ für } t<0 \\ \Phi_B(t) \text{ für } t \geq 0 \end{cases}$$

Prämisse 4: Die Bedienung der Kunden erfolgt in einem einzelnen Bedienungskanal.

Prämisse 5: Ist der Bedienungskanal bei der Ankunft eines Kunden besetzt, dann muß dieser in einer Warteschlange warten, bis der Bedienungskanal frei wird. Die Bedienung der Kunden in der Warteschlange erfolgt in der Reihenfolge ihrer Ankunft.

Prämisse 6: Alle Kunden müssen bedient werden, keiner kann vor Beendigung seiner Bedienung aus dem System ausscheiden.

Prämisse 7: Die Bedienung der Kunden wird durch Betriebsstörungen unterbrochen. Die Störungen werden durch einen stochastischen Prozeß mit folgenden Eigenschaften geregelt. Die Länge des Intervalls zwischen zwei Störungen ist eine Zufallsgröße S mit der Verteilung

$$\text{Prob}\{S \leq t\} = \begin{cases} 0 \text{ für } t<0 \\ \Phi_S(t) \text{ für } t \geq 0 \end{cases}$$

Das Intervall zwischen zwei Störungen kann durch Intervalle unterbrochen werden, während denen keine Störungen auftreten können.

Prämisse 8: Bezüglich der Bedingungen für das Auftreten von Störungen werden alternativ folgende Annahmen gemacht:

a) Betriebsstörungen können unabhängig von dem Zustand des Systems auftreten; also auch dann, wenn das System bereits gestört ist (kumulative Störungen).

b) Betriebsstörungen können nur dann auftreten, wenn das System nicht gestört ist, sie können jedoch auch dann auftreten, wenn der Bedienungskanal nicht arbeitet, weil keine Kunden im System sind (externe Störungen).

c) Betriebsstörungen können nur dann auftreten, wenn der Bedienungskanal arbeitet (interne Störungen).

Prämisse 9: Bezüglich der Auswirkungen einer Störung auf die laufende Bedienung wird alternativ vorausgesetzt:

a) Beim Auftreten einer Störung wird die Bedienung sofort unterbrochen (unterbrechende Störungen).

b) Beim Auftreten einer Störung wird die Bedienung erst dann unterbrochen, wenn die laufende Bedienung beendet ist (verzögerte Störungen).

c) Beim Auftreten einer Störung wird der Bedienungsprozeß nicht unterbrochen, das System wird lediglich in regelmäßigen Abständen gewartet (planmäßige Wartung).

Prämisse 10: Wurde die Bedienung eines Kunden unterbrochen, dan können bezüglich der Wiederaufnahme der Bedienung alternativ folgende Annahmen gemacht werden:

a) Die Bedienung wird in dem Stadium wieder aufgenommen, in dem sie unterbrochen wurde (unterbrechende Störungen mit Wiederaufnahme der Bedienung).

b) Ein Kunde, dessen Bedienung unterbrochen wurde, scheidet aus dem System aus, nach Beendigung der Reparatur wird der nächste Kunde bedient (unterbrechende, zerstörende Störungen).

c) Eine unterbrochene Bedienung wird von vorne begonnen (unterbrechende Störungen mit Neubeginn der Bedienung).

Die Prämisse 10 hat nur für Wartesysteme mit unterbrechenden Störungen Bedeutung, da bei Wartesystemen mit verzögerten Störungen eine Wiederaufnahme einer unterbrochenen Bedienung nicht vorkommt.

Prämisse 11: Die Dauer der Unterbrechung des Bedienungsprozesses durch eine Betriebsstörung (Reparaturzeit) ist eine Zufallsgröße mit der Verteilung

$$\text{Prob}\{R \leq t\} = \begin{cases} 0 \text{ für } t<0 \\ \Phi_R(t) \text{ für } t\geq 0 \end{cases}$$

Im folgenden wird es erforderlich sein, diese Prämissen näher zu spezifizieren; insbesondere wird es erforderlich sein, genauere Annahmen über die Verteilungsmodelle, denen die Basisprozesse entsprechen, zu treffen.

3. Kapitel: Methoden der Warteschlangentheorie

I. Analytische Methoden der Warteschlangentheorie

Wie oben gezeigt wurde, sind mit einem Wartesystem mit Betriebsstörungen eine Reihe von abgeleiteten Prozessen verbunden; im Rahmen der hier zu untersuchenden Probleme interessieren insbesondere der Warteschlangenprozeß, d. h. die Entwicklung der Zahl der Kunden im System, der Wartezeitprozeß, d. h. die Wartezeit eines Kunden, der in einem bestimmten Zeitpunkt in das System eintritt, und die Zahl der Reparaturen und Störungen im Zeitablauf.

Wegen der stochastischen Natur dieser Prozesse ist es nicht möglich, mit Sicherheit anzugeben, wieviele Kunden sich in einem Zeitpunkt im System befinden, wie lange ein Kunde warten muß, der in diesem Zeitpunkt ankommt, und ob das System gerade tätig ist oder ob es repariert werden muß; vielmehr können nur die Wahrscheinlichkeitsverteilungen dieser Größen angegeben werden. Im folgenden wird es meist sogar nötig sein, sich auf die Erwartungswerte dieser Größen zu beschränken.

Zur Bestimmung dieser Operationscharakteristiken eines Wartesystems wurden in der Warteschlangentheorie eine Reihe von Methoden entwickelt, die in diesem Kapitel zusammenfassend dargestellt werden sollen; um diese Darstellung nicht unnötig zu erschweren, gehen wir zunächst von einem einfachen Wartesystem ohne Betriebsstörungen aus und übertragen dann die Ergebnisse in den folgenden Kapiteln auf Wartesysteme mit Betriebsstörungen.

Ein solches Wartesystem wird durch das Zusammenwirken von zwei Basisprozessen erzeugt: durch eine Ankunft wird die Zahl der Kunden im System um eins erhöht, durch eine Bedienung wird sie um eins verringert. Das Verhalten des Systems wird durch die Prämissen 1 bis 4 und 6 beschrieben.

Für die Analyse solcher Wartesysteme bieten sich nun zwei Ansatzpunkte:

1. der Warteschlangenprozeß
2. der Wartezeitprozeß

Da zwischen den Erwartungswerten dieser beiden Prozesse die einfache Beziehung gilt [1]:

$$\bar{n} = \alpha \bar{T} \tag{1}$$

wobei $\bar{n}$ die mittlere Zahl der Kunden im System
α die durchschnittliche Zahl der Ankünfte pro Zeiteinheit
$\bar{T}$ die durchschnittliche Aufenthaltsdauer eines Kunden im System

bedeuten, ist es für die Untersuchung der Operationscharakteristiken gleichgültig, welcher Prozeß der Untersuchung zugrundegelegt wird.

1) Methoden zur Analyse des Warteschlangenprozesses

a) Die Methode der Geburts- und Sterbegleichungen

Die einfachste und flexibelste Methode der Warteschlangentheorie ist die Methode der Geburts- und Sterbegleichungen, die allerdings auf die Analyse von Wartesystemen beschränkt ist, bei denen alle Basisprozesse der Markoff-Bedingung genügen, d. h. bei denen die Abstände aller Ereignisse unabhängige, exponentialverteilte Zufallsgrößen sind. Sie knüpft an den Warteschlangenprozeß an und untersucht Beziehungen zwischen den Zustandswahrscheinlichkeiten $P_n(t)$, den Wahrscheinlichkeiten dafür, daß sich im Zeitpunkt t genau n Kunden im System befinden.

Wegen der Annahme der Markoff-Eigenschaften aller beteiligten Prozesse kann man durch folgende Überlegungen Beziehungen zwischen diesen Zustandswahrscheinlichkeiten bestimmen [2]:

1. In einem genügend kleinen Intervall Δ kann jeweils nur eine Zustandsänderung stattfinden.
2. Die Wahrscheinlichkeit eines Übergangs von einem Zustand n_1 in einen benachbarten Zustand n_2 ist gleich $\delta(n_1,n_2) \Delta P_{n_1}$, wobei $\delta(n_1,n_2)$ die Intensität des Übergangs von n_1 nach n_2 ist.
3. Durch Enumeration aller Möglichkeiten, wie ein Zustand n_2 im Zeitpunkt t entstanden sein kann, erhält man ein System von Differenzen-Differentialgleichungen für die zeitabhängige Verteilung der Zustandswahrscheinlichkeiten.

Bei einem Wartesystem ohne Betriebsstörungen kann der Zustand $n > 0$ im Zeitpunkt $t+\Delta$ wie folgt entstanden sein:

a. aus dem Zustand n-1 im Zeitpunkt t durch eine Ankunft in Δ mit der Wahrscheinlichkeit

$$P_{n-1}(t)\alpha\Delta + o(\Delta)$$

b. aus dem Zustand n+1 im Zeitpunkt t durch den Abschluß einer Bedienung mit der Wahrscheinlichkeit

$$P_{n+1}(t)\beta\Delta + o(\Delta)$$

c. aus dem Zustand n im Zeitpunkt t, wenn kein Ereignis eingetreten ist, mit der Wahrscheinlichkeit

$$P_n(t)(1 - \alpha\Delta - \beta\Delta) + o(\Delta)$$

d. aus anderen Zuständen durch mehr als ein Ereignis; die Wahrscheinlichkeit hierfür ist von der Größenordnung $o(\Delta)$.

Daraus folgt

$$P_n(t+\Delta) = P_{n-1}(t)\alpha\Delta + P_{n+1}(t)\beta\Delta + P_n(t)(1-\alpha\Delta-\beta\Delta) + o(\Delta) \qquad (2)$$

Dividiert man beide Seiten durch Δ, dann erhält man für $\Delta \Rightarrow o$

$$\frac{dP_n(t)}{dt} = \alpha P_{n-1}(t) + \beta P_{n+1}(t) - (\alpha+\beta)\, P_n(t) \qquad (3)$$

Für $P_o(t)$ erhält man analog:

$$\frac{dP_o(t)}{dt} = \beta P_1(t) - \alpha P_o(t) \qquad (4)$$

4. Setzt man in diesem System von Differenzen-Differentialgleichungen die Veränderung der Verteilung in der Zeit gleich Null, dann erhält man ein System von Differenzengleichungen, das die Verteilung der Zustandswahrscheinlichkeiten $P_n = \lim_{t\Rightarrow\infty} P_n(t)$ im stochastischen Gleichgewicht beschreibt:

$$\alpha P_{n-1} + \beta P_{n+1} - (\alpha+\beta)P_n = 0 \qquad (n>0) \qquad (5)$$

$$\beta P_1 - \alpha P_o = 0 \qquad (n=0) \qquad (6)$$

5. Dieses Gleichungssystem kann man unmittelbar durch folgende Überlegungen herleiten: Im stochastischen Gleichgewicht muß die durchschnittliche Zahl der Ereignisse, die zu einem bestimmten Zustand hinführen, gleich der durchschnittlichen Zahl der Ereignisse sein, die von ihm fortführen. Man enumeriert nun alle Ereignisse, die zu einem Zustand hinführen und setzt die Summe ihrer Intensitäten gleich der Summe der Intensitäten derjenigen Ereignisse, die von diesem Zustand fortführen. Da diese Intensitäten die Form δP_n haben, wobei δ bestimmte Übergangsraten sind, erhält man Beziehungen zwischen den Gleichgewichtswahrscheinlichkeiten benachbarter Zustände, die den Gleichungen (5) und (6) entsprechen.

Zur Erleichterung der Enumeration der Ereignisse empfiehlt es sich, die möglichen Übergänge in einem sogenannten Markoff-Graphen darzustellen, in dem die Knoten die Zustände des Systems, die Pfeile die möglichen Übergänge darstellen (vgl. Abb. 5).

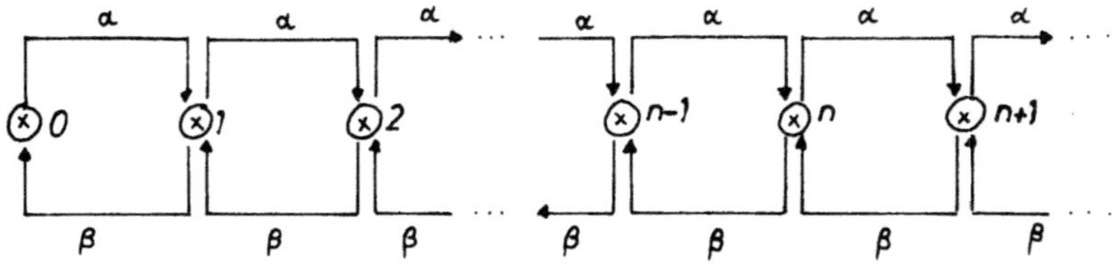

Abbildung 5: Markoff-Graph für ein Wartesystem ohne Betriebsstörungen

Wie man sieht, läßt sich an dem Knoten P_n sofort die Beziehung (5), an dem Knoten P_o die Beziehung (6) ablesen.

Aus diesen rekursiven Beziehungen zwischen den Zustandswahrscheinlichkeiten lassen sich nun leicht die Wahrscheinlichkeiten $P_o, P_1, \ldots$ bestimmen und aus diesen die Kennzahlen für die Wirksamkeit des Wartesystems, die mittlere Schlangenlänge, die mittlere Wartezeit usw. berechnen [3].

Dieser direkte Ansatz führt jedoch bei Wartesystemen mit Betriebsstörungen nicht immer zum Ziel, daher soll hier die zur Lösung dieser Probleme benötigte Methode, die Methode der erzeugenden Funktion, dargestellt werden.

Die erzeugende Funktion einer diskreten Wahrscheinlichkeitsverteilung ist definiert als

$$F(z) = \sum_{n=o}^{\infty} z^n P_n \tag{7}$$

Erzeugende Funktionen haben unter anderem folgende Eigenschaften [4].

1. Der Wert der erzeugenden Funktion an der Stelle z=1 ist gleich 1:

   $$F(1) = 1 \tag{8}$$

2. Die erzeugende Funktion einer Zufallsgröße ist innerhalb des Einheitskreises $|z| \leq 1$ immer regulär.

3. Die Wahrscheinlichkeitsverteilung P_n läßt sich aus der erzeugenden Funktion durch Differentiation an der Stelle z=O gewinnen:

   $$P_n = \frac{1}{n!} \left. \frac{d^{(n)} F(z)}{dz^n} \right|_{z=o} \tag{9}$$

4. Den Erwartungswert erhält man durch Differentiation an der Stelle z=1:

$$E(n) = \left.\frac{dF(z)}{dz}\right|_{z=1} \qquad (10)$$

Die höheren Momente lassen sich ebenfalls durch Differentiation der erzeugenden Funktion an der Stelle z=1 ermitteln.

5. Die erzeugende Funktion der Summe von zwei unabhängigen Zufallsgrößen ist gleich dem Produkt der erzeugenden Funktionen der beiden Zufallsgrößen:

$$G(z) = G_1(z)\ G_2(z) \qquad (11)$$

Um die erzeugende Funktion der Verteilung der Zustandswahrscheinlichkeiten in dem untersuchten Modell zu bestimmen, wird zunächst (5) mit z^n und (6) mit $z^o=1$ multipliziert. Addiert man dann über alle n=0,1,2,..., dann erhält man

$$\sum_{n=o}^{\infty} z^n(1-z)(\beta-\alpha z)P_n = \beta(1-z)P_o$$

oder wegen (7)

$$F(z) = \frac{\beta}{\beta-\alpha z}\ P_o \qquad (12)$$

Für die Unbekannte erhält man wegen (8)

$$P_o = 1 - \frac{\alpha}{\beta} \qquad (13)$$

Eine Gleichgewichtsverteilung existiert nur dann, wenn die Ankunftsrate kleiner als die Bedienungsrate ist.

Setzt man P_o in (12) ein, dann erhält man als erzeugende Funktion eines Markoff-Wartesystems ohne Betriebsstörungen:

$$F(z) = \frac{\beta - \alpha}{\beta - \alpha z} \qquad (14)$$

Differenziert man (14) an der Stelle z=1, dann erhält man wegen (10) für die mittlere Schlangenlänge:

$$\bar{n} = \frac{\alpha}{\beta - \alpha} \qquad (15)$$

Aus (1) folgt dann für die mittlere Aufenthaltsdauer eines Kunden im System, d. h. die Zeit, die von seiner Ankunft bis zum Abschluß seiner Bedienung vergeht

$$T = \frac{1}{\beta - \alpha} \qquad (16)$$

b) Die allgemeine Phasenmethode

Voraussetzung für die Anwendung der Methode der Geburts- und Sterbegleichungen ist, daß alle Basisprozesse des Wartesystems der Markoff-Eigenschaft genügen, da nur dann die Zufallsraten dieser Prozesse von der Zeit unabhängig sind.

Ein erster Versuch, diese Schwierigkeiten zu überwinden, ist die Methode von Erlang [5], bei der der gesamte Bedienungsvorgang in mehrere aufeinander folgende Phasen zerlegt wird, so daß die Dauer der einzelnen Bedienungsphasen exponentialverteilte Zufallsgrößen sind. Dadurch wird es möglich, die Methode der Geburts- und Sterbegleichungen auf die einzelnen Bedienungsphasen anzuwenden. Mit Hilfe dieser Methode können Wartesysteme mit Bedienungszeiten, deren Variationskoeffizient zwischen 0 und 1 liegt, untersucht werden; ähnlich läßt sich die Klasse der Hyperexponentialverteilungen, deren Variationskoeffizient größer als 1 ist, behandeln, indem mehrere Bedienungsphasen mit unterschiedlicher Bedienungsrate nebeneinander angeordnet werden und die ankommenden Kunden mit verschiedenen Wahrscheinlichkeiten den einzelnen Phasen zugewiesen werden [6].

Durch Kombination von neben- und hintereinandergeschalteten Bedienungsphasen lassen sich alle Verteilungen konstruieren, deren Laplace-Transformierte eine gebrochene rationale Funktion $P(s)/Q(s)$ ist, wobei [7]

1. der Grad des Polynoms $P(s)$ kleiner als der Grad des Polynoms $Q(s)$ ist

2. $Q(s)$ nur negative reelle Wurzeln hat.

Diesem Vorgehen sind jedoch enge Grenzen gesetzt:

1. Bei mehreren nebeneinander- und hintereinandergeschalteten Bedienungsphasen werden die Geburts- und Sterbegleichungen so unhandlich, daß sich nur noch sehr schwer auszuwerten sind.

2. Die Laplace-Transformation vieler theoretisch interessanter Verteilungen genügt nicht den oben angegebenen Bedingungen.

Eine Verallgemeinerung des Grundgedankens der Methode von Erlan ist die allgemeine Phasenmethode [8]. Anstelle diskreter Bedienungsphasen mit konstanten Übergangsraten wird die seit dem Beginn des jeweiligen Bedienungsvorgangs verstrichene Zeit als weiterer Zustandsparameter aufgefaßt; die momentane Bedienungsrate ist dann für jeden so definierten Zustand des Systems konstant, so daß die Voraussetzungen der Methode der Geburts- und Sterbegleichungen erfüllt bleiben [9].

Das Vorgehen der allgemeinen Phasenmethode soll anhand eines Wartesystems ohne Betriebsstörungen erläutert werden; die Ankunftszeiten seien, wie bei den bisher untersuchten Modellen, exponentialverteilte Zufallsgrößen mit dem Mittelwert $1/\alpha$, der Bedienungsprozeß sei durch einen Erneuerungsprozeß gekennzeichnet, die Dauer der Bedienungen seien beliebig verteilte, unabhängige Zufallsgrößen mit endlichem Erwartungswert E(B) und endlicher Varianz Var(B).

Der Zustand des Systems im Zeitpunkt t wird dann gekennzeichnet durch

1. die Zahl n der noch nicht bedienten Kunden
2. die Zahl x, die seit dem Beginn der jeweiligen Bedienung vergangene Zeit.

Dann bedeutet $P_n(x,t)dx$ die Wahrscheinlichkeit dafür, daß im Zeitpunkt t n Kunden noch nicht bedient sind und daß seit dem Beginn des augenblicklichen Bedienungsvorganges zwischen x und x+dx Zeiteinheiten vergangen sind.

$P_o(t)$ ist die Wahrscheinlichkeit dafür, daß das System im Zeitpunkt t leer steht.

Der Zustand $(n,x+\Delta)$ im Zeitpunkt $t+\Delta$ kann entstanden sein

1. durch eine Ankunft aus dem Zustand (n-1,x) im Zeitpunkt t mit der Wahrscheinlichkeit

   $\alpha\Delta P_{n-1}(x,t) + o(\Delta)$

2. aus dem Zustand (n,x) im Zeitpunkt t, wenn kein Ereignis eintritt mit der Wahrscheinlichkeit

   $\{1 - \alpha\Delta - b(x)\Delta\}P_n(x,t) + o(\Delta)$

   wobei

   $$b(x) = \frac{\psi_B(x)}{1 - \Phi_B(x)} \tag{17}$$

   die momentane Bedienungsrate nach einer Bedienungsdauer von x ist.

3. durch das Zusammentreffen von mehreren Ereignissen; die Wahrscheinlichkeit dieses Ereignisses ist von der Größenordnung $o(\Delta)$.

Die Wahrscheinlichkeitsdichte des Zustandes $(n,x+\Delta)$ im Zeitpunkt $t+\Delta$ ist dann für $n > 1$:

$$P_n(x+\Delta,t+\Delta) = \{1-\alpha\Delta-b(x)\Delta\}P_n(x,t) + \alpha\Delta P_{n-1}(x,t) + o(\Delta) \tag{18}$$

Der Zustand (1,x) kann nicht durch eine Ankunft in Δ entstanden sein, weil der einzige Kunde bereits seit x Zeiteinheiten bedient wird; für n=1 gilt also

$$P_1(x+\Delta, t+\Delta) = \{1-\alpha\Delta-b(x)\Delta\}P_1(x,t) + o(\Delta) \tag{19}$$

Der Zustand (O) im Zeitpunkt t+Δ kann schließlich entstanden sein durch

1. die Beendigung eines Bedienungsvorganges in Δ aus einem der Zustände (1,x) ($0 < x < \infty$) mit der Wahrscheinlichkeit

   $$\int_0^\infty b(x)\Delta P_1(x,t)dt + o(\Delta)$$

2. kein Ereignis in Δ aus dem Zustand $P_o(t)$ mit der Wahrscheinlichkeit

   $$(1-\alpha\Delta)P_o(t) + o(\Delta)$$

3. das Zusammentreffen mehrerer Ereignisse.

Für die Wahrscheinlichkeit des Zustandes O in t gilt daher

$$P_o(t+\Delta) = (1-\alpha\Delta)P_o(t) + \int_0^\infty b(x)\Delta P_1(x,t)dx + o(\Delta) \tag{20}$$

Wegen

$$\lim_{\Delta\to o} \frac{P_n(x+\Delta,t+\Delta) - P_n(x,t)}{\Delta} = \frac{\partial P_n(x,t)}{\partial x} + \frac{\partial P_n(x,t)}{\partial t} \tag{21}$$

erhält man für $\Delta \Rightarrow 0$ aus (18) bis (20):

$$\frac{\partial P_n(x,t)}{\partial t} + \frac{\partial P_n(x,t)}{\partial x} = \alpha P_{n-1}(x,t) - \{\alpha+b(x)\}P_n(x,t) \tag{22}$$

$$\frac{\partial P_1(x,t)}{\partial t} + \frac{\partial P_1(x,t)}{\partial x} = - \{\alpha+b(x)\}P_1(x,t) \tag{23}$$

$$\frac{dP_o(t)}{dt} = -\alpha P_o(t) + \int_0^\infty b(x)P_1(x,t)dx \tag{24}$$

Zur Bestimmung der Zustandswahrscheinlichkeiten fehlen noch Beziehungen, die die Zustände (n,O) unmittelbar nach dem Beginn einer Bedienung mit den anderen Zuständen verknüpfen. Der Zustand (1,O) kann erreicht werden durch

1. eine Ankunft aus dem Zustand (O)
2. eine Bedienung aus den Zuständen (2,x).

Es gilt daher für n=1:

$$P_1(0,t) = \int_0^\infty b(x)P_2(x,t)\,dx + \alpha P_0(t) \tag{25}$$

für n > 1 gilt hingegen

$$P_n(0,t) = \int_0^\infty b(x)P_{n+1}(x,t)\,dx \tag{26}$$

Für $t \Rightarrow \infty$ erhält man für die Gleichgewichtswahrscheinlichkeiten $P_n(x) = \lim_{t \Rightarrow \infty} P_n(x,t)$:

$$\frac{dP_n(x)}{dx} = \alpha P_{n-1}(x) - \{\alpha + b(x)\}P_n(x) \tag{27}$$

$$\frac{dP_1(x)}{dx} = -\{\alpha + b(x)\}P_1(x) \tag{28}$$

$$\alpha P_0 = \int_0^\infty b(x)P_1(x)\,dx \tag{29}$$

$$P_1(0) = \int_0^\infty b(x)P_2(x)\,dx + \alpha P_0 \tag{30}$$

$$P_n(0) = \int_0^\infty b(x)P_{n+1}(x)\,dx \tag{31}$$

Die Lösung dieses Systems von Differenzen-Differentialgleichungen erfolgt am besten mit Hilfe der erzeugenden Funktionen. Diese sind definiert als:

$$H(x,z) = \sum_{n=1}^{\infty} P_n(x)z^n \tag{32}$$

$$G(z) = \sum_{n=0}^{\infty} P_n z^n = P_0 + \int_0^\infty H(x,z)\,dx \tag{33}$$

wobei

$$P_n = \int_0^\infty P_n(x)\,dx \qquad \text{für } n=1,2,...$$

Multipliziert man (27) und (28) mit z^n bzw. z^o und summiert über alle $n \geq 1$, dann erhält man

$$\frac{dH(x,z)}{dx} = \{\alpha(z-1)-b(x)\}H(x,z) \tag{34}$$

Die Lösung dieser Differentialgleichung ist

$$H(x,z) = H(0,z)\ \exp\{-\alpha x(1-z) - \int_0^x b(u)du\} \tag{35}$$

Wegen [10]

$$\Phi_B(x) = 1 - \exp\{-\int_0^x b(u)du\} \tag{36}$$

folgt aus (35)

$$H(x,z) = H(0,z)\ \exp\{-\alpha x(1-z\}\{1-\Phi_B(x)\} \tag{37}$$

Integriert man (37), dann erhält man

$$\int_0^\infty H(x,z)dx = H(0,z)\Big[\int_0^\infty \exp\{-\alpha x(1-z)\}dx - \int_0^\infty \exp\{-\alpha x(1-z)\}\,\Phi_B(x)dx\Big] \tag{38}$$

Es sei

$$\Phi_B^*(s) = \int_0^\infty e^{-sx}\psi_B(x)dx \tag{39}$$

die Laplace-Transformierte der Verteilung der Bedienungszeiten. Dann gilt wegen [11]

$$\int_0^\infty e^{-sx}\,\Phi_B(x)\ dx = \frac{1}{s}\,\Phi_B^*(s) \tag{40}$$

$$\int_0^\infty H(x,z)dx = H(0,z)\ \frac{1-\Phi_B^*\{\alpha(1-z)\}}{\alpha(1-z)} \tag{41}$$

Setzt man (41) in (33) ein, dann ergibt sich

$$G(z) = P_o + H(0,z)\ \frac{1-\Phi_B^*\{\alpha(1-z)\}}{\alpha(1-z)} \tag{42}$$

Multipliziert man nun (30) und (31) mit z^{n+1} und summiert über alle n, dann erhält man

$$zH(0,z) = \int_0^\infty b(x) \cdot H(x,z)dx + \alpha z(1-z)P_0 \quad (43)$$

Durch Substitution von (37) erhält man daraus

$$H(0,z) = \frac{\alpha P_0 z(z-1)}{z - \Phi_B^*\{\alpha(1-z)\}} \quad (44)$$

Setzt man (44) in (42) ein, dann ergibt sich

$$G(z) = \frac{(1-z)P_0}{1 - \frac{z}{\Phi_B^*\{\alpha(1-z)\}}} \quad (45)$$

Wegen G(1)=1 erhält man unter Berücksichtigung von

$$\Phi_B^{*\prime}(0) = - E(B) = - \frac{1}{\beta} \quad (46)$$

$$P_0 = 1 - \frac{\alpha}{\beta} \quad (47)$$

Berücksichtigt man (47), dann folgt aus (45)

$$G(z) = \frac{(1-z)(1-\frac{\alpha}{\beta})}{1 - \frac{z}{\Phi_B^*\{\alpha(1-z)\}}} \quad (48)$$

Differenziert man die erzeugende Funktion an der Stelle z=1, dann erhält man als mittlere Schlangenlänge des Wartesystems (M/G/1) [12]:

$$\bar{n} = \frac{\alpha}{\beta} + \frac{(\frac{\alpha}{\beta})^2\{1+C^2(B)\}}{2\{1 - \frac{\alpha}{\beta}\}} \quad (49)$$

wobei C(B) der Variationskoeffizient der Bedienungszeit ist:

$$C(B) = \sqrt{\frac{Var(B)}{\{E(B)\}^2}} \quad (50)$$

Dieses Ergebnis stimmt überein mit der Formel von Pollaczek und Khintchine für die mittlere Schlangenlänge im Wartesystem (M/G/1).

c) Die eingebettete Markoff-Kette

Die Phasenmethode beruht auf dem Grundgedanken, stochastische Prozesse, die nicht der Markoff-Eigenschaft genügen, durch eine Erweiterung des Zustandsraumes auf Markoff-Prozesse zurückzuführen. Im Gegensatz dazu versucht die auf Kendall [13] zurückgehende Methode der "eingebetteten Markoff-Kette", den Prozeß auf einen Markoff-Prozeß zurückzuführen, indem man ihn nur in solchen Zeitpunkten untersucht, in denen er die Markoff-Eigenschaft besitzt.

In einem Wartesystem mit Poisson-verteilten Ankünften und beliebig verteilten Bedienungszeiten sind die Zeitpunkte unmittelbar nach Abschluß einer Bedienung Erneuerungspunkte, d. h. die weitere Entwicklung des Systems ist unabhängig von der Geschichte bis zu diesem Zeitpunkt. Die Zahl der Kunden in diesen Erneuerungspunkten bildet eine Markoff-Kette, die folgenden Gesetzmäßigkeiten unterliegt:

Es sei q die Zahl der Kunden in einem Erneuerungspunkt
q' die Zahl der Kunden im nächsten Erneuerungspunkt
r die Zahl der Ankünfte zwischen zwei Erneuerungspunkten

Dann gilt

$$q' = \max(q-1,0) + r$$

oder

$$q' = q-1+r+\delta \qquad (51)$$

wobei δ die Heaviside-Funktion

$$\delta = \delta(q) = \begin{Bmatrix} 1 \\ 0 \end{Bmatrix} \text{ falls } q \begin{Bmatrix} = \\ > \end{Bmatrix} 0$$

Diese Funktion besitzt folgende Eigenschaften:

$$\delta^2 = \delta \qquad \text{und } q(1-\delta) = q$$

Bildet man den Erwartungswert von (51), dann erhält man

$$E(q') = E(q) + E(\delta) + E(r) - 1 \qquad (52)$$

Im stationären Zustand muß gelten

$$E(q') = E(q) = \bar{n}$$

Daraus folgt

$$E(\delta) = 1 - E(r) \qquad (53)$$

Quadriert man (51) und bildet den Erwartungswert, dann ergibt sich

$$E(q'^2) = E(q^2) - 2E\{q(1-r)\} + E\{(r-1)^2\} + E\{\delta(2r-1)\}$$

Da r von q und unabhängig ist, erhält man aufgrund der Eigenschaften der Heaviside-Funktion für das stochastische Gleichgewicht:

$$E(q) = E(r) + \frac{E\{r(r-1)\}}{2\{1-E(r)\}} \tag{54}$$

Da der Abstand der Erneuerungspunkte gleich der Dauer einer Bedienung ist und die Dichte der Bedienungsdauer gleich $\psi_B(t)$ ist und die Ankünfte Poisson-verteilt sind, gilt für die Wahrscheinlichkeitsverteilung der Zahl der Ankünfte zwischen zwei Bedienungen

$$\text{Prob}\{r\} = \int_0^\infty \frac{e^{-\alpha t}(\alpha t)^r}{r!} \psi_B(t)\,dt$$

und für die in (54) auftretenden Erwartungswerte

$$E(r) = \alpha E(B)$$

und

$$E\{r(r-1)\} = \alpha^2\{Var(B) + E(B^2)\}$$

Dann erhält man aus (54) für die mittlere Schlangenlänge im stochastischen Gleichgewicht

$$\bar{n} = E(q) = \alpha E(B) + \frac{\alpha^2\{Var(B) + E(B)^2\}}{2\{1 - \alpha E(B)\}} \tag{55}$$

Die Methode der eingebetteten Markoff-Kette wurde von Gaver [14] für die Behandlung von Wartesystemen mit beliebig verteilten Bedienungszeiten und gruppenweisen Ankünften verallgemeinert. Hierzu spaltet Gaver den Warteschlangenprozeß in zwei Teilprozesse, in den Prozeß während der Betriebsperiode und den Prozeß während der Leerperiode, und faßt dann die Ergebnisse zum allgemeinen Prozeß zusammen. Unter einer Betriebsperiode versteht man in der Warteschlangentheorie das Intervall, das mit der Ankunft eines Kunden vor einem leeren Bedienungskanal beginnt und in dem Zeitpunkt endet, in dem der Bedienungskanal zum ersten Mal wieder leer steht; unter einer Leerperiode versteht man dann das Intervall zwischen zwei Betriebsperioden sowie das Intervall vor der ersten Betriebsperiode. Der Begriff der Betriebsperiode ist also zu unterscheiden von den störungsfreien Arbeitsperioden eines Wartesystems mit Betriebsstörungen.

Zur Darstellung der Methode von Gaver soll ebenfalls ein Wartesystem ohne Betriebsstörungen untersucht werden. Wie bei den beiden oben dargestellten Methoden wird vorausgesetzt, daß die Bedienungszeiten beliebig verteilte Zufallsgrößen mit der Verteilung

$$\Phi_B(t) = \text{Prob}\{B \leq t\}$$

sind. Die Laplace-Transformation dieser Zufallsgrößen sei

$$\Phi_B^*(s) = \int_0^\infty e^{-st} d\Phi_B(t)$$

Außerdem existieren die beiden ersten Momente dieser Verteilung $E(B)$ und $E(B^2)$.

Im Gegensatz zu den oben beschriebenen Methoden wird jedoch die allgemeinere Annahme gemacht, daß die Ankünfte durch einen zusammengesetzten Poisson-Prozeß beschrieben werden können [15].

Die Abstände der Ankünfte A sind exponentialverteilte Zufallsgrößen mit dem Mittelwert $1/\alpha$:

$$\Phi_A(t) = \text{Prob}\{A \leq t\} = 1 - e^{-\alpha t}$$

die Zahl der Kunden, die bei der k-ten Ankunft gemeinsam ankommen, ist eine diskrete, positive Zufallsgröße mit der Verteilung

$$\text{Prob}\{G_k = j\} = g_j \tag{56}$$

mit dem Erwartungswert $E(G)$ und der erzeugenden Funktion

$$g(z) = \sum_{j=0}^{\infty} z^j g_j \tag{57}$$

Zunächst soll nun das Verhalten des Systems während einer Betriebsperiode betrachtet werden. Es sei

$Q_{in}^{(j)}(t)$ die Wahrscheinlichkeit dafür, daß bis zum Zeitpunkt t_o+t einer Betriebsperiode, die im Zeitpunkt t_o mit i Kunden begonnen hat, j Kunden bedient worden sind, und daß in t_o+t genau n Kunden im System sind,

und

$Q_{in}(t)$ die Randverteilung der Zahl der Kunden n, die sich im Zeitpunkt t_o+t im System befinden, wenn die Betriebsperiode in t_o mit i Kunden begonnen hat.

Weiter sei

$$Q_{in}^{(j)*}(s) = \int_0^\infty e^{-st} Q_{in}^{(j)}(t)dt \tag{58}$$

die Laplace-Transformation von $Q_{in}^{(j)}(t)$. Wie Gaver [16] gezeigt hat, gilt für deren erzeugende Funktion

$$k_i(z,x,s) = \sum_{j=1}^{\infty} \sum_{n=o}^{\infty} z^j x^n Q_{in}^{(j)*}(s) =$$

$$= \frac{x^i - x_1^i(s,z)}{1 - \frac{z}{x} \Phi_B^*\{s+\alpha[1-g(x)]\}} \quad \frac{1-\Phi_B^*\{s+\alpha[1-g(x)]\}}{s+\alpha\{1-g(x)\}} \tag{59}$$

wobei $x_1(s,z)$ die eindeutige Wurzel der Gleichung

$$x = z\Phi_B^* \{s + \alpha[1 - g(x)]\} \tag{60}$$

ist.

Die erzeugende Funktion der Laplace-Transformatierten der Randverteilung $Q_{in}(t)$ ergibt sich, wenn man in (59) $z \Rightarrow 1$ streben läßt.

Um aus dem Verhalten des Systems während der Betriebsperiode auf den allgemeinen Prozeß schließen zu können, ist es weiter erforderlich, die Dauer der Betriebsperioden und der Leerperioden zu untersuchen. Die Laplace-Transformation der Dauer der Betriebsperiode τ_B ist gleich [17]

$$E(e^{-s\tau_B}) = x_1^i(s,1) \tag{61}$$

Falls die Verkehrsdichte

$$\rho = \alpha E(G)E(B) < 1 \tag{62}$$

dann existiert ein endlicher Erwartungswert für die Dauer der Betriebsperioden [18]

$$E(\tau_B) = \frac{\rho}{\alpha E(G)(1 - \rho)} \tag{63}$$

Da die Abstände zwischen den Ankünften der Gruppen exponentialverteilt sind, ist auch die Dauer der Leerperioden τ_I exponentialverteilt; ihr Erwartungswert ist gleich

$$E(\tau_I) = \frac{1}{\alpha} \tag{64}$$

Es sei $\tau_R = \tau_B + \tau_I$ gleich der Dauer des Erneuerungsintervalls vom Beginn einer Betriebsperiode bis zum Beginn der nächsten, dann sind die Erneuerungsintervalle voneinander unabhängige Zufallsgrößen mit dem Erwartungswert [19]

$$E(\tau_R) = \begin{cases} \frac{1}{\alpha(1 - \rho)} & \text{für} \quad \rho<1 \\ \infty & \text{für} \quad \rho \geq 1 \end{cases} \tag{65}$$

Geht man nun davon aus, daß das Integral $Q_n(t)dt$ mit

$$Q_n(t) = \sum_{i=1}^{\infty} g_i Q_{in}(t) \qquad (66)$$

als Erwartungswert der Zeit, während der das System in einer Betriebsperiode im Zustand $n > 0$ ist [20] , dann erhält man für die Verteilung der Zustandswahrscheinlichkeiten des allgemeinen Prozesses im stochastischen Gleichgewicht P_n: [21]

$$P_n = \frac{1}{E(\tau_R)} \int_0^{\infty} Q_n(t)\,dt \qquad n \geq 1 \qquad (67)$$

Die Wahrscheinlichkeit dafür, daß das System leer ist, ist [22]

$$P_o = 1 - \rho \qquad (68)$$

Aus (59), (65), (67) und (68) erhält man dann als erzeugende Funktion der stationären Zustandswahrscheinlichkeiten [23]

$$\Pi(x) = \sum_{n=o}^{\infty} x^n P_n = \frac{(1-\rho)(1-x)\ \Phi_B^*\{\alpha[1-g(x)]\}}{\Phi_B^*\{\alpha[1-g(x)]\} - x} \qquad (69)$$

Durch Differenzieren erhält man daraus für die mittlere Schlangenlänge:

$$\bar{n} = \rho + \frac{\rho}{2(1-\rho)} \left[\frac{E(G^2)}{E(G)} - 1 \right] + \rho\{1 + C^2(B)\} \qquad (70)$$

Für den Fall, daß die Ankünfte einem einfachen Poisson-Prozeß unterliegen, ist $g(x)=x$; die erzeugende Funktion hat dann die Form

$$\Pi(y) = \frac{(1-\rho)(1-y)\ \Phi_B^*\{\alpha(1-y)\}}{\Phi_B^*\{\alpha(1-z)\} - y} \qquad (71)$$

die mittlere Schlangenlänge ist dann gleich

$$\bar{n} = \rho + \frac{\rho^2\{1 + C^2(B)\}}{2(1-\rho)} \qquad (72)$$

wobei $\rho = \alpha E(B)$ ist.

2) Methoden zur Analyse des Wartezeitprozesses

a) Die Integralgleichung von Lindley

Neben diesen Methoden, die an den Warteschlangenprozeß anknüpfen, wurden eine Reihe von Methoden entwickelt, die an den Wartezeitprozeß anknüpfen. Ein erster Ansatz zur Untersuchung der Wartezeit eines Kunden von seiner Ankunft bis zum Beginn seiner Bedienung auf der Grundlage funktionentheoretischer Methoden geht auf Pollaczek [24] zurück.

Eine allgemeine Beziehung für die Verteilung der Wartezeiten, die für alle Wartesysteme mit beliebig verteilten, unabhängigen Zwischenankunftszeiten und beliebig verteilten Bedienungszeiten gilt, wurde von Lindley [25] entwickelt.

Es sei A_n die Zeit zwischen der Ankunft des n-ten und des (n+1)-ten Kunden

B_n die Bedienungszeit des n-ten Kunden

W_n die Wartezeit des n-ten Kunden

$\Phi_A(t)$ die Verteilung der Zwischenankunftszeiten

$\Phi_B(t)$ die Verteilung der Bedienungszeiten

und $\Phi_{W_n}(t)$ die Verteilung der Wartezeit des n-ten Kunden.

Dann gilt für die Wartezeit des (n+1)-ten Kunden:

$$W_{n+1} = \max\{W_n+B_n-A_n; 0\} \tag{73}$$

Für $t > 0$ gilt

$$\text{Prob}\{W_{n+1} \leq t\} = \text{Prob}\{W_n+B_n-A_n \leq t\} \tag{74}$$

Da die Verteilung der Bedienungszeiten und der Ankunftszeiten voneinander unabhängig sind, gilt für die Verteilung der Differenz B_n-A_n

$$K(t) = \text{Prob}\{B_n-A_n \leq t\} = \int_0^\infty \Phi_B(t+z)\, d\Phi_A(z) \tag{75}$$

Da W_n stochastisch unabhängig von (B_n-A_n) ist, gilt für die Wartezeit des (n+1)-ten Kunden die rekursive Beziehung

$$\Phi_{W_{n+1}}(t) = \int_0^\infty K(t-y)\; d\,\Phi_{W_n}(y) \tag{76}$$

Für $n \Rightarrow \infty$ strebt diese Verteilung gegen eine Gleichgewichtsverteilung

$$\Phi_W(t) = \int_0^\infty K(t-y)\; d\Phi_W(y) \tag{77}$$

Diese Integralgleichung von Lindley gilt zwar unter sehr allgemeinen Bedingungen, die zugrundeliegende Wiener-Hopf-Integralgleichung ist jedoch im allgemeinen so kompliziert, daß ihre praktische Bedeutung recht gering ist.

b) Näherungslösungen für die mittlere Wartezeit

Die neuere Entwicklung in der Warteschlangentheorie tendiert deshalb dahin, anstelle exakter Lösungen für komplizierte Wartesysteme Näherungslösungen für die wichtigsten Operationscharakteristiken anzugeben, die nach Möglichkeit nur die beiden ersten Momente der Verteilungen der Basis-Prozesse enthalten.

So gibt Kingman [26] folgende obere Schranke für die mittlere Wartezeit in einem Wartesystem mit beliebig verteilten, unabhängigen Bedienungs- und Zwischenankunftszeiten

$$\bar{T}_w \leq \frac{Var(B) + Var(A)}{2\{E(A) - E(B)\}} \qquad (78)$$

wobei E(A) der mittlere Abstand der Ankünfte, E(B) die mittlere Bedienungszeit, Var(A) die Varianz der Ankunftszeiten und Var(B) die Varianz der Bedienungszeiten sind.

c) Die Methode von Cobham und Holley

Unter der Voraussetzung, daß die Ankunftszeiten exponentialverteilt sind, während die Bedienungszeiten beliebig verteilte Zufallsgrößen sind, läßt sich die mittlere Wartezeit leicht mit Hilfe folgender, auf Cobham und Holley [27] zurückgehende Methode bestimmen:

Die Aufenthaltsdauer eines Kunden setzt sich aus folgenden Komponenten zusammen:

1. der restlichen Bedienungszeit des Kunden, der gerade bedient wird T'
2. der Bedienungszeit der anderen noch auf Bedienung wartenden Kunden T"
3. der Bedienungszeit des betreffenden Kunden B

$$T_1 = T' + T'' + B \qquad (79)$$

Die reine Wartezeit des Kunden ist dann

$$T_2 = T' + T'' \qquad (80)$$

Der Erwartungswert der Bedienungszeit aller im Zeitpunkt der Ankunft eines Kunden auf Bedienung wartenden Kunden ist:

$$E(T'') = \bar{n}_s \; E(B) \qquad (81)$$

wobei $\bar{n}_s$ die mittlere Zahl der wartenden Kunden ist.

Wegen Formel (1), die auch für die reine Wartezeit gilt, erhält man daraus:

$$E(T'') = \alpha E(B) \; \bar{T}_w \qquad (82)$$

wobei $\bar{T}_w$ die mittlere Warezeit ist.

Der Erwartungswert der Bedienungszeit des Kunden, der gerade bedient wird, ist gleich der Vorwärtsrekurrenzzeit in einem zufälligen Zeitpunkt: [28]

$$E(T') = \int_0^\infty \frac{1}{2}t\{\alpha t\psi_B(t)\}dt = \frac{1}{2}\alpha E(B^2) \qquad (83)$$

Setzt man (82) und (83) in (80) ein, dann erhält man

$$\bar{T}_w = \frac{\alpha E(B^2)}{2\{1 - \alpha E(B)\}} \qquad (84)$$

und als mittlere Zahl der wartenden Kunden

$$\bar{n}_s = \frac{\rho^2\{1 + C^2(B)\}}{2(1-\rho)} \qquad (85)$$

Ebenso erhält man aus (79), (82) und (83) für die mittlere Aufenthaltsdauer

$$\bar{T} = E(B) + \frac{\alpha E(B^2)}{2\{1-\alpha E(B)\}} \qquad (86)$$

und die mittlere Schlangenlänge

$$\bar{n} = \rho + \frac{\rho^2\{1 + C^2(B)\}}{2(1-\rho)} \qquad (87)$$

(84) und (87) entsprechen den Formeln von Pollaczek und Khintchine für die Wartezeit, Aufenthaltsdauer, mittlere Zahl der wartenden Kunden und mittlere Schlangenlänge.

II. Die Simulation als Methode der Warteschlangentheorie

1) Der Begriff der Simulation

Die im vorigen Abschnitt dargestellten analytischen Methoden der Warteschlangentheorie erlauben es nicht, alle im Rahmen dieser Arbeit auftretenden Probleme analytisch zu untersuchen, da entweder

1. die Voraussetzungen dieser Methoden so eng sind, daß sie wesentliche Züge der Theorie der Betriebsstörungen nicht erfassen können,

2. diese Verfahren zu so komplizierten Ergebnissen führen, daß sie praktisch nicht verwertbar sind,

3. das zur Verfügung stehende Datenmaterial nicht ausreicht, um die für eine exakte Lösung benötigten Informationen über die Struktur des Wartesystems zu gewinnen.

In diesen Fällen ist es erforderlich, anstelle der analytischen Verfahren numerische Methoden zur Bestimmung von Näherungslösungen anzuwenden und die analytische Untersuchung der Probleme durch eine experimentelle Behandlung mit Hilfe der Simulation zu ersetzen.

Unter Simulationen im weiteren Sinne versteht man "zielgerichtetes Experimentieren an Modellen, die der Wirklichkeit nachgebildet sind" [29]. Simulationsmodelle im weiteren Sinne sind sowohl physikalische Modelle wie zum Beispiel Flugsimulatoren, "vereinfachte konkrete Abbildungen eines Ausschnittes der Wirklichkeit, die sich in den für die Untersuchung relevanten Aspekten analog der Wirklichkeit verhalten [30]", als auch mathematische Modelle, bei denen "quantitative Zusammenhänge in Form eines Systems von Gleichungen und Ungleichungen dargestellt" [31] werden.

Wesentlich ist, daß solche Modelle nicht allein zur Beschreibung der Wirklichkeit benutzt, sondern daß sie zum Experimentieren eingesetzt werden. Eine physikalische Versuchsanordnung kann also als ein Simulationsmodell angesehen werden; ein ökonometrisches Modell einer Volkswirtschaft ist hingegen kein Simulationsmodell, wenn es nur zur Beschreibung der Beziehungen zwischen einzelnen volkswirtschaftlichen Größen benutzt wird; wird es jedoch dazu benutzt, den Einfluß wirtschaftspolitischer Maßnahmen experimentell zu untersuchen, dann ist es als ein Simulationsmodell anzusehen.

Als Beispiel für ein physisches Simulationsmodell zur Untersuchung ökonomischer Tatbestände ließe sich ein Testmarkt ansehen, auf dem die Reaktionen der Käufer eines Produktes auf verschiedene absatzpolitische Maßnahmen untersucht werden sollen.

Experimente werden in aller Regel an vereinfachten Modellen der Wirklichkeit durchgeführt, der Begriff der Simulation im weiteren Sinne, der sowohl Experimente an mathematischen Modellen als auch an physischen Modellen umfaßt, ist daher weitgehend identisch mit dem Begriff des Experiments. Es erscheint daher sinnvoll, den Begriff der Simulation in einem eingeschränkteren Sinne zu verwenden. Für ökonomische Untersuchungen ist der Einsatz physischer Modelle in der Regel von untergeordneter Bedeutung, im Vordergrund stehen mathematische Modelle. Im folgenden soll daher der Begriff der Simulation auf das Experimentieren mit mathematischen Modellen beschränkt werden. In diesem Sinne definieren Hammersley und Handscomb [32] die Simulation als experimentelle Mathematik; nach Dorfman [33] ist "die Simulation für den Unternehmensforscher das, was für den Naturwissenschaftler das Experiment ist."

Bei der Simulation als mathematischem Experiment stehen zwei Anwendungsgebiete im Vordergrund:

1. Anwendung der Simulation zur Lösung komplexer Probleme, für die zwar eine deterministische Lösung existiert, die aber mit analytischen Methoden nicht gefunden werden kann.

2. Erzeugung von Realisationen von stochastischen Prozessen, die komplexe Systeme beschreiben, um dann von den Realisationen auf das Verhalten des Systems zu schließen.

Ein Beispiel für den ersten Anwendungsbereich der Simulation ist die numerische Berechnung von bestimmten Integralen, die nicht durch elementare Funktionen darstellbar sind [34].

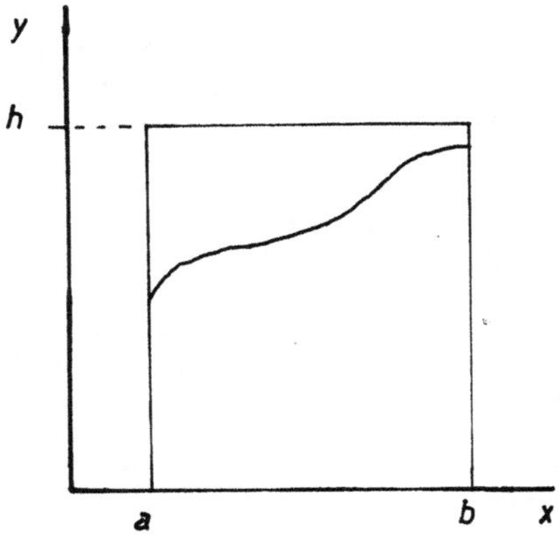

Abbildung 6

Es sei g=f(x) eine beliebige, im Intervall (a,b) definierte, beschränkte Funktion, d. h. $y \leqslant h$ für alle $a \leqslant x \leqslant b$.

Zur Berechnung des bestimmten Integrals $G = \int_a^b f(x)dx$ zieht man nun zwei Folgen von Zufallszahlen, X_i und Y_i, die in dem Intervall (a,b) bzw. (O,h) gleichverteilt sind, und prüft, ob

$$Y_i \leq f(X_i) \tag{88}$$

Ist nun n die Zahl der Realisationen, für die die Ungleichung (88) gilt und N die Gesamtzahl der Realisationen, dann gilt für genügend große N

$$\int_a^b f(x)dx \approx h(b-a)\,\frac{n}{N} \tag{89}$$

Weitere Beispiele für die Anwendung der Simulation zur Lösung deterministischer Probleme geben Hammersley und Handscomb [35]. Als Beispiel für die Anwendung dieser Form der Simulation, die häufig als Monte-Carlo-Methode bezeichnet wird [36], läßt sich die Suche nach guten Zuordnungen in der Ablaufplanung anführen: Da es nicht möglich ist, alle möglichen Zuordnungen systematisch zu überprüfen, erzeugt man solange zufällige Zuordnungen, bis eine gefunden ist, die als befriedigend anzusehen ist [37].

Das Hauptanwendungsgebiet der Simulation in der Unternehmensforschung ist jedoch die Untersuchung stochastischer Prozesse mit Hilfe der Simulation. Die Prozeß-Simulation beruht auf folgendem Grundgedanken [38]: Untersucht werden soll das Verhalten eines komplexen Systems, das auf eine Vielzahl von Einflüssen reagiert. Das System wird hierzu in einzelne Elemente zerlegt, deren Verhalten bekannt ist. Das Verhalten des Gesamtsystems ergibt sich dann aus dem durch verschiedene Regeln bestimmten Zusammenwirken dieser Elemente. Kann dieses Zusammenwirken nicht auf analytischem Wege untersucht werden, dann muß die Reaktion des Systems auf einzelne Stimuli experimentell mit Hilfe der Simulation untersucht werden.

Bei einfachen Wartesystemen ohne Betriebsstörungen sind die Elemente des Systems der Ankunfts- und der Bedienungsprozeß. Das Verhalten des Systems wird gekennzeichnet durch die Zahl der Kunden.

Zwischen den Elementen des Systems und dem Verhalten des Gesamtsystems bestehen folgende Beziehungen:

1. Durch eine Ankunft wird die Zahl der Kunden im System um eins erhöht; durch den Abschluß einer Bedienung wird sie um eins verringert.

2. Eine Bedienung kann nur dann beendet werden, wenn mindestens ein Kunde im System ist.

Um Aussagen über das Verhalten des Systems machen zu können, werden eine oder mehrere Realisationen des Prozesses über die Zeit verfolgt; diese Realisationen werden als Stichproben aus der Gesamtheit aller möglichen Realisationen angesehen und mit Hilfe statistischer Methoden untersucht. Die Simulation stochastischer Prozesse kann also als die Erzeugung theoretischer Stichproben angesehen werden.

Beiden hier dargestellten Anwendungsfällen der Simulation ist gemeinsam, daß sie mit Hilfe von Zufallszahlen durchgeführt werden. Man kann die Simulation daher definieren als die Durchführung mathematischer Experimente mit Hilfe von Zufallszahlen, weil eine exakte Lösung eines Problems mit analytischen Methoden nicht gefunden werden kann.

So definierte Simulationsexperimente können zur Lösung von zwei Problemtypen herangezogen werden:

1. Mit Hilfe von Simulationsexperimenten können Hypothesen über allgemeingültige Sätze überprüft werden: Simulation als Forschungsmethode

2. Mit Hilfe von Simulationsexperimenten können optimale oder zumindest befriedigende Lösungen für bestimmte spezielle Probleme gefunden werden: Simulation als Optimierungsmethode.

So können Simulationsexperimente zum Beispiel dazu benutzt werden zu prüfen, ob eine bestimmte Prioritätsregel für die Ablaufplanung einer anderen überlegen ist [39]; man kann sie jedoch auch dazu einsetzen, in einem bestimmten Fall einen guten Ablaufplan zu finden.

2) Der Ablauf eines Simulationsexperiments

Zur Untersuchung der Probleme der Theorien der Wartesysteme mit Betriebsstörungen kann der zweite Anwendungsbereich der Simulation, die Simulation stochastischer Prozesse, herangezogen werden, weil derartige Wartesysteme als komplexe stochastische Prozesse angesehen werden können, deren Komponenten, der Ankunftsprozeß, der Bedienungsprozeß, der Stör- und der Reparaturprozeß isoliert mit hinreichender Genauigkeit untersucht werden können, deren Zusammenwirken hingegen in komplizierteren Fällen nicht mehr analytisch untersucht werden kann.

Das Simulationsexperiment zur Untersuchung eines solchen Problems setzt sich aus folgenden Teilen zusammen:

1. Erzeugung der das System kennzeichnenden Teilprozesse aufgrund der Kenntnis der Struktur dieser Teilprozesse

2. Zusammenfügung der Teilprozesse zum Gesamtprozeß

3. Untersuchung der Realisationen des Gesamtprozesses mit Hilfe statistischer Methoden.

Die das System konstituierenden Teilprozesse sind im wesentlichen gekennzeichnet durch die Abstände der einzelnen Ereignisse. Diese Abstände werden als Zufallszahlen mit bekannter Verteilung angesehen; das erste Problem besteht daher in der Erzeugung von Zufallszahlen, die einer gegebenen Wahrscheinlichkeitsverteilung unterliegen [40].

Das zweite Problem, die eigentliche Simulation des Prozesses, besteht darin, diese Komponenten entsprechend den Regeln, denen der zu untersuchende Gesamtprozeß unterliegt, zusammenzufügen.

Das letzte Problem besteht schließlich darin, die mit Hilfe der Simulationsläufe erzeugten Realisationen des Prozesses mit statistischen Methoden zu untersuchen, um auf die hinter dem Gesamtprozeß stehenden Gesetzmäßigkeiten zu schließen [41].

Im folgenden sollen zunächst diese drei Stufen eines Simulationsexperiments anhand des schon im analytischen Teil dargestellten Markoff-Wartesystems ohne Betriebsstörungen dargestellt werden; im Anschluß daran wird ein Modell für Wartesysteme mit Betriebsstörungen entwickelt werden, anhand dessen einige noch offenstehende Probleme untersucht werden sollen.

a) Die Erzeugung von Zufallszahlen

1. Gleichverteilte Zufallszahlen

Die Erzeugung der das System charakterisierenden Teilprozesse erfolgt in zwei Schritten:

1. Zunächst wird eine Folge von Zufallszahlen erzeugt, die in dem Intervall (0,1) gleichverteilt sind

2. Diese gleichverteilten Zufallsgrößen werden durch geeignete Transformationen in Zufallszahlen umgewandelt, die der Verteilung der Dauer der Abstände der Ereignisse bei den zu untersuchenden Prozessen unterliegen

Zur Erzeugung gleichverteilter Zufallszahlen stehen folgende Methoden zur Verfügung [42] :

1. Beobachtung physikalischer Prozesse, z. B. Würfeln, Münzenwerfen, radioaktiver Zerfall, aus denen Zufallszahlen abgeleitet werden können [43] .

2. Benutzung von Zufallszahlentafeln [44] .

3. Erzeugung von Pseudo-Zufallszahlen durch zahlentheoretisch begründete Rekursionsbeziehungen, die weitgehend zufälligen Charakter haben.

Vorteil der ersten Methode ist, daß sie "echte" Zufallszahlen liefert. Sie hat jedoch den Nachteil, daß

1. der Prozeß ständig kontrolliert werden muß, ob er noch die erforderlichen Eigenschaften hat [45]

2. eine einmal beobachtete Folge von Zufallszahlen nicht für Kontrollzwecke reproduzierbar ist [46]

3. zur direkten Eingabe in elektronische Datenverarbeitungsanlagen, auf denen die Simulation durchgeführt werden soll, Zusatzgeräte erforderlich sind, die den physikalischen Prozeß aufzeichnen und die Beobachtungen in Zahlenfolgen umwandeln.

Die Beobachtung physikalischer Prozesse ist daher für die Anwendung bei Simulationen auf elektronischen Datenverarbeitungsanlagen ungeeignet; sie kann hauptsächlich für die Erstellung von Zufallszahlentafeln benutzt werden. Der wesentliche Nachteil der Verwendung solcher Zufallszahlentafeln bei der Simulation ist, daß die Eingabe dieser Tabellen mit unverhältnismäßig hoher Rechenzeit verbunden ist und daß sie relativ viel Speicherplatz in Anspruch nehmen. "Since input to these machines is invariably the slowest process, this seriously slows the rate of the machine and constitutes the major objection to this method" [47] .

Für die Simulation auf elektronischen Datenverarbeitungsanlagen ist es daher unumgänglich, die Zufallszahlen intern zu erzeugen. Hierzu werden rekursive Beziehungen benutzt, deren Glieder gewissen Anforderungen, die den Zufallscharakter sicherstellen sollen, genügen. Die wichtigsten dieser Bedingungen sind [48] :

1. Gleichverteilung der produzierten Zahlenfolge

2. Statistische Unabhängigkeit der Zahlenfolge, insbesondere Fehlen von auf- und absteigenden Sequenzen.

3. Keine periodische Wiederkehr bestimmter Zahlenfolgen bzw. möglichst große Periodenlänge.

Selbstverständlich sind solche Zahlenfolgen, die aufgrund deterministischer Regeln erzeugt werden, keine echten Zufallszahlen. Da sie jedoch nicht von echten Zufallszahlen unterscheidbar sind, bezeichnet sie Lehmer [49] als Pseudo-Zufallszahlen.

Von den Methoden zur Erzeugung von Pseudo-Zufallszahlen soll hier nur auf die für die Anwendung auf elektronischen Rechenanlagen besonders geeignete gemischte Kongruenzmethode eingegangen werden [50]. Die gemischte Kongruenzmethode geht von folgendem Bildungsgesetz aus [51]:

$$n_{i+1} = a\, n_i + c \quad (\text{mod } m) \tag{90}$$

wobei a, c, n_i und m nichtnegative ganze Zahlen sind.

Dann ist

$$r_{i+1} = \frac{n_{i+1}}{m} \tag{91}$$

Um eine möglichst große Periodenlänge und möglichst niedrige Serienkorrelation zu erreichen, sollte

1. der größte gemeinsame Teiler von c und m gleich 1 sein

2. das Residuum von a (modulo p) gleich 1 sein, falls p ein Primfaktor von m ist

3. das Residuum von a (modulo 4) ebenfalls gleich 1 sein, falls 4 ein Faktor von m ist.

Für binäre Rechenanlagen wählt man am besten $m=2^b$, wobei b die Zahl der Bits/Wort ist. Für c ist dann eine ungerade Zahl zu wählen, um die Bedingung 1 zu erfüllen.

Um den Bedingungen 2 und 3 zu genügen, ist

$$a = 2^s + 1 \tag{92}$$

zu setzen, wobei $s > 2$ sein soll.

Im folgenden wird das SHARE-Programm RDM (Nr. 1360) benutzt. In diesem Programm sind die Konstanten gleich

$$a = 2^7+1$$

$$m = 2^{35}$$

$$c = 31171516 4o25_8$$

gesetzt. Die oktale Konstante c ist so gewählt, daß die Serienkorrelation minimal ist. Die Periodenlänge ist größer als 100 Millionen.

2. Transformation gleichverteilter Zufallszahlen

Die so gewonnenen gleichverteilten Zufallszahlen sind nun in beliebig verteilte Zufallsgrößen zu transformieren [52].

Ist die zu erzeugende Zufallsgröße X diskret mit der kumulativen Wahrscheinlichkeitsverteilung H(x) verteilt, dann erhält man durch folgende Transformation eine Realisation X_i aus der gleichverteilten Zufallsgröße r_i:

$$\text{Prob}\{X_i = x\} = \text{Prob}\{\, H(x-1) < r_i \leq H(x)\} \qquad (93)$$

Analog erhält man für eine kontinuierliche Zufallsgröße mit der Verteilungsfunktion

$$F(x) = \text{Prob}\{X_i \leq x\} = \int_0^x f(t)\,dt \qquad (94)$$

durch die Transformation

$$F(X_i) = r_i \qquad (95)$$

aus einer Zufallszahl r_i eine nach F(x) verteilte Zufallsgröße X_i.

Dieses Verfahren läßt sich graphisch folgendermaßen darstellen:

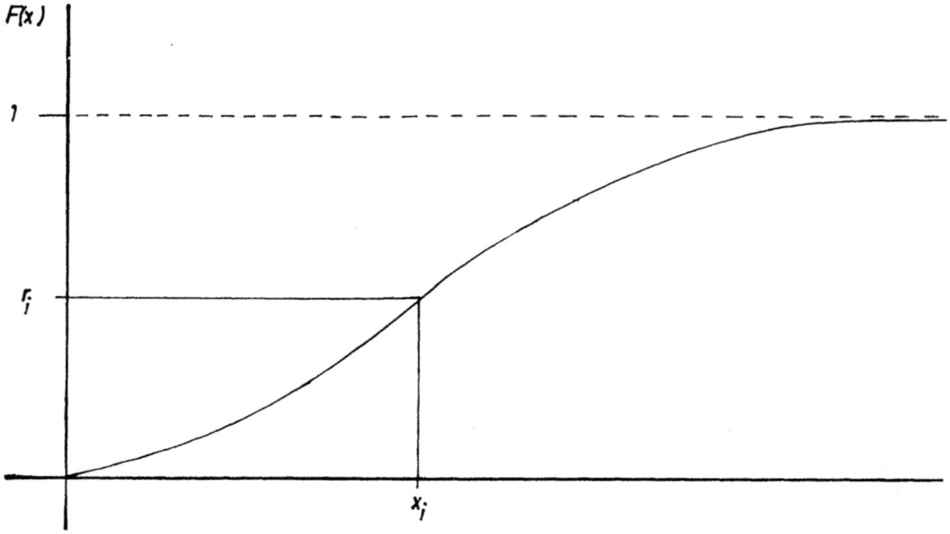

Abbildung 7

Es sei F(x) die Wahrscheinlichkeitsverteilung, der die zu erzeugende Zufallsgröße X_i gehorchen soll, und r_i eine Zufallszahl. Dann ist X_i der zu dem Ordinatenwert r_i gehörende Abszissenwert. Kann die Umkehrfunktion der Verteilung F(x) angegeben werden, dann gilt:

$$X_i = F^{-1}(r_i) \tag{96}$$

Soll X beispielsweise exponentialverteilt sein, dann ist

$$F(x) = 1 - e^{-ax} \tag{97}$$

und

$$X_i = F^{-1}(r_i) = -\frac{1}{a}\ln(1-r_i) \tag{98}$$

Ist die Umkehrfunktion $F^{-1}(x)$ hingegen nicht bekannt, dann muß die Verteilungsfunktion diskretisiert werden und die Transformation numerisch durchgeführt werden. Hierbei geht man folgendermaßen vor:

1. Man berechnet zunächst die kumulative Verteilung F(x) in äquidistanten Punkten $x_1, x_2, \ldots, x_m$. Der Abstand zwischen zwei Punkten sei Δx.

2. Man sucht den Punkt x_i mit dem niedrigsten Index, für den gilt:

$$x_i \geq r \tag{99}$$

3. Die einfachste Methode zur Suche von x_i wäre, das Kriterium (99) sukzessive auf $x_1, x_2, \ldots$ anzuwenden, bis ein x_i gefunden ist, für das es erstmals erfüllt ist. Diese Methode der sukzessiven Suche (scanning) ist jedoch mit erheblichem Rechenaufwand verbunden. Der Erwartungswert der Zahl der Vergleiche ist

$$c = (m+1)/2 \tag{100}$$

wobei m die Zahl der Punkte der Verteilung, die untersucht werden sollen, ist [53].

4. Eine erhebliche Verkürzung der Rechenzeit läßt sich mit Hilfe der binären Suche erzielen. Es sei x_u der unterste Punkt, x_o der oberste Punkt der Verteilung F(x). Man wendet dann das Kriterium [99] zunächst auf den Median x_j mit

$$j = \left[\frac{u+o}{2}\right] \tag{101}$$

an.

Ist $x_j < r$ und $x_{j+1} < r$, dann wird (99) auf den oberen Quartilswert x_k mit

$$k = \left[\frac{j+o}{2}\right] \tag{102}$$

angewandt. Ist hingegen x_j und $x_{j-1} > r$, dann wird (99) auf den unteren Quartilswert x_l mit

$$l = \left[\frac{u + j}{2}\right] \tag{103}$$

angewandt. Dieses Verfahren wird solange wiederholt, bis ein Wert $x_i < r$ und $x_{i+1} > r$ gefunden ist. x_i ist dann die gesuchte Zufallszahl.

Auf diese Weise kann der Erwartungswert der Zahl der Vergleiche auf

$$c = {}^2\log m \tag{104}$$

reduziert werden [54].

Neben diesen allgemeinen Transformationsmethoden wurden für einige wichtige Verteilungen spezielle Transformationsmethoden entwickelt. So erhält man durch Addition von k exponentialverteilten Zufallsgrößen mit dem Mittelwert $1/\eta$ Erlang-verteilte Zufallsgrößen mit dem Mittelwert k/η

$$E_k = \sum_{i=1}^{k} X_i \tag{105}$$

Nach dem zentralen Grenzwertsatz erhält man durch Addition einer großen Zahl gleichverteilter Zufallsgrößen normalverteilte Zufallsgrößen [55]:

$$N\left(\frac{n}{2};\frac{n}{12}\right) = \sum_{i=1}^{n} r_i \tag{106}$$

Schließlich erhält man durch die Transformationen

$$X_1 = \sqrt{-2 \ln r_1}\ \cos(2\pi r_2) \tag{107}$$

$$X_2 = \sqrt{-2 \ln r_2}\ \sin(2\pi r_1) \tag{108}$$

aus den beiden Zufallszahlen r_1 und r_2 zwei normiert normalverteilte Zufallsgrößen [56].

Wie bei der Behandlung der Elemente der Erneuerungstheorie gezeigt wurde, werden vielfach die Gamma-Verteilung, die Lognormal-Verteilung und die Weibull-Verteilung als typische Verteilungsmodelle für die Abstände der Ereignisse eines Erneuerungsprozesses benutzt. Es ist daher wünschenswert, Transformationen zu finden, die es ermöglichen, Zufallsgrößen, die diesen Verteilungen genügen, zu erzeugen.

Eine Weibull-verteilte Zufallszahl erhält man durch folgende Transformation aus einer gleichverteilten Zufallszahl:

$$S = \frac{-\ln(r)^{-\delta}}{\eta} \qquad (109)$$

Im Gegensatz zur Weibull-Verteilung ist es im allgemeinen nicht möglich, die Verteilungsfunktion der Gamma-Verteilung zu invertieren; um die mit hohem Zeitaufwand verbundene numerische Inversion der Verteilungsfunktion zu vermeiden, versucht man vielfach, Gamma-verteilte Zufallsgrößen durch Erlang-verteilte Zufallsgrößen anzunähern. Wie oben gezeigt wurde, ist eine Erlang-verteilte Zufallsgröße interpretierbar als die Summe unabhängiger, exponentialverteilter Zufallsgrößen mit gleichem Mittelwert. Man kann also eine Erlang-verteilte Zufallsgröße erzeugen, indem man k unabhängige, exponentialverteilte Zufallsgrößen mit dem Mittelwert $1/\lambda k$ addiert:

$$S = S_1 + S_2 + \ldots + S_k \qquad (110)$$

wobei die S_i unabhängige exponentialverteilte Zufallsgrößen sind.

Sind die Mittelwerte aller S_i gleich, dann kann man mit $\delta = k$ nur solche Zufallszahlen erzeugen, deren Variationskoeffizient gleich der Wurzel des Kehrwertes einer natürlichen Zahl ist. Das Konzept der Erlang-verteilten Zufallszahlen läßt sich jedoch verallgemeinern, indem man die Forderung aufgibt, daß die Mittelwerte der Zufallszahlen S_i gleich sein sollen. Durch Addition von exponentialverteilten Zufallsgrößen lassen sich dann Zufallszahlen mit beliebigem Mittelwert und rationalem Variationskoeffizienten zwischen Null und eins erzeugen.

Der Erwartungswert solcher allgemeiner Erlang-verteilter Zufallsgrößen ist gleich [57]:

$$E(S) = \sum_{i=1}^{k} \frac{1}{\eta_i} \qquad (111)$$

wobei $1/\eta_i$ der Erwartungswert des i-ten Summanden ist. Der Variationskoeffizient ist gleich

$$C(S) = \sqrt{\frac{\sum_{i=1}^{k} \frac{1}{\eta_i^2}}{\left[\sum_{i=1}^{k} \frac{1}{\eta_i}\right]^2} - 1} \qquad (112)$$

Eine zweite Möglichkeit, Gamma-verteilte Zufallsgrößen mit Variationskoeffizient zwischen 0 und 1 zu erzeugen, besteht darin, zwei Erlang-verteilte Zufallsgrößen zu mischen: Es sei

$k=[\delta]$ die größte ganze Zahl kleiner als δ und $q=\delta-k$. Dann kann man Gamma-verteilte Zufallsgrößen mit dem Parameter δ erzeugen, indem man jeweils mit der Wahrscheinlichkeit q (k+1)-Erlang-verteilte Zufallszahlen und mit der Wahrscheinlichkeit 1-q k-Erlang-verteilte Zufallszahlen erzeugt [58].

Da die Verteilungsfunktion der Lognormal-Verteilung ebenfalls nicht invertierbar ist, ist es nicht möglich, gleichverteilte Zufallszahlen direkt in lognormalverteilte Zufallsgrößen zu transformieren. Da ihre Logarithmen normalverteilt sind, kann man jedoch wie folgt vorgehen [59]:

1. Man erzeugt zwei gleichverteilte Zufallszahlen und transformiert diese nach dem Verfahren von Box und Müller in eine standardisierte normalverteilte Zufallszahl:

$$X = \sqrt{-2 \ln r_1} \cos(2\pi r_2) \quad (113a)$$

oder

$$X = \sqrt{-2 \ln r_2} \sin(2\pi r_1) \quad (113b)$$

2. Soll die lognormalverteilte Zufallsgröße den Mittelwert E(S) und den Variationskoeffizienten C(S) haben, dann müssen der Mittelwert und die Varianz der entsprechenden normalverteilten Zufallsgrößen gleich

$$\bar{x} = \ln\{E(S)\} - \frac{1}{2} \ln\{1+C^2(S)\} \quad (114)$$

und

$$\sigma^2 = \ln\{1+C^2(S)\} \quad (115)$$

sein.

Es ist also

$$Z = X \ln\{1+C^2(S)\} + \ln\{E(S)\} - \frac{1}{2}\ln\{C^2(S)\} \quad (116)$$

3. Die gewünschte lognormalverteilte Zufallsgröße ist dann gleich

$$Y = e^Z \quad (117)$$

b) Simulation des Warteschlangenprozesses

1. Die Simulation der Ereignisse

Nachdem im vorigen Abschnitt gezeigt worden ist, wie Zufallsgrößen, die die Abstände zwischen den Einzelereignissen repräsentieren, erzeugt werden können, ist nun zu zeigen, wie diese Bausteine zum Gesamtprozeß zusammenzufügen sind. Hierbei ist zu berücksichtigen, daß

1. die Ereignisse entsprechend den Ereigniszeiten zusammengefügt werden

2. die Prioritätsbeziehungen zwischen den Ereignissen eingehalten werden; es muß also berücksichtigt werden, daß einer Bedienung immer eine Ankunft vorausgegangen sein muß.

Zur Synchronisation der Einzelereignisse stehen zwei Techniken zur Verfügung [60]:

1. Diskrete Zeitführung (Time-Slicing)
2. Kontinuierliche Zeitführung (Event-Sequencing)

Im Fall der diskreten Zeitführung wird der Parameterraum des zu simulierenden Prozesses künstlich diskretisiert. Es wird eine "Systemuhr" simuliert, die in äquidistanten Schritten vorrückt. In jedem Zeitpunkt wird geprüft, ob seit dem letzten Prüfzeitpunkt ein oder mehrere Ereignisse aufgetreten sind. Gegebenenfalls werden die Systemgrößen entsprechend verändert, dann wird die Systemuhr um eine Zeiteinheit weitergestellt.

Um sicherzustellen, daß durch die diskrete Zeitführung nicht zuviele Informationen verloren gehen, ist es erforderlich, das Sieb der Prüfpunkte so eng zu legen, daß zwischen zwei Prüfpunkten möglichst nur ein Ereignis eintreten kann; die Zeiteinheit muß also relativ klein zum mittleren Abstand der Ereignisse sein. Je stärker die Ereignisse schwanken, desto kleiner ist die Zeiteinheit zu wählen.

Im Fall kontinuierlicher Zeitführung wird der Prozeß kontinuierlich über die Zeit verfolgt. Hierzu wird neben der Systemuhr für jeden Basisprozeß eine "Prozeßuhr" geführt, die registriert, wann dieser Prozeß zum nächsten Ereignis führt. Bei jedem Simulationsschritt wird dann geprüft, welche der Prozeßuhren den niedrigsten Wert anzeigt, welcher Basisprozeß also das nächste Ereignis hervorrufen wird. Dann werden die diesem Ereignis entsprechenden Veränderungen der Systemgrößen registriert und die Systemuhr auf den Zeitpunkt dieses Ereignisses eingestellt.

Der wesentliche Vorteil der Methode der kontinuierlichen Zeitführung liegt darin begründet, daß jede einzelne Veränderung im Zeitpunkt ihres Auftretens registriert werden kann, so daß keine Information über den Prozeßablauf verloren geht. Im Fall der diskreten Zeitführung werden zwar die zwischen zwei Prüfzeitpunkten aufgetretenen Veränderungen nachträglich registriert, der genaue Zeitpunkt des Ereignisses geht jedoch verloren. Der Vorteil der diskreten Zeitführung liegt darin, daß sie mit geringerem Rechenaufwand verbunden ist [61].

Bei beiden Methoden der Zeitführung muß der Hauptteil der Rechenzeit auf Vergleichsoperationen verwendet werden: im Fall der diskreten Zeitführung muß in jedem Zeitpunkt geprüft werden, ob einer der k Einzelprozesse ein Ereignis erzeugt hat; soll der Prozeß über T Zeiteinheiten verfolgt werden, dann sind insgesamt T k Vergleichsoperationen erforderlich. Ist m der durchschnittliche Abstand der Ereignisse, dann treten insgesamt T k/m Ereignisse in diesem Zeitraum ein. Da bei kontinuierlicher Zeitführung nach jedem Ereignis zu prüfen ist, welche Prozeßuhr den niedrigsten Wert anzeigt, sind bei jedem

Ereignis (k-1) Vergleichsoperationen erforderlich, insgesamt werden also $T \cdot k(k-1)/m$ Vergleichsoperationen benötigt.

Die Methode der diskreten Zeitführung ist also von der Rechenzeit her gesehen dann günstiger als die Methode der kontinuierlichen Zeitführung, wenn

$$m < k-1$$

wenn also der mittlere Abstand der Ereignisse, gemessen in Zeiteinheiten der Systemuhr, kleiner ist als die Zahl der zu untersuchenden Einzelprozesse. Die Methode der diskreten Zeitführung ist also dann vorteilhaft, wenn

1. die Zahl der Einzelprozesse groß ist, so daß bei kontinuierlicher Zeitführung nach jedem Ereignis viele Vergleichsoperationen erforderlich sind

2. die Streuung der Abstände der Einzelereignisse gering ist, so daß der Abstand der Prüfzeitpunkte relativ groß sein kann.

Die Methode der diskreten Zeitführung hat sich besonders in den Fällen bewährt, in denen ein Prozeß deterministisch ist und die Abstände der anderen Einzelereignisse relativ groß sind, so daß man die Abstände der Ereignisse des deterministischen Prozesses als Zeiteinheit für die Systemuhr wählen kann [62].

Für die hier zu untersuchenden Wartesysteme mit Betriebsstörungen scheint die Methode der kontinuierlichen Zeitführung jedoch überlegen zu sein, weil

1. die Zahl der Einzelprozesse relativ gering ist: im Fall eines einzelnen Bedienungskanals ist k=4, im Fall s nebeneinandergeschalteter Kanäle mit voneinander unabhängigen Stör- und Reparaturprozessen ist k=3s+1, in den anderen Fällen liegt k zwischen diesen Grenzwerten;

2. zwischen den einzelnen Prozessen erhebliche Niveau-Unterschiede bestehen und die Zeiten zwischen den Ereignissen der Einzelprozesse ebenfalls stark schwanken können, so daß die Zeiteinheit sehr klein gewählt werden muß;

3. aufgrund der Struktur des Systems vielfach nur ein Teil der Prozeßuhren verglichen werden muß, weil bestimmte Ereignisse aufgrund des Zustandes des Systems nicht auftreten können.

Die Simulation mit kontinuierlicher Zeitführung ist jedoch auch dann der Simulation mit diskreter Zeitführung überlegen, wenn der Rechenaufwand größer ist, weil die Berücksichtigung der Prioritätsbeziehungen zwischen den Ereignissen im Fall kontinuierlicher Zeitführung wesentlich einfacher ist als bei diskreter Zeitführung.

2. Simulation eines Wartesystems ohne Betriebsstörungen

Zur Verdeutlichung des Vorgehens soll zunächst ein Simulationsmodell eines einfachen Wartesystems ohne Betriebsstörungen entwickelt werden [63]. Hierzu seien die folgenden Variablen definiert:

N Zahl der Kunden im System

T Systemuhr: Zeit seit Beginn des Simulationslaufes

T1A Prozeßuhr für den Ankunftsprozeß: Zeitpunkt der nächsten Ankunft

T1B Prozeßuhr für den Bedienungsprozeß: Zeitpunkt des Abschlusses der nächsten Bedienung

TA nächste Zwischenankunftszeit

TB Dauer der nächsten Bedienung

Der Ablauf eines Simulationslaufes ist in der Abb. 8 als Flußdiagramm dargestellt. Zu Beginn jedes Simulationslaufes werden die Anfangsbedingungen N=O und T=O gesetzt und der Zeitpunkt T1A der ersten Ankunft bestimmt, indem die Größe TA gemäß der Verteilung der Zwischenankunftszeiten nach dem oben beschriebenen Verfahren bestimmt wird.

In der ersten Phase jedes Simulationsschrittes wird geprüft, welches Ereignis als nächstes eintritt. Hierzu wird zunächst der jeweilige Wert von N geprüft. Ist N=O, befindet sich also kein Kunde im System, dann kann das nächste Ereignis nur eine Ankunft sein; ist hingegen N > O, befinden sich also Kunden im System, dann ist weiter zu prüfen, ob T1A kleiner oder größer als T1B ist, ob also als nächstes ein Kunde ankommen wird oder eine Bedienung abgeschlossen wird.

In einer sich an diese Prüfung anschließenden zweiten Phase des Simulationslaufes werden die durch das jeweilige Ereignis hervorgerufenen Veränderungen der Variablen protokolliert: Bei einer Bedienung wird die Zahl der Kunden um eins verringert und die Systemuhr auf T1B gestellt. Weiter wird die Dauer TB der nächsten Bedienung erzeugt und daraus der Zeitpunkt T1B=T+TB des Abschlusses der nächsten Bedienung bestimmt. Ebenso wird bei einer Ankunft zunächst die Zahl der Kunden N um eins erhöht und die Systemuhr auf T=T1A, den Zeitpunkt der Ankunft, gestellt. Dann wird die Zeit TA bis zur nächsten Ankunft bestimmt. War im Zeitpunkt der Ankunft eines Kunden das System leer, d. h. N=O, dann kann mit seiner Bedienung sofort begonnen werden; in diesem Fall muß neben dem Zeitpunkt der nächsten Ankunft T1A auch der Zeitpunkt T1B des Abschlusses dieser Bedienung bestimmt werden.

Am Ende eines jeden Simulationsschrittes wird geprüft, ob der Simulationslauf fortgesetzt werden soll oder nicht, ob also die gewünschte Länge des Simulationslaufes T=TMAX bereits erreicht ist oder nicht.

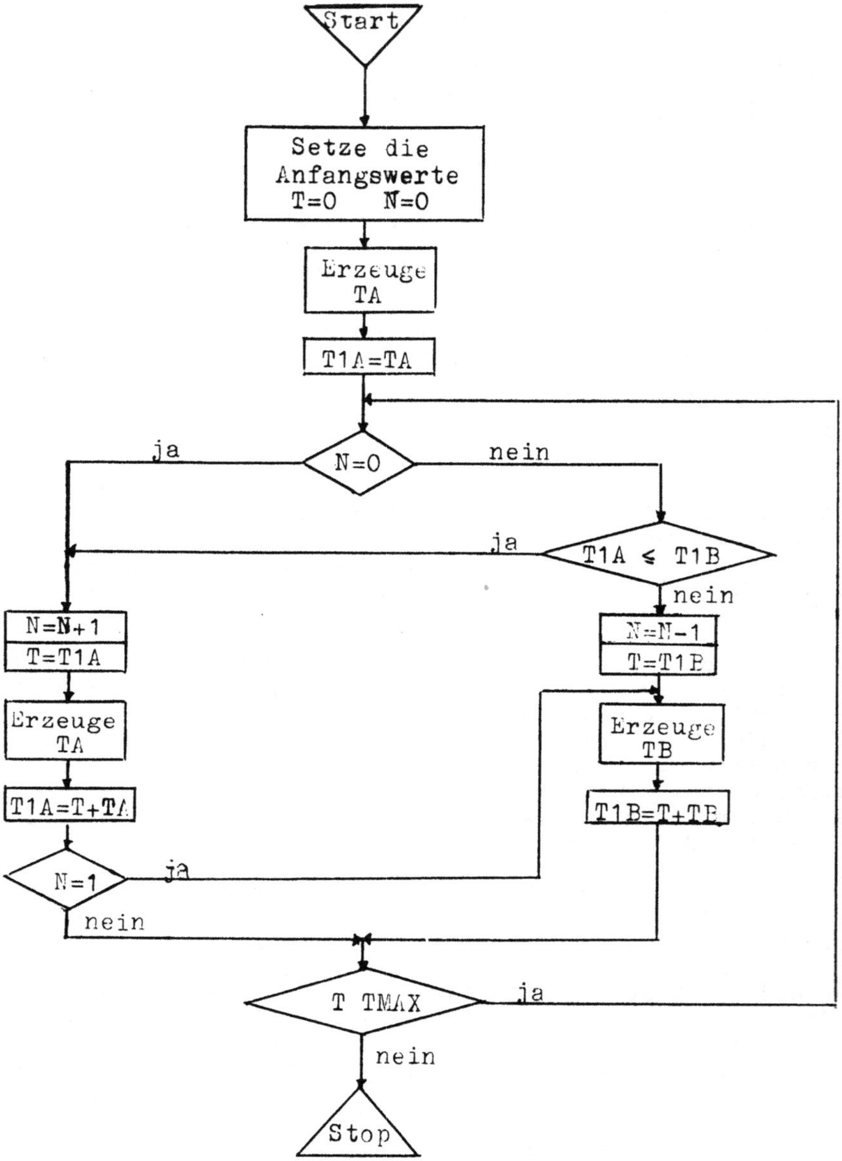

Abbildung 8: Flußdiagramm für ein Wartesystem ohne Betriebsstörungen

Einen Ausschnitt aus einem so erzeugten Zufallsprozeß gibt die Abb. 9 für ein Markoff-Wartesystem mit $\alpha = 8$ und $\beta = 10$. Charakteristisch sind die langen Perioden mit hoher Schlangenlänge, die von langen Perioden kurzer Schlangenlänge gefolgt werden. Die Zahl der Kunden im System ist also in hohem Maße autokorreliert.

c) Die Auswertung der Simulationsläufe

Die Simulationsläufe liefern eine oder mehrere Realisationen des zu untersuchenden stochastischen Prozesses in Form von Zeitreihen, die die Entwicklung der Zustandsgrößen des Systems, im Fall von Wartesystemen die Zahl der wartenden Kunden, aufzeichnen. Als letztes Problem stellt sich nun die Frage, wie man von diesen Realisationen auf die Gesetzmäßigkeiten des Prozesses schließen kann. Der Kerngedanke der Lösung besteht darin, die Zeitreihen als Stichproben anzusehen, auf die man die Methoden der statistischen Analyse anwenden kann. Dieses Vorgehen findet seine Berechtigung darin, daß es für die Anwendung dieser Methoden bedeutungslos ist, wie die zu untersuchenden Daten beschafft worden sind, ob sie auf der Beobachtung tatsächlich abgelaufener Prozesse, auf realen Experimenten beruhen oder ob sie durch Simulation des stochastischen Prozesses, durch fiktive mathematische Experimente gewonnen worden sind. Obwohl der Ausgangspunkt in beiden Fällen, bei der Analyse realer Zeitreihen und der Analyse simulierter Zeitreihen, der gleiche ist, ergeben sich jedoch aus der Tatsache, daß Simulationsexperimente weitaus besser kontrolliert werden können und leichter wiederholbar sind als reale Experimente, gewisse Modifikationen.

Wie schon bei der Behandlung des Problems mit analytischen Methoden stehen auch hier die Operationscharakteristiken, die Mittelwerte der Systemgrößen, also insbesondere die mittlere Schlangenlänge und die mittlere Zahl der Störungen im Vordergrund der Untersuchung.

Wurde die Simulation mit der Technik der kontinuierlichen Zeitführung durchgeführt, dann erhält man als Ergebnis eines Simulationslaufes für jede Operationscharakteristik eine Funktion $X(t)$ für $0 \leq t \leq T$, wobei T die Länge des Simulationslaufes ist, die der in der Abb. 9 wiedergegebenen Funktion entspricht. Der Mittelwert dieser Zeitfunktion

$$\bar{x} = \frac{1}{T} \int_0^T X(t)\,dt \tag{118}$$

ist ein unverzerrter Schätzwert für den Erwartungswert der zu untersuchenden Operationscharakteristik, falls [64]

1. der Prozeß schwach stationär ist, das heißt
   a. ein endliches zweites Moment besitzt
   b. der Mittelwert über die Zeit konstant ist
   c. die Kovarianz zwischen zwei Beobachtungszeitpunkten allein eine Funktion des Abstandes der Beobachtungen, nicht aber der Lage der Zeitpunkte ist, daß also eine Kovarianzfunktion der Form

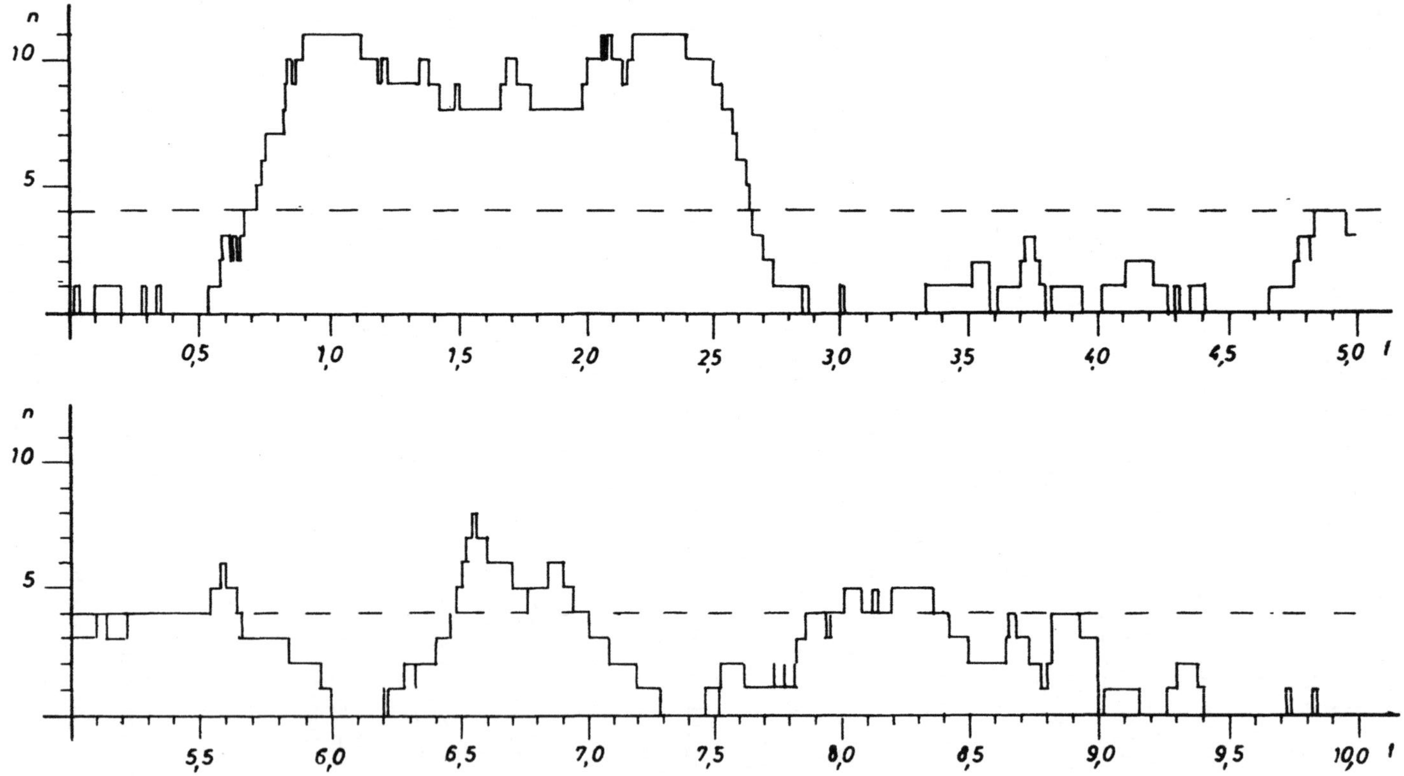

Abbildung 9: Histogramm eines Wartesystems ohne Betriebsstörungen

$$R(|s-t|) = Cov\{X(s),X(t)\} \quad (119)$$

existiert.

2. diese Kovarianzfunktion stetig ist.

Ist der Zustandsraum des Prozesses wie bei den hier zu untersuchenden Wartesystemen, diskret, so daß die Zeitfunktion X(t) eine Stufenfunktion ist, und wurden in dem Intervall (O,T) insgesamt I Zustandsänderungen beobachtet und ist die Dauer des Zustandes n_i zwischen der (i-1)ten und der iten Zustandsänderung gleich t_i, dann kann man anstelle von (118) schreiben:

$$\bar{x} = \frac{1}{T} \sum_{i=1}^{I} t_i n_i \quad (120)$$

mit

$$\sum_{i=1}^{I} t_i = T$$

Das mit der Dauer der Zustände gewogene Mittel der Zustandsvariablen ist also ein unverzerrter Schätzwert für die gesuchten Operationscharakteristiken.

Wurde der Prozeß mit der Technik der diskreten Zeitführung simuliert, dann erhält man eine Folge von T Beobachtungswerten X_t für t=1,2,...,T. Der Mittelwert dieser Beobachtungswerte

$$\bar{x} = \frac{1}{T} \sum_{t=1}^{T} X_t \quad (121)$$

ist ebenfalls ein unverzerrter Schätzwert für die gesuchte Operationscharakteristik.

Bei der Auswertung von Simulationsläufen ergeben sich zwei Schwierigkeiten:

1. Das Problem der Stationarität
2. Das Problem der Autokorrelation der Beobachtungswerte

Jeder Simulationslauf muß mit willkürlich gewählten Anfangsbedingungen begonnen werden; bei Wartesystemen geht man in der Regel davon aus, daß das System anfangs leer ist. Hierdurch wird jedoch die Bedingung, daß der Prozeß schwach stationär sein muß, verletzt, weil sich der Prozeß erst auf das Gleichgewichtsniveau der Zustandsvariablen einpendeln muß. Bezieht man diese Einschwingungsvorgänge mit in die Mittelbildung ein, dann kann der so berechnete Erwartungswert möglicherweise verzerrt werden. Man könnte nun versuchen, dieses Problem dadurch zu umgehen, daß man als Ausgangsbedingungen die Erwartungswerte der Zustandsvariablen ansetzt, da in diesem Fall keine Einschwingungsvorgänge berücksichtigt werden müssen; diese Erwartungswerte sind jedoch in der Regel unbekannt und sollen gerade durch das Simulationsexperiment bestimmt werden. Um die Auswirkungen der Anfangsbedingungen auszuschalten, ist es daher erforderlich, den Prozeß zunächst auf das Gleichgewichtsniveau einpendeln zu lassen und erst dann mit der Auswertung zu beginnen.

Es werden also nur Beobachtungen in dem Zeitintervall (t_o,T) in die Durchschnittsbildung einbezogen, Beobachtungen in dem Intervall $(0,t_o)$ werden nicht berücksichtigt. Der Zeitpunkt t_o ist dann so zu bestimmen, daß einerseits nicht ein zu niedriger Wert zu einer Verzerrung des Endergebnisses durch die willkürlich gewählten Anfangsbedingungen führt, andererseits nicht unnötig viele Informationen vernachlässigt werden.

Die gemäß Formel (121) berechneten Durchschnitte, die ich im folgenden als kumulierte Durchschnitte bezeichnen möchte, sind in der Abb. 10 für drei Realisationen eines Markoff-Wartesystems ohne Betriebsstörungen über 100 Zeiteinheiten abgetragen. (Die Realisation B entspricht der oben in Abb. 9 dargestellten Realisation). Aus dieser Darstellung ist ersichtlich:

1. Der kumulierte Durchschnitt schwankt nach Überwindung einer Anlaufphase, in der das Gleichgewichtsniveau erreicht wird, um den tatsächlichen Erwartungswert. Die Dauer der Anlaufphase schwankt sehr stark: bei Realisation B wird das Gleichgewichtsniveau wegen einer sehr großen Schlange, die sich bereits in den ersten Zeiteinheiten aufbaut, relativ schnell erreicht; bei Realisation A wird hingegen relativ viel Zeit benötigt, um das Gleichgewichtsniveau zu erreichen. Wie oben erwähnt, kann die dadurch verursachte Verzerrung des Schätzwertes vermieden werden, indem die Durchschnittsbildung erst in einem späteren Zeitpunkt begonnen wird.

2. Die Amplitude der Schwankungen des kumulierten Durchschnitts sinkt im Zeitablauf; je größer das in die Durchschnittsbildung einbezogene Zeitintervall ist, desto geringer wird der Einfluß kurzer Zeitintervalle mit extremen Werten der Zustandsvariablen.

3. Die Frequenz der Schwankungen ist recht niedrig: wegen der hohen Autokorrelation zwischen den Zuständen des Systems in verschiedenen Zeitpunkten wechseln die Abweichungen des kumulierten Durchschnitts von dem Erwartungswert nur selten das Vorzeichen.

Durch eine Verlängerung eines Simulationslaufes ist es also möglich, die Genauigkeit der Schätzung des Erwartungswertes zu erhöhen, d. h. das Konfidenzintervall zu verringern. Aus der Autokorrelation der Beobachtungen ergibt sich jedoch folgende Schwierigkeit bei einer reinen Zeitreihenanalyse von Simulationsläufen.

Die Beobachtungen sind nicht voneiander unabhängig; es ist daher auch nicht möglich, aus einem Schätzwert für die Streuung der Beobachtungswerte s_x^2 die Streuung des Stichpro-

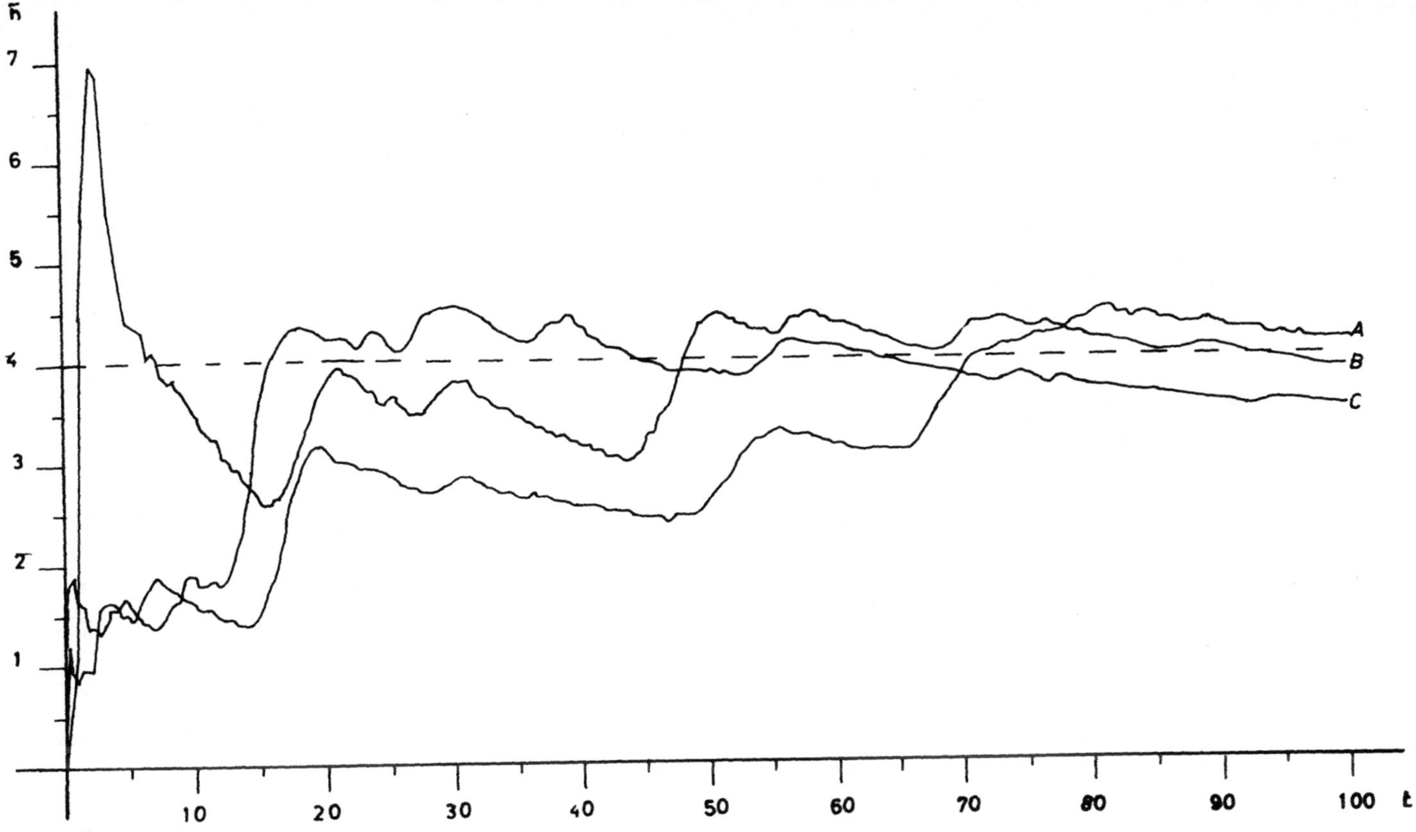

Abbildung 10: Kumulierte Durchschnitte der Schlangenlänge bei drei Realisationen eines Markoff-Wartesystems ohne Betriebsstörungen

benmittels als

$$s_{\bar{x}}^2 = \frac{1}{T}\, s_x^2 \qquad (122)$$

zu berechnen; außerdem ist im Fall der Autokorrelation der Beobachtungswerte das Stichprobenmittel nicht notwendig normalverteilt, weil der zentrale Grenzwertsatz wegen der Abhängigkeit der Beobachtungswerte nicht zur Geltung kommt.

Ein Ausweg aus dieser Schwierigkeit besteht darin, die reine Zeitreihenanalyse durch eine Querschnittsanalyse zu ersetzen, das heißt die Simulationsläufe zu wiederholen und aus den Werten der Zustandsvariablen in einem bestimmten Zeitpunkt einen Mittelwert zu berechnen. Wegen der Anlaufbedingungen ist es erforderlich, den Zeitpunkt T, in dem die Stichprobe gezogen wird, relativ spät anzusetzen. Hierdurch wird auf die Möglichkeit verzichtet, die Geschichte der Realisation bis zum Zeitpunkt T zumindest zeitweise mit in die Analyse einzubeziehen.

Es sollten daher beide Ansätze miteinander verbunden werden, indem zunächst aus jedem einzelnen Simulationslauf der Mittelwert nach den Formeln (120) oder (121) berechnet wird und dann aus den Mittelwerten von J unabhängigen Realisationen $\bar{x}_j$ (j=1,...,J) ein gemeinsamer Mittelwert

$$\bar{\bar{x}} = \frac{1}{J} \sum_{j=1}^{J} \bar{x}_j \qquad (123)$$

als Schätzwert für den gesuchten Erwartungswert zu bestimmen.

Es sei

$$s_{\bar{x}}^2 = \frac{1}{J-1} \sum_{j=1}^{J} (\bar{x}_j - \bar{\bar{x}})^2 \qquad (124)$$

ein unverzerrter Schätzwert für die Streuung der Mittelwerte der einzelnen Realisationen $\bar{x}_j$, dann ist

$$s_{\bar{\bar{x}}}^2 = \frac{s_{\bar{x}}^2}{J} \qquad (125)$$

ein Schätzwert für die Streuung des gemeinsamen Mittelwertes $\bar{\bar{x}}$, weil die einzelnen Realisationen voneinander unabhängig sind. Aus (123) und (125) kann man dann Schätzwerte für die Konfidenzintervalle der gesuchten Erwartungswerte berechnen. Bei der Kombination der Zeitreihenanalyse mit der Querschnittanalyse sind zwei Möglichkeiten zur Verringerung der Streuung des Schätzwertes $\bar{\bar{x}}$ gegeben:

1. Verlängerung der einzelnen Simulationsläufe
2. Erhöhung der Zahl der Simulationsläufe

Durch eine Verlängerung der einzelnen Simulationsläufe kann, wie die Abb. 10 zeigt, die Streuung der Mittelwerte der einzelnen Läufe und damit der Zähler von (143) verringert werden; durch eine Erhöhung der Zahl der Simulationsläufe wird hingegen der Nenner von (143) erhöht. Beide Möglichkeiten führen also zu der gewünschten Reduktion der Streuung des Schätzwertes $\bar{\bar{x}}$. Wie Gafarian und Ancker [65] gezeigt haben, ist bei positiver Kovarianzfunktion die Reduktion der Streuung bei einer Erhöhung der Zahl der Simulationsläufe immer größer als bei Verlängerung der einzelnen Läufe. Bei der Entscheidung, ob eine Reduktion der Varianz durch Erhöhung der Zahl der Läufe oder durch Verlängerung der Läufe erreicht werden soll, ist jedoch zu berücksichtigen, daß wegen der Ausschaltung der Anfangsbedingungen nur ein Teil der durch Erhöhung der Zahl der Läufe gewonnenen Informationen ausgewertet werden kann, während bei einer Verlängerung der einzelnen Läufe die gesamte Information verwendet werden kann, so daß je nach Verlauf der Kovarianzfunktion der Vorteil der Erhöhung der Zahl der Läufe kompensiert werden kann.

Da ex ante keine Aussagen über den Verlauf der Kovarianzfunktion gemacht werden können, ist es erforderlich, durch Probieren eine gute Kombination von Zahl und Länge der Simulationsläufe zu finden, die es erlaubt, eine gegebene Varianz des Schätzwertes mit möglichst niedrigem Rechenaufwand zu erreichen.

4. Kapitel: Modelle der Theorie der Wartesysteme mit Betriebsstörungen

I. Markoff-Modelle

Nachdem im ersten Teil dieser Arbeit die Grundlagen einer Theorie der Betriebsstörungen geklärt wurden und die Instrumente der Warteschlangentheorie zur Untersuchung von Stauungsproblemen behandelt wurden, können wir uns nun dem ersten Problem dieser Arbeit, den störungsbedingten Stauungen, zuwenden. Wie White und Christie [1] gezeigt haben, kann man ein Wartesystem mit Betriebsstörungen, wie es im 1. Kapitel dargestellt wurde, auf ein Wartesystem mit Prioritäten zurückführen, indem man das Auftreten von Störungen als die Ankunft von Kunden mit höherer Priorität interpretiert, und kann daher - mit einigen Modifikationen - die Ergebnisse der Theorie der Wartesysteme mit Prioritäten auf die Probleme der Wartesysteme mit Betriebsstörungen übertragen.

Da die Methode der Geburts- und Sterbegleichungen, die es wegen ihrer Flexibilität erlaubt, die wesentlichen der hier zu untersuchenden Probleme zu erfassen, auf der Voraussetzung beruht, daß alle Basisprozesse des Wartesystems der Markoff-Eigenschaft genügen, gehen wir in diesem Abschnitt von folgenden Annahmen über die Basisprozesse aus:

Prämisse 1a: Die Wahrscheinlichkeit dafür, daß in einem sehr kleinen Intervall $(t,t+\Delta)$ ein Kunde ankommt, ist unabhängig von der Lage dieses Intervalls gleich

$$\text{Prob}\{\text{Ankunft in } (t,t+\Delta)\} = \alpha\Delta + o(\Delta)$$

$$\text{wobei } \frac{o(t)}{\Delta} \to 0 \text{ falls } \Delta \to 0$$

Der Parameter α, der die mittlere Zahl der Ankünfte/Zeiteinheit angibt, heißt Ankunftsrate.

Prämisse 3a: Wird im Zeitpunkt t ein Kunde bedient, d. h. ist der Bedienungskanal nicht gestört und ist zumindest ein Kunde im System, dann ist die Wahrscheinlichkeit dafür, daß im Intervall $(t,t+\Delta)$ eine Bedienung beendet wird, unabhängig von der Lage dieses Intervalls

$$\text{Prob}\left\{\begin{matrix}\text{Bedienung wird in } (t,t+\Delta) \\ \text{beendet} | \\ \text{Kunde wird in t bedient}\end{matrix}\right\} = \beta\Delta + o(\Delta)$$

Der Parameter β heißt Bedienungsrate.

Prämisse 7a: Kann im Zeitpunkt t eine Störung auftreten, dann ist die Wahrscheinlichkeit dafür, daß in dem Intervall $(t,t+\Delta)$ eine Störung auftritt, gleich:

$$\text{Prob}\left\{\begin{array}{c}\text{Auftreten einer Störung im}\\ \text{Intervall }(t,t+\Delta)\ |\\ \text{Störung kann in } t \text{ auftreten}\end{array}\right\} = \lambda\Delta + o(\Delta)$$

Der Parameter λ heißt Störrate.

<u>Prämisse 11a:</u> Ist der Bedienungskanal im Zeitpunkt t gestört, dann ist die Wahrscheinlichkeit dafür, daß die Reparatur im Intervall $(t,t+\Delta)$ beendet wird, unabhängig von der Lage dieses Intervalls gleich

$$\text{Prob}\left\{\begin{array}{c}\text{Reparatur wird im Intervall}\\ (t,t+\Delta) \text{ beendet } |\\ \text{Kanal in } t \text{ gestört}\end{array}\right\} = \mu\Delta + o(\Delta)$$

Der Parameter μ heißt Reparaturrate.

Wie im zweiten Kapitel gezeigt wurde, folgt aus diesen Annahmen, daß sowohl die Abstände der Ankünfte als auch die Bedienungszeiten, die Dauer der störungsfreien Arbeitsintervalle und die Reparaturzeiten exponentialverteilte Zufallsgrößen sind.

Neben diesen Annahmen über das Verteilungsmodell für die Basisprozesse ist es erforderlich zu klären,

a) unter welchen Voraussetzungen Störungen auftreten können
b) wie sich Störungen auf die laufende Bedienung auswirken.

1) Wartesysteme mit unterbrechenden Störungen

a) Kumulative Störungen

Bezüglich der Auswirkungen der Störungen auf die laufende Bedienung gehen wir zunächst von

<u>Prämisse 9a:</u> Beim Auftreten einer Störung wird die Bedienung sofort unterbrochen

und

<u>Prämisse 10a:</u> Die Bedienung wird in dem Stadium wieder aufgenommen, in dem sie unterbrochen wurde

aus; bezüglich der Bedingungen für das Auftreten von Störungen gelte zunächst:

<u>Prämisse 8a:</u> Betriebsstörungen können unabhängig von dem Zustand des Systems auftreten, also auch dann, wenn das System bereits gestört ist

Ein solches Wartesystem, in dem die Störungen unabhängig davon auftreten, ob das System arbeitet oder gestört ist, in dem also eine unendliche Zahl von Störungsursachen kumulativ auftreten können, entspricht dem von White und Christie [2] entwickelten Modell eines Wartesystems mit unterbrechenden Prioritäten.

Der Zustand dieses Wartesystems wird durch zwei Indizes, die Zahl der noch nicht beseitigten Störungen m und die Zahl n der noch nicht bedienten Kunden, gekennzeichnet. Die Gleichgewichtswahrscheinlichkeit des Zustandes (m,n) sei P_{mn}.

Zwischen den Zuständen (m,n) sind folgende Übergänge möglich:

1. Ankunft eines Kunden mit der Rate α: $(m,n) \Rightarrow (m,n+1)$

2. Bedienung eines Kunden mit der Rate β, falls m=0 und n > 0: $(0,n) \Rightarrow (0,n-1)$

3. Auftreten einer Störung mit der Rate λ: $(m,n) \Rightarrow (m+1,n)$

4. Beseitigung einer Störung mit der Rate μ, falls m > 0: $(m,n) \Rightarrow (m-1,n)$

Die möglichen Übergänge zwischen den Zuständen sind in dem Markoff-Graphen der Abb. 11 dargestellt. An den Knotenpunkten lassen sich die folgenden Beziehungen zwischen den Zustandswahrscheinlichkeiten P_{mn} ablesen [3]:

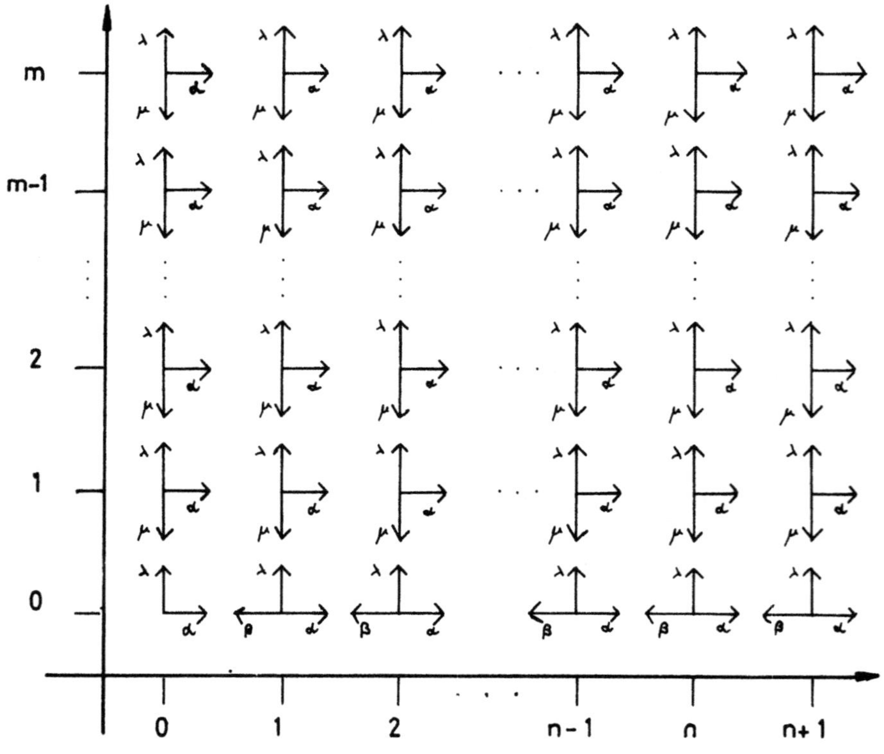

Abbildung 11: Markoff-Graph für ein Wartesystem mit kumulativen unterbrechenden Störungen

$$(\alpha+\lambda+\mu)P_{mn} = \alpha P_{mn-1} + \lambda P_{m-1n} + \mu P_{m+1n} \quad (m>0;\ n>0) \tag{1}$$

$$(\alpha+\lambda+\mu)P_{mo} = \lambda P_{m-1o} + \mu P_{m+1o} \quad (m>0;\ n=0) \tag{2}$$

$$(\alpha+\beta+\lambda)P_{on} = \alpha P_{on-1} + \beta P_{on+1} + \mu P_{1n} \quad (m=0;\ n>0) \tag{3}$$

$$(\alpha+\lambda)P_{oo} = \beta P_{o1} + \mu P_{1o} \quad (m=0;\ n=0) \tag{4}$$

Da das Auftreten und die Beseitigung von Betriebsstörungen unabhängig davon ist, ob gerade ein Werkstück bearbeitet wird oder nicht, wird die Warteschlange der noch nicht beseitigten Störungen durch ein einfaches Markoff-Wartesystem ohne Betriebsstörungen beschrieben. Insbesondere ist die mittlere Zahl der noch nicht beseitigten Störungen gleich:

$$\bar{m} = \frac{\lambda}{\mu - \lambda} = \frac{\rho_1}{1 - \rho_1} \tag{5}$$

wobei $\rho_1 = \frac{\lambda}{\mu}$ die Störungsdichte ist. Die Wahrscheinlichkeit, daß das System ungestört arbeitet, ist

$$P_{o.} = 1 - \frac{\lambda}{\mu} = 1 - \rho_1 \tag{6}$$

Die mittlere Störungsdauer ist

$$T_S = \frac{1}{\mu - \lambda} \tag{7}$$

Um die erzeugende Funktion des Wartesystems zu bestimmen, multiplizieren wir (1) bis (4) mit geeigneten Potenzen von z und summieren über alle n.

Setzt man nun

$\frac{\alpha}{\beta} = \rho_2$ für die Verkehrsdichte des Systems

$\frac{\lambda}{\mu} = \rho_1$ für die Störungsdichte des Systems

$\frac{\beta}{\mu} = \nu$ für den relativen Niveau-Unterschied zwischen Bedienungs- und Reparaturprozeß

und bezeichnet mit

$$F_m(z) = \sum_{n=o}^{\infty} z^n P_{mn} \tag{8}$$

die partiellen erzeugenden Funktionen, dann erhält man

$$zF_1(z) - (\rho_1 z-\nu+\nu z+\nu\rho_2 z-\nu\rho_2 z^2)F_o(z) = \nu(1-z)P_{oo} \quad (m=0) \qquad (9)$$

$$F_{m+1}(z) - (1+\rho_1+\nu\rho_2-\nu\rho_2 z)F_m(z) + \rho_1 F_{m-1}(z) = 0 \quad (m>0) \qquad (10)$$

Die charakteristische Wurzel der linearen homogenen Differenzengleichung (10) hat die Form

$$w_{1,2}= \frac{1}{2}\{1+\rho_1+\nu\rho_2-\nu\rho_2 z \pm\sqrt{(1+\rho_1+\nu\rho_2-\nu\rho_2 z)^2-4\rho_1}\} \qquad (11)$$

Die allgemeine Lösung von (10) hat daher die Form

$$F_m(z) = A_1 w_1^m + A_2 w_2^m \qquad (12)$$

Die positive Wurzel w_1 ist für alle $|z| < 1$ größer als 1, da die erzeugende Funktion innerhalb dieses Bereichs jedoch konvergiert, muß der Koeffizient A_1 in (12) verschwinden. Dann gilt:

$$F_m(z) = A_2 w_2^m = F_o(z)w_2^m \qquad (13)$$

Um die Randbedingung $F_o(z)$ zu bestimmen, setzt man

$$F_1(z) = w_2 F_o(z)$$

in (9) ein und erhält dann:

$$F_o(z) = \frac{\nu(1-z)\ P_{oo}}{z(w_2-\rho_1) + \nu(1-z)(1-\rho_2 z)} \qquad (14)$$

Die erzeugende Funktion F(z) erhält man aus:

$$F(z) = \sum_{m=o}^{\infty} F_m(z) \qquad (15)$$

Setzt man (14) in (13) ein und summiert über alle m, dann erhält man wegen (15) als erzeugende Funktion:

$$F(z) = \frac{P_{oo}}{(1-\rho_2 z)(1-w_2)-w_2 z} \qquad (16)$$

Wegen F(1) = 1 erhält man für P_{oo}

$$P_{oo} = 1-\rho_1-\rho_2 \qquad (17)$$

Da ein stochastisches Gleichgewicht nur dann erreicht werden kann, wenn $P_{oo} > 0$ ist, ergibt sich als notwendige Bedingung für die Existenz eines solchen Gleichgewichtszustandes

$$\rho_1+\rho_2 < 1 \tag{18}$$

Die Kapazitätsauslastung des Systems ist dann

$$\kappa = 1-P_{oo} = \rho_1+\rho_2 \tag{19}$$

Aus (16) und (17) erhält man schließlich

$$F(z) = \frac{1-\rho_1-\rho_2}{(1-\rho_2 z)(1-w_2) - w_2 z} \tag{20}$$

Differenziert man (20) an der Stelle z=1, dann erhält man für die mittlere Schlangenlänge [4]:

$$\bar{n} = \frac{\rho_2\{1 + \frac{\nu\rho_1}{1-\rho_1}\}}{1-\rho_1-\rho_2} = \frac{\alpha\{\mu + \frac{\beta\lambda}{\mu-\lambda}\}}{\beta\mu-\beta\lambda -\alpha\mu} \tag{21}$$

Die mittlere Aufenthaltsdauer eines Kunden im System, d. h. die Zeit von seiner Ankunft bis zum Abschluß seiner Bedienung, setzt sich aus folgenden Komponenten zusammen [5]:

1a. der Bedienungszeit derjenigen Kunden, die sich bei der Ankunft eines Kunden bereits im System befinden: T_1

b. der Reparaturzeit für diejenigen Störungen, die im Zeitpunkt der Ankunft des Kunden noch nicht beseitigt sind: T_2

2. der Reparaturzeit für diejenigen Störungen, die während der Aufenthaltsdauer des Kunden auftreten: T_2'

3. der durchschnittlichen Bedienungsdauer des Kunden $\bar{B}$

Es gilt also

$$\bar{T} = T_1+T_2+T_2'+\bar{B} \tag{22}$$

Die durchschnittliche Bedienungsdauer ist gleich

$$\bar{B} = 1/\beta \tag{23}$$

Im Zeitpunkt der Ankunft eines Kunden befinden sich im Durchschnitt

$$\bar{n} = \alpha\bar{T}$$

Kunden im System, die zu ihrer Bedienung benötigte Zeit ist gleich

$$T_1 = \frac{\alpha}{\beta}\,\bar{T} \tag{24}$$

Die mittlere Zahl der Störungen ist, wegen der unterbrechenden Priorität der Störungen, gleich der mittleren Schlangenlänge in einem einfachen Markoff-Wartesystem

$$\bar{m} = \frac{\lambda}{\mu-\lambda} \tag{5}$$

die zu ihrer Beseitigung benötigte Zeit ist gleich

$$T_2 = \frac{\lambda}{\mu(\mu-\lambda)} \tag{25}$$

Während der Aufenthaltsdauer $\bar{T}$ treten im Durchschnitt $\lambda\bar{T}$ Störungen auf, die zu ihrer Beseitigung benötigte Zeit ist gleich

$$T_2' = \frac{\lambda}{\mu}\,\bar{T} \tag{26}$$

Setzt man (23) bis (26) in (22) ein und löst nach $\bar{T}$ auf, dann erhält man für die durchschnittliche Aufenthaltsdauer eines Kunden [6]

$$\bar{T} = \frac{\frac{1}{\beta} + \frac{\lambda}{\mu(\mu-\lambda)}}{1 - \frac{\alpha}{\beta} - \frac{\lambda}{\mu}} = \frac{\mu + \frac{\beta\lambda}{\mu-\lambda}}{\beta\mu-\alpha\mu-\beta\lambda} \tag{27}$$

b) Externe Störungen

Die Annahme, daß mehrere Störungen kumulativ auftreten können, dürfte nur in wenigen Fällen der Realität entsprechen; meist werden Störungen vielmehr nur einzeln auftreten können, während der Unterbrechung einer Bedienung werden hingegen keine weiteren Störungen auftreten können. White und Christie [7] haben daher bereits in ihrer grundlegenden Arbeit die unrealistische Prämisse 8a durch die realistischere Prämisse 8b ersetzt:

<u>Prämisse 8b:</u> Betriebsstörungen können nur dann auftreten, wenn das System nicht gestört ist; sie können jedoch auch dann auftreten, wenn kein Kunde im System ist.

Dieser Fall, der hier als externe Störungen bezeichnet werden soll, läßt sich als ein Wartesystem mit unterbrechender Priorität eines einzigen Prioritätskunden interpretieren.

Bezeichnet man den Zustand des Systems durch den Index (m,n), wobei n=0,1,2,... die Zahl der noch nicht bedienten Kunden und m=0 (System arbeitet ungestört) oder m=1 (System gestört), den Zustand des Bedienungskanals angibt, dann sind folgende Zustandsänderungen möglich:

1. Auftreten einer Betriebsstörung mit der Rate λ, falls m=0: $(0,n) \Rightarrow (1,n)$

2. Ankunft eines Kunden mit der Rate α: $(m,n) \Rightarrow (m,n+1)$

3. Beseitigung einer Störung mit der Rate μ, falls m=1: $(1,n) \Rightarrow (0,n)$

4. Bedienung eines Kunden mit der Rate β, falls m=0 und $n > 0$: $(0,n) \Rightarrow (0,n-1)$:

Diese Beziehungen sind in der Abb. 12 als Markoff-Graph dargestellt. In seinen Knotenpunkten lassen sich folgende Beziehungen ablesen:

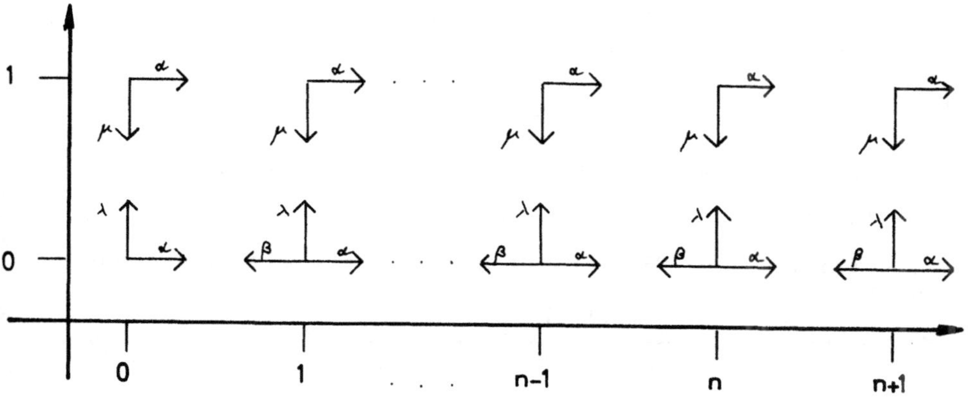

Abbildung 12: Markoff-Graph eines Wartesystems mit externen unterbrechenden Betriebsstörungen

$$(\alpha+\mu)P_{1n} = \alpha P_{1n-1}+\lambda P_{on} \qquad (n>0) \qquad (28)$$

$$(\alpha+\mu)P_{1o} = \lambda P_{oo} \qquad (n=0) \qquad (29)$$

$$(\alpha+\beta+\lambda)P_{on} = \alpha P_{on-1}+\beta P_{on+1}+\mu P_{1n} \qquad (n>0) \qquad (30)$$

$$(\alpha+\lambda)P_{oo} = \beta P_{o1} + \mu P_{1o} \qquad (n=0) \qquad (31)$$

Multipliziert man (28) bis (31) mit passenden Potenzen von z und summiert über alle n=0,1,2,..., dann erhält man zwei Bestimmungsgleichungen für die partiellen erzeugenden Funktionen $F_o(z)$ und $F_1(z)$:

$$\{1+\nu\rho_2(1-z)\}F_1(z) - \rho_1 F_o(z) = 0 \qquad (32)$$

$$zF_1(z) - \{\rho_1 z-\nu(1-z)(1-\rho_2 z)\}F_o(z) = \nu(1-z)P_{oo} \qquad (33)$$

Daraus folgt nach einigen Umformungen:

$$F_o(z) = \frac{\{1+\nu\rho_2(1-z)\}P_{oo}}{1-\rho_2 z-\rho_1\rho_2 z+\nu(1-z)(\rho_2-\rho_2^2 z)} \qquad (34)$$

und

$$F_1(z) = \frac{\rho_1 P_{oo}}{1-\rho_2 z-\rho_1\rho_2 z+\nu(1-z)(\rho_2-\rho_2^2 z)} \qquad (35)$$

Aus (34) und (35) erhält man als erzeugende Funktion der Zahl der noch nicht bedienten Kunden:

$$F(z) = \frac{\{1+\rho_1+\nu\rho_2(1-z)\}P_{oo}}{1-\rho_2 z-\rho_1\rho_2 z+\nu(1-z)(\rho_2-\rho_2^2 z)} \tag{36}$$

Die Unbekannte P_{oo} läßt sich aus der Bedingung F(1) = 1 bestimmen:

$$P_{oo} = \frac{1-\rho_2(1+\rho_1)}{1+\rho_1} \tag{37}$$

Aus der Gleichgewichtsbedingung $P_{oo} > 0$ folgt dann

$$\rho_2(1+\rho_1) < 1 \tag{38}$$

Setzt man (37) in (36) ein, dann erhält man als erzeugende Funktion

$$F(z) = \frac{\{1+\rho_1+\nu\rho_2(1-z)\}\{1-\rho_2(1+\rho_1)\}}{\{1-\rho_2 z-\rho_1\rho_2 z+\nu(1-z)(\rho_2-\rho_2^2 z)\}\{1+\rho_1\}} \tag{39}$$

Differentiation von (39) an der Stelle z=1 liefert die mittlere Schlangenlänge [8]

$$\bar{n} = \frac{\rho_2\{1+\rho_1+\frac{\nu\rho_1}{1+\rho_1}\}}{1-\rho_2(1+\rho_1)} = \frac{\alpha\{\mu+\lambda+\frac{\beta\lambda}{\mu+\lambda}\}}{\beta\mu-\alpha\mu-\alpha\lambda} \tag{40}$$

Die mittlere Wartezeit der Kunden im System ist gleich [9]

$$\bar{T} = \frac{\mu+\lambda+\frac{\beta\lambda}{\mu+\lambda}}{\beta\mu-\alpha\mu-\alpha\lambda} \tag{41}$$

Die Wahrscheinlichkeit dafür, daß das System arbeitet bzw. gestört ist, erhält man aus den partiellen erzeugenden Funktionen an der Stelle z=1:

$$P_{1.} = \kappa_1 = \frac{\rho_1}{1+\rho_1} \tag{42}$$

und

$$P_{o.} = \frac{1}{1+\rho_1} \tag{43}$$

Die Größe κ_1 läßt sich als störungsbedingte Kapazitätsverringerung interpretieren. Die mittlere Zahl der Reparaturen/Zeiteinheit ist

$$\bar{R} = \lambda P_{o.} = \mu P_{1.} = \frac{\lambda\mu}{\lambda+\mu} \tag{44}$$

Durch Differenzieren der erzeugenden Funktion (39) an der Stelle z=O ließe sich die Randverteilung der Zahl der noch nicht bedienten Kunden bestimmen. Im Fall nicht-kumulativer Störungen läßt sich jedoch die gemeinsame Verteilung der Zahl der noch nicht bedienten Kunden und des Zustandes des Bedienungskanals direkt aus den Schlangengleichungen bestimmen. White und Christie [10] geben folgenden Weg zur Bestimmung dieser Verteilung in dem hier zu untersuchenden Fall externer unterbrechender Störungen an:

Aus (29) folgt:

$$P_{10} = \frac{\lambda}{\mu+\alpha} P_{oo} \tag{45}$$

Substituiert man (45) in (31), dann erhält man

$$P_{o1} = \frac{\alpha(\alpha+\lambda+\mu)}{\beta(\alpha+\mu)} P_{oo} \tag{46}$$

Aus (30) folgt:

$$P_{1n} = \frac{\alpha+\beta+\lambda}{\mu} P_{on} - \frac{\alpha}{\mu} P_{on-1} - \frac{\beta}{\mu} P_{on+1} \tag{47}$$

Setzt man (47) in (28) ein, dann ergibt sich nach einigen Umformungen die rekursive Form:

$$\begin{aligned} P_{on+1} - \frac{\alpha(\alpha+\beta+\lambda+\mu)}{\beta(\alpha+\mu)} P_{on} + \frac{\alpha^2}{\beta(\alpha+\mu)} P_{on-1} = \\ = P_{on} - \frac{\alpha(\alpha+\beta+\lambda+\mu)}{\beta(\alpha+\mu)} P_{on-1} + \frac{\alpha^2}{\beta(\alpha+\mu)} P_{on-2} \end{aligned} \tag{48}$$

Aus (28) erhält man unter Berücksichtigung von (45) und (47) für n=1:

$$\begin{aligned} P_{o2} - \frac{\alpha(\alpha+\beta+\lambda+\mu)}{\beta(\alpha+\mu)} P_{o1} + \frac{\alpha^2}{\beta(\alpha+\mu)} P_{oo} = \\ = \frac{\{\alpha + \frac{\alpha\lambda}{\alpha+\mu}\}\mu}{\beta(\alpha+\mu)} P_{oo} - \frac{\mu}{\alpha+\mu} P_{o1} = 0 \end{aligned} \tag{49}$$

Da der Ausdruck auf der rechten Seite von (49) verschwindet, gilt für die Rekusionsgleichung (48):

$$P_{on} - \frac{\alpha(\alpha+\beta+\lambda+\mu)}{\beta(\alpha+\mu)} P_{on-1} + \frac{\alpha^2}{\beta(\alpha+\mu)} P_{on-2} = 0 \tag{50}$$

Die charakteristische Wurzel dieser Differenzengleichung hat die Form:

$$w_{1,2} = \frac{1}{2}\left\{\frac{\alpha(\alpha+\beta+\lambda+\mu)}{\beta(\alpha+\mu)} \pm \sqrt{\left[\frac{\alpha(\alpha+\beta+\lambda+\mu)}{\beta(\alpha+\mu)}\right]^2 - \frac{4\alpha^2}{\beta(\alpha+\mu)}}\right\} \tag{51}$$

Setzt man zur Vereinfachung der Schreibweise

$a = \alpha+\beta+\lambda+\mu$

$b = \frac{\beta(\alpha+\mu)}{\alpha}$

$\Delta = \sqrt{a^2 - 4\alpha b}$

dann gilt statt (51):

$$w_{1,2} = \frac{a \pm \Delta}{2b} \tag{52}$$

Die generelle Lösung von (50) hat dann die Form:

$$P_{on} = C_1 w_1^{n-1} + C_2 w_2^{n-1} \tag{53}$$

Es sind nun die Koeffizienten der speziellen Lösung, die die Randbedingung (46) befriedigen, zu bestimmen:

Für n=2 folgt aus (49):

$$P_{o2} = \left[\frac{a(\alpha+\lambda+\mu)}{b^2} - \frac{\alpha}{b}\right] P_{oo} \tag{54}$$

Aus (53) und (54) folgt dann für n=2:

$$C_1 w_1 + C_2 w_2 = \left[\frac{a(\alpha+\lambda+\mu)}{b^2} - \frac{\alpha}{b}\right] P_{oo} \tag{55}$$

und aus (46) und (53) erhält man für n=1:

$$C_1 + C_2 = \frac{\alpha+\lambda+\mu}{b} P_{oo} \tag{56}$$

Aus (55) und (56) erhält man dann

$$C_1 = \frac{1}{\Delta} \{w_1(\alpha+\lambda+\mu) - \alpha\} P_{oo} \tag{57}$$

$$C_2 = -\frac{1}{\Delta} \{w_2(\alpha+\lambda+\mu) - \alpha\} P_{oo} \tag{58}$$

wobei P_{oo} durch (37) bestimmt ist.

Durch Einsetzen von (53) in (47) erhält man für $n \geq 2$:

$$\begin{aligned} P_{1n} = {} & C_1 \left[\frac{\alpha+\beta+\lambda}{\mu} w_1^{n-1} - \frac{\alpha}{\mu} w_1^{n-2} - \frac{\beta}{\mu} w_1^n\right] \\ & + C_2 \left[\frac{\alpha+\beta+\lambda}{\mu} w_2^{n-1} - \frac{\alpha}{\mu} w_2^{n-2} - \frac{\beta}{\mu} w_2^n\right] \end{aligned} \tag{59}$$

Für n=2 folgt aus (46), (47) und (53)

$$\begin{aligned} P_{12} = {} & C_1 \left[\frac{\alpha+\beta+\lambda}{\mu} w_1 - \frac{\beta}{\mu} w_1^2\right] + C_2 \left[\frac{\alpha+\beta+\lambda}{\mu} w_2 - \frac{\beta}{\mu} w_2^2\right] - \\ & - \frac{\alpha^2(\alpha+\lambda+\mu)}{\beta\mu(\alpha+\mu)} P_{oo} \end{aligned} \tag{60a}$$

und für n=1 erhält man aus (28) und (45):

$$P_{11} = \frac{a}{b} \frac{\lambda}{\alpha+\mu} P_{oo} \tag{60b}$$

Die Verteilung der Zahl der noch nicht bedienten Kunden bei ungestörtem Bedienungskanal P_{on} entsteht also durch Überlagerung von zwei geometrischen Reihen, die Verteilung der Zahl der noch nicht bedienten Kunden bei gestörtem Bedienungskanal ist eine Linearkombination der benachbarten Zustandswahrscheinlichkeiten: Die gemeinsame Verteilung der Zustandswahrscheinlichkeiten ist in der Abb. 13 für den Fall

$\alpha = 6 \qquad \lambda = 0{,}2$

$\beta = 10 \qquad \mu = 1$

dargestellt. Aus dieser Abbildung ist ersichtlich, daß

1. P_{on} mit wachsendem n monoton fällt und sich für $n \Rightarrow \infty$ asymptotisch der Abszisse nähert;

2. P_{1n} zunächst mit wachsendem n ansteigt und nach Erreichen eines Maximums abfällt und sich dann asymptotisch der Abszisse nähert.

c) Interne Störungen

Auch die den Modellen mit externen Betriebsstörungen zugrundeliegende Annahme, daß die Störungen unabhängig davon, daß der Bedienungskanal arbeitet oder leer steht, auftreten können, entspricht nicht immer der Realität; vielfach werden Störungen durch den Bedienungsprozeß selbst ausgelöst und können daher nur dann auftreten, wenn der Bedienungskanal tätig ist. Diesen Fall, der zuerst von Heathcote [11] untersucht wurde, möchte ich als interne Störungen bezeichnen. Als Bedingung für das Auftreten von Betriebsstörungen gilt in diesem Fall also

Prämisse 8c: Betriebsstörungen können nur dann auftreten, wenn der Bedienungskanal tätig ist.

Zwischen den Zuständen (m,n) des Systems können folgende Übergänge stattfinden:

1. Ankunft eines Kunden mit der Rate α: $(m,n) \Rightarrow (m,n+1)$.

2. Bedienung eines Kunden mit der Rate β, falls $m=0$ und $n > 0$: $(0,n) \Rightarrow (0,n-1)$.

3. Auftreten einer Störung mit der Rate λ, falls $m=0$ und $n > 0$: $(0,n) \Rightarrow (1,n)$.

4. Beseitigung einer Störung mit der Rate μ, falls $m=1$: $(1,n) \Rightarrow (0,n)$.

Diese Übergänge sind in der Abb. 14 als Markoff-Graph dargestellt.

Vergleicht man diesen mit dem Markoff-Graphen für das Wartesystem mit externen Störungen, dann zeigt sich, daß sich die beiden Wartesysteme lediglich durch die Zustände (0,0) und (1,0) unterscheiden: Während bei externen Störungen im Zustand (0,0) sowohl Ankünfte als auch Störungen auftreten können, kann bei internen Störungen in diesem Zustand lediglich eine Ankunft erfolgen; da der Zustand (1,0) aber nur durch eine Störung aus dem Zustand (0,0) erreicht werden könnte, kann dieser Zustand bei internen Störungen überhaupt nicht erreicht

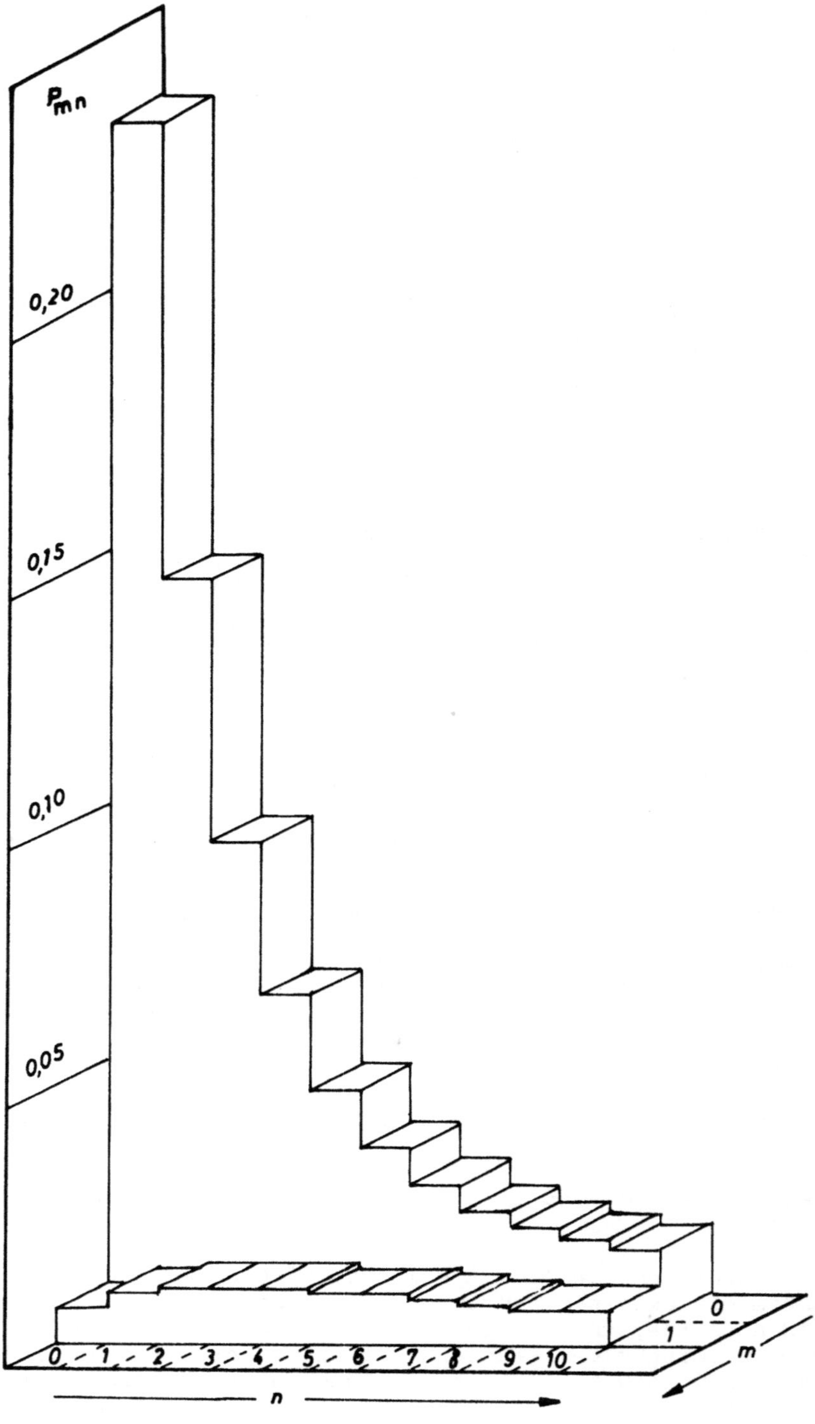

Abbildung 13: Verteilung der Zustandswahrscheinlichkeiten bei externen Störungen

werden, seine Wahrscheinlichkeit ist also gleich Null.

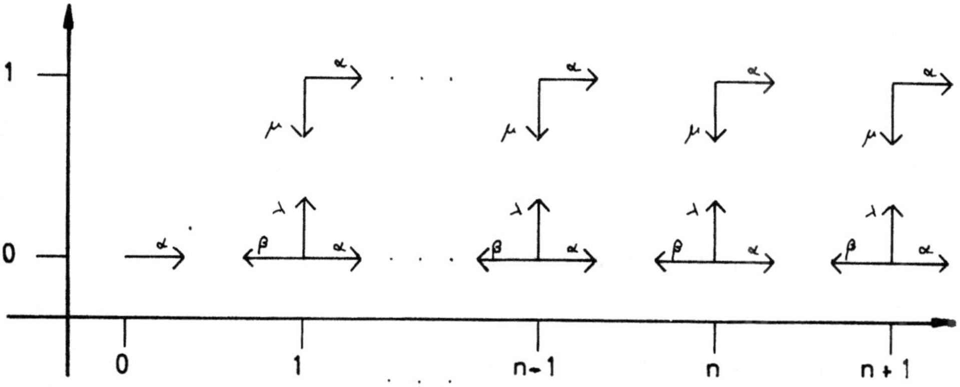

Abbildung 14: Markoff-Graph für ein Wartesystem mit internen unterbrechenden Betriebsstörungen

Für die restlichen Zustandswahrscheinlichkeiten gilt das folgende System von Schlangengleichungen

$$(\alpha+\mu)P_{1n} = \alpha P_{1n-1}+\lambda P_{on} \qquad (m=1;n>0) \qquad (61)$$

$$P_{1o} = 0 \qquad (m=1;n=0) \qquad (62)$$

$$(\alpha+\beta+\lambda)P_{on} = \alpha P_{on-1}+\beta P_{on+1}+\mu P_{1n} \qquad (m=0;n>0) \qquad (63)$$

$$\alpha P_{oo} = \beta P_{o1} \qquad (m=0;n=0) \qquad (64)$$

Multiplikation der Schlangengleichungen mit geeigneten Potenzen von z und Summation über alle n liefert nach einigen Umformungen die erzeugende Funktion:

$$F(z) = \frac{(1-\nu\rho_2-\nu\rho_2 z)P_{oo}}{1-\rho_2 z-\rho_1\rho_2 z+\nu(1-z)(\rho_2-\rho_2^2 z)} \qquad (65)$$

mit

$$P_{oo} = 1 - \rho_2(1 + \rho_1) \qquad (66)$$

Die mittlere Schlangenlänge ist gleich [12]

$$\bar{n} = \frac{\rho_2(1+\rho_1+\nu\rho_1\rho_2)}{1-\rho_2(1+\rho_1)} = \frac{\alpha(\mu+\lambda+\frac{\alpha\lambda}{\mu})}{\beta\mu-\alpha\mu-\alpha\lambda} \qquad (67)$$

und die mittlere Aufenthaltsdauer der Kunden ist gleich:

$$\bar{T} = \frac{\mu+\lambda+\frac{\alpha\lambda}{\mu}}{\beta\mu-\alpha\mu-\alpha\lambda} \qquad (68)$$

Im Gegensatz zu den Modellen mit kumulativen und mit externen Störungen ist die Wahrscheinlichkeit dafür, daß das System ungestört bzw. gestört ist, bei internen Störungen nicht mehr unabhängig von der Schlangenlänge, weil der Störungsprozeß unterbrochen wird, sobald das System leer ist. Durch Addition von (61) und (62) über alle n erhält man:

$$P_{1.} = \rho_1(P_{o.}-P_{oo})$$

Aus $P_{o.}+P_{1.}=1$ und (66) folgt dann

$$P_{o.} = 1 - \rho_1\rho_2 \tag{69}$$

und

$$P_{1.} = \kappa_1 = \rho_1\rho_2 \tag{70}$$

Die mittlere Zahl der Reparaturen je Zeiteinheit ist dann:

$$\bar{R} = \lambda(P_{o.}-P_{oo}) = \mu P_{1.} = \frac{\alpha\lambda}{\beta} \tag{71}$$

Da die Schlangengleichungen des Wartesystems mit internen Störungen bis auf die beiden Randbedingungen (62) und (64) mit denen des Wartesystems mit externen Störungen übereinstimmen, läßt sich die gemeinsame Verteilung der Zustandswahrscheinlichkeiten P_{mn} durch ähnliche Überlegungen herleiten:

Aus (64) erhält man

$$P_{o1} = \frac{\alpha}{\beta} P_{oo} \tag{72}$$

und aus (61) folgt für n=1:

$$P_{11} = \frac{\lambda}{\alpha+\mu} P_{o1} = \frac{\alpha\lambda}{\beta(\alpha+\mu)} P_{oo} \tag{73}$$

Substituiert man (73) in (63), dann erhält man für n=1:

$$P_{o2} = \frac{\alpha^2(\alpha+\lambda+\mu)}{\beta^2(\alpha+\mu)} P_{oo} \tag{74}$$

Für n > 1 folgt aus (63)

$$P_{1n} = \frac{(\alpha+\beta+\lambda)}{\mu} P_{on} - \frac{\alpha}{\mu} P_{on-1} - \frac{\beta}{\mu} P_{on+1} \tag{75}$$

Durch Einsetzen von (75) in (61) erhält man für n > 2:

$$P_{on+1} - \frac{\alpha(\alpha+\beta+\lambda+\mu)}{\beta(\alpha+\mu)} P_{on} + \frac{\alpha^2}{\beta(\alpha+\mu)} P_{on-1} =$$

$$= P_{on} - \frac{\alpha(\alpha+\beta+\lambda+\mu)}{\beta(\alpha+\mu)} P_{on-1} + \frac{\alpha^2}{\beta(\alpha+\mu)} P_{on-2} \tag{76}$$

Für n=2 erhält man aus (61) unter Berücksichtigung von (73) und (74):

$$P_{o3} - \frac{\alpha(\alpha+\beta+\lambda+\mu)}{\beta(\alpha+\mu)} P_{o2} + \frac{\alpha^2}{\beta(\alpha+\mu)} P_{o1} = 0 \tag{77}$$

Aus (76) und (77) folgt dann für n > 2:

$$P_{on} - \frac{\alpha(\alpha+\beta+\lambda+\mu)}{\beta(\alpha+\mu)} P_{on-1} + \frac{\alpha^2}{\beta(\alpha+\mu)} P_{on-2} = 0 \tag{78}$$

Die generelle Lösung dieser linearen Differenzengleichung ist für n > 2:

$$P_{on} = C_1 w_1^{n-2} + C_2 w_2^{n-2} \tag{79}$$

Die charakteristischen Wurzeln $w_{1,2}$ sind in Gleichung (52) definiert.

Setzt man (72) und (74) in (77) ein, dann erhält man

$$P_{o3} = \left[\frac{\alpha^3 (\alpha+\beta+\lambda+\mu)(\alpha+\lambda+\mu)}{\beta^2 (\alpha+\mu)} - \frac{\alpha^3}{\beta^2 (\alpha+\mu)} \right] P_{oo} \tag{80}$$

Die Koeffizienten C_1 und C_2 sind nun so zu wählen, daß (79) auch die Randbedingungen (74) und (80) befriedigt. Wie man leicht zeigen kann, gilt

$$C_1 = \frac{1}{\Delta} \{w_1 (\alpha+\lambda+\mu) - \alpha\} \frac{\alpha}{\beta} P_{oo} \tag{81}$$

$$C_2 = - \frac{1}{\Delta} w_2 (\alpha+\lambda+\mu) - \alpha\} \frac{\alpha}{\beta} P_{oo} \tag{82}$$

Aus (63), (74) und (79) folgt für n=3

$$P_{13} = C_1 \left[\frac{\alpha+\beta+\lambda}{\mu} w_1 - \frac{\beta}{\mu} w_1^2 \right] + C_2 \left[\frac{\alpha+\beta+\lambda}{\mu} w_2 - \frac{\beta}{\mu} w_2^2 \right] - \\ - \frac{\alpha^3 (\alpha+\lambda+\mu)}{\beta^2 (\alpha+\mu) \mu} P_{oo} \tag{83a}$$

Setzt man (73) und (74) in (61) ein, dann erhält man für n=2

$$P_{12} = \frac{\alpha\lambda}{\beta(\alpha+\mu)} \frac{a}{b} P_{oo} \tag{83b}$$

und für n > 3 erhält man schließlich aus (75) und (79)

$$P_{1n} = C_1 \left[\frac{\alpha+\beta+\lambda}{\mu} w_1^{n-2} - \frac{\alpha}{\mu} w_1^{n-3} - \frac{\beta}{\mu} w_1^{n-1} \right] \\ + C_2 \left[\frac{\alpha+\beta+\lambda}{\mu} w_2^{n-2} - \frac{\alpha}{\mu} w_2^{n-3} - \frac{\beta}{\mu} w_2^{n-1} \right] \tag{84}$$

In der Abb. 15 ist die Wahrscheinlichkeitsverteilung P_{mn} für die Parameterwerte

$\alpha = 6$ $\lambda = 0{,}2$

$\beta = 10$ $\mu = 1{,}0$

dargestellt. Vergleicht man diese Abbildung mit der Abb. 14, in der P_{mn} für den Fall externer Störungen für die gleiche Parameterkombination dargestellt ist, dann sieht man:

1. Die Wahrscheinlichkeit P_{oo} dafür, daß das System leer steht, ist im Fall externer Störungen niedriger als im Fall interner Störungen.

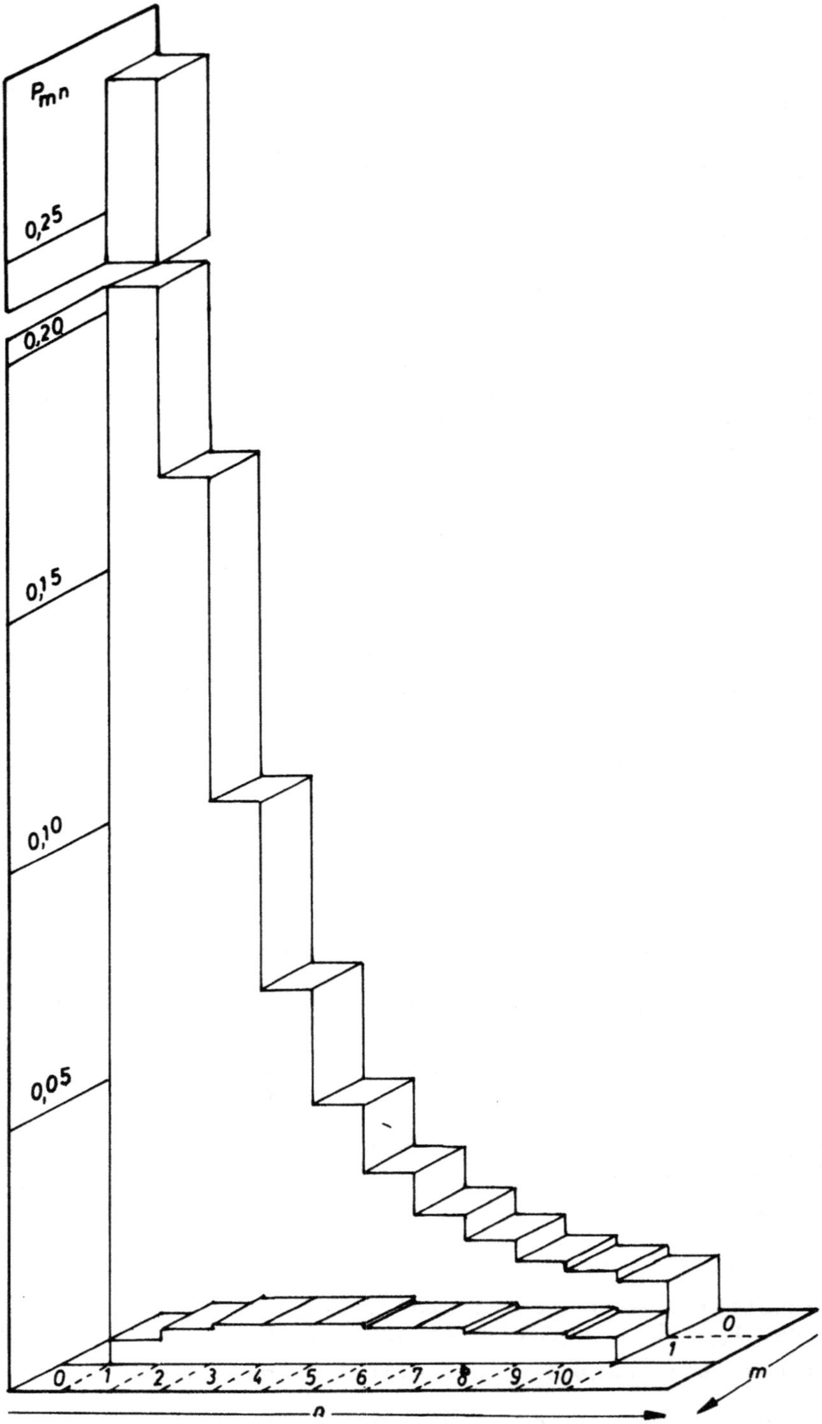

Abbildung 15: Verteilung der Zustandswahrscheinlichkeiten bei internen Störungen

2. Im Fall interner Störungen liegt die Masse der Wahrscheinlichkeiten im Bereich niedrigerer Schlangenlängen als im Fall externer Störungen.

3. Im Gegensatz zum Fall externer Störungen ist bei internen Störungen die Wahrscheinlichkeit dafür, daß das System gestört ist, obgleich kein Kunde im System ist, gleich Null.

4. Im Fall interner Störungen ist die Wahrscheinlichkeit dafür, daß das System gestört ist, für alle n kleiner als im Fall externer Störungen.

Insgesamt läßt sich sagen, daß das System mit internen Störungen effektiver arbeitet als das System mit internen Störungen. Diese Tatsache dürfte darauf zurückzuführen sein, daß im Fall interner Störungen der Störprozeß unterbrochen wird, sobald das System leer steht, so daß die durchschnittliche Zahl der Störungen niedriger ist als im Fall externer Störungen.

In der Tabelle 3 sind die Formeln für die gemeinsame Verteilung der Zustandswahrscheinlichkeiten für den Fall externer und interner unterbrechender Störungen zusammengestellt; hieraus ist ersichtlich, daß beide Verteilungen analog aufgebaut sind: für $n > 2$ entsteht P_{on} durch Überlagerung von zwei geometrischen Reihen, deren Quotienten w_1 und w_2 für externe und interne Störungen gleich sind; beide Verteilungen unterscheiden sich lediglich in den Koeffizienten C_1 und C_2 sowie durch die beiden Anfangswerte P_{o1} und P_{o2}. Die Zustandswahrscheinlichkeiten P_{1n} sind für $n > 2$ ebenfalls analog aufgebaut; sie sind in beiden Fällen Linearkombinationen der Wahrscheinlichkeiten der benachbarten Zustände (O,n-1), (O,n+1).

d) Vergleich der Grundmodelle

Nachdem die drei Grundmodelle eines Wartesystems mit unterbrechenden Störungen dargestellt worden sind, ist nun zu prüfen,

a. welchen Einfluß die Parameter der Basisprozesse auf die Effizienz des Wartesystems haben

b. welchen Einfluß die Annahmen über das Auftreten von Betriebsstörungen auf das Wartesystem haben und welche Annahme die Realität am besten wiedergibt.

Eine wichtige Kennziffer für die Beurteilung der Wirksamkeit eines Wartesystems ist die Kapazitätsauslastung, die hier als die Wahrscheinlichkeit dafür, daß das System nicht leer steht, definiert wird:

$$\kappa = 1-P_{oo}.$$

Wie bei den Wartesystemen mit kumulativen Störungen hängt diese Größe auch bei nicht-kumulativen Störungen nur von der Störungsdichte ρ_1 und der Verkehrsdichte ρ_2, nicht aber von

Tabelle 3

Gemeinsame Verteilung der Zahl der noch nicht bedienten Kunden und des Zustandes des Bedienungskanals im Fall externer und interner unterbrechender Betriebsstörungen

Zustand	Externe Störungen	Interne Störungen
(0,0)	$\frac{\beta\mu-\alpha\mu-\alpha\lambda}{\beta\mu+\lambda\mu}$	$\frac{\beta\mu-\alpha\mu-\alpha\lambda}{\beta\mu}$
(0,1)	$\frac{\alpha(\alpha+\lambda+\mu)}{\beta(\alpha+\mu)} P_{oo}$	$\frac{\alpha}{\beta} P_{oo}$
(0,2)	$C_1w_1+C_2w_2$	$\frac{\alpha^2(\alpha+\lambda+\mu)}{\beta^2(\alpha+\mu)} P_{oo}$
(0,n)	$C_1w_1^{n-1}+C_2w_2^{n-1}$	$C_1w_1^{n-2}+C_2w_2^{n-2}$
(1,0)	$\frac{\lambda}{\mu+\alpha} P_{oo}$	0
(1,1)	$\frac{a}{b}\frac{\lambda}{\mu+\alpha} P_{oo}$	$\frac{\alpha\lambda}{\beta(\mu+\alpha)} P_{oo}$
(1,2)	$C_1\{dw_1-\frac{\beta}{\mu}w_1^2\}+$ $+C_2\{dw_2-\frac{\beta}{\mu}w_2^2\}-eP_{oo}$	$\frac{\alpha\lambda}{\beta(\mu+\alpha)}\ \frac{a}{b} P_{oo}$
(1,3)	$C_1\{dw_1^2-\frac{\alpha}{\mu}w_1-\frac{\beta}{\mu}w_1^3\}+$ $+C_2\{dw_2^2-\frac{\alpha}{\mu}w_2-\frac{\beta}{\mu}w_2^3\}$	$C_1\{dw_1-\frac{\beta}{\mu}w_1^2\}+C_2\{dw_2-\frac{\beta}{\mu}w$ $-\frac{\alpha}{\beta}e P_{oo}$
(1,n)	$C_1\{dw_1^{n-1}-\frac{\alpha}{\mu}w_1^{n-2}-\frac{\beta}{\mu}w_1^n\}$ $+C_2\{dw_2^{n-1}-\frac{\alpha}{\mu}w_2^{n-2}-\frac{\beta}{\mu}w_2^n\}$	$C_1\{dw_1^{n-2}-\frac{\alpha}{\mu}w_1^{n-3}-\frac{\beta}{\mu}w_1^{n-1}\}$ $+C_2\{dw_2^{n-2}-\frac{\alpha}{\mu}w_2^{n-3}-\frac{\beta}{\mu}w_2^{n-1}\}$
C_1	$\frac{1}{\Delta}\{w_1(\alpha+\lambda+\mu)-\alpha\}P_{oo}$	$\frac{1}{\Delta}\{w_1(\alpha+\lambda+\mu)-\alpha\}\ \frac{\alpha}{\beta} P_{oo}$
C_2	$-\frac{1}{\Delta}\{w_2(\alpha+\lambda+\mu)-\alpha\}P_{oo}$	$-\frac{1}{\Delta}\{w_2(\alpha+\lambda+\mu)-\alpha\}\ \frac{\alpha}{\beta} P_{oo}$

$w_{1,2}=\frac{a\pm\Delta}{2b}$ $\quad \Delta=\sqrt{a^2-4\alpha b}$ $\quad a=\alpha+\beta+\lambda+\mu$ $\quad b=\frac{\beta(\alpha+\mu)}{\alpha}$

$d=\frac{\alpha+\beta+\lambda}{\mu}$ $\quad e=\frac{\alpha^2(\alpha+\lambda+\mu)}{\beta\mu(\alpha+\mu)} P_{oo}$

dem relativen Niveau-Unterschied des Bedienungs- und Reparaturprozesses ν ab. Während die Kapazitätsauslastung bei kumulativen Störungen gleich der Summe von Störungsdichte und Verkehrsdichte ist,

$$\kappa = \rho_1 + \rho_2$$

ist sie bei externen Störungen gleich

$$\kappa = \rho_2 + \frac{\rho_1}{1+\rho_1}$$

und bei internen Störungen gleich

$$\kappa = \rho_2(1 + \rho_1)$$

Diese Größe läßt sich jeweils in zwei Komponenten aufspalten, die störungsbedingte Kapazitätsverringerung, die in jedem Fall gleich der Wahrscheinlichkeit ist, daß das System gestört ist

$$\kappa_1 = P_1.$$

im Fall nicht-kumulativer Störungen und

$$\kappa_1 = \sum_{m=1}^{\infty} P_{mn}$$

im Fall kumulativer Störungen, sowie die kundenbedingte Kapazitätsauslastung, die in jedem Fall gleich der Verkehrsdichte ist

$$\kappa_2 = \rho_2$$

Voraussetzung für die Existenz eines stochastischen Gleichgewichts ist, daß die Kapazitätsauslastung kleiner als 1 ist, daß also die Zahl der Kunden, die während der Zeit vom Beginn einer Störung bis zum Beginn der nächsten Störung ankommen, im Durchschnitt kleiner ist, als die Zahl der Kunden, die während der Arbeitszeit des Bedienungskanals bedient werden können. Diese Bedingung ist schon von dem in der Einleitung untersuchten Fall eines deterministischen Wartesystems mit Betriebsstörungen bekannt; im stochastischen Fall tritt allerdings an die Stelle "höchstens gleich" die strenge Bedingung "kleiner"; diese Verschärfung der Gleichgewichtsbedingung im stochastischen Fall ist darauf zurückzuführen, daß aufgrund der zufälligen Schwankungen der das System konstituierenden Prozesse gelegentlich Leerzeiten des Systems auftreten, die später nicht wieder aufgeholt werden können.

Die Gleichgewichtsbedingungen sind in der Abb. 16 für den Fall kumulativer und nicht-kumulativer Störungen dargestellt. Für externe und interne Störungen sind diese gleich; für kumulative Störungen sind sie schärfer als für nicht-kumulative Betriebsstörungen. Während im Fall kumulativer Störungen die Störungsdichte immer kleiner als 1 sein muß, kann sie bei nicht-kumulativen Störungen beliebig groß sein, wenn die Verkehrsdichte entsprechend niedrig ist. Allerdings wird die praktische Bedeutung von Bedienungskanälen, die häufiger gestört als tätig sind, recht gering sein.

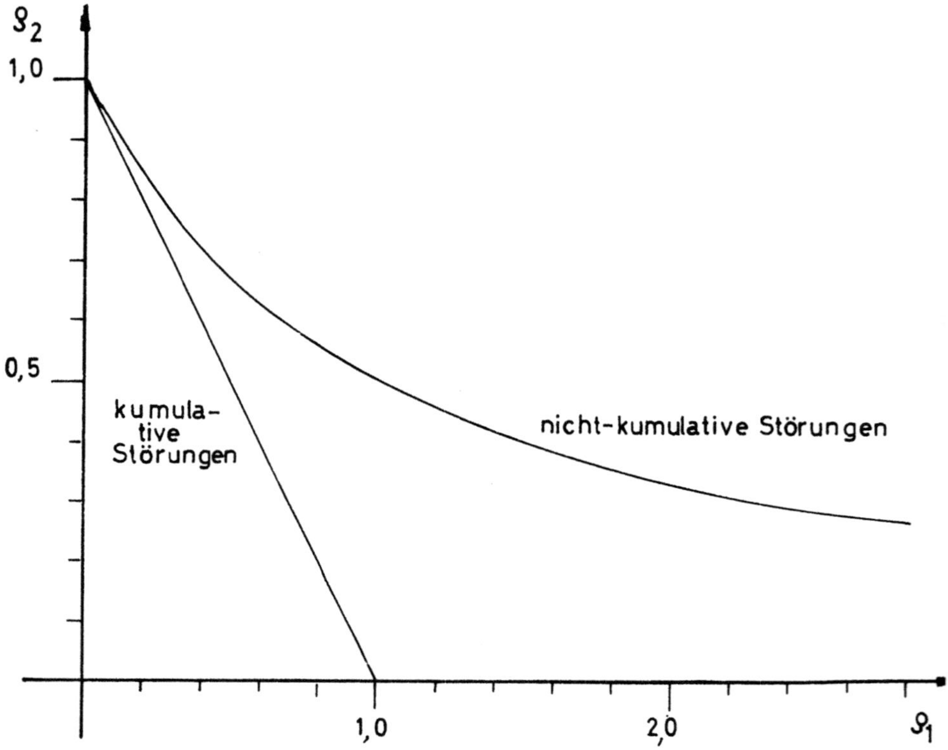

Abbildung 16: Gleichgewichtsbedingungen für Wartesysteme mit Störungen

Wichtigste Kennzahl zur Charakterisierung der Wirksamkeit eines Wartesystems ist die Zahl der noch nicht bedienten Kunden, die Schlangenlänge. Die mittlere Schlangenlänge hängt in allen drei Fällen nicht nur von der Störungsdichte und der Verkehrsdichte, sondern auch von dem relativen Niveau-Unterschied von Bedienungs- und Reparaturprozeß ab. Die beiden ersten Ableitungen der Formeln (21), (40) und (61) nach den Parametern ρ_1, ρ_2 und ν zeigen in allen drei Fällen, daß innerhalb des Gleichgewichtsbereichs

1. $\bar{n}$ mit steigender Verkehrsdichte monoton mit wachsenden Raten ansteigt:

$$\frac{\partial \bar{n}}{\partial \rho_2} > 0 \qquad \frac{\partial^2 \bar{n}}{\partial \rho_2^2} > 0$$

2. $\bar{n}$ mit steigender Störungsdichte monoton mit wachsenden Raten ansteigt

$$\frac{\partial \bar{n}}{\partial \rho_1} > 0 \qquad \frac{\partial^2 \bar{n}}{\partial \rho_1^2} > 0$$

3. $\bar{n}$ proportional dem Niveau-Unterschied von Bedienungs- und Reparaturprozeß ansteigt.

In diesen - wie auch in vielen der folgenden Modelle - läßt sich die mittlere Schlangenlänge darstellen als

$$\bar{n}_i = f_i(\rho_1, \rho_2, \nu) \qquad i=A,B,C$$

Ein Vergleich dieser Modelle würde bedeuten, daß man die Flächen

$$f_i(\rho_1, \rho_2, \nu) = \text{const}$$

im dreidimensionalen (ρ_1, ρ_2, ν)-Raum bei variierendem c betrachtet. Eine solche Analyse würde jedoch wenig anschauliche Ergebnisse liefern; stattdessen soll hier ein Eindruck von der Abhängigkeit der mittleren Schlangenlänge von diesen Parametern vermittelt werden, indem jeweils zwei Parameter konstant gehalten werden und nur ein Parameter variiert wird. Für die konstant gehaltenen Parameter wird jeweils die Normalkombination angesetzt:

$$\rho_1 = 0{,}2$$

$$\rho_2 = 0{,}6$$

$$\nu = 10$$

In den Abb. 17 bis 19 gibt die Kurve A die mittlere Schlangenlänge im Fall kumulativer Störungen, B im Fall externer Störungen und C im Fall interner Störungen wieder.

Für die nicht-normierten Parameter der das System konstituierenden Prozesse, $\alpha, \beta, \lambda, \mu$ gilt analog:

$$\frac{\partial \bar{n}}{\partial \alpha} > 0 \qquad \frac{\partial^2 \bar{n}}{\partial \alpha^2} > 0$$

$$\frac{\partial \bar{n}}{\partial \beta} < 0 \qquad \frac{\partial^2 \bar{n}}{\partial \beta^2} < 0$$

$$\frac{\partial \bar{n}}{\partial \lambda} > 0 \qquad \frac{\partial^2 \bar{n}}{\partial \lambda^2} > 0$$

$$\frac{\partial \bar{n}}{\partial \mu} < 0 \qquad \frac{\partial^2 \bar{n}}{\partial \mu^2} < 0$$

Da sich die mittlere Wartezeit lediglich durch den Faktor $1/\alpha$ von der mittleren Schlangenlänge unterscheidet, verhält sich die mittlere Wartezeit bei Variation der Parameter ähnlich wie die mittlere Schlangenlänge.

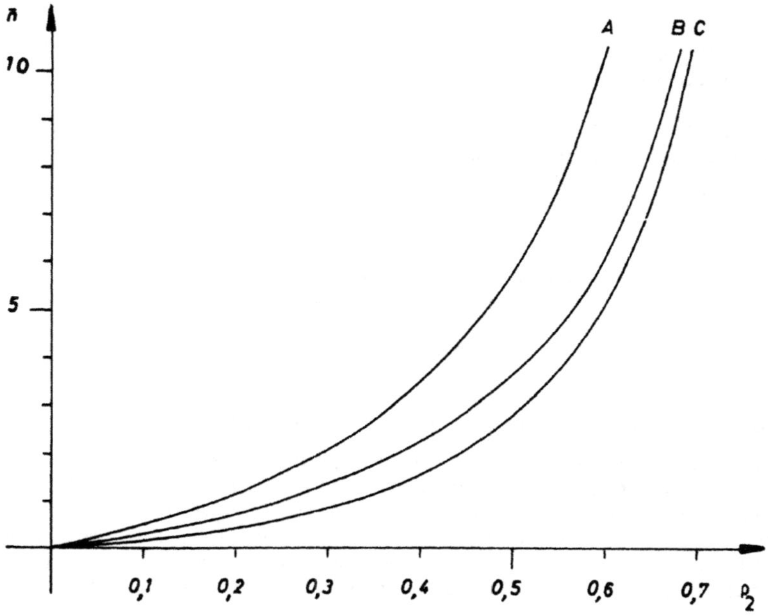

Abbildung 17: Abhängigkeit der mittleren Schlangenlänge von der Verkehrsdichte

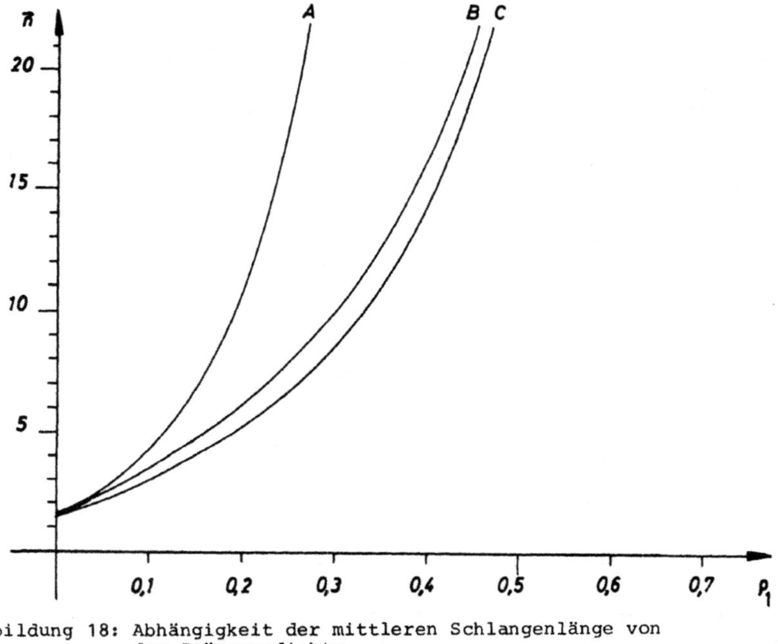

Abbildung 18: Abhängigkeit der mittleren Schlangenlänge von der Störungsdichte

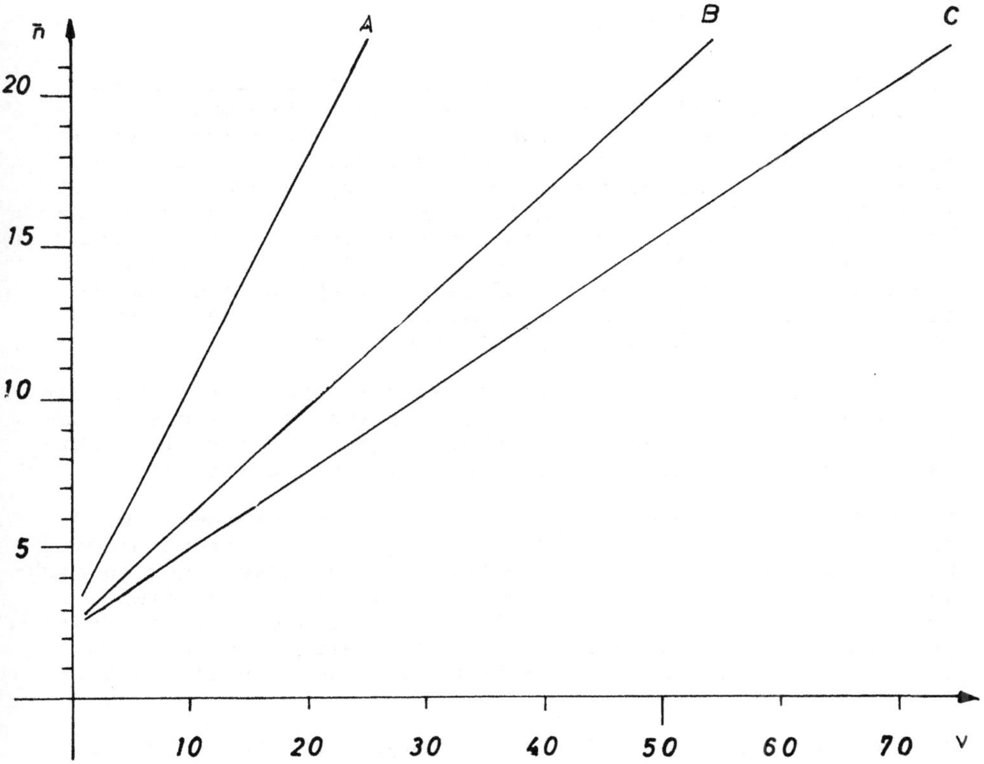

Abbildung 19: Abhängigkeit der mittleren Schlangenlänge vom Niveauunterschied zwischen Bedienungs- und Reparaturprozeß

Die mittlere Schlangenlänge erfaßt nicht nur die durch den Ausfall des Bedienungskanals verursachten Störungen, sondern auch die auf die Schwankungen der Bedienungsgeschwindigkeit und die Unregelmäßigkeit der Ankünfte zurückzuführenden Stauungen. Um die Auswirkungen der Betriebsstörungen zu isolieren, ist es erforderlich, die mittlere Schlangenlänge in einem Wartesystem mit Betriebsstörungen mit der Schlangenlänge eines entsprechenden Wartesystems ohne Störungen zu vergleichen. Hierbei sind zwei Möglichkeiten zu unterscheiden:

1. Die relative Effizienz eines Wartesystems mit Betriebsstörungen ist das Verhältnis der Schlangenlängen in einem gestörten und einem ungestörten Wartesystem [13]:

$$E_n = \frac{\bar{n}_{\text{ungestört}}}{\bar{n}_{\text{gestört}}}$$

2. Die auf die Störungen zurückzuführende Stauung ist die Differenz der Schlangenlängen in einem gestörten und einem ungestörten Wartesystem:

$$\bar{n}_R = \bar{n}_{gestört} - \bar{n}_{ungestört}$$

Die relative Effizienz ist in den Abb. 20 bis 22 in Abhängigkeit von der Verkehrsdichte, der Störungsdichte und dem relativen Niveau-Unterschied dargestellt. Abb. 20 zeigt, daß die relative Effizienz schon bei niedriger Störungsdichte recht schnell absinkt und dann bei voller Kapazitätsauslastung auf Null absinkt. Im Gegensatz dazu sinkt die relative Effizienz bei geringer Verkehrsdichte zunächst langsam, später schneller ab und wird bei voller Kapazitätsauslastung gleich Null. (Vgl. Abb. 21). Die relative Effizienz sinkt schließlich bei steigendem Niveau-Unterschied zunächst schnell, dann langsamer und nähert sich dann asymptotisch der Abszisse.

Die störungsbedingte Schlangenlänge (vgl. Abb. 23-25) verhält sich bei einer Variation der Parameter ähnlich wie die gesamte Schlangenlänge. (Bei allen Abbildungen wird für die nichtvariierten Parameter die Normalkombination unterstellt).

Die Effizienz eines Wartesystems mit Betriebsstörungen wird schließlich durch die Zahl der Störungen, die während einer Zeiteinheit auftreten und beseitigt werden müssen, gekennzeichnet. In Wartesystemen mit kumulativen Störungen ist diese Größe gleich der Intensität λ des Störprozesses; da der Störprozeß bei nicht-kumulativen Störungen zeitweilig unterbrochen wird, ist die Zahl der Störungen je Zeiteinheit in diesen Fällen geringer.

Da der Störprozeß bei externen Störungen nur dann unterbrochen wird, wenn das System gestört ist, ist die Zahl der zu beseitigenden Störungen höher als bei internen Störungen, bei denen der Störprozeß auch dann unterbrochen wird, wenn das System leer steht. Während die Zahl der Störungen bei externen Störungen nur von der Störungsdichte abhängt, wird die Zahl der Störungen bei internen Betriebsstörungen auch von der Verkehrsdichte beeinflußt: je größer die Verkehrsdichte ist, desto größer ist auch die Zahl der Störungen.

e) Einige Modifikationen der Grundmodelle

Die hier behandelten Annahmen über die Bedingungen für das Auftreten von Betriebsstörungen geben nur einen Ausschnitt aus den möglichen Beziehungen zwischen dem Zustand des Systems und dem Störungsprozeß wieder; eine weitere Klasse von Störungsmodellen erhält man, indem man die folgenden Mischformen der drei Grundmodelle untersucht:

1. Wartesysteme mit beschränkter Zahl kumulativer Störungsursachen

2. Wartesysteme mit einer Mischung von externen und internen Störungsursachen.

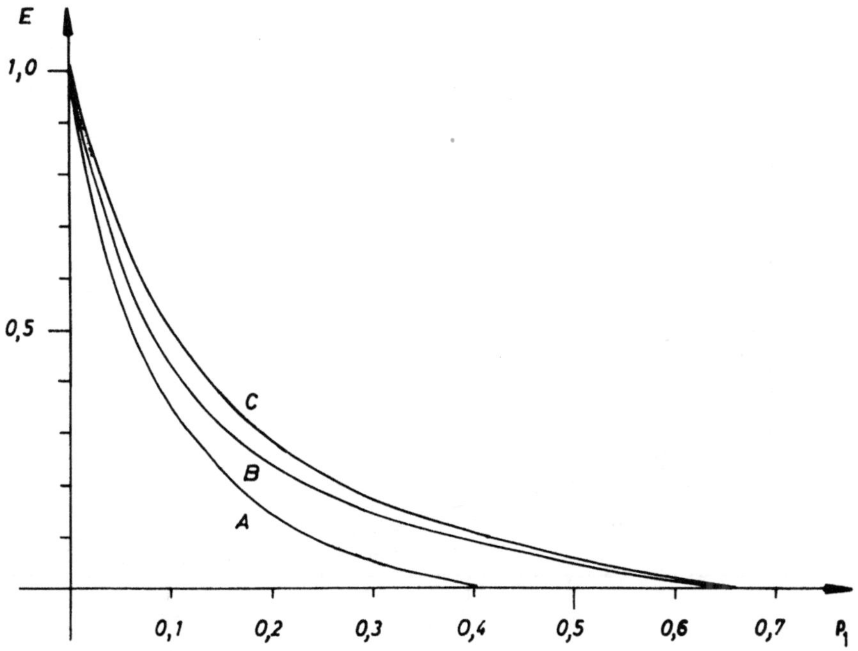

Abbildung 20: Relative Effizienz in Abhängigkeit von der Störungsdichte

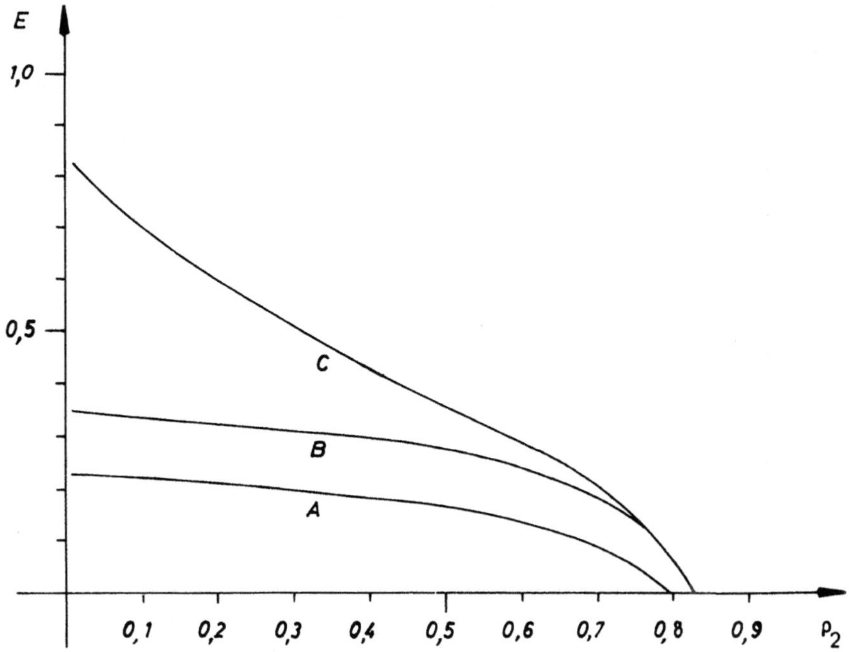

Abbildung 21: Relative Effizienz in Abhängigkeit von der Verkehrsdichte

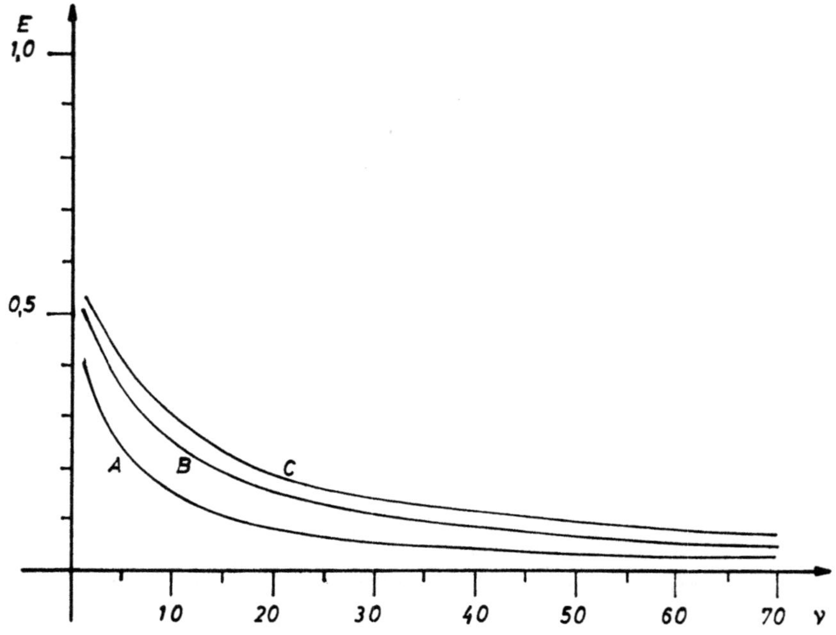

Abbildung 22: Relative Effizienz in Abhängigkeit von dem Niveau-Parameter

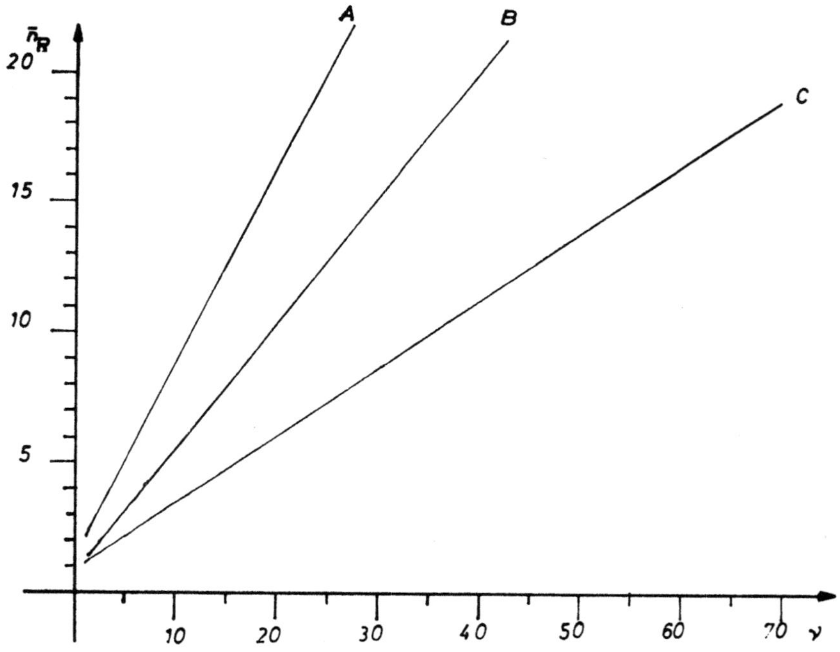

Abbildung 23: Störungsbedingte Schlangenlänge in Abhängigkeit von dem Niveau-Parameter

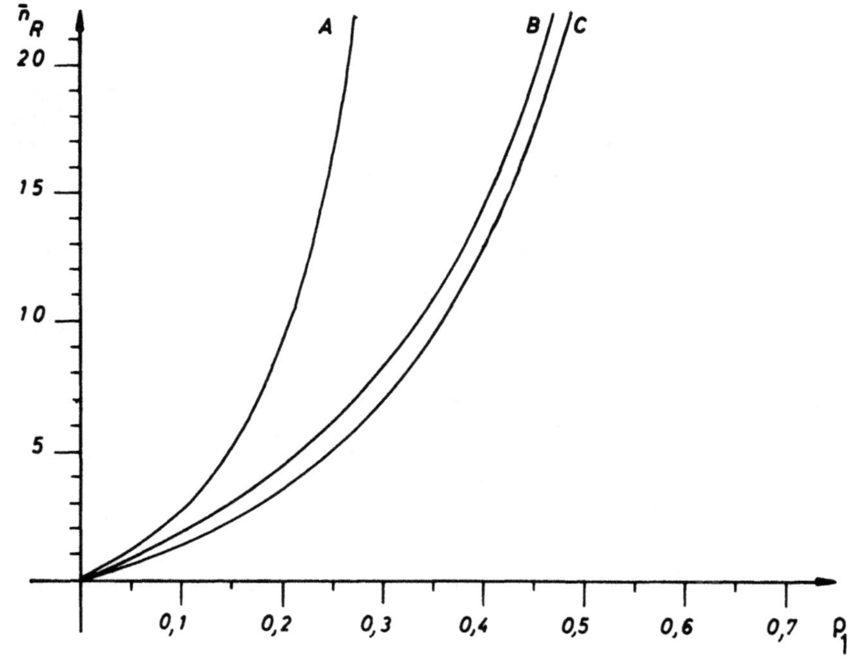

Abbildung 24: Störungsbedingte Schlangenlänge in Abhängigkeit von der Störungsdichte

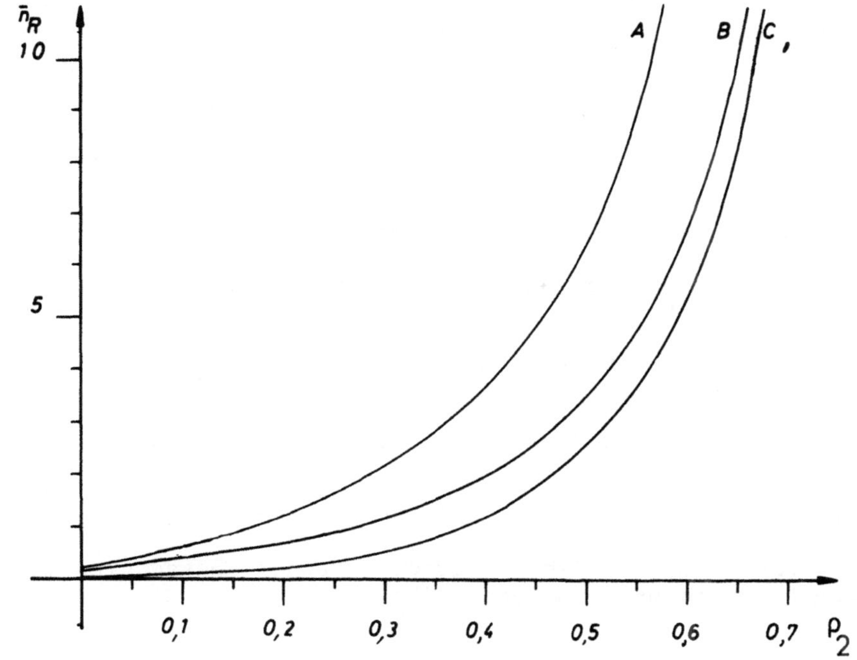

Abbildung 25: Störungsbedingte Schlangenlänge in Abhängigkeit von der Verkehrsdichte

1. Wartesysteme mit einer beschränkten Zahl kumulativer Störungsursachen

Durch die Annahme, daß nicht eine unbegrenzte, sondern nur eine endliche Zahl von Störungsursachen gleichzeitig auftreten kann, erhält man eine Klasse von Störungsmodellen, die sowohl den Fall externer Störungen als auch den Fall kumulativer Störungen als Grenzfälle umfaßt.

Diese Klasse von Störungsmodellen ist durch folgende Modifikationen der Prämissen gekennzeichnet:

Prämisse 8d: Es gibt M verschiedene Störungsursachen, die kumulativ auftreten können.

Prämisse 7b: Sind im Zeitpunkt t $m=0,1,2,\ldots,M-1$ Störungen noch nicht beseitigt, dann ist die Wahrscheinlichkeit für das Auftreten einer weiteren Störung im Intervall $(t,t+\Delta)$ unabhängig von der Lage dieses Intervalls gleich

$$\text{Prob}\left\{\begin{matrix}\text{Auftreten einer Störung in } (t,t+\Delta)\\ m \text{ Störungen in } t \text{ noch nicht beseitigt}\end{matrix}\right\} =$$

$$= (M-m)\lambda_1\Delta + o(\Delta)$$

Die Wahrscheinlichkeit, daß eine Störung auftritt, ist also proportional der Zahl der noch nicht aufgetretenen Störungsursachen. Dieses Wartesystem mit Betriebsstörungen entspricht formal einem von Avi-Itzhak und Naor (14) untersuchten Wartesystem mit einem endlichen Reservoir von Kunden mit unterbrechender Priorität.

Zwischen den Zuständen (m,n) mit $n=0,1,2,\ldots$ der Zahl der noch nicht bedienten Kunden, und $m=0,1,2,\ldots,M$, der Zahl der noch nicht beseitigten Störungen, sind folgende Übergänge möglich:

1. Ankunft eines Kunden mit der Rate α: $(m,n) \Rightarrow (m,n+1)$.

2. Bedienung eines Kunden mit der Rate β, falls $m=0$ und $n>0$: $(0,n) \Rightarrow (0,n-1)$.

3. Auftreten einer Störung mit der Rate $(M-n)\lambda_1$, falls $m<M$: $(m,n) \Rightarrow (m+1,n)$.

4. Beseitigung einer Störung mit der Rate μ, falls $m>0$: $(m,n) \Rightarrow (m-1,n)$.

Diese Übergänge sind in der Abb. 26 graphisch dargestellt.

An den Knotenpunkten dieses Markoff-Graphen lassen sich die folgenden Beziehungen ablesen [15]:

$$(\alpha+\mu)P_{Mn} = \alpha P_{Mn-1}+\lambda_1 P_{M-1n} \qquad (m=M \quad n>0) \qquad (85)$$

$$(\alpha+\mu)P_{Mo} = \lambda_1 P_{M-1o} \qquad (m=M \quad n=0) \qquad (86)$$

$$\alpha+(M-m)\lambda_1+\mu\}P_{mn} = \alpha P_{mn-1}+(M-m+1)\lambda_1 P_{m-1n}+\mu P_{m+1n} \qquad (0<m<M \quad n>0) \qquad (87)$$

$$\alpha+(M-m)\lambda_1+\mu\}P_{mo} = (M-m+1)\lambda_1 P_{m-1o}+\mu P_{m+1o} \qquad (0<m<M \quad n=0) \qquad (88)$$

$$(\alpha+\beta+M\lambda_1)\ P_{on} = \alpha P_{on-1}+\beta P_{on+1}+\mu P_{1n} \qquad (m=0 \quad n>0) \qquad (89)$$

$$(\alpha+M\lambda_1)\ P_{oo} = \beta P_{o1}+\mu P_{1o} \qquad (m=0 \quad n=0) \qquad (90)$$

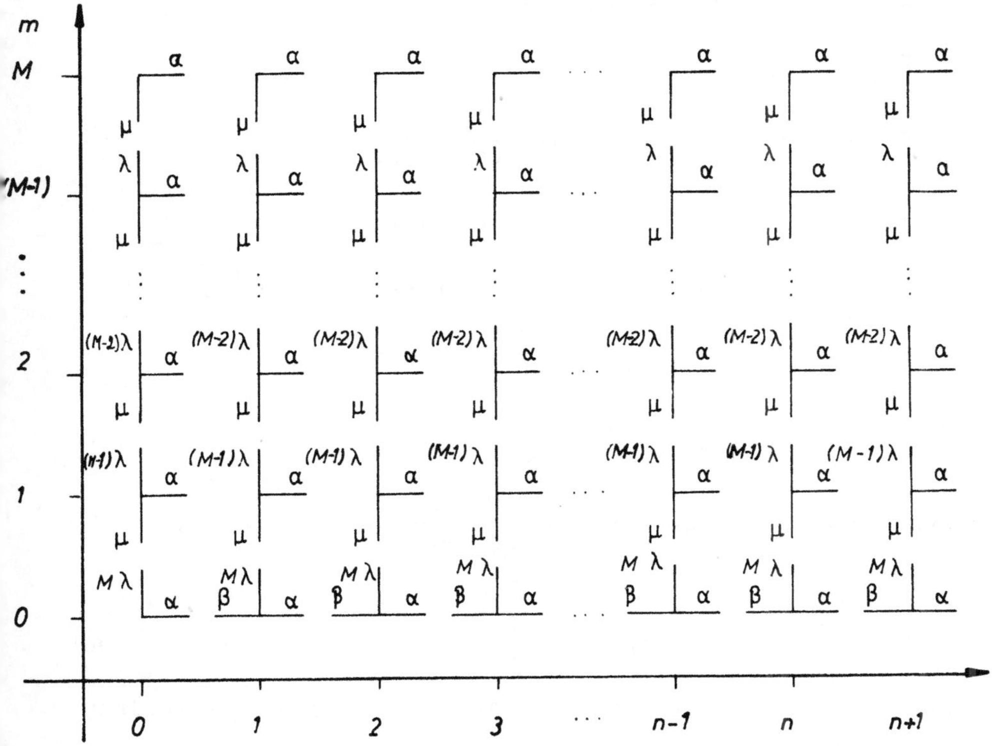

Abbildung 26: Markoff-Graph für ein Wartesystem mit begrenzter Zahl kumulativer Störungen

Zur Bestimmung der Randverteilung der Zahl der noch nicht beseitigten Störungen $P_{m.}$ werden zunächst die Gleichungen (85) bis (90) über alle n=0,1,2,... summiert:

$$\mu P_{M.} = \lambda_1 P_{M-1.} \qquad (m=M) \qquad (91)$$

$$\{(M-m)\lambda_1+\mu\}P_{m.} = (M-m+1)\lambda_1 P_{m-1.}+\mu P_{m+1.} \qquad (0<m<M) \qquad (92)$$

$$M\lambda_1 \, P_{o.} = \mu P_{1.} \qquad (m=0) \qquad (93)$$

Das Gleichungssystem (91) bis (95) entspricht formal den Schlangengleichungen eines Maschinenwartungsmodells für M Maschinen, die durch einen einzelnen Schlosser gewartet werden, so daß man zur Bestimmung der Randverteilung $P_{m.}$ auf die Ergebnisse dieses klassischen Problems der Warteschlangentheorie zurückgreifen kann [16].

Aus (92) erhält man die Rekursionsgleichung:

$$P_{m+1.} - (M-m)\,\frac{\lambda_1}{\mu}\,P_{m.} = 0 \qquad (94)$$

Hieraus erhält man sukzessive:

$$P_{1.} = M\,\frac{\lambda_1}{\mu}\,P_{o.}$$

$$P_{2.} = (M-1)\,\frac{\lambda_1}{\mu}\,P_{1.} = M(M-1)\left(\frac{\lambda_1}{\mu}\right)^2 P_{o.}$$

....

$$P_{m.} = (M-m+1)\,\frac{\lambda_1}{\mu}\,P_{m-1.} = M(M-1)\,.\;\ldots\;.(M-m+1)\left(\frac{\lambda_1}{\mu}\right)^m P_{o.}$$

oder

$$P_{m.} = \frac{M!}{(M-m)!}\left(\frac{\lambda_1}{\mu}\right)^m P_{o.} \qquad (95)$$

Aus der Normierungsbedingung $\sum_{m=0}^{M} P_{m.}=1$ erhält man für $P_{O.}$

$$P_{o.} = \left[\sum_{m=o}^{M}\left(\frac{\lambda_1}{\mu}\right)^m \frac{M!}{(M-m)!}\right]^{-1} \qquad (96)$$

Aus (95) und (96) folgt schließlich für die Randverteilung $P_{m.}$

$$P_{m.} = \frac{\left(\frac{\lambda_1}{\mu}\right)^m \frac{M!}{(M-m)!}}{\sum_{i=o}^{M}\left(\frac{\lambda_1}{\mu}\right)^i \frac{M!}{(M-i)!}} = \frac{\left(\frac{\lambda_1}{\mu}\right)^m \frac{1}{(M-m)!}}{\sum_{i=o}^{M}\left(\frac{\lambda_1}{\mu}\right)^i \frac{1}{(M-i)!}} \qquad (97)$$

Formel(97) ist recht unhandlich; für die numerische Auswertung wurden daher verschiedene Wege zur Vereinfachung vorgeschlagen. Naor [17] führt (97) auf die Poissonverteilung zurück, indem er die folgenden Hilfsfunktionen einführt:

$$p(k,x) = e^{-x} \frac{x^k}{k!} \tag{98}$$

und

$$U_1(k,x) = \sum_{i=o}^{k} p(i,x) \tag{99}$$

(98) ist die Wahrscheinlichkeitsverteilung der Poisson-Verteilung, (99) deren kumulative Verteilung. Beide Funktionen sind ausführlich tabelliert [18] .

Setzt man (98) und (99) in (97) ein, dann erhält man

$$P_{m.} = \frac{p(M-m,x)}{U_1(M,x)} \tag{97a}$$

wobei $x = \mu/\lambda_1$.

Die durchschnittliche Zahl der noch nicht beseitigten Störungen läßt sich durch folgende Überlegungen bestimmen [19] :

Summiert man (94) über alle m=0,1,2,...,M-1, dann erhält man:

$$\sum_{m=o}^{M-1} P_{m+1.} = \sum_{m=o}^{M-1} (M-m) \frac{\lambda_1}{\mu} P_{m.}$$

oder

$$\sum_{m=o}^{M} P_{m.} = M \frac{\lambda_1}{\mu} \sum_{m=o}^{M} P_{m.} - \frac{\lambda_1}{\mu} \sum_{m=o}^{M} mP_{m.} + P_{o.}$$

Setzt man $\bar{m} = \sum_{m=o}^{m} mP_{m.}$, dann erhält man für die mittlere Zahl der noch nicht beseitigten Störungen:

$$\bar{m} = M - x(1-P_{o.}) = M - \frac{xU_1(M-1,x)}{U_1(M,x)} \tag{100}$$

Die Wahrscheinlichkeit dafür, daß das System gestört ist, ist gleich

$$\kappa_1 = 1 - P_{o.} = \frac{U_1(M-1,x)}{U_1(M,x)} \tag{101}$$

Die Größe κ_1 läßt sich als störungsbedingte Kapazitätsverringerung interpretieren. Sie entspricht damit der Störungsdichte bei einer unendlichen Zahl kumulativer Störungen.

Summiert man nun (87) bis (90) über alle m=0,1,2,...,M, dann erhält man

$$\alpha P_{.n} = \beta P_{on+1} \tag{102}$$

und durch Summation über alle n erhält man daraus

$$\alpha = \beta \sum_{n=1}^{\infty} P_{on} \tag{103}$$

Aus (103) folgt:

$$\kappa_2 = P_{o.} - P_{oo} = \frac{\alpha}{\beta} = \rho_2 \tag{104}$$

κ_2 läßt sich als kundenbedingte Kapazitätsauslastung interpretieren. Wegen (96) und (98) erhält man dann für die Wahrscheinlichkeit, daß das System leer ist, d. h. daß das System weder gestört ist noch daß ein Kunde bedient wird:

$$P_{oo} = 1 - \kappa_1 - \kappa_2 = 1 - \rho_2 - \frac{U_1(M-1,x)}{U_1(M,x)} \tag{105}$$

Da das System nur dann einen stochastischen Gleichgewichtszustand erreichen kann, wenn $P_{oo} > 0$, erhält man als notwendige Bedingung für die Existenz eines solchen Zustandes: $\kappa_1 + \kappa_2 < 1$.

Zur Berechnung der mittleren Schlangenlänge wird - im Gegensatz zu den anderen Markoff-Modellen - nicht die Methode der erzeugenden Funktion benutzt, da diese wegen der dabei auftretenden endlichen Summen und der sich daraus ergebenden Notwendigkeit, eine große Zahl von Randbedingungen zu bestimmen, recht unhandlich ist. Vielmehr soll ein von Avi-Itzhak und Naor angegebenes Verfahren benutzt werden, das von rekursiven Beziehungen zwischen den bedingten Erwartungswerten

$$\bar{n}_m = E\{\bar{n} \mid m\} = \frac{1}{P_{m.}} \sum_{n=o}^{\infty} nP_{mn} \tag{106}$$

die aus den Schlangengleichungen (85) bis (90) hergeleitet werden können, ausgeht. Aus diesen Beziehungen kann dann der unbedingte Erwartungswert $\bar{n} = E(n)$ berechnet werden:

$$\bar{n} = \sum_{n=o}^{\infty} \sum_{m=o}^{M} nP_{mn} = \sum_{n=o}^{\infty} nP_{.n} = \sum_{m=o}^{M} \bar{n}_m P_{m.} \tag{107}$$

Multipliziert man (102) mit n und summiert über alle n, dann erhält man

$$\alpha \sum_{n=0}^{\infty} nP_{.n} = \beta \sum_{n=1}^{\infty} nP_{on} - \beta \sum_{n=1}^{\infty} P_{on} \tag{108}$$

und wegen (105), (91) und (92)

$$\alpha\bar{n} = \beta\bar{n}_o P_{o.} - \alpha \tag{109}$$

oder

$$\bar{n}_o P_{o.} = \frac{\alpha}{\beta} (\bar{n} + 1) \tag{110}$$

Multipliziert man Gleichung (89) mit n und summiert über alle n, dann erhält man:

$$M\lambda_1 \bar{n}_o P_{o.} = \mu P_{1.} \bar{n}_1 - \alpha(1-P_{o.}) \tag{111}$$

Gleichung (87) liefert für m=1,2,...,M-1:

$$\{(M-m)\lambda_1+\mu\}\bar{n}_m P_{m.} = \mu\bar{n}_{m+1} P_{m+1.} + (M-m+1)\lambda_1 P_{m-1.} \bar{n}_{m-1} + \alpha P_{m.} \tag{112}$$

Die Lösung dieser Rekursionsgleichung hat die Form:

$$\bar{n}_m P_{m.} = \frac{M!}{(M-m)!}\left(\frac{\lambda_1}{\mu}\right)^m \frac{\alpha}{\mu} (1+\bar{n}) + \sum_{k=1}^{m} \frac{(M-k)!}{(M-m)!}\left(\frac{\lambda_1}{\mu}\right)^{m-k} \sum_{k=m}^{M} P_{m.} \tag{113}$$

Summiert man über alle m, dann erhält man wegen (106):

$$\bar{n} = \frac{\frac{\alpha}{\beta} \{1 + \frac{\beta}{\mu}\left[1 - \frac{U_1(M-1,x)}{U_1(M,x)}\right] SPM\}}{1 - \frac{\alpha}{\beta} - \frac{U_1(M-1,x)}{U_1(M,x)}} \tag{114}$$

mit

$$SPM = \sum_{m=1}^{M} \frac{U_1^2(M-m,x)}{U_1(M,x)\,p(M-m,x)} \tag{115}$$

Setzt man nun

$$\kappa_1 = \frac{U_1(M-1,x)}{U_1(M,x)}$$

für die störungsbedingte Kapazitätsauslastung und

$$\kappa_2 = \frac{\alpha}{\beta} = \rho_2$$

für die kundenbedingte Kapazitätsauslastung, dann kann man für (114) schreiben:

$$\bar{n} = \frac{\kappa_2\{1 + \nu(1-\kappa_1)SPM\}}{1 - \kappa_1 - \kappa_2} \tag{116}$$

Die Gleichung für die mittlere Schlangenlänge in einem Wartesystem mit einer beschränkten Zahl unterbrechender kumulativer Störungen ist also analog der Formel (21) für das entsprechende Wartesystem mit unbegrenzter Zahl von Störungsursachen aufgebaut: An die Stelle der Störungsdichte ρ_1 tritt lediglich die störungsbedingte Kapazitätsverringerung und im Zähler von (116) tritt an die Stelle von

$$\bar{m} = \frac{\rho_1}{1 - \rho_1}$$

in (21) der etwas kompliziertere Ausdruck $(1-\kappa_1)SPM$.

Für den Grenzfall [20] $M \Rightarrow \infty$, $\lambda_1 \Rightarrow 0$ und $M\lambda_1 \Rightarrow \lambda$ geht die Randverteilung der Zahl der noch nicht beseitigten Störungen über in die Verteilung der Schlangenlänge in einem einfachen Wartesystem (M/M/1) bzw. in die Verteilung der Zahl der noch nicht beseitigten Störungen in einem Wartesystem mit unbegrenzter Störungszahl:

$$P_{m.} = \left(\frac{\lambda}{\mu}\right)^m \left(1 - \frac{\lambda}{\mu}\right) = \rho_1^m(1-\rho_1)$$

Die störungsbedingte Kapazitätsverringerung ist in diesem Grenzfall gleich

$$\kappa_1 = \frac{\lambda}{\mu} = \rho_1$$

Für den Faktor SPM gilt

$$SPM = \frac{\rho_1}{(1 - \rho_1)^2}$$

Setzt man diese Grenzwerte in (116) ein, dann erhält man die oben hergeleitete Formel (21) von White und Christie.

In der Abb. 27a ist die mittlere Schlangenlänge für verschiedene M in Abhängigkeit von $\rho_1^{\star}=\rho_1/M$ für $\rho_2=0,6$ wiedergegeben. Abb. 27b zeigt die Abhängigkeit der Schlangenlänge von der Verkehrsdichte für $\rho_1^{\star}=\rho_1/M=0,2$. Wie aus diesen Abbildungen ersichtlich ist, nähert sich die mittlere Schlangenlänge für große M der durch (21) gegebenen Größe.

In der Abb. 28 wird schließlich für verschiedene Werte von κ_1 und κ_2 die mittlere Schlangenlänge in Abhängigkeit von der Zahl der Störungsursachen dargestellt. Wie aus dieser Abbildung zu erkennen ist, konvergiert die mittlere Schlangenlänge im Fall hoher störungsbedingter Kapazitätsverringerung langsa-

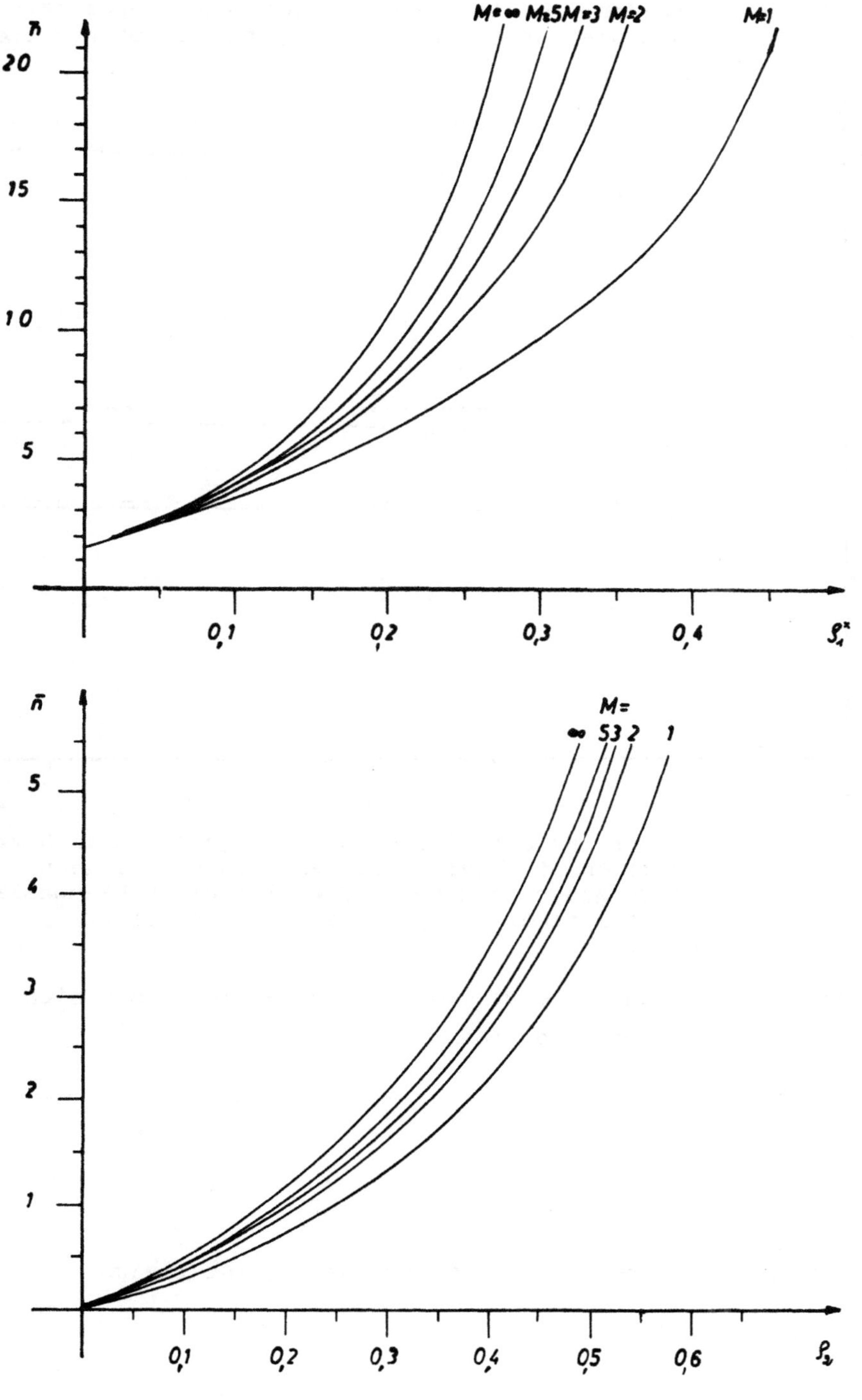

Abbildung 27: Mittlere Schlangenlänge bei begrenzter Zahl kumulativer Störungen

mer als in den Fällen niedriger störungsbedingter Kapazitätsverringerung gegen die durch Formel (21) gegebenen Grenzwerte.

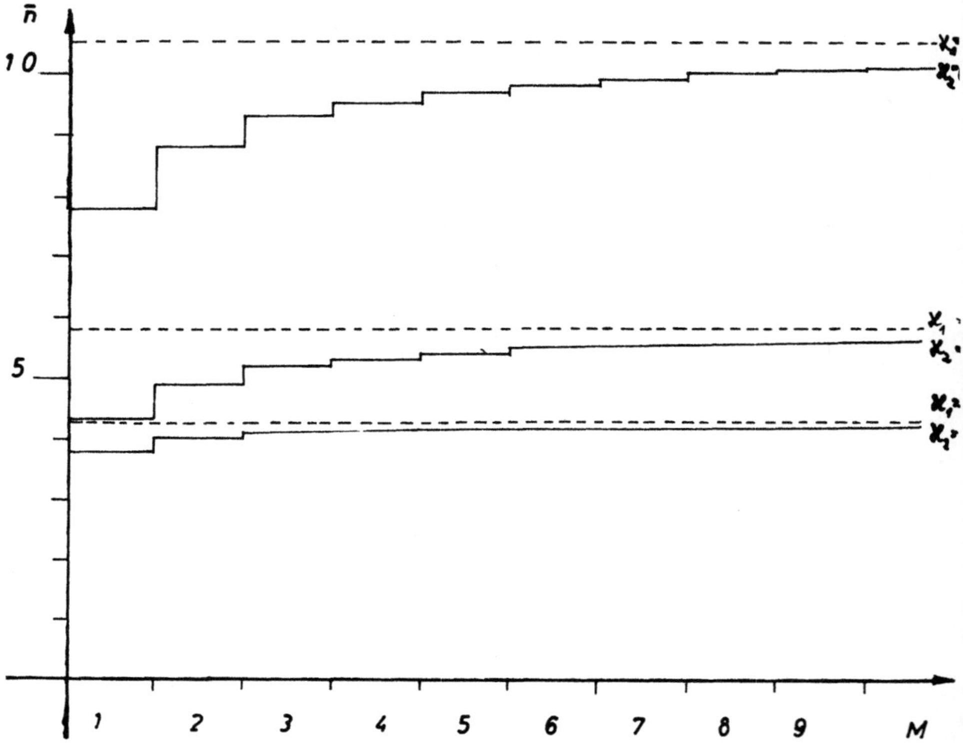

Abbildung 28: Konvergenz der mittleren Schlangenlänge in Wartesystemen mit begrenzter Zahl von kumulativen Störungsursachen gegen die mittlere Schlangenlänge im Fall einer unbegrenzten Zahl von Störungsursachen

Für M=1 und $\lambda_1=\lambda$ geht die Randverteilung der Zahl noch nicht beseitigter Störungen über in

$$P_{o.} = \frac{1}{1 + \rho_1} \tag{42}$$

$$P_{1.} = \frac{\rho_1}{1 + \rho_1} \tag{41}$$

die störungsbedingte Kapazitätsverringerung ist gleich

$$\kappa_1 = \frac{\rho_1}{1+\rho_1}$$

und der Faktor SPM ist in diesem Fall gleich 1. Dann geht (116) über in die Formel für die mittlere Schlangenlänge in einem Wartesystem mit externen unterbrechenden Störungen:

$$\bar{n} = \frac{\rho_2(1+\rho_1+\frac{\nu\rho_1}{1+\rho_1})}{1-\rho_2(1+\rho_1)} \quad (40)$$

Die Fälle externer Störungen und kumulativer Störungen sind also tatsächlich als Grenzfälle des hier behandelten Störungsmodells anzusehen.

2. Wartesysteme mit einer Mischung von externen und internen Störungsursachen

Während das oben dargestellte Wartesystem als Bindeglied zwischen dem Modell kumulativer Störungen und dem Modell externer Störungen anzusehen ist, erhält man durch folgende Überlegungen ein Bindeglied zwischen den Fällen externer und interner Betriebsstörungen:

In vielen Fällen werden die Störungen nicht allein auf externe oder interne Störungsursachen zurückzuführen sein, vielmehr werden externe und interne Störungsursachen nebeneinander auftreten: neben Ausfällen der Energieversorgung oder personalbedingten Unterbrechungen der Bedienung, die in der Regel unabhängig von der Tätigkeit des Bedienungskanals auftreten können, werden auch Störungen auftreten, die durch die Bedienung selbst hervorgerufen werden. In diesen Fällen kann ein Prozentsatz c der Störungen nur dann auftreten, wenn das System arbeitet, während der Rest auch dann auftreten kann, wenn das System leer steht. Es gilt also:

Prämisse 8e: Wenn das System arbeitet, treten Betriebsstörungen mit der Rate λ auf; ist das System leer, dann treten die Störungen lediglich mit der Rate $\lambda(1-c)$ auf.

In einem solchen Wartesystem können folgende Übergänge auftreten:

1. Ankunft eines Kunden mit der Rate α: $(m,n) \Rightarrow (m,n+1)$.

2. Bedienung eines Kunden mit der Rate β, falls $m=0$ und $n > 0$: $(0,n) \Rightarrow (0,n-1)$.

3. Auftreten einer Betriebsstörung mit der Rate λ, falls $m=0$ und $n > 0$; $(1-c)\lambda$ falls $m=0$ und $n=0$: $(0,n) \Rightarrow (1,n)$

4. Beseitigung einer Betriebsstörung mit der Rate μ, falls $m=1$: $(1,n) \Rightarrow (0,n)$.

Diese Übergangsmöglichkeiten sind in der Abb. 29 dargestellt. An den Knotenpunkten dieses Markoff-Graphen lassen sich folgende Beziehungen ablesen:

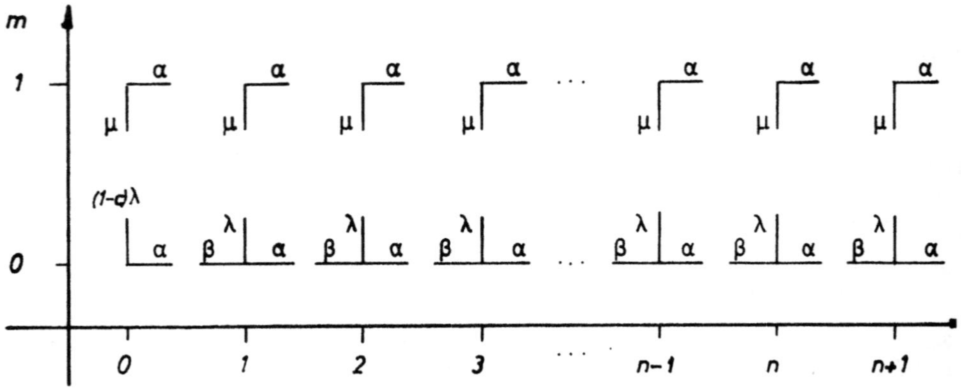

Abbildung 29: Markoff-Graph für ein Wartesystem mit gemischten unterbrechenden Betriebsstörungen

$$(\alpha+\mu)P_{1n} = \alpha P_{1n-1}+\lambda P_{on} \qquad (n>0) \qquad (117)$$

$$(\alpha+\mu)P_{1o} = (1-c)\lambda P_{oo} \qquad (n=0) \qquad (118)$$

$$(\alpha+\beta+\lambda)P_{on} = \alpha P_{on-1}+\beta P_{on+1}+\mu P_{1n} \qquad (n>0) \qquad (119)$$

$$\{\alpha+(1-c)\lambda\}P_{oo} = \beta P_{o1} + \mu P_{1o} \qquad (n=0) \qquad (120)$$

Durch Multiplikation mit geeigneten Potenzen von z und Summation über alle n erhält man aus (117) bis (120) als erzeugende Funktion

$$F(z) = \frac{1+\rho_1(1-c)+\nu\rho_2(1-z)}{1-\rho_2 z-\rho_1\rho_2 z+\nu(1-z)(\rho_2-\rho_2^2 z)} P_{oo} \qquad (121)$$

mit

$$P_{oo} = \frac{1-\rho_2(1+\rho_1)}{1+\rho_1(1-c)} \qquad (122)$$

Differenziert man (122) an der Stelle z=1 und berücksichtigt (121), dann erhält man für die mittlere Schlangenlänge

$$\bar{n} = \frac{\rho_2\left[1+\rho_1+\dfrac{\nu\rho_1\{1-c(1-\rho_2)\}}{1+\rho_1(1-c)}\right]}{1-\rho_2(1+\rho_1)} \qquad \frac{\alpha\left[\mu+\lambda+\dfrac{\lambda\{\beta-c(\beta-\alpha)\}}{\mu+\lambda(1-c)}\right]}{\beta\mu-\alpha\mu-\alpha\lambda} \tag{123}$$

Für die mittlere Aufenthaltsdauer der Kunden erhält man

$$\bar{T} = \frac{\mu+\lambda+\dfrac{\lambda\{\beta-c(\beta-\alpha)\}}{\mu+\lambda(1-c)}}{\beta\mu-\alpha\mu-\alpha\lambda} \tag{124}$$

Summiert man (117) und (118) über alle n, dann erhält man

$$\rho_1 P_{o.} - P_{1.} = c\rho_1 P_{oo} \tag{125}$$

Daraus folgt für die Verteilung der Wahrscheinlichkeiten des Zustandes des Bedienungskanals:

$$P_{o.} = \frac{1-c\rho_1\rho_2}{1+\rho_1-c\rho_1} \tag{126}$$

$$P_{1.} = \frac{\rho_1(1-c+c\rho_2)}{1+\rho_1-c\rho_1} \tag{127}$$

Vergleicht man diese Ergebnisse mit Wartesystemen bei externen und internen Störungen, dann zeigt sich:

1. (123) und (124) gehen für c=0 in die entsprechenden Formeln für das Wartesystem mit externen und für c=1 in die Formeln für das Wartesystem mit internen Störungen über.

   Beide Modelle sind also Spezialfälle des hier beschriebenen allgemeineren Modells.

2. Die drei Modelle unterscheiden sich nur durch die Glieder in ν voneinander. Je größer der Niveau-Unterschied zwischen dem Bedienungs- und dem Reparaturprozeß ist, desto größer wird der Unterschied zwischen den drei Modellen.

f) Beurteilung der Modelle des Störprozesses

Es stellt sich nun die Frage, welches der hier behandelten Grundmodelle des Störprozesses, der Fall kumulativer Störungen, der Fall externer Störungen oder der Fall interner Störungen die betriebliche Realität am besten wiedergibt.

Geht man davon aus, daß bei kumulativen Störungen die einzelnen Störungen sukzessive nacheinander auftreten, dann erscheint dieses Modell des Störprozesses etwas gekünstelt; es ist nicht recht einzusehen, warum weitere Störungen eintreten sollten, wenn der Bedienungskanal zum Zweck einer Reparatur stillgelegt wurde. Solche Störungen ließen sich allenfalls als durch die Reparatur selbst hervorgerufene Störungen interpretieren. Man wird jedoch in der Regel davon ausgehen können, daß Störungen einzeln auftreten, so daß Wartesystemen mit nicht-kumulativen Störungen eine größere praktische Bedeutung zukommen dürfte.

Zur Klärung der Frage, ob Betriebsstörungen nur bei tätigem Bedienungskanal auftreten können oder ob sie auch dann auftreten können, wenn das System leer ist, ist es zweckmäßig, auf die Einteilung der Betriebsstörungen nach Bürk [21] in maschinenbedingte, personalbedingte und betriebsbedingte Ausfallursachen zurückzugreifen. In der Regel werden maschinenbedingte Störungen nur dann auftreten, wenn der Bedienungskanal tätig ist, während personalbedingte und betriebsbedingte Störungen in der Regel von der Tätigkeit des Kanals unabhängig sein werden. Es ist also nicht allgemein zu entscheiden, welches der beiden Wartesysteme mit nicht-kumulativen Störungen die Realität besser wiedergibt. In industriellen Anwendungen wird möglicherweise die Annahme interner Störungen den Tatsachen besser gerecht als die Annahme externer Störungen, weil hier maschinenbedingte Ausfallursachen im Vordergrund stehen. Treten neben maschinenbedingten Störungen auch personal- und betriebsbedingte Störungen auf, dann sollte jedoch das Wartesystem mit externen Störungen oder das Wartesystem mit gemischten Störungen herangezogen werden.

2) Ausschuß verursachende Störungen

Im vorigen Abschnitt wurde vorausgesetzt, daß durch das Auftreten einer Betriebsstörung die jeweilige Bedienung unterbrochen wird und daß diese nach Beseitigung der Störung in dem Stadium wieder aufgenommen werden kann, in dem sie unterbrochen wurde. Häufig werden Störungen jedoch nicht nur den Bedienungskanal stillegen, sondern auch so auf den Kunden, der gerade bedient wird, einwirken, daß seine Bedienung nach Beseitigung der Störung nicht wieder aufgenommen werden kann, sondern daß seine "normale" Bedienung sofort beendigt wird:

<u>Prämisse 10b:</u> Ein Kunde, dessen Bedienung durch eine Störung unterbrochen wurde, scheidet aus dem System aus; nach Abschluß der Reparatur wird mit der Bedienung des nächsten Kunden begonnen.

Dieses Störungsmodell läßt sich wie folgt interpretieren:

Durch das Auftreten einer Störung wird zum Beispiel ein Werkstück so beschädigt, daß es verschrottet oder auf einer anderen Maschine nachgebessert werden muß. Diese Form von Betriebsstörungen möchte ich als Ausschuß verursachende oder die Bedienung abbrechende Betriebsstörungen bezeichnen (Prämisse 10b).

a) Externe Störungen

Bezeichnet man wie oben mit n die Zahl der noch nicht bedienten Kunden und setzt den Index m=0, falls das System arbeitet, und m=1, falls es gestört ist, dann sind zwischen den Zuständen (m,n) im Fall externer Störungen folgende Übergänge möglich:

1. Ankunft eines Kunden mit der Rate α: $(m,n) \Rightarrow (m,n+1)$.

2. Bedienung eines Kunden mit der Rate β, falls $m=0$ und $n > 0$: $(0,n) \Rightarrow (0,n-1)$

3. Auftreten einer Betriebsstörung mit der Rate λ, falls $m=0$:
   $(0,n) \Rightarrow (1,n-1)$ falls $n > 0$
   $(0,0) \Rightarrow (1,0)$ falls $n = 0$.

4. Beseitigung einer Störung mit der Rate μ, falls $m=1$: $(1,n) \Rightarrow (0,n)$.

Diese Übergänge sind in der Abb. 30 als Markoff-Graph dargestellt. An den Knotenpunkten lassen sich folgende Beziehungen zwischen den Zustandswahrscheinlichkeiten ablesen:

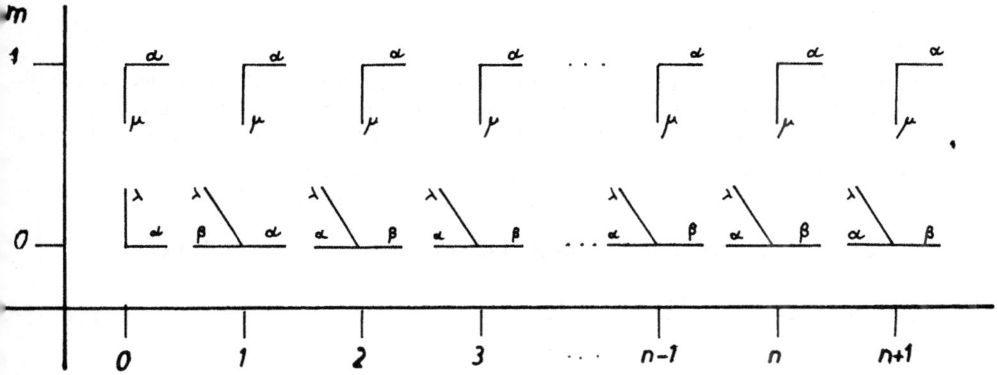

Abbildung 30: Markoff-Graph für das Wartesystem mit externen Ausschuß verursachenden Störungen

$$(\alpha+\mu)P_{1n} = \alpha P_{1n-1} + \lambda P_{on+1} \qquad (n>0) \qquad (128)$$

$$(\alpha+\mu)P_{1o} = \lambda(P_{o1}+P_{oo}) \qquad (n=0) \qquad (129)$$

$$(\alpha+\beta+\lambda)P_{on} = \alpha P_{on-1} + \beta P_{on+1} + \mu P_{1n} \qquad (n>0) \qquad (130)$$

$$(\alpha+\lambda)P_{oo} = \beta P_{o1} + \mu P_{1o} \qquad (n=0) \qquad (131)$$

Im Fall externer Störungen wird der Störungsmechanismus nicht durch das Verhalten der Kunden beeinflußt, so daß die Gleichungen (42) bis (44), die die Zustände des Bedienungskanals beschreiben, auch im Fall Ausschuß verursachender Störungen bestehen bleiben.

Zur Herleitung der mittleren Schlangenlänge wird wie bei den Modellen mit unterbrechenden Störungen die erzeugende Funktion $F(z)$ bestimmt, indem man (128) bis (131) mit den passenden Potenzen von z multipliziert und über alle n summiert.

Man erhält auf diese Weise zwei Bestimmungsgleichungen für die partiellen erzeugenden Funktionen $F_o(z)$ und $F_1(z)$ und kann aus diesen wie oben die erzeugende Funktion bestimmen.

$$F(z) = \frac{\rho_1 z(1+\rho_1)+\nu(z+\rho_1)-\nu(1-z)(\rho_1-\rho_1\rho_2 z-\nu\rho_2 z)}{z\{\rho_1+\nu(1-\rho_2 z-\rho_1\rho_2 z)+\nu^2(1-z)(\rho_2-\rho_2^2 z)\}} P_{oo} \tag{132}$$

Die Randbedingung P_{oo} erhält man aus F(1) = 1:

$$P_{oo} = \frac{1}{1+\rho_1} - \frac{\nu\rho_2}{\nu+\rho_1} \tag{133}$$

Aus (133) folgt die Gleichgewichtsbedingung:

$$\rho_2(1+\rho_1) < 1 + \rho_1/\nu \tag{134}$$

Diese stimmt mit der Gleichgewichtsbedingung für ein Wartesystem mit nicht-kumulativen unterbrechenden Störungen bis auf das Glied ρ_1/ν überein: Durch die Beendigung einer Bedienung durch das Auftreten einer Betriebsstörung wird die Gesamtkapazität des Systems um diesen Betrag erhöht.

Die Kapazitätsauslastung des Systems ist gegeben durch

$$\kappa = 1 - P_{oo} = \frac{\rho_1}{1+\rho_1} + \frac{\nu\rho_2}{\nu+\rho_1} \tag{135}$$

Interessant ist, daß durch eine Erhöhung der Störrate die Kapazitätsauslastung nicht notwendig erhöht wird. Falls nämlich

$$\rho_2 > \frac{(\nu+\rho_1)^2}{\nu(1+\rho_1)^2} \tag{136}$$

dann ist die Verkürzung der Bedienungszeit durch den Abbruch der Bedienung größer als die durch die Erhöhung der Störrate verursachte Ausfallzeit.

Differenziert man (132) an der Stelle z=1 und berücksichtigt (156), dann erhält man als mittlere Schlangenlänge

$$\bar{n} = \frac{\rho_2\{1+\rho_1+\frac{\nu\rho_1}{1+\rho_1}\}}{1-\rho_2(1+\rho_1)+\rho_1/\nu} \tag{137}$$

Diese Formel unterscheidet sich von der Formel für die mittlere Schlangenlänge bei externen unterbrechenden Störungen nur durch das Glied ρ_1/ν im Nenner; die mittlere Schlangenlänge wird im Fall Ausschuß verursachender Störungen immer niedriger sein als im Fall unterbrechender Störungen, weil die Bedienungszeit durch den Abbruch der Bedienung verkürzt wird. In der Abb. 31 ist die mittlere Schlangenlänge in Abhängigkeit von der Störungsdichte ρ_1 für einige Werte von ν und den Normalwert $\rho_2=0,6$ dargestellt; zum Vergleich ist die mittlere Schlangenlänge im Fall unterbrechender Störungen für die Normalkombination $\rho_2=0,6$ und $\nu=10$ als gestrichelte Kurve angegeben.

In der Abb. 32 ist die mittlere Schlangenlänge in Abhängigkeit von der Verkehrsdichte ρ_2 für einige Werte von ν und den Normalwert $\rho_1=0,2$ sowie zum Vergleich die mittlere Schlangenlänge im Fall unterbrechender Störungen für die Normalkombination $\rho_2=0,2$ und $\nu=10$ wiedergegeben; in den Abb. 33a und 33b ist schließlich die Abhängigkeit der mittleren Schlangenlänge von dem Niveau-Parameter ν für verschiedene Werte von ρ_1 bzw. von ρ_2 dargestellt.

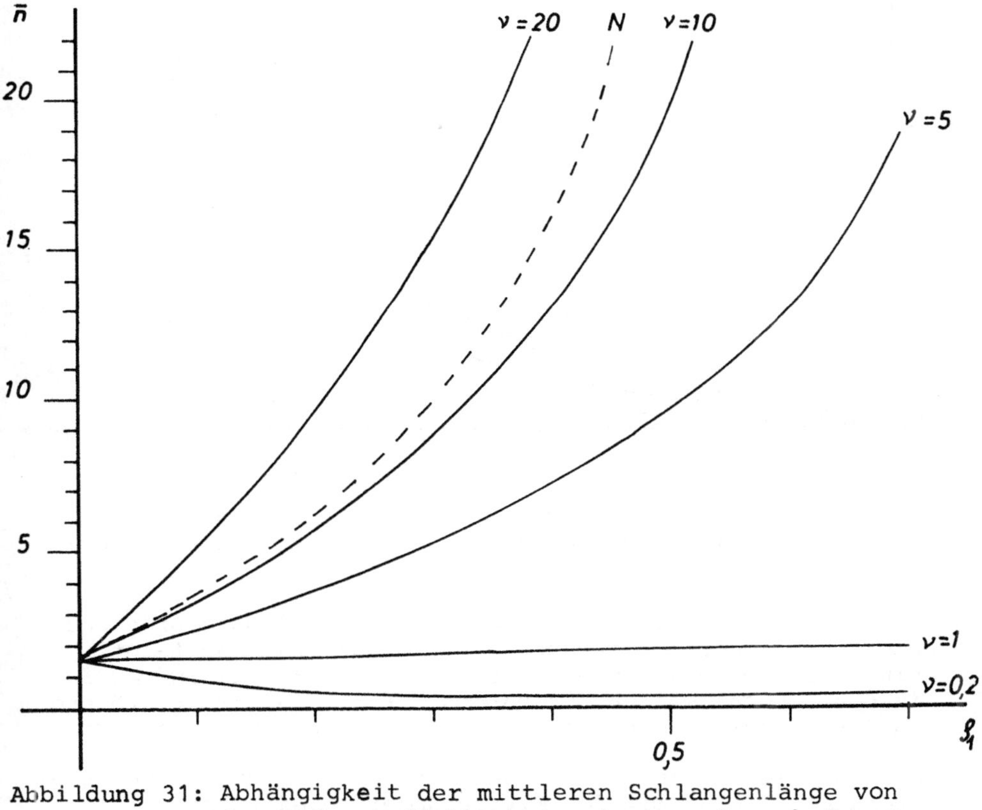

Abbildung 31: Abhängigkeit der mittleren Schlangenlänge von der Störungsdichte bei externen, Ausschuß verursachenden Störungen

Aus diesen Graphiken ist ersichtlich:

1. Im Bereich hoher Kapazitätsauslastungen ist der Unterschied zwischen unterbrechenden und abbrechenden Störungen recht groß; der Abbruch der Bedienung und die dadurch erzielte Verringerung der Bearbeitungszeit bewirkt eine erhebliche Verkürzung der Schlangenlänge.

2. Die Schlangenlänge steigt wie im Fall unterbrechender Störungen mit steigender Verkehrsdichte überproportional an.

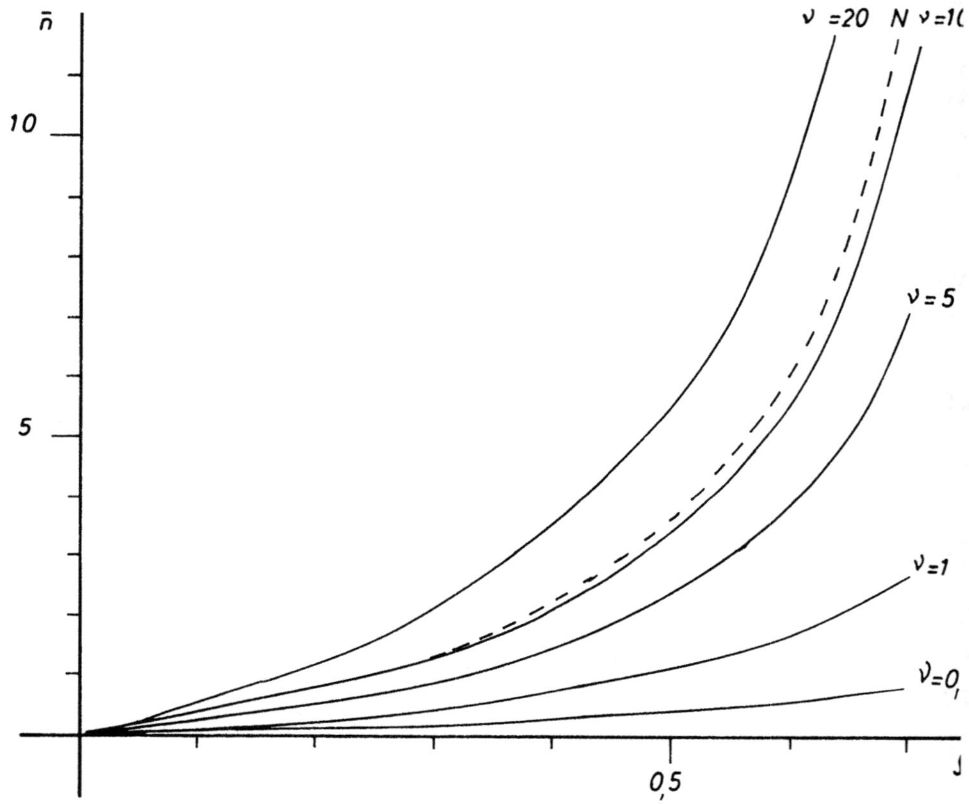

Abbildung 32: Abhängigkeit der mittleren Schlangenlänge von der Verkehrsdichte bei externen, Ausschuß verursachenden Störungen

3. Während die mittlere Schlangenlänge im Fall unterbrechender Störungen immer mit wachsender Störungsdichte ansteigt, sinkt sie im Fall abbrechender Störungen für kleine ν, da in diesem wohl selten auftretenden Fall eine immer größere Zahl von Bedienungen durch eine Störung abgebrochen wird.

4. Während die mittlere Schlangenlänge im Fall unterbrechender Störungen linear mit dem Niveau-Unterschied zwischen Bedienungs- und Reparaturprozeß ansteigt, steigt sie bei Ausschuß verursachenden Störungen zunächst stärker an und nähert sich schließlich bei großem ν asymptotisch einer Geraden. Für den sehr unrealistischen Fall ν=o strebt die mittlere Schlangenlänge gegen Null, weil dann Störungen so häu-

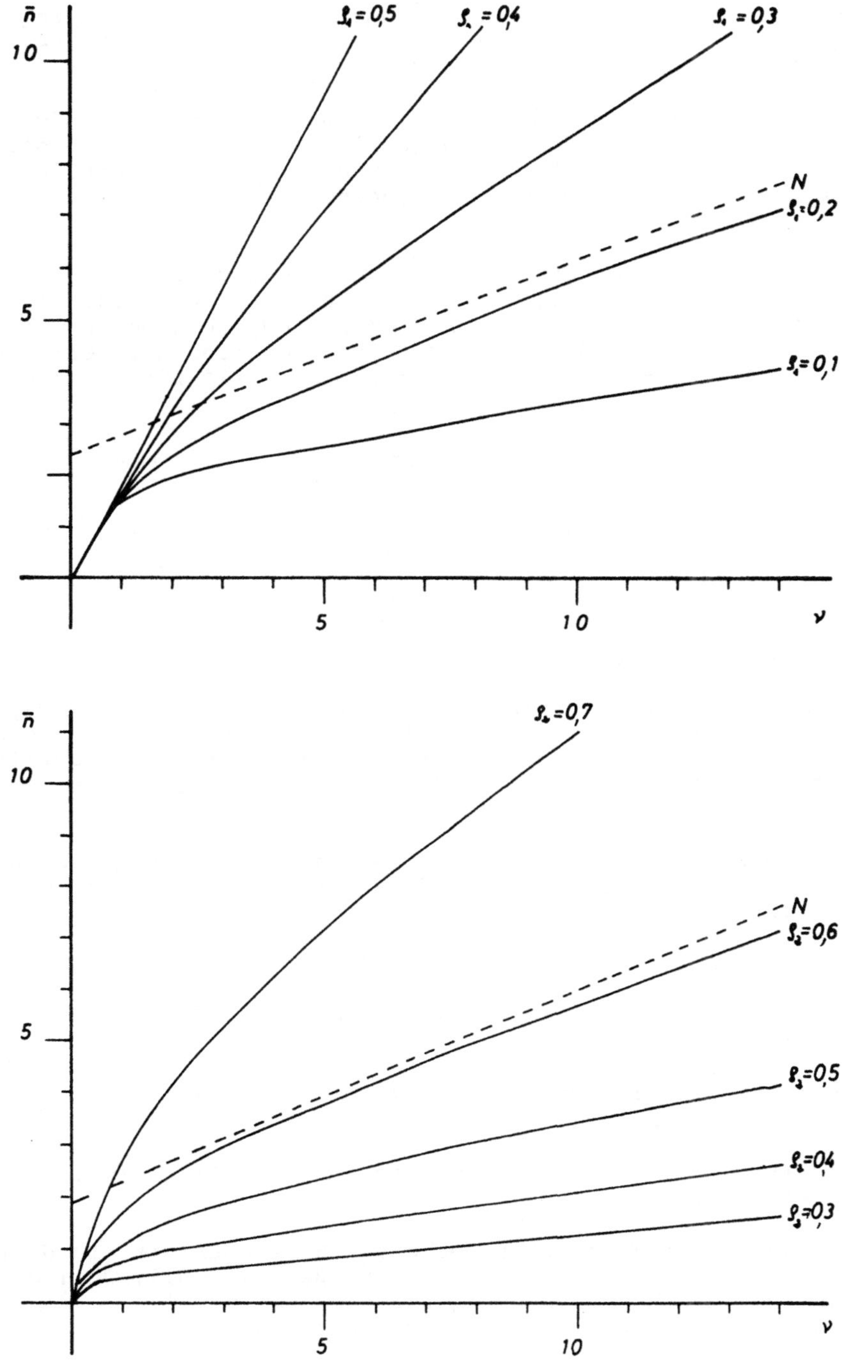

Abbildung 33: Schlangenlänge bei externen, Ausschuß verursachenden Störungen in Abhängigkeit von dem Niveau-Parameter

fig auftreten, daß eine Bedienung sofort nach ihrem Beginn durch eine Störung abgebrochen wird, so daß sich keine Warteschlange bilden kann.

Bei der Beurteilung dieser die Schlangenlänge verkürzenden Effekte der abbrechenden Störungen ist zu beachten, daß diese durch die Notwendigkeit, die Bedienung auf anderen Kanälen fortzusetzen bzw. durch die Entstehung von Ausschuß, mit höheren Kosten verbunden sind.

Im Fall abbrechender Störungen ist es wichtig zu wissen, wieviele Bedienungen abgebrochen werden und wieviel Ausschuß erzeugt wird. Da eine Bedienung immer dann abgebrochen wird, wenn erstens eine Störung auftritt und zweitens der Bedienungskanal im Zeitpunkt der Störung tätig ist, gilt für die Zahl der ausscheidenden Kunden:

$$\bar{D} = \lambda(P_{o.} - P_{oo})$$

Wegen (43) und (133) gilt

$$\bar{D} = \frac{\alpha\lambda}{(\beta+\lambda)}$$

b) Interne Störungen

In der Regel führen Betriebsstörungen nur dann zu Ausschuß, wenn die Störungen durch den Bedienungsprozeß selbst hervorgerufen werden; dem Problem der Ausschuß verursachenden Betriebsstörungen dürfte also ein Modell mit internen Störungen besser entsprechen als das Modell mit externen Störungen.

In diesem Fall sind die folgenden Übergänge zwischen den Zuständen (m,n), die in der Abb. 34 als Markoff-Graph dargestellt sind, möglich:

1. Ankunft mit der Rate α: $(m,n) \Rightarrow (m,n+1)$

2. Bedienung mit der Rate β, falls $m=0$ und $n > 0$: $(0,n) \Rightarrow (0,n-1)$

3. Auftreten einer Störung mit der Rate λ, falls $m=0$ und $n > 0$: $(0,n) \Rightarrow (1,n-1)$

4. Beseitigung einer Störung mit der Rate μ, falls $m=1$: $(1,n) \Rightarrow (0,n)$.

Im Gegensatz zum Fall unterbrechender Störungen ist die Wahrscheinlichkeit des Zustandes (1,0) größer als Null, weil dieser Zustand durch eine Störung aus dem Zustand (0,1) erreicht werden kann. Die Schlangengleichungen haben die Form:

$$(\alpha+\mu)P_{1n} = \alpha P_{1n-1}+\lambda P_{on+1} \qquad (n>0) \qquad (138)$$

$$(\alpha+\mu)P_{1o} = \lambda P_{o1} \qquad (n=0) \qquad (139)$$

$$(\alpha+\beta+\lambda)P_{on} = \alpha P_{on-1}+\beta P_{on+1}+\mu P_{1n} \qquad (n>0) \qquad (140)$$

$$\alpha P_{oo} = \beta P_{o1} + \mu P_{1o} \qquad (n=0) \qquad (141)$$

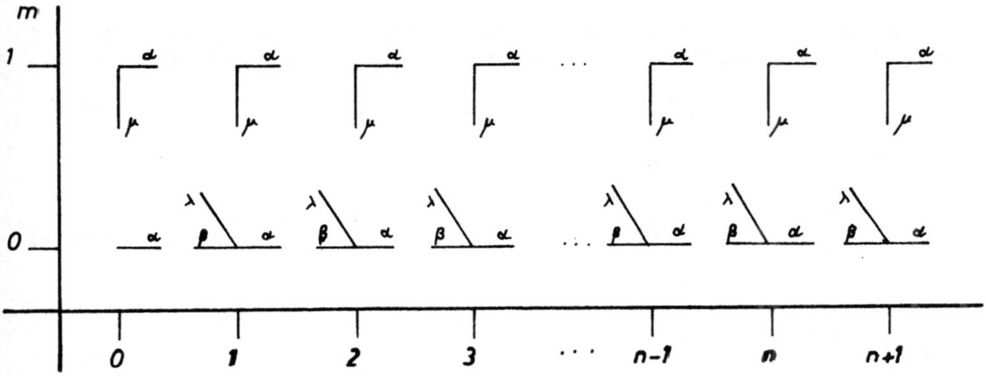

Abbildung 34: Markoff-Graph für das Wartesystem mit internen, Ausschuß verursachenden Störungen

Die erzeugende Funktion läßt sich aus den Schlangengleichungen auf die oben dargestellte Weise herleiten:

$$F(z) = \frac{\rho_1+\nu\{1+\nu\rho_2(1-z)\}}{\rho_1+\nu(1-\rho_2 z-\rho_1\rho_2 z)+\nu^2(1-z)(\rho_2-\rho_2^2 z)} P_{oo} \qquad (142)$$

mit

$$P_{oo} = 1 - \frac{\nu\rho_2(1+\rho_1)}{\nu+\rho_1} \qquad (143)$$

Aus der Gleichgewichtsbedingung P_{oo} folgt wie im Fall externer Störungen

$$\rho_2(1+\rho_1) < 1 + \rho_1/\nu \qquad (144)$$

Durch Differentiation von (142) an der Stelle z=1 erhält man für die mittlere Schlangenlänge:

$$\bar{n} = \frac{\rho_2(1+\rho_1+\frac{\nu-1}{\nu+\rho_1}\nu\rho_1\rho_2)}{1-\rho_2(1+\rho_1)+\rho_1/\nu} \qquad (145)$$

Die mittlere Schlangenlänge ist in den Abb. 35 bis 38 in Abhängigkeit von den Parametern ρ_1, ρ_2 und ν dargestellt. Hieraus ist ersichtlich, daß sich die mittlere Schlangenlänge bei internen abbrechenden Störungen ähnlich verhält wie im Fall externer abbrechender Störungen; allerdings ist die Verkürzung der Schlangenlänge bei internen Störungen größer als bei externen Störungen, weil in diesem Fall jede Störung eine Bedienung abbricht. Für $\nu=1$ ist die mittlere Schlangenlänge, unabhängig von der Störrate, immer gleich der Schlangenlänge in einem Wartesystem ohne Betriebsstörungen.

Summiert man (138) und (139) über alle n, dann erhält man für die Randverteilung der Zustände des Bedienungskanals:

$$\mu P_{1.} = \lambda(P_{o.}-P_{oo}) \qquad (146)$$

Wegen (142) folgt daraus

$$P_{o.} = \frac{1-\rho_1}{1+\rho_1} + \frac{\nu\rho_1\rho_2}{\rho_1+\nu} \qquad (147a)$$

$$P_{1.} = \frac{2\rho_1}{1+\rho_1} - \frac{\nu\rho_1\rho_2}{\rho_1+\nu} \qquad (147b)$$

Im Fall interner Störungen ist der Ausschuß/Zeiteinheit gleich der mittleren Zahl der Reparaturen/Zeiteinheit, weil in diesem Fall jede Störung zum Abbruch einer Bearbeitung führt:

$$\bar{D} = \bar{R} = \lambda(P_{o.}-P_{oo}) = \mu P_{1.} = \frac{2\lambda\mu}{\mu+\lambda} - \frac{\alpha\lambda^2}{\beta+\lambda} \qquad (148)$$

3) Verzögerte Störungen

In den bisher dargestellten Modellen wurden Betriebsstörungen untersucht, die zu einer sofortigen Unterbrechung der Bedienung führen. Diese Annahme ist dann gerechtfertigt, wenn durch eine Störung der Bedienungskanal sofort stillgelegt wird; wenn also zum Beispiel ein Kurzschluß die Energieversorgung eines Aggregates unterbricht, usw. In anderen Fällen wird die Bedienung jedoch erst dann unterbrochen, wenn der Bedienungsvorgang beendet ist, bei dem die Störungen auftreten; eine Störung wird zum Beispiel erst nach Abschluß einer Bearbeitung erkannt, weil das betreffende Werkstück fehlerhaft bearbeitet worden ist, das Bedienungspersonal wird einen Bedienungskanal meist nur nach Abschluß einer Bedienung abstellen, um eine Pause zu machen etc. An die Stelle der Prämisse 9a tritt also

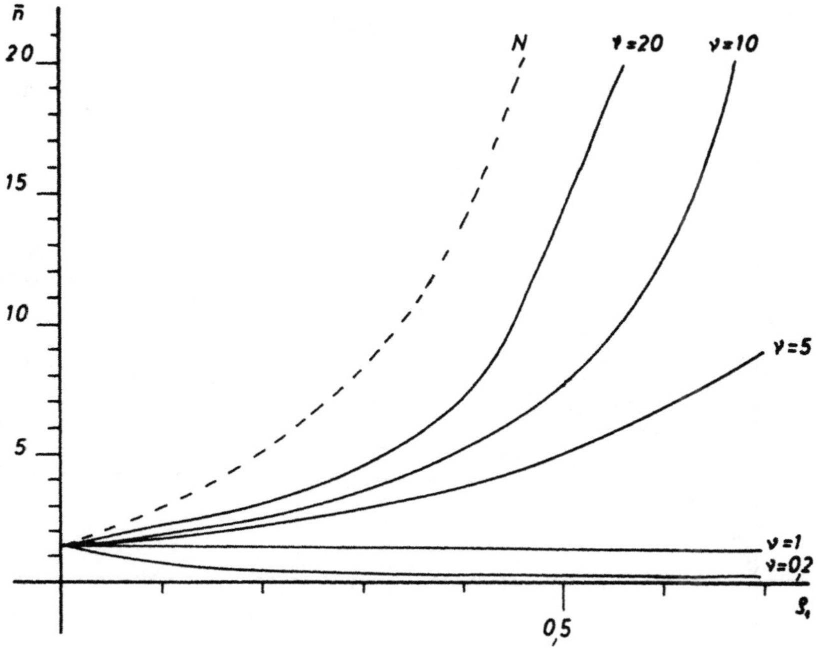

Abbildung 35: Schlangenlänge bei internen, Ausschuß verursachenden Störungen in Abhängigkeit von der Störungsdichte

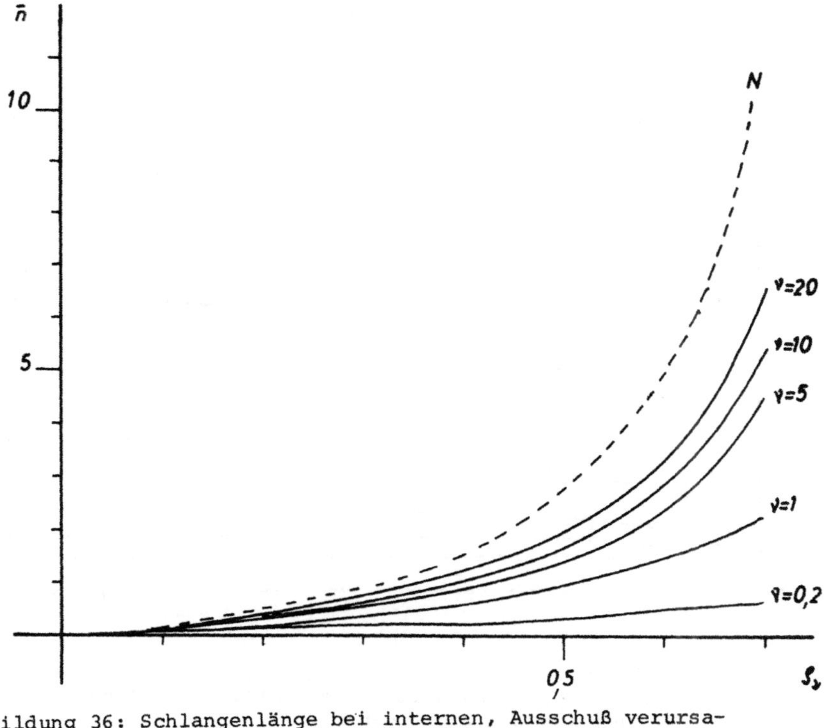

Abbildung 36: Schlangenlänge bei internen, Ausschuß verursachenden Störungen in Abhängigkeit von der Verkehrsdichte

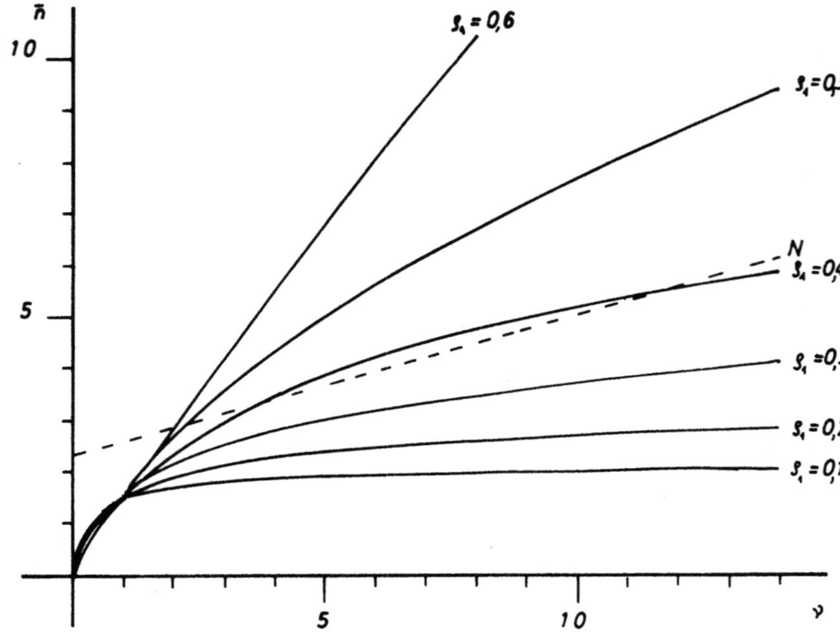

Abbildung 37: Abhängigkeit der Schlangenlänge von Niveau-Parameter und Störungsdichte (interne Ausschuß verursachende Störungen)

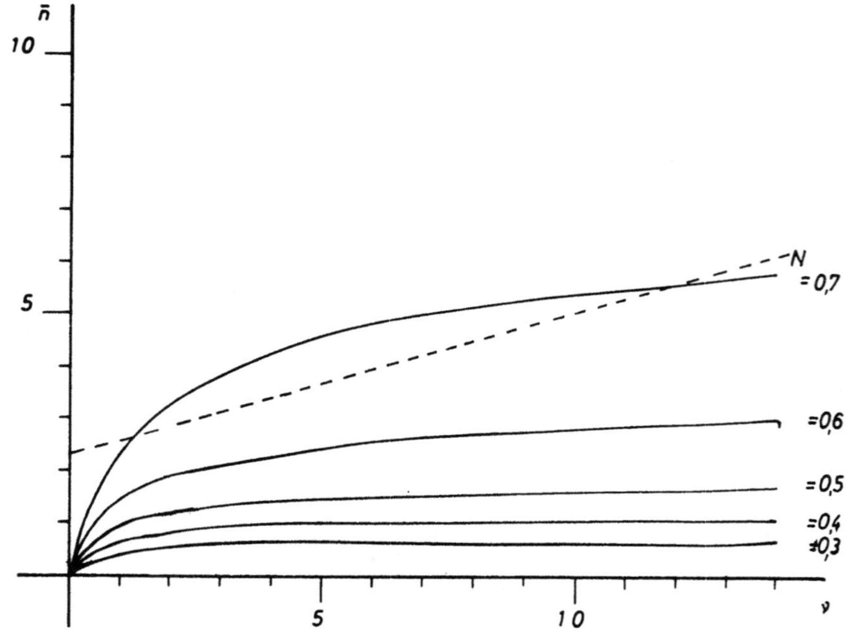

Abbildung 38: Abhängigkeit der Schlangenlänge von Niveau-Parameter und Verkehrsdichte bei internen Ausschuß verursachenden Störungen

Prämisse 9b: Beim Auftreten einer Betriebsstörung wird die Bedienung erst dann unterbrochen, wenn die laufende abgeschlossen ist.

Die Auswirkungen solcher Unterbrechungen der Bearbeitung lassen sich mit Hilfe der Theorie der Wartesysteme mit einfacher Priorität untersuchen [22]. Hierbei ist, wie bei Wartesystemen mit unterbrechender Priorität zwischen Störungen, die unabhängig vom Zustand des Systems auftreten können und solchen Störungen, die nur in bestimmten Zuständen des Systems auftreten können, zu unterscheiden. Da bei verzögerten Störungen das Auftreten von Betriebsstörungen und die Unterbrechung der Bedienung nicht zusammenfallen, ist bei Störungen, die vom Zustand des Systems abhängig sind, zu prüfen, ob der Störprozeß

1. erst mit der Unterbrechung der Tätigkeit des Bedienungskanals unterbrochen wird, so daß sich in der Zeit zwischen dem Auftreten einer ersten Störung und der Beendigung der betroffenen Bedienung noch weitere Störungen kumulieren können

   oder

2. mit dem Auftreten der ersten Störung unterbrochen wird, so daß in der Zeit zwischen dem Auftreten einer Störung und der Beendigung der betroffenen Bedienung keine weiteren Störungen auftreten können.

a) Vom Zustand des Systems unabhängige Störungen

Bezüglich der Bedingungen für das Auftreten von Störungen gelte zunächst

Prämisse 8a: Betriebsstörungen können unabhängig von dem Zustand des Systems auftreten, also auch dann, wenn das System bereits gestört ist.

Ein solches Wartesystem mit Betriebsstörungen entspricht formal dem von Morse [23] untersuchten Wartesystem mit einfachen Prioritäten.

Zur Kennzeichnung des Zustandes des Systems wird wieder die Zahl m der noch nicht beseitigten Störungen sowie die Zahl n der noch nicht bedienten Kunden benutzt. Der Index (m,n) reicht jedoch allein nicht zur Kennzeichnung der Zustände aus, es muß vielmehr noch angegeben werden, ob der Kanal tätig ist oder ob er repariert wird. Dies könnte man erreichen, indem man einen dritten Index r=0 (System arbeitet) bzw. r=1 (System gestört) einführt; um die Schreibweise zu vereinfachen, soll jedoch statt dessen die betreffende Zustandswahrscheinlichkeit mit P_{mn} bezeichnet werden, wenn der Kanal arbeitet, und mit Q_{mn}, wenn er repariert wird. Zwischen den Zuständen des Systems sind folgende Übergänge möglich:

1. Ankunft eines Kunden mit der Rate α: $(m,n) \Rightarrow (m,n+1)$

2. Bedienung eines Kunden mit der Rate β, falls System arbeitet, $n > 0$ und

   a. $m=0$: $(0,n) \Rightarrow (0,n-1)$: System arbeitet weiter
   b. $m > 0$: $(m,n) \Rightarrow (m,n-1)$: Reparatur wird begonnen

3. Auftreten einer Störung mit der Rate λ, falls

   a. $n > 0$: $(m,n) \Rightarrow (m+1,n)$: System arbeitet weiter
   b. $n=0$: $(m,0) \Rightarrow (m+1,0)$: Reparatur wird begonnen

4. Beseitigung einer Störung mit der Rate μ, falls $m > 0$ und Reparatur im Gange:

   a. falls $m > 1$: $(m,n) \Rightarrow (m-1,n)$: Reparatur wird fortgesetzt
   b. falls $m=1$: $(1,n) \Rightarrow (0,n)$: Bedienung wird wieder aufgenommen.

Diesen Übergängen entsprechen die folgenden Schlangengleichungen:

$$(\alpha+\beta+\lambda)P_{mn} = \alpha P_{mn-1} + \lambda P_{m-1n} \qquad (m>0;n>1) \qquad (149)$$

$$(\alpha+\beta+\lambda)P_{m1} = \lambda P_{m-11} \qquad (m>0;n=1) \qquad (150)$$

$$(\alpha+\beta+\lambda)P_{0n} = \alpha P_{0n-1} + \beta P_{0n+1} + \mu Q_{1n} \qquad (m=0;n>1) \qquad (151)$$

$$(\alpha+\beta+\lambda)P_{01} = \alpha P_{00} + \beta P_{02} + \mu Q_{11} \qquad (m=0;n=1) \qquad (152)$$

$$(\alpha+\lambda+\mu)Q_{mn} = \alpha Q_{mn-1} + \beta P_{mn+1} + \lambda Q_{m-1n} + \mu Q_{m+1n} \qquad (m>1;n>0) \qquad (153)$$

$$(\alpha+\lambda+\mu)Q_{m0} = \beta P_{m1} + \lambda Q_{m-10} + \mu Q_{m+10} \qquad (m>1;n=0) \qquad (154)$$

$$(\alpha+\lambda+\mu)Q_{1n} = \alpha Q_{1n-1} + \beta P_{1n+1} + \mu Q_{2n} \qquad (m=1;n>0) \qquad (155)$$

$$(\alpha+\lambda+\mu)Q_{10} = \beta P_{11} + \mu Q_{20} + \lambda P_{00} \qquad (m=1;n=0) \qquad (156)$$

$$(\alpha+\lambda)P_{00} = \beta P_{01} + \mu Q_{10} \qquad (m=0;n=0) \qquad (157)$$

Zur Lösung seien folgende partielle erzeugende Funktionen definiert:

$$F_m(z) = \sum_{n=1}^{\infty} P_{mn} z^n \qquad (m \geq 0) \qquad (158)$$

$$G_m(z) = \sum_{n=0}^{\infty} Q_{mn} z^n \qquad (m \geq 1) \qquad (159)$$

Multipliziert man (149) und (150) mit geeigneten Potenzen von z und summiert über alle n ⟩ O, dann erhält man für alle m ⟩ O:

$$\{\rho_1+\nu+\nu\rho_2(1-z)\}F_m(z)-\rho_1 F_{m-1}(z) = 0 \qquad (160)$$

Ebenso erhält man aus (151), (152) und (157)

$$\{\rho_1 z-\nu(1-z)(1-\rho_2 z)\}F_o(z) = zG_1(z)-z\{\rho_1+\nu\rho_2(1-z)\}P_{oo} \qquad (161)$$

Aus (152) und (153) folgt:

$$G_{m+1}(z) - \{1+\rho_1+\nu\rho_2(1-z)\}G_m(z) + \rho_1 G_{m-1}(z) = - \frac{\nu}{z} F_m(z) \qquad (162)$$

und aus (154) und (155) ergibt sich schließlich:

$$G_2(z) - \{1+\rho_1+\nu\rho_2(1-z)\}G_1(z) = -\{\frac{\nu}{z} F_1(z)+\rho_1 P_{oo} \qquad (163)$$

Gleichung (160) ist eine homogene Differenzengleichung 1. Ordnung mit der Lösung:

$$F_m(z) = \left[\frac{\rho_1}{\rho_1+\nu+\nu\rho_2(1-z)}\right]^m F_o(z) \qquad (164)$$

Substituiert man (164) in (162), so erhält man

$$G_{m+1}(z) - \{1+\rho_1+\nu\rho_2(1-z)\}G_m(z) + \rho_1 G_{m-1}(z) =$$
$$= - \frac{\nu}{z}\left[\frac{\rho_1}{\rho_1+\nu+\nu\rho_2(1-z)}\right]^m F_o(z) \qquad (165)$$

Die Lösung dieser inhomogenen Differenzengleichung 2. Ordnung hat die allgemeine Form:

$$G_m(z) = A_1 w_1^m + A_2 w_2^m + I(m) \qquad (166)$$

wobei

$$w_{1,2} = \frac{1}{2}\left[1+\rho_1+\nu\rho_2(1-z) \pm \sqrt{\{1+\rho_1+\nu\rho_2(1-z)\}^2-4\rho_1}\right] \qquad (167)$$

die Wurzel der charakteristischen Gleichung von (165) ist.

Eine partikuläre Lösung $I(m)$ der inhomogenen Gleichung ist [24]

$$I(m) = - \frac{\nu\rho_1 F_o(z)}{z\{\rho_1-(1-\nu)(\rho_1+\nu+\nu\rho_2(1-z))\}} \left[\frac{\rho_1}{\rho_1+\nu+\nu\rho_2(1-z)}\right]^{m-1} \qquad (168)$$

Da die positive Wurzel w_1 größer als eins ist, die erzeugende Funktion jedoch innerhalb des Einheitskreises immer konvergiert, muß das Gewicht A_1 dieser Wurzel verschwinden. Es gilt daher für (165)

$$G_m(z) = A_2 w_2^m - \frac{\nu\rho_1 F_o(z)}{z\{\rho_1-(1-\nu)(\rho_1+\nu+\nu\rho_2(1-z))\}} \left[\frac{\rho_1}{\rho_1+\nu+\nu\rho_2(1-z)}\right]^{m-1} \qquad (169)$$

Die unbekannten Koeffizienten A_2 und $F_o(z)$ lassen sich durch folgende Überlegungen bestimmen [25]:

Die Gleichungen (161) und (163) lassen sich auf die Form der Gleichung (162) bringen:

$$G_{m+1}(z) - \{1+\rho_1+\nu\rho_2(1-z)\}G_m(z) + \rho_1 G_{m-1}(z) = - \frac{\nu}{z} F_m(z)$$

$$G_2(z) - \{1+\rho_1+\nu\rho_2(1-z)\}G_1(z) + \rho_1 P_{oo} = - \frac{\nu}{z} F_1(z)$$

$$G_1(z) - \{1+\rho_1+\nu\rho_2(1-z)\}P_{oo} + \rho_1\left[\frac{1}{\rho_1} P_{oo} - \frac{1}{\rho_1}\{\rho_1+\nu-\nu\rho_2(1-z)\}F_o(z)\right]$$

$$- \frac{\nu}{z} F_o(z)$$

Setzt man nun formal

$$G_o(z) = P_{oo} \qquad (170)$$

und

$$G_{-1}(z) = \frac{1}{\rho_1}\left[P_{oo} - \{\rho_1+\nu-\nu\rho_2(1-z)\}F_o(z)\right] \qquad (171)$$

dann muß für diese Größen wegen der strukturellen Übereinstimmung dieser Gleichungen mit dem allgemeinen Bildungsgesetz auch die Lösung (169) gelten. Aus (169), (170) und (171) folgt dann für die gesuchten Größen

$$F_o(z) = \frac{z[\rho_1+(\nu-1)\{\nu+\rho_1+\nu\rho_2(1-z)\}]\{\rho_1+\nu\rho_2(1-z)-w_2\}P_{oo}}{\{\nu+\rho_1+\nu\rho_2(1-z)\}[\nu w_2+\rho_1 z-(\nu-1)\{\rho_1 z-\nu(1-z)(1-\rho_2 z)\}]} \quad (172)$$

und

$$A_2 = P_{oo} + \frac{\nu\{\rho_1+\nu+\nu\rho_2(1-z)\}F_o(z)}{z\{\rho_1-(1-\nu)(\rho_1+\nu+\nu\rho_2(1-z)\}} \quad (173)$$

Wegen

$$\sum_{n=o}^{\infty} F_m(1) + \sum_{m=1}^{\infty} G_m(1) = 1 \quad (174)$$

erhält man schließlich

$$P_{oo} = 1-\rho_1-\rho_2 \quad (175)$$

Die Wahrscheinlichkeit dafür, daß das System ungestört und leer ist, stimmt mit der entsprechenden Wahrscheinlichkeit in einem Wartesystem mit unterbrechenden Störungen überein. Die Verschiebung der Reparaturen bis zum Ende der jeweiligen Bearbeitung hat keinen Einfluß auf die Kapazitätsauslastung des Systems.

Aus den partiellen erzeugenden Funktionen lassen sich folgende Kennzahlen bestimmen [26]:

1. Setzt man z=1, dann erhält man für die Verteilung der Zahl der noch nicht beseitigten Störungen

$$P_{m.} = \frac{1-\nu-\rho_1-\rho_2}{1-\nu-\rho_1} (1-\rho_1)\rho_1^m \quad (176)$$

Diese Formel ist wesentlich komplizierter aufgebaut als die entsprechende Formel für die Verteilung der Zahl der noch nicht beseitigten Störungen im Fall unterbrechender kumulativer Störungen.

2. Summiert man über alle m, dann erhält man als Wahrscheinlichkeit dafür, daß das System gerade repariert wird

$$\kappa_1 = \rho_1 \quad (177)$$

und als Wahrscheinlichkeit dafür, daß gerade ein Kunde bedient wird, erhält man

$$\kappa_2 = \rho_2 \quad (178)$$

Diese beiden Größen stimmen mit den entsprechenden Größen bei unterbrechenden Störungen überein; die bloße Verschiebung von Reparaturen hat keinen Einfluß auf das Verhältnis von Ausfallzeiten, Arbeitszeiten und Leerzeiten.

3. Die mittlere Zahl der noch nicht beseitigten Störungen ist gleich

$$\bar{m} = \sum_{m=o}^{\infty} mF_m(1) + \sum_{m=1}^{\infty} mG_m(1) = \frac{\rho_1\{1+\rho_2/\nu\}}{1-\rho_1} \qquad (179)$$

Vergleicht man (179) mit der entsprechenden Formel im Fall unterbrechender kumulativer Störungen, so zeigt sich, daß diese lediglich mit dem Korrekturfaktor $(1+\rho_2/\nu)$ multipliziert wird. Dieser Korrekturfaktor wächst mit steigender Verkehrsdichte und sinkt mit wachsendem Niveau-Unterschied von Bedienungs- und Reparaturprozeß: Je größer die Verkehrsdichte, desto größer wird die Wahrscheinlichkeit dafür, daß eine Reparatur verschoben wird, und desto länger dauert diese Verschiebung; je größer der Niveau-Unterschied, desto weniger fällt diese Verschiebung ins Gewicht.

4. Für die mittlere Schlangenlänge erhält man

$$\bar{n} = \sum_{m=o}^{\infty} \left.\frac{dF_m(z)}{dz}\right|_{z=1} + \sum_{m=1}^{\infty} \left.\frac{dG_m(z)}{dz}\right|_{z=1} = \qquad (180)$$

$$= \frac{\rho_2\{1-\rho_1(2-\rho_1-\rho_2)+\nu\rho_1\}}{(1-\rho_1-\rho_2)(1-\rho_1)},$$

Durch die Verzögerung der Reparaturen wird die mittlere Schlangenlänge um den Betrag

$$\Delta_V = \frac{\rho_2}{1-\rho_1} \qquad (181)$$

verringert. Je größer die Verkehrsdichte, desto größer ist die Differenz der Schlangenlänge bei unterbrechenden und verzögerten Betriebsstörungen.

b) Unterbrechung des Störungsprozesses bei Reparaturbeginn

Nachdem im vorigen Abschnitt der Fall untersucht wurde, in dem die Störungen unabhängig vom Zustand des Systems auftreten können, sind nun die Fälle zu behandeln, in denen der Störprozeß zeitweilig unterbrochen wird, weil bei einigen Zuständen des Systems keine Störungen auftreten können.

Neben der Unterscheidung in externe und interne Störungen ist in diesen Fällen zu unterscheiden zwischen

1. Wartesystemen, bei denen der Störprozeß erst dann unterbrochen wird, wenn der Bedienungsprozeß wegen einer Reparatur unterbrochen wird

2. Wartesystemen, bei denen der Störprozeß unterbrochen wird, sobald eine Störung aufgetreten ist und noch nicht beseitigt ist.

1. Externe Störungen

Wird im Fall externer verzögerter Störungen der Störprozeß erst bei Reparaturbeginn unterbrochen, gilt also

Prämisse 8d: Betriebsstörungen können nur dann auftreten, wenn die Bedienung nicht wegen einer Reparatur unterbrochen ist;

dann können in dem Zeitraum zwischen dem Auftreten der Störungen und der Unterbrechung der Bedienung möglicherweise weitere Störungen auftreten; diese Wartesysteme nehmen also eine Zwischenstellung zwischen den Systemen mit kumulativen und nichtkumulativen Betriebsstörungen ein.

In diesem Fall stimmen die Schlangengleichungen weitgehend mit den Gleichungen (149) bis (157) überein, lediglich die Glieder λQ_{mn} fallen weg, weil keine Störungen mehr auftreten können, sobald die Bedienung unterbrochen ist. Man erhält also für die Schlangengleichungen

$$(\alpha+\beta+\lambda)P_{mn} = \alpha P_{mn-1}+\lambda P_{m-1n} \qquad (m>0;n>1) \qquad (182)$$

$$(\alpha+\beta+\lambda)P_{m1} = \lambda P_{m-11} \qquad (m>0;n=1) \qquad (183)$$

$$(\alpha+\beta+\lambda)P_{on} = \alpha P_{on-1}+\beta P_{on+1}+\mu Q_{1n} \qquad (m=0;n>1) \qquad (184)$$

$$(\alpha+\beta+\lambda)P_{o1} = \alpha P_{oo} +\beta P_{o2} +\mu Q_{11} \qquad (m=0;n=1) \qquad (185)$$

$$(\alpha+\mu)Q_{mn} = \alpha Q_{mn-1}+\beta P_{mn+1}+\mu Q_{m+1n} \qquad (m>1;n>0) \qquad (186)$$

$$(\alpha+\mu)Q_{1n} = \alpha Q_{1n-1}+\beta P_{1n+1}+\mu Q_{2n} \qquad (m=1;n>0) \qquad (187)$$

$$(\alpha+\mu)Q_{1o} = \beta P_{11} +\mu Q_{2o}+\lambda P_{oo} \qquad (m=1;n=0) \qquad (188)$$

$$(\alpha+\lambda)P_{oo} = \beta P_{o1} +\mu Q_{1o} \qquad (m=0;n=0) \qquad (189)$$

$$(\alpha+\mu)Q_{mo} = \beta P_{m1} +\mu Q_{m+1O} \qquad (m=1;n=0) \qquad (190)$$

Zur Lösung dieses Systems linearer Differenzengleichungen werden folgende partielle erzeugende Funktionen definiert

$$F_m(z) = \sum_{n=1}^{\infty} z^n P_{mn} \qquad (m \geq 0) \qquad (191)$$

$$G_m(z) = \sum_{n=1}^{\infty} z^n Q_{mn} \qquad (m \geq 1) \qquad (192)$$

$$F(z) = \sum_{m=o}^{\infty} F_m(z) \qquad (193)$$

$$G(z) = \sum_{m=1}^{\infty} G_m(z) \qquad (194)$$

Die erzeugende Funktion der Verteilung der Zustandswahrscheinlichkeiten ist dann gleich

$$H(z) = P_{oo} + F(z) + G(z) \qquad (195)$$

Multipliziert man (182) bis (187) mit den passenden Potenzen von z und summiert über alle n, dann erhält man

$$\{\alpha(1-z)+\beta+\lambda\}F_m(z) - \lambda F_{m-1}(z) = 0 \qquad (m>0) \qquad (196)$$

$$\{\alpha(1-z)+\beta(1-\tfrac{1}{z})+\lambda\}F_o(z) = \mu G_1(z)-\{\alpha(1-z)+\lambda\}P_{oo} \qquad (197)$$

$$\mu G_{m+1}(z) - \{\alpha(1-z)+\mu\}G_m(z) = -\frac{\beta}{z} F_m(z) \qquad (m>1) \qquad (198)$$

$$\mu G_2(z) - \{\alpha(1-z)+\mu\}G_1(z) = -\frac{\beta}{z} F_1(z)+\lambda P_{oo} \qquad (199)$$

Aus (196) folgt

$$F_m(z) = \left[\frac{\lambda}{\alpha(1-z)+\beta+\lambda}\right]^m F_o(z) \qquad (200)$$

und aus (197) erhält man die Randbedingung

$$F_o(z) = \frac{\mu G_1(z) - \{\alpha(1-z)+\lambda\}P_{oo}}{\alpha(1-z) - \frac{\beta}{z}(1-z)+\lambda} \tag{201}$$

Um (199) auf die Form der Differenzengleichungen (198) zu bringen, setzt man

$$G_1'(z) = G_1(z) - \frac{\lambda}{\alpha(1-z)+\mu} P_{oo} \tag{202}$$

und erhält

$$\mu G_2(z) - \{\alpha(1-z)+\mu\}G_1'(z) = -\frac{\beta}{z} F_1(z) \tag{198a}$$

Als allgemeine Lösung dieser inhomogenen Differenzengleichung erhält man unter Berücksichtigung von (200) [27]

$$G_m(z) = \left[\frac{\alpha(1-z)+\mu}{\mu}\right]^{m-1} G_1'(z) + \\ + \frac{\frac{\beta}{z}\left[\frac{\lambda}{\alpha(1-z)+\beta+\lambda}\right]^m \{\alpha(1-z)+\beta+\lambda\}}{\alpha^2(1-z)^2+\alpha(1-z)(\beta+\lambda+\mu)+\beta\mu} F_o(z) \tag{203}$$

Die erzeugende Funktion G(z) muß innerhalb des Einheitskreises konvergieren; in (203) divergiert jedoch der Ausdruck $\left[\frac{\alpha(1-z)+\mu}{\mu}\right]^m$, der Koeffizient $G_1'(z)$ muß deshalb verschwinden:

$$G_1'(z) = G_1 - \frac{\lambda}{\alpha(1-z)+\mu} P_{oo} = 0$$

oder

$$G_1(z) = \frac{\lambda}{\alpha(1-z)+\mu} P_{oo} \tag{204}$$

Die partielle erzeugende Funktion $G_m(z)$ hat also die Form

$$G_m(z) = \frac{\frac{\beta}{z}\left[\frac{\lambda}{\alpha(1-z)+\beta+\lambda}\right]^m \{\alpha(1-z)+\beta+\lambda\}}{\alpha^2(1-z)^2+\alpha(1-z)(\beta+\lambda+\mu)+\beta\mu} F_o(z) \qquad (m>1) \tag{205}$$

Setzt man (204) in (201) ein, dann erhält man für $F_o(z)$

$$F_o(z) = \frac{\frac{\lambda\mu}{\alpha(1-z)+\mu} - \{\alpha(1-z)+\lambda\}}{\alpha(1-z) - \frac{\beta}{z}(1-z)+\lambda} P_{oo} \tag{206}$$

Die erzeugende Funktion H(z) ist dann wegen (195) gleich

$$H(z) = \left\{1 + \frac{\alpha(1-z)+\beta}{\alpha(1-z)+\beta+\lambda}\left[1 + \frac{\beta\lambda z}{\alpha(1-z)+\beta+\lambda}\cdot\frac{\alpha(1-z)+\beta+\lambda}{\alpha^2(1-z)^2+\alpha(1-z)(\beta+\lambda+\mu)+\beta}\right.\right.$$

$$\left.\left.\cdot\ \frac{\frac{\lambda\mu}{\alpha(1-z)+\mu} - \{\alpha(1-z)+\lambda\}}{\alpha(1-z) - \frac{\beta}{z}(1-z)+\lambda}\right]\right\}P_{oo} \qquad (207)$$

Aus der Normierungsbedingung H(1) = 1 erhält man für P_{oo}

$$P_{oo} = \frac{1 - \frac{\alpha}{\beta}(1 + \frac{\lambda}{\mu})}{1 + \frac{\lambda}{\mu}} = \frac{1 - \rho_2(1+\rho_1)}{1 + \rho_1} \qquad (208)$$

Differenziert man (207) an der Stelle z=1, dann erhält man schließlich als mittlere Schlangenlänge

$$\bar{n} = \frac{\rho_2\{1+\rho_1\rho_2(1+\rho_1) + \frac{\nu\rho_1}{1+\rho_1}\}}{1-\rho_2(1+\rho_1)} \qquad (209)$$

2. Interne Störungen

Im Fall interner verzögerter Störungen tritt an die Stelle der Prämisse 8d die

Prämisse 8c: Betriebsstörungen können nur dann auftreten, wenn das System tätig ist.

In diesem Fall haben die Schlangengleichungen die Form:

$$(\alpha+\beta+\lambda)P_{mn} = \alpha P_{mn-1}+\lambda P_{m-1n} \qquad (m>0;n>1) \qquad (210)$$

$$(\alpha+\beta+\lambda)P_{m1} = \lambda P_{m-11} \qquad (m>0;n=1) \qquad (211)$$

$$(\alpha+\beta+\lambda)P_{on} = \alpha P_{on-1}+\beta P_{on+1}+\mu Q_{1n} \qquad (m=0;n>1) \qquad (212)$$

$$(\alpha+\beta+\lambda)P_{o1} = \alpha P_{oo} +\beta P_{o1} +\mu Q_{11} \qquad (m=0;n=1) \qquad (213)$$

$$(\alpha+\mu)Q_{mn} = \alpha Q_{mn-1}+\beta P_{mn+1}+\mu Q_{m+1n} \qquad (m>1;n>0) \qquad (214)$$

$$(\alpha+\mu)Q_{mo} = \beta P_{m1} +\mu Q_{m+1o} \qquad (m>1;n=0) \qquad (215)$$

$$(\alpha+\mu)Q_{1n} = \alpha Q_{1n-1}+\beta P_{1n+1}+\mu Q_{2n} \qquad (m=1;n>0) \qquad (216)$$

$$(\alpha+\mu)Q_{1o} = \beta P_{11} +\mu Q_{2o} \qquad (m=1;n=0) \qquad (217)$$

$$\alpha P_{oo} = \beta P_{o1} +\mu Q_{1o} \qquad (m=0;n=0) \qquad (218)$$

Die erzeugende Funktion dieses Wartesystems läßt sich analog dem Vorgehen bei externen verzögerten Störungen ermitteln. Die mittlere Schlangenlänge ist dann gleich

$$\bar{n} = \frac{\rho_2\{1+\rho_1\rho_2(1+\rho_1)+\nu\rho_1\rho_2\}}{1-\rho_2(1+\rho_1)} \qquad (219)$$

Die mittlere Schlangenlänge bei externen (209) und internen (219) verzögerten Störungen unterscheidet sich wie im Fall unterbrechender Störungen nur durch das Glied in ν voneinander. Die Verzögerung der Reparaturen und die damit verbundene Verzögerung der Unterbrechung des Störungsprozesses bewirkt in beiden Fällen eine Verkürzung der Schlangenlänge um die Verkehrsdichte

$$\bar{n}_u - \bar{n}_v = \rho_1$$

c) Unterbrechung des Störprozesses beim Auftreten einer Betriebsstörung

1. Externe Störungen

Wird der Störprozeß sofort beim Auftreten einer Störung und nicht erst bei Beginn der Reparatur unterbrochen, gilt also die

<u>Prämisse 8b:</u> Betriebsstörungen können nur dann auftreten, wenn das System ungestört ist, sie können jedoch auch dann auftreten, wenn der Bedienungskanal leer ist,

so können sich wie im Fall unterbrechender Störungen keine Störungen kumulieren. Der Zustand des Systems läßt sich dann eindeutig durch den Index (m,n) kennzeichnen, wobei n die Zahl der noch nicht bedienten Kunden und m ein Index für den Zustand des Bedienungskanals bedeutet. Für den Index m gilt folgende Vereinbarung: m=0 bedeutet "System arbeitet ungestört", m=1 bedeutet "System gestört, Kunde wird zuende bedient", und m=3 bedeutet "System wird repariert, kein Kunde kann bedient werden".

Zwischen den Zuständen (m,n) sind bei externen Störungen folgende Übergänge möglich:

1. Ankunft eines Kunden mit der Rate α: (m,n) $\Rightarrow$ (m,n+1)

2. Bedienung eines Kunden mit der Rate β, falls $n > 0$ und

   a. $m=0$: $(0,n) \Rightarrow (0,n-1)$
   b. $m=1$: $(1,n) \Rightarrow (2,n-1)$

3. Auftreten einer Störung mit der Rate λ, falls $m=1$ und

   a. $n > 0$: $(0,n) \Rightarrow (1,n)$
   b. $n=0$: $(0,0) \Rightarrow (2,0)$

4. Beseitigung einer Störung mit der Rate μ, falls $m=2$: $(2,n) \Rightarrow (0,n)$.

Diesen Übergängen entspricht das folgende System von Schlangengleichungen:

$$(\alpha+\mu)P_{2n} = \alpha P_{2n-1}+\beta P_{1n+1} \qquad (n>0) \qquad (220)$$

$$(\alpha+\mu)P_{2o} = \beta P_{11} + \lambda P_{oo} \qquad (n=0) \qquad (221)$$

$$(\alpha+\beta)P_{1n} = \alpha P_{1n-1}+\lambda P_{on} \qquad (n>1) \qquad (222)$$

$$(\alpha+\beta)P_{11} = \lambda P_{o1} \qquad (n=1) \qquad (223)$$

$$(\alpha+\beta+\lambda)P_{on} = \alpha P_{on-1}+\beta P_{on+1}+\mu P_{2n} \qquad (n>0) \qquad (224)$$

$$(\alpha+\lambda)P_{oo} = \beta P_{o1} + \mu P_{2o} \qquad (n=0) \qquad (225)$$

Zur Lösung dieses Gleichungssystems seien die folgenden erzeugenden Funktionen definiert:

$$F_o(z) = \sum_{n=o}^{\infty} z^n P_{on} \qquad (226)$$

$$F_1(z) = \sum_{n=1}^{\infty} z^n P_{1n} \qquad (227)$$

$$F_2(z) = \sum_{n=o}^{\infty} z^n P_{2n} \qquad (228)$$

Multipliziert man (220) bis (225) mit den passenden Potenzen von z und summiert über alle n, dann erhält man

$$z\{1+\nu\rho_2(1-z)\}F_2(z)-\nu F_1(z) = \rho_1 z P_{oo} \quad (229)$$

$$-\nu\{1+\rho_2(1-z)\}F_1(z) + \rho_1 F_o(z) = \rho_1 P_{oo} \quad (230)$$

$$zF_2(z) - \{\rho_1 z-\nu(1-z)(1-\rho_2 z)\}F_o(z) = \nu(1-z)P_{oo} \quad (231)$$

Löst man nach den partiellen erzeugenden Funktionen $F_m(z)$ auf, dann erhält man

$$F_o(z) = \frac{\rho_1(1-\rho_2 z)+\nu\{1+\rho_2(1-z)(1+\nu)\}+\nu^2\rho_2^2(1-z)^2}{N(z)} P_{oo} \quad (232)$$

$$F_1(z) = \frac{\rho_1\rho_2 z(1+\rho_1)+\nu\rho_1\rho_2^2 z(1-z)}{N(z)} P_{oo} \quad (233)$$

$$F_2(z) = \frac{\rho_1^2-\rho_1^2\rho_2 z+\nu\rho_2-\nu\rho_1-\nu(1-z)(2\rho_1\rho_2-\rho_1\rho_2^2 z)}{N(z)} P_{oo} \quad (234)$$

wobei

$$N(z) = \rho_1-\rho_1\rho_2 z+\nu(1-\rho_2 z-\rho_1\rho_2 z)+\nu\rho_2(1-z)(1-\rho_2 z-\rho_1\rho_2 z)+$$
$$+ \nu^2\rho_1(1-z)(1-\rho_2 z)+\nu^2\rho_2^2(1-z)^2(1-\rho_2 z)$$

Aus $F(z) = F_o(z) + F_1(z) + F_2(z)$ folgt dann

$$F(z) = \frac{(\nu+\rho_1)(1+\rho_1)+\nu\rho_2(1-z)(1+2\rho_1+\nu)+\nu^2\rho_2^2(1-z)^2}{N(z)} P_{oo} \quad (235)$$

Wegen $F(1) = 1$ erhält man

$$P_{oo} = \frac{\rho_1(1-\rho_2)+\nu(1-\rho_1\rho_2-\rho_1)}{(\nu+\rho_1)(1+\rho_1)} \quad (236)$$

Während die Wahrscheinlichkeit dafür, daß das System leer steht, im Fall der Unterbrechung des Störprozesses bei Beginn der Reparatur gleich dieser Wahrscheinlichkeit bei unterbrechenden Störungen ist, ist P_{oo} bei Unterbrechung des Störprozesses beim Auftreten einer Störung stets größer als im Fall unterbrechender Störungen.

Aus der Gleichgewichtsbedingung $P_{oo} > 0$ folgt

$$\rho_2(1+\rho_1) < 1 + \rho_1(1-\rho_2)/\nu \quad (237)$$

Durch die Unterbrechung des Störprozesses wird die zur Bedienung zur Verfügung stehende Kapazität um den Betrag $\rho_1/\nu\,(1-\rho_2)$ erhöht.

Differenziert man die erzeugende Funktion an der Stelle z=1, dann erhält man für die mittlere Schlangenlänge

$$\bar{n} = \frac{\rho_1\rho_2+\nu\rho_2\left[1 + \frac{\rho_1(1+\nu-\rho_1\rho_2)}{1+\rho_1} + \frac{\nu\rho_2}{\nu+\rho_1}\right]}{\rho_1(1-\rho_2)+\nu\{1-\rho_2(1+\rho_1)\}} \tag{238}$$

Als Randverteilung der Zustände des Bedienungskanals erhält man aus $P_{m.} = F_m(1)$:

$$P_{o.} = \frac{1}{1+\rho_1} - \frac{\rho_1\rho_2}{(1+\rho_1)(\nu+\rho_1)} \tag{239}$$

$$P_{1.} = \frac{\rho_1\rho_2}{\nu+\rho_1} \tag{240}$$

$$P_{2.} = \frac{\rho_1}{1+\rho_1} - \frac{\rho_1^2\rho_2}{(1+\rho_1)(\nu+\rho_1)} \tag{241}$$

Die Wahrscheinlichkeit dafür, daß der Bedienungskanal arbeitet, ist

$$P_A = P_{1.} + P_{o.} = \frac{1}{1+\rho_1} + \frac{\rho_1^2\rho_2}{(1+\rho_1)(\nu+\rho_1)} \tag{242}$$

2. Interne Störungen

Gilt hingegen die

<u>Prämisse 8e:</u> Betriebsstörungen können nur dann auftreten, wenn das System ungestört arbeitet,

dann entfallen in den Schlangengleichungen (220) bis (225) die Glieder mit λP_{oo}, so daß die Schlangengleichungen bei internen verzögerten Störungen die Form haben:

$$(\alpha+\mu)P_{2n} = \alpha P_{2n-1}+\beta P_{1n+1} \qquad (n>0) \tag{243}$$

$$(\alpha+\mu)P_{2o} = \beta P_{11} \qquad (n=0) \tag{244}$$

$$(\alpha+\beta)P_{1n} = \alpha P_{1n-1}+\lambda P_{on} \qquad (n>1) \tag{245}$$

$$(\alpha+\beta)P_{11} = \lambda P_{o1} \qquad (n=1) \qquad (246)$$

$$(\alpha+\beta+\lambda)P_{on} = \alpha P_{on-1}+\beta P_{on+1}+\mu P_{2n} \qquad (n>0) \qquad (247)$$

$$\alpha P_{oo} = \beta P_{o1} + \mu P_{2o} \qquad (n=0) \qquad (248)$$

Im Unterschied zum Fall unterbrechender interner Störungen kann hier auch der Zustand "Bedienungskanal gestört, kein Kunde im System" auftreten, weil dieser Zustand durch eine Abfertigung aus dem Zustand (1,1) erreicht werden kann.

Für die partiellen erzeugenden Funktionen $F_m(z)$ erhält man aus (243) bis (248) folgende Bestimmungsgleichungen:

$$z\{1+\nu\rho_2(1-z)\}F_2(z) - \nu F_1(z) = 0 \qquad (249)$$

$$-\nu\{1+\rho_2(1-z)\}F_1(z) + \rho_1 F_o(z) = \rho_1 P_{oo} \qquad (250)$$

$$zF_2(z) - \{\rho_1 z-\nu(1-z)(1-\rho_2 z)\}F_o(z) = \{\nu(1-z)-\rho_1 z\}P_{oo} \qquad (251)$$

Hieraus folgt für die partiellen erzeugenden Funktionen

$$F_o(z) = \{\rho_1-\rho_1\rho_2 z+\nu(1-\rho_1\rho_2 z)+\nu\rho_2(1-z)(1+\nu-\rho_1\rho_2^2 z)\}\frac{P_{oo}}{N(z)} + \nu^2\rho_2^2(1-z)^2\frac{P_{oo}}{N(z)} \qquad (252)$$

$$F_1(z) = \rho_1\rho_2 z\,\{1+\nu\rho_2(1-z)\}\frac{P_{oo}}{N(z)} \qquad (253)$$

$$F_2(z) = \nu\rho_1\rho_2\frac{P_{oo}}{N(z)} \qquad (254)$$

wobei wie im Fall externer Störungen

$$N(z) = \rho_1-\rho_1\rho_2 z+\nu(1-\rho_2 z-\rho_1\rho_2 z)+\nu\rho_2(1-z)(1-\rho_2 z-\rho_1\rho_2 z) + \nu^2\rho_1(1-z)(1-\rho_2 z)+\nu^2\rho_2^2(1-z)^2(1-\rho_2 z)$$

Die erzeugende Funktion F(z) hat dann die Form

$$F(z) = \{\rho_1+\nu+\nu\rho_2(1-z)(1+\rho_1+\nu+\rho_1\rho_2 z-\rho_1\rho_2^2 z)+\nu^2\rho_2^2(1-z)^2\}\frac{P_{oo}}{N(z)} \quad (255$$

Wegen F(1) = 1 erhält man für P_{oo}

$$P_{oo} = 1 - \rho_2\{1 + \frac{\nu\rho_1}{\rho_1+\nu}\} \quad (256)$$

Die Wahrscheinlichkeit dafür, daß das System ungestört ist und kein Kunde bedient wird, unterscheidet sich in dem hier untersuchten Fall lediglich durch den Korrekturfaktor $\frac{\nu}{\rho_1+\nu}$, der die Verringerung der störungsbedingten Kapazitätsauslastung durch die Unterbrechung des Störprozesses zum Ausdruck bringt, von der entsprechenden Größe im Fall unterbrechender interner Störungen.

Die Gleichgewichtsbedingung

$$\rho_2(1+\rho_1) < 1 + \rho_1(1-\rho_2)/\nu \quad (257)$$

ist mit der Gleichgewichtsbedingung im Fall externer verzögerter Störungen identisch.

Durch Differentiation der erzeugenden Funktion an der Stelle z=1 erhält man als mittlere Schlangenlänge:

$$\bar{n} = \frac{\rho_1\rho_2 + \nu\rho_2\{1-\rho_1\rho_2(1-\rho_2)^2+\nu\rho_1\rho_2 + \frac{\nu\rho_1\rho_2\{1+\rho_1\rho_2(1-\rho_2)\}}{\nu+\rho_1}\}}{\nu\{1-\rho_2(1+\rho_1)\}+\rho_1(1-\rho_2)} \quad (258)$$

Für die Randverteilung der Zustände des Bedienungskanals erhält man aus $F_m(1) = P_{m.}$:

$$P_{o.} = \frac{\rho_1(1-\rho_2)+\nu(1-\rho_1\rho_2)}{\nu+\rho_1} \quad (259)$$

$$P_{1.} = \frac{\rho_1\rho_2}{\nu+\rho_1} \quad (260)$$

$$P_{2.} = \frac{\nu\rho_1\rho_2}{\nu+\rho_1} \quad (261)$$

Die Wahrscheinlichkeit dafür, daß das System arbeitet, ist

$$P_A = P_{o.} + P_{1.} = \frac{\rho_1+\nu(1-\rho_1\rho_2)}{\nu+\rho_1} \quad (262)$$

Die mittlere Schlangenlänge bei verzögerten Störungen ist in den Abb. 39 bis 41 in Abhängigkeit von der Verkehrsdichte, der Störungsdichte und dem Niveau-Parameter für die Normalkombination

$$\rho_1 = 0{,}2$$
$$\rho_2 = 0{,}6$$
$$\nu = 10$$

dargestellt. Die Kurve A gibt die mittlere Schlangenlänge im Fall kumulativer verzögerter Störungen, die Kurve B_1 die Schlangenlänge im Fall externer Störungen mit Unterbrechung des Störprozesses bei Reparaturbeginn und die Kurve B_2 im Fall der Unterbrechung des Störprozesses beim Auftreten einer Störung wieder. Die Kurven C_1 und C_2 geben die Schlangenlänge in den entsprechenden Fällen interner Störungen wieder.

Wie aus diesen Abbildungen ersichtlich ist, verhält sich die Schlangenlänge ähnlich wie bei den oben diskutierten Fällen unterbrechender Störungen

1. Bei Erhöhung der Störungsdichte steigt die mittlere Schlangenlänge monoton mit steigenden Zuwachsraten.

2. Bei Erhöhung der Verkehrsdichte steigt die mittlere Schlangenlänge ebenfalls monoton mit steigenden Zuwachsraten an.

3. Bei einer Vergrößerung des Niveau-Unterschiedes zwischen Bedienungs- und Reparaturprozeß steigt die Schlangenlänge ebenfalls monoton an.

Wegen Verschiebung der Reparaturen bis zum Abschluß der jeweiligen Bedienung ist die mittlere Schlangenlänge in den Fällen verzögerter Störungen immer niedriger als in den entsprechenden Fällen unterbrechender Störungen. Wird der Störprozeß bei Reparaturbeginn unterbrochen (Fall 1), dann ist die Schlangenlänge immer größer, als wenn der Störprozeß bereits dann unterbrochen wird, wenn eine Störung auftritt (Fall 2). Vergleicht man das Verhalten der Schlangenlänge in den einzelnen Fällen verzögerter Störungen miteinander, dann zeigt sich weiter:

1. Während im Bereich niedriger Störungsdichten die mittlere Schlangenlänge im Fall 1 bei internen Störungen über der Schlangenlänge bei externen Störungen im Fall 2 liegt, ist sie im Bereich hoher Störungsdichten bei internen Störungen im Fall 1 höher als bei externen Störungen im Fall 2.

   Im Bereich hoher Störungsdichten ist also die Reduktion der störungsbedingten Kapazitätsbelastung durch die Unterbrechung des Störprozesses beim Auftreten einer Störung größer als die Reduktion durch die Unterbrechung des Störprozesses bei leerstehendem Kanal, weil bei einer hohen Kapazitätsauslastung der Störprozeß nur selten unterbrochen wird, da keine Bedienung stattfindet.

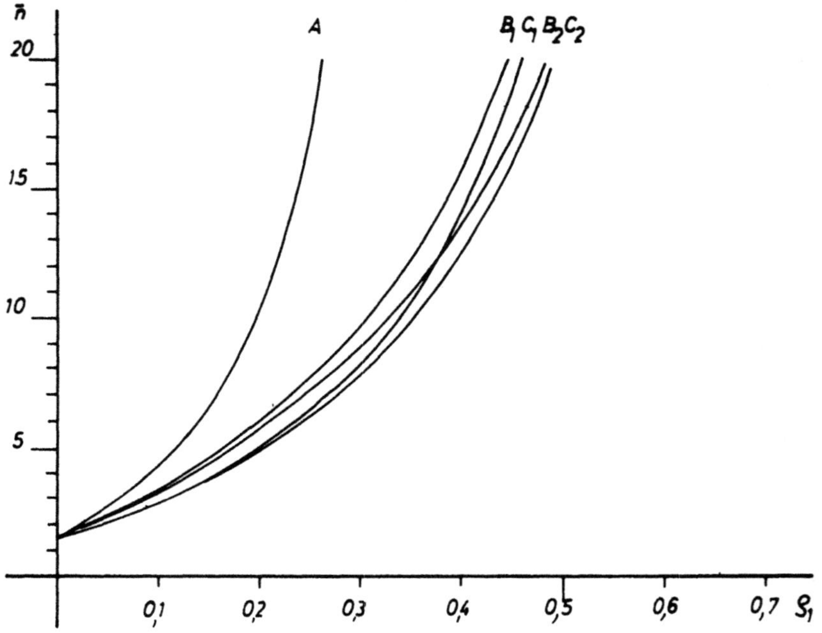

Abbildung 39: Mittlere Schlangenlänge bei verzögerten Störungen in Abhängigkeit von der Störungsdichte

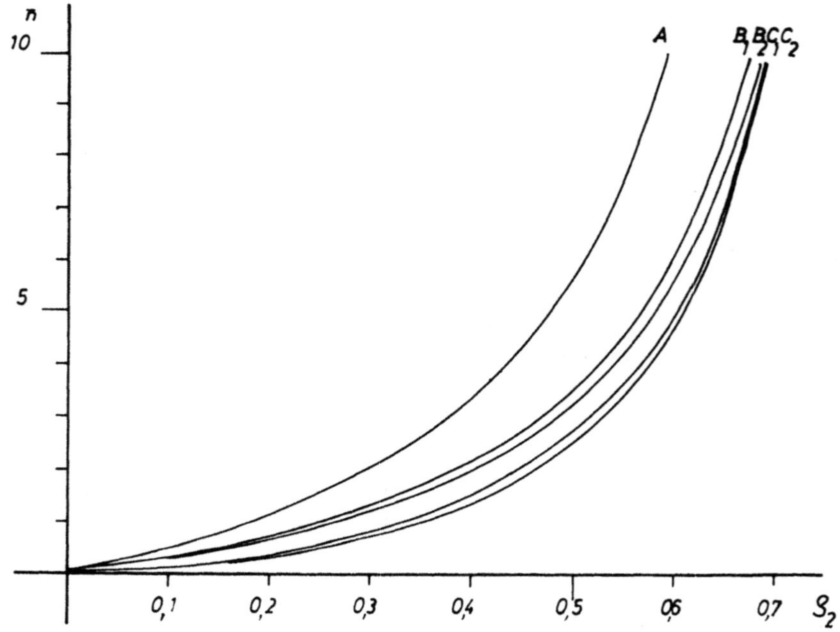

Abbildung 40: Mittlere Schlangenlänge bei verzögerten Störungen in Abhängigkeit von der Verkehrsdichte

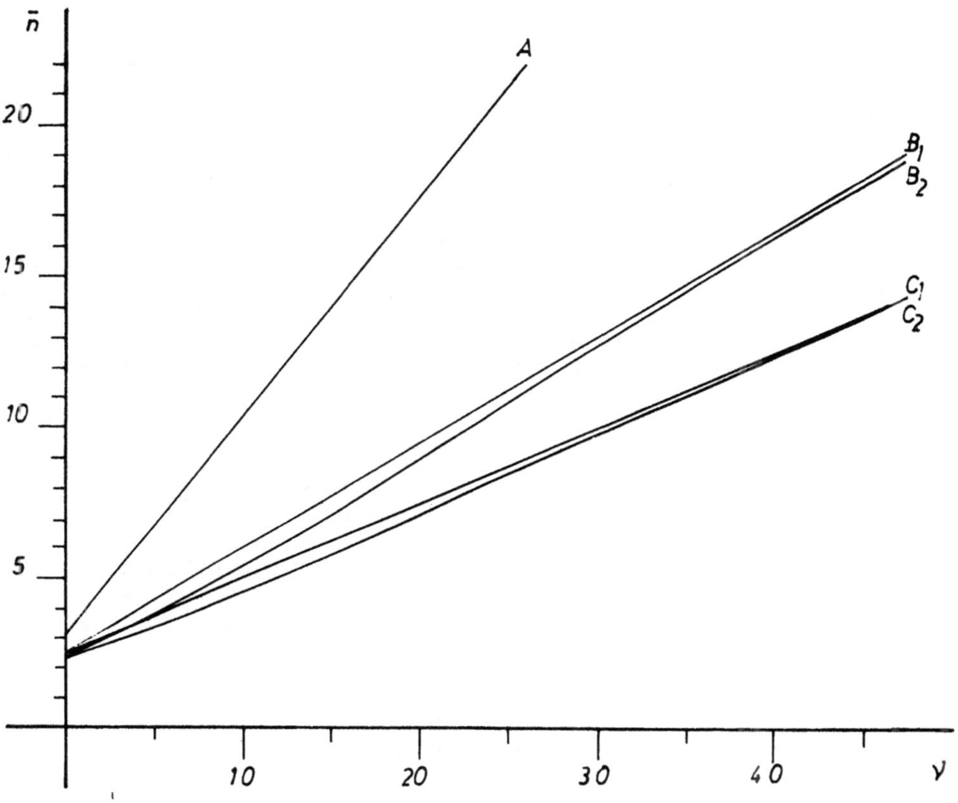

Abbildung 41: Mittlere Schlangenlänge im Wartesystem mit verzögerten Betriebsstörungen in Abhängigkeit vom Niveau-Parameter

2. Die gleiche Wirkung ist auch im Bereich hoher Verkehrsdichten zu beobachten.

3. Während die maximale Verkehrsdichte in den Fällen 1 gleich der maximalen Verkehrsdichte in den Fällen nicht-kumulativer unterbrechender Störungen ist, liegt diese Grenze in den Fällen 2 aufgrund der Unterbrechung des Störprozesses höher.

4. Sowohl bei externen als auch bei internen Störungen steigt die mittlere Schlangenlänge in den Fällen 1 wie bei unterbrechenden Störungen linear mit dem Niveau-Parameter. In den Fällen 2 liegt sie immer unterhalb der Schlangenlänge in den Fällen 1 und nähert sich dieser bei hohen Werten des Niveau-Parameters asymptotisch.

In der Tabelle 4 sind die Formeln für die mittlere Schlangenlänge für die verschiedenen Annahmen über den Störprozeß zusammengestellt. Weiter ist die mittlere Schlangenlänge bei Normalkombination der Parameter

$\rho_1 = 0{,}2$

$\rho_2 = 0{,}6$

$\nu = 10$

für die einzelnen Fälle angegeben.

Aus Tabelle 4 ist ersichtlich, daß bei hoher Kapazitätsauslastung die Unterschiede der Wirkung der Störungen in den einzelnen Fällen erheblich ist. Allerdings ist zu berücksichtigen, daß die verschiedenen Störungstypen bei gleicher Parameterkonstellation verschiedene Auswirkungen auf die Häufigkeit der Betriebsunterbrechungen der Kanäle haben: Im Fall kumulativer Störungen ist die durchschnittliche Zahl der Störungen höher als in den anderen Fällen, weil der Störprozeß überhaupt nicht unterbrochen wird; im Fall Ausschuß verursachender Störungen ist die Schlangenlänge am niedrigsten, weil auch die durchschnittliche Bedienungszeit der Kunden durch den Abbruch gestörter Bedienungen herabgesetzt wird. Aber auch in den Fällen, in denen die durchschnittliche Bedienungszeit und die mittlere Zahl der Störungen gleich sind, treten erhebliche Differenzen zwischen den Schlangenlängen auf, so daß der Wahl des adäquaten Störungsmodells eine große Bedeutung zukommt.

4) Die Verteilung der effektiven Durchlaufzeit

Im vorigen Abschnitt wurde der eigentliche Schlangenprozeß, die Zahl der noch nicht bedienten Kunden, behandelt. Mit einem Wartesystem sind jedoch noch eine Reihe anderer Zufallsgrößen wie die Wartezeit der Kunden, die Dauer der Besetztzeit des Bedienungskanals usw. verbunden; eine für Wartesysteme mit Betriebsstörungen charakteristische Größe ist die effektive Durchlaufzeit eines Kunden, die sich aus der reinen Bedienungszeit und der Dauer der während dieser anfallenden Reparaturen zusammensetzt.

Diese Größe ist für den Fall interner unterbrechender Störungen besonders einfach zu berechnen, da in diesem Fall alle Störungen während der Bedienung eines Kunden auftreten und während der Bedienung dieses Kunden beseitigt werden müssen, so daß keine Abgrenzungsschwierigkeiten entstehen.

In diesem Fall gilt [28]:

$$D = B + \sum_{i=0}^{K} R_i \qquad (263)$$

wobei D die effektive Durchlaufzeit eines Kunden, B seine Bedienungszeit, K die Zahl der während der Bedienung dieses Kunden auftretenden Störungen und R_i die Dauer der i-ten Reparatur bedeuten und $R_0 \equiv 0$.

Die Verteilung der effektiven Durchlaufzeit sei

Tabelle 4

Mittlere Schlangenlänge bei Markoff-Wartesystemen mit verschiedenen Störungstypen

Störungstyp	Formeln für die mittlere Schlangenlänge	Mittlere Schlangenl bei Normalkombination der Parameter
I. Unterbrechende Störungen 1) kumulativ	$\frac{\rho_2\{1+\frac{\nu\rho_1}{1-\rho_1}\}}{1-\rho_1-\rho_2}$	10,5000
2) extern a) nicht zerstörend	$\frac{\rho_2\{1+\rho_1+\frac{\nu\rho_1}{1+\rho_1}\}}{1-\rho_2(1+\rho_1)}$	6,1429
b) zerstörend	$\frac{\rho_2\{1+\rho_1+\frac{\nu\rho_1}{1+\rho_1}\}}{1-\rho_2(1+\rho_1)+\rho_1/\nu}$	5,7333
3) intern a) nicht zerstörend	$\frac{\rho_2\{1+\rho_1+\nu\rho_1\rho_2\}}{1-\rho_2(1+\rho_1)}$	5,1429
b) zerstörend	$\frac{\rho_2\{1+\rho_1+\frac{\nu-1}{\nu+\rho_1}\nu\rho_1\rho_2\}}{1-\rho_2(1+\rho_1)+\rho_1/\nu}$	4,6000
4) kombiniert extern und intern	$\frac{\rho_2\{1+\rho_1+\frac{\nu\rho_1\{1-c(1-\rho_2)\}}{1+\rho_1(1-c)}\}}{1-\rho_2(1+\rho_1)}$	5,5429 (bei c=0,5)
II. Verzögerte Störungen 1) kumulativ	$\frac{\rho_2\{1-\rho_1(2-\rho_1-\rho_2)+\nu\rho_1\}}{(1-\rho_1)(1-\rho_1-\rho_2)}$	10,3500
2) extern a) Fall I	$\frac{\rho_2\{1+\rho_1\rho_2(1+\rho_1)+\frac{\nu\rho_1}{1+\rho_1}\}}{1-\rho_2(1+\rho_1)}$	6,0229
b) Fall II	$\frac{\rho_1\rho_2+\nu\rho_2\{1+\frac{\rho_1(1+\nu-\rho_1\rho_2)}{1+\rho_1}+\frac{\nu\rho_2}{\nu+\rho_1}\}}{\rho_1(1-\rho_2)+\nu\{1-\rho_2(1+\rho_1)\}}$	5,6495
3) intern a) Fall I	$\frac{\rho_2\{1+\rho_1\rho_2(1+\rho_1)+\nu\rho_1\rho_2\}}{1-\rho_2(1+\rho_1)}$	5,0229
b) Fall II	$\frac{\rho_1\rho_2+\nu\rho_2\left\{1-\rho_1\rho_2(1-\rho_2)^2+\nu\rho_1\rho_2\left[1+\frac{1+\rho_1\rho_2(1-\rho_2)}{\nu+\rho_1}\right]\right\}}{\rho_1(2-\rho_2)+\nu\{1-\rho_2(1+\rho_1)\}}$	4,8419

$$\Phi_D(t) = \text{Prob}\{D \leq t\} \tag{264}$$

und

$$\psi_D(t) = \frac{d\Phi_D(t)}{dt} \tag{265}$$

sei deren Dichte.

Die Laplace-Transformation dieser Verteilung ist definiert als

$$\Phi_D^*(s) = \int_0^\infty e^{-st} \psi_D(t) dt \tag{266}$$

Bei gegebener Zahl der Störungen K gilt für den bedingten Erwartungswert

$$E\{e^{-sD} | B,K\} = e^{-sB} \; E\{\exp[-s \sum_{i=c}^{K} R_i] \} \tag{267}$$

Sind die Reparaturzeiten unabhängige, exponentialverteilte Zufallsgrößen, dann kann man wegen

$$\Phi_R^*(s) = \frac{\mu}{\mu+s} \tag{268}$$

hierfür schreiben:

$$E\{e^{-sD} | B,K\} = e^{-sB} \{\Phi_R^*(s)\}^K = e^{-sB} \left[\frac{\mu}{\mu+s}\right]^K \tag{269}$$

Unter der Voraussetzung der Exponentialverteilung der störungsfreien Arbeitszeiten des Bedienungskanals ist die Zahl der Störungen während der Bedienungszeit B gleich

$$\text{Prob}\{K=k | B\} = e^{-\lambda B} \; \frac{(\lambda B)^k}{k!} \tag{270}$$

Multipliziert man (269) mit (270) und summiert über alle k, dann erhält man

$$E\{e^{-sD} | B\} = e^{-sB} \sum_{k=o}^{\infty} e^{-\lambda B} \; \frac{(\lambda B)^k}{k!} \left[\frac{\mu}{\mu+s}\right]^k$$

$$= \exp\{-B\left[s+\lambda(1-\frac{\mu}{\mu+s})\right]\} \tag{271}$$

Für den unbedingten Erwartungswert der Laplace-Transformierten der effektiven Durchlaufzeit erhält man dann:

$$E\{e^{-sD}\} = \Phi_D^*(s) = \int_0^\infty \exp\{-st-\lambda t(1-\frac{\mu}{\mu+s})\}\psi_B(t)dt =$$

$$= \frac{\beta(\mu+s)}{(\beta+\lambda+s)(\mu+s)-\lambda\mu} \tag{272}$$

Durch Differenzieren von (272) an der Stelle z=o erhält man wegen

$$E(D^n) = (-1)^n \left. \frac{d^{(n)}\Phi_D^*(s)}{ds^n} \right|_{s=1} \tag{273}$$

$$E(D) = \frac{1}{\beta}(1 + \frac{\lambda}{\mu}) \tag{274}$$

$$E(D^2) = 2\{(\frac{1}{\beta})^2(1 + \frac{\lambda}{\mu})^2 + \frac{\lambda}{\beta\mu^2}\} \tag{275}$$

und

$$Var(D) = (\frac{1}{\beta})^2(1 + \frac{\lambda}{\mu})^2 + \frac{2\lambda}{\beta\mu^2} \tag{276}$$

Die Laplace-Transformation der Verteilung der Durchlaufzeit läßt sich folgendermaßen umkehren [29] :

Setzt man zur Vereinfachung der Schreibweise

$$c_o = \beta\mu$$

$$c_1 = \beta+\lambda+\mu$$

$$w = +\sqrt{c_1^2 - 4c_o}$$

dann hat der Nenner von (272) die beiden reellen Wurzeln:

$$s_{1,2} = -\frac{1}{2}(c_1 \pm w)$$

Daraus ergibt sich folgende Partialbruchzerlegung von (272):

$$\Phi_D^*(s) = \frac{\beta(c_1+w)-2\beta\mu}{2w\{s+\frac{1}{2}(c_1+w)\}} - \frac{\beta(c_1-w)-2\beta\mu}{2w\{s+\frac{1}{2}(c_1-w)\}} \tag{277}$$

Einer Laplace-Transformierten

$$f^*(s) = \frac{a}{s+b}$$

entspricht die Originalfunktion [30]

$$f(t) = a\, e^{-bt} \tag{278}$$

so daß für die Dichte der effektiven Durchlaufzeit gilt:

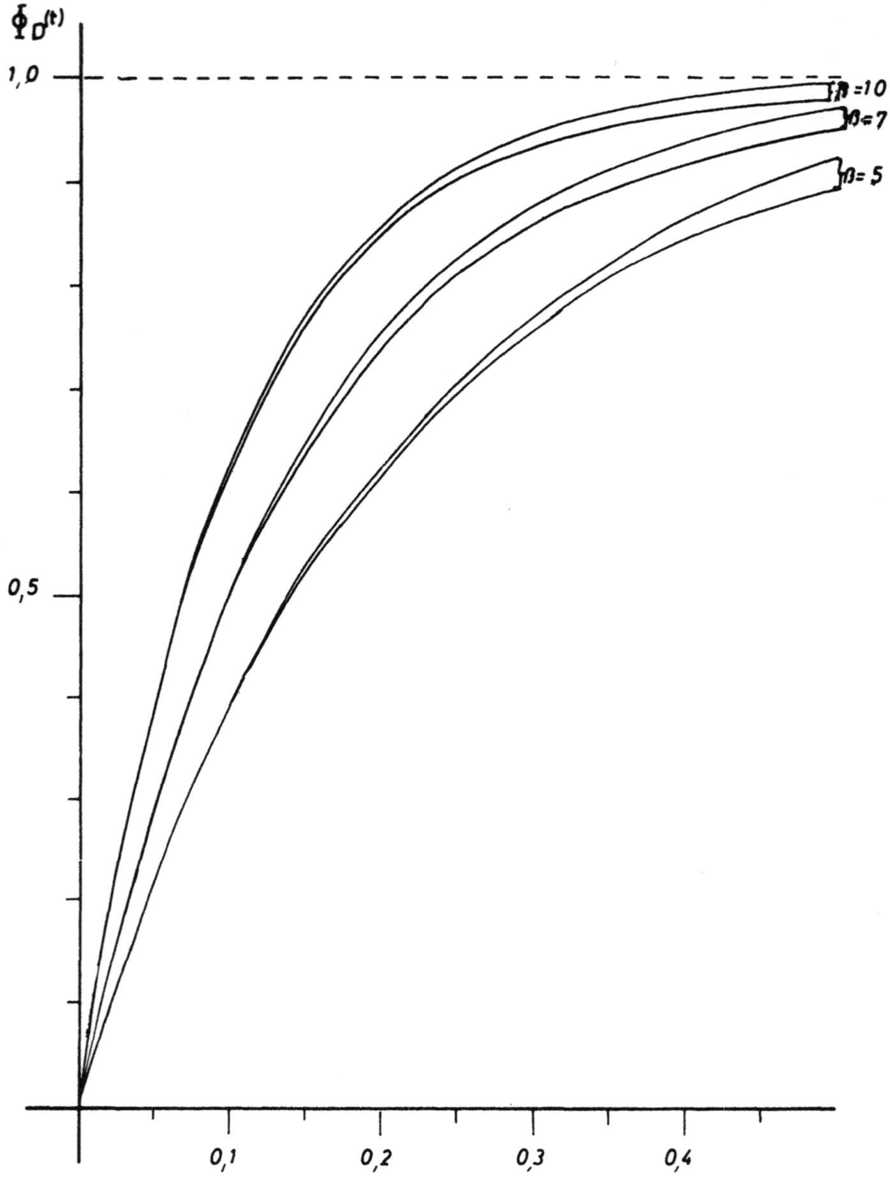

Abbildung 42: Verteilung der effektiven Durchlaufzeit und der reinen Bedienungszeit

$$\psi_D(t) = \frac{\beta(c_1+w)-2\beta\mu}{2w} e^{-\frac{1}{2}(c_1+w)t} - \frac{\beta(c_1-w)-2\beta\mu}{2w} e^{-\frac{1}{2}(c_1-w)t} \qquad (279)$$

und durch Integration von (279) erhält man die Verteilung der effektiven Durchlaufzeit:

$$\Phi_D(t) = \frac{1}{w}\{\beta - \frac{2c_o}{c_1+w}\}\{1 - e^{-\frac{1}{2}(c_1+w)t}\} - \frac{1}{w}\{\beta - \frac{2c_o}{c_1-w}\}\{1 - e^{-\frac{1}{2}(c_1-w)t}\} \qquad (280)$$

Die Einführung der mittleren Durchlaufzeit ermöglicht es, ein Wartesystem mit Betriebsstörungen auf ein Wartesystem ohne Betriebsstörungen zurückzuführen, indem man die Durchlaufzeit als "Bedienungszeit" in einem Wartesystem ohne Betriebsstörungen ansetzt. Die mittlere Schlangenlänge in einem Wartesystem (M/G/1) ist bekanntlich [31]:

$$\bar{n} = \alpha E(D) + \frac{\alpha^2\{Var(D) + E^2(D)\}}{2\{1-\alpha E(D)\}} \qquad (281)$$

Berücksichtigt man (273) bis (275), dann erhält man daraus als mittlere Schlangenlänge in einem Wartesystem mit internen unterbrechenden Störungen:

$$\bar{n} = \frac{\rho_2(1+\rho_1+\nu\rho_1\rho_2)}{1-\rho_2(1+\rho_1)} \qquad (67)$$

Ebenso lassen sich andere Kennzahlen und Verteilungen für ein Wartesystem mit Betriebsstörungen durch Einsetzen der Verteilung der effektiven Durchlaufzeit in die entsprechenden Formeln für Wartesysteme mit allgemeinen Bedienungszeiten ohne Störungen herleiten. Für die Verteilung der Wartezeit der Kunden in einem Wartesystem (M/G/1) gilt [32]:

$$\Phi^*_W(s) = \frac{1-\alpha E(D)}{1 - \frac{\alpha}{s}\{1-\Phi^*_D(s)\}} \qquad (282)$$

wobei $\Phi^*_W(s)$ die Laplace-Transformierte der Verteilung der Wartezeit und $\Phi^*_D(s)$ die Laplace-Transformierte der Verteilung der Bedienungs- bzw. der Durchlaufzeit ist. Die mittlere Wartezeit eines Kunden ist dann:

$$E(W) = \frac{\alpha E(D^2)}{2\{1-\alpha E(D)\}} \qquad (283)$$

Für ein Markoff-Wartesystem mit internen unterbrechenden Störungen gilt dann

$$E(W) = \frac{\alpha\{(\mu+\lambda)^2+\beta\lambda\mu\}}{\beta^2\mu^2-\alpha\beta\mu(\mu+\lambda)} \qquad (284)$$

Weitere Größen zur Kennzeichnung von Wartesystemen sind die Dauer der Betriebsperiode und die Zahl der während einer solchen abgefertigten Kunden. Für die Dauer einer Betriebsperiode in einem Wartesystem (M/G/1) gilt [33]:

$$E(G) = \frac{E(D)}{1-\alpha E(D)} \qquad (285)$$

Für das Markoff-Wartesystem mit internen unterbrechenden Störungen gilt dann [34]:

$$E(G) = \frac{\mu+\lambda}{\beta\mu-\alpha\mu-\alpha\lambda} \qquad (286)$$

Die mittlere Zahl der Kunden, die während einer Betriebsperiode bedient werden, ist in einem Wartesystem vom Typ (M/G/1) gleich

$$E(N) = \frac{1}{1-\alpha E(D)} \qquad (287)$$

Daraus folgt für das Wartesystem mit internen unterbrechenden Störungen:

$$E(N) = \frac{1}{1-\rho_2(1+\rho_1)} \qquad (288)$$

5) Nachlassen der Bedienungsgeschwindigkeit

Die bisher untersuchten Modelle gingen davon aus, daß die Bedienung durch das Auftreten einer Störung unterbrochen wird und das Bedienungssystem repariert werden muß. Häufig bricht die Bedienung bei einer Betriebsstörung nicht völlig zusammen, sondern wird zunächst langsamer und bricht erst nach einer Periode verlangsamter Bedienung zusammen.

Ein solches Wartesystem wurde von Eisen [35] unter folgenden Voraussetzungen untersucht:

1. Der Bedienungskanal hat drei Zustände, "normale Bedienung", "verlangsamte Bedienung", "keine Bedienung".

2. Die Aufenthaltsdauer in jedem dieser Zustände ist eine exponentialverteilte Zufallsgröße.

3. Von jedem dieser Zustände kann jeder andere Zustand mit einer bestimmten Übergangswahrscheinlichkeit erreicht werden.

4. Der Übergang von einem Zustand des Systems zu einem anderen Zustand des Systems ist unabhängig von der Zahl der Kunden im System; die Verlangsamung der Bedienung und die

Unterbrechung der Bedienung sind also auf externe Störungsursachen zurückzuführen.

In dieser allgemeinen Formulierung, bei der jeder Zustand des Bedienungskanals direkt in jeden anderen Zustand übergehen kann, wird der für Betriebsstörungen typischen Eigenschaft, daß sie mit Ausfallzeiten verbunden ist, nicht Rechnung getragen. Es wird insbesondere zugelassen, daß der Zustand "verlangsamte Bedienung" ohne Stillegung des Aggregates und ohne Reparatur wieder in den Zustand "normale Bedienung" übergehen kann. Im folgenden wird daher lediglich ein Spezialfall des Modells von Eisen untersucht, der dem hier zu behandelnden Problem der Betriebsstörungen entspricht: Dieser Spezialfall ist dadurch gekennzeichnet, daß die Zustände des Bedienungskanals in fester Reihenfolge zyklisch aufeinander folgen:

1. normale Bedienung
2. verlangsamte Bedienung
3. Unterbrechung der Bedienung und Reparatur des Bedienungskanals

Dieses Verhalten eines Wartesystems führt zu folgenden Änderungen des Prämissensystems:

<u>Prämisse 3b:</u> Ist das System im Zustand "normale Bedienung", dann ist die Bedienungszeit eine exponentialverteilte Zufallsgröße mit dem Parameter β_1, ist das System hingegen im Zustand "verlangsamte Bedienung", dann ist die Bedienungszeit eine exponentialverteilte Zufallsgröße mit dem Parameter β_2.

<u>Prämisse 7b:</u> Ist das System im Zeitpunkt t im Zustand "normale Bedienung", dann ist die Wahrscheinlichkeit dafür, daß die Bedienungsgeschwindigkeit im Intervall $(t,t+\Delta)$ absinkt, gleich $\lambda_1\Delta+o(\Delta)$;
ist das System im Zeitpunkt t im Zustand "verlangsamte Bedienung", dann ist die Wahrscheinlichkeit dafür, daß die Bedienung im Intervall $(t,t+\Delta)$ unterbrochen wird, gleich $\lambda_2\Delta+o(\Delta)$.

Im übrigen gelten die oben angegebenen Prämissen für ein Wartesystem mit externen unterbrechenden Störungen mit Wiederaufnahme der Bedienung.

Der Zustand des Systems kann durch einen Index (m,n) gekennzeichnet werden. Dabei bedeutet:

n die Zahl der Kunden im System
m den Zustand des Bedienungskanals mit

m=0 falls das System normal arbeitet
m=1 falls das System langsam arbeitet
m=2 falls das System repariert werden muß.

Zwischen diesen Zuständen sind folgende Übergänge möglich:

1. Ankunft eines Kunden mit der Rate α: $(m,n) \Rightarrow (m,n+1)$

2. Bedienung eines Kunden

   a. mit der Rate β_1 falls $n > 0$ und $m=0$: $(0,n) \Rightarrow (0,n-1)$
   b. mit der Rate β_2 falls $n > 0$ und $m=1$: $(1,n) \Rightarrow (1,n-1)$

3. Verlangsamung der Bedienung mit der Rate λ_1 falls $m=0$: $(0,n) \Rightarrow (1,n)$

4. Unterbrechung der Bedienung mit der Rate λ_2 falls $m=1$: $(1,n) \Rightarrow (2,n)$

5. Beendigung der Reparatur mit der Rate μ falls $m=2$: $(2,n) \Rightarrow (0,n)$.

Hieraus folgt für die Zustandswahrscheinlichkeiten P_{mn}:

$$(\alpha+\beta_1+\lambda_1)P_{on} = \alpha P_{on-1}+\beta_1 P_{on+1}+\mu P_{2n} \qquad (n>0) \qquad (289)$$

$$(\alpha+\lambda_1)P_{oo} = \beta_1 P_{o1} + \mu P_{2o} \qquad (n=0) \qquad (290)$$

$$(\alpha+\beta_2+\lambda_2)P_{1n} = \alpha P_{1n-1}+\beta_2 P_{1n+1}+\lambda_1 P_{on} \qquad (n>0) \qquad (291)$$

$$(\alpha+\lambda_2)P_{1o} = \beta_2 P_{11} + \lambda_1 P_{oo} \qquad (n=0) \qquad (292)$$

$$(\alpha+\mu)P_{2n} = \alpha P_{2n-1}+\lambda_2 P_{1n} \qquad (n>0) \qquad (293)$$

$$(\alpha+\mu)P_{2o} = \lambda_2 P_{1o} \qquad (n=0) \qquad (294)$$

In den oben beschriebenen Modellen wurden die Intensitäten der das Wartesystem kennzeichnenden Prozesse auf die Intensität des Reparaturprozesses bezogen; da dieser Prozeß jedoch nur in einigen Zuständen des Systems auftritt, der Ankunftsprozeß der Kunden jedoch in jedem Zustand des Systems, ist es rechentechnisch einfacher, die Intensitäten in dem vorliegenden Fall auf die Intensität des Ankunftsprozesses zu beziehen. Es sei also:

$$a_1 = \frac{\beta_1}{\alpha} \tag{295a}$$

$$a_2 = \frac{\beta_2}{\alpha} \tag{295b}$$

$$b_1 = \frac{\lambda_1}{\alpha} \tag{295c}$$

$$b_2 = \frac{\lambda_2}{\alpha} \tag{295d}$$

$$b_3 = \frac{\mu}{\alpha} \tag{295e}$$

Dividiert man (289) bis (295) durch α, multipliziert mit den passenden Potenzen von z und summiert über alle n, dann erhält man für die partiellen erzeugenden Funktionen

$$F_m(z) = \sum_{n=o}^{\infty} z^n P_{mn} \qquad (m=o,1,2) \tag{296}$$

$$\{b_1 z-(z-1)(z-a_1)\}F_o(z) - b_3 z F_2(z) = a_1(z-1)P_{oo}$$

$$-b_1 z F_o(z) + \{b_2 z-(z-1)(z-a_2)\}F_1(z) = a_2(z-1)P_{1o}$$

$$-b_2 z F_1(z) + \{b_3 z-(z-1)z\}F_2(z) = 0$$

Hieraus folgt für die partiellen erzeugenden Funktionen

$$F_m(z) = \frac{D_m(z)}{D(z)} \tag{297}$$

wobei

$$D(z) = s(z) - t(z) \tag{298}$$

mit

$$s(z) = (z-1)(z-a_1)(z-a_2)(z-b_3-1) \tag{299}$$

$$t(z) = z(b_1+b_2)(z-1)(z-c)-kz(z-e) \tag{300}$$

und

$$c = \frac{a_1 b_2+a_2 b_1}{b_1+b_2} \tag{301}$$

$$k = b_1 b_3+b_2 b_3+b_1 b_2 \tag{302}$$

$$e = \frac{1}{k}(a_1b_2b_3+a_2b_1b_3) \tag{303}$$

Weiter ist

$$\begin{aligned} D_o(z) = -a_1P_{oo}\{ & b_2b_3z+a_2b_3(z-1)-(b_2+b_3)(z-1)z - \\ & -a_2(z-1)^2+z(z-1)^2\}+a_2P_{1o}\{b_2z(z-1)-b_2b_3z\} \end{aligned} \tag{304}$$

$$\begin{aligned} D_1(z) = -a_2P_{1o}\{ & b_1b_3z+a_1b_3(z-1)-(b_1+b_3)(z-1)z - \\ & -a_1(z-1)^2+z(z-1)^2\}+a_1P_{oo}\{b_1z(z-1)-b_1b_3z\} \end{aligned} \tag{305}$$

$$D_2(z) = -a_1b_1b_2zP_{oo} - a_2\{b_1b_2z+b_2(z-1)(z-a_2)\}P_{1o} \tag{306}$$

Die erzeugende Funktion ist dann

$$F(z) = \frac{D_1(z)+D_2(z)+D_3(z)}{D(z)} \tag{307}$$

$D_m(z)$ $(m=0,1,2)$ hängt noch von den unbekannten Randbedingungen P_{oo} und P_{10} ab. Aus der Normalisierungsbedingung $F(1) = 1$ erhält man

$$a_1P_{oo}+a_2P_{1o} = e-1 \tag{308}$$

Eine zweite Bestimmungsgleichung für P_{oo} und P_{10} erhält man durch folgende Überlegung: Die erzeugende Funktion $F(z)$ – und mit ihr die partiellen erzeugenden Funktionen $F_m(z)$ – müssen innerhalb des Einheitskreises konvergieren. Dann muß aber eine Nullstelle des Nenners auch einer Nullstelle des Zählers entsprechen. Ist z_o eine Wurzel der Gleichung

$$D(z) = s(z) - t(z) = 0$$

innerhalb des Einheitskreises, dann muß gelten:

$$D_o(z_o) = 0 \tag{309}$$

Wie Eisen [36] gezeigt hat, hat $D(z)$ eine eindeutige Wurzel innerhalb des Einheitskreises, falls

$$e > 1 \quad \text{und} \quad a_1,a_2 > 1 \tag{310}$$

Diese Bedingungen bedeuten, daß die Zahl der Kunden, die sich während einer Unterbrechung der Bedienung ansammeln, nicht größer sein darf als die Zahl der Kunden, die in den Zuständen 0 und 1 zusätzlich zu den während dieser Zustände ankommenden Kunden bedient werden können, daß also die gesamte Kapazitätsauslastung kleiner als 1 sein muß.

Die Wahrscheinlichkeit dafür, daß das System im Zustand m ist, ist gleich dem Wert der partiellen erzeugenden Funktion an der Stelle z=1:

$$P_{o.} = F_o(1) = \frac{b_2 b_3}{k} \tag{311}$$

$$P_{1.} = F_1(1) = \frac{b_1 b_3}{k} \tag{312}$$

$$P_{2.} = F_2(1) = \frac{b_1 b_2}{k} \tag{313}$$

Die mittlere Schlangenlänge erhält man durch Differenzieren der erzeugenden Funktion F(z) an der Stelle z=1:

$$\bar{n} = \frac{a_1 a_2 \{b_3 P_{oo} + (b_2+b_3) P_{1o}\} + k - (e-1)(b_1+b_2+b_3)}{k(e-1)} + \frac{(a_2-1)b_1 + (a_1-1)b_2 + (a_1-1)(a_2-1)b_3}{k(e-1)} \tag{314}$$

Die Formel (314) enthält - ebenso wie die erzeugende Funktion - die Randbedingungen P_{oo} und P_{1o}, die im allgemeinen nicht explizit angegeben werden können, sondern mit Hilfe von (308) und (309) numerisch bestimmt werden müssen.

Für die Normalkombination der Parameter

$\alpha = 6$	$\lambda_1 = 0{,}3333$
$\beta_1 = 10$	$\lambda_2 = 0{,}5$
$\beta_2 = 8$	$\mu = 1{,}0$

die der oben benutzten Normalkombination entspricht, weil die Dauer eines Reparaturzyklus wegen

$$\frac{1}{\lambda} = \frac{1}{\lambda_1} + \frac{1}{\lambda_2}$$

in beiden Fällen gleich ist, erhält man als mittlere Schlangenlänge $\bar{n} = 7{,}1250$. Durch die Verringerung der Bedienungsgeschwindigkeit nach 2/3 der Arbeitszeit des Kanals auf 80 % der ursprünglichen Geschwindigkeit wird also die mittlere Schlangenlänge um 11 % erhöht.

Die Abhängigkeit der Schlangenlänge von dem Prozentsatz der Reduktion der Bedienungsgeschwindigkeit $v = 1 - \beta_2/\beta_1$ ist in der Abb. 43 wiedergegeben.

Die mittlere Zahl der Reparaturen ist wegen (313):

$$\bar{R} = \lambda_2 P_{2.} = \frac{\lambda_1 \lambda_2}{\lambda_1 \mu + \lambda_2 \mu + \lambda_1 \lambda_2} = 0{,}1667$$

Die mittlere Zahl der Reparaturen in dem entsprechenden Wartesystem ohne Verzögerung der Bedienung wäre ebenfalls gleich 0,1667, da die Zahl der Störungen/Zeiteinheit in beiden Fällen gleich ist.

Würde man nun die Bedienung bereits unterbrechen, wenn die Bedienungsgeschwindigkeit nachläßt, dann wäre $\lambda = \lambda_1$, die mittlere Zahl der Reparaturen würde dann auf $\bar{R} = 0,25$ steigen, die mittlere Schlangenlänge würde auf 11,5 steigen. Im Bereich relativ niedriger Verlangsamung der Bedienungsgeschwindigkeit lohnt sich also eine Unterbrechung der Bedienung im Zeitpunkt der Verlangsamung der Bedienung nicht; im Bereich einer großen Verlangsamung kann es hingegen sinnvoll werden, die Bedienung bereits dann zu unterbrechen, wenn der Kanal langsam zu arbeiten beginnt.

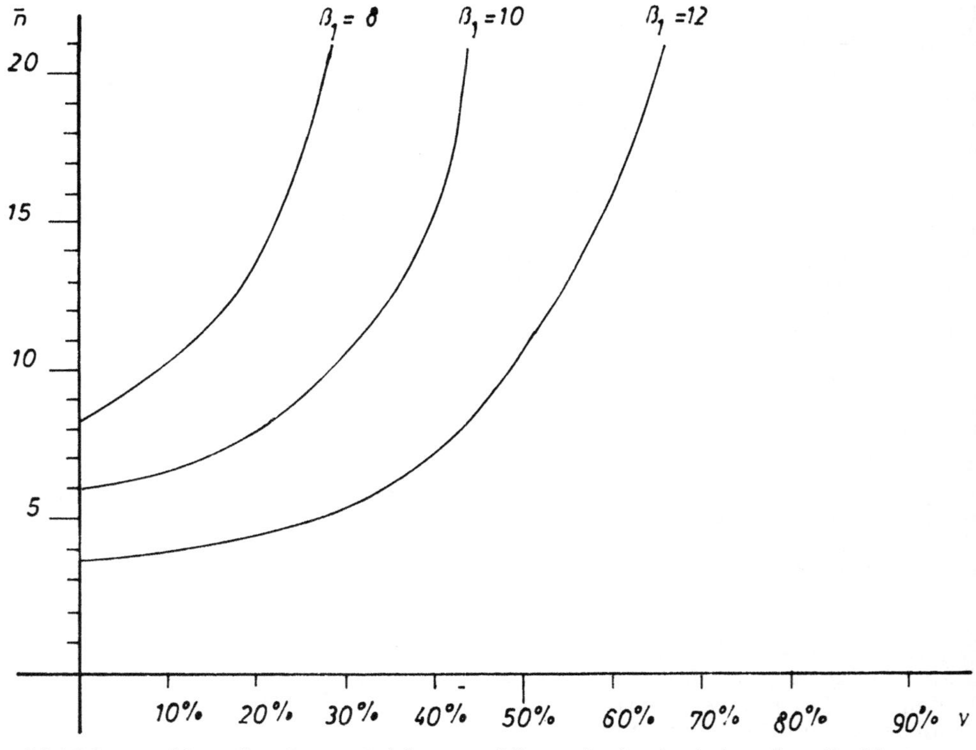

Abbildung 43: Mittlere Schlangenlänge bei absinkender Bedienungsgeschwindigkeit

II. Allgemeine Verteilungen der Bedienungs- und Reparaturzeiten

1) Die Struktur des Systems

Bei den bisherigen Überlegungem zum Problem der Betriebsstörungen in Wartesystemen wurde vorausgesetzt, daß alle das System kennzeichnenden Prozesse Markoff-Prozesse sind, d. h. daß die Abstände zwischen den einzelnen Ereignissen exponentialverteilte Zufallsgrößen sind. Diese Annahme ist jedoch in den meisten Fällen nicht gerechtfertigt; so läßt sich insbesondere die Verteilung der Bedienungszeiten nicht durch eine Exponentialverteilung annähern.

Während eine Verallgemeinerung der Annahmen über den Ankunfts- und den Störprozeß zu erheblichen mathematischen Schwierigkeiten führt, ist eine Verallgemeinerung der Annahmen über den Bedienungs- und den Reparaturprozeß auf beliebig verteilte, voneinander unabhängige Zufallsgrößen möglich. Im folgenden sollen daher Wartesysteme untersucht werden, bei denen die Annahme der Exponentialverteilung der Zwischenankunftszeiten und der Arbeitszeiten der Bedienungskanäle beibehalten wird, während diese einschränkende Annahme für die Bearbeitungs- und Reparaturzeiten aufgegeben wird.

An die Stelle der Prämisse 3a tritt dann

Prämisse 3b: Die Bedienungszeiten sind voneinander unabhängige Zufallsgrößen, deren Verteilung $\Phi_B(t)$ eine Dichte $\Psi_B(t)$ und endliche Momente $E(B)=1/\beta$ und $E(B^2)$ besitzt.

An die Stelle der Prämisse 11a tritt

Prämisse 11b: Die Reparaturzeiten sind voneinander unabhängige Zufallsgrößen, deren Verteilung $\Phi_R(t)$ eine Dichte $\Psi_R(t)$ und endliche Momente $E(R)=1/\mu$ und $E(R^2)$ besitzt [37].

Während die Annahme der Exponentialverteilung der Zwischenankunftszeiten insbesondere in industriellen Anwendungen vielfach nur schwer zu rechtfertigen ist, ist die Annahme der Exponentialverteilung der Arbeitsintervalle der Bedienungskanäle plausibel; wie Bürk [38] gezeigt hat, sind vielfach die Abweichungen empirischer Verteilungen der Arbeitsintervalle von Maschinen von der Exponentialverteilung nicht signifikant.

Wie bei den oben behandelten Markoff-Modellen ist aufgrund der Annahmen über den Störprozeß zwischen folgenden Modelltypen zu unterscheiden:

1. Wartesysteme mit unterbrechenden Störungen

   a. kumulative Störungen
   b. externe Störungen
   c. interne Störungen

2. Wartesysteme mit verzögerten Störungen

   a. kumulative Störungen
   b. externe Störungen
   c. interne Störungen

Obwohl die Methode von Gaver [39] es gestattet, diese Modelle mit einer einheitlichen Methode zu behandeln, sollen im folgenden zunächst die Modelle mit unterbrechenden Störungen mit Hilfe der allgemeinen Phasenmethode, die Modelle mit kumulativen verzögerten Störungen mit Hilfe der Methode von Cobham und Holley behandelt werden, weil diese Methoden auf anschaulicherem Wege zum Ziel führen.

2) Unterbrechende Störungen

a) Kumulative Störungen

Das durch die Prämissen

Prämisse 8a: Betriebsstörungen können unabhängig von dem Zustand des Systems auftreten

und

Prämisse 9a: Beim Auftreten einer Störung wird die Bedienung sofort unterbrochen

gekennzeichnete Wartesystem mit kumulativen unterbrechenden Störungen, das bekanntlich einem Wartesystem mit unterbrechenden Prioritäten entspricht, wurde von Jaiswal [40] unter der Voraussetzung allgemeiner Bedienungs- und Reparaturzeiten mit Hilfe der allgemeinen Phasenmethode untersucht.

Der Zustandsraum dieses Wartesystems ist definiert durch

1. die Zahl der noch nicht beseitigten Störungen m
2. die Zahl der noch nicht bedienten Kunden n
3. die Zeit seit Beginn der jeweiligen Reparatur x
4. die Zeit seit Beginn der jeweiligen Bedienung y

Es bedeuten:

$P_{mn}(x,y,t)dxdy$ $(m\geq 1; n\geq 1)$	die Wahrscheinlichkeit dafür, daß im Zeitpunkt t m Störungen noch nicht beseitigt und n Kunden noch nicht bedient sind, daß die Reparatur zwischen x und x+dx Zeiteinheiten dauert und eine Bedienung zwischen y und y+dy Zeiteinheiten gedauert hat, ehe sie unterbrochen worden ist
$Q_{mn}(x,t)dx$ $(m\geq 1; n\geq 0)$	die Wahrscheinlichkeit dafür, daß im Zeitpunkt t m Störungen noch nicht beseitigt und n Kunden noch nicht bedient sind, die Reparatur zwischen x und x+dx Zeiteinheiten dauert und keine Bedienung unterbrochen wurde, weil das System im Zeitpunkt des Ausfalls des Kanals leer war
$P_{on}(y,t)dy$ $(n\geq 1)$	die Wahrscheinlichkeit dafür, daß das System im Zeitpunkt t störungsfrei arbeitet, n Kunden noch nicht bedient sind und der augenblickliche Bedienungsvorgang zwischen y und y+dy Zeiteinheiten dauert

$P_{oo}(t)$ — die Wahrscheinlichkeit dafür, daß das System leer steht und der Bedienungskanal ungestört ist.

Diese Wahrscheinlichkeitsdichten sind durch folgende Beziehungen miteinander verknüpft:

$$P_{mn}(x+\Delta,y,t+\Delta) = \{1-[\alpha+\lambda+r(x)]\Delta\}P_{mn}(x,y,t) + \\ + \lambda\Delta P_{m-1n}(x,y,t) + \alpha\Delta P_{mn-1}(x,y,t) \tag{315}$$

$$Q_{mn}(x+\Delta,t+\Delta) = \{1-[\alpha+\lambda+r(x)]\Delta\}Q_{mn}(x,t) + \\ + \lambda\Delta Q_{m-1n}(x,t) + \alpha\Delta Q_{mn-1}(x,t) \tag{316}$$

$$P_{on}(y+\Delta,t+\Delta) = \{1-[\alpha+\lambda+b(y)]\Delta\}P_{on}(y,t) + \alpha\Delta P_{on-1}(y,t) \\ + \int_o^\infty P_{1n}(x,y+\Delta,t+\Delta)dx \frac{\varepsilon}{\varepsilon+\Delta} r(x)\Delta \tag{317}$$

wobei

$$r(x) = \frac{\psi_R(x)}{1-\Phi_R(x)} \tag{318}$$

die momentane Reparaturrate

$$b(y) = \frac{\psi_B(y)}{1-\Phi_B(y)} \tag{319}$$

die momentane Bedienungsrate und ϵ eine beliebig kleine Veränderung von y ist.

Für $\Delta \Rightarrow 0$ erhält man daraus:

$$\frac{\partial P_{mn}(x,y,t)}{\partial t} + \frac{\partial P_{mn}(x,y,t)}{\partial x} = \\ = \alpha P_{mn-1}(x,y,t) + \lambda P_{m-1n}(x,y,t) - \{\alpha+\lambda+r(x)\}P_{mn}(x,y,t) \tag{320}$$

$$\frac{\partial Q_{mn}(x,t)}{\partial t} + \frac{\partial Q_{mn}(x,t)}{\partial x} = \\ = \alpha Q_{mn-1}(x,t) + \lambda Q_{m-1n}(x,t) - \{\alpha+\lambda+r(x)\}Q_{mn}(x,t) \tag{321}$$

$$\frac{\partial P_{on}(y,t)}{\partial t} + \frac{\partial P_{on}(y,t)}{\partial y} = \qquad (322)$$

$$= \alpha P_{on-1}(y,t) - \{\alpha+\lambda+b(y)\}P_{on}(y,t) + \int_0^\infty r(x)P_{1n}(x,y,t)dx$$

Für P_{oo} erhält man

$$\frac{dP_{oo}(t)}{dt} = \int_0^\infty Q_{1o}(x,t)r(x)dx + \int_0^\infty P_{o1}(y,t)b(y)dy -$$

$$- (\alpha+\lambda)\, P_{oo}(t) \qquad (323)$$

Weiter gelten folgende Randbedingungen:

$$P_{mn}(O,y,t) = \int_0^\infty P_{m+1n}(x,y,t)r(x)dx \qquad (324)$$

$$P_{1n}(O,y,t) = \int_0^\infty P_{2n}(x,y,t)r(x)dx + \lambda P_{on}(y,t) \qquad (325)$$

$$Q_{mn}(O,t) = \int_0^\infty Q_{m+1n}(x,t)r(x)dx \qquad (326)$$

$$Q_{1o}(O,t) = \int_0^\infty Q_{2o}(x,t)r(x)dx + \lambda P_{oo}(t) \qquad (327)$$

$$P_{on}(O,t) = \int_0^\infty P_{on+1}(y,t)b(y)dy + \int_0^\infty Q_{1n}(x,t)r(x)dx \qquad (328)$$

$$P_{o1}(O,t) = \int_0^\infty P_{o2}(y,t)b(y)dy + \int_0^\infty Q_{11}(x,t)r(x)dx + \alpha\, P_{oo}(t) \qquad (329$$

Aus (320) bis (329) lassen sich für $t \Rightarrow \infty$ Gleichungen für die Gleichgewichtswahrscheinlichkeiten ableiten, aus denen die erzeugende Funktion bestimmt werden kann. Auf die Einzelheiten dieser recht umfangreichen Ableitungen, die im wesentlichen den Ableitungen im Fall des Wartesystems (M/G/1) entsprechen, soll hier verzichtet werden [41].

Durch Ableitung der erzeugenden Funktion an der Stelle z=1 erhält man unter Berücksichtigung von

$$P_{oo} = 1 - \rho_1 - \rho_2 \qquad (330)$$

für die mittlere Zahl der noch nicht bedienten Kunden

$$\bar{n} = \frac{1}{1-\rho_1}\left[\rho_2 + \frac{\rho_2^2\{1+C^2(B)\}+\nu\rho_1\rho_2\{1+C^2(R)\}}{2(1-\rho_1-\rho_2)}\right] \qquad (331)$$

und für die mittlere Zahl der noch nicht beseitigten Störungen erhält man

$$\bar{m} = \rho_1 + \frac{\rho_1^2\{1+C^2(R)\}}{2(1+\rho_1)} \tag{332}$$

(332) stimmt, wie aufgrund der unterbrechenden Priorität der Störungen zu erwarten war, mit der Formel für die mittlere Schlangenlänge im Wartesystem (M/G/1) überein.

b) Externe Störungen

Wartesysteme mit externen unterbrechenden Betriebsstörungen bei beliebigen Verteilungen der Bedienungs- und Reparaturzeiten, die durch die

<u>Prämisse 8b:</u> Betriebsstörungen können nur dann auftreten, wenn das System nicht gestört ist, sie können jedoch auch dann auftreten, wenn der Bedienungskanal leer steht

gekennzeichnet sind, wurden von Thiruvengadam [42] mit Hilfe der allgemeinen Phasenmethode untersucht. Der Zustandsraum und die Zustandswahrscheinlichkeiten sind in diesem Modell ähnlich wie im Wartesystem mit kumulativen unterbrechenden Störungen definiert; da sich jedoch keine Störungen kumulieren können, ist der Zustandsparameter m auf die Werte O (System arbeitet ungestört) und 1 (System ist gestört) beschränkt.

Aufgrund der im vorigen Abschnitt dargestellten Überlegungen erhält man folgendes System linearer Differenzen-Differentialgleichungen, die die zeitabhängigen Zustandswahrscheinlichkeiten miteinander verknüpfen:

$$\frac{\partial P_{1n}(x,y,t)}{\partial t} + \frac{\partial P_{1n}(x,y,t)}{\partial x} = \\ = \alpha P_{1n-1}(x,y,t) - \{\alpha+r(x)\}P_{1n}(x,y,t) \tag{333}$$

$$\frac{\partial Q_{1n}(x,t)}{\partial t} + \frac{\partial Q_{1n}(x,t)}{\partial x} = \\ = \alpha Q_{1n-1}(x,t) - \{\alpha+r(x)\}Q_{1n}(x,t) \tag{334}$$

$$\frac{\partial P_{on}(y,t)}{\partial t} + \frac{\partial P_{on}(y,t)}{\partial y} = \\ = \alpha P_{on-1}(y,t) - \{\alpha+\lambda+b(y)\}P_{on}(y,t) + \\ + \int_0^\infty r(x)P_{1n}(x,y,t)dx \tag{335}$$

$$\frac{dP_{oo}(t)}{dt} = \int_0^\infty P_{o1}(y,t)b(y)dy + \int_0^\infty Q_{1o}(x,t)r(x)dx - (\alpha+\lambda)P_{oo}(t) \tag{336}$$

Als Randbedingungen erhält man

$$P_{1o}(O,y,t) = \lambda P_{on}(y,t) \tag{337}$$

$$Q_{1n}(O,t) = O \tag{338}$$

$$Q_{1o}(O,t) = \lambda P_{oo}(t) \tag{339}$$

$$P_{on}(O,t) = \int_0^\infty P_{on+1}(y,t)b(y)dy + \int_0^\infty Q_{1n}(x,t)r(x)dx \tag{340}$$

$$P_{o1}(O,t) = \int_0^\infty P_{o2}(y,t)b(y)dy + \int_0^\infty Q_{1o}(x,t)r(x)dx + \alpha P_{oo}(t) \tag{341}$$

Für $t \Rightarrow \infty$ erhält man aus (333) bis (341) für die Gleichgewichtswahrscheinlichkeiten [43]

$$\frac{dP_{1n}(x,y)}{dx} = \alpha P_{1n-1}(x,y) - \{\alpha+r(x)\}P_{1n}(x,y) \tag{342}$$

$$\frac{dQ_{1n}(x)}{dx} = \alpha Q_{1n-1}(x) - \{\alpha+r(x)\}Q_{1n}(x) \tag{343}$$

$$\frac{dP_{on}(y)}{dy} = \alpha P_{on-1}(y) - \{\alpha+\lambda+b(y)\}P_{on}(y) + \int_0^\infty r(x)P_{1n}(x,y)dx \tag{344}$$

$$(\alpha+\lambda)\, P_{oo} = \int_0^\infty P_{o1}(y)b(y)dy + \int_0^\infty Q_{1o}(x)r(x)dx \tag{345}$$

$$P_{1n}(O,y) = \lambda P_{on}(y) \tag{346}$$

$$Q_{1n}(O) = O \tag{347}$$

$$Q_{1o}(O) = \lambda P_{oo} \tag{348}$$

$$P_{on}(0) = \int_0^\infty P_{on+1}(y)b(y)dy + \int_0^\infty Q_{1n}(x)r(x)dx \qquad (349)$$

$$P_{o1}(0) = \int_0^\infty P_{o2}(y)b(y)dy + \int_0^\infty Q_{11}(x)r(x)dx + \alpha P_{oo} \qquad (350)$$

Zur Lösung der Differenzen-Differentialgleichungen (342) bis (350) werden folgende erzeugende Funktionen definiert:

$$H_o(y,z_2) = \sum_{n=1}^{\infty} z_2^n P_{on}(y) \qquad (351)$$

$$H_1(x,y,z_2) = \sum_{n=1}^{\infty} z_2^n P_{1n}(x,y) \qquad (352)$$

$$F_1(x,z_2) = \sum_{n=o}^{\infty} z_2^n Q_{1n(y)} \qquad (353)$$

Die erzeugende Funktion der gemeinsamen Verteilung von m und n ist dann definiert als

$$G(z_1,z_2) = P_{oo} + \int_0^\infty H_o(y,z_2)dy + \\ + z_1\{\int_0^\infty F_1(x,z_2)dx + \int_0^\infty\int_0^\infty H_1(x,y,z_2)dxdy\} \qquad (354)$$

Multipliziert man (342) mit z_2^n und summiert über alle $n \geq 1$, dann erhält man

$$\frac{dH_1(x,y,z_2)}{dx} = -\{\alpha(1-z_2)+r(x)\}H_1(x,y,z_2) \qquad (355)$$

Die Lösung dieser Differentialgleichung ist

$$H_1(x,y,z_2) = H_1(0,y,z_2)\ \exp\{-\alpha(1-z_2)x - \int_0^x r(u)du\} \qquad (356)$$

Multipliziert man (343) mit z_2^n, dann erhält man

$$\frac{dF_1(x,z_2)}{dx} = -\ \{\alpha(1-z_2)+r(x)\}F_1(x,z_2) \qquad (357)$$

mit der Lösung

$$F_1(x,z_2) = F_1(0,z_2)\ \exp\{-\alpha(1-z_2)x - \int_0^x r(u)du\} \qquad (358)$$

Aus (346) ergibt sich

$$H_1(0,y,z_2) = \lambda H_o(y,z_2) \qquad (359)$$

und aus (348) und (349) erhält man

$$F_1(0,z_2) = \lambda P_{00} \tag{360}$$

Setzt man (359) in (356) und (360) in (358) ein, dann erhält man

$$H_1(x,y,z_2) = \lambda H_0(y,z_2) \exp\{-\alpha(1-z_2)x - \int_0^x r(u)du\} \tag{361}$$

und

$$F_1(x,z_2) = \lambda P_{00} \exp\{-\alpha(1-z_2)x - \int_0^x r(u)du\} \tag{362}$$

Multipliziert man (344) mit z_2^n und summiert über alle $n \geq 1$, dann ergibt sich:

$$\frac{dH_0(y,z_2)}{dy} = -\{\alpha(1-z_2)+\lambda+b(y)\}H_0(y,z_2) + \\ + \int_0^\infty H_1(x,y,z_2)r(x)dx \tag{363}$$

Für das Integral auf der rechten Seite von (363) folgt aus (361)

$$\int_0^\infty H_1(x,y,z_2)r(x)dx = \\ = \lambda H_0(y,z_2) \int_0^\infty \exp\{-\alpha(1-z_2)x\}\exp\{-\int_0^x r(u)du\}r(x)dx \tag{364}$$

Aus [44]

$$\exp\{-\int_0^x r(u)du\} = 1 - \Phi_R(x) \tag{365}$$

und

$$r(x) = \frac{\psi_R(x)}{1-\Phi_R(x)} \tag{366}$$

folgt für (364)

$$\int_0^\infty H_1(x,y,z_2)r(x)dx = \lambda H_0(y,z_2) \int_0^\infty e^{-\alpha(1-z_2)x} \psi_R(x)dx \tag{367}$$

Das Integral auf der rechten Seite von (367) ist gleich der Laplace-Transformation der Verteilung der Reparaturzeit an der Stelle $\alpha(1-z_2)$:

$$\int_0^\infty H_1(x,y,z_2)r(x)dx = \lambda H_0(y,z_2)\Phi_R^*\{\alpha(1-z_2)\} \tag{368}$$

Dann kann man für (363) schreiben:

$$\frac{dH_o(y,z_o)}{dy} = -\{\alpha(1-z_2)+b(y)+\lambda[1-\Phi^*_R(\alpha(1-z_2))]\}H_o(y,z_2)$$

und daraus folgt:

$$H_o(y,z_2) = H_o(0,z_2)\ \exp\{-\lambda(1-\Phi^*_R[(1-z_2)])\} \tag{369}$$

$$\exp\{-\alpha(1-z_2) + \int_0^\infty b(y)dy\}$$

Aus (349) und (350) erhält man:

$$H_o(y,z_2) = \frac{1}{z_2}\int_0^\infty H_o(y,z_2)b(y)dy + \int_0^\infty F_1(x,z_2)r(x)dx + \alpha z_2 P_{oo} -$$

$$- \int_0^\infty P_{o1}(y)b(y)dy - \int_0^\infty Q_{1o}(x)r(x)dx \tag{370}$$

Unter Berücksichtigung von (345), (360), (369) erhält man daraus:

$$H_o(0,z_2) = \frac{1-\{\lambda(1-\Phi^*_R[\alpha(1-z_2)]) + \alpha(1-z_2)\}P_{oo}}{1-\frac{1}{z_2}\Phi^*_B\{\lambda[1-\Phi^*_R(\alpha-\alpha z_2)]+\alpha(1-z_2)\}} \tag{371}$$

wobei $\Phi^*_B(s)$ die Laplace-Transformierte der Bedienungszeiten ist.

Substituiert man (359), (360), (369) und (371) in (354), dann erhält man nach einigen Umformungen als erzeugende Funktion der gemeinsamen Verteilung von m und n:

$$G(z_1,z_2) = \left[1-z_1\frac{\lambda\{1-\Phi^*_R(s_1)\}}{s_1}\right]\left[P_{oo}+\frac{\{1-\Phi^*_B(s_2)\}\{1-s_2P_{oo}\}}{s_2\{1-\frac{1}{z_2}\Phi^*_B(s_2)\}}\right] \tag{372}$$

wobei

$$s_1 = \alpha(1-z_2) \tag{373}$$

$$s_2 = \lambda\{1-\Phi^*_R(s_1)\}+s_1 \tag{374}$$

Als erzeugende Funktion der Randverteilung von n erhält man für $z_1 \Rightarrow 1$:

$$G(z_2) = \left[1-\frac{\lambda\{1-\Phi^*_R(s_1)\}}{s_1}\right]\left[P_{oo}+\frac{1-\Phi^*_B(s_2)}{1-\frac{1}{z_2}\Phi^*_B(s_2)}\quad\frac{1-s_2P_{oo}}{s_2}\right] \tag{375}$$

Die Unbekannte P_{oo} kann man leicht aus der Bedingung G(1) = 1

$$P_{oo} = \frac{1-\alpha E(B)\{1+\lambda E(R)\}}{1+\lambda E(R)} = \frac{1-\rho_2(1+\rho_1)}{1+\rho_1} \tag{376}$$

bestimmen.

Durch Differentiation an der Stelle $z_2=1$ erhält man als mittlere Schlangenlänge [45]:

$$\bar{n} = \rho_2(1+\rho_1) + \frac{\rho_2^2 (1+\rho_1) 1+C^2(B)\} + \frac{\nu\rho_1\rho_2\{1+C^2(R)\}}{1+\rho_1}}{2\{1-\rho_2(1+\rho_1)\}} \tag{377}$$

Die mittlere Schlangenlänge wird also außer von den Parametern Verkehrsdichte, Störungsdichte und Niveau-Unterschied, die auch die mittlere Schlangenlänge bei Markoff-Wartesystemen bestimmen, ebenfalls durch die Streuung der Bedienungs- und Reparaturzeiten beeinflußt. Bei exponentialverteilten Ankunfts- und Arbeitszeiten ist jedoch die genaue Kenntnis der Verteilungen der Bedienungs- und Reparaturzeiten nicht erforderlich, weil die mittlere Schlangenlänge und die daraus abgeleiteten Kennzahlen nur von den beiden ersten Momenten dieser Verteilungen abhängen.

c) Interne Störungen

Im Gegensatz zum Fall externer unterbrechender Störungen können im Fall interner unterbrechender Störungen (Prämissen 8c und 9a) Störungen nur dann auftreten, wenn ein Kunde bedient wird. Aus diesem Grunde können die Zustände "System gestört, Reparatur dauert bereits x Zeiteinheiten, keine Bedienung unterbrochen" nicht auftreten; die Schlangengleichungen, die die entsprechenden Zustandswahrscheinlichkeiten $Q_{1n}(x,t)$ enthalten, entfallen daher im Fall interner Störungen. Das System der Geburts- und Sterbegleichungen vereinfacht sich dann zu [46]:

$$\frac{dP_{1n}(x,y)}{dx} = \alpha P_{1n-1}(x,y) - \{\alpha+r(x)\}P_{1n}(x,y) \tag{378}$$

$$\frac{dP_{on}(y)}{dy} = \alpha P_{on-1}(y) - \{\alpha+\lambda+b(y)\}P_{on}(y) + \int_0^\infty P_{1n}(x,y)r(x)dx \tag{379}$$

$$\alpha P_{oo} = \int_0^\infty P_{10}y)b(y)dy \tag{380}$$

Die Randbedingungen haben die Form

$$P_{1n}(0,y) = \lambda P_{on}(y) \tag{381}$$

$$P_{on}(0) = \int_0^\infty P_{on+1}(y)b(y)dy \tag{382}$$

$$P_{o1}(0) = \int_0^\infty P_{o2}(y)b(y)dy + \alpha P_{oo} \tag{383}$$

Die erzeugende Funktion der gemeinsamen Verteilung von m und n, die sich analog dem Vorgehen im Fall externer Störungen herleiten läßt [47] , ist

$$G(z_1,z_2) = P_{oo} - \frac{s_1 P_{oo}}{\lambda\{1-\Phi_R^*(s_1)\}+s_1} \cdot \frac{1-\Phi_B^*(s_2)}{1-\frac{1}{z_2}\Phi_B^*(s_2)} \cdot \left[1 - z_1\lambda \frac{1-\Phi_R^*(s_1)}{s_1}\right] \tag{384}$$

mit

$$s_1 = \alpha(1-z_2) \tag{385}$$

$$s_2 = \lambda\{1-\Phi_R^*(s_1)\}+s_1 \tag{386}$$

Die Wahrscheinlichkeit dafür, daß das System leer steht, ist wegen G(1,1) = 1 gleich

$$P_{oo} = 1-\rho_2(1+\rho_1)$$

Wie im Fall externer unterbrechender Störungen stimmt diese Wahrscheinlichkeit mit der entsprechenden Wahrscheinlichkeit des Markoff-Wartesystems mit internen unterbrechenden Störungen überein.

Die mittlere Schlangenlänge ist gleich

$$\bar{n} = \rho_2(1+\rho_1) + \frac{\rho_2^2(1+\rho_1)^2\{1+C^2(B)\} + \nu\rho_1\rho_2^2\{1+C^2(R)\}}{2\{1-\rho_2(1+\rho_1)\}} \tag{388}$$

Wie im Fall externer unterbrechender Störungen hängt die mittlere Schlangenlänge nur von der Verkehrsdichte, der Störungsdichte, dem Niveau-Parameter und der Streuung der Bedienungs- und Reparaturzeiten, nicht aber von dem Verteilungstyp der Bedienungs- und Reparaturzeiten ab.

Zu dem gleichen Ergebnis kommt man, wenn man zunächst die Verteilung der effektiven Durchlaufzeit bestimmt und dann die beiden ersten Momente dieser Verteilung anstelle der entsprechenden Momente der Verteilung der reinen Bedienungszeit in die Formel für die mittlere Schlangenlänge im Wartesystem (M/G/1) einsetzt. Die Laplace-Transformierte dieser Verteilung läßt sich für den Fall beliebiger Verteilungen der Bedienungs- und Reparaturzeiten analog dem Vorgehen im Fall exponentialverteilter Bedienungs- und Reparaturzeiten bestimmen, so daß hier auf eine ausführliche Herleitung verzichtet werden kann. Die Laplace-Transformierte der Verteilung der effektiven Durchlaufzeit im Fall interner Störungen ist [48]

$$\phi_D^*(s) = \phi_B^*\{s+\lambda[1-\phi_R^*(s)]\} \tag{389}$$

Durch die Differentiation an der Stelle z=O erhält man für die beiden ersten Momente:

$$E(D) = E(B)\{1+ \lambda E(R)\} \tag{390}$$

$$c^2(D) = c^2(B)\{1+\lambda E(R)\}^2 + \lambda\frac{E(R^2)}{E(B)} \tag{391}$$

Die mittlere Schlangenlänge ist nach der Formel von Pollaczek und Khintchine:

$$\bar{n} = \alpha E(D) + \frac{\{\alpha E(D)\}^2\{1+c^2(D)\}}{2\{1-\alpha E(D)\}} \tag{392}$$

Substituiert man (391) und (392), dann erhält man

$$\bar{n} = \rho_2(1+\rho_1) + \frac{\rho_2^2(1+\rho_1)^2\{1+c^2(B)\}+\nu\rho_1\rho_2^2\{1+c^2(R)\}}{2\{1-\rho_2(1+\rho_1)\}} \tag{393}$$

3) Verzögerte Störungen

a) Kumulative Störungen

Das Wartesystem mit kumulativen verzögerten Betriebsstörungen (Prämissen 8a und 9b) läßt sich, wie oben gezeigt wurde, als ein Wartesystem mit einfacher Priorität auffassen, indem man das Auftreten einer Betriebsstörung als die Ankunft eines Kunden mit einfacher Priorität interpretiert. Ein solches Wartesystem wurde von Cobham [49] untersucht; während Cobham die mittlere Wartezeit mit Hilfe einer unendlichen Reihe entwickelt gibt Holley [50] ein Verfahren an, das es erlaubt, die mittlere Wartezeit direkt zu bestimmen.

Die mittlere Wartezeit einer Störung, d. h. die Zeit vom Auftreten einer Störung bis zum Beginn der Reparatur, setzt sich aus folgenden Komponenten zusammen:

1. der Zeit bis zur Beendigung der augenblicklichen Bedienung bzw. Reparatur W_o
2. der Zeit, die für die Reparatur der bereits vorher aufgetretenen, noch nicht beseitigten Störungen benötigt wird W_1'

$$W_1 = W_o + W_1' \tag{394}$$

Im Zeitpunkt des Auftretens einer Betriebsstörung warten durchschnittlich $\bar{m}_s = \lambda W_1$ Störungen auf ihre Reparatur; die zur Beseitigung dieser Störungen erforderliche Zeit ist im Durchschnitt gleich

$$W_1' = \frac{\lambda}{\mu} W_1 = \rho_1 W_1 \qquad (395)$$

Die Zeit bis zur Beendigung der augenblicklichen Reparatur bzw. Bedienung ist gleich der Vorwärtsrekurrenzzeit in dem kombinierten Prozeß:

$$W_o' = \frac{1}{2}\{\alpha E(B^2) + \lambda E(R^2)\} \qquad (396)$$

Setzt man (395) und (396) in (394) ein, dann erhält man als mittlere Wartezeit der Störungen bis zum Beginn der Reparatur:

$$W_1 = \frac{\alpha E(B^2) + \lambda E(R^2)}{2(1-\rho_1)} \qquad (397)$$

Die mittlere Zahl der wartenden Störungen ist dann

$$\bar{m}_s = \lambda W_1 = \frac{\nu\rho_1\rho_2\{1+C^2(B)\}+\rho_1^2\{1+C^2(R)\}}{2(1-\rho_1)} \qquad (398)$$

Die mittlere Zahl der noch nicht beseitigten Störungen ist schließlich:

$$\bar{m} = \bar{m}_s+\rho_1 = \rho_1 + \frac{\rho_1^2\{1+C^2(R)\}+\nu\rho_1\rho_2\{1+C^2(B)\}}{2(1-\rho_1)} \qquad (399)$$

Die mittlere Wartezeit eines Kunden setzt sich aus folgenden Komponenten zusammen:

1. der Vorwärtsrekurrenzzeit W_o
2. der Zeit bis zur Beseitigung der bei der Ankunft wartenden Störungen W_1'
3. der Zeit bis zur Bedienung der bei der Ankunft wartenden Kunden W_2'
4. der Zeit, die für die Reparatur der während der Wartezeit auftretenden Störungen erforderlich ist.

$$W_2 = W_o+W_1'+W_2'+W_1'' \qquad (400)$$

Im Zeitpunkt der Ankunft eines Kunden warten im Durchschnitt $\bar{n}_s = \alpha W_2$ Kunden, für ihre Bedienung sind im Durchschnitt

$$W_2' = \frac{\alpha}{\beta} W_2 = \rho_2 W_2 \qquad (401)$$

Zeiteinheiten erforderlich. Während der Wartezeit treten im Durchschnitt λW_2 Störungen auf, zu deren Beseitigung durchschnittlich

$$W_2'' = \rho_1 W_2 \qquad (402)$$

Zeiteinheiten benötigt werden.

Durch Einsetzen von (395), (396), (401) und (402) in (400) erhält man als mittlere Wartezeit der Kunden

$$W_2 = \frac{\alpha E(B^2)+\lambda E(R^2)}{2(1-\rho_1)(1-\rho_1-\rho_2)} \tag{403}$$

Die durchschnittliche Zahl der wartenden Kunden ist dann:

$$\bar{n}_s = \frac{\rho_2^2\{1+C^2(B)\}+\nu\rho_1\rho_2\{1+C^2(R)\}}{2(1-\rho_1)(1-\rho_1-\rho_2)} \tag{404}$$

Da die Bedienung nicht durch das Auftreten von weiteren Störungen unterbrochen werden kann, ist die mittlere Aufenthaltsdauer der Kunden gleich

$$\bar{T} = E(B) + W_2 = \frac{1}{\beta} + \frac{\alpha E(B^2)+\lambda E(R^2)}{2(1-\rho_1)(1-\rho_1-\rho_2)} \tag{405}$$

Die mittlere Schlangenlänge ist schließlich

$$\bar{n} = \rho_2 + \frac{\rho_2^2\{1+C^2(B)\}+\nu\rho_1\rho_2\{1+C^2(R)\}}{2(1-\rho_1)(1-\rho_1-\rho_2)} \tag{406}$$

b) Nicht-kumulative Störungen

Zur Behandlung von nicht-kumulativen verzögerten Störungen ist es erforderlich, die von Gaver [51] entwickelte, auf der Aufspaltung des Prozesses in einen Prozeß während der Betriebsperiode und einen Prozeß während der Leerzeiten beruhende Methode anzuwenden. Hierzu ist es zunächst erforderlich, den oben für einfache Wartesysteme erklärten Begriff der Betriebsperiode auf den Fall von Wartesystemen mit Betriebsstörungen auszuweiten. Die Betriebsperiode ist in diesem Fall definiert als ein Intervall, in dem jederzeit zumindest ein Kunde noch nicht bedient ist oder eine Störung noch nicht beseitigt ist und das von Intervallen eingeschlossen ist, in denen das System ungestört ist und kein Kunde auf Bedienung wartet.

Bei der Untersuchung von Wartesystemen mit verzögerten nicht-kumulativen Störungen beschränken wir uns auf die bei der Behandlung der Markoff-Systeme nur kurz angedeuteten Fälle der Unterbrechung des Störprozesses beim Beginn der Reparatur; auf den Fall der Unterbrechung des Störprozesses im Zeitpunkt des Auftretens der Störungen (streng nicht-kumulative Störungen), der für die Markoff-Systeme intensiv untersucht wurde, kann hier nicht näher eingegangen werden.

Bei der Untersuchung von Wartesystemen mit Betriebsstörungen mit der Methode von Gaver tritt an die Stelle der reinen Bedienungszeit die Vollendungszeit (Completion Time), die als die Zeit, die vom Beginn einer Bedienung bis zu dem Zeitpunkt vergeht, in dem die nächste Bedienung beginnen könnte, wenn ein Kunde im System ist [52]; sie enthält also neben der reinen Bedienungszeit bei unterbrechenden Störungen auch die während der Bedienung auftretenden Ausfallzeiten und bei verzöge ten Störungen die während der Bedienung des Kunden verursachten Ausfallzeiten. Im Fall interner Störungen ist sie identisch mit der oben definierten effektiven Durchlaufzeit, in allen anderen Fällen unterscheidet sie sich von dieser durch die Behandlung der Ausfallzeiten, während denen der Bedienungskanal leer steht: Während die effektive Durchlaufzeit nur die Ausfallzeiten berücksichtigt, die während einer Bedienung auftreten, umfaßt die Vollendungszeit auch die Ausfallzeiten, die auftreten, wenn kein Kunde bedient wird.

Die Vollendungszeit einer Bedienung ist also gegeben durch [53]

$$V = B + \sum_{i=o}^{M_v} R_i \tag{407}$$

wobei R_i die Dauer der i-ten Reparatur und M_v die Zahl der Störungen während der Vollendungszeit einer Bedienung ist.

Für die bedingte Laplace-Transformierte der Vollendungszeit gilt wegen der Unabhängigkeit der einzelnen Reparaturen voneinander:

$$E\{e^{-sV} | B, M_v\} = e^{-sB} \{\Phi_R^*(s)\}^{M_v} \tag{408}$$

Die Zahl der Reparaturen während der Bedienung eines Kunden ist wegen der Exponentialverteilung der Dauer der Arbeitsintervalle eine Poisson-verteilte Zufallsgröße

$$\text{Prob}\{M_v = m | B\} = e^{-\lambda B} \frac{(\lambda B)^m}{m!} \tag{409}$$

Aus (408) und (409) folgt dann:

$$E\{e^{-sV} | B\} = e^{-sB} \sum_{m=o}^{\infty} e^{-\lambda B} \frac{(\lambda B)^m}{m!} \{\Phi_R^*(s)\}^m$$

$$= \exp\{-sB - \lambda B [1 - \Phi_R^*(s)]\} \tag{410}$$

Als unbedingte Laplace-Transformierte der Verteilung der Vollendungszeiten erhält man daraus

$$E\{e^{-sV}\} = \Phi_V^*(s) = \int_o^{\infty} \exp\{-sx - \lambda x [1 - \Phi_R^*(s)]\, \psi_B(x)\} dx$$

$$= \Phi_B^*\{s + \lambda - \lambda \Phi_R^*(s)\} \tag{411}$$

Durch Differentiation von (411) an der Stelle s=0 erhält man für die mittlere Vollendungszeit

$$E(V) = E(B)\{1 + \lambda E(R)\} \tag{412}$$

$$\text{Var}(V) = \text{Var}(B)\{1 + \lambda E(R)\}^2 + \lambda E(B) E(R^2) \tag{413}$$

Für die Herleitung der Betriebsperiode sei folgende Verkehrsdichte des Gesamtsystems definiert:

$$\rho = \alpha E(B)\{1+\lambda E(R)\} = \rho_2(1+\rho_1) \tag{414}$$

Während bei der Verteilung der Vollendungszeit keine Unterschiede zwischen externen und internen Störungen auftreten, unterscheidet sich die Dauer der Betriebsperiode in beiden Fällen voneinander.

Im Fall interner Störungen hat die Laplace-Transformierte der Betriebsperiode die Form [54]

$$E(e^{-s\tau}) = x_1(s,1) \tag{415}$$

wobei $x_1(s,z)$ die Wurzel $0 < x_1(s,z) < 1$ der Gleichung

$$x = z\Phi_V^*\{s+\alpha(1-x)\} \tag{416}$$

ist. Die durchschnittliche Dauer einer Betriebsperiode erhält man durch Differentiation von (415) und (416) an der Stelle s=0:

$$E(\tau) = \frac{1}{\alpha}\,\frac{\rho}{1-\rho} = \frac{E(B)\{1+\lambda E(R)\}}{1-\alpha E(B)\{1+\lambda E(R)\}} \tag{417}$$

Die Zustandswahrscheinlichkeiten $P_{in}^{(j)}(t)$ während der Betriebsperiode lassen sich analog dem Vorgehen im Fall des Wartesystems (M/G/1) ohne Betriebsstörungen herleiten [55]. Als Laplace-Transformierte ihrer erzeugenden Funktion

$$k_i(z,x,s) = \sum_{j=o}^{\infty}\sum_{n=1}^{\infty} z^j x^n \int_o^{\infty} e^{-st} p_{in}^{(j)}(t)\,dt \tag{418}$$

erhält man für den Fall interner verzögerter Störungen

$$k_i(z,x,s) = \frac{1+\{1+\frac{1}{x}\}\Phi_B^*\{s+\alpha(1-x)\} - \frac{1}{x}\Phi_V^*\{s+\alpha(1-x)\}}{s+\alpha(1-x)} \cdot \frac{x^i - x_1^i(s,z)}{1-\frac{z}{x}\Phi_V^*\{s+\alpha(1-x)\}} \tag{419}$$

Für die erzeugende Funktion der Verteilung der Zahl der noch nicht bedienten Kunden im stationären allgemeinen Prozeß erhält man schließlich [56]

$$\pi_{int}(x) = \frac{(1-\rho)(1-x)\Phi_B^*\{\alpha(1-x)\}}{\Phi_V^*\{\alpha(1-x)\}-x} \tag{420}$$

und als mittlere Schlangenlänge erhält man [57]

$$\bar{n}_{int} = \rho_2 + \frac{\rho_2^2(1+\rho_1)^2\{1+C^2(B)\}+\nu\rho_1\rho_2^2\{1+C^2(R)\}}{2\{1-\rho_2(1+\rho_1)\}} \tag{421}$$

Im Fall externer Störungen beginnt eine Betriebsperiode mit der Wahrscheinlichkeit

$$PR = \int_0^\infty \alpha e^{-(\alpha+\lambda)t} dt = \frac{\alpha}{\alpha+\lambda} \tag{422}$$

mit der Ankunft eines Kunden und mit der Wahrscheinlichkeit

$$(1-PR) = \frac{\lambda}{\lambda+\alpha} \tag{423}$$

mit einer Störung. Wenn die Betriebsperiode mit einer Störung beginnt, ist die Dauer der Betriebsperiode

$$\tau = \tau' + R \tag{424}$$

wobei R die Zeit ist, die zur Beseitigung dieser Störung benötigt wird und τ' die Zeit, die erforderlich ist, um das System erneut zu leeren.

Für die Laplace-Transformierte der Verteilung der so definierten Betriebsperiode erhält man [58]

$$E\{e^{-s(R+\tau')} | V\} = e^{-sR} \exp\{-\alpha R+\alpha R x_1(s,1)\} \tag{425}$$

und

$$E\{e^{-s(R+\tau')}\} = \Phi_R^*\{s+\alpha[1-x_1(s,1)]\} \tag{426}$$

Gewichtet man (415) und (426) mit PR bzw. (1-PR), dann erhält man als Laplace-Transformierte der Verteilung der Betriebsperiode

$$E\{e^{-s\tau}\} = \frac{\alpha}{\alpha+\lambda} x_1(s,1) + \frac{\lambda}{\alpha+\lambda} \Phi_R^*\{s+\alpha[1-x_1(s,1)]\} \tag{427}$$

Die durchschnittliche Dauer der Betriebsperiode ist in diesem Fall:

$$E(\tau) = \frac{\rho+\lambda E(R)}{(\alpha+\lambda)(1-\rho)} \tag{428}$$

Aus (428) und (419) erhält man als erzeugende Funktion der Verteilung der Zahl der noch nicht bedienten Kunden im stationären allgemeinen Prozeß [59]:

$$\pi_{ext}(x) = \frac{\pi_{int}(x)}{1-\lambda E(R)} \left\{1 + \frac{\lambda}{\alpha} \frac{1-\Phi_R^*\{\alpha(1-x)\}}{1-x}\right\} \tag{429}$$

Die mittlere Zahl der noch nicht bedienten Kunden ist dann

$$\bar{n}_{ext} = \rho_2 + \frac{\rho_2^2(1+\rho_1)^2\{1+C^2(B)\} + \dfrac{\nu\rho_1\rho_2\{1+C^2(R)\}}{1+\rho_1}}{2\{1-\rho_2(1+\rho_1)\}}$$

4) Interpretation der Ergebnisse

In der Tabelle 5 sind die Formeln für die mittlere Schlangenlänge für die bisher untersuchten Modelltypen zusammengestellt. Vergleicht man die Ergebnisse für die Wartesysteme mit allgemeinen Verteilungen der Bedienungs- und Reparaturzeiten mit den entsprechenden Formeln für Markoff-Wartesysteme mit Betriebsstörungen, dann zeigt sich:

1. Die mittlere Schlangenlänge hängt bei allgemeinen Verteilungen der Bedienungs- und Reparaturzeiten von den Parametern ρ_1, ρ_2 und ν, die auch die Schlangenlänge im Fall der Markoff-Systeme determinieren, ab. Im Fall allgemeiner Verteilung hängt die mittlere Schlangenlänge außerdem nur noch von der Streuung der Bedienungs- und Reparaturzeiten ab: sind die Ankunfts- und Arbeitsintervalle annähernd exponentialverteilt, dann ist die Kenntnis der Verteilung der Bedienungs- und Reparaturzeiten nicht erforderlich, um die wichtigsten Kennzahlen für die Effizienz des Systems zu bestimmen, hierfür reicht vielmehr die Kenntnis der ersten beiden Momente dieser Verteilungen aus.

2. Die mittlere Schlangenlänge in den Fällen verzögerter Störungen unterscheidet sich lediglich durch das Glied ρ_2 anstelle von $\rho_2(1+\rho_1)$ von der mittleren Schlangenlänge in den Fällen unterbrechender Störungen. Durch die Verzögerung der Unterbrechung des Bedienungsprozesses bis zum Abschluß der laufenden Bedienung wird eine Verkürzung der mittleren Schlangenlänge um den Betrag $\rho_1\rho_2/(1-\rho_1)$ im Fall kumulativer und um den Betrag $\rho_1\rho_2$ in den Fällen nicht-kumulativer Störungen erreicht.

3. Die Fälle externer und interner Störungen unterscheiden sich jeweils allein durch das Glied in ν, das den Niveau-Unterschied zwischen Bedienungs- und Reparaturprozeß zum Ausdruck bringt; in den Fällen externer Störungen hat dieses Glied die Form $\nu\rho_1\rho_2[1+C^2(R)]/(1+\rho_2)$, in den Fällen interner Störungen hat es die Form $\nu\rho_1\rho_2[1+C^2(R)]$. Die mittlere Schlangenlänge im Fall interner Störungen ist immer niedriger als im Fall externer Störungen, weil im letzteren Fall bei sonst gleichen Parametern häufiger Störungen auftreten können.

4. Die Formeln für die mittlere Schlangenlänge in den Fällen allgemeiner Verteilungen der Bedienungs- und Reparaturzeiten gehen für $C(B)=1$ und $C(R)=1$ in die entsprechenden Formeln für die mittlere Schlangenlänge in Markoff-Systemen über.

Die mittlere Schlangenlänge in den Fällen allgemeiner Verteilungen der Bedienungs- und Reparaturzeit unterscheidet sich nur durch die Streuung dieser Größen von der Schlangenlänge bei den entsprechenden Markoff-Modellen. Die Abhängigkeit der Schlangenlänge und der relativen Effizienz von diesen Größen ist in den Abb. 44 und 45 für die Fälle unterbrechender Stö-

Tabelle 5

Formeln für die mittlere Schlangenlänge in Wartesystemen mit Betriebsstörungen

Störungstyp	Markoff-Modelle	Allgemeine Verteilungen der Bedienungs- und Reparaturzeiten
1) kumulative Störungen a) unterbrechend	$\frac{\rho_2\{1+\frac{\nu\rho_1}{1-\rho_1}\}}{1-\rho_1-\rho_2}$	$\frac{1}{1-\rho_1}\ \rho_2+\frac{\rho_2^2\{1+C^2(B)\}+\nu\rho_1\rho_2\{1+C^2(R)\}}{2(1-\rho_1-\rho_2)}$
b) verzögert	$\frac{\rho_2\{1-\rho_2(2-\rho_1-\rho_2)+\nu\rho_1\}}{(1-\rho_1-\rho_2)(1-\rho_1)}$	$\rho_2+\frac{\rho_2^2\{1+C^2(B)\}+\nu\rho_1\rho_2\{1+C^2(R)\}}{2(1-\rho_1)(1-\rho_1-\rho_2)}$
2) externe Störungen a) unterbrechend	$\frac{\rho_2\{1+\rho_1+\frac{\nu\rho_1}{1+\rho_1}\}}{1-\rho_2(1+\rho_1)}$	$\rho_2(1+\rho_1)+\frac{\rho_2^2(1+\rho_1)^2\{1+C^2(B)\}+\frac{\nu\rho_1\rho_2\{1+C^2(R)\}}{1+\rho_1}}{2\{1-\rho_2(1+\rho_1)\}}$
b) verzögert	$\frac{\rho_2\{1+\rho_1\rho_2(1+\rho_1)+\frac{\nu\rho_1}{1+\rho_1}\}}{1-\rho_2(1+\rho_1)}$	$\rho_2+\frac{\rho_2^2(1+\rho_1)^2\{1+C^2(B)\}+\frac{\nu\rho_1\rho_2\{1+C^2(R)\}}{1+\rho_1}}{2\{1-\rho_2(1+\rho_1)\}}$
3) interne Störungen a) unterbrechend	$\frac{\rho_2\{1+\rho_1+\nu\rho_1\rho_2\}}{1-\rho_2(1+\rho_1)}$	$\rho_2(1+\rho_1)+\frac{\rho_2^2(1+\rho_1)^2\{1+C^2(B)\}+\nu\rho_1\rho_2^2\{1+C^2(R)\}}{2\{1-\rho_2(1+\rho_1)\}}$
b) verzögert	$\frac{\rho_2\{1+\rho_1\rho_2(1+\rho_1)+\nu\rho_1\rho_2\}}{1-\rho_2(1+\rho_1)}$	$\rho_2+\frac{\rho_2^2(1+\rho_1)^2\{1+C^2(B)\}+\nu\rho_1\rho_2\{1+C^2(R)\}}{2\{1+\rho_2(1+\rho_1)\}}$

rungen (Kurve A kumulative, Kurve B externe, Kurve C interne unterbrechende Störungen) dargestellt; auf die Darstellung der entsprechenden Funktionen für verzögerte Störungen kann verzichtet werden, da sie sich lediglich durch ein konstantes Glied von den Funktionen in den Fällen unterbrechender Störungen unterscheiden.

In der Tabelle 6 ist die mittlere Schlangenlänge bei der Normalkombination der Parameter

$\rho_1 = 0{,}2 \qquad \nu = 10$

$\rho_2 = 0{,}6 \qquad C(R) = 1$

die auch der Abb. 44 zugrundeliegt, für verschiedene Werte von C(B) angegeben.

Tabelle 6
Mittlere Schlangenlänge bei Normalkombination der Parameter in den Fällen unterbrechender Störungen

C(B)	0,0	0,5	1,0	1,5
kumulative Störungen	6,7500	7,6875	10,5000	15,1875
externe Störungen	4,3571	4,8036	6,1429	8,3750
interne Störungen	3,8571	4,1786	5,1429	6,7500

Aus der Tabelle 6 und der Abb. 44 ist ersichtlich, daß die mittlere Schlangenlänge in Wartesystemen mit Betriebsstörungen durch die Streuung der Bedienungszeit relativ wenig beeinflußt wird; in dem Intervall $0 \leq C(B) \leq 1$, in dem der Variationskoeffizient der Bedienungszeit in der Regel liegen wird, steigt die mittlere Schlangenlänge im Fall interner unterbrechender Störungen nur um 22 %, im Fall kumulativer Störungen sogar nur um 12 %, während die mittlere Schlangenlänge in einem Wartesystem (M/G/1) unabhängig von der Parameterkombination in diesem Intervall um 100 % steigt. Die relative Effizienz steigt daher mit einer Erhöhung der Streuung der Bedienungszeit sogar an, weil der Vergleichsmaßstab $\bar{n}_{ungestört}$ schneller als $\bar{n}$ steigt. Dieses Ergebnis ist darauf zurückzuführen, daß die Streuung der effektiven Durchlaufzeit, die der Streuung der Bedienungszeit im Wartesystem (M/G/1) entspricht, sich gemäß (391) aus der Streuung der Bedienungszeit und der - konstant gehaltenen - Streuung der Reparaturzeit zusammensetzt.

In der Tabelle 7 ist die mittlere Schlangenlänge für die Normalkombination der Parameter

$\rho_1 = 0{,}2 \qquad \nu = 10$

$\rho_2 = 0{,}6 \qquad C(B) = 1$

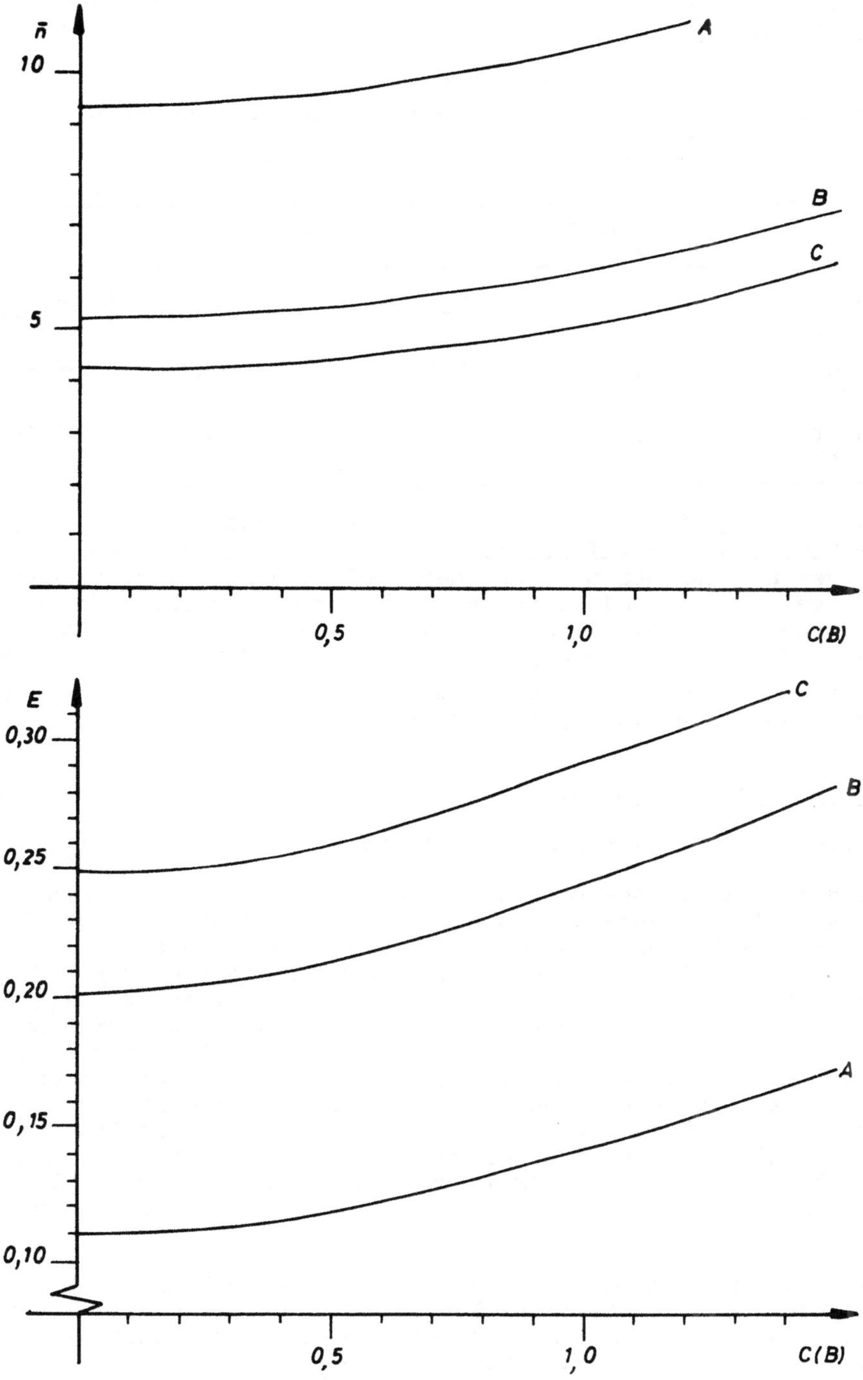

Abbildung 44: Mittlere Schlangenlänge und relative Effizienz in Abhängigkeit von der Streuung der Bedienungszeit

die auch der Abb. 45 zugrundeliegt, für einige Werte von C(R) angegeben.

Tabelle 7

Mittlere Schlangenlänge bei Normalkombination der Parameter in den Fällen unterbrechender Störungen

C(R)	0,0	0,5	1,0	1,5
kumulative Störungen	6,7500	7,6875	10,5000	15,1875
externe Störungen	4,3571	4,8036	6,1429	8,3750
interne Störungen	3,8671	4,1786	5,1429	6,7500

Tabelle 7 und Abb. 45 zeigen, daß der Einfluß der Streuung der Reparaturzeit auf die mittlere Schlangenlänge etwas größer als der Einfluß der Streuung der Bedienungszeit ist: in dem Intervall $0 < C(R) < 1$ steigt die Schlangenlänge bei internen Störungen um 33 %, bei kumulativen Störungen sogar um 55 %. Da der Vergleichsmaßstab $\bar{n}_{ungestört}$ von der Streuung der Reparaturzeit unabhängig ist, sinkt die relative Effizienz mit steigender Streuung der Reparaturzeit.

III. Simulationsmodelle

1) Die Notwendigkeit eines Simulationsmodells

Bei der analytischen Behandlung von Wartesystemen mit einem störanfälligen Bedienungskanal hat sich gezeigt, daß zwar hinreichend wirklichkeitsnahe Annahmen über den Bedienungsprozeß und den Reparaturprozeß gemacht werden können - es muß lediglich vorausgesetzt werden, daß die Dauer aufeinander folgender Bedienungen bzw. Reparaturen voneinander unabhängig sind und daß eine Wahrscheinlichkeitsverteilung mit endlichem zweiten Moment für diese Zeiten existiert -, daß aber recht einschränkende Voraussetzungen über den Ankunfts- und Störprozeß gemacht werden müssen, um eine analytische Lösung des Problems zu ermöglichen; die Annahme, daß die Abstände zwischen zwei Ankünften bzw. zwischen zwei Störungen exponentialverteilt sein müssen, kann nur in wenigen Ausnahmefällen überwunden werden.

Diese Annahme, daß die Störungen in völlig zufälligen Abständen auftreten, dürfte in vielen Fällen angemessen sein, insbesondere dann, wenn der Ausfall eines Bedienungskanals nicht auf Verschleiß zurückzuführen ist, sondern durch externe Ursachen oder plötzlich auftretende Überlastungen hervorgerufen werden. In diesen Fällen ist die durch die Annahme des Poisson-Prozesses implizierte Unabhängigkeit der Ausfallrate von der Arbeitsdauer des Kanals angebracht.

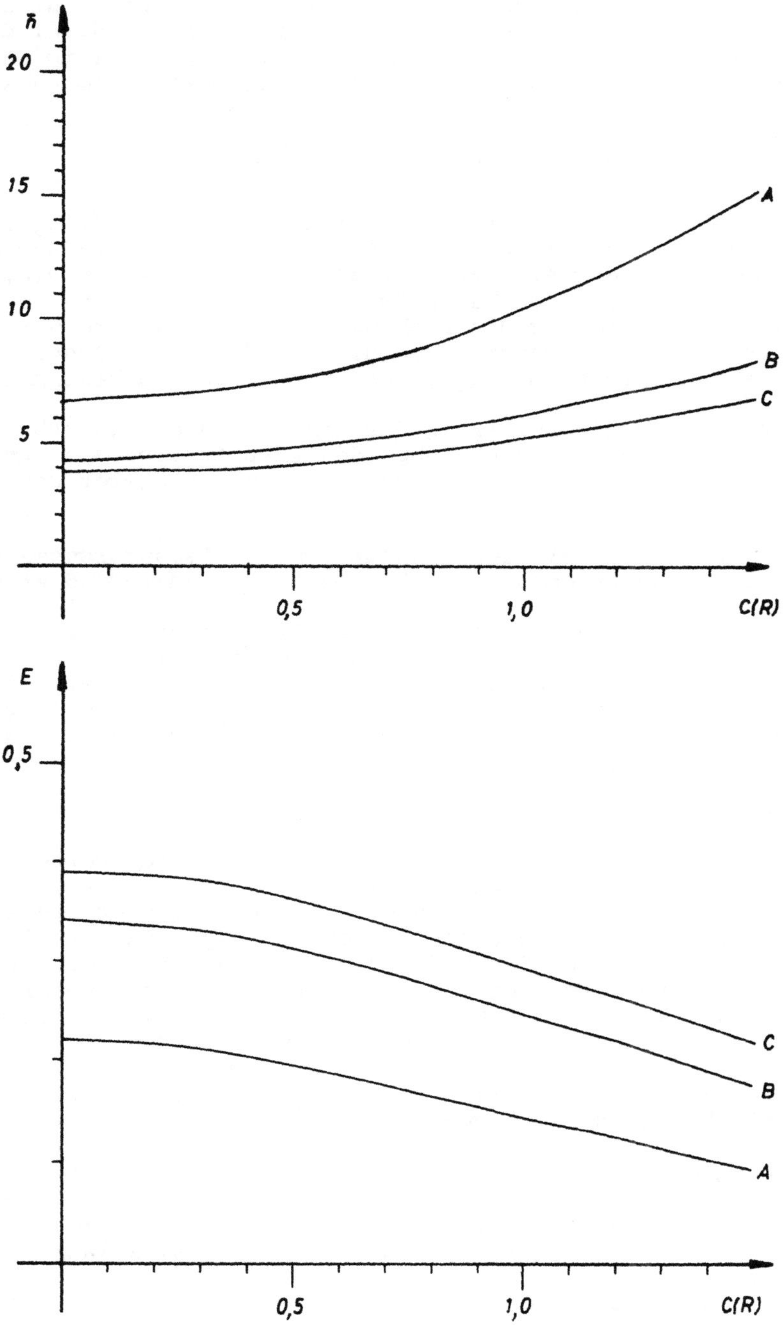

Abbildung 45: Mittlere Schlangenlänge und relative Effizienz in Abhängigkeit von der Streuung der Reparaturzeit

Sind die Störungen jedoch auf einen betriebsbedingten Verschleiß des Bedienungskanals zurückzuführen, dann ist davon auszugehen, daß sich die momentane Ausfallrate, d. h. die Wahrscheinlichkeit dafür, daß der Bedienungskanal im Intervall (t,t+dt) ausfällt, wenn er bis zum Zeitpunkt t störungsfrei gearbeitet hat

$$s(t) = \lim_{\Delta \to o} \frac{\text{Prob}\{t<S\leq t+\Delta \mid S\leq t\}}{\Delta} = \frac{\psi_S(t)}{1-\Phi_S(t)} \tag{431}$$

in Abhängigkeit von der Zeit seit der letzten Störung verändert. In diesen Fällen ist es erforderlich, andere Verteilungen der Dauer der Arbeitsintervalle zu berücksichtigen. Da die Annahmen über die Verteilung der Ausfallzeit bei einer analytischen Behandlung des Problems nicht verallgemeinert werden können, ist es notwendig, den Einfluß des Verteilungsmodells für den Störprozeß mit Hilfe der Simulation zu bestimmen.

Neben der Verallgemeinerung der Annahmen über den Störprozeß wären weiter die Annahmen über den Ankunftsprozeß zu untersuchen. Dieses Problem scheint jedoch von geringerer Bedeutung, weil

1. bei Modellen, die den Einfluß von Betriebsstörungen untersuchen, naturgemäß der Störprozeß im Vordergrund steht

2. bei exponentialverteilten Ausfallzeiten die Wartesysteme mit Betriebsstörungen durch Einführung der effektiven Durchlaufzeit auf entsprechende Wartesysteme ohne Betriebsstörungen zurückgeführt werden können und für solche Wartesysteme Ansätze zur Behandlung recht allgemeiner Fälle existieren [60].

2) Das Grundmodell

Im folgenden soll nun ein Simulationsmodell für Wartesysteme mit Betriebsstörungen entwickelt werden, das - unter Umständen mit einigen Modifikationen - zur Untersuchung dieser Probleme benutzt werden kann. Wie im analytischen Teil gezeigt wurde, sind je nach den Bedingungen für das Auftreten von Betriebsstörungen verschiedene Modelltypen zu unterscheiden; hier soll zunächst als Grundmodell ein Wartesystem mit externen unterbrechenden Störungen untersucht werden.

a) Ein Simulationsmodell für Wartesysteme mit externen unterbrechenden Störungen

Ein solches Simulationsmodell enthält folgende Variable

M - Zustand des Bedienungskanals: M=O falls Kanal arbeitet
M=1 falls Kanal gestört

N - Zahl der Kunden im System

T - Systemuhr

T1A - Prozeßuhr für den Ankunftsprozeß: Zeitpunkt der nächsten Ankunft

T1B - Prozeßuhr für den Bedienungsprozeß: Zeitpunkt der nächsten Bedienung

T1S - Prozeßuhr für den Störprozeß: Zeitpunkt der nächsten Störung

T1R - Prozeßuhr für den Reparaturprozeß: Zeitpunkt der nächsten Reparatur

Der Ablauf des Simulationsprozesses ist in der Abb. 46 als Flußdiagramm dargestellt. Zu Beginn jedes Simulationslaufes werden die Anfangsbedingungen M=O, N=O und T=O gesetzt. Dann werden die Zeitpunkte T1A und T1S der ersten Ankunft und der ersten Störung bestimmt, indem die Zufallsgrößen TA und TS generiert werden und die Prozeßuhren des Ankunfts- und des Bedienungsprozesses auf diese Werte gestellt werden. Im Anschluß daran kann mit dem ersten Simulationsschritt begonnen werden.

Jeder Simulationsschritt setzt sich aus drei Phasen zusammen:

1. Prüfung, welches Ereignis als nächstes eintritt
2. Protokollierung der durch ein Ereignis verursachten Änderungen der Variablen
3. Prüfung, ob der Simulationslauf fortgesetzt werden soll oder ob er beendet werden kann.

In der ersten Phase jedes Simulationsschrittes wird festgestellt, welche Ereignisse den augenblicklichen Zustand des Systems verändern können: Ist M=1, dann kann als nächstes nur eine Ankunft oder eine Reparatur eintreten; ist M=O und N=O, dann kann als nächstes nur eine Ankunft oder eine Störung auftreten; ist schließlich M=O und N > O, dann kann als nächstes sowohl eine Ankunft als auch eine Störung oder eine Bedienung eintreten. Anschließend ist unter den Prozeßuhren der möglichen Prozesse diejenige mit dem niedrigsten Wert zu suchen.

In der zweiten Phase jedes Simulationsschrittes werden dann die durch den Prozeß, dessen Prozeßuhr den niedrigsten Wert anzeigt, hervorgerufenen Veränderungen der Variablen protokolliert:

1. Bei einer Ankunft wird die Zahl der Kunden N um eins erhöht, die Systemuhr T wird auf den Zeitpunkt T1A der Ankunft gestellt; dann wird die Zeit bis zur nächsten Ankunft TA generiert und schließlich wird die Prozeßuhr des Ankunftsprozesses auf T1A=T+A gestellt.

   Ist das System im Zeitpunkt der Ankunft leer, dann kann die Bedienung des ankommenden Kunden sofort begonnen werden; hierzu muß die Bedienungsdauer TB generiert werden und zu der augenblicklichen Systemzeit T addiert werden, um den Zeitpunkt T1B zu bestimmen, in dem die Bedienung abgeschlossen werden kann.

   Ist das System jedoch im Zeitpunkt T gestört, dann muß T1B noch um die restliche Reparaturzeit erhöht werden, weil die Bedienung erst nach Abschluß der Reparatur begonnen werden kann.

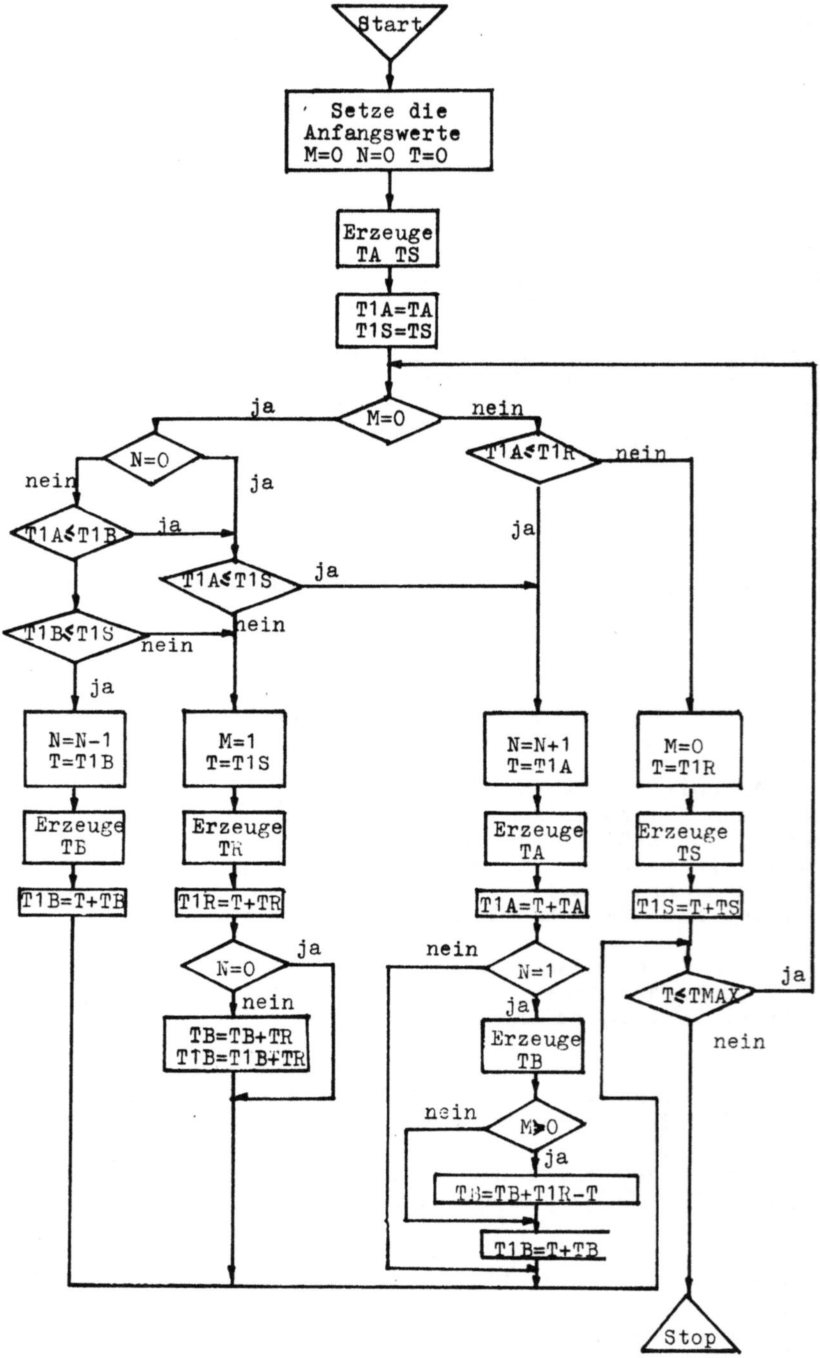

Abbildung 46: Flußdiagramm für die Simulation eines Wartesystems mit externen unterbrechenden Störungen

2. Wird eine Bedienung abgeschlossen, dann ist die Zahl der Kunden N um eins zu verringern; die Systemuhr T wird auf den Zeitpunkt T1B gesetzt. Anschließend wird die Dauer TB und der voraussichtliche Zeitpunkt des Abschlusses der nächsten Bedienung T1B bestimmt.

3. Tritt eine Störung auf, dann wird M=1 gesetzt und die Systemuhr wird auf T=T1S gestellt. Dann wird die Dauer TR und der Zeitpunkt des Abschlusses dieser Reparatur bestimmt.

   Ist N > O, wird also durch die Störung die Bedienung eines Kunden unterbrochen, dann muß der Zeitpunkt des Abschlusses dieser Bedienung T1B um die Dauer der Unterbrechung TR erhöht werden.

4. Wird schließlich eine Reparatur abgeschlossen, dann wird M=O und T=T1R gesetzt. Dann wird die Dauer des nächsten Arbeitsintervalls TS und der Zeitpunkt der nächsten Störung T1S=T+TS bestimmt.

Nach jedem Simulationsschritt werden für die Auswertung die Werte der Variablen M und N sowie der Abstand der einzelnen Ereignisse registriert.

Im letzten Teil eines Simulationsschrittes ist nun zu prüfen, ob der Simulationslauf mit dem nächsten Simulationsschritt fortgesetzt werden soll oder ob er abgebrochen werden kann. Hierfür bieten sich zwei Prüfgrößen an:

1. Ist eine Maximalzahl KMAX der Simulationsschritte erreicht? Der Simulationslauf wird also nach einer vorgegebenen Zahl von Ereignissen abgebrochen.

2. Hat die Systemuhr einen Maximalwert TMAX erreicht? Der Simulationslauf wird also nach der Simulation von TMAX Zeiteinheiten abgebrochen.

In dem hier beschriebenen Grundmodell wird die zweite Prüfgröße benutzt werden.

Einen Ausschnitt aus einer Realisation eines so erzeugten Prozesses gibt die Abb. 47 unter der Voraussetzung eines Markoff-Wartesystems mit $\alpha = 6$, $\beta = 10$, $\lambda = 0{,}2$ und $\mu = 1$ wieder. Im unteren Teil der Abbildung ist die Zahl der Kunden im System in Abhängigkeit von der Zeit dargestellt; im oberen Teil sind die Intervalle, in denen der Bedienungskanal wegen Betriebsstörungen nicht arbeiten kann, durch Blöcke gekennzeichnet. Die gestrichelte Linie gibt den theoretischen Wert für die mittlere Schlangenlänge an.

Wie aus dieser Graphik ersichtlich ist, schwankt die mittlere Schlangenlänge zeitweilig erheblich um ihren Mittelwert; einzelne lange Bedienungszeiten und die Unterbrechung der Bedienung durch Störungen führen dazu, daß sich eine lange Warteschlange aufbaut, die erst nach längerer Zeit wieder abgebaut werden kann.

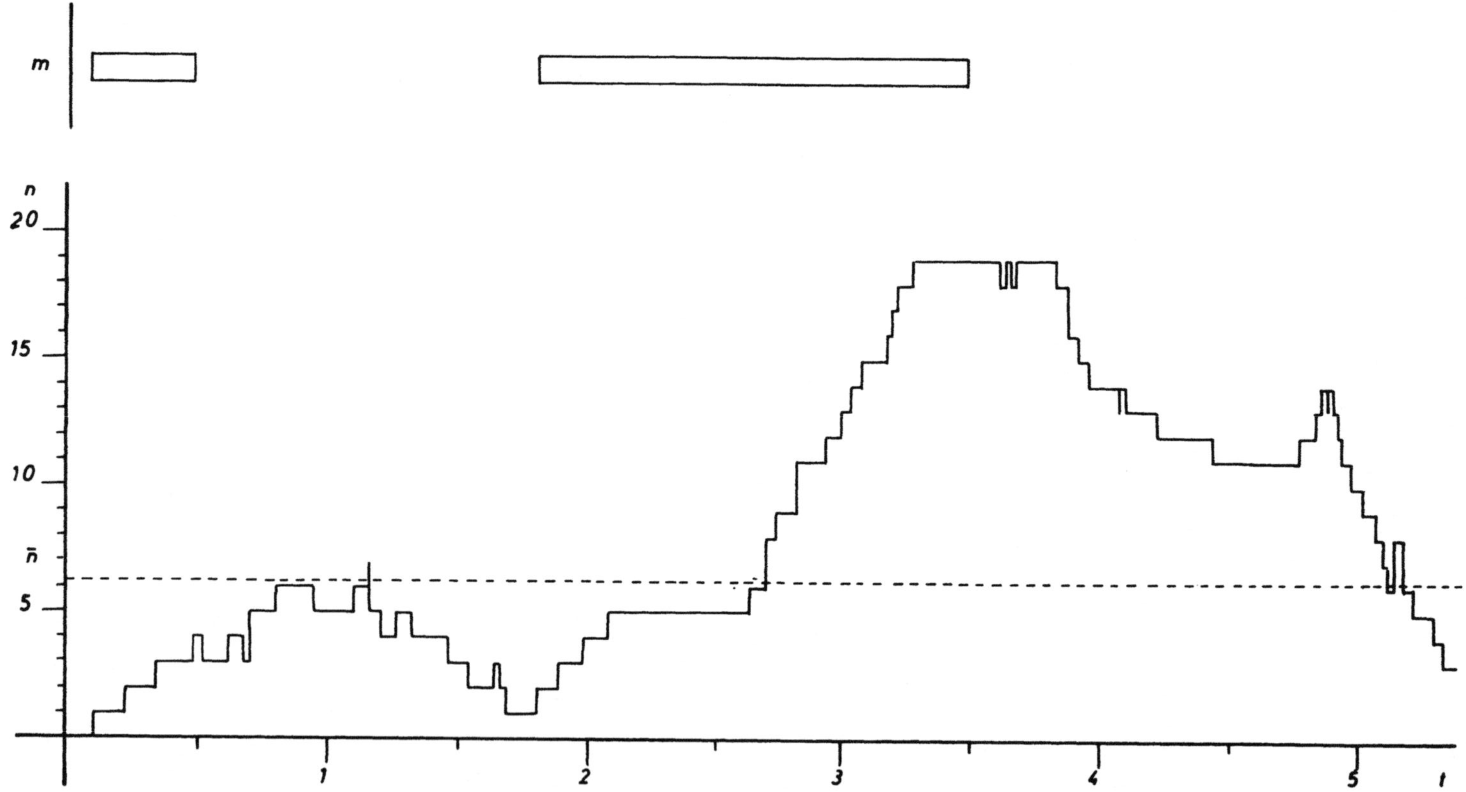

Abbildung 47: Realisation des Warteschlangenprozesses in einem Wartesystem mit externen Betriebsstörungen

Zur Überprüfung dieses Modells wurden einige Simulationsexperimente mit exponentialverteilten Ankunfts-, Bedienungs-, Störungs- und Reparaturzeiten für verschiedene Verkehrsdichten und der Störungsdichte $\rho_1 = 0{,}2$ durchgeführt.

In jedem Experiment wurden 500 Simulationsläufe durchgeführt, in jedem Lauf wurden 100 Zeiteinheiten simuliert; um die Anfangsbedingungen auszuschalten, wurden für die Berechnung der Mittelwerte nur die letzten 75 Zeiteinheiten benutzt. Die Dauer eines Simulationsexperimentes liegt bei etwa 10 Minuten auf einer IBM 7090. Sie liegt bei höheren Verkehrsdichten höher als bei niedrigen, da in diesen Fällen eine größere Zahl von Ereignissen zu simulieren ist.

Die Ergebnisse sind in der Abb. 48 zusammengefaßt. Im oberen Teil der Abbildung sind die Schätzwerte für die mittlere Schlangenlänge in Abhängigkeit von der Verkehrsdichte wiedergegeben; der untere Teil der Abbildung zeigt die prozentualen Abweichungen dieser Schätzwerte und der Konfidenzintervalle bei 99,73 % Sicherheit von dem theoretischen Wert. Wie aus dieser Abbildung zu ersehen ist, liegt der theoretische Wert immer innerhalb des Konfidenzintervalls. Die maximale Abweichung des Schätzwertes vom theoretischen Wert liegt bei etwa 6 %, der maximale Abstand der Konfidenzgrenzen vom theoretischen Wert liegt bei etwa 11 %. Ähnliche Ergebnisse erhält man bei Variation der Störungsdichte ρ_1.

b) Simulation von Wartesystemen mit empirischen Verteilungen

Sowohl in dem theoretischen Teil wie bei den Überlegungen zu den Simulationsmodellen wurde bisher davon ausgegangen, daß die das Wartesystem kennzeichnenden Prozesse kontinuierliche Prozesse mit bekannten Verteilungen sind, das heißt, daß die Verteilungen der Abstände zwischen den einzelnen Ereignissen bekannt sind. In der Regel wird es jedoch nicht möglich sein, solche Verteilungsmodelle für eine gegebene Situation durch theoretische Überlegungen herzuleiten. Aus Beobachtungen des Prozesses in der Vergangenheit können vielmehr lediglich Häufigkeitsverteilungen der Abstände zwischen den einzelnen Ereignissen ermittelt werden. Bei der Auswertung dieser Daten für Simulationsmodelle stehen nun zwei Wege offen:

1. Man unterstellt bestimmte theoretische Verteilungsmodelle und prüft, ob diese Verteilungsmodelle mit den empirischen Häufigkeitsverteilungen in Einklang gebracht werden können.

2. Man führt die Simulation direkt aus diesen empirischen Häufigkeitsverteilungen durch.

Die erste Methode scheint zunächst wesentlich eleganter zu sein, da sie allgemeinere Aussagen über die Einzelprozesse und unter Umständen eine analytische Untersuchung des Wartesystems oder zumindest bestimmter Teilaspekte zuläßt. Ist jedoch eine Simulation notwendig, dann ist diese Methode mit folgenden Nachteilen verbunden:

1. Neben den sich aus der Natur der Simulationsmethode ergebenden zufälligen Abweichungen der Schätzwerte von den

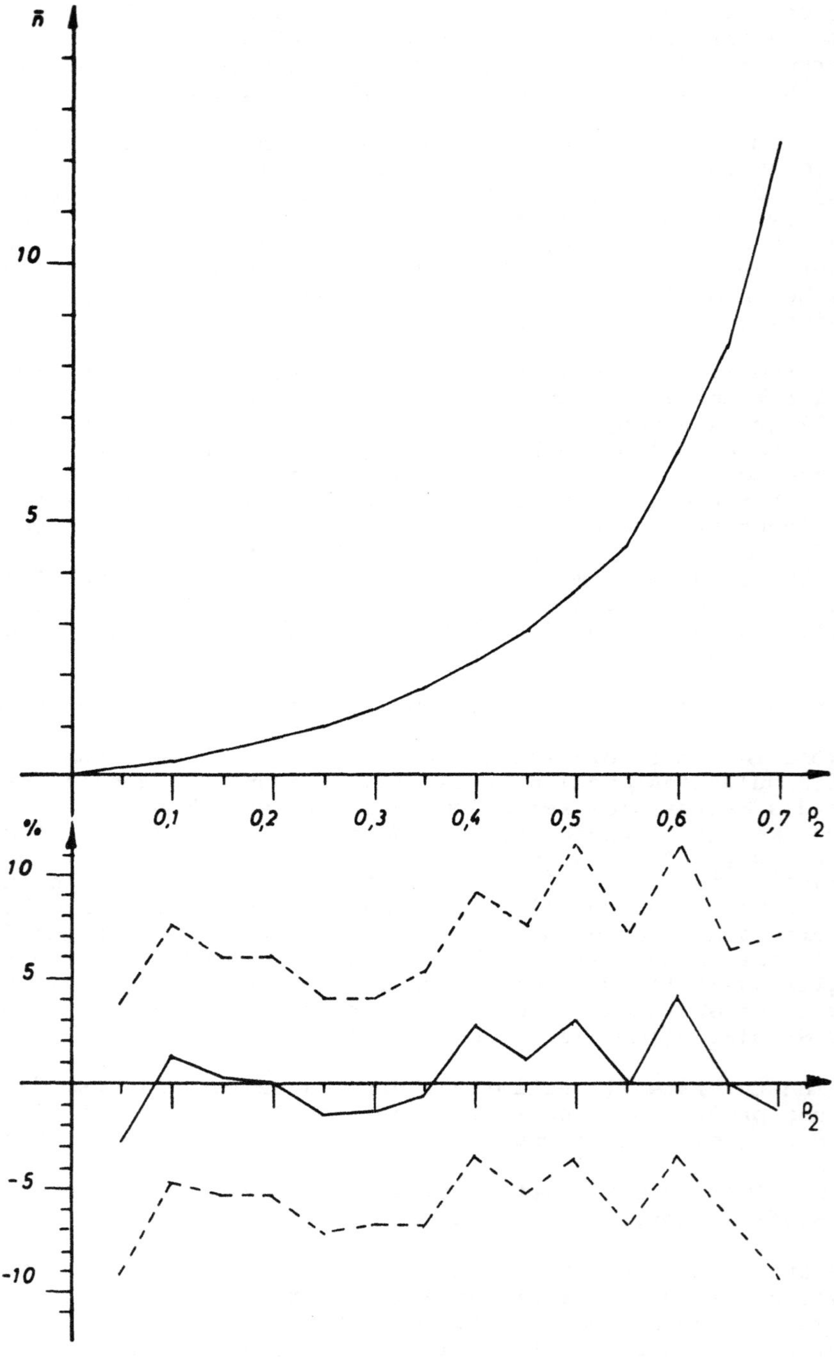

Abbildung 48: Schätzwert und Konfidenzintervall für die mittlere Schlangenlänge

theoretischen Werten der zu untersuchenden Operationscharakteristiken treten möglicherweise systematische Fehler auf, die sich aus durch die angewandten Testverfahren nicht erkennbaren Abweichungen der theoretischen Verteilungsmodelle von den tatsächlichen Verteilungen ergeben.

2. Da die Verteilungsfunktion der wichtigsten Verteilungsmodelle nicht in geschlossener Form darstellbar sind und daher auch nicht invertiert werden können, ist es bei der Erzeugung von Realisationen der betreffenden Prozesse erforderlich, die Verteilungsfunktionen künstlich zu diskretisieren, d. h. durch eine Häufigkeitsverteilung anzunähern. Dieses Vorgehen bedeutet dann aber, daß man zunächst aus einer gegebenen empirischen Häufigkeitsverteilung ein theoretisches Verteilungsmodell ableitet, um dieses dann wieder in eine Häufigkeitsverteilung zu transformieren; man nimmt also den mit dem Übergang zu einer theoretischen Verteilung verbundenen Informationsverlust in Kauf, ohne dadurch eine Vereinfachung des Simulationsprozesses zu erreichen.

Sind nur empirische Häufigkeitsverteilungen der Abstände der einzelnen Prozesse bekannt, dann ist es also vielfach vorteilhaft, die Simulation auf der Grundlage dieser Häufigkeitsverteilungen durchzuführen.

Da keine geeigneten empirischen Daten zur Verfügung stehen, soll das Vorgehen anhand eines fiktiven Beispiels erläutert werden:

Aus einer Untersuchung eines Warteschlangenprozesses haben sich die in der Tabelle 8a-d wiedergegebenen Häufigkeitsverteilungen der Abstände der Ankünfte und der Störungen sowie der Bedienungs- und Reparaturzeiten ergeben. Die entsprechenden Häufigkeitsverteilungen sind in der Abb. 49a-d graphisch dargestellt.

Bei den oben beschriebenen Verfahren zur Erzeugung von Zufallsgrößen aus diskreten Verteilungsfunktionen erhält man jeweils nur die Klassengrenzen als Zufallsgrößen; hierdurch kann also nur die Varianz zwischen den Größenklassen, nicht aber die Varianz innerhalb der Größenklassen erfaßt werden. Ist die Zahl der Größenklassen, wie bei der künstlichen Diskretisierung kontinuierlicher Verteilungen, groß genug, dann kann man den dadurch entstehenden Fehler vernachlässigen; sind die Größenklassen jedoch, wie bei empirischen Untersuchungen wegen der geringen Zahl der Beobachtungen erforderlich, auf eine relativ kleine Zahl beschränkt, dann ist es notwendig, das Verfahren zu modifizieren. Hierzu nimmt man an, daß die Abstände der einzelnen Ereignisse innerhalb der einzelnen Größenklassen annähernd gleichverteilt sind. Nach der Festlegung der Obergrenze x_o des Intervalls, in dem die jeweilige Zufallsgröße liegt, zieht man eine weitere gleichverteilte Zufallszahl r und berechnet die gesuchte Zufallsgröße aus

$$y = \frac{x_o r + x_u(1-r)}{2} \tag{432}$$

Tabelle 8a

Relative Häufigkeit der Abstände der Ankünfte

Abstände der Ankünfte	Relative Häufigkeit	Kumulierte Häufigkeit
bis 0.025	0.0360	0.0360
0.025 - 0.050	0.0920	0.1280
0.050 - 0.075	0.1070	0.2350
0.075 - 0.100	0.1120	0.3470
0.100 - 0.125	0.1040	0.4510
0.125 - 0.150	0.0790	0.5300
0.150 - 0.175	0.0920	0.6220
0.175 - 0.200	0.0640	0.6860
0.200 - 0.225	0.0650	0.7510
0.225 - 0.250	0.0500	0.8010
0.250 - 0.275	0.0320	0.8330
0.275 - 0.300	0.0300	0.8630
0.300 - 0.325	0.0390	0.9020
0.325 - 0.350	0.0210	0.9230
0.350 - 0.375	0.0190	0.9420
0.375 - 0.400	0.0200	0.9620
0.400 - 0.425	0.0080	0.9700
0.425 - 0.450	0.0090	0.9790
0.450 - 0.475	0.0030	0.9820
über 0.475	0.0180	1.0000

Tabelle 8b

Relative Häufigkeit der Bedienungsdauer

Bedienungsdauer	Relative Häufigkeit	Kumulierte Häufigkeit
bis 0.020	0.0670	0.0670
0.020 - 0.040	0.1180	0.1850
0.040 - 0.060	0.1440	0.3290
0.060 - 0.080	0.1260	0.4550
0.080 - 0.100	0.1150	0.5700
0.100 - 0.120	0.1040	0.6740
0.120 - 0.140	0.0830	0.7570
0.140 - 0.160	0.0740	0.8310
0.160 - 0.180	0.0450	0.8760
0.180 - 0.200	0.0250	0.9010
0.200 - 0.220	0.0280	0.9290
0.220 - 0.240	0.0200	0.9490
0.240 - 0.260	0.0160	0.9650
0.260 - 0.280	0.0110	0.9760
0.280 - 0.300	0.0050	0.9810
0.300 - 0.320	0.0040	0.9850
0.320 - 0.340	0.0060	0.9910
0.340 - 0.360	0.0020	0.9930
0.360 - 0.380	0.0020	0.9950
über 0.380	0.0050	1.0000

Tabelle 8c

Relative Häufigkeit der Abstände derSStörungen

Abstände der Störungen	Relative Häufigkeit	Kumulierte Häufigkeit
bis 1.000	0.0550	0.0550
1.000 - 2.000	0.1370	0.1920
2.000 - 3.000	0.1510	0.3430
3.000 - 4.000	0.1280	0.4710
4.000 - 5.000	0.1290	0.6000
5.000 - 6.000	0.1030	0.7030
6.000 - 7.000	0.0730	0.7760
7.000 - 8.000	0.0540	0.8300
8.000 - 9.000	0.0430	0.8730
9.000 -10.000	0.0370	0.9100
10.000 -11.000	0.0280	0.9380
11.000 -12.000	0.0190	0.9570
12.000 -13.000	0.0150	0.9720
13.000 -14.000	0.0100	0.9820
14.000 -15.000	0.0020	0.9840
15.000 -16.000	0.0050	0.9890
16.000 -17.000	0.0030	0.9920
17.000 -18.000	0.0040	0.9960
18.000 -19.000	0.0000	0.9960
über 19.000	0.0040	1.0000

Tabelle 8d

Relative Häufigkeit der Reparaturdauer

Dauer der Reparaturen	Relative Häufigkeit	Kumulierte Häufigkeit
bis 0.150	0.0420	0.0420
0.150 - 0.300	0.0850	0.1270
0.300 - 0.450	0.1170	0.2440
0.450 - 0.600	0.1000	0.3440
0.600 - 0.750	0.0920	0.4360
0.750 - 0.900	0.0850	0.5210
0.900 - 1.050	0.0870	0.6080
1.050 - 1.200	0.0670	0.6750
1.200 - 1.350	0.0580	0.7330
1.350 - 1.500	0.0570	0.7900
1.500 - 1.650	0.0400	0.8300
1.650 - 1.800	0.0320	0.8620
1.800 - 1.950	0.0340	0.8960
1.950 - 2.100	0.0330	0.9290
2.100 - 2.250	0.0200	0.9490
2.250 - 2.400	0.0090	0.9580
2.400 - 2.550	0.0110	0.9690
2.550 - 2.700	0.0080	0.9770
2.700 - 2.850	0.0080	0.9850
über 2.850	0.0150	1.0000

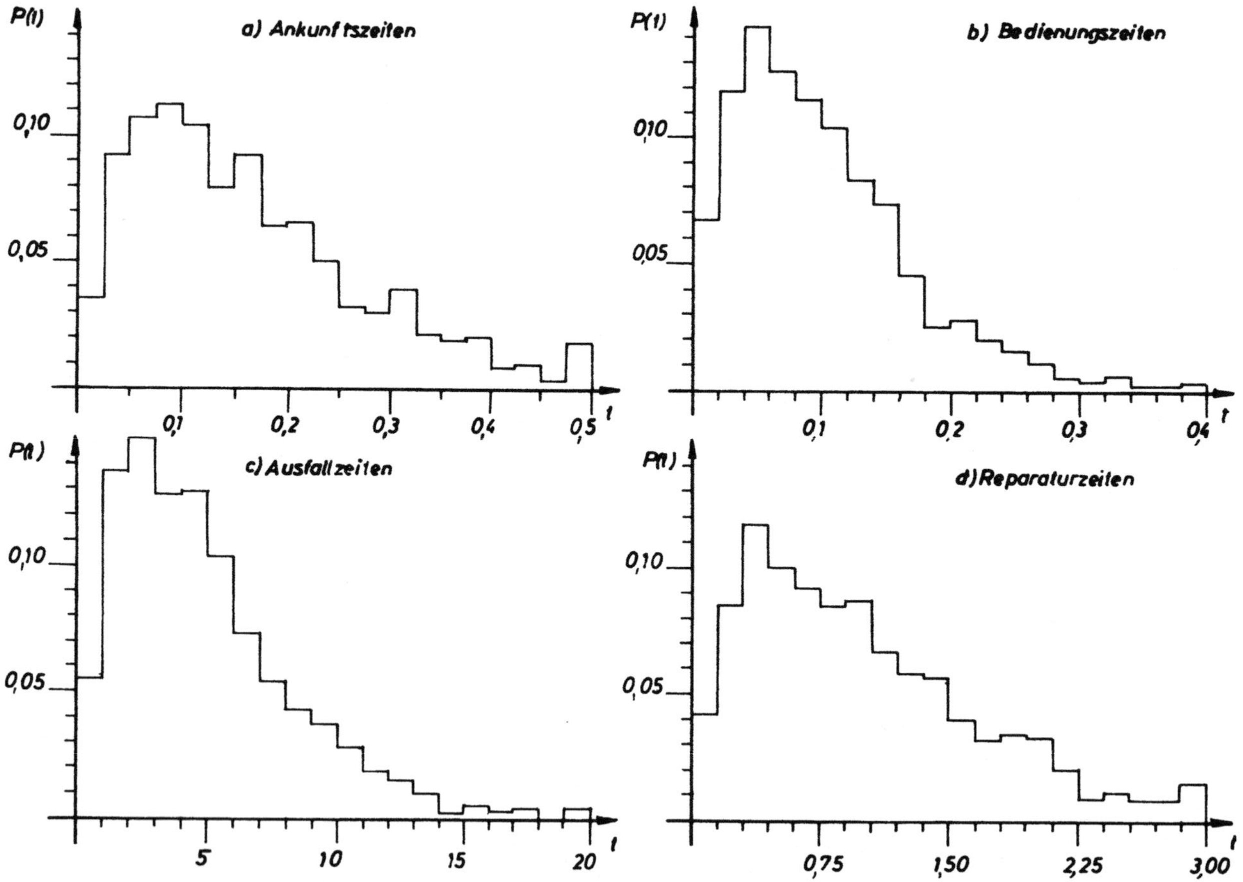

Abbildung 49

wobei x_u die Untergrenze des betreffenden Intervalls ist; man bildet also das mit der Zufallszahl r und deren Komplement gewichtete Mittel aus Obergrenze und Untergrenze des betreffenden Intervalls.

Die so bestimmten Zufallsgrößen können dann ohne weitere Modifikationen als Ankunfts- und Bedienungszeiten sowie Störungs- und Reparaturzeiten für das oben beschriebene Simulationsmodell benutzt werden.

Für die oben angegebenen Verteilungen erhält man die in der Tabelle 9 aufgeführten Schätzwerte für die mittlere Schlangenlänge und die mittlere Zahl der Störungen.

Tabelle 9

Mittlere Schlangenlänge und mittlere Zahl der Störungen in einem Wartesystem mit empirischen Verteilungen der Abstände der Ereignisse

Operations-Charakteristik	Mittelwert	Konfidenzintervall Untergr.	Konfidenzintervall Obergr.
Schlangenlänge	4,73	4,47	5,00
Wahrscheinl. daß System gestört	0,17	0,16	0,17

c) Modifikationsmöglichkeiten

Das oben dargestellte Grundmodell geht bezüglich der Bedingungen für das Auftreten von Betriebsstörungen davon aus, daß Störungen in jedem Zeitpunkt, in dem der Bedienungskanal nicht gestört ist, auftreten können und daß Störungen die Bedienungen sofort unterbrechen (externe unterbrechende Störungen). Wie oben gezeigt wurde, kann das Auftreten von Störungen jedoch auch anderen Bedingungen unterliegen; so können Störungen möglicherweise nur dann auftreten, wenn der Kanal tätig ist, weil diese zum Beispiel auf betriebsbedingte Verschleißerscheinungen zurückzuführen sind (interne Störungen); Störungen können unter Umständen auch erst nach Abschluß einer Bedienung zu einer Unterbrechung führen, weil die Störung erst dann bemerkt wird (verzögerte Störungen). Diese Störungsmechanismen erfordern einige Modifikationen des Grundmodells, die im folgenden beschrieben werden sollen.

In den Fällen interner Störungen dürfen in den Abstand der Störungen TS nur diejenigen Intervalle eingerechnet werden, in denen der Kanal tätig ist. Aus diesem Grund muß jedesmal, wenn nach einer Bedienung das System leer wird, der Zeitpunkt T1S um die Dauer dieser Leerperiode erhöht werden. Die untenstehende Abb. 50 zeigt, wie der Teil des Flußdiagramms, in dem die durch eine Bedienung hervorgerufenen Veränderungen protokolliert werden, zu modifizieren ist, um den Fall interner Störungen zu erfassen.

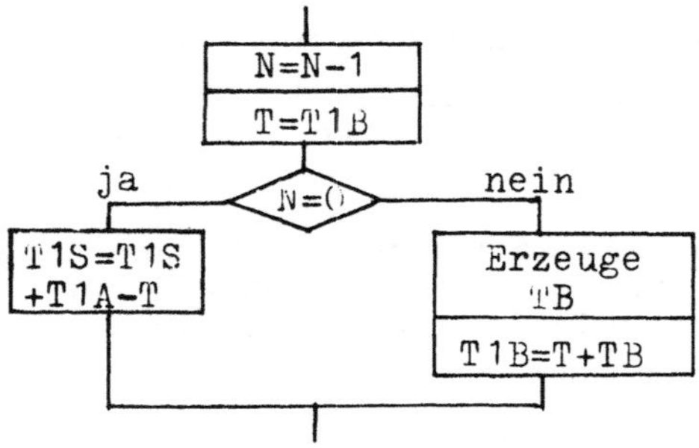

Abbildung 50: Modifikation des Flußdiagramms für die Simulation interner Störungen

Im Fall verzögerter Störungen wird bei Auftreten einer Störung der Bedienungsprozeß nicht sofort unterbrochen, vielmehr wird dieser erst dann unterbrochen, wenn die jeweilige Bedienung abgeschlossen ist. Um diesen Mechanismus erfassen zu können, sind etwas umfangreichere Modifikationen des Grundmodells erforderlich: Der Zustandsindex M kann dann die drei Werte

M=0 --- System arbeitet ungestört
M=1 --- System gestört, Bedienung wird abgeschlossen
M=2 --- System gestört, Bedienung unterbrochen

annehmen (vgl. Abb. 51).

Tritt eine Störung während einer Bedienung auf, dann wird zunächst M=1 gesetzt und der Bedienungsprozeß fortgesetzt, bis diese Bedienung abgeschlossen wird. Erst dann wird der Index M=2 gesetzt, d. h. der Bedienungsprozeß wird abgebrochen und die Reparatur begonnen. Um zu verhindern, daß im Fall M=1 eine weitere Störung eintritt, ehe der Bedienungsprozeß unterbrochen ist, wird T1S vorübergehend auf eine sehr große Zahl E gesetzt.

Tritt eine Störung hingegen bei leerem Bedienungskanal auf, dann wird der Index M sofort auf 2 gesetzt und die Reparatur sofort begonnen. Für den Fall externer Störungen ist das modifizierte Flußdiagramm in der Abb. 51 wiedergegeben.

Im Fall interner Störungen sind zusätzlich die oben beschriebenen Modifikationen der Störzeitpunkte zu berücksichtigen, sobald das System leer wird; in diesem Fall entfällt jedoch die Notwendigkeit, den Index M sofort auf 2 zu setzen, wenn eine Störung bei einem leeren Kanal auftritt, weil dieser Fall nicht eintreten kann.

Weitere Modifikationen des Grundmodells ergeben sich bei der Einführung von Wartungsstrategien und sollen in den entsprechenden Kapiteln behandelt werden.

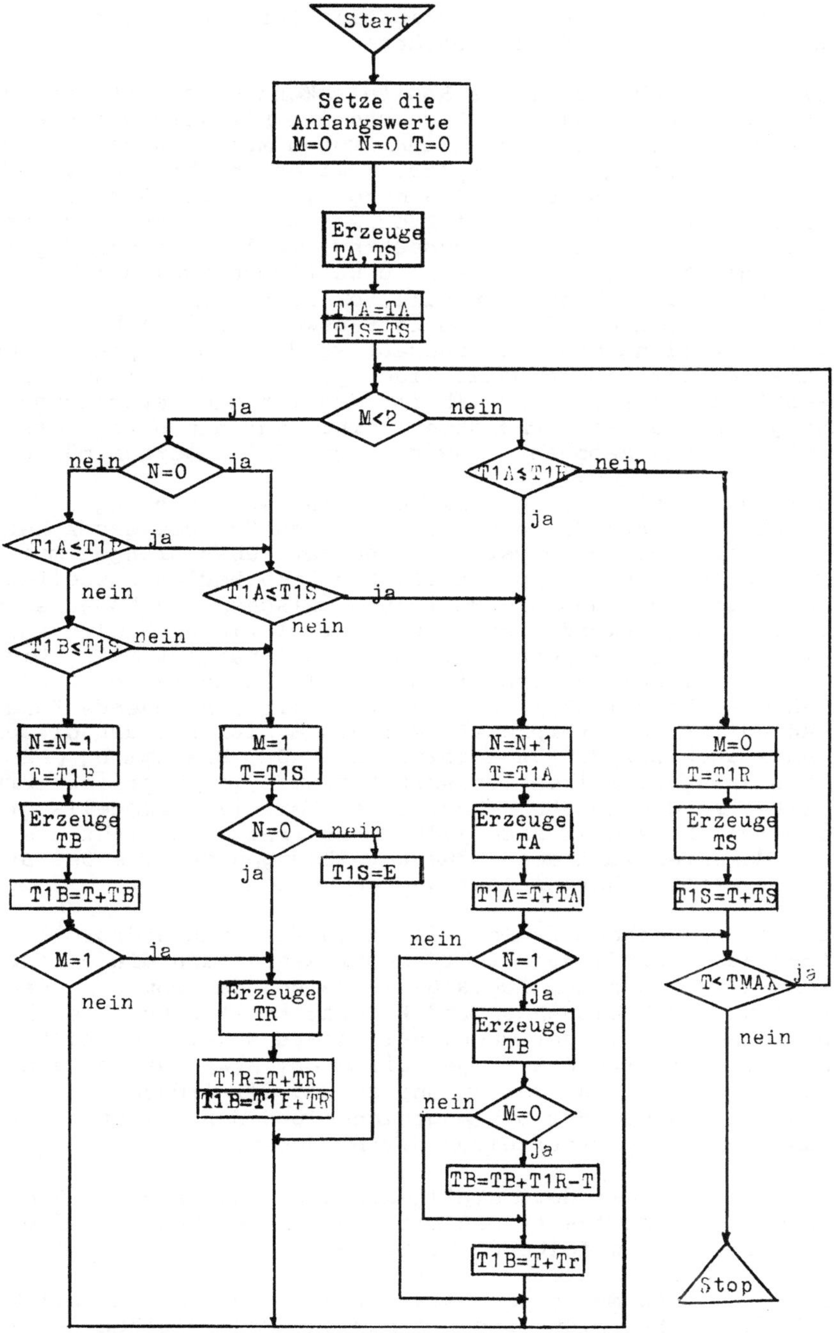

Abbildung 51: Flußdiagramm für die Simulation von Wartesystemen mit verzögerten Betriebsstörungen

3) Der Einfluß des Verteilungsmodells für den Störprozeß auf die mittlere Schlangenlänge

Im zweiten Abschnitt dieses Kapitels konnte gezeigt werden, daß die mittlere Schlangenlänge und die mittlere Wartezeit der Kunden allein von den beiden ersten Momenten der Verteilung der Bedienungs- und Reparaturzeiten, nicht aber von dem jeweiligen Verteilungsmodell abhängen, wenn der Ankunfts- und der Störprozeß reine Markoff-Prozesse sind. Dieses Ergebnis ist deshalb von besonderer Bedeutung, weil es in der Regel nicht möglich ist, theoretisch zu bestimmen, welcher Verteilungstyp in einem konkreten Fall vorliegt; meist können lediglich die vorliegenden Beobachtungswerte an willkürlich gewählte Verteilungsmodelle angepaßt werden, um zu prüfen, ob sie diesem Verteilungsmodell widersprechen oder nicht. In diesen Fällen ist es vorteilhaft, daß für die Berechnung der wichtigsten Operationscharakteristiken nur die beiden ersten Momente aus den Beobachtungswerten geschätzt werden müssen.

Leider lassen sich keine ähnlich einfachen Beziehungen für die ersten Momente des Ankunfts- und des Störprozesses herleiten: Bereits bei Wartesystemen ohne Betriebsstörungen mit rekurrentem Input und exponentialverteilten Bedienungszeiten hat sich gezeigt, daß die Beziehung zwischen den Momenten der Verteilung der Ankunftszeiten und der mittleren Schlangenlänge nicht mehr in rationaler Form darstellbar ist [61]. Die auf der Tatsache, daß Betriebsstörungen als Ankünfte von Kunden mit höherer Priorität interpretierbar sind, beruhende Kongruenz von Ankunfts- und Störprozeß läßt den Schluß zu, daß dieses Ergebnis auch für den Störprozeß gilt: Zur Bestimmung der Operationscharakteristiken von Wartesystemen mit Betriebsstörungen ist also die genaue Kenntnis des Verteilungsmodells erforderlich. Es stellt sich jedoch die Frage, ob nicht aus den ersten Momenten zumindest Näherungslösungen für die Operationscharakteristiken hergeleitet werden können.

Läßt man die Annahme fallen, daß Ankunfts- und Störprozeß Markoff-Prozesse sind, dann geht in der Regel auch die einfache Beziehung zwischen der Schlangenlänge und den Momenten der Verteilung der Bedienungs- und Reparaturzeiten verloren [62]. Da diese Annahme in der Regel nur näherungsweise erfüllt sein dürfte, stellt sich die Frage, wie stark Abweichungen von der Exponentialverteilung der Ankunfts- und der Störzeiten die Beziehungen zwischen der Schlangenlänge und den Momenten der Bedienungs- und Reparaturzeiten beeinflussen.

Im Zusammenhang mit der Verallgemeinerung der Annahme über den Störprozeß bei Wartesystemen mit Betriebsstörungen stellen sich also unter anderem folgende Probleme:

1. In welchem Ausmaß stören Abweichungen von der Markoff-Eigenschaft des Störprozesses die Beziehungen zwischen der mittleren Schlangenlänge und den Momenten der Bedienungs- und Reparaturzeiten?

2. Läßt sich zumindest näherungsweise eine Beziehung zwischen der Schlangenlänge und einer begrenzten Zahl von Momenten der Abstände der Störungen angeben?

Da sich die zu untersuchenden Wartesysteme einer analytischen Untersuchung entziehen, sollen diese Fragen mit Hilfe des oben entwickelten Simulationsmodells untersucht werden.

a) Der Zusammenhang zwischen den Momenten des Störprozesses und der mittleren Schlangenlänge

Zur Untersuchung des Zusammenhangs zwischen den Momenten des Störprozesses und der mittleren Schlangenlänge soll zunächst ein Wartesystem simuliert werden, bei dem

1. der Ankunfts-, der Bedienungs- und der Reparaturprozeß Markoff-Prozesse sind,

2. die Abstände der Störungen alternativ gammaverteilt, Weibull-verteilt und lognormalverteilt mit gleichem Mittelwert und gleicher Varianz sind.

Hierbei wurde von folgender Parameterkombination ausgegangen:

$\alpha = 6 \qquad E(S) = 5$

$\beta = 10 \qquad C(S) = 0{,}1; 0{,}5; 0{,}9$

$\mu = 1$

Der Variationskoeffizient der Ausfallzeiten C(S) wurde also zwischen 0,1 und 0,9 variiert. Für jede Parameterkombination wurden 500 Simulationsläufe durchgeführt, in jedem Simulationslauf wurden insgesamt 100 Zeiteinheiten simuliert, von denen nur die letzten 75 Zeiteinheiten in die Mittelwertbildung einbezogen wurden, um die Einflüsse der Anfangsbedingungen auszuschalten.

In der Tabelle 10 ist die mittlere Schlangenlänge $\bar{n}$ (mit Konfidenzintervall für 99,73 % Sicherheit) und die Varianz der Schlangenlänge Var(n) eingetragen.

Tabelle 10

Mittelwert und Varianz der Schlangenlänge

C(S)	Gamma-Verteilung		Weibull-Verteilg.		Lognormal-Verteilg.	
	$\bar{n}$	Var(n)	$\bar{n}$	Var(n)	$\bar{n}$	Var(n)
0,9	6,02± 0,46	11,69	5,90±0,43	10,26	5,42±0,44	10,83
0,5	5,30± 0,36	7,21	5,24±0,37	7,70	5,32±0,41	9,24
0,1	4,76± 0,28	4,46	4,97±0,34	6,47	4,48±0,30	6,85

Aus der Tabelle ist zu erkennen, daß die mittlere Schlangenlänge bei allen drei Verteilungstypen mit steigendem Variationskoeffizienten steigt. Wie sich schon bei der Untersuchung der Abhängigkeit der Schlangenlänge von der Streuung der Bedienungszeiten und der Reparaturdauer gezeigt hat, ist die mittlere Schlangenlänge um so größer, je stärker die Unregelmäßigkeiten sind.

Bei gleichem Variationskoeffizient ergeben sich jedoch für die einzelnen Verteilungsmodelle recht erhebliche Unterschiede: Für C(S)=0,9 schwankt der Erwartungswert der mittleren Schlangenlänge zwischen 5,42 bei Lognormal-Verteilung und 6,02 bei Gammaverteilung der Ausfallzeiten, die Abweichung zwischen beiden Werten beträgt also rund 11 %; für C(S)=0,1 schwankt der Schätzwert immer noch um 10,6 % zwischen 4,48 bei Lognormal-Verteilung und 4,97 bei Weibull-Verteilung der Ausfallzeiten. Die Abhängigkeit der Schlangenlänge von dem gewählten Verteilungsmodell scheint daher so groß zu sein, daß es nicht sinnvoll ist, bei der Schätzung der mittleren Schlangenlänge nur die beiden ersten Momente der Ausfallzeiten zu berücksichtigen.

Es wäre jedoch möglich, daß die großen Abweichungen allein auf zufällige Fehler zurückzuführen sind. Hierfür spricht die Tatsache, daß sich bei einer Sicherheit von 99,73 % die Konfidenzintervalle der Schätzwerte teilweise überlappen. Zur Prüfung der Frage, ob die Abweichungen zwischen den Schätzwerten bei den einzelnen Verteilungsmodellen rein zufällig sein können, reicht allerdings die Untersuchung der Konfidenzintervalle nicht aus. Zur Prüfung der Signifikanz des Unterschiedes zwischen zwei Mittelwerten, die aus unabhängigen Stichproben gewonnen worden sind, ist vielmehr der t-Test von Student anzuwenden [63]:

Es sei N_1 und N_2 der Umfang von zwei Stichproben mit den Mittelwerten $\bar{x}_1$ und $\bar{x}_2$ und der Streuung s_1^2 und s_2^2.

Entstammen beide Stichproben der gleichen normalverteilten Stichprobe, sind also insbesondere der Erwartungswert und die Varianz der Grundgesamtheit gleich, dann ist die Prüfgröße

$$t^* = \frac{\bar{x}_1 - \bar{x}_2}{s\sqrt{\frac{1}{N_1} + \frac{1}{N_2}}} \qquad \text{mit } s^2 = \frac{s_1^2(N_1-1) + s_2^2(N_2-1)}{N_1+N_2-2} \tag{433}$$

t-verteilt mit (N_1+N_2-2) Freiheitsgraden.

In der Tabelle 11 ist die Prüfgröße t^* für alle möglichen Vergleiche der drei benutzten Verteilungsmodelle und das entsprechende Sicherheitsniveau P angegeben:

Aus der ersten Zeile der Tabelle 11 ergibt sich z. B., daß der Unterschied zwischen der mittleren Schlangenlänge bei gamma- und Weibull-verteilten Störabständen bei C(S)=0,1 mit einer Wahrscheinlichkeit von 0,84 nicht auf zufällige Schwankungen zurückzuführen ist. Weiter ergibt sich aus dieser Tabelle, daß die Wahrscheinlichkeit dafür, daß die Abweichungen der mittleren Schlangenlänge bei verschiedenen Verteilungsmodellen des Störprozesses nicht auf zufällige Abweichungen zurückzuführen ist, bei mittlerer Streuung der Dauer der Arbeitsintervalle am niedrigsten ist; bei geringer Streuung ist diese Wahrscheinlichkeit zwar bei der Differenz der Schlangenlängen bei gamma-

und Weibull-verteilten Störabständen relativ hoch, bei der Differenz der anderen Modelle ist sie hingegen niedriger. Bei großer Streuung ist diese Wahrscheinlichkeit schließlich bei gamma- und Weibull-verteilten Arbeitsintervallen recht niedrig. in allen anderen Fällen ist die Wahrscheinlichkeit dafür, daß die Abweichungen nicht auf zufälligen Schwankungen beruhen, recht hoch.

Tabelle 11

Prüfgröße t^* für den Vergleich der Schlangenlängen bei verschiedenen Verteilungsmodellen für den Störprozeß

Vergleich zwischen	C(S)=0,1		C(S)=0,5		C(S)=0,9	
	t^*	p	t^*	p	t^*	p
Gamma-Weibull	1,4065	0,84	0,3573	0,28	0,5817	0,44
Gamma-Lognorm.	0,7257	0,53	0,0749	0,06	2,8546	0,99
Weibull-Logn.	0,7234	0,33	0,4089	0,32	2,3562	0,98

Verlangt man für die Ablehnung der Hypothese, daß die Differenz zwischen der Schlangenlänge bei zwei verschiedenen Verteilungsmodellen für den Störprozeß auf zufällige Schwankungen zurückzuführen ist, eine Sicherheitswahrscheinlichkeit von mindestens 0,95, dann sind nur die Abweichungen zwischen gamma- und lognormalverteilten Störabständen und die Abweichungen zwischen Weibull- und lognormalverteilten Störabständen, jeweils bei C(S)=0,9 signifikant; alle anderen Abweichungen sind hingegen nicht signifikant.

In dem oben beschriebenen Testverfahren wurden die Abweichungen zwischen jeweils zwei Mittelwerten geprüft. Es liegt nun nahe, statt dessen zu testen, ob die Abweichungen zwischen allen drei Mittelwerten zusammen signifikant sind. Zur Prüfung dieser Frage kann folgendes Testverfahren zum Vergleich mehrerer Mittelwerte herangezogen werden [64]:

Es sei

$\bar{x}_i$ der Mittelwert der i-ten Stichprobe

N_i der Umfang der i-ten Stichprobe

s_i^2 die Streuung der i-ten Stichprobe

k die Zahl der zu vergleichenden Stichproben

und

$$\bar{\bar{x}} = \frac{1}{N} \sum_{i=1}^{k} N_i \bar{x}_i \quad \text{mit } N = \sum_{i=1}^{k} N_i$$

das gemeinsame Mittel aller k Stichproben. Dann ist die Prüfgröße:

$$F^* = \frac{\frac{1}{k-1} \sum_{i=1}^{k} (\bar{x}_i - \bar{\bar{x}})^2 N_i}{\frac{1}{N-k} \sum_{i=1}^{k} s_i^2 (N_i - 1)} \qquad (434)$$

F-verteilt mit (k-1,N-k)-Freiheitsgraden.

Für die in der Tabelle 10 wiedergegebenen Simulationsexperimente erhält man folgende Werte für die Prüfgröße F^*:

$F^* = 1{,}3767$ bei $C(S) = 0{,}1$

$F^* = 0{,}1000$ bei $C(S) = 0{,}5$

$F^* = 4{,}6989$ bei $C(S) = 0{,}9$

Da der Umfang aller drei Stichproben gleich 500 ist, ist die Zahl der Freiheitsgrade gleich (2;1497). Aus einer Tabelle der F-Verteilung erhält man für 95 % Sicherheit den kritischen Wert

$F^o = 2{,}99$

Die Abweichungen zwischen den Mittelwerten sind also nur für $C(S) = 0{,}9$ signifikant.

Gegen die hier angewandten Testverfahren ließe sich einwenden, daß beide voraussetzen, daß die Streuung der Grundgesamtheiten gleich sind, tatsächlich weichen die Streuungen der Stichproben jedoch signifikant voneinander ab. Pfanzagl [65] weist aber darauf hin, daß der Unterschied der Varianzen im Fall gleicher Stichprobenumfänge keine große Rolle spielt, so daß man auf die Anwendung komplizierterer Verfahren für verschiedene Varianzen der Grundgesamtheiten verzichten kann.

Die Tatsache, daß die Abweichungen der mittleren Schlangenlänge bei verschiedenen Verteilungsmodellen für den Störprozeß nur in einigen Fällen siginifikant sind, dürfte darauf zurückzuführen sein, daß sich die Verteilungsmodelle in diesen Fällen nur geringfügig voneinander unterscheiden: so geht für C(S) = 1 sowohl die Weibull-Verteilung als auch die Gamma-Verteilung in die Exponentialverteilung über, so daß sich beide Verteilungsmodelle für große Streuungen nur geringfügig voneinander unterscheiden, bei geringer Streuung hingegen erheblich voneinander abweichen; umgekehrt weicht die Lognormalverteilung bei hoher Streuung am stärksten von den beiden anderen Modellen ab. Daraus ist zu schließen, daß die mittlere Schlangenlänge bei verschiedenen Modellen des Störprozesses grundsätzlich signifikant verschieden ist.

Hieraus kann jedoch nicht geschlossen werden, daß der eine Mittelwert nicht als Näherung für den anderen gebraucht werden kann. Hinzukommen muß vielmehr noch, daß die Abweichungen so groß sein müssen, daß der dadurch entstehende Schätzfehler nich mehr in Kauf genommen werden kann. Aus der Tabelle 10 ist jedoch zu ersehen, daß diese Abweichungen teilweise erheblich sind.

Aus diesen Ergebnissen kann geschlossen werden, daß es allenfalls bei geringer Streuung des Störprozesses möglich ist, die mittlere Schlangenlänge allein aus den ersten beiden Momenten des Störprozesses zu bestimmen, da die Abweichungen für $C(S) \geq 0{,}5$ für zwei der drei untersuchten Verteilungsmodelle signifikant und die relativen Abweichungen recht groß sind.

Es ist daher zu prüfen, ob die Berücksichtigung höhere Momente der Verteilung der Dauer der Arbeitsintervalle zu einer Verbesserung der Ergebnisse führt. Insbesondere soll nun geprüft werden, ob die Berücksichtigung der ersten drei Momente unabhängig von dem Verteilungsmodell des Störprozesses zu hinreichend genauen Näherungswerten für die mittlere Schlangenlänge führt.

Hierbei ergibt sich die Schwierigkeit, daß die oben benutzten Verteilungsmodelle durch die ersten beiden Momente determiniert sind, so daß es nicht möglich ist, das dritte Moment frei zu variieren. Es ist daher erforderlich, als Vergleichsmodell eine Verteilung einzuführen, bei der zumindest die ersten drei Momente frei verändert werden können und ihre Parameter so zu bestimmen, daß sie mit den ersten drei Momenten der Gamma-Verteilung, der Weibull-Verteilung und der Lognormal-Verteilung übereinstimmen.

Das einfachste Verteilungsmodell, das diesen Anforderungen genügt, ist die Zweipunkt-Verteilung: Eine zweipunkt-verteilte Zufallsgröße kann nur zwei Werte S_1 und S_2 mit den Wahrscheinlichkeiten p bzw. q=1-p annehmen. Die Wahrscheinlichkeitsverteilung dieser diskreten Zufallsgröße ist also gegeben durch

$$P(t) = \begin{cases} p \text{ für } t = S_1 \\ q \text{ für } t = S_2 \\ 0 \text{ sonst} \end{cases} \qquad (435)$$

Dieses Störmodell läßt sich wie folgt interpretieren: Ein Aggregat wird alle S_1-Zeiteinheiten nach einer Wartung inspiziert; wird in diesem Zeitpunkt ein Mangel festgestellt, dann wird das Aggregat stillgelegt und eine Reparatur durchgeführt; wird kein Mangel festgestellt, dann wird das Aggregat erst im Zeitpunkt S_2 gewartet.

Die ersten drei Momente der Zweipunkt-Verteilung sind gegeben durch:

$$E(S) = S_2 - p(S_2 - S_1) \qquad (436)$$

$$E(S^2) = S_2^2 - p(S_2^2 - S_1^2) \qquad (437)$$

$$E(S^3) = S_2^3 - p(S_2^3 - S_1^3) \qquad (438)$$

Aus (436) und (437) erhält man bei gegebenen Momenten $E(S)$, $E(S^2)$ und $E(S^3)$ für die Parameter p und S_2

$$S_2 = \frac{E(S^2)-E(S)S_1}{E(S)-S_1} \tag{439}$$

$$p = \frac{E(S^2)-(1+S_1)E(S)}{E(S^2)-\{1+E(S)\}S_1} \tag{440}$$

Der Parameter S_1 ist dann so zu bestimmen, daß

$$E(S^3)-S_2^3+p(S_2^3-S_1^3) = 0 \tag{441}$$

Wie man leicht zeigen kann, existiert zumindest ein S_1 mit $0 \leqslant S_1 \leqslant E(S)$, falls

$$\frac{E(S^2)}{E(S)} < \frac{E(S^3)}{E(S^2)} \tag{442}$$

In einem Simulationsexperiment ist nun die mittlere Schlangenlänge bei zweipunkt-verteilten Arbeitsintervallen mit vorgegebenen Momenten $E(S)$, $E(S^2)$ und $E(S^3)$ zu bestimmen und mit der entsprechenden Schlangenlänge bei gamma-verteilten, Weibull-verteilten und lognormal-verteilten Störabständen zu verglichen. Die Ergebnisse dieses Simulationsexperimentes sind in der Tabelle 12 für folgende Parameterkombination zusammengefaßt

$\alpha = 6$ $\qquad E(S) = 5$

$\beta = 10$ $\qquad \mu = 1$

Aus der Tabelle 12 ergibt sich, daß die Unterschiede der mittleren Schlangenlänge zwischen einem Modell mit zweipunkt-verteilten Störabständen und gamma- bzw. Weibull-verteilten Störabständen gering sind, wenn die ersten drei Momente gleich sind; nur im Fall gamma-verteilter Störabstände ist die Abweichung bei geringer Streuung mit 90 % Sicherheit signifikant. Im Fall lognormal-verteilter Störabstände hingegen sind die Unterschiede sowohl bei hoher als auch bei niedriger Streuung erheblich und mit mehr als 90 % Sicherheit signifikant; bei mittlerer Streuung ist die Abweichung hingegen nicht signifikant.

Obwohl es also für einige Verteilungen der Störabstände möglich ist, die mittlere Schlangenlänge durch ein Modell mit zweipunkt-verteilten Störabständen näherungsweise zu bestimmen wenn die ersten drei Momente übereinstimmen, ist diese Näherung, wie die Ergebnisse bei lognormal-verteilten Störabständen zeigen, nicht für jedes Verteilungsmodell anwendbar. Die ersten drei Momente reichen also im allgemeinen nicht aus, um den Störprozeß genau genug zu beschreiben.

Tabelle 12

Mittlere Schlangenlänge bei zweipunkt-verteilten Störabständen

Vergleich mit	C(S)	$E(S^3)$	$\bar{n}$	Var(n)	$\Delta\bar{n}$	t^*
Gamma-Verteilg.	0,1	128,8	5,02±0,34	6,57	+0,26	1,7352
	0,5	234,4	5,16±0,35	6,98	-0,14	0,8703
	0,9	592,8	5,87±0,60	19,87	-0,15	0,6021
Weibull-Verteilg.	0,1	128,6	4,93±0,34	6,39	-0,04	0,2475
	0,5	287,6	5,19±0,38	7,91	-0,05	0,2733
	0,9	584,0	5,82±0,53	15,69	-0,08	0,3327
Lognormal-Verteilg.	0,1	128,7	5,13±0,35	6,92	+0,66	1,8294
	0,5	229,8	5,40±0,39	8,61	+0,08	0,4519
	0,9	441,2	6,22±0,43	12,69	+0,80	3,7192

b) Der Einfluß des Verteilungsmodells des Bedienungsprozesses bei nicht-exponentialverteilten Störabständen

Neben dem direkten Einfluß des Verteilungsmodells des Störprozesses auf die Schlangenlänge sind nun die indirekten Einflüsse zu untersuchen, die sich daraus ergeben können, daß bei nicht-exponentialverteilten Störabständen die einfache Beziehung zwischen der mittleren Schlangenlänge und den beiden ersten Momenten der Verteilung der Bedienungs- bzw. der Reparaturzeiten gestört wird, so daß das Verteilungsmodell dieser Prozesse explizit berücksichtigt werden muß.
Um zu prüfen, ob es auch bei nicht-exponentialverteilten Störabständen ausreicht, bei der Bestimmung der mittleren Schlangenlänge nur die beiden ersten Momente der Verteilung der Bedienungszeiten zu berücksichtigen, wird in einem Simulationsexperiment ein Wartesystem mit folgenden Charakteristiken simuliert:

1. Der Ankunfts- und der Reparaturprozeß sind Markoff-Prozesse

2. Der Störprozeß wird durch Weibull-verteilte Störabstände gekennzeichnet

3. Der Bedienungsprozeß wird alternativ durch

   a. gammaverteilte
   b. Weibull-verteilte
   c. lognormalverteilte

   Bedienungszeiten beschrieben.

Für die Prozeßparameter gelte

$\alpha = 6$ $E(B) = 0{,}1$

$\mu = 1$ $E(S) = 5{,}0$

Der Variationskoeffizient der Störabstände und der Bedienungszeiten wird im Intervall (0,1; 0,9) variiert.

Die Ergebnisse dieses Simulationsexperiments sind in der Tabelle 13 zusammengestellt.

Aus der Tabelle 13 ist zu erkennen, daß die mittlere Schlangenlänge bei den verschiedenen Verteilungsmodellen für den Bedienungsprozeß durchwegs nur geringfügig abweicht, die größte Abweichung ergibt sich zwischen Weibull- und Gamma-verteilten Bedienungszeiten bei C(S) = 0,9 und C(B) = 0,1 mit ca. 8 %, die anderen Abweichungen sind wesentlich niedriger.

Tabelle 13

Mittlere Schlangenlänge bei Weibull-verteilten Störabständen und verschiedenen Verteilungsmodellen des Bedienungsprozesses

C(B)	Gamma-Verteilung		Weibull-Verteilung		Lognormal-Verteilung		F^*
	$E(\bar{n})$	Var(n)	$E(\bar{n})$	Var(n)	$E(\bar{n})$	Var(n)	
			C(S) = 0,1				
0,1	4,19±0,26	3,66	4,12±0,25	3,36	4,22±0,25	3,42	0,3781
0,5	4,41±0,27	4,01	4,49±0,32	5,61	4,47±0,29	4,58	0,1897
0,9	4,92±0,32	5,68	4,86±0,31	5,35	4,88±0,34	5,51	0,043
			C(S) = 0,5				
0,1	4,33±0,30	4,87	4,50±0,30	5,11	4,47±0,31	4,63	0,8434
0,5	4,54±0,30	4,93	4,51±0,27	4,18	4,42±0,28	4,22	0,2630
0,9	5,04±0,35	6,80	5,12±0,34	6,43	5,03±0,33	6,14	0,2050
			C(S) = 0,9				
0,1	4,83±0,35	6,90	5,14±0,46	11,54	5,02±0,41	9,36	1,3304
0,5	5,25±0,42	9,68	5,01±0,34	6,54	5,22±0,49	13,29	0,8566
0,9	5,72±0,41	9,25	5,56±0,41	9,56	5,59±0,43	10,19	0,3551

In der letzten Spalte der Tabelle 13 ist die Prüfgröße F^* für die Abweichung der Mittelwerte mehrerer Stichproben wiedergegeben. Der höchste Wert von F^* ergibt sich ebenfalls für den Fall C(S) = 0,9 und C(B) = 0,1, liegt aber mit F^* = 1,3304 erheblich unter dem kritischen Wert F^O = 2,99 für (2; 1497) Freiheitsgrade bei 95 % Sicherheit.

Ein ähnliches Bild ergibt der t-Test für die einzelnen Abweichungen zwischen den Verteilungsmodellen; die Prüfgröße t^* ist in der Tabelle 14 zusammengestellt.

Tabelle 14

t-Test für die Abweichungen der mittleren Schlangenlänge bei verschiedenen Verteilungsmodellen des Bedienungsprozesses

C(S)	C(B)	Vergleich		
		Weibull-Gamma-V.	Lognormal-Gamma-V.	Lognormal-Weibull-V.
0,1	0,1	0,5796	0,2661	0,8622
	0,5	0,5975	0,4333	0,1828
	0,9	0,3473	0,3396	0,0970
0,5	0,1	1,1788	1,0534	0,1533
	0,5	0,2518	0,7050	0,4737
	0,9	0,4857	0,1192	0,6086
0,9	0,1	1,6234	1,0447	0,6036
	0,5	1,3265	0,1465	1,0418
	0,9	0,8428	0,6500	0,1770

Die Prüfgröße t^* hat bei Vergleich der Schlangenlänge im Fall Weibull-verteilter und gammaverteilter Bedienungszeiten und C(S) = 0,9 und C(B) = 0,1 den höchsten Wert mit t^* = 1,6234. Da der kritische Wert für 95 % Sicherheit bei t^o = 1,96 liegt, ist die Abweichung zwischen den mittleren Schlangenlängen bei verschiedenen Verteilungsmodellen des Bedienungsprozesses in keinem Fall signifikant.

Bei der Ermittlung der mittleren Schlangenlänge in Wartesystemen mit nicht-exponentialverteilten Störabständen ist es also nicht erforderlich, das Verteilungsmodell explizit zu berücksichtigen, die mittlere Schlangenlänge kann vielmehr mit hinreichender Genauigkeit bestimmt werden, wenn nur die beiden ersten Momente der Verteilung der Bedienungszeiten bekannt sind.

c) Der Einfluß des Verteilungsmodells des Reparaturprozesses bei nicht-exponentialverteilten Störabständen

In einem ähnlichen Simulationsexperiment ist nun der Einfluß des Verteilungsmodells des Reparaturprozesses zu untersuchen, wenn die Störabstände nicht exponentialverteilt sind. Für die Normalkombination der Parameter

α = 6 E(R) = 0,1
β = 10 E(S) = 5,0

erhält man bei Weibull-verteilten Störabständen die in der Tabelle 15 zusammengestellten Ergebnisse.

Tabelle 15

Mittlere Schlangenlänge bei Weibull-verteilten Störabständen und verschiedenen Verteilungsmodellen des Reparaturprozesses

C(R)	Gamma-Verteilung		Weibull Verteilung		Lognormal-Verteilung		F^*
	$E(\bar{n})$	Var(n)	$E(\bar{n})$	Var(n)	$E(\bar{n})$	Var(n)	
			C(S) = 0,1				
0,1	3,45±0,10	0,56	3,46±0,11	0,62	3,45±0,11	0,61	0,06
0,5	3,82±0,15	1,26	3,85±0,15	1,22	3,74±0,12	0,89	1,42
0,9	4,88±0,30	5,11	4,70±0,25	3,37	4,87±0,35	6,84	1,01
			C(S) = 0,5				
0,1	3,71±0,13	0,89	3,67±0,12	0,90	3,68±0,13	1,03	0,16
0,5	4,07±0,18	1,82	4,00±0,15	1,26	4,07±0,18	1,89	0,53
0,9	5,08±0,31	5,66	4,91±0,32	5,63	5,23±0,40	8,56	1,87
			C(S) = 0,9				
0,1	4,26±0,21	2,28	4,17±0,19	2,10	4,09±0,21	2,50	1,45
0,5	4,46±0,24	2,98	4,68±0,25	3,80	4,68±0,25	3,58	2,36
0,9	5,70±0,45	11,60	5,68±0,43	10,29	5,76±0,54	16,07	0,07

Hieraus ist zu erkennen, daß die Unterschiede in der Schlangenlänge bei allen untersuchten Parameterkombinationen gering sind. Wie die in der letzten Spalte ausgewiesene Testgröße F^* zeigt, sind die Abweichungen zwischen den drei untersuchten Verteilungsmodellen in keinem Fall signifikant.

In der Tabelle 16 ist die Testgröße t^* für die einzelnen Differenzen wiedergegeben. Auch hier zeigt sich, daß die Differenzen der Schlangenlänge zwischen jeweils zwei Verteilungsmodellen in keinem Fall signifikant sind.

Es dürfte also in der Regel auch bei nicht-exponentialverteilten Ausfallzeiten ausreichen, wenn man nur die beiden ersten Momente der Verteilung der Reparaturzeiten berücksichtigt.

d) Ergebnis

Aus den in diesen Abschnitten beschriebenen Simulationsexperimenten ergibt sich also, daß bei nicht-exponentialverteilten

Störabständen das Verteilungsmodell des Störprozesses von erheblicher Bedeutung ist, daß die Unterschiede im Erwartungswert der Schlangenlänge selbst dann relativ groß sind, wenn die ersten drei Momente der Störabstände gleich sind. Im Gegensatz dazu wird die bei exponentialverteilten Störabständen geltende Beziehung zwischen der Schlangenlänge und den ersten

Tabelle 16

t-Test für die Abweichungen der mittleren Schlangenlänge bei verschiedenen Verteilungsmodellen des Reparaturprozesses

C(S)	C(R)	Vergleich		
		Weibull-Gamma-V.	Lognormal-Gamma-V.	Lognormal-Weibull-V.
0,1	0,1	0,1280	0,2152	0,3351
	0,5	0,3698	1,2564	1,6664
	0,9	1,4111	0,1041	1,1732
0,5	0,1	0,5580	0,3791	0,1594
	0,5	0,9054	0,0290	0,9278
	0,9	1,1448	0,8406	1,8618
0,9	0,1	0,8649	1,6675	0,8555
	0,5	1,9175	1,9146	0,337
	0,9	0,1099	0,2397	0,3458

beiden Momenten der Bedienungs- und Reparaturzeiten nur geringfügig gestört; weder die einzelnen Differenzen der Schlangenlänge zwischen jeweils zwei Verteilungsmodellen, noch die Abweichungen zwischen den Schlangenlängen bei allen Verteilungsmodellen sind signifikant; die Fehler aus einem falschen Verteilungsmodell für die Bedienungs- und Reparaturzeiten sind relativ niedrig.

Wegen des großen Rechenaufwandes bei diesen Simulationsexperimenten konnte nur eine begrenzte Zahl von Verteilungsmodellen und Parameterkombinationen berücksichtigt werden; eine Verallgemeinerung dieser Ergebnisse ist daher problematisch. Dennoch legen die Ergebnisse den Schluß nahe, daß es bei der Untersuchung der Auswirkungen von Betriebsstörungen auf den Produktionsfluß hauptsächlich auf die Analyse des Verteilungsmodells für den Störprozeß ankommt; während bei dem Reparatur- und dem Bedienungsprozeß die Kenntnis der beiden ersten Momente der Abstandsverteilungen ausreichen, ist es notwendig, für den Störprozeß detailliertere Statistiken zu ermitteln.

5. Kapitel: Entscheidungsmodelle in der Theorie der Betriebsstörungen

I. Aufgaben eines Entscheidungsmodells in der Theorie der Betriebsstörungen

1) Ansatzpunkte für die Beeinflussung störanfälliger Aggregate

Im vierten Kapitel dieser Arbeit wurden einige Modelle der Warteschlangentheorie vorgestellt, die es ermöglichen, die Stauungen im Produktionsfluß zu erfassen, die sich aufgrund von Störungen der Maschinen, aber auch aufgrund von Schwankungen ihrer Arbeitsgeschwindigkeit und Unregelmäßigkeiten bei der Anlieferung von Werkstücken ergeben. Die Analyse eines solchen "Erklärungsmodells" kann jedoch nicht alleiniger Zweck der Untersuchung sein, sie ist vielmehr als Vorstufe für die Entwicklung von "Entscheidungsmodellen" anzusehen, die zeigen, "wie beeinflußbare Variable verändert werden können, damit eine bestimmte Lage oder eine bestimmte Veränderung in gewissen Variablen herbeigeführt wird" [1], denn "Operational Research is not a descriptive science but a prescriptive one. Therefore the induction of adequate descriptive models is only a part of the task of the operations analyst. In the end he must come up with a recommendation for action" [2].

Ein solches Entscheidungsmodell setzt sich im allgemeinen aus drei Komponenten zusammen [3]:

1. einer Zielfunktion, die angibt, nach welchen Gesichtspunkten eine Entscheidung getroffen werden soll,

2. den Erklärungsfunktionen, die angeben, welche Größen die Zielfunktionen beeinflussen,

3. den Definitionsfunktionen, die die Beziehung zwischen den Erklärungsfunktionen und der Zielfunktion herstellen.

Ein auf den Ergebnissen der Warteschlangentheorie beruhendes Entscheidungsmodell hätte dann folgende Probleme zu klären:

1. Welche Ansatzpunkte gibt es, um störanfällige Maschinen zu beeinflussen?

2. Welche Zielsetzungen sollen hierbei verfolgt werden?

3. Welche Beziehungen bestehen zwischen den zu beeinflussenden Operationscharakteristiken und der Zielfunktion?

Die Analyse von Wartesystemen mit Betriebsstörungen hat gezeigt daß die Operationscharakteristiken eines Wartesystems wesentlich von den Basisprozessen bzw. von

1. der Verteilung der Abstände der Anlieferungen der zu bearbeitenden Werkstücke,

2. der Verteilung der Dauer dieser Bearbeitungen,

3. der Verteilung der Länge der störungsfreien Arbeitsintervalle der Maschinen,

4. der Verteilung der Dauer der Reparatur gestörter Maschinen

abhängen. Geht man zunächst davon aus, daß

1. die Struktur der Systeme vorgegeben ist,

2. durch Maßnahmen zur Beeinflussung der Basisprozesse lediglich die Parameter der Verteilungen, nicht aber der Verteilungstyp selbst verändert werden können,

3. die Anlieferung der Werkstücke exogen bestimmt wird und nicht beeinflußt werden kann,

dann ergibt sich als erster Ansatzpunkt für die Beeinflussung störanfälliger Maschinen die Beeinflussung der Parameter des Bedienungsprozesses, des Störprozesses und des Reparaturprozesses.

Während diese Ansätze davon ausgehen, daß die Struktur des Systems erhalten bleibt und lediglich die Parameter der Basisprozesse beeinflußt werden können, zielen andere Maßnahmen auf eine Veränderung der Struktur des Systems ab; diese Maßnahmen knüpfen meist an die Tatsache an, daß die Unterbrechung der Arbeit der Maschine und das Auftreten von Störungen nicht notwendigerweise gleichzeitig auftreten müssen, sondern daß es vielmehr häufig möglich ist, den Zeitpunkt der Unterbrechung innerhalb gewisser Grenzen autonom zu bestimmen: So kann man z. B. bei absinkender Bearbeitungsgeschwindigkeit oder bei absinkender Bearbeitungsqualität die Toleranzgrenzen, die der Bearbeitungsprozeß einhalten muß, frei bestimmen, man kann bei absinkender Qualität regelmäßige Wartungsmaßnahmen durchführen, um ein bestimmtes Niveau der Bearbeitungsqualität sicherzustellen etc. Steigt die momentane Ausfallrate mit der Betriebsdauer an, und sind Reparaturen mit relativ hohen Kosten verbunden, dann kann es sinnvoll sein, die Maschine in bestimmten Abständen stillzulegen, um vorbeugende Wartungsmaßnahmen durchzuführen.

Hieraus ergeben sich also folgende Möglichkeiten zur Veränderung der Struktur des Systems:

1. Bestimmung des Zeitpunktes, in dem ein Aggregat gewartet werden soll, weil im Laufe der Zeit die Bearbeitungsgeschwindigkeit nachläßt,

2. Bestimmung des Zeitpunktes, in dem ein Aggregat gewartet werden soll, weil im Laufe der Zeit die Bearbeitungsqualität nachläßt,

3. Bestimmung des Abstandes vorbeugender Wartungsmaßnahmen.

Bei der Beurteilung dieser Maßnahmen ist zu berücksichtigen, daß die zugrundeliegenden Erklärungsmodelle statische Modelle sind, so daß auch die auf ihnen aufbauenden Optimierungsmodelle statischen Charakter haben und einen unbegrenzten Planungshorizont voraussetzen. Daraus ergibt sich, daß man mit ihrer Hilfe nur "strategische" Regeln für die langfristige Ausgestaltung der untersuchten Systeme herleiten kann, nicht aber "taktische" Regeln, wie man kurzfristig auf bestimmte Situationen reagieren soll [4].

2) Die Zielfunktion und ihre Abhängigkeit von den Operationscharakteristiken

Bei der Entscheidung über die optimale Ausgestaltung eines störanfälligen Aggregates wird es im allgemeinen sinnvoll sein, als Zielfunktion die Minimierung der gesamten relevanten Kosten zu fordern:

$$K = \min \tag{1}$$

Auf die Problematik dieser Zielfunktion soll hier nicht näher eingegangen werden [5].

Bei der Minimierung der relevanten Kosten sind zwei Fälle zu unterscheiden:

1. Es sollen die relevanten Kosten/Zeiteinheit minimiert werden
2. Es sollen die relevanten Kosten/Stück minimiert werden.

Ist, wie in dieser Untersuchung vorausgesetzt, die im Durchschnitt zu bearbeitende Zahl der Werkstücke konstant, dann führen beide Ansätze zum gleichen Ergebnis, so daß hier von der Minimierung der relevanten Kosten/Zeiteinheit ausgegangen werden kann.

Die relevanten Kosten eines störanfälligen Aggregates setzen sich aus folgenden Komponenten zusammen:

1. Die Kosten der Zwischenlagerung der Werkstücke vor dem Aggregat; diese Kosten sind im allgemeinen proportional der durchschnittlichen Aufenthaltsdauer der Werkstücke bzw. dem mittleren Bestand des Zwischenlagers:

   $$K_1 = k_1\bar{n} \tag{2}$$

   wobei k_1 die Kosten der Lagerung eines Werkstücks pro Zeiteinheit sind.

2. Die Bearbeitungskosten K_2; hierbei sind zwei Fälle zu unterscheiden:

   a. Wird die durchschnittliche Bearbeitungsgeschwindigkeit verändert (intensitätsmäßige Anpassung), dann werden sich im allgemeinen auch die Bearbeitungskosten verändern. Die Bearbeitungskosten/Stück sind dann gleich

   $$C_2 = c_2(\beta) \tag{3}$$

   die gesamten Bearbeitungskosten/Zeiteinheit sind dann

   $$K_2 = \alpha c_2(\beta) = k_2(\beta) \tag{4}$$

Die Kostenfunktion (4) läßt sich analog der Kostenfunktion bei intensitätsmäßiger Anpassung aus den technischen Verbrauchsfunktionen herleiten [6] .

Im folgenden wird vorausgesetzt, daß (4) innerhalb des Definitionsbereiches stetig und differenzierbar ist und daß sie in diesem Bereich konvex ist:

$$\frac{d^2K_2}{d\beta^2} > 0 \tag{5}$$

Wie Albach [7] gezeigt hat, ist für die intensitätsmäßige Anpassung lediglich der steigende Ast der Verbrauchsfunktionen relevant, so daß es sinnvoll ist, vorauszusetzen, daß (4) im relevanten Bereich monoton ansteigt:

$$\frac{dK_2}{d\beta} > 0 \tag{6}$$

b. Wird hingegen die Bearbeitungsgeschwindigkeit konstant gehalten, dann sind auch die Bearbeitungskosten/Zeiteinheit konstant:

$$K_2 = k_2 \tag{7}$$

3. Die Kosten einer Reparatur bzw. einer Wartung: Wie bei den Bearbeitungskosten sind wiederum zwei Fälle zu unterscheiden:

a. Ist die Reparaturgeschwindigkeit konstant, dann sind die Reparaturkosten/Zeiteinheit proportional der Zahl der Reparaturen/Zeiteinheit:

$$K_3 = k_3\bar{R} \tag{8}$$

b. Wird hingegen die Reparaturgeschwindigkeit erhöht, dann werden meist auch die Reparaturkosten steigen:

$$K_3 = k_3(\mu)\bar{R}(\mu) \tag{9}$$

wobei

$$\frac{dk_3}{d\mu} > 0 \tag{10}$$

und

$$\frac{d^2k_3}{d\mu^2} > 0 \tag{11}$$

4. Anstelle der Reparaturkosten treten bei planmäßigen Wartungsmaßnahmen die Wartungskosten, die proportional der Zahl der Wartungen sind

$$K_4 = k_4\bar{W} \tag{12}$$

5. Neben den Reparaturkosten werden mit Störungen gelegentlich weitere Kosten, wie Nachbesserungskosten etc. auftreten, die ebenfalls proportional der Zahl der Störungen/Zeiteinheit sind:

$$K_5 = k_5\bar{R} \tag{13}$$

Die Funktion der relevanten Kosten ist also im allgemeinen gegeben durch

$$K = K_1+K_2+K_3+K_4+K_5 \tag{14}$$

In den einzelnen Optimierungsmodellen werden möglicherweise weitere Kosteneinflüsse zu berücksichtigen sein, bzw. einzelne Kosteneinflüsse können außer acht gelassen werden, weil sie keinen Einfluß auf die Entscheidung haben. Auf diese Modifikationen wird bei der Behandlung der speziellen Modelle hingewiesen werden.

Existiert eine analytische Lösung für das zu untersuchende Wartesystem, dann wird es im allgemeinen möglich sein, die in diese Zielfunktion eingehenden Operationscharakteristiken direkt zu bestimmen.

Ist hingegen keine analytische Lösung für das zu untersuchende System bekannt, so daß der Erwartungswert der relevanten Kosten mit Hilfe der Simulation bestimmt werden muß, dann kann dies grundsätzlich auf zwei Wegen durchgeführt werden:

1. Man registriert während eines Simulationsexperiments neben den Operationscharakteristiken auch die entsprechenden Kostenkomponenten und berechnet den Erwartungswert der gesamten relevanten Kosten aus den Mittelwerten der Kostenkomponenten

2. Man bestimmt im Simulationsexperiment nur die Mittelwerte der Operationscharakteristiken und bewertet diese mit den entsprechenden Kostensätzen.

In einem Wartesystem ohne Betriebsstörungen setzen sich z. B. die relevanten Kosten nur aus den Lagerhaltungskosten und den Betriebskosten zusammen.

Sind die Lagerhaltungskosten proportional der Zahl der Werkstücke im System und sind die Betriebskosten/Zeiteinheit konstant, dann sind die relevanten Kosten gegeben durch

$$K = \frac{1}{T} \int_0^T \{N(t)k_1+k_2\}dt \tag{15}$$

wobei

- $N(t)$ die Zahl der Werkstücke ist, die im Zeitpunkt t im System sind
- k_1 die Lagerhaltungskosten eines Werkstücks/Zeiteinheit
- k_2 die Betriebskosten des Systems/Zeiteinheit
- T die Dauer des Simulationsexperiments

Anstelle von (15) kann man schreiben

$$K = \frac{k_1}{T} \int_0^T N(t)dt + k_2 \qquad (16)$$

oder wegen

$$\bar{N}(t) = \frac{\int_0^T N(t)dT}{T} \qquad (17)$$

wobei $\bar{N}$ die durchschnittliche Zahl der Kunden im System ist, gilt auch:

$$K = k_1\bar{N} + k_2 \qquad (18)$$

Formel (18) gibt aber gerade die relevanten Kosten nach Methode 2 wieder, während Formel (15) den nach Methode 1 berechneten Kosten entspricht. Sind die Kostensätze, mit denen die Operationscharakteristiken bewertet werden, feste Größen, dann sind die relevanten Kosten in beiden Fällen gleich.

Während beim ersten Verfahren jedoch bei jedem einzelnen Ereignis die Systemgrößen mit Kosten gewichtet werden müssen, um daraus die relevanten Kosten zu berechnen, müssen im zweiten Fall die Operationscharakteristiken nur einmal am Ende des Simulationslaufes mit den Kostensätzen gewichtet und dann zu den relevanten Kosten zusammengefaßt werden. Das zweite Verfahren ist also aus rechentechnischen Gründen vorzuziehen.

Sind die Kostensätze ebenfalls Zufallsgrößen, dann ist es hingegen notwendig, die relevanten Kosten nach dem ersten Verfahren zu bestimmen.

II. Die Optimierung der Prozeßparameter

1) Die optimale Betriebsgeschwindigkeit

a) Die optimale Bedienungsrate bei ungestörten Kanälen

Bei den nun zu behandelnden Problemen einer optimalen Beeinflussung der Parameter der Basisprozesse ist davon auszugehen, daß diese Parameter innerhalb gewisser Bereiche kontinuierlich variiert werden können. Als erstes Problem stellt sich hierbei die Frage nach der optimalen Betriebsgeschwindigkeit.

Dieses Problem hängt eng zusammen mit der Theorie der intensitätsmäßigen Anpassung, die davon ausgeht, daß es möglich ist, einzelne Aggregate mit unterschiedlicher Leistung zu nutzen, wobei der Faktorverbrauch dieser Maschinen, und damit auch die an diesen Aggregaten entstehenden Kosten, gemäß technischer Gesetzmäßigkeiten, den technischen Verbrauchsfunktionen, von der Leistung des Aggregates abhängt [8]. Die sich hieran anschließende Frage nach der optimalen Produktionsgeschwindigkeit wurde für den deterministischen Fall von Jacob und Pack unter der Voraussetzung untersucht, daß die Maschinen nur mit einer Intensität genutzt werden sollen [9]. Das entsprechende stochastische Problem, die Frage nach der optimalen Bedienungsrate in einem Wartesystem, wurde von Morse [10] gestellt. Neuere

Arbeiten auf dem Gebiet der intensitätsmäßigen Anpassung kommen nun zu dem Ergebnis, daß es im allgemeinen nicht optimal ist, nur mit einer Intensität zu arbeiten, sondern daß man zwischen zwei Intensitätsstufen wechseln sollte [11].

Es stellt sich nun die Frage, ob dieses "Intensitätssplitting" [12] auch bei den hier zu behandelnden Problemen zu berücksichtigen ist. Zur Beantwortung dieser Frage ist zwischen zwei Aspekten des Problems der intensitätsmäßigen Anpassung zu unterscheiden:

1. Die taktische Frage, mit welcher Intensität eine Maschine, die durch einfache Schaltungen auf verschiedene Intensitätsstufen umgeschaltet werden kann, eine vorgegebene Produktionsmenge bearbeiten soll

2. Die strategische Frage, auf welche Intensität ein Aggregat, das für mehrere Intensitätsstufen konstruiert werden kann, ausgelegt werden soll.

Da die Frage des Intensitätssplittings nur bei dem taktischen Problem, nicht aber bei dem strategischen Problem auftritt, im Rahmen der hier behandelten Modelle wegen ihres statischen Charakters jedoch nur strategische Regeln für die Auslegung der Systeme abgeleitet werden können, stellt sich die Frage des Intensitätssplittings bei der Optimierung der Prozeßparameter nicht.

Bei der Bestimmung der optimalen Bedienungsrate soll zunächst ein einfaches Markoff-Modell ohne Betriebsstörungen untersucht werden, um an diesem die Lösungsmethoden zu demonstrieren und um einen Maßstab für den Einfluß der Betriebsstörungen zu gewinnen. Die Frage nach der Optimierung der Bedienungsrate in einem Markoff-Wartesystem wurde von Morse [13] untersucht; im Gegensatz zu dem Modell von Morse, das von der Minimierung der relativen Kosten/Kunden ausgeht, sollen hier die relevanten Kosten/Zeiteinheit minimiert werden. Im Fall konstanter Ankunftsraten müssen beide Modelle zum gleichen Ergebnis führen.

Da voraussetzungsgemäß keine Reparaturen auftreten, sind die gesamten relevanten Kosten gleich:

$$K(\beta) = k_1\bar{n}(\beta) + k_2(\beta) \qquad (19)$$

Der Verlauf der Ausfallkosten K_1, der Bedienungskosten K_2 und der relevanten Kosten ist in der Abb. 52 für die Normalkombination der Parameter

$$\alpha = 6 \qquad k_2(\beta) = k_2\beta$$

$$k_1 = 1 \qquad k_2 = 2$$

dargestellt. Wie daraus ersichtlich ist, fällt K_1 monoton mit steigender Bedienungsgeschwindigkeit, während K_2 monoton ansteigt. Ziel der Untersuchung ist es, einen Ausgleich zwischen diesen beiden gegenläufigen Tendenzen zu finden.

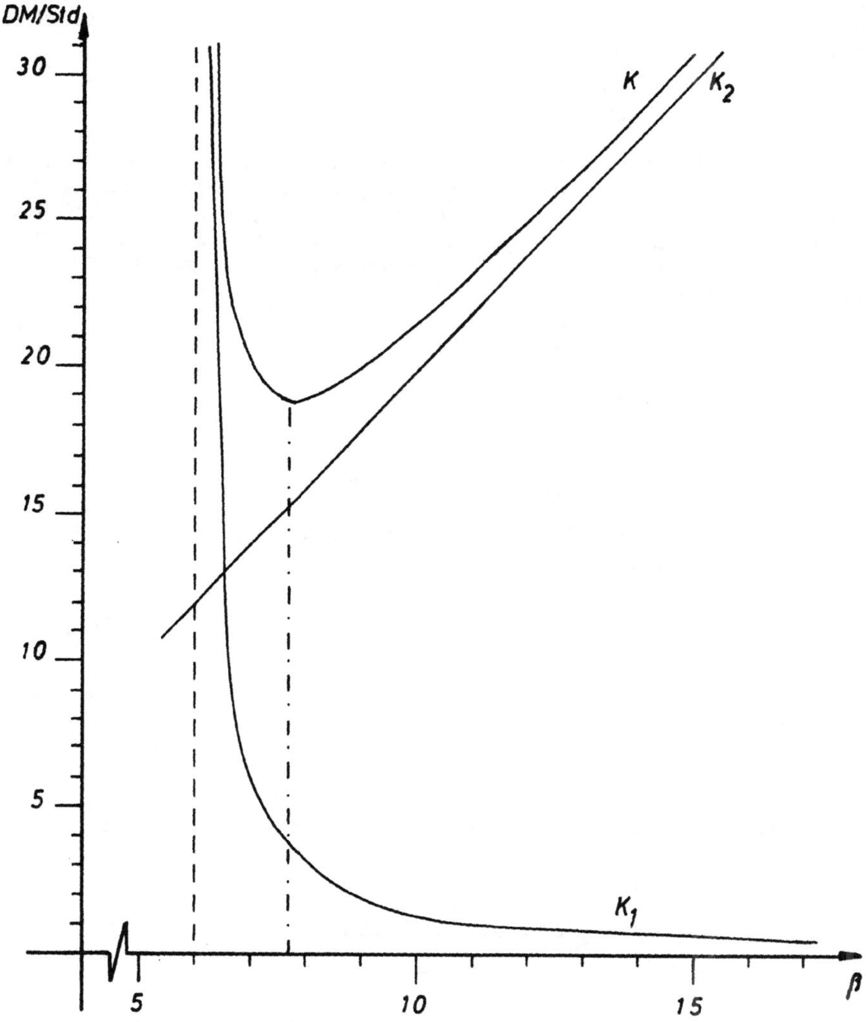

Abbildung 52: Relevante Kosten eines Wartesystems ohne Störungen in Abhängigkeit von der Betriebsgeschwindigkeit

Differenziert man (19) und setzt die Ableitung gleich Null, dann erhält man als notwendige Bedingung für die optimale Bedienungsgeschwindigkeit [14].

$$- \frac{d\bar{n}(\beta)}{d\beta} k_1 = \frac{dk_2(\beta)}{d\beta} \qquad (20)$$

Die optimale Bedienungsgeschwindigkeit ist dann erreicht, wenn die Verringerung der Aufenthaltskosten durch eine Erhöhung der Bedienungsrate gleich der dadurch verursachten Erhöhung der Bedienungskosten ist. Berücksichtigt man die Formel für die mittlere Schlangenlänge in einem Wartesystem des Typs (M/M/1) und setzt

$$\frac{dk_2(\beta)}{d\beta} = k_2'(\beta)$$

dann erhält man aus (20)

$$\frac{\alpha}{(\beta-\alpha)^2} = \frac{k_2'(\beta)}{k_1} = \frac{k_2}{k_1}$$

Löst man nach β auf, dann erhält man für die optimale Bedienungsgeschwindigkeit

$$\beta^* = \alpha + \sqrt{\alpha \frac{k_1}{k_2}} \qquad (21)$$

Die optimale Bedienungsrate in dem in der Abb. 52 dargestellten Fall ist

$$\beta^* = 7,73$$

Die gesamten relevanten Kosten im Optimum sind gleich

$$K^* = 18,93$$

die Bedienungskosten sind dann gleich

$$K_2^* = 15,46$$

die Aufenthaltskosten sind gleich

$$K_1^* = 3,47$$

b) Die optimale Betriebsgeschwindigkeit bei störanfälligen Maschinen

Wird eine Maschine zeitweilig durch Störungen stillgelegt und muß sie dann repariert werden, dann müssen bei der Optimierung der Betriebsgeschwindigkeit zwei Fälle unterschieden werden:

1. Die Betriebsgeschwindigkeit kann verändert werden, ohne daß dadurch die Häufigkeit von Betriebsstörungen beeinflußt wird. Dieser Fall wird insbesondere bei externen Störungen auftreten, weil dann die Störungen auf exogene Faktoren zurückzuführen sind.

2. Bei einer Veränderung der Betriebsgeschwindigkeit wird auch die Häufigkeit von Störungen verändert. Dieser Fall wird insbesondere bei internen Störungen auftreten, weil eine höhere Geschwindigkeit zu einer höheren Beanspruchung der Maschinen und des Personals führt und dadurch die Störanfälligkeit gefördert wird.

1. Externe Störungen

Im ersten Fall werden durch eine Veränderung der Betriebsgeschwindigkeit nur die Aufenthaltskosten und die Betriebskosten, nicht aber die Reparaturkosten beeinflußt; die Kostenfunktion (19) und das Optimalitätskriterium (20) bleiben bestehen.

Die mittlere Schlangenlänge in einem Markoff-Wartesystem mit externen unterbrechenden Störungen ist

$$\bar{n} = \frac{\alpha\{\mu+\lambda+\frac{\beta\lambda}{\mu+\lambda}\}}{\beta\mu-\alpha\mu-\alpha\lambda} \tag{22}$$

die erste Ableitung nach der Betriebsgeschwindigkeit ist gleich

$$\frac{d\bar{n}}{d\beta} = -\frac{\alpha\{\mu^2+\lambda\mu+\alpha\lambda\}}{\{\beta\mu-\alpha\mu-\alpha\lambda\}^2} \tag{23}$$

Einsetzen von (23) in (20) ergibt als Bedingung für die optimale Betriebsgeschwindigkeit

$$\frac{\alpha\{\mu^2+\lambda\mu+\alpha\lambda\}}{\{\beta\mu-\alpha\mu-\alpha\lambda\}^2} = \frac{k_2'(\beta)}{k_1} \tag{24}$$

Im Fall linearer Betriebskosten läßt sich die optimale Betriebsgeschwindigkeit explizit angeben:

$$\beta^* = \frac{\alpha(\mu+\lambda)}{\mu} + \sqrt{\{\frac{\alpha(\mu+\lambda)}{\mu}+\frac{\alpha^2\lambda}{\mu^2}\}\frac{k_1}{k_2}} \tag{25}$$

Für nichtlineare Kostenverläufe ist es hingegen im allgemeinen nicht möglich, die optimale Betriebsgeschwindigkeit explizit anzugeben: bereits im Fall einer quadratischen Kostenfunktion ist ein Polynom vierten Grades zu lösen.

Beim Vergleich von Formel (25) mit der entsprechenden Optimalitätsbedingung (21) im störungsfreien Fall kommt man zu folgendem Ergebnis:

1. Beide Formeln sind analog aufgebaut; an die Stelle der Ankunftsrate tritt bei störanfälligen Maschinen der Ausdruck $\alpha(\mu+\lambda)/\mu$ der die zusätzliche Belastung des Systems durch Störungen berücksichtigt; der Ausdruck unter der Wurzel wird weiter um eine Größe erhöht, die die Erhöhung der Streuung der Durchlaufzeit zum Ausdruck bringt.

2. Die optimale Betriebsgeschwindigkeit einer störanfälligen Maschine ist immer größer als die einer störungsfrei arbeitenden Maschine; die durch die Störung verursachte Erhöhung

der Zwischenlagerbestände sollte also durch eine Erhöhung der Betriebsgeschwindigkeit kompensiert werden.

Für die angegebene Normalkombination der Parameter erhält man:

$\beta^* = 9{,}88$ $\quad$ $K_1^* = 6{,}37$

$K^* = 27{,}45$ $\quad$ $K_2^* = 19{,}78$

Die störungsbedingte Erhöhung des Lagerbestandes und die zu ihrer Kompensation erforderliche Erhöhung der Betriebsgeschwindigkeit erhöhen also die relevanten Kosten um 39 %. Die Betriebsgeschwindigkeit und damit die Betriebskosten steigen um 28 % an, während der durchschnittliche Lagerbestand und die Lagerhaltungskosten um 82 % ansteigen.

Die Abhängigkeit der optimalen Betriebsgeschwindigkeit sowie der bei dieser Geschwindigkeit entstehenden relevanten Kosten (ohne Reparaturkosten) von den Systemparametern α, λ und μ sowie von den Kostenparametern k_1 und k_2 ist in den Abbildungen 53 bis 54 für die Normalkombination der Parameter wiedergegeben. Hieraus ist zu erkennen:

1. Bei einer Erhöhung der Ankunftsrate steigt die optimale Betriebsgeschwindigkeit nahezu proportional mit der Ankunftsrate; eine höhere Kapazitätsauslastung wird also durch eine Erhöhung der Betriebsgeschwindigkeit ausgeglichen.

2. Die Betriebsgeschwindigkeit steigt ebenfalls nahezu proportional mit der Störanfälligkeit.

3. Eine Erhöhung der Reparaturrate ermöglicht eine Reduktion der Betriebsgeschwindigkeit; im Bereich niedriger Reparaturraten ist diese Senkung erheblich, im Bereich einer hohen Reparaturgeschwindigkeit ist die Möglichkeit einer Senkung der Betriebsgeschwindigkeit begrenzt, weil das Aggregat ohnehin in der Nähe der optimalen Geschwindigkeit im störungsfreien Fall arbeitet.

4. Bei einer Erhöhung der Lagerhaltungskosten ist es sinnvoll, die dadurch hervorgerufene Erhöhung der Aufenthaltskosten durch eine Erhöhung der Produktionsgeschwindigkeit zu kompensieren; die optimale Betriebsgeschwindigkeit steigt jedoch unterproportional mit dem Lagerkostensatz.

5. Bei einer Erhöhung der Betriebskosten ist es sinnvoll, die Produktionsgeschwindigkeit zu senken; während diese Senkung im Bereich niedriger Betriebskostensätze und hoher Betriebsgeschwindigkeiten erheblich sind, ist im umgekehrten Fall eine Kompensation der Erhöhung des Betriebskostensatzes durc eine Senkung der Betriebsgeschwindigkeit nicht möglich, weil das Aggregat ohnehin in der Nähe seiner Kapazitätsgrenze arbeitet.

Die hier nur numerisch für eine Normalkombination der Parameter gefundenen Ergebnisse lassen sich durch Diskussion der Ab-

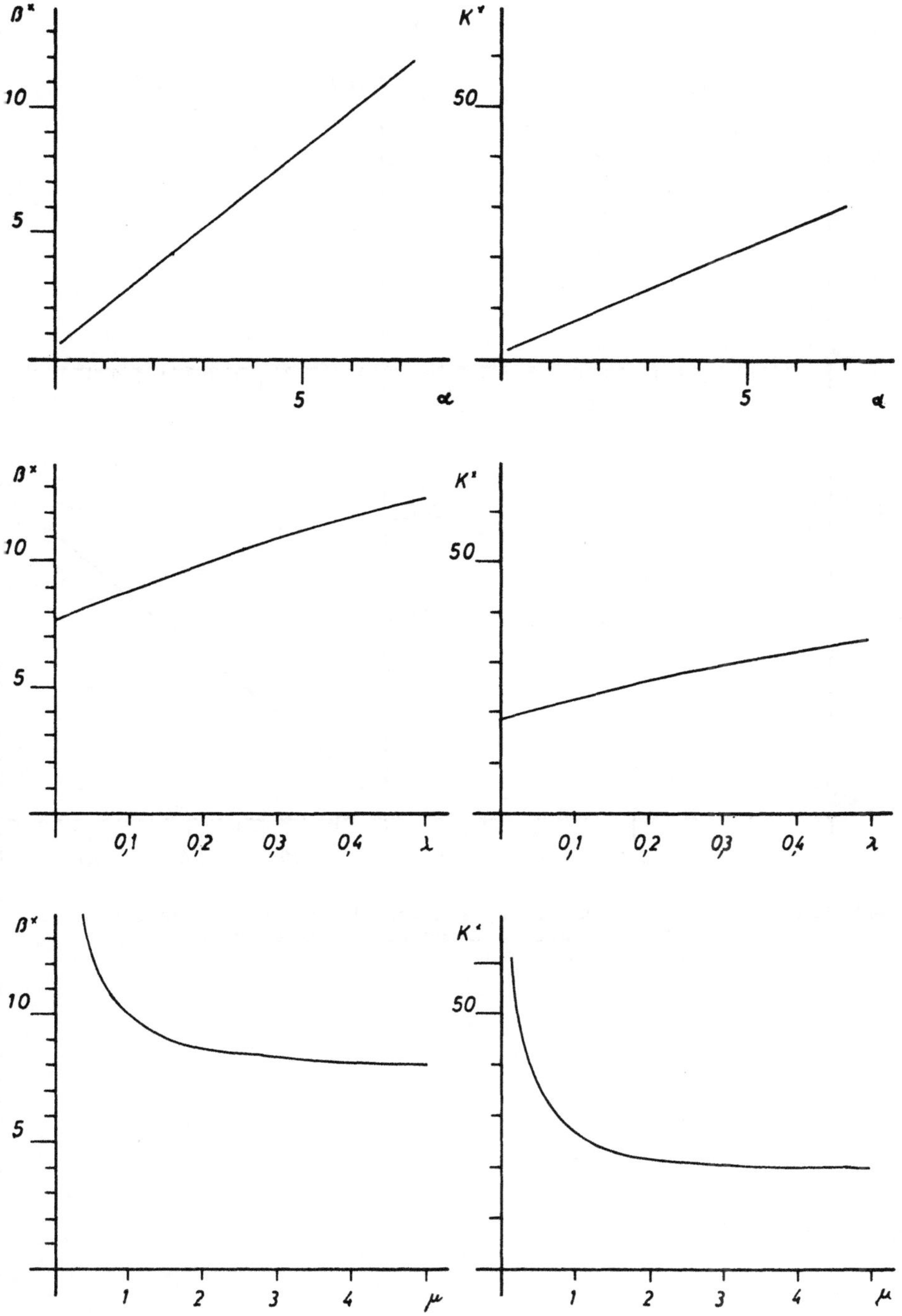

Abbildung 53: Optimale Betriebsgeschwindigkeit und relevante Kosten in Wartesystemen mit externen unterbrechenden Störungen

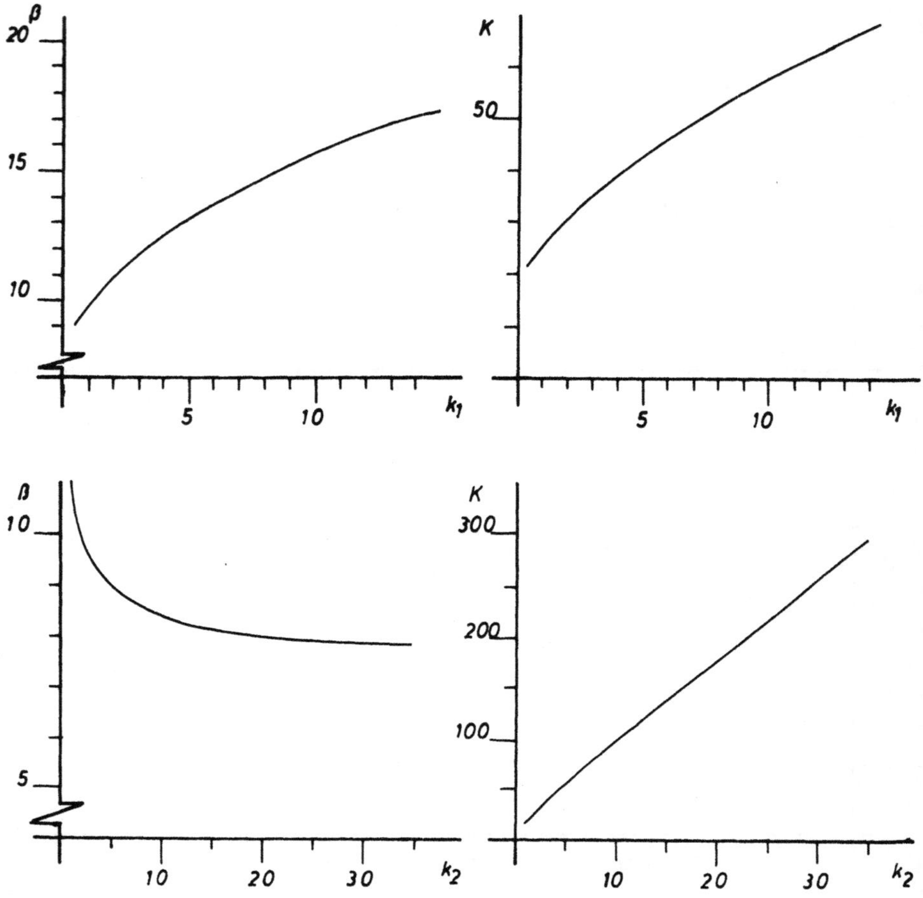

Abbildung 54: Optimale Betriebsgeschwindigkeit und relevante Kosten in Wartesystemen mit externen unterbrechenden Störungen

leitungen der Optimalitätsbedingung nach den einzelnen Parametern auch für allgemeinere Fälle bestätigen.

2. Interne Störungen

Bei externen Störungen ist die Annahme, daß die Störanfälligkeit des Aggregates unabhängig von der Betriebsgeschwindigkeit ist, gerechtfertigt. Im Fall interner Störungen, die durch den Betrieb der Maschine selbst verursacht werden, ist die Störanfälligkeit hingegen von der Betriebsgeschwindigkeit abhängig:

$$\lambda = \lambda(\beta) \tag{26}$$

Diese "Störfunktion" habe folgende Eigenschaften:

1. Die Störanfälligkeit variiert bei einer Veränderung der Betriebsgeschwindigkeit kontinuierlich; es gibt keine kritischen Geschwindigkeiten, bei denen die Störanfälligkeit sprunghaft ansteigt. Die Störfunktion ist also eine stetige, differenzierbare Funktion

2. Bei einer höheren Betriebsgeschwindigkeit wird das Aggregat stärker beansprucht, so daß die Störanfälligkeit steigt:

$$\frac{d\lambda(\beta)}{d\beta} > 0 \tag{27}$$

3. Die Störfunktion sei konvex:

$$\frac{d^2\lambda(\beta)}{d\beta^2} \geq 0 \tag{28}$$

Bei externen Störungen wird die Reparaturanfälligkeit nicht durch die Betriebsgeschwindigkeit beeinflußt, die Reparaturkosten können deshalb außer acht gelassen werden. Bei internen Störungen müssen sie hingegen berücksichtigt werden, weil die Betriebsgeschwindigkeit die Reparaturanfälligkeit beeinflußt. Die relevanten Kosten haben dann die Form

$$K(\beta) = k_1\bar{n}(\beta) + k_2(\beta) + k_3\bar{R}(\beta) \tag{29}$$

Differenziert man (29) und setzt die Ableitung gleich Null, dann erhält man als allgemeines Optimalitätskriterium

$$-k_1\frac{d\bar{n}(\beta)}{d\beta} = \frac{dk_2(\beta)}{d\beta} + k_3\frac{dR(\beta)}{d\beta} \tag{30}$$

Die Bedingung (30) besagt, daß im Optimum die Verringerung der Lagerhaltungskosten bei Erhöhung der Betriebsgeschwindigkeit durch die dadurch verursachte Erhöhung der Betriebs- und Reparaturkosten kompensiert wird.

Setzt man in die Formel für die mittlere Schlangenlänge in einem Markoff-Wartesystem mit internen Störungen die Störfunktion ein, dann erhält man:

$$\bar{n} = \frac{\alpha\{\mu+\lambda(\beta)(1+\frac{\alpha}{\mu})\}}{\beta\mu-\alpha\mu-\alpha\lambda(\beta)} \tag{31}$$

Differenziert man (31), dann ergibt sich

$$\frac{d\bar{n}}{d\beta} = \frac{\alpha L(\beta)\{\beta\mu+\alpha\beta-\alpha^2\}-\alpha\{\mu^2+\lambda(\beta)(\alpha+\mu)\}}{\{\beta\mu-\alpha\mu-\alpha\lambda(\beta)\}^2} \tag{32}$$

mit

$$L(\beta) = \frac{d\lambda(\beta)}{d\beta} \tag{33}$$

Im Gegensatz zum Fall externer Störungen fällt die mittlere Schlangenlänge bei einer Erhöhung der Betriebsgeschwindigkeit nicht notwendig monoton: Die Verringerung der Schlangenlänge durch die Erhöhung der Betriebsgeschwindigkeit kann vielmehr durch die Verlängerung der Ausfallzeiten des Aggregates kompensiert werden, wenn die Störfunktion stark steigt. Eine derartige "anomale Reaktion" tritt dann ein, wenn

$$L(\beta)\{\beta\mu+\alpha\beta-\alpha^2\}-\lambda(\beta)(\alpha+\mu) > \mu^2 \tag{34}$$

Im Fall proportionaler Störfunktionen tritt die anomale Reaktion nicht auf.

Die durchschnittliche Zahl der Reparaturen ist

$$\bar{R}(\beta) = \frac{\alpha\lambda(\beta)}{\beta} \tag{35}$$

die erste Ableitung ist

$$\frac{d\bar{R}(\beta)}{d\beta} = \frac{\alpha\{\beta L(\beta)-\lambda(\beta)\}}{\beta^2} \tag{36}$$

Im Fall einer proportionalen Störfunktion ist die Häufigkeit der Reparaturen unabhängig von der Betriebsgeschwindigkeit, die Erhöhung der Reparaturanfälligkeit durch eine höhere Betriebsgeschwindigkeit wird ausgeglichen durch die Verringerung der Störungen durch die längeren Leerzeiten, während denen keine Störungen auftreten können. In allen Fällen, in denen die Störrate überproportional ansteigt, steigt die Reparaturhäufigkeit hingegen mit steigender Bedienungsgeschwindigkeit.

Eine proportionale Störfunktion ist also - auch als erste Näherung - ungeeignet zur Beschreibung der Abhängigkeit zwischen Betriebsgeschwindigkeit und Störanfälligkeit, weil ihre Eigenschaften zwei wesentliche Merkmale des hier zu untersuchenden Modells verdecken:

1. Die Abhängigkeit der Reparaturhäufigkeit von der Betriebsgeschwindigkeit

2. Die anomale Reaktion der Schlangenlänge im Bereich hoher Betriebsgeschwindigkeiten.

Eine proportionale Störfunktion ist zudem ungeeignet zur Beschreibung der Realität, weil die größere Beanspruchung des

Aggregates im Bereich großer Arbeitsgeschwindigkeit im allgemeinen zu einem überproportionalen Ansteigen der Störanfälligkeit führen dürfte.

Setzt man (32) und (35) in das Optimalitätskriterium (30) ein, dann erhält man

$$\frac{\alpha\{\mu^2+\lambda(\beta)(\alpha+\mu)\}-\alpha L(\beta)\{\alpha^2-\beta\mu-\alpha\beta\}}{\{\beta\mu-\alpha\mu-\alpha\lambda(\beta)\}^2}k_1 = \frac{dk_2(\beta)}{d\beta} + \frac{\alpha\{\beta L(\beta)-\lambda(\beta)\}}{\beta^2} k_3 \quad (37)$$

Eine Auflösung von (37) nach β ist im allgemeinen auch bei Angabe einer speziellen Störfunktion nicht möglich; (37) läßt sich jedoch leicht numerisch lösen.

Im folgenden sollen einige Eigenschaften dieser Optimalitätsbedingung anhand des folgenden Spezialfalles untersucht werden:

1. Die Störfunktion sei eine quadratische Funktion:

$$\lambda(\beta) = \ell\beta^2 \quad (38)$$

2. Die Betriebskosten seien proportional der Betriebsgeschwindigkeit:

$$k_2(\beta) = k_2\beta \quad (39)$$

Die Kostenfunktion hat dann die spezielle Form:

$$K(\beta) = \frac{\alpha\{\mu+\ell\beta^2(1+\alpha/\mu)\}}{\beta\mu-\alpha\mu-\alpha\ell\beta^2} k_1 + \beta k_2 + \alpha\ell\beta k_3 \quad (40)$$

und die Optimalitätsbedingung hat die Form:

$$\frac{\alpha\{2\alpha^2\ell\beta+\mu^2-\ell(\alpha+\mu)\beta^2\}}{\{\beta\mu-\alpha\mu-\alpha\ell\beta^2\}^2} k_1 = k_2 + \alpha\ell k_3 \quad (41)$$

Aus (40) und (41) folgt:

1. Es gibt einen Maximalwert ℓ_{max}, denn für alle

$$\ell > \frac{\mu}{4\alpha^2} \quad (42)$$

wird der Nenner von (40) negativ. Daraus folgt, daß für alle $\ell > \ell_{max}$ keine Betriebsgeschwindigkeit existiert, die ein stochastisches Gleichgewicht sicherstellt.

Bei vorgegebenem $\ell = \frac{\mu}{4\alpha^2}$ muß β in dem Intervall

$$\frac{\mu}{2\alpha\ell} - \sqrt{\left[\frac{\mu}{2\alpha\ell}\right]^2 - \frac{\mu}{\ell}} < \beta < \frac{\mu}{2\alpha\ell} + \sqrt{\left[\frac{\mu}{2\alpha\ell}\right]^2 - \frac{\mu}{\ell}}$$

liegen, da sonst kein stochastisches Gleichgewicht erreicht werden kann.

2. Für alle

$$\beta > \frac{\alpha^2}{\mu+\alpha} + \sqrt{\left[\frac{\alpha^2}{\mu+\alpha}\right]^2 + \frac{\mu^2}{\ell(\mu+\alpha)}}$$

wird (32) positiv, d. h. es tritt eine anomale Reaktion der Schlangenlänge auf.

3. Der optimale Wert von β muß also in dem Intervall

$$\frac{\mu}{2\alpha\ell} - \sqrt{\left[\frac{\mu}{2\alpha\ell}\right]^2 - \frac{\mu}{\ell}} < \beta < \min\left\{\frac{\mu}{2\alpha\ell} + \sqrt{\left[\frac{\mu}{2\alpha\ell}\right]^2 - \frac{\mu}{\ell}} \; ; \; \frac{\alpha^2}{\mu+\alpha} + \sqrt{\left[\frac{\alpha^2}{\mu+\alpha}\right]^2 + \frac{\mu^2}{\ell(\mu+\alpha)}}\right\} \tag{44}$$

liegen; existiert kein β innerhalb dieses Intervalls, dann kann allein durch intensitätsmäßige Anpassung ein Anwachsen der Schlangenlänge über alle Grenzen nicht verhindert werden.

Für die weitere Untersuchung sei folgende Normalkombination der Parameter angenommen:

$\alpha = 6$	$k_1 = 1$
$\mu = 1$	$k_2 = 2$
$\ell = 0{,}002$	$k_3 = 20$

Die optimale Betriebsgeschwindigkeit bei dieser Parameterkombination ist

$$\beta^* = 8{,}6954$$

Die relevanten Kosten/Zeiteinheit sind bei optimaler Betriebsgeschwindigkeit

$$K^* = 26{,}38$$

Verändert man einzelne Parameterwerte bei Konstanz der anderen, dann ergibt sich folgendes Bild (vgl. Abb. 55-56):

1. Bei Variation der Aufenthaltskosten steigt die optimale Betriebsgeschwindigkeit im Bereich niedriger Aufenthaltskosten zunächst stark, im Bereich höherer Aufenthaltskosten langsamer an.

   Für $k_1 \Rightarrow 0$ geht β^* gegen den Minimalwert $\beta_{min} = 6{,}59$; für $k_1 = 5$ ist $\beta^* = 10{,}91$.

   Die Kosten sind bei $k_1 = 0{,}05$ gleich 16,91 DM/Zeiteinheit, bei $k_1 = 5$ sind sie gleich 47,41 DM/Zeiteinheit.

2. Bei Variation der Betriebkosten sinkt β^* von sehr hohen Werten bei niedrigen Betriebskosten zunächst stark ab und nähert sich bei hohen Werten von k_2 der Asymptote $\beta_{min} = 6{,}6$. Für $k_2 = 0{,}05$ ist $\beta^* = 11{,}64$ und für $k_2 = 5$ ist $\beta^* = 7{,}96$.

   Die Gesamtkosten steigen im untersuchten Intervall $0 < k_2 \leq 5$ nahezu linear von 7,71 DM/Zeiteinheit bei $k_2 = 0{,}05$ auf

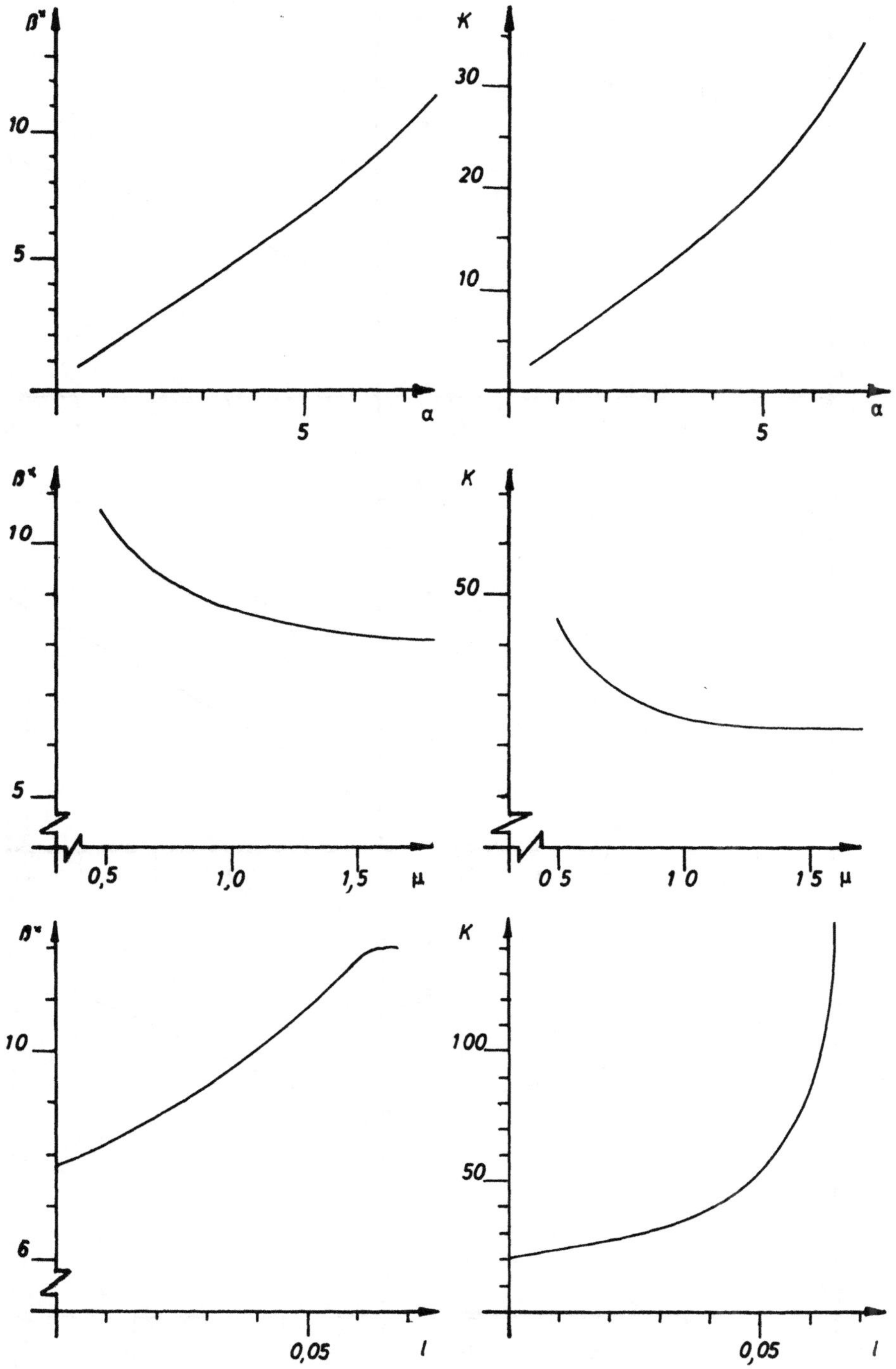

Abbildung 55: Optimale Betriebsgeschwindigkeit und relevante Kosten in Wartesystemen mit internen unterbrechenden Störungen

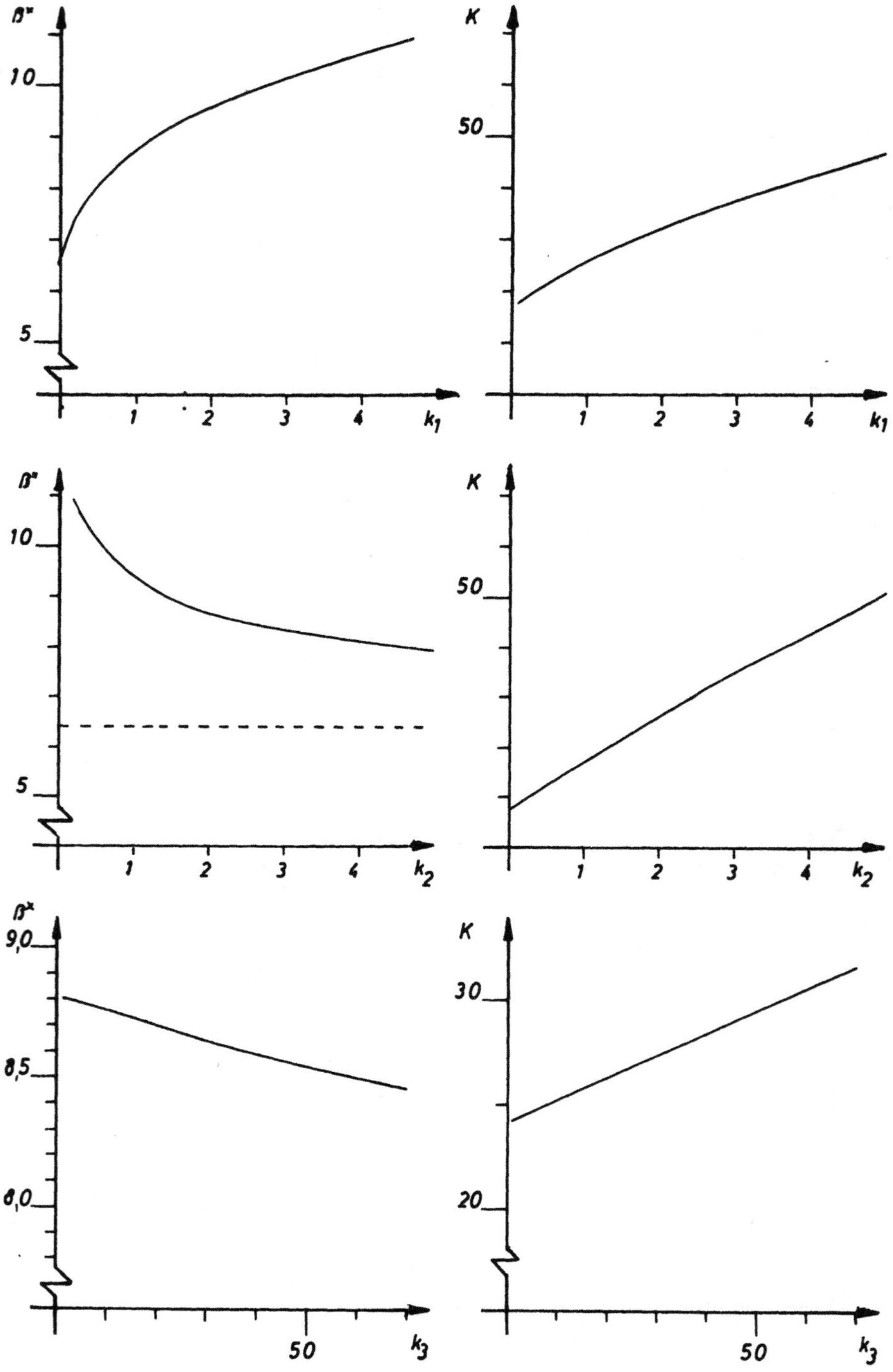

Abbildung 56: Optimale Betriebsgeschwindigkeit und relevante Kosten in Wartesystemen mit internen unterbrechenden Störungen

51,15 DM/Zeiteinheit bei $k_2 = 5$; aufgrund des leicht konvexen Verlaufs der Kostenfunktion im untersuchten Intervall ist anzunehmen, daß ihr Anstieg bei höheren Werten von k_2 geringer wird.

3. Trotz der Rückkoppelung durch die Störfunktion wird die optimale Betriebsgeschwindigkeit β^* nur wenig von den Reparaturkosten beeinflußt: im untersuchten Intervall $0 < k_3 \leq 100$ schwankt sie lediglich zwischen $\beta^* = 8,81$ bei $k_3 = 1$ und $\beta^* = 8,35$ bei $k_3 = 100$.

   Die relevanten Kosten schwanken bei optimaler Betriebsgeschwindigkeit zwischen 24,39 DM/Zeiteinheit und 34,65 DM/Zeiteinheit.

4. Aufgrund der großen Störanfälligkeit des Systems bei hoher Betriebsgeschwindigkeit kann bei gegebener Parameterkonstellation die durchschnittliche Zahl der Ankünfte nicht größer als $\alpha_{max} = 11,18$ sein; eine weitere Erhöhung der Kapazität durch eine Erhöhung der Betriebsgeschwindigkeit ist nicht möglich, da die dadurch erzielte Kapazitätserweiterung durch die Vergrößerung der Ausfallzeiten kompensiert wird.

   Im untersuchten Intervall $\alpha = 0,6$ bis $\alpha = 11,0$ steigt β^* von 1,15 auf 22,01; die Kosten bei optimaler Betriebsgeschwindigkeit steigen in diesem Intervall von 3,42 DM/Zeiteinheit auf 447,92 DM/Zeiteinheit; sowohl die optimale Geschwindigkeit als auch die relevanten Kosten steigen besonders im Bereich hoher Kapazitätsauslastung sehr stark.

5. Der Parameter ℓ der Störfunktion kann lediglich im Bereich $0 < \ell < 0,006944$ variieren; bei höheren Werten von ℓ wird die Bedingung (42) verletzt.

   Bei der Normalkombination der Parameter steigt die optimale Bedienungsrate im Bereich $0 < \ell < 0,006$ gleichmäßig von $\beta^* = 7,77$ für $\ell = 0,0001$ auf $\beta^* = 11,75$ bei $\ell = 0,006$; im Bereich höherer Werte von ℓ steigt β^* hingegen nur noch langsam an und sinkt sogar leicht ab; die Optimalkostenfunktion steigt von $K = 19,24$ DM/Zeiteinheit bei $\ell = 0,0001$ auf $K = 84,27$ DM/Zeiteinheit bei $\ell = 0,0069$. Im Bereich großer Störempfindlichkeit steigt K außerordentlich schnell an.

6. Mit steigender Reparaturgeschwindigkeit sinkt die optimale Betriebsgeschwindigkeit und die Optimalkostenkurve.

2) Die optimale Reparaturgeschwindigkeit

Außer der Betriebsgeschwindigkeit kann vielfach auch die Reparaturgeschwindigkeit beeinflußt werden. In diesem Fall wird eine Erhöhung der Reparaturgeschwindigkeit einerseits die Schlangenlänge verringern, andererseits werden die Reparaturkosten steigen. Die relevanten Kosten sind in diesem Fall

$$K(\mu) = k_1\bar{n}(\mu) + k_3(\mu)\bar{R}(\mu) \qquad (45)$$

Die Betriebskosten können zunächst außer acht gelassen werden, weil diese durch die Entscheidung nicht beeinflußt werden. Differenziert man (45) und setzt die Ableitung gleich Null, dann erhält man als notwendige Bedingung für die optimale Reparaturrate:

$$- \frac{d\bar{n}(\mu)}{d\mu} k_1 = \frac{dk_3(\mu)}{d\mu} \bar{R}(\mu) + k_3(\mu) \frac{d\bar{R}(\mu)}{d\mu} \tag{46}$$

Der Ausdruck auf der rechten Seite von (46) ist gleich der durch eine Erhöhung der Reparaturgeschwindigkeit verursachten Erhöhung der Reparaturkosten, die sich zusammensetzt aus der Erhöhung der Kosten einer Reparatur und der Erhöhung der Zahl der Reparaturen/Zeiteinheit, der Ausdruck auf der linken Seite ist gleich der dadurch erzielbaren Verringerung der Aufenthaltskosten der Kunden. Die optimale Reparaturgeschwindigkeit ist dann erreicht, wenn die Verringerung der Aufenthaltskosten gleich der Erhöhung der Reparaturkosten ist. Für ein Markoff-Wartesystem mit externen unterbrechenden Störungen hat die Kostenfunktion (45) die spezielle Form

$$K(\mu) = \frac{\alpha\mu+\alpha\lambda + \frac{\alpha\beta\lambda}{\mu+\lambda}}{\beta\mu-\alpha\mu-\alpha\lambda} k_1 + \frac{\lambda\mu}{\mu+\lambda} k_3(\mu) \tag{47}$$

die Optimalitätsbedingung (46) hat die spezielle Form:

$$\frac{\alpha\beta\lambda\{1 + \frac{\beta-2\alpha}{\mu+\lambda} + \frac{\beta\mu}{(\mu+\lambda)^2}\}}{\{\beta\mu-\alpha\mu-\alpha\lambda\}^2} k_1 = \frac{\lambda\mu}{\mu+\lambda} \frac{dk_3(\mu)}{d\mu} + \frac{\lambda^2}{(\mu+\lambda)^2} k_3(\mu) \tag{48}$$

Im Gegensatz zur Optimierung der Bedienungsrate im Fall externer unterbrechender Störungen läßt sich (48) - auch unter der Annahme eines einfachen Zusammenhangs zwischen Reparaturgeschwindigkeit und Reparaturkosten - nicht mehr nach der optischen Reparaturrate; die optimale Reparaturgeschwindigkeit ist vielmehr numerisch zu bestimmen. Zunächst ist jedoch zu zeigen, daß für $\mu > \frac{\alpha\lambda}{\beta-\alpha}$ die Kostenfunktion (47) ein eindeutiges Minimum besitzt. Für $\mu \Rightarrow \frac{\alpha\lambda}{\beta-\alpha}$ strebt $\frac{d\bar{n}}{d\mu}$ - und damit auch die erste Ableitung der Kostenfunktion (47) - gegen $-\infty$. Dann muß eine positive Größe ϵ existieren, daß die erste Ableitung der Kostenfunktion an der Stelle $\mu_0 = \frac{\alpha\lambda}{\beta-\alpha} + \epsilon$ negativ ist. Für $\mu \Rightarrow \infty$ strebt die erste Ableitung der Kostenfunktion hingegen gegen einen positiven Wert. Es muß dann auch ein endliches $M > \mu_0$ existieren, für das die erste Ableitung der Kostenfunktion positiv ist. Da die erste Ableitung der Kostenfunktion in dem abgeschlossenen Intervall $[\mu_0, M]$ stetig ist, existiert nach dem Nullstellensatz von Bolzano-Weierstraß [15] in diesem Intervall mindestens eine Nullstelle von (48) bzw. ein Extremwert von (47). Da die zweite Ableitung von (47) für alle $\mu > \frac{\alpha\lambda}{\beta-\alpha}$ positiv ist, existiert in dem Intervall $[\frac{\alpha\lambda}{\beta-\alpha}, \infty]$ nur <u>ein</u> Minimum.

Für Markoff-Wartesysteme mit internen unterbrechenden Störungen hat die Kostenfunktion (45) die spezielle Form

$$K(\mu) = \frac{\alpha\mu+\alpha\lambda + \frac{\alpha^2\lambda}{\mu}}{\beta\mu-\alpha\mu-\alpha\lambda} k_1 + \frac{\alpha\lambda}{\beta} k_3(\mu) \tag{49}$$

Die Optimalitätsbedingung (46) hat die spezielle Form:

$$\frac{\alpha\lambda\{\beta - \frac{2}{\mu}(\alpha\beta-\alpha^2) - \frac{\alpha^2\lambda}{\mu}\}}{\{\beta\mu-\alpha\mu-\alpha\lambda\}^2} k_1 = \frac{\alpha\lambda}{\beta} \frac{dk_3(\mu)}{d\mu} \tag{50}$$

Wie bei externen unterbrechenden Störungen läßt sich zeigen, daß (50) im Intervall $[\frac{\alpha\lambda}{\beta-\alpha}, \infty]$ eine und nur eine Wurzel hat und daß (49) in diesem Bereich ein eindeutiges Minimum hat.

Für den Spezialfall $k_3(\mu) = k_{3\mu}$ ergibt sich bei der Normalkombination der Parameter

$\alpha = 6$ $\qquad$ $k_1 = 1$

$\beta = 10$ $\qquad$ $k_3 = 20$

$\lambda = 0{,}2$

im Fall externer unterbrechender Störungen als optimale Reparaturgeschwindigkeit:

$$\mu^* = 1{,}32$$

Die relevanten Kosten bei optimaler Reparaturgeschwindigkeit sind gleich

$$K^* = 8{,}76$$

Im Fall interner unterbrechender Störungen ist die optimale Reparaturrate gleich

$$\mu^* = 1{,}42$$

Die relevanten Kosten bei optimaler Reparaturgeschwindigkeit sind in diesem Fall gleich

$$K^* = 6{,}71$$

Die Abhängigkeit der optimalen Reparaturgeschwindigkeit und der relevanten Kosten bei optimaler Reparaturgeschwindigkeit von den einzelnen Parametern ist in den Abb. 57 und 58 für den Fall interner Störungen graphisch dargestellt.

Hieraus ist folgendes Ergebnis ersichtlich:

1. Bei Erhöhung des Lagerkostensatzes erhöht sich die optimale Reparaturrate mit sinkenden Raten; die relevanten Kosten steigen fast proportional.

2. Bei Erhöhung des Reparaturkostensatzes sinkt die optimale Reparaturrate monoton mit fallenden Raten, die relevanten Kosten steigen mit leicht fallender Rate.

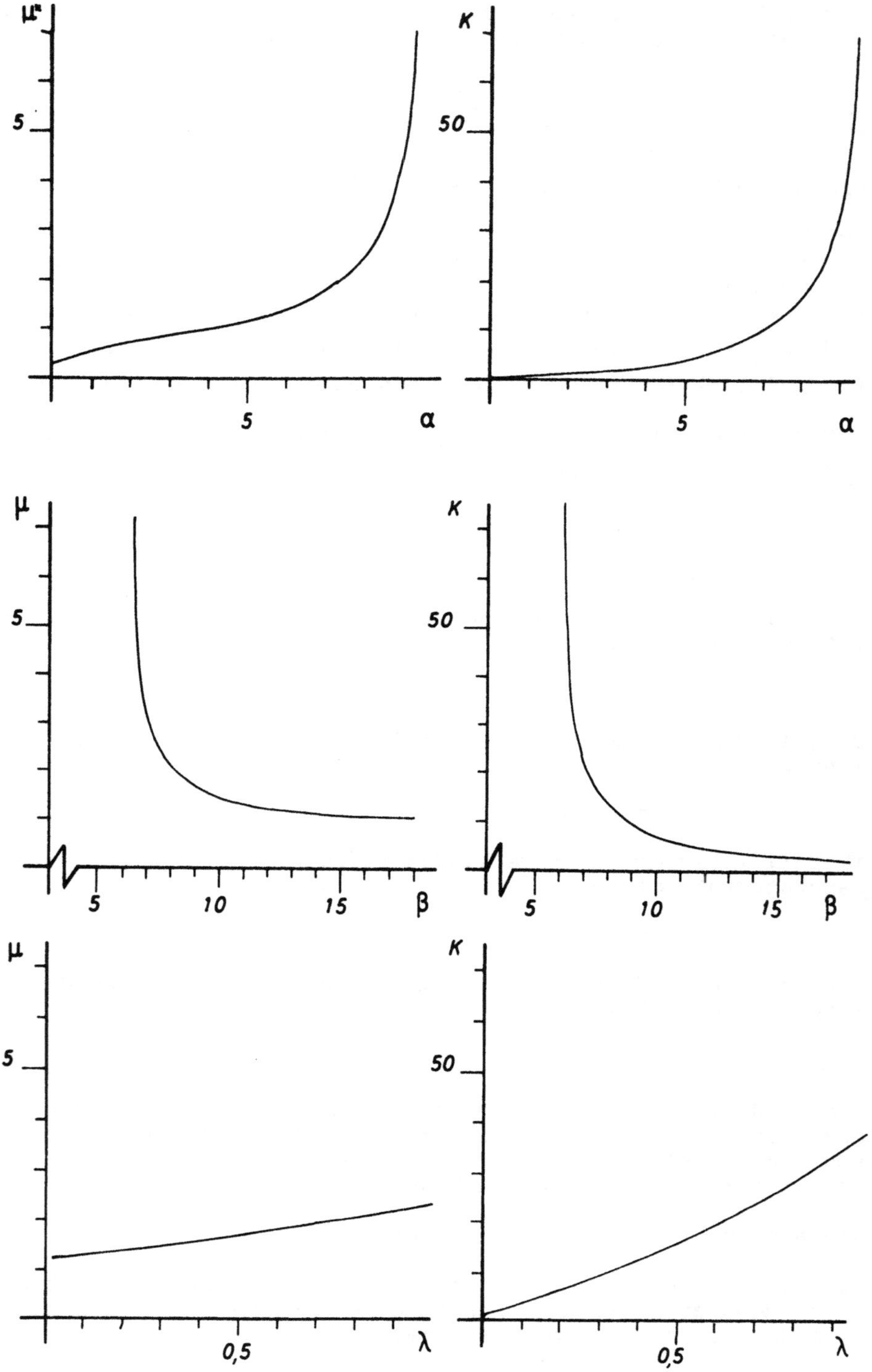

Abbildung 57: Optimale Reparaturgeschwindigkeit und relevante Kosten in Abhängigkeit von den Systemparametern

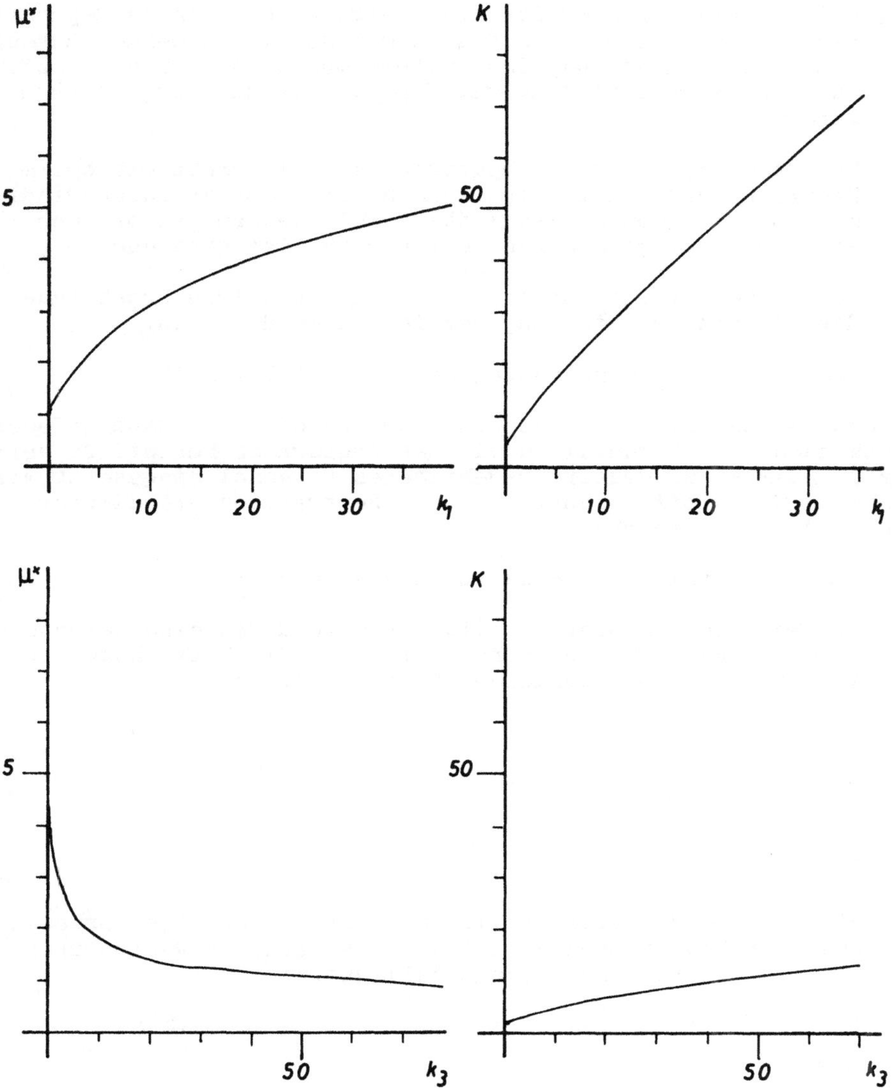

Abbildung 58: Optimale Reparaturgeschwindigkeit und relevante Kosten in Abhängigkeit von den Kostenparametern

3. Bei Zunahme der Ankunftsrate steigen die optimale Reparaturrate und die relevanten Kosten mit stark steigenden Raten; die höhere Auslastung des Systems muß auch zu hohen Kosten durch eine Verringerung der Reparaturzeiten ausgeglichen werden.

4. Bei Erhöhung der Betriebsgeschwindigkeit sinkt die optimale Reparaturgeschwindigkeit, während die Reparaturgeschwindigkeit bei steigender Störanfälligkeit nahezu proportional ansteigt. Die relevanten Kosten verhalten sich ebenso.

Im Fall externer Störungen ergeben sich ähnliche Ergebnisse, so daß auf eine Darstellung verzichtet werden kann.

3) Die optimale Beeinflussung der Störanfälligkeit

Neben der Betriebs- und Reparaturgeschwindigkeit kann gelegentlich auch die Störanfälligkeit des Aggregates beeinflußt werden, indem z. B. besser ausgebildetes Personal eingesetzt wird, bessere Werkstoffe benutzt werden, Reparaturen gründlicher ausgeführt werden usw.

Hierbei sind folgende Fälle zu unterscheiden:

1. Die Senkung der Störanfälligkeit wird durch eine Verbesserung der Betriebsbedingungen erzielt; die Betriebskosten steigen daher mit fallender Störanfälligkeit

$$K_2 = k_2(\lambda) \tag{51}$$

mit

$$\frac{dk_2}{d\lambda} < 0$$

2. Die Senkung der Störanfälligkeit wird durch eine Verbesserung der Reparaturen erzielt, die Kosten der Reparaturen steigen mit fallender Störanfälligkeit:

$$K_3 = k_3(\lambda) \tag{52}$$

mit

$$\frac{dk_3}{d\lambda} < 0$$

3. Die Senkung der Störanfälligkeit wird sowohl durch eine Verbesserung der Reparaturen als auch durch eine Verbesserung der Betriebsbedingungen erzielt; sowohl die Kosten des Betriebes als auch die Kosten der Reparaturen steigen mit sinkender Störanfälligkeit; zwischen beiden Kosteneinflüssen wird im allgemeinen eine von der Störanfälligkeit abhängige Beziehung bestehen.

Eine Verringerung der Störanfälligkeit hat im allgemeinen folgende Wirkungen auf das Wartesystem:

1. Die mittlere Schlangenlänge und damit die Aufenthaltskosten werden herabgesetzt.

2. Die Betriebs- und Reparaturkosten werden erhöht.

3. Die Zahl der Reparaturen wird verringert.

a) Verringerung der Störanfälligkeit durch Verbesserung der Betriebsbedingungen

Wird die Störanfälligkeit durch eine Verbesserung der Betriebsbedingungen, die lediglich die Betriebskosten, nicht aber die Betriebsgeschwindigkeit beeinflussen, erzielt, dann erhält man für die relevanten Kosten

$$K(\lambda) = k_1\bar{n}(\lambda) + k_2(\lambda) + k_3\bar{R}(\lambda) \tag{53}$$

Differenziert man (53), dann erhält man als Bedingung für die optimale Störrate:

$$\frac{dK}{d\lambda} = \frac{d\bar{n}}{d\lambda} k_1 + \frac{dk_2}{d\lambda} + \frac{d\bar{R}}{d\lambda} k_3 = 0 \tag{54}$$

Die Verringerung der Aufenthaltskosten und der Reparaturkosten, die durch eine Verbesserung der Betriebsbedingungen erreicht werden kann, muß im Optimum gleich der damit verbundenen Erhöhung der Betriebskosten sein.

Die Senkung der Störanfälligkeit durch eine Verbesserung der Betriebsbedingungen wird insbesondere bei internen Störungen möglich sein, weil in diesem Fall die Störungen durch die Bedienung verursacht werden. Setzt man in (53) und (54) die Formeln für die mittlere Schlangenlänge und die mittlere Zahl der Reparaturen in einem Markoff-Wartesystem mit internen Störungen ein und nimmt an, daß die Betriebskosten umgekehrt proportional der Störanfälligkeit sind;

$$k_2(\lambda) = \frac{k_2}{\lambda} \tag{55}$$

dann erhält man für die gesamten relevanten Kosten:

$$K(\lambda) = \frac{\alpha\{\mu+\lambda + \frac{\alpha\lambda}{\mu}\}}{\beta\mu-\alpha\mu-\alpha\lambda} k_1 + \frac{k_2}{\lambda} + \frac{\alpha\lambda}{\beta} k_3 \tag{56}$$

Differenziert man (56) und setzt die Ableitung gleich Null, so erhält man als Bedingung für die optimale Störanfälligkeit:

$$\frac{dK}{d\lambda} = \frac{\alpha\{\beta\mu+\alpha\beta-\alpha^2\}}{\{\beta\mu-\alpha\mu-\alpha\lambda\}^2} k_1 - \frac{k_2}{\lambda^2} + \frac{\alpha}{\beta} k_3 = 0 \tag{57}$$

Eine Wurzel von (57) und damit ein Extremwert von (56) existiert immer in dem Intervall

$$0 < \lambda < \frac{\alpha}{\mu}(\beta-\alpha)$$

denn 1. für $\lambda \to 0$ geht

$$\frac{dk_2}{d\lambda} = - \frac{k_2}{\lambda^2} \to - \infty$$

und damit auch

$$\frac{dK(\lambda)}{d\lambda} \to - \infty$$

2. für $\lambda \to \frac{\alpha}{\mu}(\beta-\alpha)$ geht

$$\frac{dK_1}{d\lambda} = \frac{\alpha\{\beta\mu+\alpha\beta-\alpha^2\}}{\{\beta\mu-\alpha\mu-\alpha\lambda\}^2} k_1 \to + \infty$$

und damit auch

$$\frac{dK}{d\lambda} \to + \infty$$

Da $\frac{dK}{d\lambda}$ in dem Intervall $(0,\frac{\alpha}{\mu}(\beta-\alpha))$ stetig ist, läßt sich analog dem Vorgehen bei der Bestimmung der optimalen Reparaturrate zeigen, daß in diesem Intervall mindestens eine Nullstelle von (57) und damit ein Extremwert von (56) liegt. Wie man leicht zeigen kann, ist die zweite Ableitung von (56) in diesem Intervall positiv, so daß ein Minimum vorliegt.

Wie bei den vorangegangenen Modellen ist es nicht möglich, λ^* als elementare Funktion der anderen Parameter auszudrücken, so daß die optimale Störrate nur numerisch bestimmt werden kann. Für die Normalkombination [16]

$\alpha = 6$	$k_1 = 1$
$\beta = 10$	$k_2 = 0{,}4$
$\mu = 1$	$k_3 = 20$

erhält man für die optimale Störanfälligkeit

$$\lambda^* = 0{,}1144$$

Die relevanten Kosten bei optimaler Störanfälligkeit liegen bei

$$K^* = 8{,}13$$

Wie man bei Vergleich mit den oben dargestellten Modellen sieht, liegt der dort angenommene Normalwert $\lambda = 0{,}2$ erheblich über dem Optimalwert.

Die Abhängigkeit der optimalen Störanfälligkeit und der relevanten Kosten bei optimaler Störanfälligkeit von den einzelnen Kosten- und Systemparametern ist in den Abb. 59 und 60 graphisch dargestellt.

Die optimale Störanfälligkeit sinkt bei einer Erhöhung des Lagerkostensatzes in dem untersuchten Intervall $0{,}1 \leq k_1 \leq 5$ um 60,1 % von 0,1674 auf 0,0664; bei einer Erhöhung der Betriebskosten steigt die optimale Störrate im Intervall $0{,}05 \leq k_2 \leq 2{,}5$ von 0,0434 auf 0,2405 und bei einer Erhöhung der Reparaturkosten sinkt die optimale Störrate von 0,1383 bei $k_3 = 1$ auf 0,0921 bei $k_3 = 50$. Die Kosten bei optimaler Störanfälligkeit steigen in allen drei Fällen im Bereich niedriger Parameterwerte zunächst überproportional an, um sich dann asymptotisch einem linearen Kostenverlauf zu nähern.

Bei einer Erhöhung der Ankunftsrate muß die Störrate abgesenkt werden, um die erhöhte Belastung des Systems auszugleichen. Im Bereich niedriger Ankunftsraten liegt die optimale Störanfälligkeit zunächst recht hoch, muß dann aber für $\alpha \Rightarrow \beta$ auf Null gesenkt werden. In dem Intervall $0{,}2 \leq \alpha < 9{,}0$ sinkt die optimale Störrate von 0,9691 auf 0,0331; die Kosten bei optimaler Störanfälligkeit steigen zunächst nahezu linear an, bei höheren Ankunftsraten ($\alpha > 5$) steigen sie jedoch progressiv an und wachsen für $\alpha \Rightarrow \beta$ über alle Grenzen.

Bei einer Erhöhung der Bedienungsrate steigt die optimale Störrate von 0,0321 bei $\beta = 6{,}6$ auf 0,1772 bei $\beta = 16{,}4$; die relevanten Kosten sinken mit fallenden Raten.

Bei einer Erhöhung der Reparaturrate steigt die optimale Störrate zunächst stark an, nähert sich aber dann für $\mu > 2{,}5$ einem Plafond in der Nähe von 0,18. In dem Intervall $0{,}1 \leq \mu \leq 5$ steigt die optimale Störanfälligkeit von 0,0157 auf 0,1738; die Kosten sinken zunächst recht schnell, nähern sich dann jedoch asymptotisch einer Untergrenze in der Nähe von 6.

Der Fall, daß die Störanfälligkeit nicht durch eine Erhöhung der Betriebskosten, sondern durch eine Senkung der Betriebsgeschwindigkeit reduziert werden kann, wurde bereits bei der Untersuchung der optimalen Betriebsgeschwindigkeit bei internen Störungen behandelt.

b) Verringerung der Störanfälligkeit durch Verbesserung der Reparaturen

Eine Verringerung der Störanfälligkeit eines Wartesystems kann vielfach auch durch eine Verbesserung der Reparaturen erzielt werden. Geht man davon aus, daß eine solche Verbesserung der Reparaturen allein durch eine Erhöhung der Reparaturkosten erreicht werden kann, ohne daß dadurch die Reparaturdauer beeinflußt wird, daß also die Senkung der Störanfälligkeit hauptsächlich durch die Verwendung besseren Reparaturmaterials erreicht werden kann, dann erhält man als relevante Kosten

$$K(\lambda) = \bar{n}(\lambda)k_1 + k_3(\lambda)\bar{R}(\lambda) \qquad (58)$$

Differenziert man (58) und setzt die Ableitung gleich Null, dann erhält man als notwendige Bedingung für die optimale Störanfälligkeit:

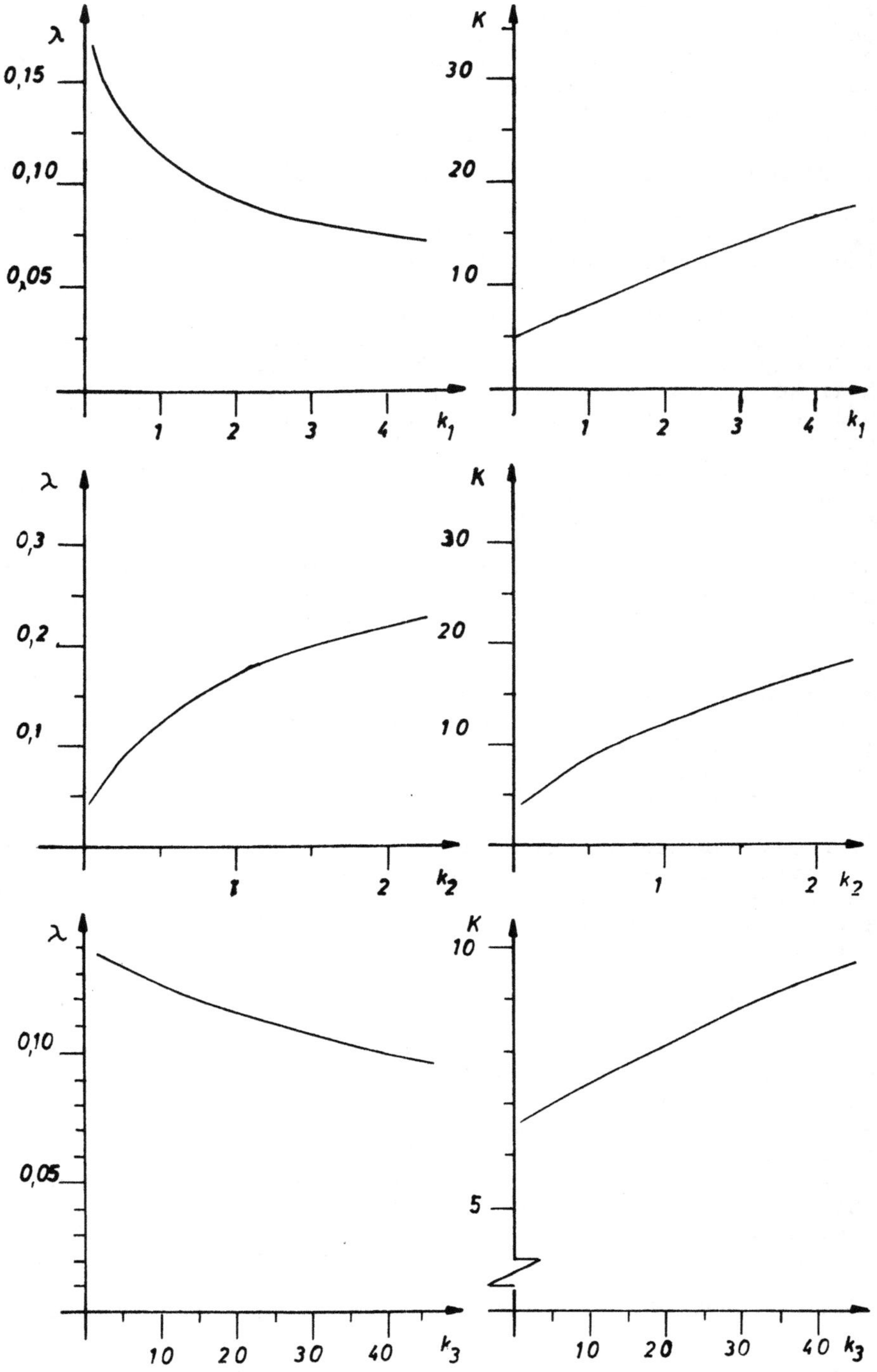

Abbildung 59: Optimale Störanfälligkeit (Fall I) in Abhängigkeit von den Kostenparametern

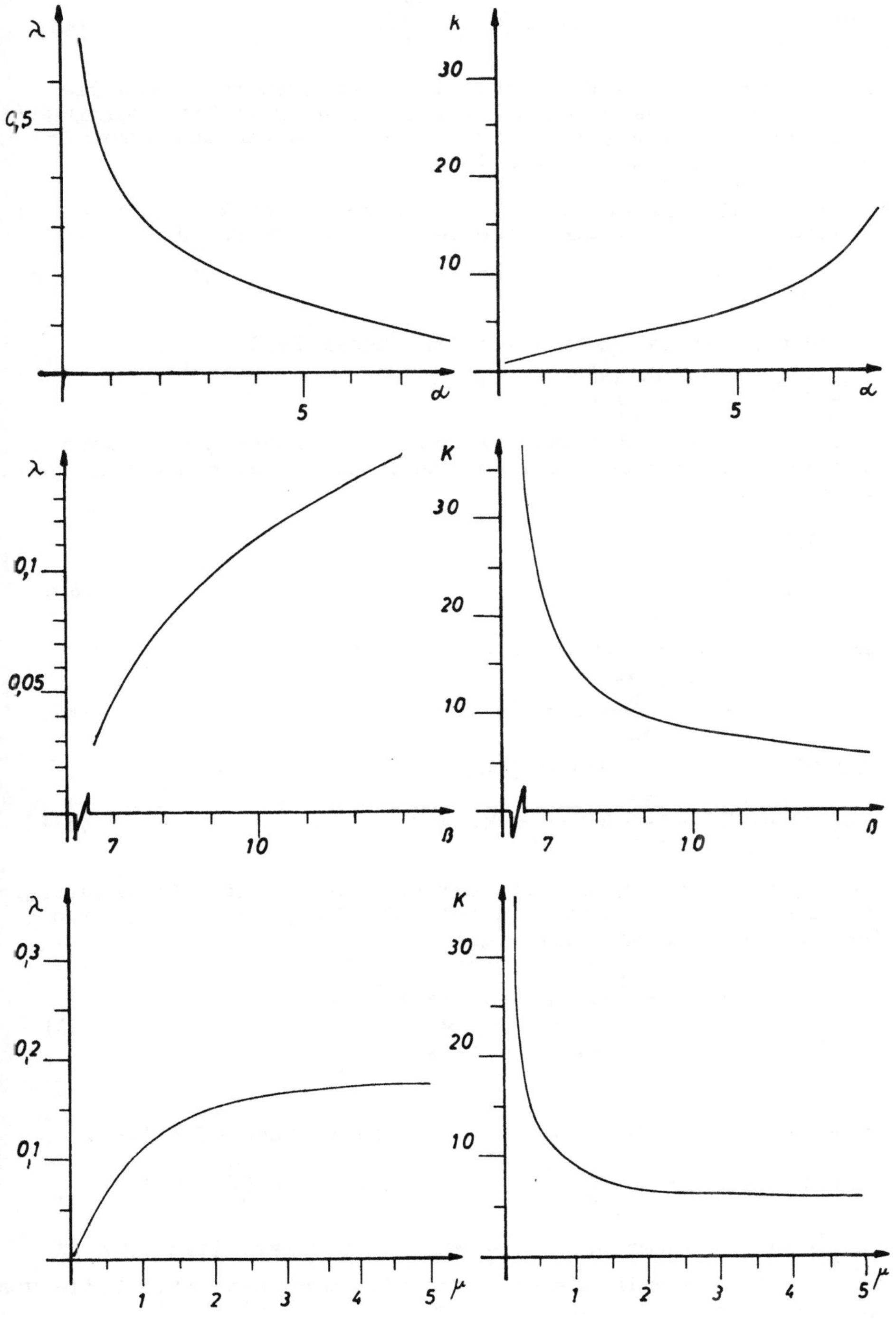

Abbildung 60: Optimale Störanfälligkeit (Fall I) in Abhängigkeit von den Systemparametern

$$\frac{dK}{d\lambda} = \frac{d\bar{n}}{d\lambda} k_1 + \frac{dk_3}{d\lambda} \bar{R}(\lambda) + k_3(\lambda) \frac{d\bar{R}(\lambda)}{d\lambda} = 0 \qquad (59)$$

Die optimale Störanfälligkeit ist dann erreicht, wenn die durch eine Verbesserung der Reparaturen erzielbare Verringerung der Aufenthaltskosten gleich der dadurch bedingten Erhöhung der Reparaturkosten ist.

Im Fall interner Störungen führt eine indirekt proportionale Abhängigkeit der Reparaturkosten von der Störanfälligkeit

$$k_3(\lambda) = \frac{k_3}{\lambda}$$

zu keiner Optimallösung, weil in diesem Fall

$$\frac{dR}{d\lambda} k_3(\lambda) = - \frac{dk_3(\lambda)}{d\lambda} \bar{R}(\lambda)$$

ist, so daß die Erhöhung der Kosten/Reparatur gerade durch die Verringerung der Zahl der Reparaturen/Zeiteinheit kompensiert wird.

Für den Fall

$$k_3(\lambda) = \frac{k_3}{\lambda^2} \qquad (60)$$

erhält man für die relevanten Kosten:

$$K(\lambda) = \frac{\alpha\{\mu+\lambda + \frac{\alpha\lambda}{\mu}\}}{\beta\mu-\alpha\mu-\alpha\lambda} k_1 + \frac{\alpha}{\beta\lambda} k_3 \qquad (61)$$

und als Optimalitätsbedingung

$$\frac{dK}{d\lambda} = \frac{\alpha\{\beta\mu+\alpha\beta-\alpha^2\}}{\{\beta\mu-\alpha\mu-\alpha\lambda\}^2} k_1 - \frac{\alpha}{\beta\lambda^2} k_3 = 0 \qquad (62)$$

Im Gegensatz zu den meisten der oben behandelten Optimierungsmodellen läßt sich hier die optimale Störrate explizit angeben. Die Lösung von (62) ergibt:

$$\lambda_{1,2} = \frac{\mu(\beta-\alpha)\{-\alpha^2 k_3 \pm \sqrt{\beta(\beta\mu+\alpha\beta-\alpha^2)k_1}\}}{\beta(\beta\mu+\alpha\beta-\alpha^2)k_1-\alpha^2 k_3} \; . \qquad (63)$$

Für $\lambda \to \frac{\mu}{\alpha}(\beta-\alpha)$ geht $\frac{d\bar{n}}{d\lambda} \to +\infty$ und damit auch $\frac{dK}{d\lambda} \to +\infty$;

für $\lambda \to 0$ strebt $-\frac{\alpha}{\beta\lambda^2} \to -\infty$ und damit auch $\frac{dK}{d\lambda} \to -\infty$.

Da $\frac{dK}{d\lambda}$ in dem Intervall $[0, \frac{\mu}{\alpha}(\beta-\alpha)]$ stetig ist, läßt sich wie oben zeigen, daß in diesem Intervall immer eine Nullstelle von (63) und damit ein Extremwert von (62) existiert.

Es ist nun zu prüfen, welche der beiden Wurzeln (63) innerhalb dieses Bereichs liegt. Hierzu sind folgende Fälle zu unterscheiden:

1. $$k_3^2 < \frac{\beta(\beta\mu+\alpha\beta-\alpha^2)k_1}{\alpha^3}$$

In diesem Fall ist der Nenner von (63) positiv, als Lösung kommt daher nur die positive Wurzel in Frage, weil sonst $\lambda < 0$.

2. $$k_3^2 > \frac{\beta(\beta\mu+\alpha\beta-\alpha^2)k_1}{\alpha^3}$$

In diesem Fall ist der Nenner von (63) negativ, als Lösungen kommen daher zunächst beide Wurzeln (63) in Frage; wie man zeigen kann, ist für die negative Wurzel jedoch

$$\lambda > \frac{\mu(\beta-\alpha)}{\alpha}$$

3. $$k_3^2 = \frac{\beta(\beta\mu+\alpha\beta-\alpha^2)k_1}{\alpha^3}$$

In diesem Fall ist der Nenner von (63) gleich Null; eine endliche Lösung existiert nur dann, wenn der Zähler von (63) ebenfalls gleich Null ist; wie man zeigen kann, trifft diese Bedingung ebenfalls nur für die positive Wurzel (63) zu. Nach der Regel von L'Hôpital erhält man in diesem Fall für die optimale Störrate:

$$\lambda = \frac{\mu(\beta-\alpha)}{2\alpha}$$

Wie man durch Ableitung von (63) nach den Parametern zeigen kann, wird die optimale Störanfälligkeit folgendermaßen durch eine Veränderung der Systemparameter beeinflußt:

1. Bei einer Erhöhung der Ankunftsrate muß die Störanfälligkeit des Systems gesenkt werden, um die Erhöhung der kundenbedingten Kapazitätsauslastung durch eine Senkung der störungsbedingten Kapazitätsauslastung zu kompensieren. Für $\alpha \to \beta$ muß die Störrate auf Null gesenkt werden.

2. Bei einer Erhöhung der Betriebsgeschwindigkeit kann hingegen die Störrate erhöht werden, um die Reparaturkosten durch eine Verringerung des Reparaturkostensatzes zu senken, weil die kundenbedingte Kapazitätsauslastung durch die höhere Betriebsgeschwindigkeit gesenkt wird.

3. Durch eine Erhöhung der Reparaturrate wird die optimale Störrate ebenfalls erhöht, weil dadurch bei gleichbleibender Kapazitätsauslastung die Reparaturkosten gesenkt werden können.

4. Durch eine Erhöhung des Lagerkostensatzes wird die optimale Störrate gesenkt, um die Erhöhung der Lagerkosten durch eine Verringerung der störungsbedingten Kapazitätsauslastung zu kompensieren.

5. Bei einer Erhöhung der Reparaturkosten wird schließlich die optimale Störrate erhöht, um die Aufwendungen/Reparatur zu reduzieren.

Für die Normalkombination der Parameter [17]

$\alpha = 6$ $\quad k_1 = 1$

$\beta = 10$ $\quad k_3 = 0{,}8/\lambda^2$

$\mu = 1$

erhält man als optimale Störrate

$$\lambda^* = 0{,}1503$$

und für die relevanten Kosten

$$K^* = 7{,}1677$$

Die Abhängigkeit der optimalen Störrate und der relevanten Kosten von den System- und den Kostenparametern ist in den Abbildungen 61 uns 62 graphisch dargestellt. Vergleicht man dieses Ergebnis mit dem entsprechenden Ergebnis im Fall der Abhängigkeit der Störanfälligkeit von den Bedienungsaufwendungen (Fall I), dann zeigt sich:

1. Die optimale Störrate wird in beiden Fällen etwa im gleichen Maß durch eine Veränderung der Ankunftsrate beeinflußt. Im Fall I sinkt die optimale Störrate allerdings im Bereich niedrigerer Ankunftsraten etwas schneller als im Fall II.

2. Durch eine Veränderung der Bedienungsgeschwindigkeit wird die Störrate im Fall II hingegen etwas stärker beeinflußt als im Fall I.

3. Eine Veränderung der Reparaturrate beeinflußt die optimale Störrate im Fall II wesentlich stärker als im Fall I; während sie sich im Fall I einem oberen Plafond nähert, steigt sie im Fall II nahezu proportional mit der Reparaturrate.

4. Eine Veränderung des Lagerkostensatzes beeinflußt die optimale Störrate im Fall II ebenfalls stärker als im Fall I.

Im Gegensatz zu dem hier behandelten Fall interner Störungen läßt sich die optimale Störrate im Fall externer Störungen nicht als elementare Funktion der anderen Parameter angeben. Da sich jedoch keine wesentlich neuen Gesichtspunkte ergeben, kann hier auf die Darstellung dieses Falles verzichtet werden.

4) Die Optimalkombination der Systemparameter

In den vorangegangenen Abschnitten wurden die optimalen Werte für die einzelnen Systemparameter, die optimale Betriebsgeschwindigkeit, die optimale Störanfälligkeit und die optimale Reparaturgeschwindigkeit unter der Voraussetzung bestimmt, daß die anderen Systemparameter jeweils vorgegeben sind. Weiter wurde die Abhängigkeit dieser Optimalwerte von den jeweils vorgegebenen Systemparametern und den Kostenparametern untersucht. Im Anschluß hieran ist nun die Frage zu untersuchen, welche Werte für die Systemparameter anzustreben sind, wenn die Betriebsgeschwindigkeit, die Störanfälligkeit und die Reparaturgeschwindigkeit gemeinsam beeinflußt werden können, während die Ankunftsrate und die Kostenparameter vorgegeben sind.

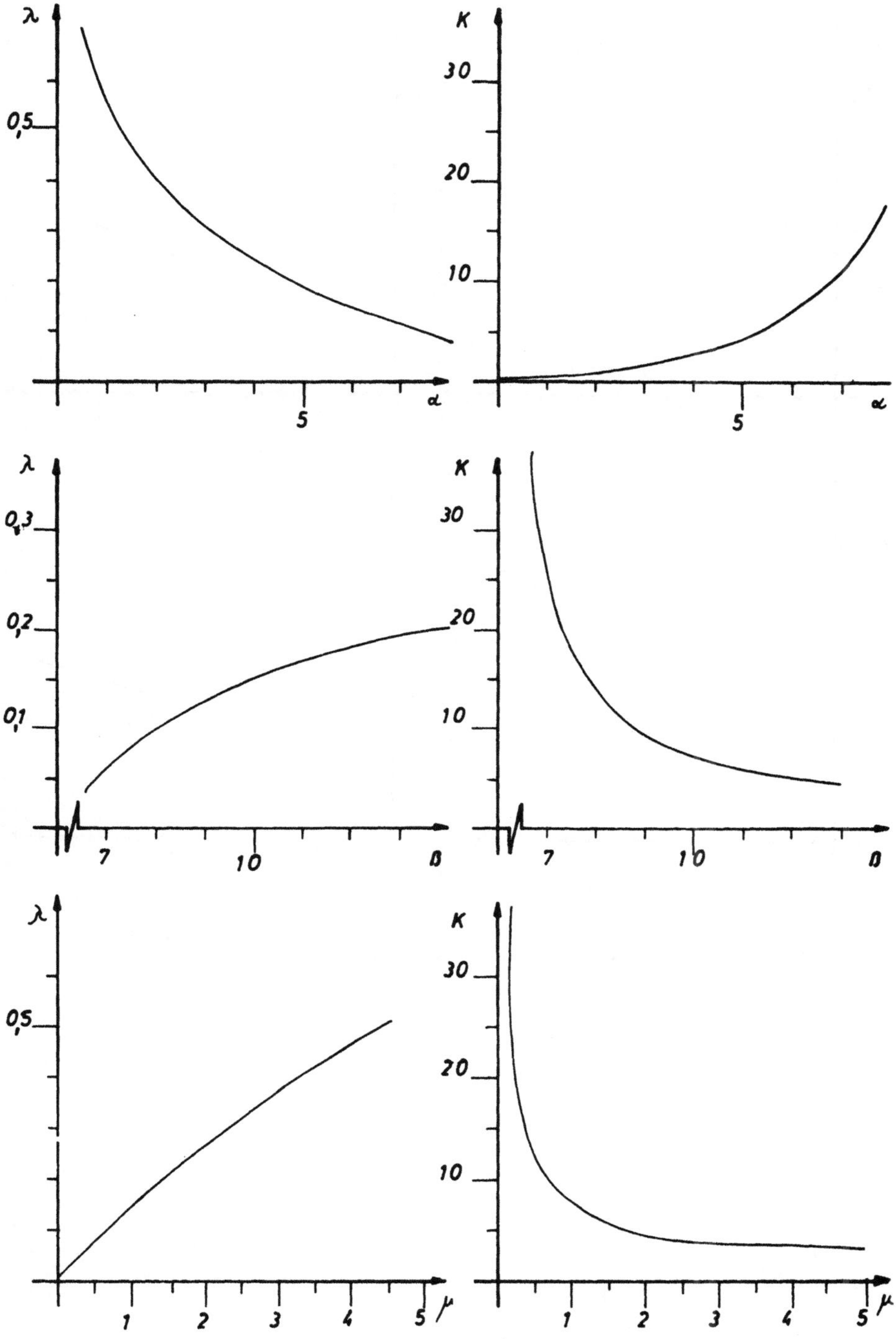

Abbildung 61: Optimale Störanfälligkeit (Fall II) in Abhängigkeit von den Systemparametern

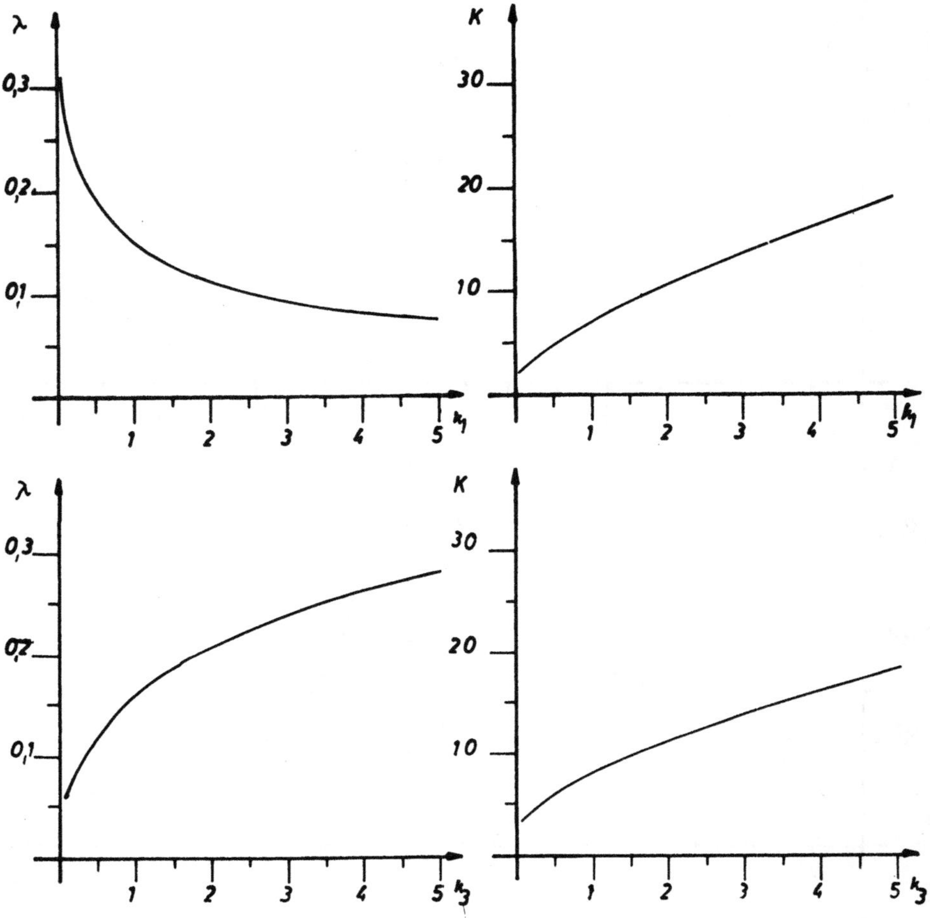

Abbildung 62: Optimale Störanfälligkeit (Fall II) in Abhängigkeit von den Kostenparametern

Hierbei sind entsprechend den oben untersuchten Modelltypen zwei Fälle zu unterscheiden:

1. Die Störanfälligkeit hängt von der Inanspruchnahme des Systems und insbesondere von der Betriebsgeschwindigkeit ab; dieser Fall wird insbesondere in den Fällen interner Störungen auftreten;

2. die Störanfälligkeit ist unabhängig von der Betriebsgeschwindigkeit und kann selbständig durch höheren Reparaturaufwand beeinflußt werden.

a) Die Optimalkombination bei internen Störungen

Im Fall interner Störungen steigt die Störanfälligkeit des Systems mit der Inanspruchnahme; die Störrate ist eine monoton steigende Funktion der Betriebsgeschwindigkeit

$$\lambda = \lambda(\beta) \tag{65}$$

mit

$$\frac{d\lambda}{d\beta} = L(\beta) > 0 \tag{66}$$

Setzt man (65) in die Formel für die mittlere Schlangenlänge in einem Markoff-Wartesystem mit internen unterbrechenden Störungen ein, so erhält man:

$$\bar{n} = \frac{\alpha\{\mu + \lambda(\beta) + \frac{\alpha}{\mu}\lambda(\beta)\}}{\beta\mu - \alpha\mu - \alpha\lambda(\beta)} \tag{67}$$

für die mittlere Zahl der Reparaturen/Zeiteinheit gilt:

$$\bar{R} = \frac{\alpha}{\beta}\lambda(\beta) \tag{68}$$

Die relevanten Kosten setzen sich zusammen aus:

1. den Aufenthaltskosten der Kunden:

$$K_1 = k_1\bar{n}(\beta,\mu)$$

2. den Betriebskosten des Bedienungssystems:

$$K_2 = k_2(\beta)$$

mit

$$\frac{dk_2}{d\beta} > 0$$

3. den Reparaturkosten:

$$K_3 = k_3(\mu)\bar{R}(\beta,\mu)$$

Für die gesamten relevanten Kosten erhält man dann:

$$K(\beta,\mu) = k_1\bar{n}(\beta,\mu) + k_2(\beta) + k_3(\mu)\bar{R}(\beta,\mu) \tag{69}$$

Setzt man die partiellen Ableitungen von (69) bezüglich β und μ gleich Null, dann erhält man als notwendige Bedingungen für die Optimalkombination der Parameter:

$$\frac{\partial \bar{n}}{\partial \beta} k_1 + \frac{\partial k_2}{\partial \beta} + k_3(\mu) \frac{\partial \bar{R}}{\partial \beta} = 0 \tag{70}$$

$$\frac{\partial \bar{n}}{\partial \mu} k_1 + \frac{\partial k_3}{\partial \mu} \bar{R}(\beta,\mu) + k_3(\mu) \frac{\partial \bar{R}}{\partial \mu} = 0 \tag{71}$$

In einem Wartesystem mit internen unterbrechenden Störungen mit einer quadratischen Störfunktion

$$\lambda(\beta) = \ell\ \beta^2 \tag{72}$$

sowie linear ansteigenden Bedienungs- und Reparaturkosten

$$k_2(\beta) = k_2\beta \tag{73}$$

$$k_3(\mu) = k_3\mu \tag{74}$$

erhält man für die relevanten Kosten

$$K(\beta,\mu) = \frac{\alpha\{\mu+\ell\beta^2+ \frac{\alpha\ell\beta^2}{\mu}\}}{\beta\mu-\alpha\mu-\alpha\ell\beta^2} k_1 + k_2\beta + \alpha\ell\beta\mu k_3 \tag{75}$$

In der Abbildung 63 sind die Kurven gleicher Kosten in Abhängigkeit von den Systemparametern β und μ für die Normalkombination der Kostenparameter

$k_1 = 1$
$k_2 = 2$
$k_3 = 20$

und für $\alpha = 6$ wiedergegeben.

Hieraus ist ersichtlich, daß die Optimalkombination bei

$\beta^* = 8{,}0$
$\mu^* = 1{,}7$

liegt und daß die Kosten bei Optimalkombination der Parameter bei

$K^* = 24{,}40$

liegen.

Weiter ist zu erkennen, daß in der Nähe des Optimums die Kosten bei steigenden Parameterwerten relativ langsam ansteigen, während sie bei fallenden Parameterwerten sehr stark ansteigen und an der in Abbildung 63 gestrichelt eingezeichneten Grenze

$$\mu = \frac{\alpha\ell\beta^2}{\beta-\alpha}$$

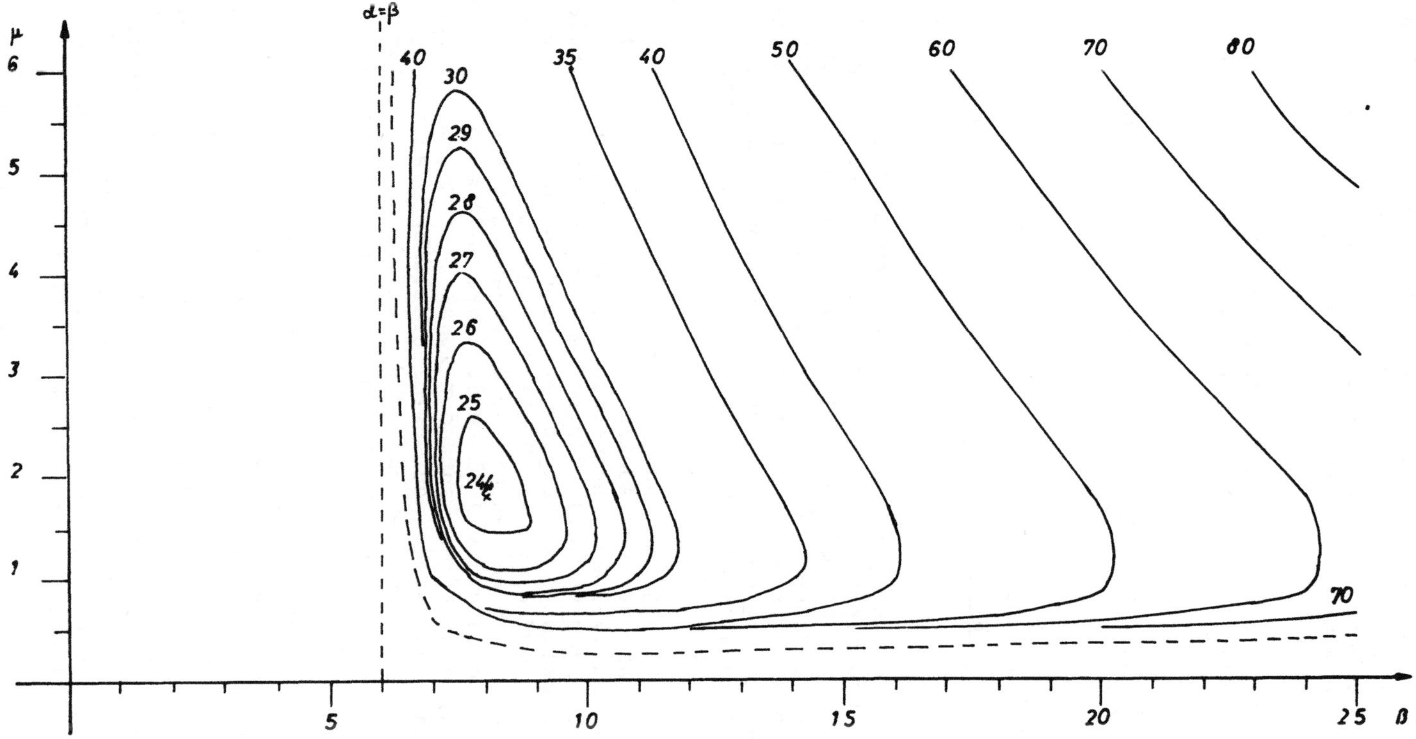

Abbildung 63: Kurven gleicher Kosten in Abhängigkeit von den Systemparametern β und μ

über alle Grenzen wachsen. Es ist also empfehlenswert, lieber etwas zu hohe Werte für die Systemparameter anzusetzen, weil dies nur zu einer geringfügigen Kostenerhöhung führt, während eine geringe Unterschreitung der Optimalwerte zu erheblichen Kostensteigerungen führt.

Für die Optimalitätsbedingungen in dem hier behandelten Spezialfall erhält man durch partielle Ableitung von (75) nach den Systemparametern:

$$\frac{\alpha\{2\alpha^2\ell\beta+\mu^2-(\alpha+\mu)\ell\beta^2\}}{\{\beta\mu-\alpha\mu-\alpha\ell\beta^2\}^2}\, k_1 + k_2 + \alpha\ell\mu k_3 = 0 \qquad (76)$$

$$\frac{\alpha\ell\beta^2\{\beta + \frac{2\alpha(\beta-\alpha)}{\mu} - \frac{\alpha^2\ell\beta^2}{\mu^2}\}}{\{\beta\mu-\alpha\mu-\alpha\ell\beta^2\}^2}\, k_1 + \alpha\ell\beta k_3 = 0 \qquad (77)$$

Eine parametrische Lösung dieses nichtlinearen Gleichungssystems mit zwei Unbekannten ist nicht möglich, so daß es erforderlich ist, die Optimalkombination der Parameter numerisch zu bestimmen. Es läge nun nahe, hierzu mit Hilfe eines geeigneten Näherungsverfahrens, z. B. einer von Stiefel [18] vorgeschlagenen Erweiterung des Newtonschen Näherungsverfahrens auf mehrere Unbekannte, eine Näherungslösung für das Gleichungs system (76 - 77) zu bestimmen.

Dieses Vorgehen stößt jedoch auf unüberwindliche numerische Schwierigkeiten: Wie aus der Abbildung 63 ersichtlich ist, fäll die Kostenfunktion (75) für Parameterwerte unterhalb der Optimalkombination sehr schnell, während sie im Bereich oberhalb der Optimalkombination sehr langsam ansteigt. Wird nun im Laufe des Iterationsverfahrens ein Punkt oberhalb der Optimalkombination erreicht, und werden die Ableitungen in diesem Punkt linearisiert, dann kann die Nullstelle dieser Näherung jenseits der Polstelle liegen, so daß entweder lokale Minima im unzuläss gen Bereich gefunden werden oder der Iterationsprozeß gegen $-\infty$ konvergiert. Näherungsverfahren, die auf der Linearisierung der Ableitung der Zielfunktion beruhen, sind daher im vorliegenden Fall wenig geeignet.

In den Fällen der Optimierung einzelner Parameterwerte ließ sich dieses Problem dadurch überwinden, daß als Anfangswert für den Iterationsprozeß immer ein Wert unterhalb des Optimums gewählt wurde; auch in den Fällen der Optimierung mehrerer Parameter läßt sich durch Probieren immer ein solcher Ausgangswert finden, für systematische Untersuchungen der Abhängigkeit der Optimalwerte von den Kostenparametern ist dieses Vorgehen jedoch wenig geeignet, weil der Computerlauf jedesmal abgebrochen wird, wenn der Iterationsprozeß zu einem unbeschränkten Minimum im unzulässigen Parameterbereich führt.

Zur Bestimmung der Optimalkombination der Systemparameter wurde daher ein heuristischer Ansatz benutzt, der auf dem Share-Programm 1259 MINSEK zur Bestimmung lokaler Minima einer Funktion von mehreren Variablen beruht [19]. Dieses Programm beruht auf folgendem Grundgedanken: Es werden Ober- und Untergrenzen für alle unabhängigen Variablen vorgegeben. Zunächst wird der Mittelpunkt dieses Bereichs gesucht und von dort ausgehend wird ein Punkt mit niedrigerem Funktionswert bestimmt, indem alle unabhängigen Variablen systematisch variiert werden. Die Variation der Variablen wird zunächst mit großer Schrittweite begonnen, die jeweils nach dem Auffinden eines niedrigeren Wertes verkleinert wird, so daß das Minimum durch eine Intervallschachtelung eingegrenzt wird.

In dem hier zu untersuchenden Fall ist der Bereich, in dem das gesuchte Minimum liegt, nicht durch voneinander unabhängige Unter- und Obergrenzen der Variablen eingegrenzt, vielmehr wird der zulässige Bereich durch eine nichtlineare Beziehung zwischen den zu optimierenden Größen begrenzt (vgl. Abbildung 63). Zur Bestimmung des Minimums der Kostenfunktion innerhalb des zulässigen Bereichs ist daher folgende Modifikation des Rechenprogrammes notwendig:

1. Es wird zunächst ein rechteckiger Ausgangsbereich mit den Eckpunkten (β_1,μ_1), (β_1,μ_2), (β_2,μ_1) und (β_2,μ_2) dessen linke untere Ecke auf der Grenze

   $$\mu = \frac{\alpha \ell \beta^2}{\beta - \alpha}$$

   liegt, vorgegeben.

2. Mit Hilfe des Programms MINSEK wird das relative Minimum der Kostenfunktion (75) in diesem Bereich bestimmt.

3. Es wird geprüft, ob dieses Minimum innerhalb oder auf dem Rand des Bereiches liegt. Da (75) innerhalb des zulässigen Bereichs konvex ist, ist das absolute Minimum gefunden, wenn das relative Minimum im Innern des vorgegebenen Bereichs liegt.

4. Liegt das relative Minimum hingegen auf dem Rand des vorgegebenen Bereichs, dann wird dieser so entlang der Grenzlinie

   $$\mu = \frac{\alpha \ell \beta^2}{\beta - \alpha}$$

   verschoben, daß das relative Minimum innerhalb des Bereichs zu liegen kommt. Dann wird MINSEK auf den neuen Bereich angewendet usw., bis das durch MINSEK gefundene Minimum innerhalb des vorgegebenen Bereichs liegt und damit das absolute Minimum der Kostenfunktion (75) ist.

Durch geschickte Vorgabe der Eckpunkte für die erste Iteration und durch Rückkoppelung der vorigen Lösung mit den Intervallgrenzen des nächsten Problems gelingt es bei systematischer Parametervariation fast immer, den zu untersuchenden Bereich so vorzugeben, daß nur eine Iteration erforderlich ist.

Mit Hilfe dieses Verfahrens erhält man für die in der Abbildung 63 graphisch bestimmten Optimalwerte bei Normalkombination der Kostenparameter folgende genaueren Werte:

$\beta^{\star} = 8{,}0471$
$\mu^{\star} = 1{,}7785$
$K^{\star} = 24{,}4421$

Aus der Störfunktion erhält man für die Störrate bei optimaler Betriebsgeschwindigkeit:

$\lambda^{\star} = 0{,}1295$

Die optimale Betriebsgeschwindigkeit liegt also unterhalb des Normalwertes $\beta = 10$, die optimale Reparaturgeschwindigkeit liegt erheblich über dem Normalwert $\mu = 1$, während die Störanfälligkeit unterhalb des Normalwertes $\lambda = 0{,}2$ liegt.

b) Die Optimalkombination bei externen Störungen

Im vorigen Abschnitt wurde vorausgesetzt, daß die Betriebsgeschwindigkeit und die Reparaturgeschwindigkeit beeinflußt werden können, während die Ankünfte vorgegeben sind und nicht beeinflußt werden können und die Häufigkeit der Störungen von der Belastung des Aggregates, d.h. von der Betriebsgeschwindigkeit, abhängt. Insbesondere in den Fällen externer Betriebsstörungen ist es jedoch vielfach möglich, auch die Störanfälligkeit zu beeinflussen; wie bei der Optimierung der Einzelprozesse gezeigt wurde, kann die Störanfälligkeit herabgesetzt werden, indem das Aggregat besser ausgestattet wird oder indem die Reparaturen besser durchgeführt werden; im ersten Fall steigen die Betriebskosten/Zeiteinheit, im zweiten Fall steigen die Kosten/Reparatur mit sinkender Störanfälligkeit.

Ist die Verringerung der Störanfälligkeit auf ein besser ausgestattetes Aggregat zurückzuführen und hängen die Reparaturkosten allein von der Zahl der Reparaturen und der Reparaturgeschwindigkeit ab, dann gilt für die relevanten Kosten/Zeiteinheit:

$$K(\beta,\lambda,\mu) = k_1\bar{n}(\beta,\lambda,\mu)+K_2(\beta,\lambda)+k_3(\mu)\bar{R}(\beta,\lambda,\mu) \qquad (78)$$

mit

$$\frac{\partial K_2}{\partial \beta} > 0 \qquad \text{und} \qquad \frac{\partial K_2}{\partial \lambda} < 0$$

Setzt man die partiellen Ableitungen von (78) nach den Parametern β, λ, μ gleich Null, dann erhält man als notwendige Bedingungen für die optimale Parameterkombination

$$k_1\frac{\partial \bar{n}}{\partial \beta} + \frac{\partial K_2}{\partial \beta} + k_3(\mu)\,\frac{\partial \bar{R}}{\partial \beta} = 0 \qquad (79)$$

$$k_1\frac{\partial \bar{n}}{\partial \lambda} + \frac{\partial K_2}{\partial \lambda} + k_3(\mu)\,\frac{\partial \bar{R}}{\partial \lambda} = 0 \qquad (80)$$

$$k_1\frac{\partial \bar{n}}{\partial \mu} + \frac{\partial k_3}{\partial \mu}\,\bar{R}(\beta,\lambda,\mu) + k_3(\mu)\,\frac{\partial \bar{R}}{\partial \mu} = 0 \qquad (81)$$

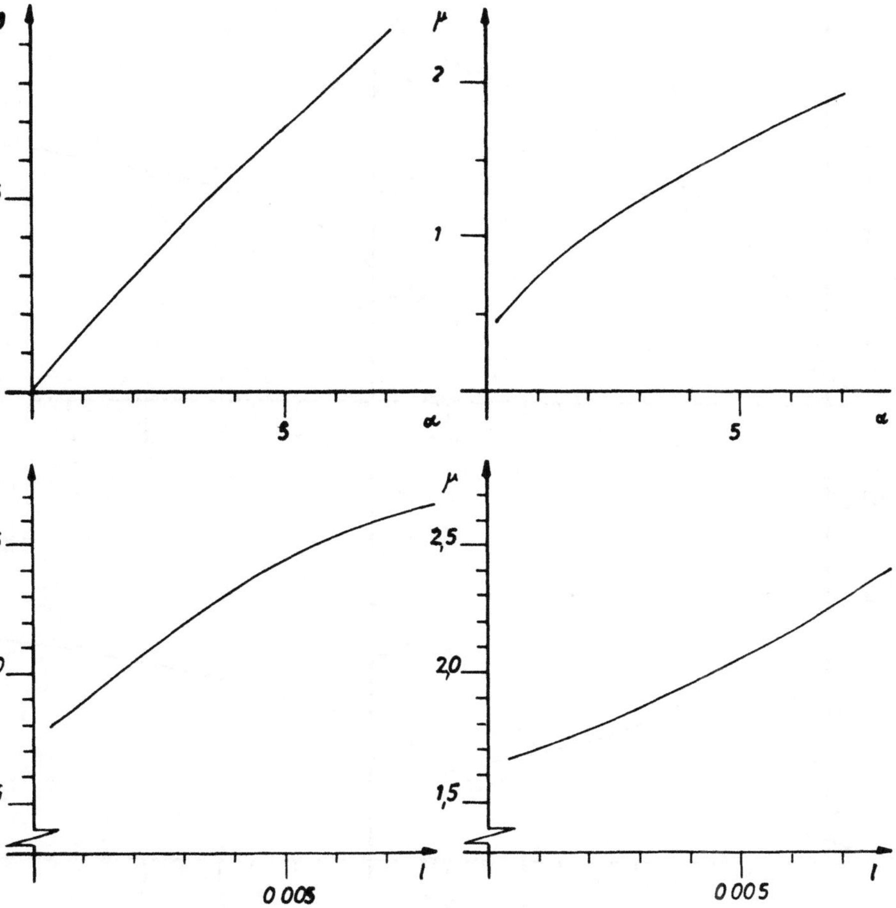

Abbildung 64: Simultane Optimierung eines Wartesystems mit internen Störungen in Abhängigkeit von den Systemparametern

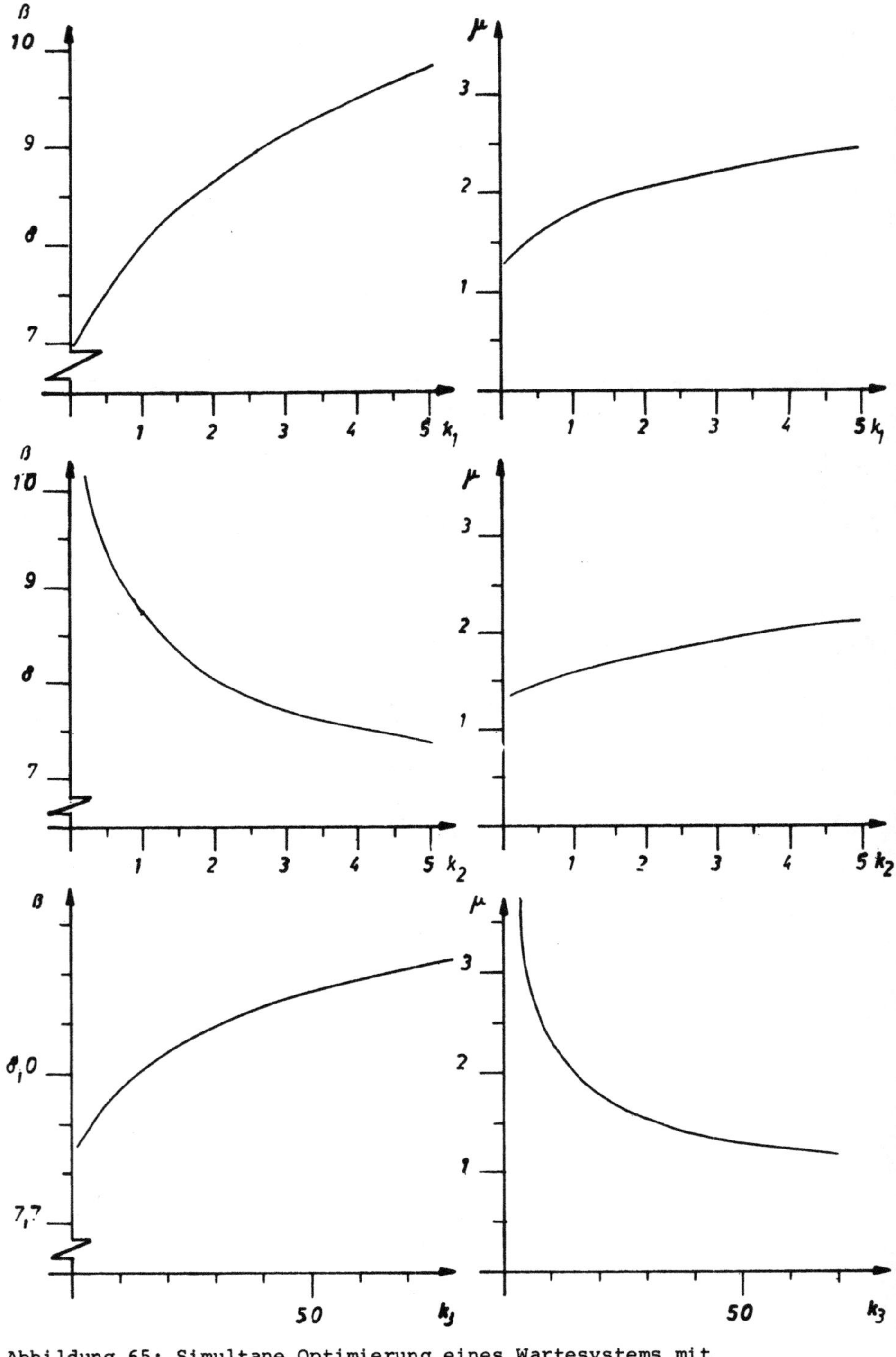

Abbildung 65: Simultane Optimierung eines Wartesystems mit internen Störungen in Abhängigkeit von den Kostenparametern

Geht man nun davon aus, daß die Betriebsstörungen auf externe Ursachen zurückzuführen sind, die Betriebskosten proportional der Betriebsgeschwindigkeit und umgekehrt proportional der Störrate sind und die Reparaturkosten proportional der Reparaturgeschwindigkeit steigen

$$K_2(\beta,\lambda) = \frac{\beta}{\lambda} k_2 \tag{82}$$

und

$$k_3(\mu) = k_3\mu \tag{83}$$

dann erhält man für die gesamten relevanten Kosten:

$$K(\beta,\lambda,\mu) = \frac{\alpha\{\mu+\lambda + \frac{\beta\lambda}{\mu+\lambda}\}}{\beta\mu-\alpha\mu-\alpha\lambda} k_1 + \frac{\beta}{\lambda} k_2 + \frac{\lambda\mu^2}{\mu+\lambda} k_3 \tag{84}$$

Die Optimalitätsbedingungen haben dann die Form:

$$\frac{\partial K}{\partial \beta} = \frac{\alpha\{\mu^2+\lambda\mu+\alpha\lambda\}}{\{\beta\mu-\alpha\mu-\alpha\lambda\}^2} k_1 + \frac{k_2}{\lambda} = 0 \tag{85}$$

$$\frac{\partial K}{\partial \lambda} = \frac{\alpha\{\beta\mu-\alpha\mu+\lambda^2+\left[\frac{\beta\mu}{\mu+\lambda}\right]^2\}}{\{\beta\mu-\alpha\mu-\alpha\lambda\}^2} k_1 - \frac{\beta}{\lambda^2} k_2 + \frac{\mu^3}{(\mu+\lambda)^2} k_3 = 0 \tag{86}$$

$$\frac{\partial K}{\partial \mu} = \frac{\alpha\beta\lambda\{1+ \frac{\beta-2\alpha}{\mu+\lambda} + \frac{\beta\mu}{(\mu+\lambda)^2}\}}{\{\beta\mu-\alpha\mu-\alpha\lambda\}^2} k_1 + \frac{\lambda\mu\{\mu+2\lambda\}}{(\mu+\lambda)^2} k_3 = 0 \tag{87}$$

Aus (85) erhält man für die optimale Betriebsgeschwindigkeit in Abhängigkeit von den Kostenparametern k_1 und k_2 sowie von den Systemparametern λ und μ [20]:

$$\beta^* = \frac{\alpha(\mu+\lambda)}{\mu} + \sqrt{\{\frac{\alpha(\mu+\lambda)}{\mu} + \frac{\alpha^2\lambda}{\mu}\}\frac{k_1}{\lambda k_2}} \tag{88}$$

Da die Gleichungen (86) und (87) jedoch nicht explizit gelöst werden können, ist es erforderlich, das Minimum von (84) mit Hilfe des oben beschriebenen Rechenprogramms MINSEK zu bestimmen. Hierbei wäre es möglich, die Optimalkombination aller drei Parameter β, λ und μ mit Hilfe von MINSEK zu berechnen. Es ist jedoch günstiger, zunächst β aufgrund von (88) zu eliminieren, λ^* und μ^* mit Hilfe von MINSEK zu bestimmen und β^* dann aufgrund dieser Optimalwerte aus (88) zu berechnen.

Bei der Normalkombination der Parameter

$$\alpha = 6$$
$$k_1 = 1$$
$$k_2 = 0{,}4$$
$$k_3 = 20$$

erhält man für die Normalkombination der Parameter

$\beta^* = 21{,}56$

$\lambda^* = 0{,}76$

$\mu^* = 1{,}02$

Die Kosten bei Optimalkombination sind gleich

$K^* = 26{,}06$

Die Abhängigkeit der Optimalwerte der Systemparameter von der Ankunftsrate und von den Kostenparametern ist in den Abbildungen 66 und 67 wiedergegeben.

5) Verallgemeinerung

In den vorangegangenen Abschnitten wurden die optimalen Werte für die Systemparameter β, λ und μ bestimmt. Als allgemeine Optimalitätsbedingung ergab sich, daß die Parameterwerte so zu wählen sind, daß die durch eine Veränderung eines Parameters erzielbare Verringerung der Aufenthaltskosten der Kunden gerade durch die dadurch induzierte Erhöhung der Betriebs- und der Reparaturkosten des Bedienungskanals kompensiert wird. Diese Optimalitätsbedingungen wurden für Markoff-Systeme mit unterbrechenden Störungen anhand numerischer Beispiele untersucht.

Da in dem allgemeinen Ansatz keine speziellen Annahmen über das zugrundeliegende Störungsmodell erforderlich sind, können die allgemeinen Optimalitätsbedingungen auch auf die anderen Störungsmodelle, insbesondere auf die Fälle verzögerter Störungen und Ausschuß verursachender Störungen, übertragen werden. Hierbei sind jedoch folgende Gesichtspunkte zu beachten:

1. In den Fällen Ausschuß verursachender Störungen sind neben den Aufenthaltskosten, den Betriebskosten und den Reparaturkosten noch die durch unzulängliche Bearbeitung entstehenden Ausschußkosten zu berücksichtigen. Sind die Ausschußkosten/Stück konstant, dann gilt im Fall interner Störungen für die gesamten Ausschußkosten/Zeiteinheit

   $$K_5 = k_r \bar{R}$$

   weil bei internen Störungen jede Störung zu einer mangelhaften Bearbeitung führt. Da die Reparaturkosten ebenfalls proportional der Zahl der Reparaturen sind, kann man die Ausschußkosten formal als eine Erhöhung der Reparaturkosten ansehen, so daß keine Änderung des Modellansatzes notwendig wird. Im Fall externer Ausschuß verursachender Störungen hingegen führen nur die Störungen, die während einer Bearbeitung auftreten, zur mangelhaften Bearbeitung, während die Störungen, die bei leerem Aggregat auftreten, keinen Einfluß auf die Bearbeitungsqualität haben. In diesem Fall müssen die Ausschußkosten explizit berücksichtigt werden; allerdings dürften Fälle, in denen externe Störungen zu Ausschuß führen, relativ selten auftreten.

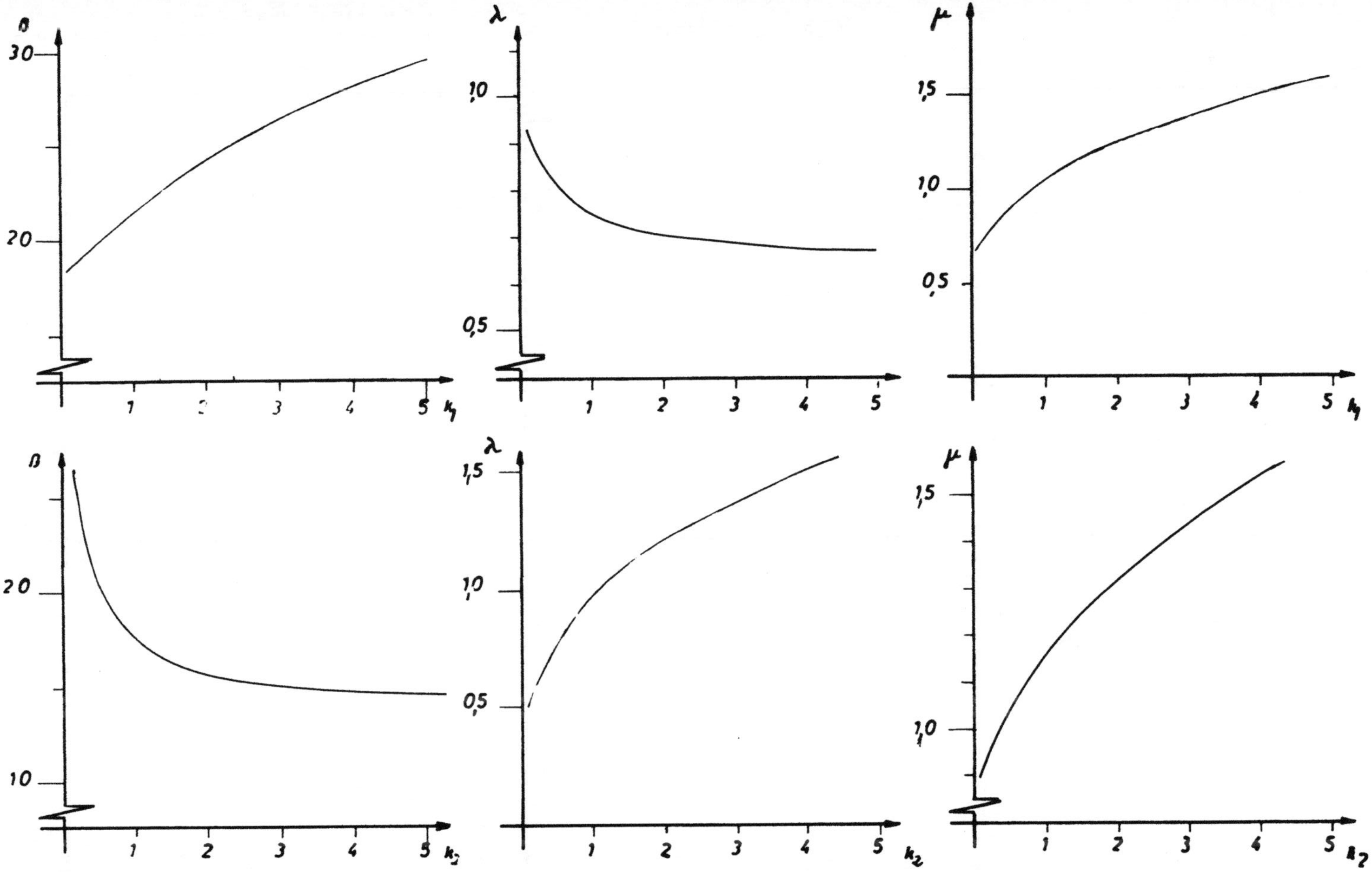

Abbildung 66: Optimalkombination der Parameter bei externen Störungen in Abhängigkeit von k_1 und k_2

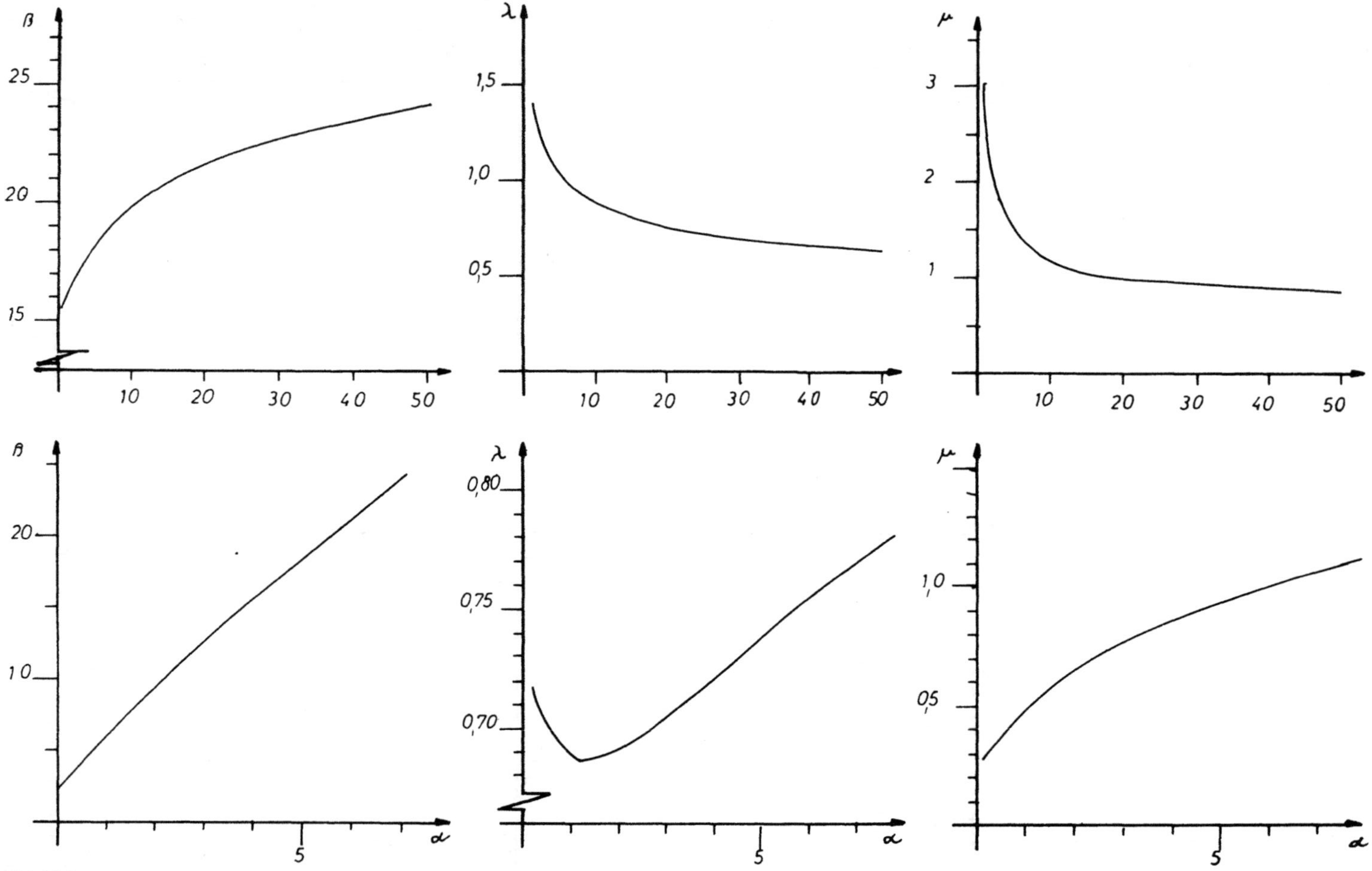

Abbildung 67: Optimalkombination der Parameter bei externen Störungen in Abhängigkeit von k und α

2. In den Fällen verzögerter Störungen können die oben hergeleiteten Optimalitätsbedingungen ohne Modifikation übernommen werden, wenn die Störungen keinen Einfluß auf die Bearbeitungsqualität haben. Bei verzögerten Störungen wird jedoch möglicherweise bei Beendigung einer gestörten Bearbeitung festgestellt, daß sie mangelhaft war. In diesen Fällen müssen die Ausschußkosten analog den Fällen externer Ausschuß verursachender Störungen berücksichtigt werden, d. h. bei internen Störungen kann der Ausschußkostensatz dem Reparaturkostensatz hinzugerechnet werden, im Fall externer Störungen hingegen müssen die Ausschußkosten explizit berücksichtigt werden.

3. Die oben hergeleiteten Optimalitätsbedingungen können schließlich auch auf Modelle mit allgemeineren Bedienungs- und Reparaturzeiten übertragen werden.

6) Der Einsatz der Simulation bei der Beurteilung von Maßnahmen zur Beeinflussung der Basisprozesse

Die oben dargestellten Entscheidungsmodelle setzen eine Fülle von Informationen über die Basisprozesse und die Auswirkungen bestimmter Maßnahmen auf die Basisprozesse und auf die Kostenstruktur voraus, die vielfach dem Entscheidungsträger nicht gegeben sind.

Weiter wird vorausgesetzt, daß eine sehr große Zahl von Entscheidungsalternativen zur Verfügung stehen, so daß eine kontinuierliche Variation der Prozeßparameter unterstellt werden kann.

In vielen Entscheidungssituationen wird jedoch nur eine beschränkte Zahl von Informationen zur Verfügung stehen, die durch bestimmte Annahmen ergänzt werden müssen, um die Vorteilhaftigkeit einer Maßnahme zu überprüfen. Insbesondere werden die Informationen meist nicht ausreichen, um zu einer analytischen Lösung des Problems gelangen zu können, so daß Simulationsmethoden angewandt werden müssen.

Zur Verdeutlichung des Vorgehens in einem solchen Fall ist folgendes Beispiel zu untersuchen: Es ist zu prüfen, ob es vorteilhaft ist, die Störanfälligkeit eines Aggregates durch die Verwendung eines weniger empfindlichen Ersatzteiles bei den Reparaturen zu senken. Hierzu wurden zunächst in einer Zeitstudie Häufigkeitsverteilungen der Abstände der Anlieferung von Werkstücken, die auf der betreffenden Maschine bearbeitet werden sollten, der Bearbeitungsdauer, der Dauer der Reparaturen und der Abstände der Störungen vor Einführung des neuen Ersatzteiles ermittelt. Diese Häufigkeitsverteilungen sind in den Tabellen 8a-d [21] wiedergegeben. Weiter wurde festgestellt, daß der durchschnittliche Bestand des Pufferlagers vor der Maschine $\bar{n}_A = 4{,}06$ beträgt und daß die Zahl der Reparaturen bisher $\bar{R}_A = 0{,}17$ Reparaturen/Std. war. Da die Lagerhaltungskosten gleich $k_1 = 1{,}\text{--}$ DM/Std., die Reparaturkosten gleich $k_{3A} = 20{,}\text{--}$ DM sind, belaufen sich die relevanten Kosten bei Verwendung des alten Ersatzteiles auf

$$K_A = k_1\bar{n}_A + k_{3A}\bar{R}_A = 7{,}40 \text{ DM/Std.}$$

Bei Einführung des neuen Ersatzteiles würden sich die Reparaturkosten auf $k_{3B} = 25{,}\text{--}$ DM erhöhen. Nach Angaben des Herstellers erhöht sich die Lebensdauer des Ersatzteils um 20 %. Nähere Informationen über die Verteilung der Lebensdauer des Ersatzteiles sind nicht zu beschaffen.

Um die zur Beurteilung des Ersatzteiles notwendigen Informationen über die Veränderung des Lagerbestandes und die Zahl der notwendigen Reparaturen mit Hilfe der Simulation zu erhalten, wird jedoch eine Häufigkeitsverteilung der Lebensdauer des Ersatzteils benötigt.

Um diese Informationslücke zu schließen, wurde angenommen, daß die Gestalt der Häufigkeitsverteilung der Tabelle 8c erhalten bleibt und daß sich lediglich die Klassengrenzen nach oben um 20 % verschieben.

Unter dieser Annahme wurde mit Hilfe des oben beschriebenen Simulationsmodells für empirische Häufigkeitsverteilungen der mittlere Lagerbestand und die mittlere Zahl der Reparaturen sowie das Konfidenzintervall auf dem 99,7 %-Niveau bestimmt. Für die mittlere Schlangenlänge ergab sich der Schätzwert

$$\bar{n}_B = 3{,}38 \pm 0{,}19$$

und für die mittlere Zahl der Reparaturen/Zeiteinheit ergab sich

$$\bar{R}_B = 0{,}14 \pm 0{,}01$$

Der Erwartungswert der relevanten Kosten bei Einführung des neuen Ersatzteiles ist dann gleich:

$$K_B = k_1\bar{n}_B + k_{3B}\bar{R}_B = 6{,}95 \text{ DM/Std.}$$

Durch die Einführung des neuen Ersatzteiles könnte also der Erwartungswert der relevanten Kosten von 7,40 DM/Std. auf 6,95 DM/Std. gesenkt werden. Es ist jedoch zu prüfen, ob diese Kostensenkung signifikant ist oder ob sie auf zufälligen Schwankungen beruhen kann. Die Streuung der relevanten Kosten im Fall A ist gleich $s_A^2 = 6{,}59$, im Fall B gleich $s_B^2 = 4{,}46$. Die Prüfgröße t^* für den Vergleich zwischen beiden Mittelwerten ist gleich $t^* = 3{,}03$. Die Differenz zwischen beiden Erwartungswerten ist also mit mehr als 0,99 % Sicherheit signifikant. Es ist also sinnvoll, das bessere Ersatzteil zu benutzen.

III. Die optimale Beeinflussung der Struktur des Systems

1) Die Entscheidung über den Reparaturbeginn bei sinkender Betriebsgeschwindigkeit

Im vorigen Abschnitt wurden Entscheidungsmodelle behandelt, bei denen die Struktur des zu optimierenden Systems unbeeinflußt blieb, bei denen der Modelltyp des Systems erhalten blieb und lediglich einzelne Parameter variiert wurden. Im Gegensatz dazu sind nun solche Entscheidungsmodelle zu behandeln, bei denen die Struktur des Systems beeinflußt wird, bei denen die Entscheidung über eine bestimmte Maßnahme die Wahl zwischen verschiedenen Modelltypen des zugrundeliegenden Erklärungsmodells bedeutet.

Ein erstes Beispiel für ein solches Entscheidungsmodell ergibt sich, wenn die Betriebsgeschwindigkeit einer Maschine, wie in dem oben dargestellten Modell von Eisen, durch eine Störung zunächst absinkt und erst eine weitere Störung zu einem Stillstand des Aggregates führt. In diesem Fall ist eine Entscheidung zu treffen, ob die Reparatur bereits bei Absinken der Betriebsgeschwindigkeit begonnen werden soll oder ob sie erst bei Ausfall der Maschine eingeleitet werden soll. Bei Vergleich zwischen diesen beiden Alternativen sind die Kosten von zwei verschiedenen Warteschlangenmodellen miteinander zu vergleichen, die Kosten eines Wartesystems mit unterbrechenden Störungen und die Kosten eines Wartesystems mit absinkender Betriebsgeschwindigkeit.

Wird die Maschine bereits bei Absinken der Betriebsgeschwindigkeit repariert, dann sind die relevanten Kosten gegeben durch

$$K_A = k_1\bar{n}_A + k_2 + k_{3A}\bar{R}_A \qquad (89)$$

wobei $\bar{n}_A$ die mittlere Schlangenlänge in einem Wartesystem mit externen unterbrechenden Störungen und $\bar{R}_A$ die mittlere Zahl der Reparaturen in einem solchen Wartesystem sind [22].

Nimmt man nun der Einfachheit halber an, daß die Betriebskosten bei verlangsamter Betriebsgeschwindigkeit nicht ansteigen, dann gilt bei Reparatur bei Ausfall der Maschine

$$K_B = k_1\bar{n}_B + k_2 + k_{3B}\bar{R}_B \qquad (90)$$

wobei $\bar{n}_B$ die mittlere Schlangenlänge in einem Wartesystem mit absinkender Betriebsgeschwindigkeit und $\bar{R}_B$ die mittlere Zahl der Reparaturen in einem solchen Wartesystem sind [23].

Es ist vorteilhaft, die Bearbeitung bereits dann zu unterbrechen, wenn die Betriebsgeschwindigkeit absinkt, wenn

$$K_A < K_B \qquad (91)$$

bzw. wegen (89) und (90) wenn

$$k_1(\bar{n}_B-\bar{n}_A) > k_{3A}\bar{R}_A-k_{3B}\bar{R}_B \qquad (92)$$

Die Kosten einer Reparatur werden im Fall A im allgemeinen niedriger als im Fall B sein; die Häufigkeit der Reparaturen wird hingegen im Fall B geringer sein, so daß eine allgemeine Aussage darüber, ob die Reparaturkosten im Fall A oder B geringer sein werden, nicht gemacht werden kann. Die Frage, ob die mittlere Schlangenlänge im Fall A oder im Fall B größer ist,

ist ebenfalls nicht allgemein zu beantworten. Es sind daher bei der Entscheidung, welche der beiden Alternativen besser ist, folgende Fälle zu unterscheiden:

1. Die mittlere Schlangenlänge und die Reparaturkosten sind bei Alternative A größer als bei Alternative B; in diesem Fall ist die Entscheidung für die Alternative B trivial.

2. Die mittlere Schlangenlänge und die Reparaturkosten sind im Fall B höher als im Fall A; in diesem Fall ist die Entscheidung für die Alternative A trivial.

3. Die mittlere Schlangenlänge ist bei der Alternative A niedriger als bei der Alternative B, die Reparaturkosten sind hingegen bei der Alternative B niedriger als bei der Alternative A. Die Entscheidung hängt in diesem Fall davon ab, ob die Erhöhung der Reparaturkosten bei sofortiger Reparatur durch die dadurch erzielte Verringerung der Lagerkosten kompensiert wird oder nicht.

4. Die mittlere Schlangenlänge ist bei der Alternative A größer als bei der Alternative B; allerdings sind die Reparaturkosten im Fall A niedriger als im Fall B; in diesem Fall hängt die Entscheidung davon ab, ob die Verringerung der Reparaturkosten bei frühzeitiger Reparatur durch die dabei entstehenden zusätzlichen Lagerkosten kompensiert wird oder nicht.

Da $\bar{n}_B$ nur numerisch bestimmt werden kann, muß das Entscheidungskriterium (92) ebenfalls numerisch ausgewertet werden.

Beispiel: Es sei

$\alpha = 6$	$\lambda_1 = 0{,}3333$	$k_1 = 1$
$\beta_1 = 10$	$\lambda_2 = 0{,}5000$	$k_{3A} = 20$
	$\mu = 1{,}0000$	$k_{3B} = 30$

Wird die Bearbeitung unterbrochen, wenn die Betriebsgeschwindigkeit absinkt, dann ist die mittlere Schlangenlänge gleich $\bar{n}_A = 11{,}5$; die mittlere Zahl der Reparaturen ist in diesem Fall $\bar{R}_A = 0{,}25$; die gesamten relevanten Kosten sind in diesem Fall gleich $K_A = 16{,}50$. Wird die Reparatur aufgeschoben, bis die Maschine ausfällt, dann sinkt die Zahl der Reparaturen auf $\bar{R}_B = 0{,}1667$. Die Abhängigkeit der Gesamtkosten von der Geschwindigkeit bei verringerter Betriebsgeschwindigkeit ist in Abbildung 68 wiedergegeben. Hieraus ist ersichtlich, daß es sinnvoll ist, die Reparatur bis zum Ausfall des Kanals zu verschieben, falls $\beta_2 < 6{,}6$ ist und die Reparatur schon bei Verlangsamung der Bedienungsgeschwindigkeit zu beginnen, wenn $\beta_2 > 6{,}6$ ist.

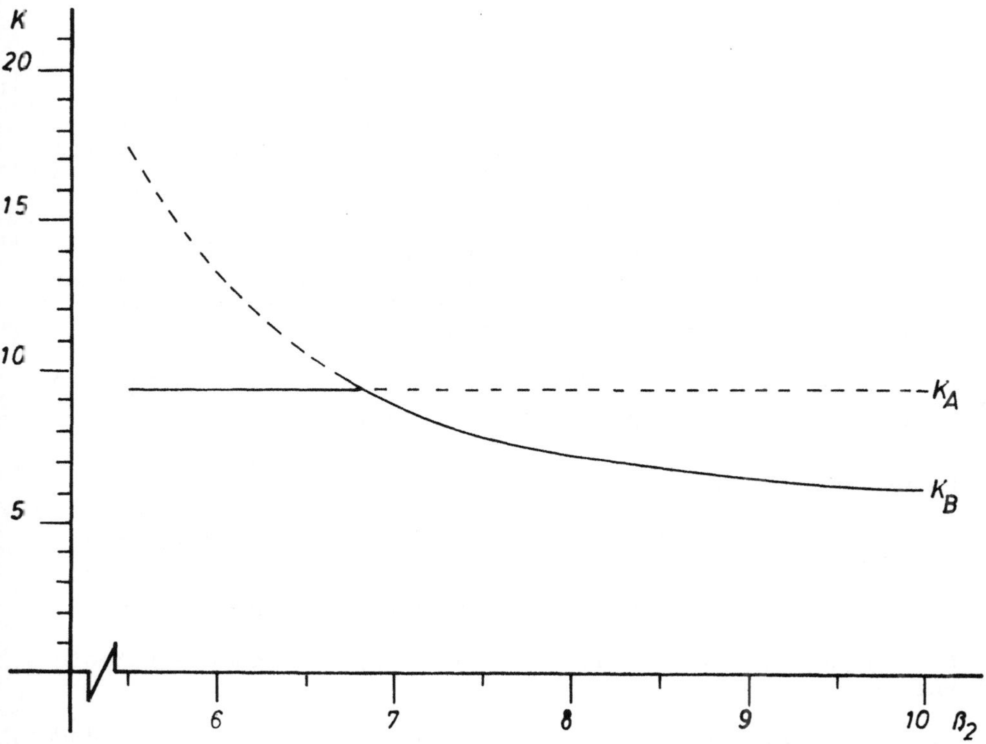

Abbildung 68: Entscheidung über den Reparaturbeginn bei absinkender Betriebsgeschwindigkeit

2) Vorbeugende Wartungsmaßnahmen

Die bisher untersuchten Modelle gingen davon aus, daß die Betriebsstörungen in zufälligen Abständen auftreten und zu einer Unterbrechung der Bearbeitung führen, daß Betriebsstörungen hingenommen werden müssen, ohne daß eine Möglichkeit besteht, sie zu verhindern. Man kann die Zuverlässigkeit des Systems lediglich dadurch steigern, daß man die Ausstattung des Aggregates verbessert, die Reparaturen sorgfältiger durchführt oder die Betriebsgeschwindigkeit herabsetzt.

Neben diesen Möglichkeiten, die auf eine Beeinflussung der Störanfälligkeit abzielen, besteht jedoch in vielen Situationen die Möglichkeit, den Ausfall einer Maschine durch vorbeugende Wartungsmaßnahmen zu verhindern: Statt darauf zu warten, daß die Maschine ausfällt und kostspielige Reparaturen erforderlich werden, kann man den Bearbeitungsprozeß auch vor dem Auftreten von Störungen unterbrechen, um billigere und weniger Zeit in Anspruch nehmende Wartungsmaßnahmen einzuleiten. In diesem Fall stellt sich das Problem, Strategien zu entwickeln, die angeben, unter welchen Bedingungen Wartungsmaßnahmen eingeleitet werden sollten. Probleme dieser Art werden im Rahmen der Ersatztheorie behandelt.

a) Das Grundmodell der Ersatztheorie

Die Ersatztheorie geht von folgendem Modell aus:

1. Die Arbeitsintervalle eines Aggregates sind voneinander unabhängige Zufallsgrößen mit der gleichen Verteilungsfunktion; die Folge der Reparaturzeitpunkte stellt also einen Erneuerungsprozeß dar.

2. Neben der Möglichkeit, das Aggregat bis zum Auftreten einer Störung laufen zu lassen und erst dann zu reparieren, besteht die Möglichkeit, das Aggregat bereits vorher zu warten, um einen Ausfall zu vermeiden.

3. Die Kosten einer Reparatur sind gleich k_3, die Kosten einer Wartung sind gleich k_4, wobei $k_4 < k_3$.

Zu prüfen ist nun,

1. ob es überhaupt sinnvoll ist, vorbeugende Wartungen durchzuführen,

2. wann vorbeugende Wartungen durchgeführt werden sollen.

Für solche Wartungsmaßnahmen werden u. a. folgende Strategien vorgeschlagen [24] :

1. Durchführung vorbeugender Wartungen in festen Zeitabständen, ohne Rücksicht darauf, ob seit der letzten Wartung eine Reparatur erforderlich wurde, weil eine Störung auftrat,

2. Durchführung vorbeugender Wartungen nach einer bestimmten Arbeitsdauer des Aggregates.

Der Hauptvorteil der ersten Strategie liegt darin, daß sie eine genaue Zeitplanung für die Wartungsmaßnahmen ermöglicht, so daß das für die Wartung eingesetzte Personal zwischenzeitig anderweitig eingesetzt werden kann und daß möglicherweise gewisse Rationalisierungseffekte auftreten können, weil gleichzeitig eine ganze Reihe gleichartiger Teile ersetzt werden. Nachteilig wirkt sich jedoch aus, daß möglicherweise eine Wartung unmittelbar im Anschluß an eine Reparatur durchgeführt wird, so daß die Lebensdauer der Teile nicht optimal ausgenutzt wird. Hauptanwendungsgebiet dieser Ersatzstrategie dürfte daher der Ersatz von Gruppen gleichartiger, geringwertiger Ersatzteile wie Glühbirnen sein, bei denen durch planmäßige Auswechslung erhebliche Kosteneinsparungen erzielt werden können.

In den hier hauptsächlich interessierenden Fällen der Wartung komplexer Aggregate, bei denen die Kosten der Wartung deshalb unter den Reparaturkosten liegen, weil bei einer Störung weitere Komponenten des Aggregates beschädigt werden können und die Reparaturen mit einer umfänglichen Fehlersuche verbunden sind, während die Wartungen weitgehend normiert werden können, dürfte hingegen die zweite Strategie, die auf die Arbeitsdauer des Aggregates abstellt, vorteilhafter sein.

Wird eine planmäßige Wartung immer dann eingeleitet, wenn das Aggregat länger als t_w Zeiteinheiten störungsfrei gelaufen ist, dann gilt für die Kosten/Wartungszyklus

$$C = k_4 \text{ Prob}\{\text{Wartungszeitpunkt } t_w \text{ liegt vor Ausfall}\}$$

$$+ k_3 \text{ Prob}\{\text{Wartungszeitpunkt liegt hinter Ausfall}\}$$

oder

$$C = k_3 \int_0^{t_w} \psi_S(t)dt + k_4 \int_{t_w}^{\infty} \psi_S(t)dt$$

$$= k_3 \Phi_S(t_w) + k_4\{1-\Phi_S(t_w)\}$$

$$= k_3 - (k_3-k_4)\{1-\Phi_S(t_w)\} \tag{93}$$

Die mittlere Dauer eines Wartungszyklus ist gleich

$$E(S') = \int_0^{t_w} t\psi_S(t)dt + t_w\{1-\Phi_S(t_w)\} \tag{94}$$

oder

$$E(S') = \int_0^{t_w} \{1-\Phi_S(t_w)\} dt \tag{95}$$

Die relevanten Kosten/Zeiteinheit sind dann gleich [25]

$$K_w = \frac{C}{E(S')} = \frac{k_3-(k_3-k_4)\{1-\Phi_s(t_w)\}}{\int_0^{t_w} \{1-\Phi_S(t)\}dt} \tag{96}$$

Es stellt sich nun die Frage, unter welchen Bedingungen die Kosten bei planmäßiger Wartung geringer sind als die Kosten ohne Wartungen

$$K_R = \lambda k_3 \tag{97}$$

wobei λ die durchschnittliche Ausfallrate ist.

Da

$\int_0^{t_w} \{1-\Phi_S(t)\}dt$ für $t_w \to \infty$ nach $E(S) = 1/\lambda$ geht, folgt

aus (96), daß auch

$K_w \to \lambda k_3$ geht, falls $t_w \to \infty$

Eine hinreichende Bedingung für die Vorteilhaftigkeit vorbeugender Wartungen ist also, daß K_w für genügend große t_w eine steigende Funktion von t_w ist. Durch logarithmische Ableitung der Kostenfunktion (96) läßt sich zeigen, daß diese Bedingung dann gilt, wenn [26]

$$\frac{\lim\limits_{t\to\infty} s(t)}{\lambda} > \frac{k_3}{k_3-k_4} \qquad (98)$$

wobei

$$s(t) = \frac{\psi_S(t)}{1-\Phi_S(t)}$$

die momentane Ausfallrate ist.

Für genügend große t muß also gelten, daß das Verhältnis aus momentaner Ausfallrate und durchschnittlicher Ausfallrate größer ist als das Verhältnis der Reparaturkosten und der durch vorbeugende Wartungen einzusparenden Kosten.

Im Fall exponentialverteilter Ausfallzeiten ist $s(t) = \lambda$ für alle t, so daß die Ungleichung (98) für kein t erfüllt ist; bei exponentialverteilten Ausfallzeiten ist eine vorbeugende Wartung in keinem Fall sinnvoll.

Bei Erlang-Verteilung und Weibull-Verteilung steigt die Ausfallrate stetig an, falls der Parameter $a > 1$ ist. λ ist der Mittelwert von $s(t)$. Für kleine t muß $s(t)$ wegen des monotonen Anstiegs von $s(t)$ kleiner als λ sein, für genügend große t gilt hingegen:

$$s(t) > \lambda \qquad (99)$$

so daß eine vorbeugende Wartung sinnvoll wird, falls die Kostendifferenz groß genug ist. Bei Lognormal-Verteilung der Ausfallzeiten steigt die Ausfallrate zwar ebenfalls zunächst an, sinkt dann aber wieder ab, so daß die hinreichende Bedingung (98) nicht erfüllt sein muß. Eine vorbeugende Wartung ist dann nur sinnvoll, wenn der optimale Wartungszeitpunkt im Bereich steigender Ausfallraten liegt und $K_w < K_R$.

Nachdem gezeigt wurde, unter welchen Bedingungen eine vorbeugende Wartung überhaupt sinnvoll ist, ist nun der optimale Abstand t_w^o vorbeugender Wartungsmaßnahmen zu bestimmen. Eine notwendige Bedingung für den optimalen Wartungsabstand erhält man, indem man die erste Ableitung der Kostenfunktion (96) gleich Null setzt:

$$\psi_S(t_w^o)(k_3-k_4) \int_o^{t_w^o} \{1-\Phi_S(t)\}dt$$
$$= \{k_3-(k_3-k_4)[1-\Phi_S(t_w^o)]\}\{1-\Phi_S(t_w^o)\} \qquad (100)$$

Das bestimmte Integral in (100) kann in der Regel nicht allgemein berechnet werden, so daß es notwendig ist, den optimalen Wartungsabstand numerisch zu bestimmen. Hierbei ist es vorteilhaft, anstelle der Nullstelle der Gleichung (100) das Minimum der Funktion (96) zu suchen, weil der Rechenaufwand bei der Auswertung der Formel (96) geringer ist.

In der Tabelle 17 wird für gamma-verteilte, Weibull-verteilte und lognormalverteilte Ausfallzeiten der optimale Wartungsabstand für folgende Parameterkombination bestimmt:

$E(S) = 5 \qquad k_3 = 100$

$C(S) = 0{,}5 \qquad k_4 = 25$

Wie hieraus zu erkennen ist, unterscheiden sich der optimale Wartungsabstand und die relevanten Kosten im Optimum bei den drei untersuchten Verteilungsmodellen erheblich voneinander, obwohl für die beiden ersten Momente die gleichen Werte angenommen werden: Bei lognormalverteilten Ausfallzeiten liegt der optimale Wartungsabstand mit 2,5 Zeiteinheiten am niedrigsten, bei Weibull-verteilten Ausfallzeiten liegt er mit 3,3 am höchsten; die Differenz beträgt etwa 44 %; auch die relevanten Kosten sind mit 13,5 bei lognormalverteilten Ausfallzeiten um 14 % niedriger als bei Weibull-verteilten Ausfallzeiten.

Eine solche streng zyklische Ersatzpolitik ist, wie Barlow und Proschan [27] gezeigt haben, optimal, wenn der Planungshorizont unbegrenzt ist; bei endlichem Planungshorizont ist es hingegen erforderlich, sequentielle Strategien anzuwenden, bei denen nach jeder Wartung und nach jeder Reparatur der Zeitpunkt der nächsten Wartung bestimmt wird [28].

Neben diesem Grundmodell lassen sich eine Reihe von Modifikationen der zyklischen Wartungsstrategie angeben, z. B.:

1. Führe alle t_w Zeiteinheiten eine planmäßige Wartung durch, wenn seit der letzten Reparatur mehr als t_r Zeiteinheiten vergangen sind.

2. Führe eine planmäßige Wartung durch, sobald ein Index für den Zustand des Systems, wie z. B. die Produktionsqualität, der Schmiermittelbestand etc. unter eine Toleranzgrenze gesunken ist.

3. Führe als t_i Zeiteinheiten eine Inspektion durch; schließe an diese Inspektion eine vorbeugende Wartung an, wenn sie ergibt, daß ein bestimmter Index eine Toleranzgrenze unterschritten hat.

In dem oben beschriebenen Grundmodell wird eine Ausfallverteilung für das System als Ganzes unterstellt. Bei komplexen Anlagen wird es vielfach angebracht sein, für jede einzelne Komponente eine eigene Ausfallverteilung zu ermitteln und aus diesen Wartungsstrategien für die einzelnen Komponenten und für das Gesamtsystem herzuleiten [29].

Tabelle 17

Berechnung des optimalen Abstandes vorbeugender Wartungsmaßnahmen

t_W	Gamma-Verteilung			Weibull-Verteilung			Lognormal-Verteilung		
	$1-\Phi_S$ t)	E(S')	K	$1-\Phi_S(t)$	E(S')	K	$1-\Phi_S(t)$	E(S')	K
0,5	0,9992	0,4994	50,1749	0,9937	0,4985	51,0991	1,0000	0,4997	50,0253
1,0	0,9909	0,9975	25,7460	0,9735	0,9909	27,2372	0,9992	0,9997	25,0648
1,5	0,9662	1,4876	18,5085	0,9392	1,4696	20,1132	0,9897	1,4976	17,2087
2,0	0,9212	1,9603	15,7687	0,8919	1,9279	17,1729	0,9561	1,9853	14,6124
2,2	0,8976	2,1422	15,2542	0,8697	2,1041	16,5266	0,9338	2,1744	13,7806
2,4	0,8713	2,3191	14,9432	0,8458	2,2757	16,0677	0,9067	2,3585	13,5675
2,5	0,8571	2,4056	14,8472	0,8333	2,3596	15,8940	0,8914	2,4484	13,5364
2,6	0,8424	2,4905	14,7837	0,8204	2,4423	15,7515	0,8752	2,5367	13,5460
2,7	0,8272	2,5740	14,7485	0,8072	2,5237	15,6365	0,8580	2,6234	13,5901
2,8	0,8114	2,6560	14,7377	0,7936	2,6037	15,5458	0,8399	2,7083	13,6631
2,9	0,7953	2,7363	14,7480	0,7798	2,6824	15,4767	0,8212	2,7914	13,7603
3,0	0,7787	2,8150	14,7765	0,7657	2,7597	15,4269	0,8018	2,8725	13,8773
3,1	0,7618	2,8920	14,8207	0,7513	2,8335	15,3941	0,7819	2,9517	14,0104
3,2	0,7447	2,9673	14,8783	0,7367	2,9099	15,3767	0,7616	2,9517	14,1563
3,3	0,7273	3,0409	14,9475	0,7219	2,9829	15,3728	0,7410	3,1040	14,3124
3,4	0,7097	3,1129	15,0264	0,7069	3,0543	15,3812	0,7201	3,1771	14,4759
3,5	0,6919	3,1829	15,1136	0,6918	3,1242	15,4006	0,6991	3,2480	14,6449
4,0	0,6025	3,5065	15,6313	0,6144	3,4509	15,6245	0,5945	3,5713	15,5161
4,5	0,5152	3,7857	16,2078	0,5363	3,7385	15,9891	0,4959	3,8435	16,3408

Bisher wurden die durch die Reparaturen und Wartungen hervorgerufenen Stillstandzeiten nicht explizit berücksichtigt: Der dem Modell zugrundeliegende Erneuerungsprozeß setzt voraus, daß sich unmittelbar an eine Störung ein neues Arbeitsintervall anschließt; bei der Berechnung der Dauer des Zyklus E(S') gemäß Formel (95) werden weder Reparatur- noch Wartungszeiten berücksichtigt. Die durch die Reparaturzeiten hervorgerufenen Kosten werden jedoch häufig gerade die wichtige Kosteneinflußgröße sein: "Ordinarily, the mayor fact contributing to this cost will be down time of the system" [30].

Die Ausfallzeiten können nun explizit in das Modell eingeführt werden, indem man den einfachen Erneuerungsprozeß durch einen alternierenden Erneuerungsprozeß [31] ersetzt, bei dem Arbeitsintervalle mit Leerzeiten wechseln. In die Berechnung der Dauer des Wartungszyklus sind dann die Reparatur- und Wartungszeiten mit einzubeziehen. Unter der Voraussetzung, daß die Kosten der Stillstandszeiten ihrer Dauer proportional sind, kann man diese Kosteneinflußgröße in das Modell einbeziehen, ohne den Grundansatz zu sprengen.

b) Berücksichtigung störungsbedingter Pufferläger

Die Kosten der Ausfallzeit sind nur dann proportional der Dauer der Ausfallzeit, wenn sich während der Ausfallzeiten keine störungsbedingten Pufferläger aufbauen können, weil z. B. die Anlieferung von Werkstücken während der Reparaturen oder der Wartungen unterbrochen wird; in diesem Fall lassen sich die Ausfallkosten als entgangene Gewinne aus nicht durchgeführten Bearbeitungen interpretieren, die bei gleichmäßiger Anlieferung tatsächlich proportional der Dauer der Ausfallzeiten sind.

Baut sich hingegen während der Ausfallzeiten ein Pufferlager von Werkstücken auf, die auf Bearbeitung warten müssen, weil das Aggregat stillgelegt werden mußte, dann sind die Kosten der Ausfallzeit als Lagerhaltungskosten zu interpretieren. Wie die Analyse der Wartesysteme mit Betriebsstörungen gezeigt hat, wächst der durchschnittliche Bestand solcher Pufferläger überproportional mit der Dauer der Ausfallzeiten, so daß die Abhängigkeit der Lagerbestände und damit der Lagerhaltungskosten explizit berücksichtigt werden müssen.

Berücksichtigt man neben den Reparaturkosten und den Wartungskosten die Lagerhaltungskosten bei der Bestimmung des optimalen Abstandes von Wartungsmaßnahmen, dann erhält man für die relevanten Kosten/Zeiteinheit

$$K_w(t_w) = k_1\bar{n}(t_w) + k_3\bar{R}(t_w) + k_4\bar{W}(t_w) \qquad (101)$$

wobei

t_w der Abstand der Wartungsmaßnahmen von der letzten Reparatur oder Wartung

$\bar{n}(t_w)$ die mittlere Schlangenlänge bei Wartungen im Abstand von t_w

$\bar{R}(t_w)$ die mittlere Zahl der Reparaturen bei Wartungen im Abstand von t_w

$\bar{W}(t_w)$ die mittlere Zahl der Wartungen

ist und

k_1 die Lagerhaltungskosten/Zeiteinheit

k_3 die Kosten einer Reparatur

k_4 die Kosten einer Wartung

sind.

Wie in dem oben dargestellten Grundmodell sind zwei Probleme zu lösen:

1. Bestimmung des optimalen Abstandes t_w von Wartungsmaßnah- unter der Voraussetzung, daß solche stattfinden sollen,
2. Vergleich der relevanten Kosten bei optimalem Wartungsabstand mit den Kosten, die sich ergeben, wenn keine Wartung durchgeführt wird.

Die Kosten eines Systems ohne regelmäßige Wartungen sind gegeben durch

$$K_R = k_1\bar{n}_R + k_3\bar{R}_R \tag{102}$$

wobei

$\bar{n}_R$ der durchschnittliche Lagerbestand in einem System ohne Wartungen

$\bar{R}_R$ die mittlere Zahl der Reparaturen in einem solchen System sind.

Für die mittlere Zahl der Reparaturen in einem System ohne Wartungen gilt

$$\bar{R}_R = \frac{E(S)}{E(S)+E(R)}$$

Die Durchführung vorbeugender Wartungen ist nur dann vorteilhaft, wenn

$$K_w(t_w^*) < K_R \tag{104}$$

oder wegen (101) und (102) wenn

$$k_1\{\bar{n}_R-\bar{n}(t_w^*)\}+ k_3\{\bar{R}_R-\bar{R}(t_w^*)\} > k_4\bar{W}(t_w^*) \tag{105}$$

wenn also die durch vorbeugende Wartungen zu erreichende Verringerung der Lagerhaltungskosten und der Reparaturkosten größer ist als die Kosten der Wartungen.

In dem Kostenkriterium (105) treten neben den Kostenparametern die Operationscharakteristiken $\bar{n}_R$, $\bar{R}_R$, $\bar{R}(t_W)$ und $\bar{W}(t_W)$ auf.

Die Zahl der Reparaturen im Fall ohne Wartungen ist gegeben durch Formel (103); die mittlere Zahl der Reparaturen und die mittlere Zahl der Wartungen im Fall planmäßiger Wartungen läßt sich wie folgt herleiten:

Die Wahrscheinlichkeit dafür, daß ein Arbeitsintervall durch eine Störung unterbrochen wird, ist gleich der Wahrscheinlichkeit dafür, daß der Störungsabstand kleiner als t_W ist:

$$\mathrm{Prob}\{\mathrm{Reparatur}\} = \int_0^{t_W} \psi_S(t)\,dt = \Phi_S(t_W) = P_R \qquad (106)$$

die Wahrscheinlichkeit dafür, daß ein Arbeitsintervall durch eine Wartung abgeschlossen wird, ist hingegen gleich

$$\mathrm{Prob}\{\mathrm{Wartung}\} = 1 - \Phi_S(t_W) = P_W \qquad (107)$$

Die mittlere Dauer des Wartungszyklus, das heißt der Zeit vom Beginn eines Arbeitsintervalls bis zum nächsten, ist dann gleich

$$E(S') = \int_0^{t_W} t\psi_S(t)\,dt + \{1-\Phi_S(t_W)\}t_W + P_R E(R) + P_W E(W) \qquad (108)$$

wobei E(W) die durchschnittliche Wartungsdauer und E(R) die durchschnittliche Reparaturdauer sind.

Wegen (106) und (107) kann man hierfür schreiben

$$E(S') = \int_0^{t_W} t\psi_S(t)\,dt + \{1-\Phi_S(t_W)\}\{t_W+E(W)\} + \Phi_S(t_W)E(R) \qquad (109)$$

Die mittlere Zahl der Zyklen/Zeiteinheit ist dann gleich

$$N_Z = \frac{1}{E(S')} \qquad (110)$$

die mittlere Zahl der Reparaturen ist gleich

$$\bar{R}(t_W) = \frac{P_R(t_W)}{E(S')} \qquad (111)$$

während die mittlere Zahl der Wartungen/Zeiteinheit gleich

$$\bar{W}(t_W) = \frac{P_W(t_W)}{E(S')} \qquad (112)$$

ist.

Die Operationscharakteristiken $\bar{R}_R$, $\bar{R}(t_W)$ und $\bar{W}(t_W)$ lassen sich also mit Hilfe der Erneuerungstheorie herleiten, die Operationscharakteristiken $\bar{n}_R$ und $\bar{n}(t_W)$ müssen hingegen mit Hilfe der Warteschlangentheorie bestimmt werden. Die Berücksichtigung von Lagerhaltungskosten bei der Bestimmung von Wartungsstrategien führt also zu einer Verbindung der Erneuerungstheorie mit der Warteschlangentheorie.

Die analytische Behandlung von Wartesystemen mit Betriebsstörungen ist auf Modelle mit exponentialverteilten Störabständen beschränkt, bei diesem Störmodell sind jedoch vorbeugende Wartungen nicht angebracht, weil durch eine Wartung die momemtane Ausfallrate nicht gesenkt werden kann. Zur Bestimmung der Operationscharakteristiken $\bar{n}_R$ und $\bar{n}(t_w)$ müssen also in den interessanten Fällen Simulationsmodelle benutzt werden.

Die mittlere Schlangenlänge vor einem störanfälligen Aggregat ohne vorbeugende Wartungsmaßnahmen $\bar{n}_R$ läßt sich unmittelbar mit dem in Kapitel 4 dargestellten Simulationsmodell bestimmen. Zur Schätzung der mittleren Schlangenlänge bei regelmäßigen Wartungen im Abstand t_w $\bar{n}(t_w)$ sind jedoch einige Modifikationen des Grundmodells erforderlich:

1. Neben der Zahl der Kunden im System und der Zahl der noch nicht beseitigten Störungen werden die Zahl der Reparaturen IS und die Zahl der Wartungen IW registriert.

2. Nach der Beendigung jeder Reparatur und jeder Wartung wird die Dauer bis zum Eintritt der nächsten Störung TS mit dem Abstand der Wartungen TW verglichen. Ist TS $\leq$ TW, dann wird die Bearbeitung im Zeitpunkt T1S=T+TS durch eine Störung unterbrochen, ist hingegen TS $>$ TW, dann wird die Bearbeitung durch eine Wartung im Zeitpunkt T1S=T+TW unterbrochen. Zur Unterscheidung dieser beiden Fälle wird ein Index auf 1 bzw. 2 gesetzt.

3. Ist im Zeitpunkt T=T1S der INDEX=1, dann wird in diesem Zeitpunkt eine Reparatur begonnen und folglich IS um 1 erhöht; die Dauer der Reparatur TR wird bestimmt und daraus der Zeitpunkt T1R=T+TR der Wiederaufnahme der Bearbeitungen bestimmt. Ist hingegen INDEX=2, dann wird im Zeitpunkt T=T1S eine Wartung begonnen und daher IW um 1 erhöht, die Dauer dieser Wartung TD bestimmt, um daraus den Zeitpunkt T1R= T+TD der Wiederaufnahme des Betriebes zu ermitteln.

Im übrigen entspricht das Simulationsmodell dem in Kapitel 4 beschriebenen Grundmodell. Der Ablauf des Simulationsexperiment wird in dem Flußdiagramm der Abbildung 69 wiedergegeben.

Bei gammaverteilten Störabständen mit dem Erwartungswert EB(S)= und dem Variationskoeffizienten C(S) = 0,5 sowie exponentialverteilten Zwischenankunftszeiten, Bedienungs-, Reparatur- und Wartungszeiten mit folgender Normalkombination der Parameter

Ankunftsrate	$\alpha = 6$	Reparaturrate	$\mu_1 = 1{,}0$
Bedienungsrate	$\beta = 10$	Wartungsrate	$\mu_2 = 1{,}5$

erhält man aus einem solchen Simulationsexperiment bei einem Wartungsabstand $t_w = 4$ die in der Tabelle 18 zusammengestellten Schätzwerte für die Operationscharakteristiken des Systems.

Da die Operationscharakteristiken bei Variation der Parameterwerte ähnlich reagieren wie bei den im analytischen Teil behandelten Modellen - bei niedriger Kapazitätsauslastung ist

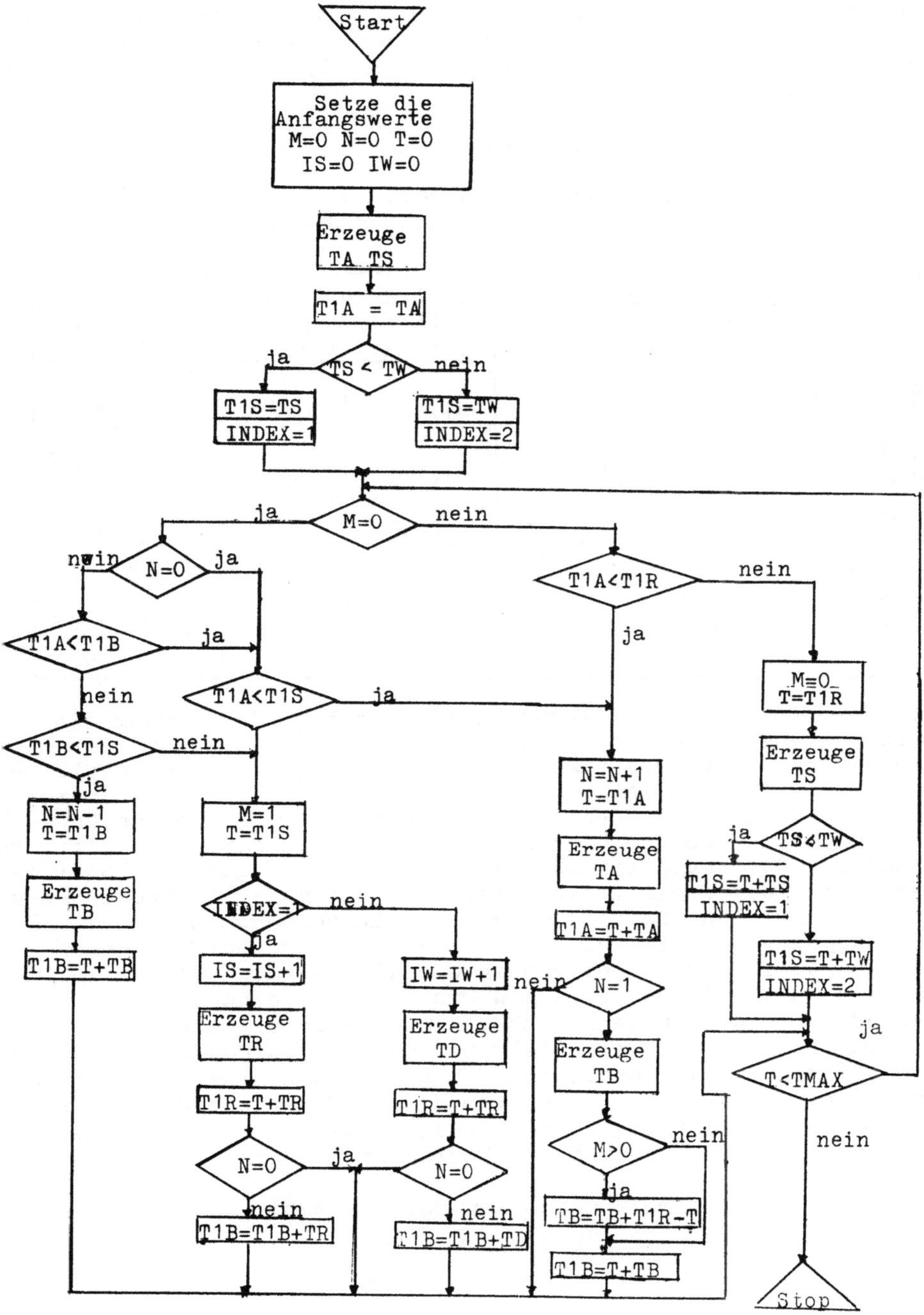

Abbildung 69: Flußdiagramm für die Simulation von Wartesystemen mit vorbeugender Wartung

die Reagibilität gering, bei hoher Auslastung hingegen erheblich - kann hier darauf verzichtet werden, die Abhängigkeit der Operationscharakteristiken von den Parameterwerten weiter zu untersuchen.

Tabelle 18

Schätzwerte für die Operationscharakteristiken eines Wartesystems mit vorbeugenden Wartungen

Operations-charakteristik	Erwartungs-wert	Konfidenzintervall		Varianz
		Untergr.	Obergr.	
Schlangen-länge	5,87	5,40	6,33	12,12
Zahl der Reparaturen/ZE	0,12	0,12	0,13	$0{,}11 \cdot 10^{-2}$
Zahl der Wartungen/ZE	0,13	0,13	0,14	$0{,}06 \cdot 10^{-2}$
Wahrscheinl. daß System nicht arbeitet	0,19	0,19	0,20	$0{,}15 \cdot 10^{-2}$

Im Vordergrund der weiteren Überlegungen soll vielmehr die Frage stehen, wie das Simulationsmodell eingesetzt werden kann, um den optimalen Abstand von Wartungsmaßnahmen bestimmen zu können. Hierzu ist es erforderlich, die relevanten Kosten zu bestimmen, indem gemäß (101) die mittlere Schlangenlänge, die mittlere Zahl der Reparaturen/Zeiteinheit und die mittlere Zahl der Wartungen/Zeiteinheit ermittelt und mit dem Lagerkostensatz, dem Reparaturkostensatz bzw. dem Wartungskostensatz bewertet werden. Da die mittlere Schlangenlänge und die Zahl der Reparaturen miteinander korreliert sind, ist es jedoch nicht möglich, die Konfidenzintervalle für die relevanten Kosten zu bestimmen, wenn man erst am Ende eines Simulationsexperiments die Operationscharakteristiken mit den zugehörigen Kostensätzen gewichtet. Vielmehr ist es erforderlich, bereits nach jedem Simulationslauf die Kosten des Laufes zu bestimmen und daraus, wie bei der Bestimmung der Erwartungswerte der Operationscharakteristiken, den Erwartungswert und das Konfidenzintervall für die relevanten Kosten zu berechnen.

Bei folgender Normalkombination der Kostenparameter

$$k_1 = 1$$
$$k_3 = 20$$
$$k_4 = 10$$

erhält man als Schätzwert für die relevanten Kosten

$$K = 9{,}67 \pm 0{,}47$$

Es stellt sich nun die Frage, wie sich die relevanten Kosten verändern, wenn der Wartungsabstand t_w variiert wird. Hierzu ist der Verlauf der drei Hauptkomponenten, der Wartungskosten, der Reparaturkosten und der Lagerhaltungskosten zu betrachten: Bei einer Erhöhung des Wartungsabstandes sinken die Wartungskosten monoton, weil die Zahl der Wartungen/Zeiteinheit abnimmt, die Reparaturkosten steigen hingegen monoton an und nähern sich dem Wert, der sich ergäbe, wenn keine Wartungen durchgeführt würden; die Summe dieser beiden Komponenten ist dann eine konvexe Funktion mit einem eindeutigen Minimum. Ist die durchschnittliche Wartungsdauer gleich der durchschnittlichen Reparaturdauer, dann sinkt die Wahrscheinlichkeit, daß das System in einem zufällig gewählten Zeitpunkt gestört ist oder gewartet werden muß - und damit die mittlere Schlangenlänge sowie die Lagerhaltungskosten - mit steigendem Wartungsabstand, die Konvexität der Kostenfunktion bleibt dann erhalten. In der Regel ist die Dauer einer planmäßigen Wartung jedoch nicht gleich der Dauer einer Reparatur; ist die mittlere Dauer einer Wartung kürzer als die mittlere Dauer einer Reparatur, dann kann die Verkürzung der durchschnittlichen Ausfalldauer unter Umständen die Erhöhung der Zahl der Unterbrechungen bei einer Verkürzung des Wartungsabstandes kompensieren, so daß die Wahrscheinlichkeit, daß die Bedienung unterbrochen ist, mit steigendem Wartungsabstand nicht monoton absinkt, sondern in einem bestimmten Bereich wieder ansteigt. In diesem Fall ist die Funktion der relevanten Kosten nicht mehr notwendig konvex, sie kann vielmehr unter Umständen zunächst auf ein lokales Minimum absinken, dann in einem bestimmten Bereich auf ein Zwischenmaximum ansteigen, dann erneut auf ein zweites lokales Minimum absinken, um sich dann asymptotisch dem Wert anzunähern, der sich ergibt, wenn keine vorbeugenden Wartungen durchgeführt werden.

Bei der Suche nach dem optimalen Wartungsabstand ist also zu prüfen:

1. ob die Kostenfunktion ihr Minimum bei einem endlichen Wartungsabstand hat oder ob es sinnvoll ist, keine vorbeugende Wartung durchzuführen, weil die Kosten ohne Wartungen niedriger sind,

2. ob die Kostenfunktion ein eindeutiges Minimum hat oder ob sie zwei lokale Minima besitzt,

3. welches der beiden lokalen Minima das globale Minimum ist.

Um die relevanten Kosten mit der in dem oben dargestellten Beispiel erreichten Genauigkeit zu bestimmten, sind bei jedem Simulationsexperiment 500 Simulationsläufe erforderlich, die Rechenzeit auf einer IBM 7090 beträgt ca. 10 Minuten für jedes Experiment. Um die für die Suche nach dem Minimum erforderliche Rechenzeit in vertretbaren Grenzen zu halten, ist daher folgendes Vorgehen erforderlich:

In einer Voruntersuchung wird zunächst der ungefähre Verlauf der relevanten Kosten bestimmt, in dem für verschiedene, relativ weit auseinanderliegende Wartungsabstände in Simulationsexperimenten mit einer niedrigen Zahl von Simulationsläufen, z. B. ITER = 50, der Erwartungswert und dessen mittlere quadratische Abweichung bestimmt werden. Die Ergebnisse dieser Simulationsexperimente sind in dem oberen Teil der Abbildung 70 wiedergegeben. Aus dieser Abbildung ist zu erkennen, daß die Kostenfunktion den oben abgeleiteten Verlauf hat: Sie sinkt zunächst auf ein relatives Minimum bei $t_W = 4$, steigt auf ein relatives Maximum bei $t_W = 6$, sinkt wieder auf ein relatives Minimum bei $t_W = 10$ und nähert sich dann asymptotisch einem Gleichgewichtswert für $t_W = \infty$.

Es ist nun zu prüfen, ob dieser Verlauf statistisch gesichert ist oder ob die Schwankungen der Kostenfunktion zufällig sein können. Hierzu wird mit Hilfe des t-Tests für die Abweichung zwischen zwei Mittelwerten geprüft, welche Schätzwerte $\hat{K}(t_W)$ signifikant größer sind als der minimale Schätzwert $\hat{K}_{min}$ bei $t_W = 4$. Die Prüfgröße t^* ist in der Abbildung 70 unter den zugehörigen Schätzwerten $\hat{K}(t_W)$ abgetragen. Da der kritische Wert bei einseitiger Fragestellung für 98 Freiheitsgrade und 95 % Sicherheit $t^o = 1{,}64$ ist, ergeben sich folgende sechs Bereiche der Kostenfunktion:

Bereich I	$0 \leq t_W \leq 3$	relevante Kosten sind
Bereich III	$6 \leq t_W \leq 9$	signifikant größer als
Bereich V	$11 \leq t_W \leq 13$	bei $t_W=4$

und

Bereich II	$3 < t_W < 6$	relevante Kosten sind
Bereich IV	$9 < t_W < 11$	nicht signifikant
Bereich VI	$t_W < 13$	größer als bei $t_W=4$

Das tatsächliche Minimum wird man also in den Bereichen II, IV oder VI zu suchen haben. Um zu prüfen, in welchem dieser Bereiche das globale Minimum liegt, ob es also eines der beiden lokalen Minima in den Bereichen II oder IV ist oder ob es bei $t_W = \infty$ liegt, ist in einer zweiten Serie von Simulationsexperimenten mit größerem Umfang, z. B. ITER = 500, der Verlauf der relevanten Kosten in den beiden kritischen Bereichen sowie für ein System ohne vorbeugende Wartung zu bestimmen. Die Ergebnisse dieser Simulationsexperimente sowie die Prüfgrößen t^* für die Abweichung der Schätzwerte von dem minimalen Schätzwert sind im unteren Teil der Abbildung 70 dargestellt. Hieraus ist zu erkennen, daß

1. sich der minimale Schätzwert auf $t_W = 5{,}5$ verschoben hat,

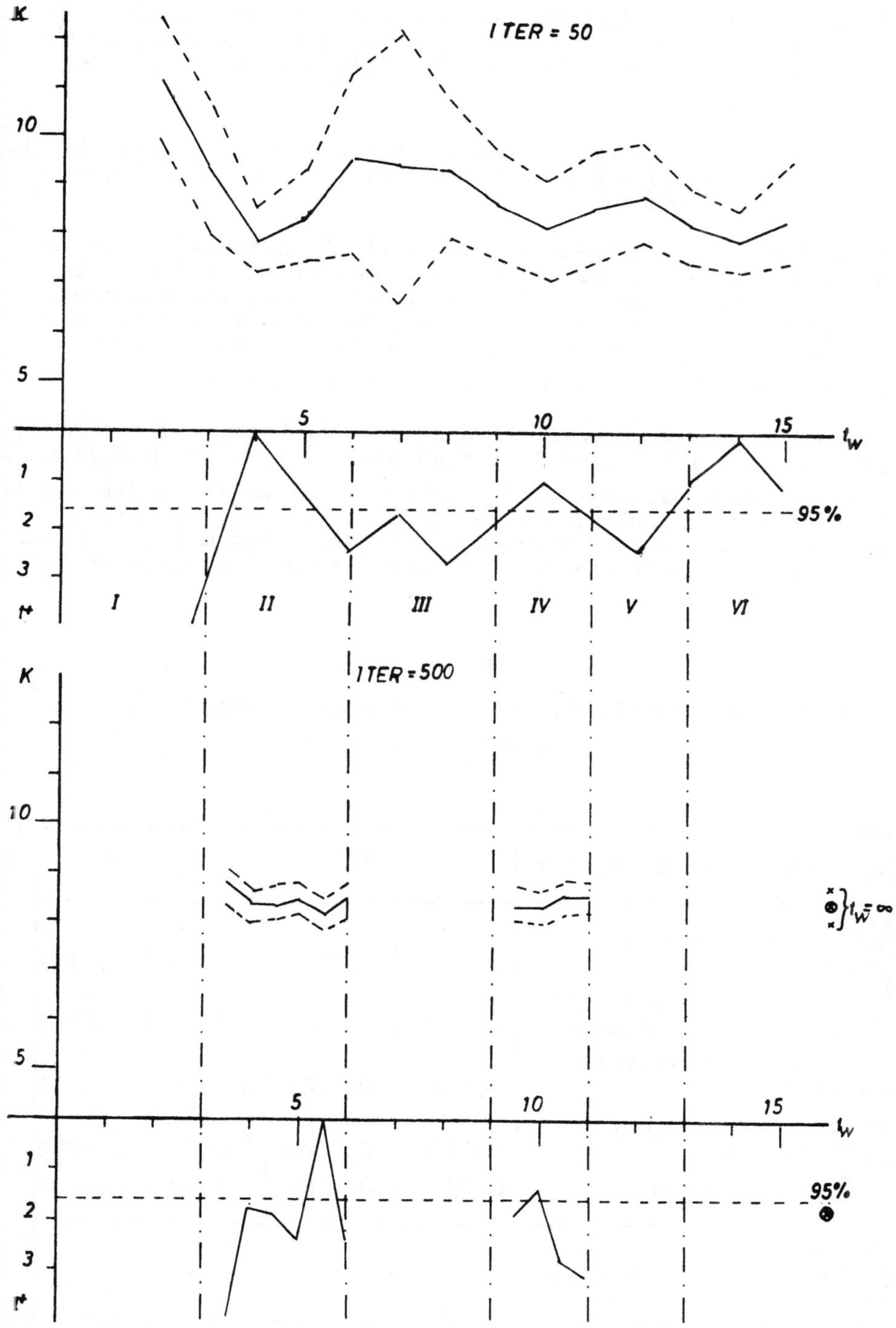

Abbildung 70: Suche nach dem optimalen Abstand vorbeugender Wartungen

2. die Kosten des Systems ohne vorbeugende Wartung mit 95 % Sicherheit höher sind als bei vorbeugender Wartung im Abstand t_w, da die Prüfgröße $t^* = 1{,}86$ größer ist als der kritische Wert $t^o = 1{,}64$,

3. die Bereiche II und IV, in denen das globale Minimum liegt, auf die Intervalle $5{,}0 < t_w < 6{,}0$ bzw. $9{,}5 < t_w < 10{,}5$ geschrumpft sind.

Diese Ergebnisse gestatten noch nicht zu entscheiden, ob das globale Minimum im Bereich II oder im Bereich IV liegt. Es ist daher notwendig, in einem weiteren Simulationsexperiment mit ITER = 1000 zu prüfen, ob die relevanten Kosten bei t_w = 5,5 oder bei t_w = 10 niedriger sind. Die Ergebnisse dieses Experiments sind in der Tabelle 19 zusammengefaßt.

Hieraus ergibt sich, daß mit über 90 % Sicherheit die relevanten Kosten bei 5,5 niedriger sind als bei t_w = 10. Das globale Minimum liegt also mit großer Wahrscheinlichkeit im Bereich II. Durch weitere Simulationsexperimente wäre es nun möglich, diesen Bereich weiter einzuengen. Da das Minimum jedoch relativ flach ist, scheint ein weiterer Rechenaufwand nicht mehr gerechtfertigt.

Tabelle 19

Operationscharakteristiken bei Wartungsabstand $t_w = 5{,}5$ und $t_w = 10$

Operationscharakteristik	$t_w = 5{,}5$	$t_w = 10$
Erwartungswert der Schlangenlänge	5,0682 ± 0,2269	5,1553 ± 0,2411
Wahrscheinlichkeit, daß Bedienung unterbrochen	0,1761 ± 0,0035	0,1677 ± 0,0037
Zahl der Reparaturen/ Zeiteinheit	0,1166 ± 0,0027	0,1625 ± 0,0021
Zahl der Wartungen/ Zeiteinheit	0,0896 ± 0,0020	0,0069 ± 0,0008
Relevante Kosten	8,2956 ± 0,2306	8,4739 ± 0,2423
Prüfgröße t^* für Differenz der relevanten Kosten	1,5988	

3) Wartungsmaßnahmen bei sinkender Produktionsqualität

Die bisher behandelten Modelle gehen davon aus, daß Störungen allein die zeitliche Komponente des Produktionsprozesses berühren, daß durch Betriebsstörungen die Betriebsgeschwindigkeit herabgesetzt wird oder daß der Betrieb automatisch unterbrochen wird. Neben dieser zeitlichen Komponente ist jedoch vielfach auch die qualitative Komponente des Produktionsprozesses von Störungen betroffen: In der Regel hat der Produktionsprozeß bestimmte qualitative Normen einzuhalten, aufgrund von Abnutzungs- und Verschleißerscheinungen kann sich nun die Produktionsqualität im Zeitablauf so verändern, daß sie bestimmten Toleranzen nicht mehr genügt. Es wird dann erforderlich, das Aggregat stillzulegen, um den Produktionsprozeß zu justieren.

Die statistische Qualitätskontrolle bezweckt eine fallweise Regelung dieser Justierungsmaßnahmen: in regelmäßigen Abständen wird mit Hilfe von Stichproben überprüft, ob die Produktionsqualität noch innerhalb gewisser Toleranzgrenzen liegt. Eine Wartungsmaßnahme wird erst dann eingeleitet, wenn die Stichprobe ergibt, daß der Toleranzbereich verlassen ist.

Eine solche fallweise Regelung ist mit erheblichem Aufwand verbunden: die Entnahme und die Überprüfung der Stichproben ist mit Kosten verbunden, die Durchführung von Wartungsmaßnahmen in unregelmäßigen Abständen ist meist teurer als in regelmäßigen Abständen durchzuführende planmäßige Wartungen. Es stellt sich daher die Frage, ob es nicht möglich ist, aus den Ergebnissen der Stichproben Gesetzmäßigkeiten über die zeitliche Entwicklung der Produktionsqualität zu gewinnen, aus denen man generelle Regeln für die Durchführung planmäßiger Justierungsmaßnahmen in regelmäßigen Abständen gewinnen kann, die zwar nicht in jedem Einzelfall den richtigen Justierungszeitpunkt treffen können, aber im Durchschnitt weder zu allzu großer Ausschußproduktion, noch zu einer zu häufigen Justierung führen.

a) Das Grundmodell regelmäßiger Justierungen

Ein Ansatz zur Bestimmung des optimalen Abstandes von Justierungsmaßnahmen geht zurück auf Doyle [32]; später wurde dieser Ansatz von Hall und Eilon, von Taha und von Förstner ausgebaut [33]. Das Grundmodell beruht in seiner einfachsten Form auf folgenden Prämissen:

<u>Prämisse 12:</u> Die Produktionsqualität im Zeitpunkt t sei eine Zufallsgröße X(t) mit der Verteilung

$$Q(x,t) = \text{Prob}\,\{X \leq x\}$$

und der Dichte

$$q(x,t) = \frac{dQ(x,t)}{dx}$$

<u>Prämisse 13:</u> Der Störungsprozeß bewirkt, daß sich der Mittelwert der Verteilung im Laufe der Zeit verschiebt. Diese Verschiebung lasse sich durch einen linearen Trend beschreiben:

$\bar{x}(t) = \bar{x}(0) - a\,t$

Die Streuung und die höheren Momente von X seien konstant.

Prämisse 14: Die Produktionsqualität darf eine Untergrenze nicht unterschreiten; wird sie unterschritten, dann ist eine Nachbesserung erforderlich.

Die Maschine wird alle L Zeiteinheiten stillgelegt, die Dauer einer Justierung beträgt genau W Zeiteinheiten. Der Justierungszyklus wird also als eine deterministische Größe angesehen, die Produktionsqualität sinkt im Laufe der Zeit gleichmäßig ab und wird bei einer Justierung wieder auf ihre Norm eingestellt.

Das Verhalten des Systems während eines Justierungszyklus läßt sich mit Hilfe des in der Abbildung 71 wiedergegebenen "Qualitätsgebirges", in dem die Wahrscheinlichkeitsdichte der Produktionsqualität in Abhängigkeit von der Zeit dargestellt ist, veranschaulichen: Schnitte parallel zur Vorderkante ergeben die Dichte der Produktionsqualität in einem bestimmten Zeitpunkt; Schnitte parallel zur Seitenkante ergeben die Entwicklung der Dichte einer bestimmten Qualität im Zeitablauf. Da die Produktionsqualität wegen Prämisse 13 im Zeitablauf absinkt, ist die Achse des Qualitätsgebirges nach links verschoben, die mittlere Produktionsqualität verschiebt sich im Zeitablauf in den Bereich niedrigerer Qualitäten.

Der Anteil der Bearbeitungen, deren Qualität unter der Mindestgrenze g liegt, ist durch den Ausschnitt AIJDGH des Qualitätsgebirges links der Grenze g dargestellt. Wegen der Verschiebung der Produktionsqualität im Zeitablauf nimmt der Anteil der fehlerhaften Bearbeitungen zu.

Wird pro Zeiteinheit genau eine Bearbeitung durchgeführt, dann ist die Zahl der fehlerhaften Bearbeitungen, deren Qualität unterhalb der Mindestgrenze g liegt, gleich dem Volumen des Ausschnittes des Qualitätsgebirges unterhalb der Untergrenze g. In der Zeit zwischen der Beendigung einer Wartung und dem Beginn der nächsten Wartung werden also im Durchschnitt

$$d = \int_0^L Q(g,t)\,dt \qquad (113)$$

fehlerhafte Bearbeitungen durchgeführt.

Die Dauer einer Wartung sei W Zeiteinheiten, die Zeit zwischen zwei Wartungen, während der die Maschine tätig ist, sei gleich L Zeiteinheiten. Die Zahl der Wartungen/Zeiteinheit ist dann gleich

$$\bar{W} = \frac{1}{W+L} \qquad (114)$$

Die während einer Zeiteinheit benötigte Wartungszeit ist dann

$$\bar{S} = \frac{W}{W+L} \qquad (115)$$

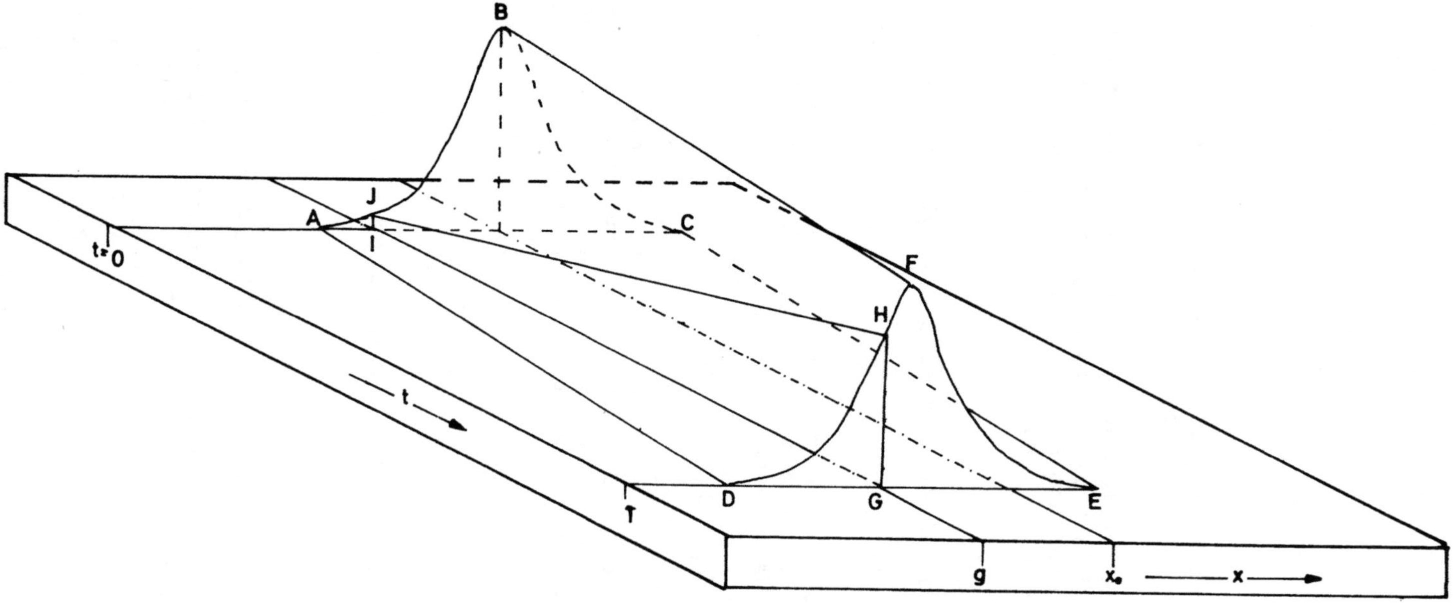

Abbildung 71: Zeitliche Entwicklung der Verteilung der Produktionsqualtiät im Modell von Hall und Eilon

Es stellt sich nun die Frage, in welchen Abständen die Wartungen durchgeführt werden sollen. Hierbei sind folgende Kosteneinflüsse zu berücksichtigen:

1. Die Kosten der Wartung; diese werden im allgemeinen proportional der Zahl der Wartungen/Zeiteinheit sein:

   $K_4 = \bar{R}\, k_4$

2. Die Kosten der Nachbesserung der mangelhaften Stücke; die Kosten einer Nachbesserung seien gleich k_5

3. Die Kosten der Ausfallzeiten aufgrund der Wartungsmaßnahmen. In den einfachen Modellen zur Bestimmung des optimalen Abstandes der Wartungsmaßnahmen wird vorausgesetzt, daß diese proportional der Länge der Ausfallzeiten sind:

   $K_1 = \bar{S}\, k_1$

Die gesamten Kosten pro Zeiteinheit sind dann gleich [34]:

$$K = \frac{1}{L+W}\{k_1+k_4W+k_5\int_0^L Q(g,t)\,dt\} \qquad (116)$$

Differenziert man (116) nach L und setzt die erste Ableitung gleich Null, dann erhält man als notwendige Bedingung für den optimalen Abstand der Wartungsmaßnahmen [35]:

$$(L^o+W)k_5Q(g,L^o) = k_1+k_4W+k_5\int_0^{L^o} Q(g,t)\,dt \qquad (117)$$

Die Optimalitätsbedingung (117) ist auch hinreichend, weil $K'' > 0$ ist. Die Auswertung erfolgt am besten tabellarisch, da das Integral auf der rechten Seite von (117) nur numerisch bestimmt werden kann. Das Vorgehen ist in der Tabelle 20 für den Spezialfall normalverteilter Produktionsqualität mit

$\sigma_q = 5$	$W = 10$	$g = -15$
$k_1 = 10$	$k_4 = 20$	$k_5 = 1$
$\bar{x}(0) = 0$	$a = 0{,}5$	

dargestellt. Der optimale Abstand der Wartungsmaßnahmen ist in diesem Fall gleich

$L = 19$ $\qquad$ $K(L) = 4{,}9650$

Dieses Grundmodell wurde in folgenden Richtungen erweitert:

1. Die Qualität wird nicht nur durch eine Mindestanforderung, g, sondern durch eine obere Toleranzgrenze g_1 und eine untere Toleranzgrenze g_2 eingeschränkt [36].

2. Neben dem optimalen Abstand der Wartungsmaßnahmen wird auch eine optimale Anfangseinstellung x_o bestimmt [37].

Diese Modelle gehen alle von der statistischen Beobachtung aus, daß

Tabelle 20

Bestimmung des optimalen Abstandes von Wartungsmaßnahmen im Modell von Hall und Eilon

Abstand der Wartungen	Wartungskosten	Kosten der Ausfallzeit	Nachbesserungskosten	Gesamtkosten
1	1,8182	9,0909	0,0022	10,9113
2	1,6667	8,3333	0,0052	10,0052
3	1,5385	8,6923	0,0092	9,2400
4	1,4286	7,1429	0,0146	8,5860
5	1,3333	6,6667	0,0218	8,0218
6	1,2500	6,2500	0,0312	7,5312
7	1,1765	5,8824	0,0434	7,1022
8	1,1111	5,5556	0,0592	6,7259
9	1,0526	5,2632	0,0794	6,3952
10	1,0000	5,0000	0,1050	6,1050
11	0,9524	4,7619	0,1372	5,8515
12	0,9091	4,5455	0,1773	5,6318
13	0,8696	4,3478	0,2268	5,4442
14	0,8333	4,1667	0,2874	5,2874
15	0,8000	4,0000	0,3609	5,1609
16	0,7692	3,8462	0,4495	5,0648
17	0,7407	3,7037	0,5551	4,9996
18	0,7143	3,5714	0,6802	4,9659
19	0,6897	3,4483	0,8271	4,9650
20	0,6667	3,3333	0,9981	4,9981
21	0,6452	3,2258	1,1957	5,0667
22	0,6250	3,1250	1,4223	5,1723
23	0,6061	3,3030	1,6801	5,3165
24	0,5882	2,9412	1,9712	5,5006
25	0,5714	2,8571	2,2974	5,7260
30	0,5000	2,5000	4,5014	7,5014
35	0,4444	2,2222	7,6778	10,3445
40	0,4000	2,0000	11,6765	14,0765
45	0,3636	1,8882	16,2222	18,4041
50	0,3333	1,6667	21,0542	23,0542
75	0,2353	1,1765	45,9890	47,4008
100	0,1818	0,9091	70,9880	72,0790

1. die Qualität in jedem Zeitpunkt eine Zufallsgröße ist,

2. die Wahrscheinlichkeitsverteilung dieser Zufallsgröße sich im Zeitablauf verschiebt.

Es wird weiter angenommen, daß sich lediglich die Parameter dieser Verteilung, insbesondere der Mittelwert und die Streuung im Zeitablauf gemäß einem bestimmten Trend verschieben; der die Schwankungen der Produktionsqualität und die Verschiebung des Mittelwertes verursachende stochastische Prozeß wird hingegen nicht näher untersucht.

Setzt man nun voraus, daß

1. die Produktionsqualität nicht kontinuierlich variiert, sondern daß sie in mehrere, äquidistante Qualitätsklassen eingeteilt ist;

2. die Produktionsqualität zweier aufeinanderfolgender Bearbeitungen nur innerhalb benachbarter Qualitätsklassen liegt;

3. die Veränderung der Qualität zweier aufeinanderfolgender Bearbeitungen unabhängige Zufallsgrößen sind;

4. die Produktionsqualität mit der Wahrscheinlichkeit p_1 um eine Qualitätsklasse niedriger ist als bei der vorigen Bearbeitung, mit der Wahrscheinlichkeit p_2 um eine Qualitätsklasse höher liegt als bei der vorigen Bearbeitung und mit der Wahrscheinlichkeit $1-p_1-p_2 = p_3$ gleichbleibt,

dann läßt sich die Entwicklung der Produktionsqualität durch einen einfachen Random-Walk [38] beschreiben.

Zur Vereinfachung der Darstellung seien die Qualitätsklassen mit steigender Qualität numeriert, die Normalqualität, auf die die Maschine bei einer Wartung eingestellt wird, liege in der Qualitätsklasse 0.

Bezeichnet man mit

Q_i die Qualität der i-ten Bearbeitung seit der letzten Wartung

Z_i die Veränderung der Qualität zwischen der (i-1)ten und der i-ten Bearbeitung

$$Z_i = Q_i - Q_{i-1}$$

dann gilt:

$$\text{Prob}\{Z_i = -1\} = p_1$$

$$\text{Prob}\{Z_i = +1\} = p_2$$

$$\text{Prob}\{Z_i = 0\} = p_3$$

Beginnt der Prozeß nach einer Justierung des Aggregates mit der Qualität 0, dann ist die Qualität der i-ten Bearbeitung gleich

$$Q_i = \sum_{k=1}^{i} Z_k \tag{118}$$

Da sich die Qualität bei jedem Bearbeitungsvorgang höchstens um eine Qualitätsstufe verändern kann, kann Q_i nur die Werte $0, \pm 1, \pm 2, \ldots, \pm i$ annehmen.

Die Qualitätsstufe $Q_i = k$ kann folgendermaßen erreicht werden:

r_1 Qualitätsverschlechterungen

r_2 Qualitätsverbesserungen

r_3 gleichbleibende Qualität.

Zwischen i, k und r_j gelten folgende Beziehungen:

$$k = r_2 - r_1 \tag{119}$$

$$i = r_1 + r_2 + r_3 \tag{120}$$

Die Wahrscheinlichkeit dafür, daß sich die Qualität bei i aufeinanderfolgenden Bearbeitungen r_1-mal verschlechtert, r_2-mal verbessert und r_3-mal gleichbleibt, ist eine multinomialverteilte Zufallsgröße:

$$\text{Prob}\{r_1, r_2, r_3 | i\} = \frac{i!}{r_1! r_2! r_3!} p_1^{r_1} p_2^{r_2} p_3^{r_3} \tag{121}$$

Da jede Kombination von r_1, r_2 und r_3, die den beiden oben angegebenen Bedingungen genügt, zu einer Qualität $Q_i = k$ führt, erhält man für die Verteilung der Bedienungsqualität der i-ten Bedienung

$$\text{Prob}\{Q_i = k\} = \sum \frac{i!}{r_1! r_2! r_3!} p_1^{r_1} p_2^{r_2} p_3^{r_3} \tag{122}$$

wobei über alle Werte von r_1, r_2, r_3 zu summieren ist, die den Relationen (119) und (120) genügen.

Die exakte Verteilung der Produktionsqualität ist recht umständlich zu berechnen. Da Q_i jedoch die Summe von unabhängigen Zufallsgrößen ist, kann man für genügend große i die Verteilung von Q_i aufgrund des zentralen Grenzwertsatzes näherungsweise durch die Normalverteilung ersetzen.

Die mittlere Veränderung der Produktionsqualität zweier aufeinanderfolgender Bearbeitungen ist

$$E(Z_i) = p_2 - p_1 \tag{123}$$

Wegen

$$E\{\sum_{k=1}^{i} Z_k\} = \sum_{k=1}^{i} E(Z_k) \tag{124}$$

gilt für den Erwartungswert der Qualität der i-ten Bearbeitung

$$E(Q_i) = i(p_2-p_1) \tag{125}$$

Die Varianz der Veränderung der Produktionsqualität zwischen zwei aufeinanderfolgenden Bearbeitungen ist

$$Var(Z_i) = p_1+p_2-(p_1-p_2)^2 \tag{126}$$

Da die Veränderungen der Produktionsqualität voneinander unabhängige Zufallsgrößen sind, gilt:

$$Var\{\sum_{k=1}^{i} Z_k\} = \sum_{k=1}^{i} Var(Z_k) \tag{127}$$

und daher auch

$$Var(Q_i) = i\{p_1+p_2-(p_1-p_2)^2\} = \sigma_i^2 \tag{128}$$

Unter der Voraussetzung, daß die Veränderung der Produktionsqualität im Zeitablauf durch einen Random-Walk beschrieben werden kann, ist die Qualität jeder einzelnen Bearbeitung für große i näherungsweise eine normalverteilte Zufallsgröße; die mittlere Produktionsqualität nimmt für $p_1 > p_2$ mit der Zeit ab

$$\bar{x}_i = x_o - i(p_1-p_2) \tag{129}$$

Bei konstanter Bearbeitungszeit kann man dann $i=t/B$ setzen. Betrachtet man nun anstelle der diskreten Folge $\bar{x}_i$ die kontinuierliche Funktion $\bar{x}(t)$, dann hat diese die Form

$$\bar{x}(t) = x(0) - \frac{t}{B}(p_1-p_2) = x(0) - at \tag{130}$$

Die mittlere Produktionsqualität sinkt also, wie bei Hall und Eilon vorausgesetzt, im Zeitablauf mit linearem Trend.

Im Unterschied zu diesem Modell ist die Streuung der Produktionsqualität jedoch nicht konstant, sie steigt vielmehr - wie in dem Modell von Förstner [39] - mit linearem Trend an:

$$\sigma_i^2 = i\{p_1+p_2-(p_1-p_2)^2\} \tag{131}$$

und bei konstanter Bearbeitungszeit:

$$\sigma^2(t) = \frac{t}{B}\{p_1+p_2-(p_1-p_2)^2\} = bt \tag{132}$$

Das auf dem Random-Walk beruhende Modell der Qualitätsverschlechterung impliziert zunächst, daß die Streuung der Bedienungsqualität im Zeitpunkt einer Justierung gleich Null ist. Geht man nun davon aus, daß bei der Justierung die Bedie-

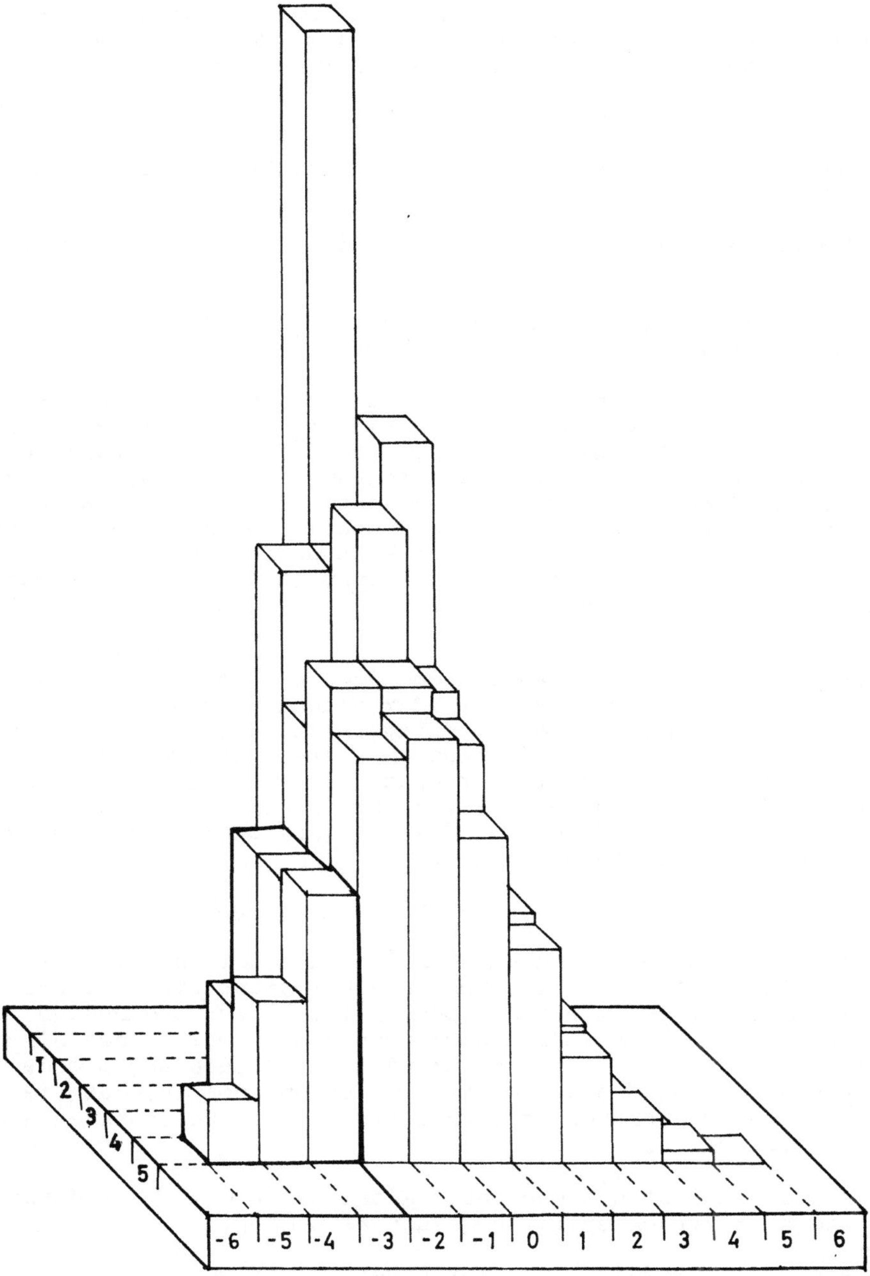

Abbildung 72: Die Entwicklung der Verteilung der Produktionsqualität gemäß einem Random-Walk

nungsqualität nicht genau auf x(o) eingestellt werden kann, daß sie vielmehr mit der Varianz $\sigma^2(0)$ um den Mittelwert $\bar{x}(0)$ schwankt, dann gilt wie im Modell von Förstner:

$$\sigma^2(t) = \sigma^2(0) + bt \qquad (133)$$

Die auf dem Modell von Hall und Eilon beruhenden Modelle gehen davon aus, daß

1. die Kosten der Ausfallzeit proportional der Länge der Ausfallzeit sind,

2. das Aggregat während der Arbeitsintervalle immer tätig ist, daß also keine Leerzeiten auftreten.

Diese beiden Annahmen implizieren, daß es gelingt, den Ankunfts- und den Bedienungsprozeß genau zu synchronisieren; es dürfen also bei keinem dieser Prozesse zufällige Schwankungen auftreten. Weiter impliziert die Annahme, daß die Ausfallkosten proportional der Länge der Ausfallzeit sind, daß alle Werkstücke aus dem System ausscheiden, sobald das Aggregat gewartet wird, so daß sich während der Wartungszeit keine Warteschlange bilden kann; die Ausfallkosten lassen sich in diesem Fall als die durch den Kundenverlust entgangenen Gewinne interpretieren.

In der Regel müssen die Werkstücke jedoch warten, bis repariert ist und die Produktion wieder aufgenommen werden kann. Die in diesem Fall auftretenden Lagerhaltungskosten der Kunden, die an die Stelle der Ausfallkosten treten, steigen jedoch immer überproportional mit der Länge der Ausfallzeit. Zur Bestimmung dieser Aufenthaltskosten ist es erforderlich, die Lagerzeit der Werkstücke bzw. die mittlere Schlangenlänge explizit in das Modell einzubeziehen.

b) Die mittlere Schlangenlänge bei regelmäßiger Wartung

Während bei den oben untersuchten Modellen der Theorie der Wartesysteme mit Betriebsstörungen ein kontinuierlicher Parameterraum unterstellt werden konnte, ist es zur Behandlung der Probleme der regelmäßigen Wartung angebracht, einen diskreten Parameterraum für den Ankunfts- und Bedienungsprozeß anzunehmen. Es wird also näherungsweise angenommen, daß die Ankünfte und Bedienungen nur in äquidistanten Zeitpunkten auftreten können.

Für diesen Fall stehen geeignete Modellansätze zur Verfügung, auf die hier zurückgegriffen werden kann [40] .

Das einfachste Modell eines Wartesystems mit regelmäßiger Wartung geht von folgenden Voraussetzungen über den Bedienungs- und den Ankunftsprozeß aus:

<u>Prämisse 1b:</u> Die Wahrscheinlichkeit dafür, daß in einem diskreten Zeitpunkt t ein Kunde ankommt, ist gleich α, die Wahrscheinlichkeit dafür, daß in diesem Zeitpunkt kein Kunde ankommt, ist gleich $(1-\alpha)$.

Die Ankünfte werden also durch einen Binomialprozeß mit dem Parameter α beschrieben. Die Zahl der Kunden, die während T aufeinanderfolgender Zeitpunkte ankommen, ist eine binomialverteilte Zufallsgröße:

$$\text{Prob}\{n \text{ Ankünfte in } T\} = \binom{T}{n}\alpha^n(1-\alpha)^{T-n} \qquad (134)$$

Die mittlere Zahl der Ankünfte während dieser Zeit ist gleich αT.

<u>Prämisse 3c:</u> Ist das System im Zeitpunkt t tätig und befindet sich ein Kunde im System, dann wird bis zum Zeitpunkt t+1 genau ein Kunde bedient.

Zur Bestimmung der mittleren Schlangenlänge werden zunächst folgende Zustandswahrscheinlichkeiten definiert: Es sei

r^k_{jn} die Wahrscheinlichkeit dafür, daß am Beginn des (j+1)ten Intervalls der k-ten Wartungsperiode n Kunden noch nicht bedient sind.

g^k_{jn} die Wahrscheinlichkeit dafür, daß am Beginn des (j+1)ten Intervalls der k-ten Arbeitsperiode n Kunden noch nicht bedient sind.

Aus Gründen der Zweckmäßigkeit ist es sinnvoll, für die Zustandswahrscheinlichkeiten am Beginn der Arbeits- bzw. Wartungsperioden die doppelte Bezeichnung

$$g^k_{on} = r^k_{Wn}$$

und

$$r^{k+1}_{on} = g^k_{Ln}$$

einzuführen, wobei L die Dauer der Arbeitsintervalle und W die Dauer der Wartungen ist.

Zwischen diesen Zustandswahrscheinlichkeiten gelten folgende Beziehungen [41] :

$$r^k_{j+1n} = \alpha r^k_{jn-1} + (1-\alpha) r^k_{jn} \qquad (n>0) \qquad (135)$$

$$r^k_{j+1o} = (1-\alpha) r^k_{jo} \qquad (n=0) \qquad (136)$$

$$g^k_{j+1n} = \alpha g^k_{jn} + (1-\alpha) g^k_{jn+1} \qquad (n>1) \qquad (137)$$

$$g^k_{j+1\,1} = \alpha g^k_{j1} + (1-\alpha) g^k_{j2} + \alpha g^k_{jo} \qquad (n=1) \tag{138}$$

$$g^k_{j+1o} = (1-\alpha) g^k_{j1} + (1-\alpha) g^k_{jo} \quad (n=0) \tag{139}$$

Zur Lösung dieser Differenzengleichungen seien die folgenden erzeugenden Funktionen definiert:

$$R^k_j(z) = \sum_{n=o}^{\infty} r^k_{jn} z^n \tag{140}$$

$$G^k_j(z) = \sum_{n=o}^{\infty} g^k_{jn} z^n \tag{141}$$

Multipliziert man (135) und (136) mit z^n und summiert über alle n, dann erhält man

$$R^k_{j+1}(z) = R^k_j(z)(1-\alpha+\alpha z) \tag{142}$$

Für $R^k_W(z)$ erhält man folgende Beziehung zwischen dem Beginn und dem Ende der Wartungszeit:

$$R^k_W(z) = G^k_o(z) = R^k_o(z)(1-\alpha+\alpha z)^W \tag{143}$$

Ebenso erhält man aus (137) bis (139):

$$G^k_{j+1}(z) = G^k_j(z)(1-\alpha+\alpha z) + g^k_{jo}(z-1)(1-\alpha+\alpha z) \tag{144}$$

Daraus erhält man folgende Beziehung zwischen Beginn und Ende des Arbeitsintervalls:

$$\begin{aligned} G^k_L(z) z^L &= R^k_o(z) z^L = \\ &= G^k_o(z)(1-\alpha+\alpha z)^L + (z-1) \sum_{j=o}^{L-1} g^k_{jo} (1-\alpha+\alpha z)^{L-j} z^j \end{aligned} \tag{145}$$

Aus (144) und (145) erhält man folgende Beziehung zwischen dem Beginn des k-ten und des (k+1)-ten Zyklus:

$$\begin{aligned} R^{k+1}_o(z) z^L &= R^k_o(z)(1-\alpha+\alpha z)^{W+L} \\ &+ (z-1) \sum_{j=o}^{L-1} g^k_{jo} (1-\alpha+\alpha z)^{L-j} z^j \end{aligned} \tag{146}$$

Falls

$$\alpha(L+W) < L \quad \text{bzw.} \quad \alpha(1 + \tfrac{L}{W}) < 1 \tag{147}$$

d. h. falls die mittlere Zahl der Ankünfte je Zyklus kleiner als die Maximalzahl der Bedienungen je Zyklus ist, dann existiert eine Gleichgewichtsverteilung für die Zahl der Kunden, die bei Beginn einer Wartung noch nicht bedient sind. Für die erzeugende Funktion dieser Gleichgewichtsverteilung

$$R(z) = \lim_{k \to \infty} R_o^k(z) \tag{148}$$

gilt [42] :

$$R(z) = \frac{\sum_{j=o}^{L-1} g_{jo} (1-\alpha+\alpha z)^{L-j} z^j}{h(z)} \tag{149}$$

mit

$$h(z) = \frac{z^L - (1-\alpha+\alpha z)^{W+L}}{z-1} \tag{150}$$

Diese erzeugende Funktion enthält noch die Unbekannten g_{jo} (j=o,1,2,...,L-1). Diese lassen sich durch folgende Überlegungen ableiten [43] .

Jede erzeugende Funktion ist innerhalb und auf dem Einheitskreis regulär. Daraus folgt, daß jede Nullstelle des Nenners h(z) die innerhalb des Einheitskreises liegt, auch eine Nullstelle des Zählers sein muß.

Wie Meissl [44] zeigt, gilt für $L-\alpha(W+L) > 0$:

1. alle Nullstellen innerhalb des Einheitskreises sind einfach

2. es existieren genau (L-1) Nullstellen innerhalb des Einheitskreises und W Nullstellen außerhalb des Einheitskreises.

Dann kann man für die erzeugende Funktion (149) schreiben:

$$R(z) = h_1(1) \frac{1-\alpha+\alpha z}{h_1(z)} = \sum_{k=1}^{W} \frac{a_k}{z-z_k} \tag{151}$$

wobei z_k (k=1,2,...,W) die Nullstellen des Polynoms h(z) außerhalb des Einheitskreises sind und

$$h_1(z) = \prod_{k=1}^{W} (z-z_k) \tag{152}$$

und

$$a_k = h_1(1) \frac{1-\alpha+\alpha z_k}{h_1(z_k)} \tag{153}$$

Differenziert man die erzeugende Funktion (149) an der Stelle z=1, dann erhält man für die mittlere Zahl der noch nicht bedienten Kunden am Beginn einer Wartungsperiode [45]:

$$E(q) = \alpha + \sum_{k=1}^{W} \frac{1}{z_k - 1} \tag{154}$$

Hieraus läßt sich die gesuchte Formel für die mittlere Schlangenlänge in einem beliebigen Zeitpunkt durch folgende Überlegungen herleiten [46]:

Zwischen der Schlangenlänge q_k zu Beginn der k-ten Wartungsperiode und der Schlangenlänge q_{k-1} zu Beginn der darauf folgenden Wartungsperiode besteht folgende Beziehung:

$$q_{k+1} = \max\{q_k + u_k - L, 0\} \tag{155}$$

wobei u_k die Zahl der Kunden, die während des k-ten Zyklus ankommen, ist. Wegen (134) gilt hierfür:

$$\text{Prob}\{u_k = n\} = \binom{W+L}{n} \alpha^n (1-\alpha)^{W+L-n} \tag{156}$$

Die durchschnittliche Wartezeit je Zyklus setzt sich aus folgenden Komponenten zusammen:

1. der Wartezeit während des Wartungsintervalls
   a. der gesamten Wartezeit der zu Beginn der Wartung anwesenden Kunden T'
   b. der gesamten Wartezeit der während der Wartung ankommenden Kunden T"
2. der Wartezeit während des Arbeitsintervalls T"'

Die Wartezeit der Kunden, die bereits zu Beginn des Zyklus warten mußten, ist gleich

$$T' = E(q_k) W \tag{157}$$

Kommt ein Kunde im j-ten Zeitpunkt des Wartungsintervalls an, dann ist seine Wartezeit bis zum Ende der Wartung gleich

$$T''_j = W - j \tag{158}$$

Da die Wahrscheinlichkeit einer Ankunft in jedem Zeitpunkt gleich α ist, gilt:

$$T'' = \sum_{j=1}^{W} \alpha T''_j = \sum_{j=o}^{W} \alpha (W-j) = \frac{\alpha W (W+1)}{2} \tag{159}$$

Am Beginn eines Arbeitsintervalls sind $q_g > 0$ Kunden noch nicht bedient; die Zeit bis zur Verringerung der Warteschlange um 1 ist dann eine geometrisch verteilte Zufallsgröße mit dem Mittelwert $1/(1-\alpha)$. Die gesamte Wartezeit aller Kunden bis zur Reduktion der Schlange um 1 ist dann:

$$T_1''' = \frac{1}{1-\alpha} q_g - 1 \tag{160}$$

Wenn keine Unterbrechung der Bedienung durch ein neues Wartungsintervall auftreten würde, dann hätte die gesamte Wartezeit bis zum völligen Abbau der Warteschlange den Mittelwert

$$T_g''' = \sum_{n=1}^{q_g} \{\frac{n}{1-\alpha} - 1\} = \frac{q_g(q_g+1)}{2(1-\alpha)} - q_g \tag{161}$$

Bildet man den Erwartungswert bezüglich q_g, dann erhält man

$$T_e''' = \frac{E\{q_g^2 - (2\alpha-1)q_g\}}{2(1-\alpha)} \tag{162}$$

Da das Arbeitsintervall jedoch begrenzt ist, muß hiervon die Wartezeit abgezogen werden, die in das nächste Wartungsintervall hinüberreicht:

$$T^+ = \frac{1}{2(1-\alpha)} E\{q_k^2 + (2\alpha-1)q_k\} \tag{163}$$

Für die gesamte Wartezeit während eines Arbeitsintervalls erhält man dann:

$$T''' = \frac{1}{2(1-\alpha)} E\{q_g^2 - q_k^2 + (2\alpha-1)(q_g - q_k)\} \tag{164}$$

Es sei nun v_k die Zahl der Kunden, die während des k-ten Wartungsintervalls ankommen. Dann gilt:

$$E(q_g) = E(q_k) + E(v_k) \tag{165}$$

und wegen der Unabhängigkeit von v_k und q_k:

$$E(q_g^2) = E(q_k^2) + 2E(v_k)E(q_k) + E(v_k^2) \tag{166}$$

Da v_k binomialverteilt ist, gilt:

$$E(v_k) = \alpha W \tag{167}$$

$$E(v_k^2) = \alpha(1-\alpha)W + \alpha^2 W^2 \tag{168}$$

Setzt man (165) bis (168) in (164) ein, dann erhält man:

$$T''' = \frac{\alpha W}{1-\alpha} \{E(q_k) + \frac{\alpha}{2}(1+W)\} \tag{169}$$

Für die gesamte Wartezeit eines Zyklus erhält man dann

$$T_Z = T' + T'' + T''' =$$

$$= \frac{W}{1-\alpha}\{E(q_k) + \frac{\alpha}{2}(1+W)\} \tag{170}$$

Die mittlere Wartezeit eines Kunden ist dann

$$T_2 = \frac{W}{(1-\alpha)(W+L)} \{\frac{E(q)}{\alpha} + \frac{W+1}{2}\} \tag{171}$$

Setzt man (154) ein, dann erhält man als mittlere Wartezeit:

$$T_2 = \frac{W}{(1-\alpha)(W+L)} \{1 + \frac{1}{\alpha} \sum_{k=1}^{W} \frac{1}{z_k - 1} + \frac{W+1}{2}\} \qquad (172)$$

Die mittlere Schlangenlänge ist dann wegen $\bar{n} = \alpha T_2$:

$$\bar{n} = \frac{\alpha W}{(1-\alpha)(W+L)} \{1 + \frac{1}{\alpha} \sum_{k=1}^{W} \frac{1}{z_k - 1} + \frac{W+1}{2}\} \qquad (173$$

Die Berechnung der mittleren Schlangenlänge nach Formel (173) soll an folgendem Beispiel demonstriert werden:

Es sei:

$\alpha = 0,6$

$L = 20$

$W = 4$

Ein stochastisches Gleichgewicht existiert, weil

$$L - \alpha(W+L) = 20 - 0,6(20+4) = 5,6 > 0$$

ist.

Zunächst sind nun die Nullstellen des Polynoms

$$f(z) = (z-1)h(z) = z^{20} - (0,6+0,4z)^{24}$$

zu bestimmen. Dazu wurde das Share-Programm Nr. 1124 POLRUT [47] benutzt. Die Ergebnisse sind in der Tabelle 21 zusammengestellt.

Durch Einsetzen von $z_1, \ldots, z_4$ in (154) erhält man

$$E(q) = 0,6043$$

als mittlere Zahl der zu Beginn einer Wartungsperiode noch nicht bedienten Kunden; die mittlere Schlangenlänge zu Beginn eines Arbeitsintervalls ist

$$E(q_g) = 3,0043$$

und die mittlere Schlangenlänge in einem zufällig gewählten Zeitpunkt ist schließlich

$$\bar{n} = 0,8768$$

Zur Bestimmung des optimalen Abstandes der Justierungen bei sich verschlechternder Bedienungsqualität wird neben der durch Formel (173) gegebenen mittleren Schlangenlänge auch die Verteilung der Zahl der Bedienungen während eines Arbeitsintervall benötigt. Bei der Herleitung dieser Wahrscheinlichkeitsverteilung sind folgende Fälle zu unterscheiden:

Tabelle 21

Wurzeln des Polynoms $f(z) = z^{L} - (1-\alpha+\alpha z)^{W+L}$ für $\alpha = 0{,}6$, $W = 4$, $L = 20$

Nr.	Realteil	Imaginärteil	Absolutwert
1	- 25,1779	0,0000	25,1779
2	- 3,9349	21,7261	22,0795
3	- 3,9349	- 21,7261	22,0795
4	17,0207	0,0000	17,0207
5	1,0000	0,0000	1,0000
6	0,4823	- 0,5342	0,7197
7	0,4823	0,5342	0,7197
8	0,1487	- 0,4870	0,5092
9	0,1487	0,4870	0,5092
10	- 0,0076	- 0,3947	0,3948
11	- 0,0076	0,3947	0,3948
12	- 0,0913	- 0,3130	0,3261
13	- 0,0913	0,3130	0,3261
14	- 0,1405	- 0,2444	0,2819
15	- 0,1405	0,2444	0,2819
16	- 0,1710	- 0,1857	0,2525
17	- 0,1710	0,1857	0,2525
18	- 0,1904	- 0,1340	0,2328
19	- 0,1904	0,1340	0,2328
20	- 0,2024	- 0,0870	0,2203
21	- 0,2024	0,0870	0,2203
22	- 0,2089	- 0,0428	0,2132
23	- 0,2089	0,0428	0,2132
24	- 0,2110	0,0000	0,2110

1. Am Ende eines Arbeitsintervalls ist das System noch besetzt; der Bedienungskanal war dann während des ganzen Arbeitsintervalls tätig, so daß die Zahl der Bedienungen gleich der Zahl der möglichen Bedienungen während eines Arbeitsintervalls L ist.

2. Die Warteschlange wird durch die letzte Bedienung eines Arbeitsintervalls abgebaut, der Bedienungskanal war während des gesamten Arbeitsintervalls tätig, so daß die Zahl der Bedienungen ebenfalls gleich L ist.

3. Der Bedienungskanal stand während eines Teils des Arbeitsintervalls leer, so daß die Zahl der Bedienungen kleiner als L ist.

Die Wahrscheinlichkeit des Falls 1 ist gleich der Wahrscheinlichkeit dafür, daß das System am Ende eines Arbeitsintervalls noch besetzt ist; die Wahrscheinlichkeit des Falls 2 ist gleich der Wahrscheinlichkeit dafür, daß die Zahl der Kunden zu Beginn des Wartungsintervalls J zuzüglich der Zahl der Kunden K, die während des letzten Wartungs- und des letzten Bedienungsintervalls angekommen sind, gleich L ist; die Wahrscheinlichkeit, daß im Fall 3 die Zahl der Bedienungen $B < L$ ist, ist schließlich gleich

$$\text{Prob}\{B<L\} = \text{Prob}\{J+K<L\}$$

Zur Herleitung der Verteilung der Zahl der Bedienungen während eines Arbeitsintervalls wird also neben der Verteilung der Zahl der Ankünfte in einem Intervall der Länge W + L

$$\text{Prob}\{K=n\} = \binom{W+L}{n}\alpha^n(1-\alpha)^{W+L-n} \qquad (134)$$

auch die Verteilung der Zahl der Kunden, die sich am Ende eines Wartungszyklus im System befinden,

$$\text{Prob}\{J=n\} = r_n$$

benötigt. Die erzeugende Funktion der Gleichgewichtsverteilung dieser Zufallsgröße ist gegeben durch

$$R(z) = \sum_{k=1}^{W} \frac{a_k}{z-z_k} \qquad (151)$$

Wegen

$$r_n = \frac{1}{n!} \left. \frac{d^nR(z)}{dz^n} \right|_{z=o} \qquad (174)$$

erhält man durch Differenzieren von (151) an der Stelle z=O [48]:

$$r_n = - \sum_{k=1}^{W} \frac{a_k}{z_k^{n+1}} \qquad (175)$$

Die Wahrscheinlichkeit für Fall 1 ist dann

$$\text{Prob}\{J>0\} = 1-r_o = 1 + \sum_{k=1}^{W} \frac{a_k}{z_k} \qquad (176)$$

Da die Zahl der Ankünfte während eines Zyklus und die Zahl der Kunden, die sich zu Beginn des Zyklus (bzw. am Ende des vorigen Zyklus) im System befunden haben, unabhängige Zufallsgrößen sind, gilt für die Verteilung der Summe dieser beiden Zufallsgrößen:

$$\text{Prob}\{J+K=B\} = \sum_{n=o}^{B} \text{Prob}\{J=n\}\ \text{Prob}\{K=B-n\} =$$

$$= \sum_{n=o}^{B} \binom{W+L}{n} \alpha^n (1-\alpha)^{W+L-n} \left\{ \sum_{k=1}^{W} - \frac{a_k}{z_k^{B-n+1}} \right\} \tag{177}$$

Insbesondere ist die Wahrscheinlichkeit des Falles 2 gleich:

$$\text{Prob}\{J+K=L\} = \sum_{n=o}^{L} \binom{W+L}{n} \alpha^n (1-\alpha)^{W+L-n} \left\{ \sum_{k=1}^{W} \frac{-a_k}{z_k^{L-n+1}} \right\} \tag{178}$$

Da sowohl im Fall 1 als auch im Fall 2 genau L Bedienungen durchgeführt werden, gilt für die Verteilung der Zahl der Bedienungen/Zyklus

$$\text{Prob}\{\text{Zahl der Bedienungen} = I\} = p(I)$$

$$p(I) = \begin{cases} \sum_{j=o}^{L} \left[\binom{W+L}{j} \alpha^j (1-\alpha)^{W+L-j} \sum_{k=1}^{W} \frac{-a_k}{z_k^{L-j+1}} \right] + \\ \quad + 1 + \sum_{k=1}^{W} \frac{a_k}{z_k} \quad \text{für } I=L \\ \sum_{j=o}^{I} \left[\binom{W+L}{j} \alpha^j (1-\alpha)^{W+L-j} \sum_{k=1}^{W} \frac{-a_k}{z_k^{L-j+1}} \right] \quad (O \leq I < L) \end{cases} \tag{179}$$

c) Der optimale Wartungsabstand

Nachdem im vorigen Abschnitt die Abhängigkeit der durchschnittlichen Schlangenlänge und der Zahl der Bedienungen/Zyklus von dem Abstand der Wartungsmaßnahmen für den Spezialfall konstanter Bedienungszeiten und binomialverteilter Ankünfte untersucht worden ist, können nun die in dem Modell von Hall und Eilon linear von der Dauer der Ausfallzeit abhängigen Ausfallkosten durch die Aufenthaltskosten der Kunden ersetzt werden. Die relevanten Kosten setzen sich zusammen aus:

1. den Wartungskosten K_4
2. den Kosten der Nachbesserung mangelhafter Bearbeitungen K_5
3. den Lagerhaltungskosten K_1

Die Wartungskosten/Zeiteinheit sind, wie in dem Modell von Hall und Eilon proportional der Zahl der Wartungen/Zeiteinheit:

$$K_4 = \frac{k_4}{L+W} \quad (180)$$

Die Lagerhaltungskosten sind proportional der durchschnittlichen Aufenthaltsdauer der Werkstücke bzw. der mittleren Schlangenlänge:

$$K_1 = k_1\bar{n}(L) \quad (181)$$

wobei $\bar{n}$ gemäß (173) bestimmt ist.

Die Nachbesserungskosten sind schließlich proportional der durc schnittlichen Zahl der fehlerhaften Bearbeitungen/Zeiteinheit:

$$K_5 = k_5 d \quad (182)$$

Zur Bestimmung der durchschnittlichen Zahl der mangelhaften Bearbeitungen ist es nun sinnvoll, anstelle der von Hall und Eilon angenommenen kontinuierlichen Verschlechterung der Produktionsqualität davon auszugehen, daß sich die Qualität von Bearbeitung zu Bearbeitung entsprechend einem diskreten stochastischen Prozeß verändert. Die Produktionsqualität der i-ten Bearbeitung nach der letzten Wartung sei dann normalverteilt mit dem Mittelwert

$$\bar{x}(i) = \bar{x}(0) - ai \quad (183)$$

und der Varianz

$$\sigma_i^2 = \sigma_o^2 + bi \quad (184)$$

wobei $\bar{x}(0)$ und σ_o^2 der Mittelwert und die Varianz der Anfangseinstellung im Zeitpunkt einer Justierung sind. Die Wahrscheinlichkeit dafür, daß die Qualität der i-ten Bearbeitung nach einer Justierung unterhalb der Grenze g liegt, ist dann gleich

$$Q_i(g) = \frac{1}{\sigma\sqrt{2\pi}} \int_{-\infty}^{g} e^{-\{x-\bar{x}(i)\}^2/\sigma_i^2} dx \quad (185)$$

Werden in einem Arbeitsintervall der Länge L genau I Bearbeitungen durchgeführt, dann ist der bedingte Erwartungswert der Zahl der fehlerhaften Bearbeitungen gleich

$$d_I = \sum_{i=1}^{I} Q_i(g) \quad (186)$$

Wegen der zufälligen Schwankungen des Ankunftsprozesses ist die Zahl der Bearbeitungen/Arbeitsintervall eine Zufallsgröße, weil die Maschine zeitweise leersteht und keine Werkstücke bearbeiten kann.

Ist p(I,L) die in Formel (181) bestimmte Wahrscheinlichkeit dafür, daß in einem Arbeitsintervall der Länge L genau I Bearbeitungen erfolgen, dann ist der Erwartungswert der Zahl der fehlerhaften Bearbeitungen/Zyklus

$$d_Z = \sum_{i=o}^{L} d_I p(I,L) = \sum_{I=o}^{L} \sum_{i=1}^{I} Q_i(g) p(I,L) \qquad (187)$$

und die Zahl der fehlerhaften Bearbeitungen/Zeiteinheit ist dann gleich

$$d = \frac{1}{L+W} d_Z \qquad (188)$$

Aus (182), (183), (184) und (190) erhält man für die relevanten Kosten/Zeiteinheit

$$K(L) = \frac{1}{L+W} \{k_4 + k_5 \sum_{I=o}^{L} \sum_{i=1}^{I} Q_i(g) p(I,L)\} + k_1 \bar{n}(L) \qquad (189)$$

wobei $Q_i(g)$ durch (187), $p(i,L)$ durch (181) und $\bar{n}(L)$ durch (173) bestimmt sind.

Das Minimum von (191) wird am besten tabellarisch bestimmt.

Für

$k_1 = 1$	$W = 4$	$a = 0,5$
$k_4 = 20$	$\alpha = 0,6$	$b = 0,2$
$k_5 = 1$	$g = 15$	$\sigma_o^2 = 5$

erhält man aus Tabelle 22 für die optimale Dauer der Wartungen $L^* = 20$.

Das hier beschriebene Modell zur Bestimmung des opitmalen Abstandes von Wartungsmaßnahmen bei absinkender Produktionsqualität muß von sehr engen Voraussetzungen über die Basisprozesse des entsprechenden Warteschlangenmodells ausgehen, um den durchschnittlichen Bestand des Zwischenlagers vor der Maschine und die durchschnittliche Zahl der fehlerhaften Bearbeitungen bestimmen zu können. Um diese Voraussetzungen verallgemeinern zu können, ist es erforderlich, auf Methoden der Simulation zurückzugreifen. Hierzu sind folgende Modifikationen des Grundmodells erforderlich:

1. Die Dauer der Arbeitsintervalle TS ist eine feste Größe.

2. Nach jeder Bearbeitung wird eine Zufallsgröße erzeugt, die der Produktionsqualität entspricht. Überschreitet diese die vorgegebenen Toleranzgrenzen, so wird die Zahl der mangelhaft bearbeiteten Werkstücke um eins erhöht.

Auf diese Weise kann man bei der Auswertung des Simulationsexperiments neben dem durchschnittlichen Lagerbestand auch die mittlere Zahl der fehlerhaften Bearbeitungen/Zeiteinheit ermitteln.

Für die Parameterkombination

Tabelle 22

Bestimmung des optimalen Abstandes von Wartungsmaßnahmen

Abstand der Wartungen	Wartungskosten	Aufenthaltskosten	Nachbesserungskosten	Gesamtkosten
7	0,0909	2,7011	0,0135	2,8055
8	0,0833	2,2023	0,0217	2,3074
9	0,0769	1,8818	0,0334	1,9921
10	0,0714	1,6613	0,0485	1,7813
11	0,0667	1,4998	0,0670	1,6335
12	0,0625	1,3751	0,0886	1,5263
13	0,0588	1,2750	0,1131	1,4469
14	0,0556	1,1920	0,1401	1,3877
15	0,0526	1,1215	0,1694	1,3436
16	0,0500	1,0605	0,2007	1,3112
17	0,0476	1,0067	0,2339	1,2882
18	0,0455	0,9589	0,2686	1,2729
19	0,0435	0,9158	0,3047	1,2640
20	0,0417	0,8768	0,3420	1,2604
21	0,0400	0,8411	0,3803	1,2615
22	0,0385	0,8084	0,4196	1,2665

$\alpha = 6$	$a = 5$	$k_1 = 1$
$\beta = 10$	$b = 2$	$k_4 = 10$
$\mu = 1$	$g = -15$	$k_5 = 10$
$L = 4$	$\sigma_o^2 = 5$	

erhält man aus einem Simulationsexperiment mit ITER = 500 Simulationsläufen die in der Tabelle 23 wiedergegebenen Schätzwerte für die Operationscharakteristiken des Systems.

Um den optimalen Abstand L^* der Justierungsmaßnahmen zu bestimmen, wird zunächst - wie oben bei der Bestimmung des optimalen Abstandes vorbeugender Wartungsmaßnahmen gezeigt - in einer Voruntersuchung der ungefähre Verlauf der Kostenfunktion mit Hilfe von Simulationsexperimenten mit ITER = 50 Simulationsläufen bestimmt. Das Ergebnis dieser Experimente ist in der Abbildung 73 wiedergegeben. Wie hieraus ersichtlich ist, hat die Kostenfunktion etwa folgenden Verlauf: Bei kleinen Justierungsabständen fallen die relevanten Kosten sehr schnell auf ein Minimum in der Nähe von L = 3, steigen dann wieder an

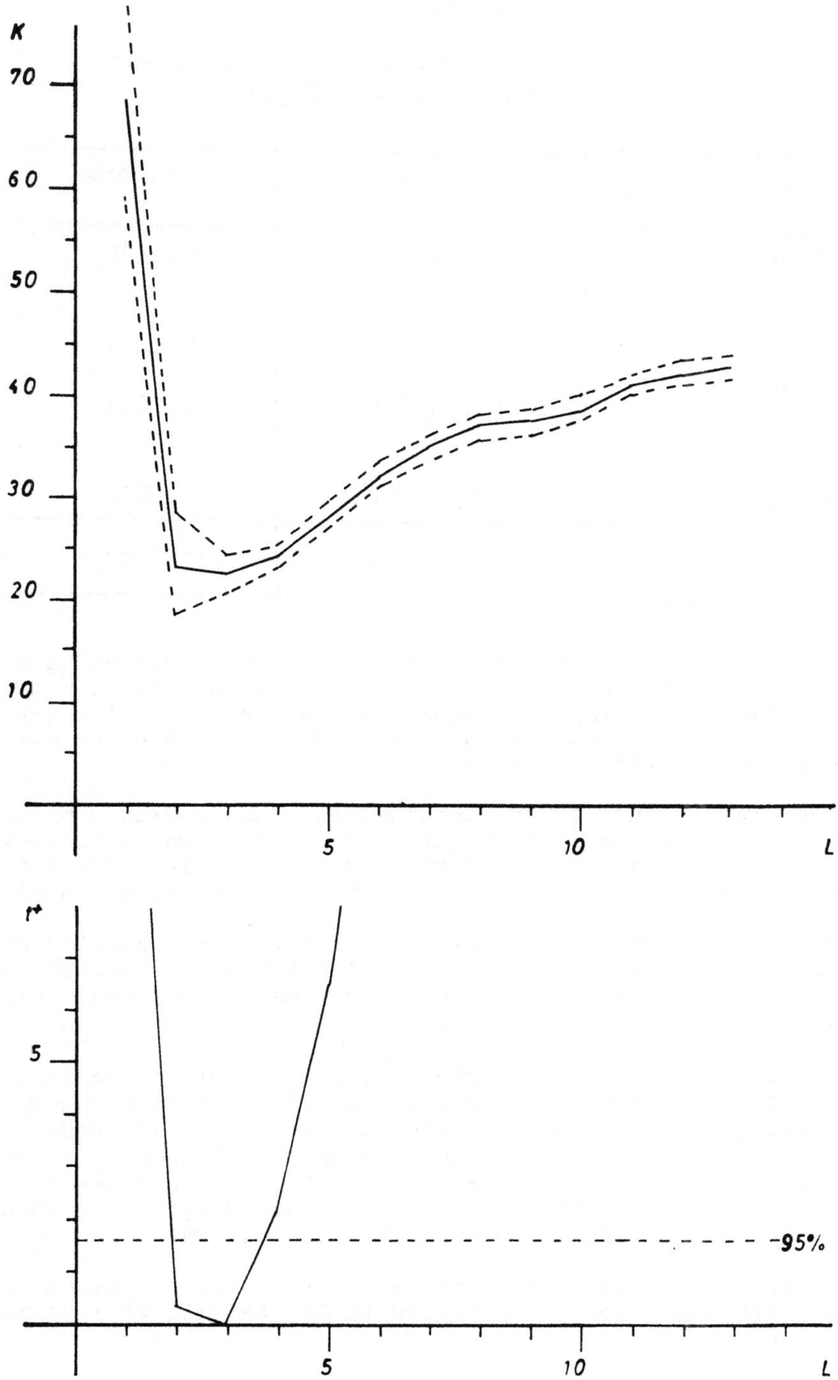

Abbildung 73: Optimaler Wartungsabstand bei sinkender Produktionsqualität

Tabelle 23

Operationscharakteristiken für ein Wartesystem mit absinkender Produktionsqualität

Operations-charakteristik	Erwartungswert	Varianz
Schlangenlänge	5,9605 ± 0,4370	10,6136
Wahrscheinlichkeit, daß System gewartet	0,1973 ± 0,0051	0,0014
Zahl der Wartungen/Zeiteinheit	0,1998 ± 0,0014	0,0001
Zahl der fehlerhaften Bearbeitungen/Zeiteinheit	1,6212 ± 0,0091	0,0203
Relevante Kosten	24,1712 ± 0,4977	13,7587

und nähern sich asymptotisch einer Obergrenze, die dadurch gekennzeichnet ist, daß keine Justierungen durchgeführt werden, so daß zwar keine reparaturbedingten Lagerkosten entstehen, alle Werkstücke jedoch nachgebessert werden müssen. Es existier also ein eindeutiges Minimum der relevanten Kosten.

Wie der t-Test für die Abweichungen der Schätzwerte von dem Minimalwert bei L = 3 zeigt, muß das tatsächliche Minimum im Intervall $1 < L < 4$ liegen, da die Abweichungen für alle Justierungsabstände außerhalb dieses Intervalls signifikant sind.

Um das Optimum weiter einzugrenzen, ist in einer zweiten Serie von Simulationsexperimenten die Zahl der Simulationsläufe auf ITER = 500 zu setzen. Die Ergebnisse dieser Experimente sind in der Tabelle 24 zusammengefaßt.

Aus dieser Tabelle ist zu erkennen, daß der Minimalwert bei L = 2,50 liegt. Wie der t-Test zeigt, sind die Abweichungen des Erwartungswertes der relevanten Kosten für alle anderen Abstände der Justierungsmaßnahmen signifikant höher als der Minimalwert E(K) = 20,14. Das tatsächliche Optimum liegt also im Intervall $2{,}25 < L^* < 2{,}75$. Eine weitere Eingrenzung würde eine Erhöhung des Stichprobenumfanges erfordern.

Schätzwerte für die Operationscharakteristiken bei einem Justierungsabstand von L = 2,5 sind in der Tabelle 25 zusammengestellt.

Tabelle 24

Relevante Kosten eines Wartesystems mit absinkender Bedienungsqualität

L	E(K)	Var(K)	t^*
2,00	22,11 ± 1,18	77,49	4,25
2,25	21,40 ± 0,97	52,65	3,12
2,50	20,14 ± 0,74	30,03	0,00
2,75	21,10 ± 0,81	36,30	2,65
3,00	20,66 ± 0,58	15,77	1,74
3,50	22,43 ± 0,52	14,82	7,67
4,00	24,17 ± 0,50	13,76	13,64

Tabelle 25

Schätzwerte für die Operationscharakteristiken eines Wartesystems mit absinkender Bedienungsqualität bei optimalem Justierungsabstand (L=2,5)

Operations-charakteristik	Erwartungswert	Varianz
Schlangenlänge	9,5562 ± 0,7078	27,8321
Wahrscheinlichkeit, daß System gewartet	0,2810 ± 0,0123	0,0015
Zahl der Wartungen/Zeiteinheit	0,2879 ± 0,0022	0,0003
Zahl der fehlerhaften Bedienungen/Zeiteinheit	0,7700 ± 0,0130	0,0094
Relevante Kosten	10,1351 ± 1,7352	30,0320

Dritter Teil: Betriebsstörungen bei mehreren interdependeten Maschinen

6. Kapitel: Die gemeinsame Wartung eines Maschinenparks

Die bisher untersuchten Modelle gehen davon aus, daß Betriebsstörungen bei einzelnen Aggregaten auftreten, die in keinen für die Untersuchung relevanten Beziehungen zueinander stehen. Diese Annahme wird vielfach zu eng sein, da in der betrieblichen Praxis die Maschinen in einem mehr oder weniger engen Interdependenzverhältnis zueinander stehen: z. B. sind meist mehrere Maschinen hintereinandergeschaltet, so daß der Output der einen Input der nächsten Maschine ist, der Maschinenpark wird von der gleichen Reparaturmannschaft gewartet, mehrere Maschinen sind so eng miteinander verbunden, daß bei Störung einer Maschine auch die anderen den Betrieb unterbrechen müssen.

Diese Interdependenzen können auf folgenden Faktoren beruhen:

1. Interdependenzen aufgrund des gemeinsamen Produktionsprozesses

2. Interdependenzen aufgrund eines gemeinsamen Störprozesses

3. Interdependenzen aufgrund eines gemeinsamen Wartungssystems

Vielfach werden die einzelnen Faktoren nicht isoliert auftreten, vielmehr werden meist mehrere Interdependenzen gleichzeitig zusammenwirken. Im einfachsten Fall interdependenter Maschinen ergibt sich die Interdependenz jedoch allein aus einem gemeinsamen Wartungssystem; weitere Interdependenzen aufgrund eines gemeinsamen Produktionsprozesses oder aufgrund des Störprozesses ergeben sich hingegen nicht. Ein solches System läßt sich wie folgt charakterisieren:

1. M verschiedene Maschinen bearbeiten Werkstücke von verschiedenen Vorlieferanten, vor jeder Maschine bildet sich eine eigene Warteschlange. Die Anlieferungen vor dem Aggregat M (m=1,...,M) werden durch einen Poisson-Prozeß mit der Intensität α_m beschrieben.

2. Die Bearbeitung der Werkstücke erfolgt auf jeder Maschine unabhängig von der Tätigkeit der anderen Aggregate. Die Bearbeitungsdauern sind beliebig verteilte Zufallsgrößen mit endlichem Mittelwert E(B) und endlichem Variationskoeffizienten $C(B_m)$.

3. Die Aggregate unterliegen Betriebsstörungen; die störungsfreie Arbeitszeit aller Maschinen ist eine exponentialverteilte Zufallsgröße mit dem Parameter λ.

4. Die Reparaturzeiten sind für alle Maschinen exponentialverteilte Zufallsgrößen mit dem gleichen Parameter μ.

5. Alle Reparaturen werden durch eine gemeinsame Reparaturmannschaft durchgeführt. Ist beim Ausfall einer Maschine die Mannschaft noch mit einer anderen Reparatur beschäftigt, dann muß die zuletzt ausgefallene Maschine warten, bis alle vor ihr ausgefallenen Maschinen repariert sind.

Treten die Störungen unabhängig davon auf, ob gerade ein Werkstück bearbeitet wird oder nicht (externe Störungen) oder lassen sich die Störungen näherungsweise als externe, exponentialverteilte Störungen auffassen, dann beeinflussen zwar die Störungen und der Reparaturprozeß aller Maschinen die Warteschlangen vor den anderen Maschinen, die Warteschlange, die Anlieferungen und die Bearbeitungen haben hingegen keinen Einfluß auf die anderen Maschinen und auf das Wartungssystem. Wegen dieser einseitigen Beeinflussung der Aggregate durch das Reparatursystem ist es möglich, das Problem sukzessive zu lösen:

1. Man untersucht zunächst die Abhängigkeit der Ausfallzeiten der Maschine von dem Reparatursystem.

2. Man benutzt diese Ergebnisse zur Berechnung der Operationscharakteristiken eines Wartesystems mit externen unterbrechenden Störungen [1].

I. Grundzüge der Maschinenwartungstheorie

1. Die Wartung eines Maschinenparks durch einen Schlosser

In der Maschinenwartungstheorie wird folgendes Problem untersucht [2]: Gegeben sei ein Maschinenpark mit M störanfälligen Maschinen; die Laufzeiten aller Maschinen sind exponentialverteilte Zufallsgrößen mit dem Parameter λ. Die Maschinen werden von einem Schlosser gemeinsam gewartet, die Dauer einer Reparatur ist eine exponentialverteilte Zufallsgröße mit dem Parameter μ. Fällt eine Maschine aus, während der Schlosser noch mit der Reparatur einer anderen Maschine beschäftigt ist, dann muß die zuletzt ausgefallene Maschine auf die Reparatur warten, bis die Reparatur aller vor ihr ausgefallenen Maschinen abgeschlossen ist.

Um die mittlere Zahl der gestörten Maschinen und die Verteilung der Ausfallzeiten der Maschinen zu bestimmen, definiert man zunächst die Zustandswahrscheinlichkeiten P_m, die Wahrscheinlichkeiten dafür, daß im stochastischen Gleichgewicht $m=0,1,\ldots,M$ Maschinen ausgefallen sind. Zwischen diesen Zustandswahrscheinlichkeiten bestehen, wie man sich leicht überlegen kann, folgende Beziehungen

$$\mu P_M = \lambda P_{M-1} \tag{1}$$

$$\{(M-m)\lambda+\mu\}P_m = (M-m+1)\lambda P_{m-1}+\mu P_{m+1} \qquad 0<m<M \tag{2}$$

$$M\lambda P_0 = \mu P_1 \tag{3}$$

Die Lösung dieses Gleichungssystems ist, wie bereits bei der Behandlung eines Wartesystems mit einer begrenzten Zahl kumulativer Störungsursachen gezeigt wurde [3] , gegeben durch

$$P_m = \frac{p(M-m,\mu/\lambda)}{U_1(M,\mu/\lambda)} \tag{4}$$

wobei

$$p(k,x) = e^{-x} \frac{x^k}{k!}$$

die Poisson-Verteilung und

$$U_1(k,x) = \sum_{i=o}^{k} p(i,x)$$

die kumulative Poisson-Verteilung bedeuten.

Die mittlere Zahl der gestörten Maschinen ist:

$$\bar{m} = M - \frac{\mu/\lambda U_1(M-1,\mu/\lambda)}{U_1(M,\mu/\lambda)} \tag{5}$$

Die Wahrscheinlichkeit dafür, daß beim Ausfall eines Aggregates bereits m andere Maschinen gestört sind, ist schließlich:

$$\pi_m = \frac{p(M-m-1,\mu/\lambda)}{U_1(M-1,\mu/\lambda)} \tag{6}$$

Aus diesen Ergebnissen wurde von Naor [4] die Verteilung der Wartezeit der Maschinen bis zum Reparaturbeginn hergeleitet. Die Verteilung der Ausfallzeit läßt sich analog bestimmen:

Sind beim Ausfall eines Aggregats bereits m Maschinen gestört, dann setzt sich die gesamte Ausfallzeit des Aggregats aus folgenden Komponenten zusammen:

1. der restlichen Reparaturzeit des Aggregats, das gerade repariert wird

2. der Reparaturzeit der m-1 anderen gestörten Aggregate

3. der Reparaturzeit der ausfallenden Maschine.

Da alle Reparaturzeiten exponentialverteilte Zufallsgrößen mit der gleichen Reparaturrate sind, ist die bedingte Dichte der Aufallzeit wegen der Unabhängigkeit der Reparaturzeiten gleich der (m+1)-fachen Faltung der Dichte der Exponentialverteilung:

$$f(t|m) = \frac{\mu(\mu t)^m}{m!} e^{-\mu t} = \mu p(m,\mu t) \tag{7}$$

Die Dichte (7) ist die Dichte einer Erlang-verteilten Zufallsgröße. Multipliziert man (7) mit der Wahrscheinlichkeit dafür, daß beim Ausfall des Aggregats bereits m Maschinen gestört sind, und summiert über alle m, dann erhält man für die unbedingte Dichte der Ausfallzeiten:

$$\psi_Z(t) = \sum_{m=0}^{M-1} f(t|m)\pi_m = \sum_{m=0}^{M-1} \mu p(m,\mu t) \frac{p(M-m-1,\mu/\lambda)}{U_1(M-1,\mu/\lambda)}$$

Aufgrund des binomischen Lehrsatzes folgt daraus:

$$\Psi_Z(t) = \frac{\mu p(M-1,\mu/\lambda+\mu t)}{U_1(M-1,\mu/\lambda)} \tag{8}$$

Die Verteilung der Ausfallzeiten erhält man durch Integration von (8):

$$\Phi_Z(t) = 1 - \frac{U_1(M-1,\mu/\lambda+\mu t)}{U_1(M-1,\mu/\lambda)} \tag{9}$$

Die Momente der Verteilung der Ausfalldauer lassen sich am einfachsten aus deren Laplace-Transformierten bestimmen. Setzt man (8) in

$$\Phi^*_Z(s) = \int_0^\infty e^{-st}\psi_Z(t)\,dt \tag{10}$$

ein, dann erhält man hierfür

$$\Phi^*_Z(s) = \frac{\left[\frac{\mu}{\mu+s}\right]^M U_1(M-1,\frac{\mu+s}{\mu})\, e^{s/\lambda}}{U_1(M-1,\mu/\lambda)} \tag{11}$$

Differenziert man (11) an der Stelle s=0, dann erhält man für die beiden ersten Momente der Verteilung der Ausfallzeiten:

$$E(Z) = \frac{\frac{M}{\mu} U_1(M-1,\mu/\lambda) - \frac{1}{\lambda} U_1(M-2,\mu/\lambda)}{U_1(M-1,\mu/\lambda)} \tag{12}$$

und

$$E(Z^2) = \frac{\frac{M(M+1)}{\mu^2} U_1(M-1,\mu/\lambda) - \frac{2M}{\lambda\mu} U_1(M-2,\mu/\lambda) + \frac{1}{\lambda^2} U_1(M-3,\mu/\lambda)}{U_1(M-1,\mu/\lambda)} \tag{13}$$

Die Abbildung 74 zeigt die Zustandswahrscheinlichkeiten P_m für ein Wartungssystem mit drei Maschinen, die von einem Schlosser gewartet werden, in Abhängigkeit von der Störungsdichte:

Bei niedrigen Werten von ρ_1 ($\rho_1 < 0{,}33$) ist der dichteste Wert der Verteilung gleich P_o; mit wachsender Störungsdichte sinkt P_o kontinuierlich und nähert sich asymptotisch Null; da die Wahrscheinlichkeiten P_1 und P_2 zunächst ansteigen und nach Erreichen eines Maximalwertes wieder absinken, verlagert sich

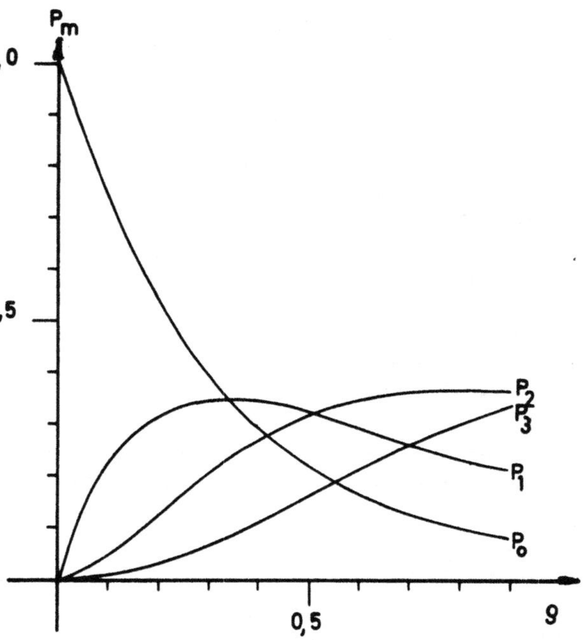

Abbildung 74: Zustandswahrscheinlichkeiten für ein Maschinenwartungssystem mit drei Maschinen, die von einem Schlosser gewartet werden, in Abhängigkeit von der Störungsdichte

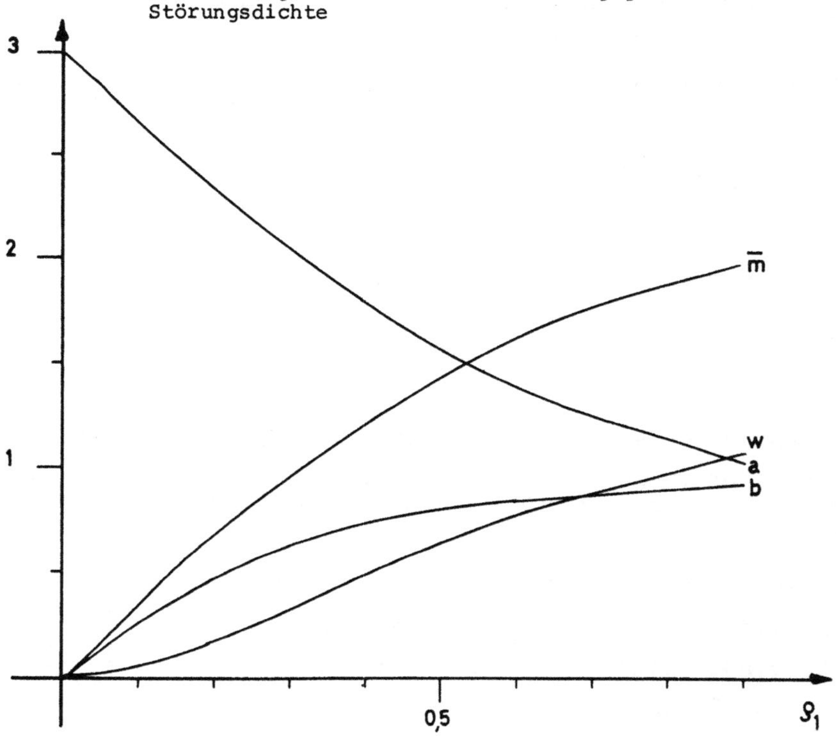

Abbildung 75: Operationscharakteristiken des Maschinenwartungssystems in Abhängigkeit von der Störungsdichte

der Modus der Verteilung zunächst für ($0{,}33 < \rho_1 < 0{,}50$) auf P_1 und für $0{,}5 < \rho_1 < 1{,}0$ auf P_2 und schließlich auf P_3. Die Abb. 75 gibt für dieses Wartungssystem die Abhängigkeit

1. der mittleren Zahl der gestörten Maschinen $\bar{m}$
2. der mittleren Zahl der arbeitenden Maschinen a
3. der mittleren Zahl der auf Reparatur wartenden Maschinen w
4. der mittleren Zahl der sich in Reparatur befindenden Maschinen b

von der Störungsdichte der Aggregate wieder. Die mittlere Zahl der gestörten Maschinen wächst mit steigender Störungsdichte und nähert sich für sehr große Störungsdichten asymptotisch der Gesamtzahl M der Maschinen, bei $\rho_1=1$, wenn also die Reparaturen der Maschinen im Schnitt genau so lange dauern wie die Arbeitsintervalle, dann sind durchschnittlich zwei der drei Maschinen gestört. Die komplementäre Größe, die durchschnittliche Zahl der arbeitenden Maschinen, sinkt entsprechend mit steigender Störungsdichte, während die Zahl der auf Reparatur wartenden Maschinen ebenfalls mit der Störungsdichte steigt; die mittlere Zahl der sich in Reparatur befindenden Maschinen, die gleich der Wahrscheinlichkeit ist, daß der Schlosser beschäftigt ist, steigt ebenfalls mit der Störungsdichte monoton an und nähert sich für große Störungsdichten dem Wert 1.

Die Abb. 76 zeigt die Dichte und die Verteilung der Ausfallzeiten der Maschinen für $\rho_1=0{,}6$ für verschiedene Maschinenzahlen. Für M=1 ist die Ausfallzeit exponentialverteilt, für $M > 1$ ergeben sich unimodale Verteilungen, deren Modus sich bei steigender Maschinenzahl in den Bereich höherer Ausfallzeiten verlagert.

Die Abb. 77 zeigt schließlich die mittlere Ausfallzeit E(Z) und deren Variationskoeffizienten C(Z) in Abhängigkeit von der Störungsdichte und der Größe des Wartungssystems. Während die mittlere Ausfalldauer mit steigender Störungsdichte und mit steigender Größe des Systems ansteigt, sinkt der Variationskoeffizient in beiden Fällen. Dies ist darauf zurückzuführen, daß bei steigender Maschinenzahl die mittlere Ausfallzeit schneller ansteigt als die Streuung der Ausfallzeit.

In der Tabelle 26 (s. S. 315) sind einige Kennzahlen für ein Wartungssystem mit einem Schlosser zusammengefaßt. Für $\lambda = 0{,}2$ und $\mu = 1{,}5$ steigt die mittlere Ausfallzeit von 0,6667 bei einer Maschine auf 1,0940 (61 %) bei fünf Maschinen; der Variationskoeffizient sinkt um 7 % von 1,0000 auf 0,9332.

2) Gemeinsame Wartung eines Maschinenparks durch r Reparaturschlosser

Bei Wartung von M Aggregaten durch r Schlosser ist die Verteilung der Zahl der gestörten Maschinen gegeben durch [5]

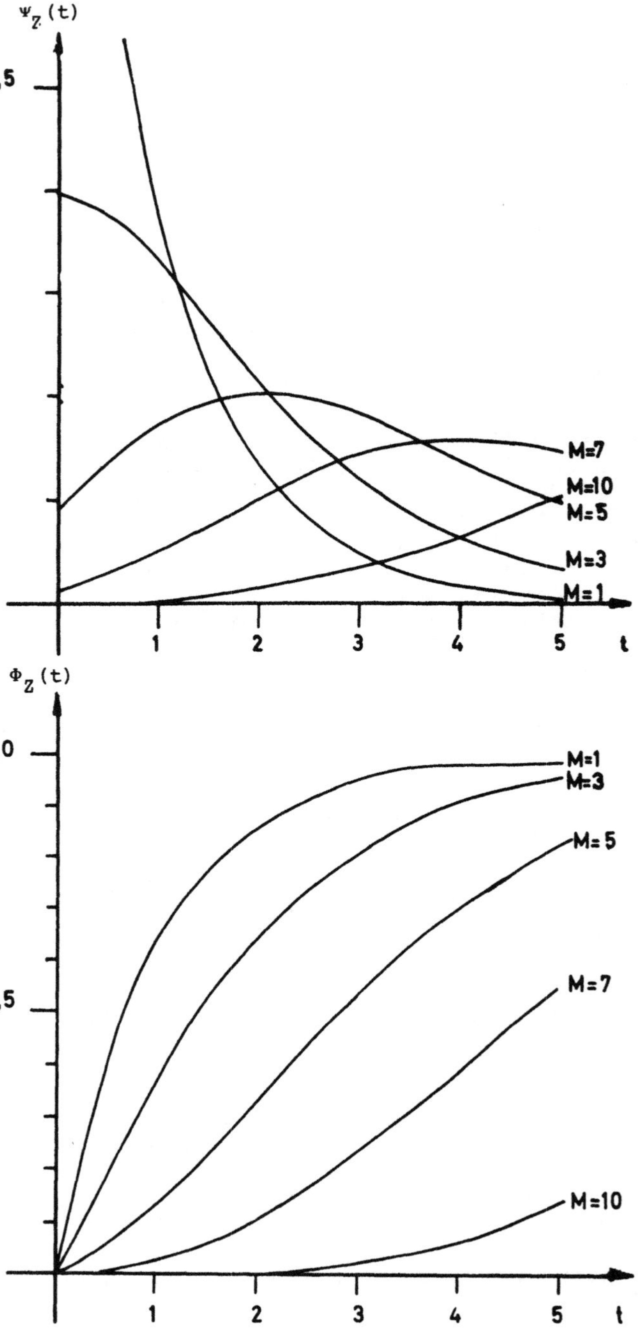

Abbildung 76: Dichte und Verteilung der Ausfallzeiten im Maschinenwartungsmodell

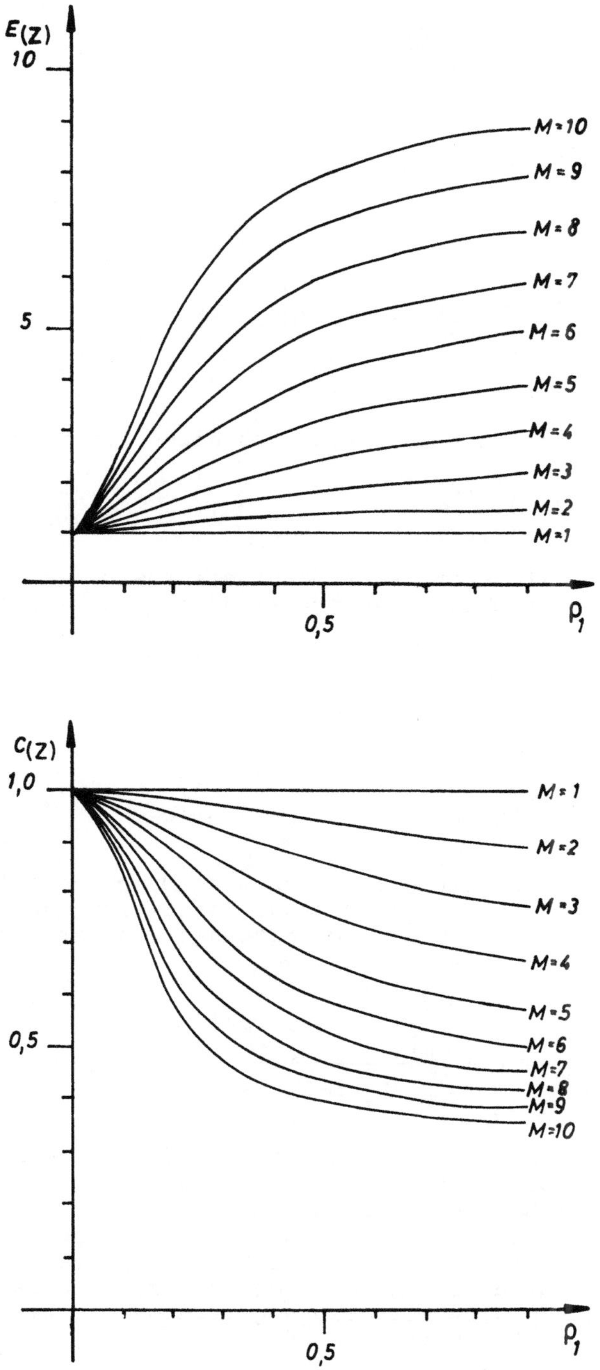

Abbildung 77: Mittelwert und Variationskoeffizient der Ausfallzeit im Maschinenwartungsmodell in Abhängigkeit von der Störungsdichte

$$P_m = \begin{cases} \dfrac{p(m,r)\,p(M-m,r\mu/\lambda)}{p(r-1,r)\,U_r(M,\mu/\lambda)} & 0 \le m \le r \quad (14) \\ \\ \dfrac{p(M-m,r\mu/\lambda)}{U_r(M,\mu/\lambda)} & r \le m \le M \quad (16) \end{cases}$$

wobei

$$U_r(k,x) = \sum_{m=0}^{r-1} \frac{(r-1)!}{m!\,r^{r-m}} (r-m)\,U_1(M-m,rx) \qquad (16)$$

Die mittlere Zahl der gestörten Maschinen ist in diesem Fall

$$\bar{m} = M - \frac{r\mu}{\lambda} \; \frac{U_r(M-1,\mu/\lambda)}{U_r(M,\mu/\lambda)} \qquad (17)$$

Als Wahrscheinlichkeit dafür, daß beim Ausfall eines Aggregates bereits m Maschinen gestört sind, gilt schließlich

$$\pi_m = \begin{cases} \dfrac{p(m,r)\,p(M-m-1,r\mu/\lambda)}{p(r-1,r)\,U_r(M-1,\mu/\lambda)} & 0 \le m \le r \quad (18a) \\ \\ \dfrac{p(M-m-1,r\mu/\lambda)}{U_r(M-1,\mu/\lambda)} & r<m<M \quad (18b) \end{cases}$$

Die Wahrscheinlichkeit dafür, daß eine Maschine bei ihrem Ausfall sofort repariert werden kann, ist gleich der Wahrscheinlichkeit dafür, daß in diesem Zeitpunkt weniger als r Bedienungskanäle gestört sind:

$$\Phi_W(0) = \sum_{m=0}^{r-1} \pi_m = 1 - \frac{\sum_{m=r}^{M-1} p(M-m-1,r\mu/\lambda)}{U_r(M-1,\mu/\lambda)} \qquad (19)$$

Sind im Zeitpunkt des Ausfalls einer Maschine bereits $m > r$ Maschinen gestört, dann ist die Wartezeit der ausfallenden Maschine bis zum Beginn der Reparatur gleich der Zeit, bis m-r+1 Reparaturen durchgeführt sind. Da jeweils r Reparaturen gleichzeitig ausgeführt werden, ist die Reparaturrate gleich $r\mu$; da die Reparaturdauer eine exponentialverteilte Zufallsgröße ist, ist die bedingte Verteilung gleich der (m-r+1)-fachen Faltung der Exponentialverteilung:

$$f(t|m) = r\mu \frac{(r\mu t)^{m-r}}{(m-r)!} \; e^{-r\mu t} \qquad (20)$$

(20) ist gleich der Dichte einer (m-r+1)-Erlang-Verteilung mit Parameter $r\mu$.

Die unbedingte Dichte der Wartezeit ist dann für $t > 0$ [6]:

$$\psi_W(t) = \frac{r\mu p(M-r-1, r\mu/\lambda + r\mu t)}{U_r(M-1, \mu/\lambda)} \tag{21}$$

Die Verteilung der Wartezeit ist

$$\Phi_W(t) = \Phi_W(0) + \int_0^t \psi_W(\tau)d\tau =$$

$$= 1 - \frac{\sum_{m=0}^{M-r-1} p(m, r\mu/\lambda + r\mu t)}{U_r(M-1, \mu/\lambda)} \tag{22}$$

und die Laplace-Transformierte der Verteilung der Wartezeit ist schließlich gleich:

$$\Phi_W^*(s) = 1 - \frac{U_1(M-r-1, r\mu/\lambda) - \left[\frac{r}{r\mu+s}\right]^{M-r} e^{s/\lambda} U_1(M-r-1, \frac{r\mu+s}{\lambda})}{U_r(M-1, \mu/\lambda)} \tag{23}$$

Da Warte- und Reparaturzeiten voneinander unabhängige Zufallsgrößen sind, ist die Laplace-Transformierte der Verteilung der Ausfallzeiten gleich dem Produkt der Laplace-Transformierten der Verteilungen der Warte- und Reparaturzeiten:

$$\Phi_Z^*(s) = \Phi_W^*(s)\Phi_R^*(s) = \frac{\mu}{\mu+s}\Phi_W^*(s) \tag{24}$$

Die Momente der Verteilung der Ausfallzeiten erhält man durch Differentiation von (24) an der Stelle $s=0$:

$$E(Z) = \frac{\frac{M}{\mu} U_r(M, \mu/\lambda) - U_r(M-1, \mu/\lambda)}{U_r(M-1, \mu/\lambda)} \tag{25}$$

und

$$E(Z^2) = \frac{\frac{2}{\mu^2} U_r(M-1, \mu/\lambda) - \frac{(M-r)(M-r+1)}{(r\mu)^2} U_1(M-r-1, r\mu/\lambda)}{U_r(M-1, \mu/\lambda)}$$

$$- \frac{\frac{2(M-r)}{r\mu/\lambda} U_1(M-r-2, r\mu/\lambda) - \frac{1}{\lambda^2} U_1(M-r-3, r\mu/\lambda)}{U_r(M-1, \mu/\lambda)} \tag{26}$$

3) Der Einfluß des Wartungssystems auf die mittlere Schlangenlänge

Da das Verhalten der einzelnen Maschinen nur über die Ausfalldauer durch das Wartungssystem beeinflußt wird, kann nun mit Hilfe dieser Ergebnisse der Einfluß des Wartungssystems auf die mittlere Schlangenlänge vor den einzelnen Maschinen bestimmt werden. Setzt man $E(Z)$ und $C(Z)$ in die Formel für die mittlere Schlangenlänge eines Wartesystems mit externen Störungen (allgemeine Verteilung der Bedienungs- und Reparaturzeiten) ein, dann erhält man im Fall der Wartung des Systems durch einen einzelnen Schlosser:

$$\bar{n}_m = \alpha_m E(B_m)\{1+\lambda E(Z)\} + \frac{\alpha_m^2\{1+\lambda E(Z)\}^2 E(B_m^2) + \dfrac{\lambda E(Z^2)}{\alpha_m\{1+\lambda E(Z)\}}}{2\{1-\alpha_m E(B_m)\left[1+\lambda E(Z)\right]\}} \qquad (27)$$

Die mittlere Schlangenlänge vor den einzelnen Maschinen ist ebenfalls in der Tabelle 26 für einige Wartesysteme wiedergegeben. Spalte (4) zeigt die mittlere Schlangenlänge vor den einzelnen Maschinen, wenn alle Maschinen mit der gleichen Belastung

$$\alpha_m = \alpha = 6$$

$$E(B_m) = E(B) = 0{,}1$$

$$C^2(B_m) = C^2(B) = 1{,}0$$

arbeiten. In den Spalten (5) bis (9) ist die Schlangenlänge vor den einzelnen Maschinen wiedergegeben, wenn für

Maschine 1:	$\alpha_1 = 6$	$E(B_1) = 10$	$C^2(B_1) = 1{,}0$
Maschine 2:	$\alpha_2 = 4$	$E(B_2) = 10$	$C^2(B_2) = 1{,}5$
Maschine 3:	$\alpha_3 = 4$	$E(B_3) = 10$	$C^2(B_3) = 1{,}0$
Maschine 4:	$\alpha_4 = 8$	$E(B_4) = 10$	$C^2(B_4) = 1{,}0$
Maschine 5:	$\alpha_5 = 8$	$E(B_5) = 10$	$C^2(B_5) = 0{,}5$

ist.

Die mittlere Schlangenlänge bei Wartung des Systems durch mehrere Schlosser läßt sich bestimmen, indem man (26) und (25) in die Formel für die mittlere Schlangenlänge in einem Wartesystem mit externen Störungen einsetzt.

II. Das optimale Wartungssystem

Es stellt sich nun die Frage, wie ein solches Wartungssystem, das aus M störungsabhängigen Maschinen besteht, optimal einzurichten ist.

Die Frage nach der optimalen Zahl von Schlossern, die einen gegebenen Maschinenpark warten, wurde zuerst von Palm [7] untersucht; hierbei wurden jedoch die Auswirkungen der Ausfallzeiten auf den Produktionsfluß der Maschinen nicht explizit

Tabelle 26

Kennzahlen für Wartungssysteme mit einem Schlosser

Größe des Bereichs	E(S)	C(S)	Gleiche Belastung	Unterschiedliche Belastung				
				M_1	M_2	M_3	M_4	M_5
(1)	(2)	(3)	(4)	(5)	(6)	(7)	(8)	(9)
1	0,6667	1,0000	5,0662	5,0662	2,2120	1,9770	23,120	20,407
2	0,7451	0,9889	5,9119	5,9919	2,5095	2,2652	38,746	27,037
3	0,8396	0,9745	7,0603	7,0603	2,8995	2,6435	42,900	38,746
4	0,9542	0,9562	8,6547	8,6547	3,4164	3,1456	69,614	63,621
5	1,0940	0,9889	10,9261	10,9261	4,1093	3,8194	156,864	144,959

untersucht, vielmehr wurde vorausgesetzt, daß die Kosten der Ausfallzeit der Maschinen proportional der durchschnittlichen Ausfalldauer bzw. der durchschnittlichen Zahl der gestörten Maschinen sind. Diese Annahme ist jedoch dann nicht gerechtfertigt, wenn zu den Kosten der Ausfallzeit auch die Kosten gerechnet werden müssen, die dadurch entstehen, daß der Produktionsfluß während der Ausfallzeiten unterbrochen wird, so daß sich vor den einzelnen Maschinen Zwischenläger bilden; wie im zweiten Teil dieser Arbeit gezeigt wurde, steigt der Lagerbestand in diesem Fall überproportional mit der Ausfallzeit, so daß die Kosten der Zwischenlagerung explizit berücksichtigt werden müssen. Hierzu kann das oben dargestellte Modell der gemeinsamen Wartung mehrerer Aggregate herangezogen werden.

Bei der Bestimmung des optimalen Wartungssystems sind folgende Kosteneinflüsse zu berücksichtigen:

1. Die Kosten der Zwischenläger vor den Maschinen
2. Die Kosten der Reparaturmannschaft.

Wird die Betriebsgeschwindigkeit nicht verändert, dann können die Bedienungskosten außer acht gelassen werden, weil sie durch eine Veränderung des Wartungssystems nicht beeinflußt werden. Bei der Optimierung des Wartungssystems sind insbesondere zwei Fälle zu berücksichtigen:

1. Das Wartungssystem besteht aus r Schlossern, die alle Maschinen gemeinsam warten; zu bestimmen ist die optimale Zahl von Schlossern.

2. Aus organisatorischen Gründen sollen die Maschinen so auf die einzelnen Schlosser aufgeteilt werden, daß jeder von ihnen einen Teil der Maschinen allein zu betreuen hat; in diesem Fall ist

a. die optimale Zahl der Wartungsbereiche
b. die optimale Aufteilung der Maschinen auf die einzelnen Wartungsbereiche

zu bestimmen.

1) Die optimale Zahl von Schlossern bei gemeinsamer Wartung aller Maschinen

Werden M Maschinen von r Schlossern gemeinsam gewartet, dann sind die Kosten des Zwischenlagers vor der Maschine m, unter der Voraussetzung, daß sie proportional dem durchschnittlichen Lagerbestand sind, gleich:

$$K_{1m} = k_{1m}\bar{n}_m(M,r) \qquad (m=1,2,...,M)$$

Für die Kosten der Reparaturmannschaft gilt:

$$K_3 = k_3 r$$

wobei k_3 die Kosten eines Schlossers je Zeiteinheit sind.

Für die relevanten Kosten dieses Wartungssystems gilt dann:

$$K(r) = \sum_{m=1}^{M} k_{1m}\bar{n}_m(M,r) + k_3 r \tag{28}$$

Die optimale Zahl von Reparaturmannschaften ist dann erreicht, wenn:

$$K(r-1) > K(r) < K(r+1)$$

oder wegen (28)

$$\sum_{m=1}^{M} \bar{n}_m(M,r+1)k_{1m} + (r+1)k_3 > \sum_{m=1}^{M} \bar{n}_m(M,r)k_{1m} + rk_3 <$$

$$< \sum_{m=1}^{M} \bar{n}_m(M,r-1)k_{1m} + (r-1)k_3$$

In Differenzenschreibweise kann man hierfür schreiben:

$$-\sum_{m=1}^{M} k_{1m}\Delta\bar{n}_m(M,r-1) > k_3 > -\sum_{m=1}^{M} k_{1m}\Delta\bar{n}_m(M,r) \tag{29}$$

Die Relation (29) besagt, daß die Reparaturmannschaft so lange vergrößert werden sollte, bis durch den Einsatz eines weiteren Schlossers die Lagerkosten um weniger als um die Kosten dieses Schlossers gesenkt werden.

2) Die optimale Zahl von Wartungsbereichen

Im vorigen Abschnitt wurde vorausgesetzt, daß alle Schlosser alle Maschinen gemeinsam warten. Obwohl die Ausfallzeiten der Maschinen in diesem Fall immer geringer sein werden als bei Aufteilung der Maschinen in Wartungsbereiche, die jeweils von einem Schlosser gewartet werden, ist diese Lösung vielfach aus organisatorischen Gründen vorzuziehen.

In diesem Fall stellen sich zwei Probleme:

1. In wieviele Wartungsbereiche sollen die Maschinen aufgeteilt werden?

2. Wie sollen die Maschinen bei gegebener Zahl von Wartungsbereichen auf diese aufgeteilt werden?

Wie in dem oben dargestellten Modell setzen sich die relevanten Kosten eines Wartungsbereiches aus den Kosten des Schlossers und den Kosten der Zwischenläger vor den einzelnen Maschinen zusammen.

Es sei M_i die Menge der zu dem Wartungsbereich i gehörenden Maschinen und g_i die Zahl der zu diesem Bereich gehörenden Maschinen. Dann gilt für die relevanten Kosten dieses Wartungsbereichs

$$K_i = k_3 + \sum_{m \epsilon M_i} k_{1m} \bar{n}_m(g_i, 1) \tag{30}$$

Die relevanten Kosten des Wartungssystems sind dann gleich:

$$K = rk_3 + \sum_{i=1}^{r} \sum_{m \epsilon M_i} k_{1m} \bar{n}_m(g_i, 1) \tag{31}$$

a) Gleiche Belastung und gleiche Lagerhaltungskosten bei allen Maschinen

Im einfachsten Fall sind

1. die Lagerhaltungskosten bei allen Maschinen gleich: $k_{1m}=k_1$

2. die Ankunftsrate bei allen Maschinen gleich

3. die Verteilungen der Bearbeitungszeiten bei allen Maschinen gleich.

Die relevanten Kosten haben dann die Form:

$$K = rk_3 + k_1 \sum_{i=1}^{r} \sum_{m \epsilon M_i} \bar{n}_m(g_i, 1) \tag{32}$$

Gesucht wird zunächst eine optimale Aufteilung der Maschinen auf eine gegebene Zahl von Wartungsbereichen r.

Die Forderung, daß die Kostenfunktion (32) bei gegebenem r zu minimieren ist, bedeutet dann, daß die Maschinen so aufgeteilt werden, daß die gesamte Schlangenlänge vor allen Maschinen minimal wird. Es liegt nahe zu vermuten, daß diese dann minimiert wird, wenn jeder Wartungsbereich möglichst gleich groß ist.

Es sei nun

$M^{(1)} = [M/r]$ die größte ganze Zahl kleiner oder gleich M/r

$M^{(2)} = M^{(1)}+1$

$r^{(2)}$ der Rest bei Division von M durch r

$r^{(1)} = r - r^{(2)}$

Bei gleichmäßiger Aufteilung der Maschinen auf die Wartungsbereiche umfassen $r^{(1)}$ Wartungsbereiche $M^{(1)}$ Maschinen und $r^{(2)}$ Wartungsbereiche $M^{(2)}$ Maschinen. Um zu zeigen, daß die gleichmäßige Aufteilung zumindest ein lokales Minimum der Schlangenlänge bewirkt, ist zu zeigen, daß sich diese nicht verringern kann, wenn eine Maschine von einem Wartungsbereich in einen anderen gebracht wird.

Hierbei sind folgende Möglichkeiten zu berücksichtigen:

1. Eine Maschine wird aus einem $M^{(2)}$-Bereich in einen $M^{(1)}$-Bereich gebracht:

   Hierdurch verringert sich die gesamte Schlangenlänge im System nicht, weil die Verlängerung der Warteschlange in dem einen Bereich durch eine Verkürzung der Schlangenlänge in dem anderen Bereich kompensiert wird.

2. Eine Maschine wird aus einem $M^{(1)}$-Bereich in einen anderen $M^{(1)}$-Bereich gebracht:

   Hierdurch wird die gesamte Schlangenlänge erhöht, denn wegen des progressiven Anstiegs der Ausfallzeiten kann die Erhöhung der Schlangenlänge in dem einen Bereich nicht durch eine entsprechende Verringerung in dem anderen Bereich kompensiert werden.

3. Eine Maschine wird aus einem $M^{(1)}$-Bereich in einen $M^{(2)}$-Bereich gebracht:

   Infolge des progressiven Anstiegs der Ausfallzeiten steigt die Schlangenlänge noch stärker als im Fall 2 an.

4. Eine Maschine wird aus einem $M^{(2)}$-Bereich in einen anderen $M^{(2)}$-Bereich gebracht:

   In diesem Fall gilt das gleiche wie im Fall 2.

Eine möglichst gleichmäßige Aufteilung der Maschinen auf die Wartungsbereiche führt also zu einem Minimum der Schlangenlänge und damit auch zu einem Minimum der Kostenfunktion (32).

Die Kosten des Wartungssystems bei gleichmäßiger Aufteilung der Maschinen auf r Wartungsbereiche sind dann gleich

$$K(r) = rk_3 + k_1\{M^{(1)}r^{(1)}\bar{n}(M^{(1)},1) + M^{(2)}r^{(2)}\bar{n}(M^{(2)},1)\} =$$

$$= rk_3 + k_1\bar{n}_{ges}(M,r) \qquad (33)$$

wobei $\bar{n}_{ges}(M,r)$ die gesamte Schlangenlänge in dem Wartungssystem bei optimaler Aufteilung der Maschinen ist.

Nachdem die optimale Aufteilung der Maschinen bei gegebener Zahl der Wartungsbereiche gefunden worden ist, kann nun die optimale Zahl der Wartungsbereiche bestimmt werden.

Wie im Fall der gemeinsamen Wartung ist die optimale Zahl der Wartungsbereiche gegeben durch:

$$K(r-1) > K(r) < K(r+1)$$

oder

$$-\Delta\bar{n}_{ges}(M,r) > \frac{k_3}{k_1} > -\Delta\bar{n}_{ges}(M,r+1) \qquad (34)$$

Die optimale Zahl der Wartungsbereiche ist also dann erreicht, wenn die durch die Einrichtung des r-ten Wartungsbereichs erreichbare Verkürzung der Schlangenlänge im System größer ist als das Verhältnis der Lagerhaltungskosten/Kunden und der Kosten eines Wartungsbereichs, die durch die Einrichtung eines r+1-ten Wartungsbereichs erreichbare Verkürzung der Schlangenlänge hingegen kleiner ist als dieses Verhältnis.

Die Auswertung von (34) erfolgt am besten tabellarisch. In der Tabelle 27 ist die optimale Größe des in Tabelle 26 beschriebenen Wartungssystems für

$\alpha = 6$ $\quad k_1 = 1$

$\beta = 10$ $\quad k_3 = 10$

$C(B) = 1$

bestimmt.

Aus der Tabelle 27 folgt, daß die optimale Zahl der Wartungsbereiche gleich 2 ist; in einem Wartungsbereich werden 2 Maschinen, in dem anderen 3 Maschinen gewartet.

Durch die Einrichtung eines dritten Wartungsbereichs könnte man zwar die Lagerhaltungskosten um 4,4909 senken, die Reparaturkosten stiegen jedoch um 10; würden man hingegen die Zahl der Wartungsbereiche auf einen reduzieren, dann könnten zwar die Reparaturkosten um 10 gesenkt werden, die Lagerhaltungskosten stiegen dann jedoch um 21,6258.

Tabelle 27

Bestimmung der optimalen Zahl von Wartungsbereichen bei gleichmäßiger Belastung

M	$M^{(1)}$	$M^{(2)}$	$r^{(1)}$	$r^{(2)}$	$\bar{n}^{(1)}$	$\bar{n}^{(2)}$	K_1	K_2
1	5	-	1	0	10,9261	-	54,6305	64,6305
2	2	3	1	1	5,9119	7,0603	33,0047	53,0047
3	1	2	1	2	5,0662	5,9119	28,3138	58,3138
4	1	2	3	1	5,0662	5,9119	27,0224	67,0225
5	1	-	5	-	5,0662	-	25,1330	75,1330

b) Verschiedene Lagerhaltungskosten und unterschiedliche Belastung der Maschinen

Läßt man nun die einschränkende Bedingung fallen, daß die Belastung der Maschinen und die Lagerhaltungskosten bei allen Maschinen gleich sein sollen, dann ist der dargestellte Weg zur Bestimmung der optimalen Aufteilung einer gegebenen Zahl von störanfälligen Maschinen auf eine gegebene Zahl von Wartungsbereichen nicht mehr gangbar, weil die durchschnittlichen Lagerhaltungskosten/Zeiteinheit nicht mehr bei allen Maschinen gleich sind. Da bei allen Maschinen die Lagerhaltungskosten mit steigender Zahl der Maschinen/Wartungsbereich progressiv ansteigen, ist zu vermuten, daß ähnlich wie in dem oben dargestellten Fall das Optimum dann erreicht ist, wenn die Lagerhaltungskosten in jedem Wartungsbereich möglichst gleich groß sind. Ein praktikabler, auf kombinatorischen Überlegungen beruhender Algorithmus, der eine solche gleichmäßige Aufteilung der von den Wartungsbereichen zu tragenden Lagerhaltungskosten bewirkt, konnte jedoch nicht gefunden werden.

Das Problem der Zuteilung von M störanfälligen Aggregaten auf r Wartungsbereiche läßt sich jedoch auf ein Problem der ganzzahligen Programmierung zurückführen. Die Lagerhaltungskosten des Aggregats m hängen allein von der Zahl der Maschinen in dem Wartungsbereich ab, nicht aber von der Belastung der Maschinen in diesem Wartungsbereich, weil

1. der Störungs-Reparaturmechanismus für alle Maschinen gleich ist

2. über die durch die gemeinsame Wartung bedingten Ausfallzeiten hinaus keine Interdependenzen zwischen den Maschinen auftreten.

Es gilt also für die durch die Maschine m bedingten Lagerhaltungskosten

$$K_m(g_i) = k_m \bar{n}_m(g_i) \qquad (35)$$

Dabei sind

k_m die Lagerhaltungskosten eines Werkstücks vor Maschine m

g_i die Größe des Wartungsbereichs i

$\bar{n}_m$ die mittlere Schlangenlänge vor Maschine m, die gemäß Formel (27) bestimmt ist.

Es liegt nahe, als Entscheidungsalternativen die Zuordnungen (i,m) der Maschinen m=1,2,...,M zu den Wartungsbereich i=1,2,...,r anzusehen. Da jedoch für jede Größe der Wartungsbereiche bei jedem Aggregat andere Lagerhaltungskosten entstehen, ist es erforderlich, auch die Größe der Wartungsbereiche mit als Entscheidungsalternative zu betrachten und dann durch Nebenbedingungen sicherzustellen, daß nur solche Alternativen zulässig sind, bei denen Größe des Wartungsbereichs und Zahl der Maschinen in diesem Wartungsbereich übereinstimmen.

Eine Entscheidungsalternative ist also eine Zuordnung (i,m,g) eines Aggregats m zu einem Wartungsbereich i der Größe g. Da jedem Wartungsbereich mindestens eine Maschine zugeordnet werden soll, ist die Zahl der möglichen Größen der Wartungsbereiche gleich

$$G = M-r+1 \tag{36}$$

Zur Bestimmung der optimalen Zuordnungen (i,m,g) seien die Variablen x_{img} definiert, für die gilt:

$$x_{img} = \begin{cases} 0 & \text{falls die Zuordnung (i,m,g) nicht gewählt wird} \\ 1 & \text{falls die Zuordnung (i,m,g) gewählt wird} \end{cases} \tag{37}$$

Die Variablen x_{img} sind dann so zu bestimmen, daß

$$\sum_{m=1}^{M} k_m \sum_{i=1}^{r} \sum_{g=1}^{G} \bar{n}_m(g)\, x_{img} \rightarrow \min! \tag{38}$$

Hierbei sind folgende Nebenbedingungen zu beachten:

1. Jedem Aggregat ist ein bestimmter Wartungsbereich mit einer bestimmten Größe zuzuordnen:

$$\sum_{i=1}^{r} \sum_{g=1}^{G} x_{img} = 1 \qquad (m=1,...,M) \tag{39}$$

2. Alle x_{img} können nur den Wert 0 oder 1 annehmen:

$$x_{img} \leq 1 \quad \text{und ganzzahlig} \quad (m=1,...,M;\; i=1,...,r;\; g=1,...,G) \tag{40}$$

3. Jedem Wartungsbereich ist mindestens ein Aggregat zuzuordnen:

$$\sum_{m=1}^{M} \sum_{g=1}^{G} x_{img} \geq 1 \qquad (i=1,\ldots,r) \qquad (41)$$

4. Um auszuschließen, daß die Zuordnung eines Aggregats m zu einem Wartungsbereich i der Größe g mit den Kosten einer anderen Größenklasse belastet wird, muß gelten:

$$\sum_{m=1}^{M} x_{img} - u_{ig}g = 0 \qquad (i=1,\ldots,r;\ g=1,\ldots,G) \qquad (42)$$

mit

$$\sum_{g=1}^{G} u_{ig} = 1 \qquad (i=1,\ldots,r) \qquad (43)$$

und

$$u_{ig} \leq 1 \quad \text{und ganzzahlig} \qquad (i=1,\ldots,r;\ g=1,\ldots,G) \qquad (44)$$

Durch (43) und (44) wird sichergestellt, daß bei jedem Wartungsbereich i nur für eine Größenklasse g $u_{ig} = 1$ ist. In der Größenklasse, für die $u_{ig} = 1$ ist, müssen wegen (42) genau g Werte $x_{img} = 1$ sein, der Wartungsbereich muß also genau g Maschinen umfassen, für die die Kosten abgerechnet werden, die entstehen, wenn der Wartungsbereich g Maschinen umfaßt. Für alle Größenklassen, für die $u_{ig} = 0$ ist, müssen auch alle Werte $x_{img} = 0$ sein.

5. Schließlich muß gefordert werden, daß alle Variablen nichtnegativ sind:

$$x_{img} \geq 0 \qquad (i=1,\ldots,r;\ m=1,\ldots,M;\ g=1,\ldots,G) \qquad (45)$$

$$u_{ig} \geq 0 \qquad (i=1,\ldots,r;\ g=1,\ldots,G) \qquad (46)$$

Die optimale Aufteilung von M Aggregaten auf r Wartungsbereiche führt also auf ein ganzzahliges lineares Programm mit (r x M(M-r+1) Null-Eins-Variablen und (r x (M+2)(M-r+2) + 2r + M) Nebenbedingungen.

Wegen der Kapazitätsbeschränkung der zur Verfügung stehenden Algorithmen ist der Zahl der Wartungsbereiche und der Aggregate eine sehr enge Grenze gesetzt: Das von Isaacson und Haldi [8] entwickelte Programm LIP-1 läßt zum Beispiel auf eine IBM 7090 maximal 120 Nebenbedingungen und 300 Variable (einschließlich der Schlupfvariablen) zu. Das entspricht einem Problem der Größenordnung M=6 und r=3.

Es wäre nun prinzipiell möglich, neben der optimalen Aufteilung der Maschinen auf eine gegebene Zahl von Wartungsbereichen simultan die optimale Zahl der Wartungsbereiche zu bestimmen. Die Zahl der Variablen und Nebenbedingungen würde dadurch jedoch so stark erhöht, daß angesichts der Kapazitätsbeschränkungen der verfügbaren Algorithmen es angebracht ist, zunächst die optimale Aufteilung der Maschinen und dann die optimale Zahl der Wartungsbereiche zu bestimmen.

Für das in der Tabelle 26 beschriebene Wartungssystem mit fünf verschiedenen Maschinen soll nun die optimale Einteilung von drei Wartungsbereichen gefunden werden, wenn die Lagerhaltungskosten der einzelnen Maschinen gleich

$k_1 = 1$ $\qquad$ $k_4 = 1$

$k_2 = 2$ $\qquad$ $k_5 = 0{,}2$

$k_3 = 3$

sind.

Die entsprechenden Koeffizienten der Zielfunktion sind in Tabelle 28a zusammengestellt.

Tabelle 28a

Lagerhaltungskosten vor den Maschinen

Maschine	Größe der Bereiche		
	1	2	3
1	5,0662	5,9119	7,0603
2	4,4202	5,0190	5,7990
3	5,9310	6,7956	7,9305
4	23,1597	38,7456	42,9000
5	4,0815	5,4074	7,7591

Zur Lösung dieses Problems mit 292 Variablen und 74 Nebenbedingungen mit Hilfe des Codes LIP-1 waren 111 Iterationen erforderlich; hierzu wurden auf einer IBM 7090 1 Min. 37 Sek. Rechenzeit benötigt. Die Lösung ist aus der Tabelle 28b ersichtlich.

Die beiden Maschinen 1 und 3 sowie die beiden Maschinen 2 und 5 werden also gemeinsam gewartet, während die Maschine 4 allein gewartet wird.

Die gesamten Lagerhaltungskosten im System sind dann gleich 46,2936.

Tabelle 28b

Optimale Einteilung von Wartungsbereichen

Maschine	Bereich			Kosten
	1	2	3	
1	x			5,9119
2			x	5,0190
3	x			6,7956
4		x		23,1597
5			x	5,4074
Summe	2	1	2	46,2936

7. Kapitel: Betriebsstörungen bei nebeneinander arbeitenden Maschinen

Im vorigen Kapitel ergab sich die Interdependenz zwischen mehreren Bedienungskanälen daraus, daß sie gemeinsam gewartet wurden, während die einzelnen Kanäle verschiedene Kundenkreise bedienten, so daß keine Interdependenz aufgrund des Ankunfts- und Bedienungsprozesses bestand. In diesem Kapitel soll nun der Fall untersucht werden, daß mehrere Bedienungskanäle nebeneinander den gleichen Kundenkreis bedienen. In diesem Fall ergibt sich keine Interdependenz zwischen den Kanälen, wenn sich vor jedem Bedienungskanal eine eigene Warteschlange bildet und wenn die Kunden zufällig auf die einzelnen Kanäle aufgeteilt werden; dann kann man jeden Bedienungskanal als einen unabhängig von den anderen arbeitenden Kanal ansehen der einen bestimmten Bruchteil der Ankünfte zu bearbeiten hat.

Eine Abhängigkeit zwischen den Kanälen ergibt sich jedoch, wenn

1. sich vor jedem Kanal zwar eine eigene Warteschlange bildet, die Kunden sich jedoch in die Warteschlange einordnen, vor der die wenigsten Kunden warten oder sogar von einer Warteschlange zur anderen überwechseln (konkurrierende Bedienungskanäle)

2. sich vor allen Kanälen eine gemeinsame Warteschlange bildet.

Der erste Fall ließe sich zwar auf eine Reihe konkurrierender Bedienungskanäle des Typs (M/G/1) ohne Betriebsstörungen zurückführen, indem man die mittlere Durchlaufzeit und deren Streuung berechnet, ein geeignetes Modell eines solchen Wartesystems existiert jedoch noch nicht.

Nach den weiteren Interdependenzen aufgrund des Störungs- und des Reparaturprozesses sind im zweiten Fall, der im Mittelpunkt der folgenden Überlegungen steht, folgende Möglichkeiten zu unterscheiden:

1. Durch Störungen werden alle Bedienungskanäle gleichzeitig stillgelegt: gekoppelte Kanäle

2. durch Störungen wird jeweils nur ein Bedienungskanal betroffen: parallele Kanäle

   a. Für jeden Kanal besteht ein eigenes Wartungssystem, so daß keine Interdependenzen aufgrund des Wartungssystems auftreten.

   b. Alle Kanäle werden gemeinsam gewartet.

I. Die Operationscharakteristiken bei Wartesystemen mit nebeneinander arbeitenden Bedienungskanälen

1) Gekoppelte Bedienungskanäle

Im Fall gekoppelter Bedienungskanäle ergibt sich die Interdependenz zwischen den Bedienungskanälen einmal aufgrund der gemeinsamen Warteschlange, weitere Interdependenzen ergeben sich aus dem gemeinsamen Störprozeß, der alle Bedienungskanäle gleichzeitig stillegt. Eine derartige Koppelung der Kanäle durch den Störprozeß tritt z. B. dann auf, wenn ein Kurzschluß die gemeinsame Energiezufuhr stillegt, wenn der Nachschub von Teilen, die zur Bedienung erforderlich sind, stockt oder wenn eine Reparatur des Bedienungssystems nur dann möglich ist, wenn alle Kanäle stillgelegt werden.

Bei der Behandlung dieses Problems wird von folgenden Voraussetzungen ausgegangen (vgl. S. 34-38).

Prämisse 1a: Exponentialverteilung der Ankünfte mit der Rate α

Prämisse 2 : Einzelankünfte der Kunden

Prämisse 3a: Exponentialverteilung der Bedienungszeiten mit der Rate β bei jedem Bedienungskanal

Prämisse 4a: Bedienung der Kunden in s nebeneinander arbeitenden Bedienungskanälen

Prämisse 5 : Bedienung in der Reihenfolge der Ankünfte

Prämisse 6 : Bedienungszwang

Prämisse 7c: Durch das Auftreten von Betriebsstörungen wird der Bedienungsprozeß bei allen Bedienungskanälen gleichzeitig unterbrochen.

Die Dauer der störungsfreien Bedienungszeit des Bedienungssystems ist eine exponentialverteilte Zufallsgröße mit dem Parameter λ.

Bezüglich der Bedingungen für das Auftreten von Störungen werden alternativ folgende Fälle untersucht:

Prämisse 8a: Externe Störungen

Prämisse 8b: Interne Störungen

Prämisse 9a: Sofortige Unterbrechung der Bedienung beim Auftreten einer Betriebsstörung

Prämisse 10a: Wiederaufnahme der unterbrochenen Bedienung

Prämisse 11: Exponentialverteilung der Reparaturzeiten mit Parameter μ.

a) Externe Störungen bei gekoppelten Bedienungskanälen

Bezeichnet man mit n die Zahl der noch nicht bedienten Kunden, setzt man m=0, dann das System arbeitet und m=1, wenn das System gestört ist, dann sind im Fall externer unterbrechender Störungen bei gekoppelten Bedienungskanälen folgende Übergänge zwischen den Zuständen (m,n) des Systems möglich:

1. Auftreten einer Betriebsstörung mit der Rate λ, falls m=0: $(0,n) \Rightarrow (1,n)$

2. Beseitigung einer Betriebsstörung mit der Rate μ, falls m=1: $(1,n) \Rightarrow (0,n)$

3. Ankunft eines Kunden mit der Rate α: $(m,n) \Rightarrow (m,n+1)$

4. Abschluß der Bedienung eines Kunden falls m=0 und
   a. $n \geq s$ mit der Rate $s\beta$
   b. $n < s$ mit der Rate $n\beta$
   $\Big\}\ (0,n) \Rightarrow (0,n-1)$

Bezeichnet man mit P_{mn} die Wahrscheinlichkeit des Zustandes (m,n) im stochastischen Gleichgewicht, dann gilt folgendes System von Differenzengleichungen:

$$(\alpha+\mu)P_{1n} = \lambda P_{on} + \alpha P_{1n-1} \qquad (n>0) \tag{1}$$

$$(\alpha+\mu)P_{1o} = \lambda P_{oo} \qquad (n=0) \tag{2}$$

$$(\alpha+s\beta+\lambda)P_{on} = \alpha P_{on-1} + s\beta P_{on+1} + \mu P_{1n} \qquad (n\geq s) \tag{3}$$

$$(\alpha+n\beta+\lambda)P_{on} = \alpha P_{on-1} + \beta(n+1)P_{on+1} + \mu P_{1n} \qquad (0<n<s) \tag{4}$$

$$(\alpha+\lambda)P_{oo} = \beta P_{o1} + \mu P_{1o} \qquad (n=0) \tag{5}$$

Für die partiellen erzeugenden Funktionen

$$F_m(z) = \sum_{n=o}^{\infty} z^n P_{mn} \tag{6}$$

erhält man hieraus

$$\{1+\nu\rho_2(1-z)\}F_1(z) - \rho_1 F_o(z) = 0 \tag{7}$$

$$zF_1(z) - \{\rho_1 z - \nu(1-z)(s-\rho_2 z)\}F_o(z) = \nu(1-z)\sum_{n=o}^{s-1} z^n (s-n)P_{on} \tag{8}$$

Aus (7) und (8) erhält man für die erzeugende Funktion $F(z) = F_o(z) + F_1(z)$:

$$F(z) = \frac{\{1+\rho_1+\nu\rho_2(1-z)\} \sum_{n=o}^{s-1} z^n(s-n)P_{on}}{s-\rho_2 z-\rho_1\rho_2 z+\nu\rho_2(1-z)(s-\rho_2 z)} \quad (9)$$

Die erzeugende Funktion (9) ist ähnlich aufgebaut wie die erzeugende Funktion in dem entsprechenden Wartesystem mit einem einzelnen Bedienungskanal: an die Stelle der Wahrscheinlichkeit P_{oo}, daß der Bedienungskanal ungestört ist und kein Kunde bedient wird, treten die Wahrscheinlichkeiten dafür, daß ein oder mehrere Kanäle leerstehen, obgleich das System ungestört ist; im Nenner tritt weiter die Zahl der Bedienungskanäle s auf.

Die erzeugende Funktion (9) ist bis auf den Ausdruck

$$G(z) = \sum_{n=o}^{s-1} z^n(s-n)P_{on} \quad (10)$$

bestimmt. Die unbekannten Wahrscheinlichkeiten P_{on} $(n=o,1...,s-1)$ kann man simultan mit den Wahrscheinlichkeiten P_{1n} aus den ersten (s-1) Gleichungen von (1) bis (2) und (4) bis (5) bestimmen. Da diese Gleichungen homogen sind, benötigt man weiter die Normierungsbedingung

$$F(1) = \frac{(1+\rho_1)G(1)}{s-\rho_2-\rho_1\rho_2} = 1$$

bzw.

$$G(1) = \sum_{n=o}^{s-1} (s-n)P_{on} = \frac{s-\rho_2-\rho_1\rho_2}{1+\rho_1} \quad (11)$$

(11) ist wiederum analog der Formel für P_{oo} im Fall s=1 aufgebaut.

Aus (11) folgt als notwendige Bedingung für die Existenz eines stochastischen Gleichgewichts, daß

$$\rho_2(1+\rho_1) < s \quad (12)$$

weil nur in diesem Fall alle Wahrscheinlichkeiten größer als Null sein können. Die Gleichgewichtsbedingung (12) ist unmittelbar einsichtig: Sie beinhaltet, daß die Kapazitätsauslastung/ Bedienungskanal immer kleiner als 1 sein muß und entspricht damit den bekannten Gleichgewichtsbedingungen bei einem einzelnen Bedienungskanal.

Differenziert man F(z) an der Stelle z=1, dann erhält man als mittlere Schlangenlänge in einem Wartesystem mit s gekoppelten Bedienungskanälen bei externen Störungen:

$$\bar{n} = \frac{\rho_2\left\{1+\rho_1 + \frac{\nu\rho_1 s}{1+\rho_1}\right\} + (1+\rho_1)\sum_{n=o}^{s-1} n(s-n)P_{on}}{s-\rho_2(1+\rho_1)} \tag{13}$$

Die mittlere Schlangenlänge hängt also ab von:

1. der Zahl der Bedienungskanäle s
2. der Störungsdichte ρ_1
3. der Verkehrsdichte ρ_2
4. dem Niveauparameter ν

Außerdem hängt die mittlere Schlangenlänge von den Wahrscheinlichkeiten P_{on} $(n < s)$ dafür, daß Bedienungskanäle ungestört sind und keinen Kunden bedienen, ab. Diese Größen, die im allgemeinen nur numerisch bestimmt werden können, hängen wiederum nur von diesen Parametern ab.

In dem Spezialfall s=2 erhält man aus (11)

$$2P_{oo} + P_{o1} = \frac{2-\rho_2-\rho_1\rho_2}{1+\rho_1} \tag{14}$$

Aus (2) und (5) erhält man

$$P_{o1} = \frac{\rho_2(1+\rho_1+\nu\rho_2)}{1+\nu\rho_2} P_{oo} \tag{15}$$

Aus (14) und (15) folgt

$$P_{oo} = \frac{(2-\rho_2-\rho_1\rho_2)(1+\nu\rho_2)}{(2+2\nu\rho_2+\rho_2+\rho_1\rho_2+\nu\rho_2^2)(1+\rho_1)} \tag{16}$$

und

$$P_{o1} = \frac{\rho_2(2-\rho_2-\rho_1\rho_2)(1+\rho_1+\nu\rho_2)}{(2+2\nu\rho_2+\rho_2+\rho_1\rho_2+\nu\rho_2^2)(1+\rho_1)} \tag{17}$$

Einsetzen von (17) in (15) ergibt als mittlere Schlangenlänge im Fall zweier gekoppelter Bedienungskanäle:

$$\bar{n} = \frac{\rho_2\{1+\rho_1 + \frac{2\nu\rho_1}{1+\rho_1}\} + \frac{\rho_2(2-\rho_2-\rho_1\rho_2)(1+\rho_1+\nu\rho_2)}{2+2\nu\rho_2+\rho_2+\rho_1\rho_2+\nu\rho_2^2}}{2-\rho_2(1+\rho_1)} \tag{18}$$

Die Wahrscheinlichkeiten dafür, daß das System gestört ist bzw. arbeitet, erhält man durch Addition der Gleichungen (1) und (2):

$$P_{1.} = \rho_1 P_{o.} \tag{19}$$

Aus der Bedingung $P_{o.}+P_{1.} = 1$ folgt dann

$$P_{o.} = \frac{1}{1+\rho_1} \tag{20}$$

und

$$P_{1.} = \frac{\rho_1}{1+\rho_1} \tag{21}$$

Da der Störungsprozeß durch die Aufteilung des Bedienungssystems in mehrere nebeneinander arbeitende Kanäle, die gleichzeitig ausfallen, nicht beeinflußt wird, stimmen (20) und (21) mit den entsprechenden Formeln für Wartesysteme mit einem einzelnen Bedienungskanal überein.

Die mittlere Zahl der Reparaturen je Zeiteinheit ist ebenfalls gleich

$$\bar{R} = \lambda P_{o.} = \mu P_{1.} = \frac{\lambda\mu}{\mu+\lambda} \tag{22}$$

In den Abb. 78 bis 79 ist die Abhängigkeit der mittleren Schlangenlänge von der Verkehrsdichte und der Störungsdichte für verschiedene Kanalzahlen wiedergegeben.

b) Interne Störungen

Sind die Störungen auf interne Ursachen zurückzuführen, dann können keine Störungen im Zustand (0,0) auftreten, so daß der Zustand (1,0) nicht erreicht werden kann.

Die Differenzengleichungen für die Gleichgewichtswahrscheinlichkeiten P_{mn} haben dann die Form:

$$(\alpha+\mu)P_{1n} = \alpha P_{1n-1}+\lambda P_{on} \qquad (n>0) \tag{23}$$

$$P_{1o} = 0 \qquad (n=0) \tag{24}$$

$$(\alpha+s\beta+\lambda)P_{on} = \alpha P_{on-1}+\beta s P_{on+1}+\mu P_{1n} \qquad (n\geq s) \tag{25}$$

$$(\alpha+n\beta+\lambda)P_{on} = \alpha P_{on-1}+(n+1)\beta P_{on+1}+\mu P_{1n} \qquad (0<n<s) \tag{26}$$

$$\alpha P_{oo} = \beta P_{o1} \qquad (n=0) \tag{27}$$

Für die partiellen erzeugenden Funktionen erhält man daraus die Bestimmungsgleichungen

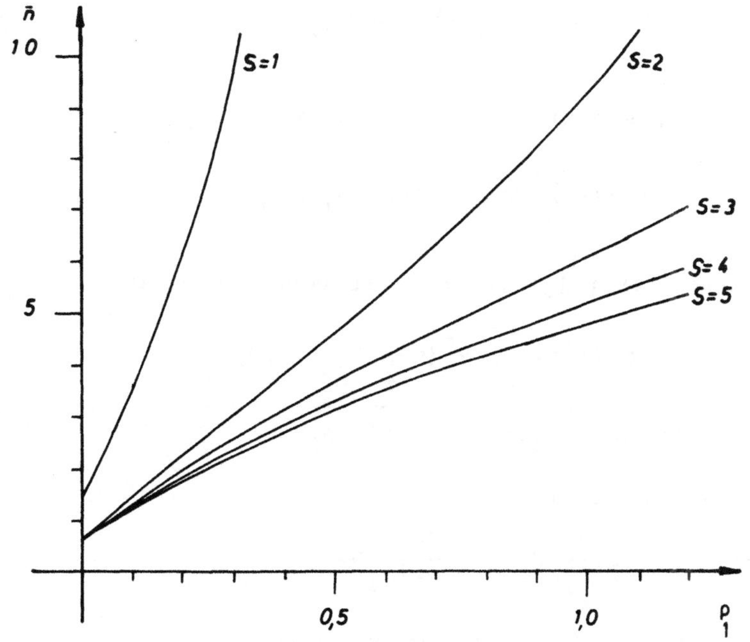

Abbildung 78: Mittlere Schlangenlänge in einem Wartesystem mit externen Störungen bei gekoppelten Kanälen in Abhängigkeit von der Störungsdichte

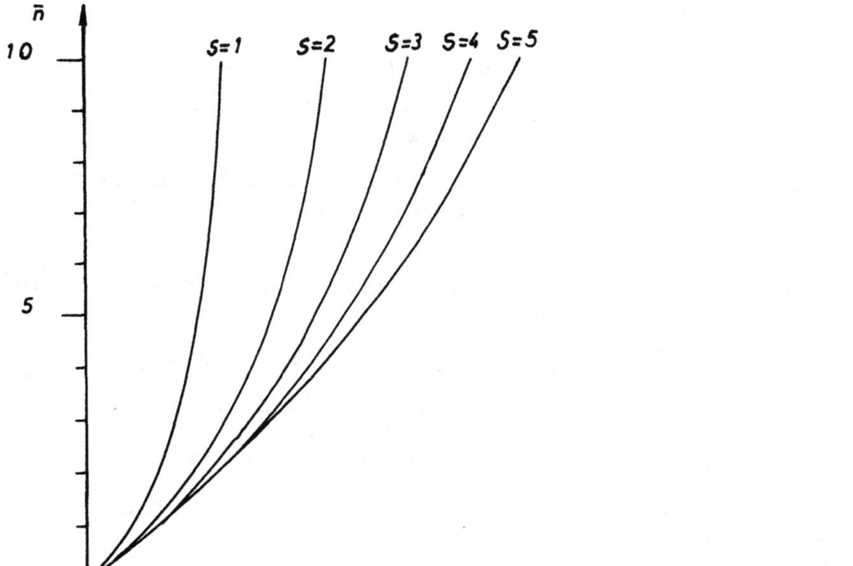

Abbildung 79: Mittlere Schlangenlänge in Abhängigkeit von der Verkehrsdichte

$$\rho_1 F_o(z) - \{1+\nu\rho_2(1-z)\}F_1(z) = \rho_1 P_{oo} \tag{28}$$

$$\begin{aligned} -\{\rho_1 z-\nu(1-z)(s-\rho_2 z)\}F_o(z) + zF_1(z) &= \\ &= \nu(1-z)\sum_{n=o}^{s-1} z^n(s-n)P_{on}-\rho_1 zP_{oo} \end{aligned} \tag{29}$$

Aus (28) und (29) folgt für die erzeugende Funktion:

$$F(z) = \frac{\{1+\rho_1+\nu\rho_2(1-z)\}\sum_{n=o}^{s-1} z^n(s-n)P_{on}-z\rho_1 P_{oo}}{s-\rho_2 z-\rho_1\rho_2 z+\nu\rho_2(1-z)(s-\rho_2 z)} \tag{30}$$

Aus F(1)=1 erhält man

$$\sum_{n=o}^{s-1}(s-n)P_{on} - \frac{\rho_1}{1+\rho_1}P_{oo} = \frac{s-\rho_2-\rho_1\rho_2}{1+\rho_1} \tag{31}$$

Hieraus folgt die Gleichgewichtsbedingung:

$$\rho_2(1+\rho_1) < s \tag{32}$$

Differenziert man F(z) an der Stelle z=1, so erhält man als mittlere Schlangenlänge

$$\bar{n} = \frac{\rho_2\{1+\rho_1 + \frac{\nu\rho_1\rho_2 s}{1+\rho_1}(1-P_{oo})\}+(1+\rho_1)\sum_{n=o}^{s-1} n(s-n)P_{on}}{s-\rho_2(1+\rho_1)} \tag{33}$$

Vergleicht man Formel (33) mit der entsprechenden Formel (18) für den Fall externer Störungen, dann kommt man zu dem folgenden Ergebnis:

1. Beide Formeln stimmen - wie schon im Fall s=1 - bis auf die Glieder in ν überein.

2. Während bei externen Störungen die Randbedingungen P_{on} $(n < s)$ nur in dem Summenausdruck G'(1) auftreten, tritt im Fall interner Störungen auch in dem Glied in ν ein Korrekturfaktor auf, der die Randbedingung P_{oo} enthält.

Wie im Fall externer Störungen werden diese Randbedingungen am besten numerisch bestimmt.

Die Wahrscheinlichkeit dafür, daß das System arbeitet bzw. gestört ist, erhält man durch Addition von (23) und (24):

$$P_{o.} = \frac{1+\rho_1 P_{oo}}{1+\rho_1} \tag{34}$$

und

$$P_{1.} = \frac{\rho_1 - \rho_1 P_{oo}}{1+\rho_1} \tag{35}$$

Im Gegensatz zum Fall externer Störungen enthalten (34) und (35) noch die Wahrscheinlichkeit dafür, daß das System leer steht, die numerisch zu bestimmen ist. Dieser Unterschied ist darauf zurückzuführen, daß bei internen Störungen der Störprozeß auch durch das Bedienungssystem beeinflußt wird. Auch die mittlere Zahl der Reparaturen je Zeiteinheit hängt dann von P_{oo} ab:

$$\bar{R} = \mu P_{1.} = \frac{\lambda\mu(1-P_{oo})}{\mu+\lambda} \tag{36}$$

2) Parallele Bedienungskanäle

Im vorigen Abschnitt wurde der Fall untersucht, daß die Bedienungskanäle zwar unabhängig voneinander arbeiten, daß sie jedoch durch Betriebsstörungen gleichzeitig stillgelegt werden. Im allgemeinen werden Bedienungskanäle, die unabhängig voneinander arbeiten, auch zu verschiedenen Zeiten ausfallen und repariert werden müssen. An die Stelle der Prämisse 7c tritt dann

<u>Prämisse 7d:</u> Die Dauer der störungsfreien Arbeitszeit jedes einzelnen Bedienungskanals ist eine von der Dauer der Arbeitszeit der anderen Kanäle unabhängige Zufallsgröße.

Speziell wird vorausgesetzt, daß die Arbeitszeit für alle Kanäle eine exponentialverteilte Zufallsgröße mit der gleichen Störrate λ ist.

Im folgenden sollen unter der Annahme, daß sowohl der Ankunfts- als auch der Bedienungs- und Reparaturprozeß kontinuierliche Markoff-Prozesse sind, einige Aspekte der Theorie der Wartesysteme mit parallelen Bedienungskanälen untersucht werden.

In diesen Fällen sind folgende Interdependenzen zwischen den einzelnen Bedienungskanälen zu beachten:

1. Interdependenz aufgrund des gemeinsamen Ankunftsprozesses: Wie im Fall gekoppelter Bedienungskanäle werden Kunden aus dem gleichen Kundenkreis und derselben Warteschlange bedient

2. Interdependenzen aufgrund des gemeinsamen Wartungssystems: Im Gegensatz zum Fall gekoppelter Bedienungskanäle fallen die Kanäle zwar nicht gleichzeitig aus, werden jedoch möglicherweise von der gleichen Reparaturmannschaft gewartet.

Das Modell eines Wartesystems mit s parallel arbeitenden Maschinen umfaßt also sowohl die Probleme der Maschinenwartungstheorie, nämlich den Einfluß des Wartungssystems auf die gestörten und tätigen Bedienungskanäle, deren Arbeits- und Störungszeiten, als auch die Probleme der Warteschlangentheorie, nämlich den Einfluß des Bedienungssystems auf den Kundenstrom, die Zahl der wartenden Kunden und deren Wartezeit.

Bezüglich des Wartungssystems sind folgende Fälle zu unterscheiden:

1. Alle Kanäle werden gemeinsam durch einen Schlosser gewartet; die Reparaturrate ist unabhängig von der Zahl der gestörten Kanäle.

2. Für jeden Kanal ist ein eigener Schlosser zur Wartung eingesetzt bzw. das Bedienungspersonal kann die Reparaturen selbständig durchführen; die Reparaturrate ist proportional der Zahl der gestörten Kanäle.

3. Es sind $r < s$ Schlosser für die Wartung von s Bedienungskanälen eingesetzt.

Wird die Bedienung eines Kunden unterbrochen, dann kann die Beendigung der Bedienung auf zweierlei Weisen erfolgen [1]:

1. Sobald ein Bedienungskanal frei wird, wird die unterbrochene Bedienung auf diesem fortgesetzt,

2. der Kunde muß warten, bis der Bedienungskanal repariert worden ist, weil die Bedienung auf dem Bedienungskanal beendet werden muß, auf dem sie begonnen wurde.

Der augenblickliche Stand der Theorie erlaubt es lediglich, den ersten Fall zu untersuchen; bezüglich des zweiten Falles kann nur gesagt werden, daß die Effizienz eines solchen Systems geringer sein wird, weil möglicherweise Bedienungskanäle leer stehen, während Kunden noch darauf warten müssen, daß ihr Bedienungskanal repariert wird.

a) Unabhängigkeit der Wartungssysteme der einzelnen Bedienungskanäle

Der Fall, daß s Bedienungskanäle von genau s Schlossern gewartet werden, daß also für jeden Kanal ein eigener Schlosser zur Verfügung steht bzw. Reparaturen durch das Bedienungspersonal selbst durchgeführt werden können, so daß die Reparaturrate proportional der Zahl der gestörten Maschinen ist, wurde von Mitrany und Avi-Itzhak [2] untersucht.

Das Modell von Avi-Itzhak und Mitrany geht davon aus, daß alle beteiligten Prozesse kontinuierliche Markoff-Prozesse sind und daß die Betriebsstörungen auf externe Ursachen zurückzuführen sind. Wie bei allen hier untersuchten Modellen wird der Zustand des Systems gekennzeichnet durch die Zahl m der gestörten Bedienungskanäle [3] und die Zahl der noch nicht bedienten Kunden beschrieben. Zwischen den einzelnen Zuständen (m,n) sind folgende Übergänge möglich:

1. Ankunft eines Kunden mit der Rate α: $(m,n) \Rightarrow (m,n+1)$

2. Bedienung eines Kunden

   a. mit der Rate $(s-m)\beta$ falls $n \geq (s-m)$
   b. mit der Rate $n\beta$ falls $n < (s-m)$
   $\Big\}\ (m,n) \Rightarrow (m,n-1)$

3. Auftreten einer Störung mit der Rate $\lambda(s-m)$ falls $m < s$
   $(m,n) \Rightarrow (m-1,n)$

4. Beendigung einer Reparatur mit der Rate $m\mu$ falls $m > 0$
   $(m,n) \Rightarrow (m-1,n)$

Hieraus folgt folgendes System von Schlangengleichungen:

$$\{\alpha+(s-m)(\beta+\lambda)+m\mu\}P_{mn} = \tag{37}$$
$$= \alpha P_{mn-1}+(s-m)\beta P_{mn+1}+(s-m+1)\lambda P_{m-1n}+(m+1)\mu P_{m+1n}$$

$$(0<m\leq s;\, n\geq s-m)$$

$$\{\alpha+n\beta+(s-m)\lambda+m\mu\}P_{mn} = \tag{38}$$
$$= \alpha P_{mn-1}+(n+1)\beta P_{mn+1}+(s-m+1)\lambda P_{m-1n}+(m+1)\mu P_{m+1n}$$

$$(0<m\leq s;\, 0<n<s-m)$$

$$\{\alpha+(s-m)\lambda+m\mu\}P_{m0} = \beta P_{m1}+(s-m+1)\lambda P_{m-10}+(m+1)\mu P_{m+10} \tag{39}$$

$$(0<m\leq s;\, n=0)$$

$$\{\alpha+s(\beta+\lambda)\}P_{0n} = \alpha P_{0n-1}+s\beta P_{0n+1}+\mu P_{1n} \qquad (m=0;\, n\geq s) \tag{40}$$

$$\{\alpha+n\beta+s\lambda\}\, P_{0n} = \alpha P_{0n-1}+(n+1)\beta P_{0n+1}+\mu P_{1n} \quad (m=0;\, 0<n<s) \tag{41}$$

$$\{\alpha+s\lambda\}\, P_{00} = \beta P_{01}+\mu P_{10} \qquad (m=0;\, n=0) \tag{42}$$

Summiert man (37) bis (39) über alle n, dann erhält man als Randverteilung der Zahl der gestörten Bedienungskanäle:

$$P_{m+1.} = \frac{(s-m)\lambda}{(m+1)\mu}\, P_{m.} \tag{43}$$

Berücksichtigt man $\sum\limits_{m=0}^{s} P_{m.} = 1$, dann erhält man daraus:

$$P_{m.} = \binom{s}{m}\left(\frac{\lambda}{\lambda+\mu}\right)^{m}\left(\frac{\mu}{\lambda+\mu}\right)^{s-m} \qquad (44)$$

Die Zahl der gestörten Bedienungskanäle ist also binomial verteilt mit

$$p = \frac{\lambda}{\lambda+\mu} \qquad (45)$$

Zur Lösung der Schlangengleichungen werden die erzeugenden Funktionen

$$F_m(z) = \sum_{n=o}^{\infty} z^n P_{mn} \qquad (46)$$

und

$$F(z) = \sum_{m=o}^{s} F_m(z) \qquad (47)$$

definiert.

Summiert man über alle n, dann erhält man aus (37) bis (42)

$$\begin{aligned}(m+1)\mu z F_{m+1}(z) - \{\alpha z(1-z)-(s-m)\beta(1-z)+(s-m)\lambda z+m\mu z\}F_m(z) + \\ + (s-m+1)\lambda z F_{m-1}(z) = (1-z)\sum_{k=o}^{s-m-1}(s-m-k)\beta z^k P_{mk}\end{aligned} \qquad (48)$$

Zur Vereinfachung der Schreibweise sei

$$g_s(z) = \alpha(1-z)+s\mu \qquad (49)$$

$$g_m(z) = \alpha z(1-z)-(s-m)\beta(1-z)+(s-m)\lambda z+m\mu z \qquad (O\leq m<s) \qquad (50)$$

Weiter seien der Zeilenvektor der partiellen erzeugenden Funktionen

$$\underline{f}^T(z) = \{F_o(z),\ldots,F_s(z)\} \qquad (51)$$

der Zeilenvektor

$$\underline{b}^T(z) = \{b_o(z),\ldots,b_s(z)\} \qquad (52)$$

mit den Elementen

$$b_m(z) = \sum_{k=o}^{s-m-1}(s-m-k)\beta z^k P_{mk} \qquad (m<s) \qquad (53)$$

und

$$b_s(z) = O. \qquad (54)$$

sowie die Matrix (55)

$$\underline{A}(z) = \begin{pmatrix} g_o(z) & -\mu z & 0 & 0 & & 0 & 0 & 0 \\ -s\lambda z & g_1(z) & -2\mu z & 0 & & 0 & 0 & 0 \\ 0 & -(s-1)\lambda z & g_2(z) & -3\mu z & \cdots & 0 & 0 & 0 \\ \cdots & \cdots & \cdots & \cdots & \cdots & \cdots & \cdots & \cdots \\ 0 & 0 & 0 & 0 & \cdots & -2\lambda z & g_{s-1}(z) & -s\mu z \\ 0 & 0 & 0 & 0 & \cdots & 0 & -\lambda & g_s(z) \end{pmatrix}$$

definiert. Dann kann man für (48) schreiben:

$$\underline{A}(z)\underline{f}(z) = \underline{b}(z)(z-1) \qquad (56)$$

Die Lösung dieses Gleichungssystems ist dann nach der Cramerschen Regel:

$$F_m(z) = \frac{(z-1)\det\{\underline{A}_m(z)\}}{\det\{\underline{A}(z)\}} \qquad (57)$$

wobei $\underline{A}_m(z)$ die Matrix ist, die man erhält, wenn man in (55) die m-te Spalte durch $\underline{b}(z)$ ersetzt.

In (57) sind die Elemente des Vektors $\underline{b}(z)$ mit den Unbekannten

P_{oo} P_{o1} P_{o2} ... P_{os-2} P_{os-1}

P_{1o} P_{11} P_{12} ... P_{1s-2}

....

P_{s-2O} P_{s-21}

P_{s-1o}

enthalten. Von diesen s(s+1)/2 Unbekannten können s(s-1)/2 aus den Relationen (37) bis (42) für m=0,1,2,...,s-2 und $n \leq s-m-1$ bestimmt werden; zu bestimmen bleiben dann lediglich die s Unbekannten $P_{oo}, P_{10}, \ldots, P_{s-10}$.

Um diese bestimmen zu können, geht man von folgenden Überlegungen aus [4]:

det $\underline{A}(z)$ ist ein Polynom vom Grade 2s+1 mit einer Nullstelle bei z=1. Wegen des Wurzelsatzes kann man dafür schreiben:

$$\det \underline{A}(z) = (z-1)Q(z) \qquad (58)$$

wobei Q(z) ein Polynom vom Grad 2s ist. Setzt man (58) in (59) ein, dann erhält man

$$Q(z)\, F_m(z) = \det\{\underline{A}_m(z)\} \qquad (m=0,1,\ldots,s) \qquad (59)$$

Für z=1 folgt aus (59)

$$Q(1) = s!(\lambda+\mu)^{s-1}\{(s\beta-\alpha)\mu-\alpha\lambda\} \tag{60}$$

Setzt man (60) in (59) ein und berücksichtigt (44) dann erhält man für z=1:

$$\det\{\underline{A}_m(1)\} = \binom{s}{m} \frac{s!\lambda^m\mu^{s-m}}{\lambda+\mu}\{(s\beta-\alpha)\mu-\alpha\lambda\} \tag{61}$$

Da jede dieser (s+1) Gleichungen aus jeder anderen durch Multiplikation mit einem konstanten Glied gewonnen werden kann, liefert (61) lediglich eine Gleichung zur Bestimmung der Unbekannten $P_{oo}, P_{10}, \ldots, P_{s-10}$.

Weitere (s-1) Gleichungen erhält man aus der Tatsache, daß die erzeugenden Funktionen im Intervall [0,1] stetig und beschränkt sind. Dann muß in diesem Intervall jeder Nullstelle von Q(z) auch eine Nullstelle von det $\underline{A}_m(z)$ entsprechen.

Um zu zeigen, daß das Polynom Q(z) genau s-1 verschiedene Wurzeln im Intervall (0,1) hat, wird folgende Polynom-Folge definiert [5]:

$$Q_o(z) = 1$$

$$Q_1(z) = g_o(z)$$

$$Q_2(z) = \begin{vmatrix} g_o(z) & -\mu z \\ -s\lambda z & g_1(z) \end{vmatrix} \tag{62}$$

....

$$Q_{k+1}(z) = \begin{vmatrix} g_o(z) & -\mu z & 0 & \ldots & 0 & 0 & 0 \\ -s\lambda z & g_1(z) & -2\mu z & \ldots & 0 & 0 & 0 \\ \cdots & \cdots & \cdots & \cdots & \cdots & \cdots & \cdots \\ 0 & 0 & 0 & \ldots & -(s-k+2)\lambda z & g_{k-1}(z) & -k\mu z \\ 0 & 0 & 0 & \ldots & 0 & -(s-k+1)\lambda z & g_k(z) \end{vmatrix}$$

$$Q_{s+1}(z) = Q(z)$$

Wie man leicht sieht, sind die Polynome $Q_k(z)$ gleich den Determinanten der Hauptdiagonalminoren von $\underline{A}(z)$. Daraus folgt für k=1,2,...,s-1:

$$Q_{k+1}(z) = g_k(z)Q_k(z) - (s-k+1)k\lambda\mu z^2 Q_{k-1}(z) \tag{63}$$

und

$$(z-1)Q_{s+1}(z) = g_2(z)Q_s(z) - s\lambda\mu z Q_{s-1} \tag{64}$$

Wie Mitrany und Avi-Itzhak gezeigt haben [6], besitzt die Polynom-Folge $Q_k(z)$ folgende Eigenschaften:

I. $Q_o(z)$ hat keine Wurzeln

II. $Q_k(z)$ und $Q_{k+1}(z)$ haben im Intervall $(0, \infty)$ keine gemeinsamen Wurzeln

III. Falls z_o eine positive Wurzel von $Q_k(z)$ ist, dann haben $Q_{k-1}(z_o)$ und $Q_{k+1}(z_o)$ verschiedene Vorzeichen

IV. $Q_k(1) > 0$ für $k=1,2,\ldots,s$ und $Q_o(1) = 1$

V. $\text{Sign}(Q_k(0)) = (-1)^k$ für $k=0,1,2,\ldots,s+1$

VI. $\text{Sign}(Q_k(\infty)) = (-1)^k$ für $k=0,1,2,\ldots,s+1$

$Q_1(z)$ ist ein Polynom zweiter Ordnung und besitzt daher höchstens zwei verschiedene reelle Wurzeln. Wegen der Eigenschaft (IV) ist $Q_1(1)$ positiv, wegen der Eigenschaften (V) und (VI) sind $Q_1(0)$ und $Q_1(\infty)$ negativ. Daher muß eine Wurzel z_{11} im Intervall $(0,1)$ und die zweite z_{12} im Intervall $(1,\infty)$ liegen.

Für das Polynom 4. Ordnung $Q_2(z)$ gilt:

1.	$Q_2(1) > 0$	wegen (IV)
2.	$Q_2(0) > 0$	wegen (V)
3.	$Q_2(\infty) > 0$	wegen (VI)
4.	$Q_2(z_{11}) < 0$	wegen (III) und weil $Q_o(z) > 0$ für alle z
5.	$Q_2(z_{12}) < 0$	wegen (III)

Aus Abb. 80 ist ersichtlich, daß die vier Wurzeln des Polynoms $Q_2(z)$ in den Intervallen $(0,z_{11})$, $(z_{11},1)$, $(1,z_{12})$ und (z_{12},∞) liegen.

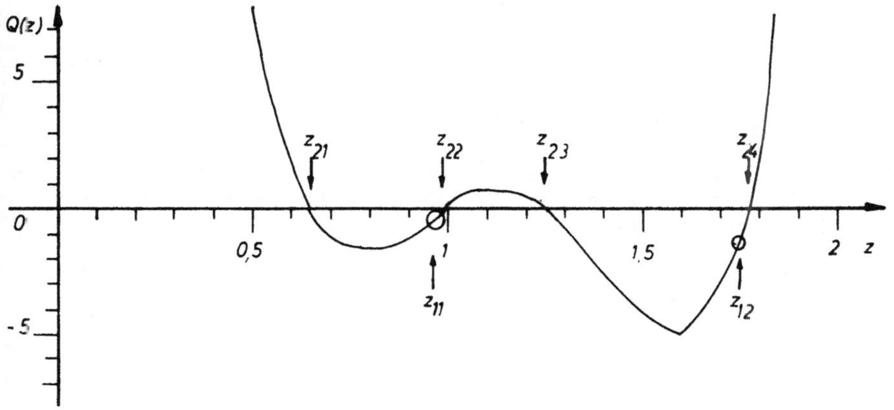

Abbildung 80: Wurzeln des Polynoms $Q_2(z)$

Durch Induktion läßt sich dann zeigen, daß das Polynom $Q_s(z)$ genau s Wurzeln im Intervall (0,1) und s Wurzeln im Intervall $(1,\infty)$ besitzt. Ordnet man diese ihrer Größe nach und bezeichnet sie mit z_{si} $(i=1,2,\ldots,2s)$, dann gilt [7]:

$$\mathrm{Sign}\{Q_{s-1}(z_{s,i})\} = (-1)^{s+i} \qquad (i\leq s) \tag{65}$$

$$\mathrm{Sign}\{Q_{s-1}(z_{s,i})\} = (-1)^{s+i+1} \qquad (i>s) \tag{66}$$

Wegen Eigenschaft (III) folgt daraus, daß

$$\mathrm{Sign}\{Q_{s+1}(z_{s,i})\} = (-1)^{s+i} \qquad (i\leq 2s) \tag{67}$$

Zwischen zwei aufeinanderfolgenden Wurzeln von $Q_s(z)$ muß daher mindestens eine Wurzel von $Q_{s+1}(z)$ liegen; insbesondere liegt wegen Eigenschaft (IV) minestens eine Wurzel im Intervall $(1,z_{s,s+1})$ und wegen Eigenschaft (VI) liegt mindestens eine Wurzel im Intervall $(z_{s,2s},\infty)$.

Da $Q_{s+1}(z)$ ein Polynom vom Grade 2s ist, besitzt es genau s-1 Wurzeln im Intervall (0,1) und s+1 Wurzeln im Intervall $(1,\infty)$ [8].

Es seien nun z_j, $j=1,2,\ldots,s-1$ die s-1 Wurzeln von Q(z) im Intervall (0,1). Setzt man diese in

$$\det\{\underline{A}_m(z_j)\} = 0 \tag{68}$$

ein, dann erhält man für jede der (s-1) Wurzeln (s+1) homogene lineare Gleichungen in den Unbekannten $P_{00}, P_{10}, \ldots, P_{s0}$, die sich lediglich durch einen konstanten Faktor voneinander unterscheiden, so daß jeweils nur eine von ihnen zusammen mit (62) zur Bestimmung dieser Unbekannten benutzt werden kann. Falls die Kapazitätsauslastung des Systems kleiner als 1 ist, falls also

$$\frac{\alpha}{\beta}\left(1 + \frac{\lambda}{\mu}\right) < s \tag{69}$$

ist, dann existiert eine Lösung dieses Gleichungssystems.

Für s > 2 ist es allerdings nicht möglich, die Wurzeln des Polynoms Q(z) explizit anzugeben, so daß es erforderlich ist, numerische Lösungsmethoden anzuwenden.

Für den Spezialfall s=2 läßt sich hingegen eine explizite Lösung angeben. In diesem Spezialfall haben die Schlangengleichungen die Form:

$$(\alpha+2\mu)P_{2n} = \alpha P_{2n-1}+\lambda P_{1n} \qquad (m=2;n>0) \qquad (70)$$

$$(\alpha+2\mu)P_{2o} = \lambda P_{1o} \qquad (m=2;n=0) \qquad (71)$$

$$(\alpha+\beta+\lambda+\mu)P_{1n} = \alpha P_{1n-1}+\beta P_{1n+1}+2\lambda P_{on}+2\mu P_{2n} \qquad (m=1;n>0) \qquad (72)$$

$$(\alpha+\lambda+\mu)P_{1o} = \beta P_{11} +2\lambda P_{oo}+2\mu P_{2o} \qquad (m=1;n=0) \qquad (73)$$

$$(\alpha+2\beta+2\lambda)P_{on} = \alpha P_{on-1}+2\beta P_{on+1}+\mu P_{1n} \qquad (m=0;n>1) \qquad (74)$$

$$(\alpha+\beta+ 2\lambda)P_{o1} = \alpha P_{oo} +2\beta P_{o2} +\mu P_{11} \qquad (m=0;n=1) \qquad (75)$$

$$(\alpha+2\lambda)P_{oo} = \beta P_{o1} +\mu P_{1o} \qquad (m=0;n=0) \qquad (76)$$

Die Verteilung der Zahl der gestörten Maschinen ist in diesem Spezialfall:

$$P_{o.} = \frac{\mu^2}{(\lambda+\mu)^2} \qquad (77)$$

$$P_{1.} = \frac{2\lambda\mu}{(\lambda+\mu)^2} \qquad (78)$$

$$P_{2.} = \frac{\lambda^2}{(\lambda+\mu)^2} \qquad (79)$$

Für die partiellen erzeugenden Funktionen gilt:

$$\{\alpha z(1-z)-2\beta(1-z)+2\lambda z\}F_o(z) - \mu zF_1(z) = \beta(2P_{oo}+zP_{o1})(1-z) \qquad (80)$$

$$-2\lambda zF_o(z) + \{\alpha z(1-z)-\beta(1-z)+\lambda z+\mu z\}F_1(z)-2\mu zF_2(z) = \beta P_{1o}(1-z) \qquad (81)$$

$$-\lambda F_1(z) + \{\alpha(1-z)+2\mu\}F_2(z) = 0 \qquad (82)$$

Die Matrix $\underline{A}$ hat also die Form:

$$\underline{A} = \begin{pmatrix} g_o(z) & -\mu z & 0 \\ -2\lambda z & g_1(z) & -2\mu z \\ 0 & -\lambda & g_2(z) \end{pmatrix} \tag{83}$$

mit

$$g_o(z) = \alpha z(1-z)-2\beta(1-z)+2\lambda z \tag{84}$$

$$g_1(z) = \alpha z(1-z)-\beta(1-z)+\lambda z+\mu z \tag{85}$$

$$g_2(z) = \alpha(1-z)+2\mu \tag{86}$$

Aus (62) erhält man für s=2

$$2P_{oo} + P_{o1} + P_{1o} = \frac{2\beta\mu-\alpha\mu-\alpha\lambda}{\beta\mu+\beta\lambda} = \frac{2-\rho_2-\rho_1\rho_2}{1+\rho_1} \tag{87}$$

Aus (64) folgt für s=2:

$$\det\{\underline{A}(z)\} = (z-1)Q_3(z) = g_2(z)Q_2(z)-2\lambda\mu z Q_1(z)$$

$$= g_o(z)g_1(z)g_2(z)-2\lambda\mu z\{zg_2(z)-g_o(z)\}$$

Wie man durch Einsetzen von (50) und (51) zeigen kann, kann man hierfür schreiben:

$$\det\{\underline{A}(z)\} = g_1(z)\{g_o(z)g_2(z)-4\lambda\mu z\} \tag{88}$$

Zwei der Wurzeln von det $\underline{A}(z)$ fallen also mit den beiden Nullstellen von $g_1(z)$

$$z_{1,2} = \frac{\alpha+\beta+\lambda+\mu \pm \sqrt{(\alpha+\beta+\lambda+\mu)^2-4\alpha\beta}}{2\alpha} \tag{89}$$

zusammen. Da die kleinere im Intervall (0,1) liegt, ist z_1 die zur Bestimmung der Randbedingungen benötigte Wurzel von det $\underline{A}$. Setzt man (89) in (68) ein, dann erhält man

$$2\lambda z_1(2P_{oo}+z_1P_{o1}) + \{\alpha z_1(1-z_1)-2\beta(1-z_1)+2\lambda z_1\}P_{1o} = 0 \tag{90}$$

Aus (76), (88) und (90) erhält man die Randbedingungen [9]

$$P_{oo} = \{2\beta\mu-\alpha\mu-\alpha\lambda\}\{\alpha\beta z_1(1-z_1)-2\beta^2(1-z_1)+2\beta\lambda z_1-2\lambda z_1^2\}/N(z_1) \tag{91}$$

$$P_{o1} = \{2\beta\mu-\alpha\mu-\alpha\lambda\}\{4\lambda z_1+(\alpha+2\lambda)[\alpha z_1(1-z_1)-2\beta(1-z_1)+2\lambda z_1]\}/N(z_1) \tag{92}$$

$$P_{10} = -\{2\beta\mu-\alpha\mu-\alpha\lambda\}\{4\beta\lambda z_1+2\lambda z_1^2(\alpha+2\lambda)\}/N(z_1) \tag{93}$$

mit

$$N(z_1) = (\mu+\lambda)\{[\alpha+2\beta+2\lambda][\alpha z_1(1-z_1)-2\beta(1-z_1)+2\lambda z_1] - 2\lambda z_1(\alpha z_1+2\beta+2\lambda z_1)-4\lambda\mu z_1(1-z_1)\}$$

Mit Hilfe von (91) bis (93) kann man die erzeugende Funktion explizit in Abhängigkeit von den Parametern $\alpha, \beta, \lambda, \mu$ darstellen. Differenziert man an der Stelle z=1, dann erhält man für die mittlere Schlangenlänge im Falle zweier nebeneinander arbeitender Bedienungskanäle, die von zwei Schlossern gewartet werden [10] :

$$\bar{n} = \frac{\beta}{(\mu+\lambda)\{2\beta\mu-\alpha\mu-\alpha\lambda\}^2}\Big[\{4\beta\lambda(\alpha\lambda+\alpha\mu-\beta\mu)+2\alpha(\mu+\lambda)^3\}P_{oo} + \{2\beta\mu(\mu+\lambda)^2+\alpha\beta\lambda\mu\}P_{o1} + \{\beta\mu^2(2\beta-\alpha)+\alpha\beta\lambda^2+\alpha(\mu+\lambda)^3\}P_{1o}\Big] \tag{94}$$

Im Fall der Normalkombination der Parameter

$\alpha = 12$ $\lambda = 0{,}2$

$\beta = 10$ $\mu = 1{,}0$

ist die Wahrscheinlichkeit dafür, daß das System leer ist, gleich

$P_{oo} = 0{,}1372$

die Wahrscheinlichkeit dafür, daß ein Kunde warten muß, ist dann

$P_w = 1-P_{oo}-P_{o1}-P_{1o} = 0{,}6705$

die mittlere Schlangenlänge ist gleich

$\bar{n} = 5{,}8386$

Es ist nun interessant, diese Ergebnisse mit den entsprechenden Ergebnissen für ein Wartesystem zu vergleichen, das aus zwei unabhängig voneinander, nebeneinander arbeitenden Bedienungskanälen besteht, die Kunden bedienen, die in zwei getrennten Inputströmen jeweils mit der Intensität α=6 ankommen. Für die oben angegebene Normalkombination der Parameter gilt in diesem Fall:

1. Die Wahrscheinlichkeit dafür, daß ein Kunde den für ihn zuständigen Bedienungskanal leer vorfindet, ist gleich

   $P_{oo} = 0{,}2404$

   Die Wahrscheinlichkeit dafür, daß er warten muß, ist gleich

   $P_w = 1 - P_{oo} = 0{,}7596$

Durch Parallelschaltung kann also auch im Fall störungsabhängiger Bedienungskanäle eine erheblich bessere Ausnutzung der Bedienungskapazitäten erreicht werden, weil vermieden wird, daß ein Kanal leersteht, während sich vor anderen Kanälen bereits eine Warteschlange aufbaut.

2. Die bessere Kapazitätsausnutzung führt dann zu einer erheblichen Reduktion der Schlangenlänge: Im Fall nebeneinander arbeitender Kanäle ist die mittlere Schlangenlänge vor jedem Kanal

   $\bar{n}_1 = \bar{n}_2 = 6{,}1426$

   die gesamte Schlangenlänge ist also gleich

   $\bar{n} = 12{,}2858$

   durch die Parallelschaltung der Kanäle kann also eine Reduktion der Schlangenlänge um 47,5 % erreicht werden.

Die Abhängigkeit der mittleren Schlangenlänge von der Ankunftsrate ist in der Abb. 81 für folgende Parameterkombinationen wiedergegeben:

$\beta = 10$	$\lambda = 0{,}2$	$\mu = 1{,}0$
$\beta = 10$	$\lambda = 0{,}1$	$\mu = 0{,}5$
$\beta = 10$	$\lambda = 0{,}4$	$\mu = 2{,}0$
$\beta = 10$	$\lambda = 0{,}5$	$\mu = 1{,}0$

Im Fall zweier paralleler Bedienungskanäle ist es also möglich, die mittlere Schlangenlänge unter folgenden Voraussetzungen explizit anzugeben:

1. alle Basisprozesse genügen der Markoff-Bedingung

2. bei Ausfall eines Kanals kann ein Kunde, dessen Bedienung unterbrochen wurde, auf einen freien Kanal ausweichen

3. die Kanäle werden unabhängig voneinander gewartet.

Während es die Methode von Avi-Itzhak und Mitrany ermöglicht, auch Systeme mit größerer Kanalzeit mit numerischen Methoden zu untersuchen, ist es nicht möglich, die beiden ersten Bedingungen fallenzulassen, die Methode erlaubt weder die Verallgemeinerung der Annahme über die Basisprozesse noch die wirklichkeitsnähere Annahme, daß ein Kunde, dessen Bedienung unterbrochen wurde, warten muß, bis sein Kanal repariert ist.

Eine Behandlung dieser Probleme ist jedoch möglich, wenn man das Wartesystem mit Betriebsstörungen auf ein Wartesystem ohne Betriebsstörungen zurückführt, indem man anstelle der reinen Bedienungszeit die effektive Durchlaufzeit betrachtet. Wie im 4. Kapitel gezeigt wurde, entspricht die effektive Durchlaufzeit eines Wartesystems mit internen, unterbrechenden Störungen der von Gaver [11] untersuchten Vollendungszeit. Unter der Voraussetzung, daß die Störungen in exponentialverteilten Abständen auftreten, die Bedienungs- und die Reparaturzeiten beliebig verteilte, voneinander unabhängige Zufallsgrößen mit

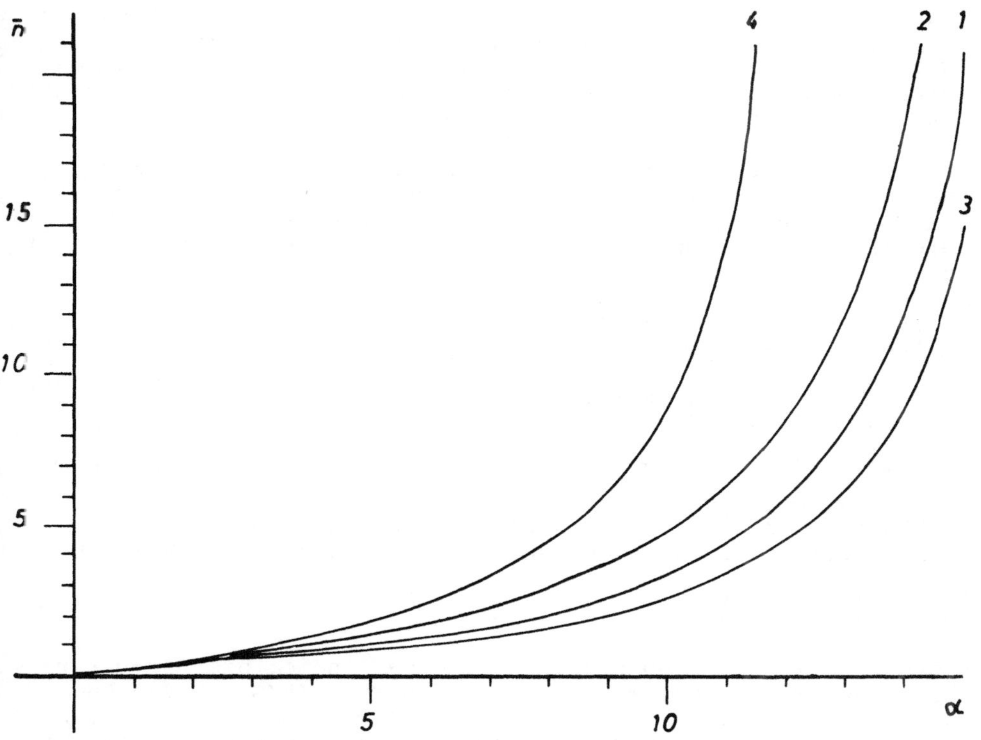

Abbildung 81: Abhängigkeit der Schlangenlänge von der Ankunftsrate

endlichem zweiten Moment sind und jede Bedienung in dem Kanal beendet werden muß, in dem sie begonnen wurde, ist die Laplace-Transformation der Verteilung der effektiven Durchlaufzeit gegeben durch [12]

$$\Phi_D^*(s) = \Phi_B^*\{s+\lambda[1-\Phi_R^*(s)]\} \tag{95}$$

wobei $\Phi_B(s)$ die Laplace-Transformation der Verteilung der Bedienungsdauern, $\Phi_R^*(s)$ die Laplace-Transformierte der Verteilung der Reparaturdauern und λ die Intensität des Störprozesses ist.

Für den Mittelwert und die Streuung der Durchlaufzeiten erhält man daraus

$$E(D) = E(B)\{1+\lambda E(R)\} \tag{96}$$

und

$$Var(D) = Var(B)\{1+\lambda E(R)\}^2+\lambda E(B)E(R^2) \tag{97}$$

wobei $E(B)$ der Mittelwert und $Var(B)$ die Varianz der Bedienungsdauer ist und $E(R)$ und $E(R^2)$ die beiden ersten Momente der Reparaturdauern sind.

Man kann nun das hier zu untersuchende Wartesystem mit parallelen, störanfälligen Bedienungskanälen auf ein einfaches Wartesystem mit parallelen störungsfreien Kanälen zurückführen, indem man die effektive Durchlaufzeit für die Bedienungsdauer in einem solchen Wartesystem einsetzt.

Leider existieren keine praktikablen Ansätze zur Bestimmung der mittleren Schlangenlänge in einem Wartesystem des Typs (M/G/s); Kingman [13] gibt jedoch folgende Abschätzung für die mittlere Wartezeit, die für den allgemeineren Fall GI/G/s) gilt:

$$\frac{2\bar{W}_1 E(A) - \{Var(B)+sVar(A)\} - (1-\frac{1}{s})E^2(B)}{2E(B)} \leq$$
$$\leq \bar{T}_w \leq \frac{Var(B)+sVar(A)}{2\{sE(A)-E(B)\}} \qquad (98)$$

In dieser Abschätzung ist $\bar{W}_1$ die mittlere Wartezeit in einem Wartesystem des Typs (GI/G/1) mit dem mittleren Abstand der Ankünfte sE(A). In dem Spezialfall exponentialverteilter Ankunftszeiten gilt nach der Formel von Pollaczek und Khintchine

$$\bar{W}_1 = \frac{Var(B)+E^2(B)}{2\{sE(A)-E(B)\}} \qquad (99)$$

Formel (98) gibt also zusammen mit (99) in dem hier zu untersuchenden Fall eines Wartesystems des Typs (M/G/s) eine Abschätzung für die mittlere Wartezeit der Kunden, die nur von der mittleren Ankunftszeit, der mittleren Bedienungsdauer und der Varianz der Bedienungsdauer abhängt.

Ersetzt man nun E(B) und Var(B) durch die mittlere Durchlaufzeit und die Streuung der Durchlaufzeit, dann erhält man aus (98) und (99) eine Schätzung für die mittlere Wartezeit in einem Wartesystem mit s parallelen Kanälen mit internen unterbrechenden Betriebsstörungen. Schätzwerte für die mittlere Schlangenlänge kann man daraus mit Hilfe der Formel

$$\bar{n} = \alpha \bar{T}_w$$

bestimmen.

In der Abb. 82 sind die Ober- und Untergrenzen für die mittlere Schlangenlänge bei zwei Kanälen für folgende Parameterkombination in Abhängigkeit von der Ankunftsrate wiedergegeben:

E(B) = 10	E(B) = 10
C(B) = 1	C(B) = 0,1
E(S) = 5	E(S) = 5
C(S) = 1	C(S) = 1
E(R) = 1	E(R) = 1
C(R) = 1	C(R) = 0,1

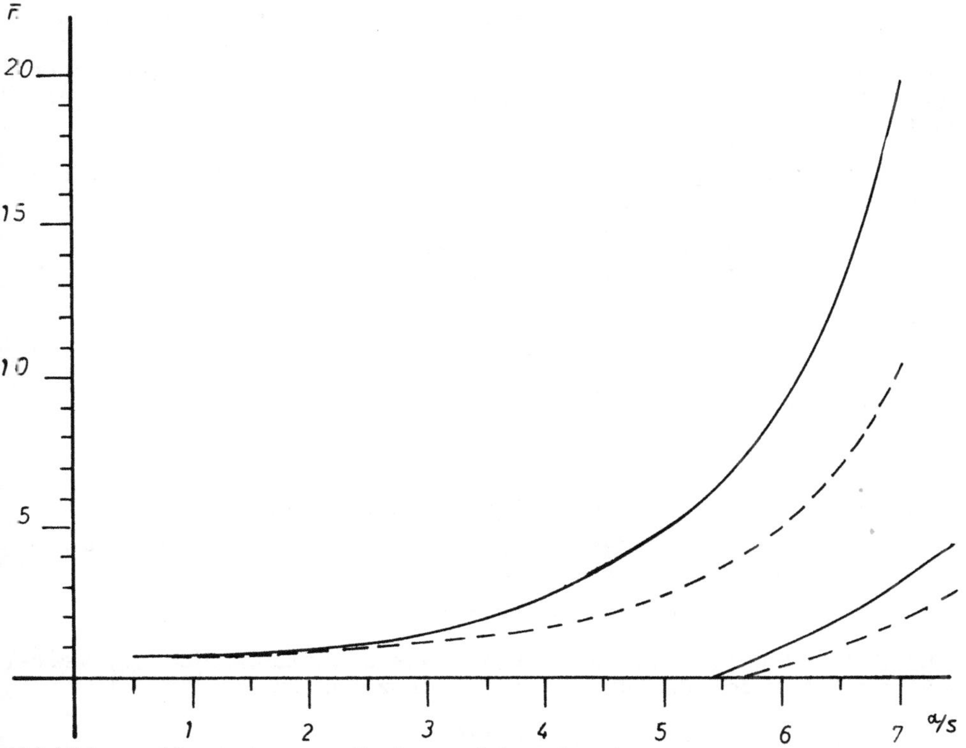

Abbildung 82: Untere und obere Schranke für die mittlere Schlangenlänge bei zwei parallelen, störanfälligen Bedienungskanälen nach Kingman

Für die erste Parameterkombination, die einem Markoff-Wartesystem entspricht, sind die Ober- und Untergrenze durchgezogen dargestellt, für die zweite Parameterkombination gestrichelt. Wie aus dieser Abbildung zu erkennen ist, sind die Schätzungen für die Schlangenlänge sehr schlecht, das Schätzintervall ist sehr groß, für niedrige Kapazitätsauslastungen ist die Untergrenze für die mittlere Schlangenlänge trivialerweise gleich Null.

Um bessere Schätzungen für die mittlere Schlangenlänge in Wartesystemen mit parallelen Bedienungskanälen, bei denen eine unterbrochene Bedienung erst dann fortgesetzt werden kann, wenn der betroffene Kanal wieder instandgesetzt ist, zu finden, ist es erforderlich, auf Methoden der Simulation zurückzugreifen.

Bei der Simulation eines solchen Wartesystems mit parallelen Bedienungskanälen, die unabhängig voneinander gewartet werden, besteht wie im oben beschriebenen Grundmodell jeder Simulationsschritt aus zwei Phasen:

1. Prüfung, welches Ereignis als nächstes eintritt
2. Protokollierung der durch dieses Ereignis hervorgerufenen Änderungen der Systemgrößen

Da in diesem Fall jedoch mehrere Kanäle zu untersuchen sind, die unabhängig voneinander arbeiten, ausfallen und repariert werden, sind einige Modifikationen des Ablaufs des Simulationsprozesses erforderlich, die anhand des in der Abb. 83 wiedergegebenen Flußdiagramms erläutert werden sollen.

Zur Kennzeichnung der Systemzustände wird für jeden der K Bedienungskanäle die Größe

M(I) = O falls Kanal I ungestört
= 1 falls Kanal I gestört

NB(I) = O falls Kanal leer
= 1 falls Kanal besetzt

gesetzt.

Weiter ist

NS die Zahl der Kunden in der Warteschlange

N die Zahl der Kunden im System (einschließlich der Kunden, die gerade bedient werden)

MM die Zahl der gestörten Kanäle

Für die Prüfung, welches Ereignis als nächstes eintritt, werden weiter für jeden der K Kanäle die Prozeßuhren

T1B(I) für den Bedienungsprozeß
T1S(I) für den Störprozeß
T1R(I) für den Reparaturprozeß

sowie die Prozeßuhr T1A für den gemeinsamen Ankunftsprozeß und die Systemuhr T geführt.

Wie bei der Simulation des Einkanalsystems werden zu Beginn jedes Laufes die Anfangsbedingungen gesetzt:

MM = O M(I) = O für alle I=1,...,K
NS = O NB(I) = O für alle I=1,...,K
N = O

Weiter werden die Prozeßuhren auf die ersten Ereignisse eingestellt. Da zunächst nur Ankünfte und Störungen auftreten können, werden die Zeitpunkte der ersten Ankunft T1A und der ersten Störungen T1S(I) für alle Kanäle wie im Fall eines einzelnen Bedienungskanals bestimmt. Im Unterschied zu diesem Fall werden jedoch die Prozeßuhren für die Bedienungen und die Reparaturen auf einen sehr hohen Wert E eingestellt.

Im Fall eines einzelnen Bedienungskanals ist es möglich, die Zahl der Abfragen bei der Prüfung, welches Ereignis als nächstes eintritt, dadurch zu reduzieren, daß zunächst geprüft wird, in welchem Zustand sich das System nach dem letzten Ereignis befindet, so daß nur die Ereignisse untersucht werden müssen, die bei diesem Zustand zulässig sind. Im Fall mehrerer Bedienungskanäle ist dieser Weg jedoch nicht mehr gangbar.

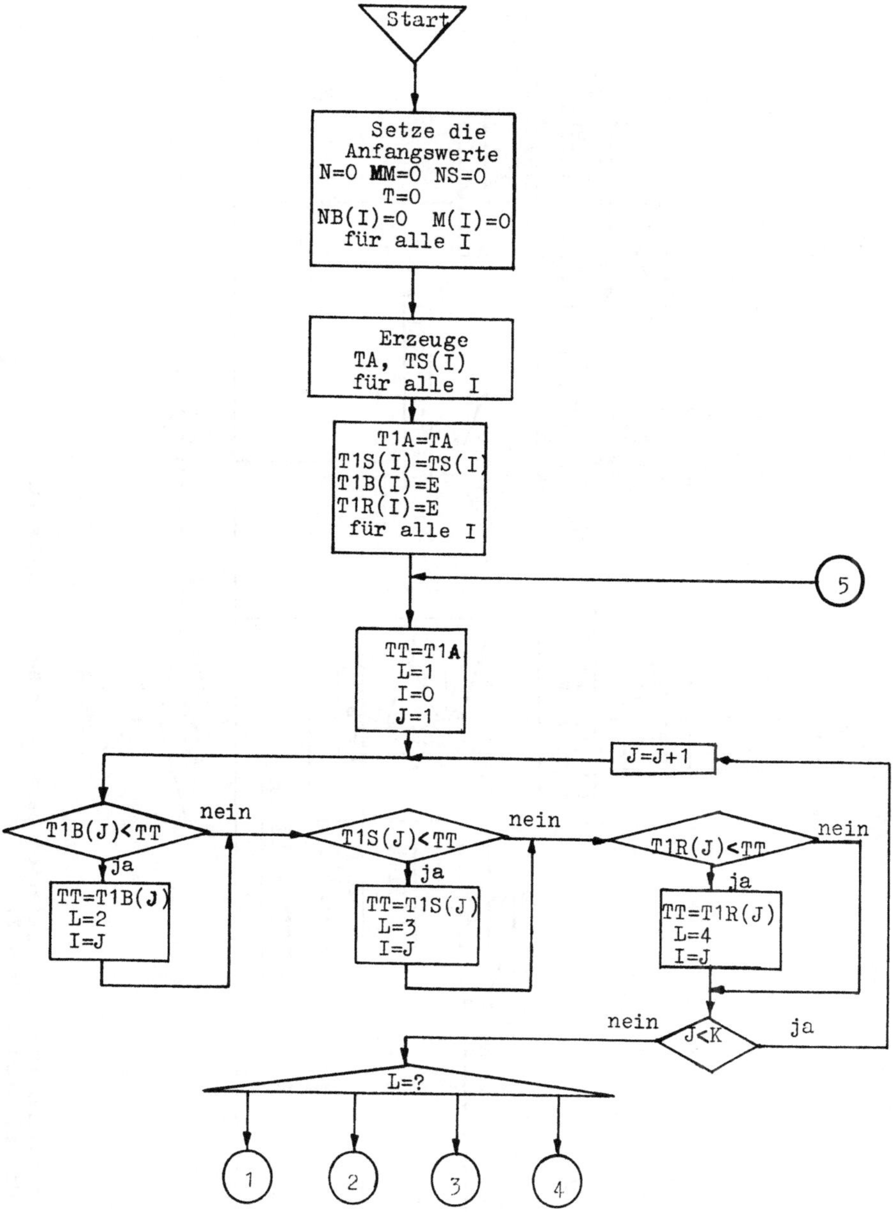

Abbildung 83a: Flußdiagramm für die Simulation paralleler Bedienungskanäle mit Einzelwartung (Teil 1)

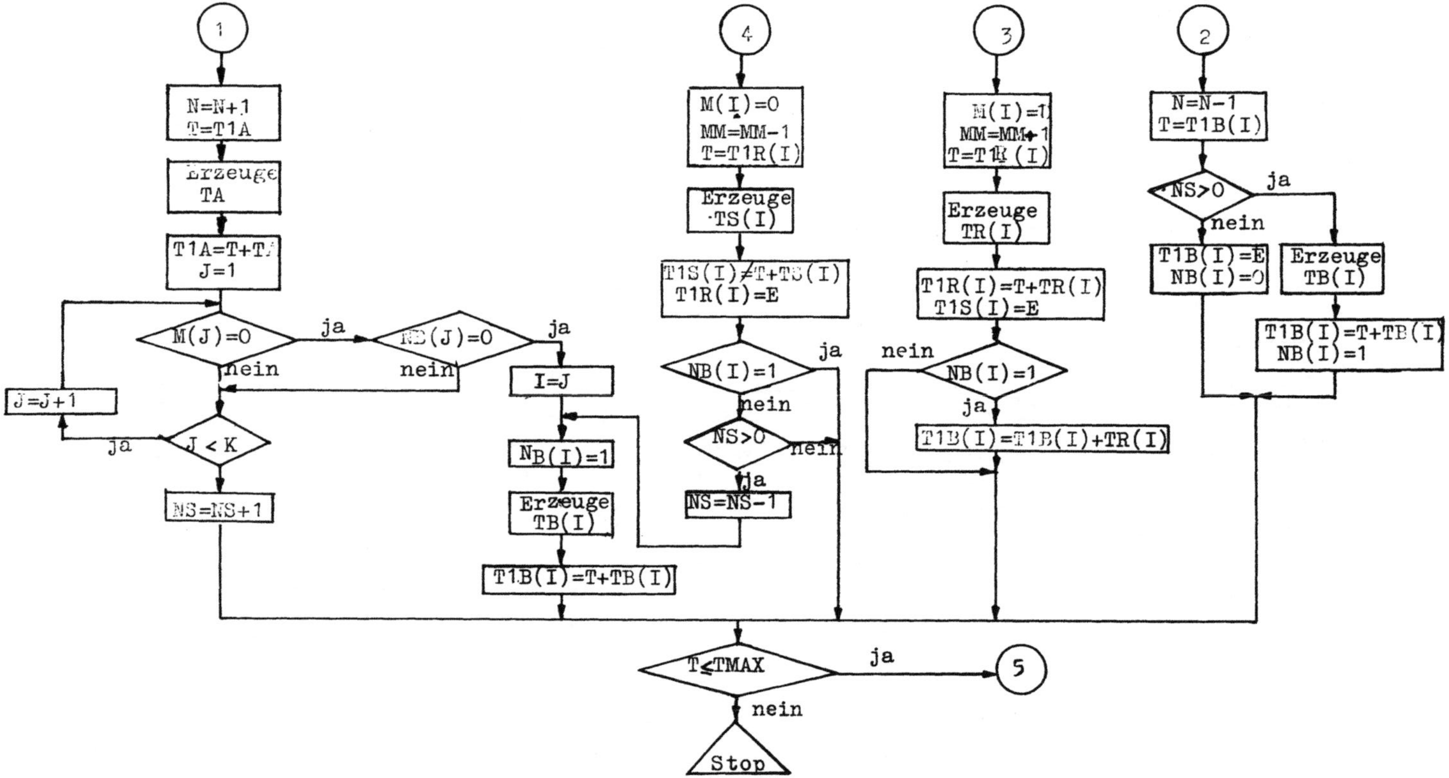

Abbildung 83b: Flußdiagramm für die Simulation paralleler Bedienungskanäle mit Einzelwartung (Teil 2)

Stattdessen werden die Prozeßuhren aller nicht zulässigen Ereignisse (z. B. Bedienungen bei leeren oder gestörten Kanälen) auf einen sehr hohen Wert E gesetzt. Dann wird systematisch nach der Prozeßuhr mit dem niedrigsten Wert gesucht. Anschließend werden in der zweiten Phase des Simulationsschrittes die durch dieses Ereignis hervorgerufenen Veränderungen der Systemgrößen protokolliert. Da sich in dieser Phase des Simulationsprozesses keine wesentlichen Unterschiede zu dem oben dargestellten Grundmodell ergeben, kann wegen der Einzelheiten auf das in der Abb. 83 wiedergegebene Flußdiagramm verwiesen werden.

Mit Hilfe dieses Simulationsmodells kann nun der Einfluß der Kanalzahl auf die Operationscharakteristiken eines Wartesystems mit parallelen Bedienungskanälen und voneinander unabhängigen Wartungssystemen untersucht werden. Wir gehen dabei zunächst davon aus, daß

1. alle das System kennzeichnenden Prozesse Markoff-Prozesse sind

2. die Parameterwerte für alle Kanäle gleich sind

3. die Ankunftsrate proportional der Zahl der Kanäle steigt, so daß die Verkehrsdichte der einzelnen Kanäle konstant bleibt.

Weiter gehen wir von folgender Parameterkombination aus:

$\alpha = 6\ s$ (wobei s die Zahl der Bedienungskanäle ist)

$\beta = 10$

$\lambda = 0{,}2$

$\mu = 1$

In der Tabelle 29 sind die mittlere Schlangenlänge, die mittlere Zahl der wartenden Kunden und die mittlere Zahl der gestörten Kanäle sowie die Breite des Konfidenzintervalls (bei 99,7 % Sicherheit) angegeben.

Aus der Tabelle 29 lassen sich folgende Ergebnisse ablesen:

1. Obwohl die Zahl der zu bedienenden Kunden proportional mit der Zahl der Kanäle ansteigt, so daß die Verkehrsdichte jedes Kanals konstant bleibt, steigt die mittlere Schlangenlänge nur langsam an, die mittlere Zahl der Kunden/Kanal sinkt erheblich mit der Kanalzahl. Für s=1 liegt die mittlere Schlangenlänge sogar unter dem für s=1 theoretisch ermittelten Wert $\bar{n}=6{,}14$.

2. Die mittlere Zahl der wartenden Kunden sinkt, insbesondere im Bereich niedriger Kanalzahlen, ebenfalls ab.

3. Wie zu erwarten, bleibt die Wahrscheinlichkeit dafür, daß ein bestimmter Kanal gestört ist, konstant, während die Zahl der insgesamt gestörten Kanäle proportional mit der Kanalzahl ansteigt.

Tabelle 29

Operationscharakteristiken für ein Wartesystem mit s parallelen Kanälen

Zahl der Kanäle	Mittlere Schlangenlänge	Mittlere Zahl der wartenden Kunden	Mittlere Zahl der gestörten Kanäle
2	5,55±0,40	4,11±0,40	0,33±0,02
3	5,67±0,38	3,52±0,35	0,50±0,02
4	5,97±0,29	3,09±0,30	0,67±0,02
5	6,08±0,24	2,49±0,22	0,83±0,02
6	6,64±0,25	2,33±0,23	1,00±0,03
7	7,11±0,25	2,08±0,22	1,17±0,02
8	7,75±0,25	1,98±0,22	1,35±0,02

Es stellt sich nun die Frage, ob die für Wartesysteme mit einem einzelnen Bedienungskanal nachgewiesene Unabhängigkeit der Schlangenlänge von dem Verteilungsmodell des Bedienungs- und des Reparaturprozesses bei Wartesystemen mit parallelen Bedienungskanälen erhalten bleibt, ob also die mittlere Schlangenlänge in diesem Fall nur von den beiden ersten Momenten der Verteilung der Bedienungs- und Reparaturzeiten abhängt. Zur Prüfung dieser Hypothese wurde in einem Simulationsexperiment mit ITER=500 Simulationsläufen die mittlere Schlangenlänge für Wartesysteme mit zwei parallelen Bedienungskanälen mit exponentialverteilten Zwischenankunftszeiten mit $\alpha=12$ und exponentialverteilten Störabständen mit $\lambda=0,2$ und gamma-, lognormal- und Weibull-verteilte Bedienungs- und Reparaturzeiten bestimmt. Der Erwartungswert der Bedienungszeiten wurde gleich E(B)=0,1, der Erwartungswert der Reparaturdauern gleich E(R)=1 gesetzt. In der Tabelle 30a sind der Erwartungswert der Schlangenlänge und die Varianz der Schlangenlänge bei exponentialverteilten Reparaturzeiten für C(B)=0,1: 0,5: 0,9 wiedergegeben.

In der Tabelle 30b sind die gleichen Operationscharakteristiken bei exponentialverteilten Bedienungszeiten für C(R)=0,1; 0,5; 0,9 wiedergegeben.

In der letzten Spalte dieser beiden Tabellen ist die Prüfgröße F^* für die Abweichungen der drei Erwartungswerte wiedergegeben. Da der kritische Wert bei (2;1497) Freiheitsgraden für 95 % Sicherheit bei $F^0=2,99$ liegt, sind die Abweichungen zwischen den Erwartungswerten der Schlangenlänge bei gamma-, lognormal- und Weibull-verteilten Bedienungs- und Reparaturzeiten in keinem Fall signifikant.

Tabelle 30a

Mittlere Schlangenlänge vor zwei Bedienungskanälen für verschiedene Verteilungsmodelle des Bedienungsprozesses

C(B)	Gamma-Verteilung		Weibull-Verteilg.		Lognormal-Vertlg.		F^*
	$E(\bar{n})$	Var(n)	$E(\bar{n})$	Var(n)	$E(\bar{n})$	Var(n)	
0,1	4,90±0,29	4,67	4,90±0,27	4,21	4,70±0,25	3,43	1,60
0,5	5,23±0,33	5,82	5,00±0,29	4,55	5,20±0,33	5,86	1,46
0,9	5,78±0,50	8,73	5,43±0,33	6,24	5,60±0,36	7,27	2,00

Tabelle 30b

Mittlere Schlangenlänge vor zwei Bedienungskanälen für verschiedene Verteilungsmodelle des Reparaturprozesses

C(R)	Gamma-Verteilung		Weibull-Verteilg.		Lognormal-Vertlg.		F^*
	$E(\bar{n})$	Var(n)	$E(\bar{n})$	Var(n)	$E(\bar{n})$	Var(n)	
0,1	4,45±0,15	1,30	4,45±0,16	1,35	4,50±0,18	1,71	0,27
0,5	4,79±0,19	1,95	4,85±0,22	2,70	4,79±0,21	2,53	0,26
0,9	5,58±0,28	4,49	5,36±0,31	5,36	5,29±0,29	4,64	2,31

Während der F-Test die Abweichung mehrerer Erwartungswerte gleichzeitig prüft, beurteilt der t-Test die Abweichungen von jeweils zwei Mittelwerten voneinander. Die Prüfgrößen t^* für die Abweichungen der einzelnen Mittelwerte voneinander sind für das oben angegebene Simulationsexperiment in den Tabellen 31a und 31b zusammengestellt.

Aus diesen Tabellen ergibt sich, daß lediglich die mittlere Schlangenlänge bei gamma- und bei Weibull-verteilten Bedienungszeiten mit C(B)=0,9 sowie die mittlere Schlangenlänge bei gamma- und bei lognormalverteilten Reparaturzeiten signifikant voneinander abweichen; alle anderen Abweichungen sind nicht signifikant.

Ein Unterschied zwischen den mittleren Schlangenlängen bei verschiedenen Verteilungsmodellen des Bedienungs- und des Reparaturprozesses bei gleichem Erwartungswert und gleicher Streuung läßt sich also nicht eindeutig nachweisen. Die relativ hohen t-Werte, die sich insbesondere für verschiedene Verteilungsmodelle des Bedienungsprozesses bei hoher Streuung ergeben, legen jedoch die Vermutung nahe, daß die mittlere Schlangenlänge bei mehreren parallel arbeitenden störanfälligen Bedienungskanälen im Gegensatz zu einzeln arbeitenden Kanälen nicht nur von den beiden ersten Momenten der Verteilung der Bedienungs- und Reparaturzeiten abhängen.

Tabelle 31a

Prüfgröße t^* für den Vergleich der mittleren Schlangenlänge bei verschiedenen Verteilungsmodellen des Bedienungsprozesses

Vergleich zwischen	C(B)=0,1		C(B)=0,5		C(B)=0,9	
	t^*	p^* 1)	t^*	p^*	t^*	p^*
Gamma-Weibull	0,01	0,01	1,60	0,89	1,99	0,95
Gamma-Lognorm.	1,55	0,87	0,18	0,14	0,96	0,66
Weibull-Logn.	1,61	0,89	1,40	0,83	1,04	0,70

Tabelle 31b

Prüfgröße t^* für den Vergleich der mittleren Schlangenlänge bei verschiedenen Verteilungsmodellen des Reparaturprozesses

Vergleich zwischen	C(R)=0,1		C(R)=0,5		C(R)=0,9	
	t^*	p^*	t^*	p^*	t^*	p^*
Gamma-Weibull	0,05	0,04	0,62	0,46	1,53	0,89
Gamma-Lognorm.	0,59	0,44	0,02	0,02	2,12	0,96
Weibull-Logn.	0,64	0,47	0,57	0,43	0,50	0,38

p^*-dem t-Wert entsprechendes Sicherheitsniveau

b) Gemeinsame Wartung paralleler Bedienungskanäle

Im vorigen Abschnitt wurde vorausgesetzt, daß die Reparaturrate proportional der Zahl der gestörten Kanäle ist. Diese Annahme impliziert, daß für jeden Bedienungskanal ein eigener Schlosser zur Verfügung steht, so daß sich aus dem Wartungssystem keine Interdependenzen zwischen den einzelnen Kanälen ergeben und daß beim Auftreten einer Störung sofort mit einer Reparatur begonnen werden kann und keine Warteschlange gestörter Kanäle entsteht.

Häufig wird jedoch nicht für jeden Bedienungskanal ein eigener Schlosser zur Verfügung stehen, vielmehr werden meist mehrere Kanäle gemeinsam von einem Schlosser gewartet werden. Dieses Problem führt zu einer Verbindung der Theorie der Wartesysteme mit Betriebsstörungen und der Maschinenwartungstheorie. Im einfachsten Fall werden alle Bedienungskanäle von einem einzigen Schlosser gewartet werden. Dann ist die Reparaturrate unabhängig von der Zahl der gestörten Bedienungskanäle; ist bei Ausfall eines Kanals bereits ein anderer Kanal gestört, dann muß erst dieser wieder in Betrieb gesetzt werden, ehe mit der Reparatur des zweiten Kanals begonnen werden kann.

Die Schlangengleichungen für dieses Wartesystem unterscheiden sich von denen des oben behandelten Systems durch die Glieder in μ: anstelle des Ausdrucks $m\mu P_{mn}$ tritt der Ausdruck μP_{mn}, weil die Reparaturrate in diesem Fall konstant und nicht proportional der Zahl der gestörten Kanäle ist:

$$(\alpha+\mu)P_{sn} = \alpha P_{sn-1}+\lambda P_{s-1n} \qquad (m=s;n>0) \qquad (100)$$

$$(\alpha+\mu)P_{so} = \lambda P_{s-1o} \qquad (m=s;n=0) \qquad (101)$$

$$\{\alpha+(s-m)(\beta+\lambda)+\mu\}P_{mn} = \alpha P_{mn-1}+(s-m)\beta P_{mn+1} + (s-m+1)\lambda P_{m-1n} +\mu P_{m+1n} \qquad (0<m<s;n\geq s-m) \qquad (102)$$

$$\{\alpha+\beta n+\lambda(s-m)+\mu\}P_{mn} = \alpha P_{mn-1}+(n+1)\beta P_{mn+1}+ (s-m+1)\lambda P_{m-1n}+\mu P_{m+1n} \qquad (0<m<s;0<n<s-m) \qquad (103)$$

$$\{\alpha+ \lambda(s-m)+\mu\}P_{mo} = \beta P_{m1}+(s-m+1)\lambda P_{m-1o}+\mu P_{m+1o} \qquad (0<m<s;n=0) \qquad (104)$$

$$\{\alpha+s(\beta+\lambda)\}P_{on} = \alpha P_{on-1}+s\beta P_{on+1}+\mu P_{1n} \qquad (m=0;n\geq s) \qquad (105)$$

$$\{\alpha+n\beta+s\lambda\}P_{on} = \alpha P_{on-1}+(n+1)\beta P_{on+1}+\mu P_{1n} \qquad (m=0;0<n<s) \qquad (106)$$

$$\{\alpha+s\lambda\}P_{oo} = \beta P_{o1}+\mu P_{1o} \qquad (m=0;n=0) \qquad (107)$$

Summiert man über alle n, dann erhält man als Randverteilung für die Zahl der gestörten Kanäle:

$$\{(s-m)\lambda+\mu\}P_{m.} = (s-m+1)\lambda P_{m-1.}+\mu P_{m+1.} \qquad (108)$$

Diese Gleichung ist identisch mit der Schlangengleichung im Maschinenwartungsmodell mit einem Schlosser. Für die Verteilung der Zahl der gestörten Kanäle gilt daher

$$P_{m.} = \frac{\dfrac{\left(\frac{\lambda}{\mu}\right)^m}{(s-m)!}}{\sum\limits_{k=o}^{s} \dfrac{\left(\frac{\lambda}{\mu}\right)^k}{(s-k)!}} = \frac{p(s-m,\mu/\lambda)}{U_1(s,\mu/\lambda)} \qquad (109)$$

Die mittlere Zahl der gestörten Bedienungskanäle ist dann

$$\bar{m} = s - \frac{\frac{\mu}{\lambda}\, U_1(s-1,\mu/\lambda)}{U_1(s,\mu/\lambda)} \qquad (110)$$

Als partielle erzeugende Funktionen der Schlangengleichungen (100) bis (107) erhält man durch Multiplikation mit den zugehörigen Potenzen von z und Summation über alle n:

$$\mu z F_{m+1}(z) - \{\alpha z(1-z) - (s-m)\beta(1-z) + (s-m)\lambda z + \mu z\} F_m(z) + $$
$$+ (s-m+1)\lambda z F_{m-1}(z) = (1-z) \sum_{k=o}^{s-m-1} (s-m-k)\beta z^k P_{mk} \tag{111}$$

und

$$\mu z F_1(z) - \{\alpha z(1-z) - s\beta(1-z) + s\lambda z\} F_o(z) =$$
$$= (1-z) \sum_{k=o}^{s-1} (s-k)\beta z^k P_{ok} \tag{112}$$

Zur Vereinfachung der Schreibweise sei

$$g_s(z) = \alpha(1-z) + \mu \tag{113}$$

$$g_m(z) = \alpha z(1-z) - (s-m)\beta(1-z) + (s-m)\lambda z + \mu z \tag{114}$$

$$g_o(z) = \alpha z(1-z) - s\beta(1-z) + s\lambda z \tag{115}$$

Weiter seien folgende Vektoren definiert:

$$f^T(z) = \{F_o(z), \ldots, F_s(z)\} \tag{116}$$

$$b^T(z) = \{b_o(z), \ldots, b_s(z)\} \tag{117}$$

mit

$$b_m(z) = \sum_{k=o}^{s-m-1} (s-m-k)\beta z^k P_{mk} \qquad (0 \le m < s) \tag{118a}$$

und

$$b_s(z) = 0 \tag{118b}$$

sowie die Matrix (119)

$$\underline{A}(z) = \begin{pmatrix} g_o(z) & -\mu z & 0 & 0 & \cdots & 0 & 0 & 0 \\ -sz\lambda & g_1(z) & -\mu z & 0 & \cdots & 0 & 0 & 0 \\ 0 & -(s-1)\lambda z & g_2(z) & -\mu z & \cdots & 0 & 0 & 0 \\ \cdots & \cdots & \cdots & \cdots & \cdots & \cdots & \cdots & \cdots \\ 0 & 0 & 0 & 0 & \cdots & -2\lambda z & g_{s-1}(z) & -\mu z \\ 0 & 0 & 0 & 0 & \cdots & 0 & -\lambda & g_s(z) \end{pmatrix}$$

dann kann man für (111) und (112) schreiben:

$$\underline{A}(z)\underline{f}(z) = \underline{b}(z)(z-1)$$

Falls

$\det\{\underline{A}(z)\} \neq 0$ ist, gilt

$$F_m(z) = \frac{(z-1)\det\{\underline{A}_m(z)\}}{\det\{\underline{A}(z)\}} \qquad (120)$$

wobei $\underline{A}_m(z)$ diejenige Matrix ist, die man erhält, wenn man in (119) die m-te Spalte durch $\underline{b}(z)$ ersetzt.

Wie im Fall der Wartung der Kanäle durch eigenes Bedienungspersonal sind in (120) die Unbekannten P_{mn} (m=1,2,..s-1; n=1,2,...s-m-1) zu bestimmen. Von diesen können (m-1)m/2 direkt aus den Schlangengleichungen bestimmt werden. Die restlichen s Unbekannten P_{mo}, (m=o,1,...,s-1) lassen sich aus der Bedingung, daß (120) innerhalb des Einheitskreises konvergiert und der Normierungsbedingung

$$F(1) = \sum_{m=o}^{s} F_m(1) = 1$$

bestimmen.

Hierzu ist zu zeigen, daß $\det\underline{A}(z)$ genau s-1 Nullstellen innerhalb des Einheitskreises hat. Analog dem Vorgehen von Avi-Itzhak und Mitrany sei hierzu die Polynomfolge $Q_k(z)$ der Determinanten der Hauptdiagonalminoren von $\underline{A}(z)$ definiert:

$$Q_o(z) = 1$$

$$Q_1(z) = g_o(z) \qquad (121)$$

$$Q_{k+1}(z) = g_k(z)Q_k(z)-(s-k+1)\lambda\mu z^2 Q_{k+1}(z)$$

und

$$\det\{\underline{A}(z)\} = (z-1)Q(z) = (z-1)Q_{s+1}(z) =$$

$$= g_s(z)Q_s(z)-s\lambda\mu z Q_{s-1}(z) \qquad (122)$$

Die Rekursionsgleichung (121) unterscheidet sich von der entsprechenden Gleichung (63) für das Modell von Avi-Itzhak und Mitrany lediglich durch den Faktor k in dem zweiten Glied. Wie man leicht erkennt, werden hierdurch die oben zusammengestellten Eigenschaften der Polynomfolge nicht berührt, so daß der Beweis von Avi-Itzhak und Mitrany dafür, daß das Nennerpolynom Q(z) genau s-1 Wurzeln z_i im Intervall (O,1) besitzt, falls die Kapazitätsauslastung des Systems kleiner als eins bzw. falls $Q(1) > 0$ ist, gilt:

Setzt man diese Wurzeln in

$$\det\{\underline{A}_m(z_i)\} = 0 \qquad \text{für alle } i=1,2,\ldots s-1 \tag{123}$$

ein, dann erhält man s-1 voneinander unabhängige Gleichungen, die zusammen mit der Normierungsbedingung

$$\sum_{m=0}^{s} \det\{\underline{A}_m(1)\}/Q(1) = F(1) = 1 \tag{124}$$

die Unbekannten P_{m0} m=0,1,2,...,s-1 bestimmen. Für $s > 2$ lassen sich jedoch die Wurzeln z_i nur numerisch bestimmen.

In dem Spezialfall s=2 gilt folgendes System von Schlangengleichungen:

$$(\alpha+\mu)P_{2n} = \alpha P_{2n-1}+\lambda P_{1n} \qquad (n>0) \tag{125}$$

$$(\alpha+\mu)P_{20} = \lambda P_{10} \qquad (n=0) \tag{126}$$

$$(\alpha+\beta+\lambda+\mu)P_{1n} = \alpha P_{1n-1}+\beta P_{1n+1}+2\lambda P_{0n}+\mu P_{2n} \qquad (n>0) \tag{127}$$

$$(\alpha+\lambda+\mu)P_{10} = \beta P_{11} +2\lambda P_{00}+\mu P_{20} \qquad (n=0) \tag{128}$$

$$(\alpha+2\beta+2\lambda)P_{0n} = \alpha P_{0n-1}+2\beta P_{0n+1}+\mu P_{1n} \qquad (n>1) \tag{129}$$

$$(\alpha+\beta+2\lambda)P_{01} = \alpha P_{00} +2\beta P_{02} +\mu P_{11} \qquad (n=1) \tag{130}$$

$$(\alpha+2\lambda)P_{00} = \beta P_{01} +\mu P_{10} \qquad (n=0) \tag{131}$$

Die Randverteilung der Zahl der gestörten Kanäle hat in diesem Fall die Form:

$$P_{0.} = \frac{\frac{1}{2}}{\frac{1}{2} + \frac{\lambda}{\mu} + \left(\frac{\lambda}{\mu}\right)^2} \tag{132}$$

$$P_{1.} = \frac{\frac{\lambda}{\mu}}{\frac{1}{2} + \frac{\lambda}{\mu} + \left(\frac{\lambda}{\mu}\right)^2} \tag{133}$$

$$P_{2.} = \frac{\left(\frac{\lambda}{\mu}\right)^2}{\frac{1}{2} + \frac{\lambda}{\mu} + \left(\frac{\lambda}{\mu}\right)^2} \tag{134}$$

Für die partiellen erzeugenden Funktionen erhält man durch Multiplikation von (125) bis (131) mit den passenden Potenzen von z und Summation über alle n:

$$\{\alpha z(1-z)-2\beta(1-z)+2\lambda z\}F_o(z)-\mu zF_1(z) = \beta(2P_{oo}+zP_{o1})(1-z) \quad (135)$$

$$-2\lambda zF_o(z)+\{\alpha z(1-z)-\beta(1-z)+\lambda z+\mu z\}F_1(z)-\mu zF_2(z) = \beta P_{1o}(1-z) \quad (136)$$

$$-\lambda F_1(z)+\{\alpha(1-z)+\mu\}F_2(z) = 0 \quad (137)$$

Setzt man

$$g_o(z) = \alpha z(1-z)-2\beta(1-z)+2\lambda z$$

$$g_1(z) = \alpha z(1-z)-\beta(1-z)+\lambda z+\mu z$$

$$g_2(z) = \alpha(1-z)+\mu$$

sowie

$$b_o(z) = \beta(2P_{oo}+zP_{o1})$$

$$b_1(z) = \beta P_{1o}$$

dann hat die Matrix $\underline{A}(z)$ die Form

$$\underline{A}(z) = \begin{pmatrix} g_o(z) & -\mu z & 0 \\ -2\lambda z & g_1(z) & -\mu z \\ 0 & -\lambda & g_2(z) \end{pmatrix}$$

für die partiellen erzeugenden Funktionen gilt

$$F_m(z) = \frac{\det\{\underline{A}_m(z)\}}{Q(z)}$$

mit

$$\det\{\underline{A}_o(z)\} = \{b_o(z)[g_1(z)g_2(z)-\lambda\mu z]+\mu zb_1(z)g_2(z)\}(z-1) \quad (138)$$

$$\det\{\underline{A}_1(z)\} = \{g_2(z)[g_o(z)b_1(z)+2\lambda zb_o(z)]\}(z-1) \quad (139)$$

$$\det\{\underline{A}_2(z)\} = \lambda\{g_o(z)b_1(z)+2\lambda zb_o(z)\}(z-1) \quad (1407$$

und

$$Q(z) = \frac{g_o(z)g_1(z)g_2(z)-\lambda\mu z\{2zg_2(z)+g_o(z)\}}{(z-1)}$$

$$= -(\alpha^3z^2-3\alpha^2\beta z+2\alpha\beta^2)(1-z)^2-(3\alpha^2\lambda z^2+2\alpha\lambda^2z^2-4\alpha\beta\lambda z-5\alpha\beta\mu z+2\beta^2\mu)(1-z)$$
$$-(2\alpha\lambda\mu z^2+2\alpha\lambda^2z^2+\alpha\mu^2z^2-2\beta\mu^2z-2\beta\lambda\mu z) \quad (141)$$

Als erzeugende Funktion erhält man daraus:

$$F(z) = \frac{\beta\{2P_{oo}+zP_{o1}\}\{g_1(z)g_2(z)+2\lambda zg_2(z)+2\lambda^2 z-\lambda\mu z\}}{Q(z)} + \qquad (142)$$

$$+ \frac{\beta P_{1o}\{g_o(z)g_2(z)+\lambda g_o(z)+\mu zg_2(z)\}}{Q(z)}$$

In (142) sind noch die Unbekannten P_{oo}, P_{o1} und P_{1o} enthalten. Aus (131) erhält man

$$(\alpha+2\lambda)P_{oo}-\beta P_{o1}-\mu P_{1o} = 0 \qquad (143)$$

Eine zweite Beziehung zwischen diesen Randbedingungen erhält man aus der Forderung, daß wegen der Konvergenz der erzeugenden Funktionen innerhalb des Einheitskreises der Zähler der erzeugenden Funktion bzw. aller partiellen erzeugenden Funktionen verschwinden muß, wenn der Nenner bei z_1 verschwindet und der Absolutwert von $|z_1| < 1$ ist.

Im Gegensatz zu dem oben dargestellten Fall der Wartung der Kanäle durch eigene Schlosser ist im Fall gemeinsamer Wartung durch einen Schlosser die Wurzel z_1 nicht allgemein zu bestimmen, so daß es notwendig ist, die Wurzel z_1 aus (141) numerisch zu bestimmen.

Aus det $\underline{A}_2(z_1)=0$ folgt dann

$$4\lambda z_1 P_{oo}+2\lambda z_1^2 P_{o1}+g_o(z_1)P_{1o} = 0 \qquad (144)$$

Eine letzte Beziehung zwischen den unbekannten Wahrscheinlichkeiten P_{oo}, P_{o1} und P_{1o} folgt schließlich aus der Normierungsbedingung F(1)=1:

$$2P_{oo}+P_{o1}+P_{1o} = \frac{2\beta\mu^2+2\beta\lambda\mu-2\alpha\lambda^2-\alpha\mu^2-2\alpha\lambda\mu}{\mu^2+2\lambda\mu+2\lambda^2} = c \qquad (145)$$

Notwendige Voraussetzung für die Existenz eines Gleichgewichtszustandes ist, daß (145) größer als Null ist, bzw. der Wert des Nennerpolynoms Q(z) an der Stelle 1 positiv ist. Vergleicht man diese Gleichgewichtsbedingung mit der entsprechenden Bedingung im Falle der Einzelwartung der Aggregate (69), dann zeigt sich, daß die Bedingung $c > 0$ schärfer ist, weil durch die gemeinsame Wartung der Kanäle der störungsbedingte Kapazitätsverlust erhöht wird.

Aus (143) bis (145) ergibt sich:

$$P_{oo} = c\{\beta[\alpha z_1(1-z_1)-2\beta(1-z_1)+2\lambda z_1]-2\lambda z_1^2\}/N(z_1) \quad (146)$$

$$P_{o1} = c\{4\lambda z_1+(\alpha+2\lambda)[\alpha z_1(1-z_1)-2\beta(1-z_1)+2\lambda z_1]\}/N(z_1') \quad (147)$$

$$P_{o2} = -c\{4\beta\lambda z_1+2\lambda z_1^2(\alpha+2\lambda)\}/N(z_1) \quad (148)$$

mit

$$N(z_1) = \{\alpha+2\beta+2\lambda\}\{\alpha z_1(1-z_1)-2\beta(1-z_1)+2\lambda z_1\}-$$
$$- 2\lambda z_1(\alpha z_1+2\beta+2\lambda z_1)-4\lambda\mu z_1(1-z_1)$$

Die mittlere Schlangenlänge erhält man dann, indem man die erzeugende Funktion (142) an der Stelle z=1 ableitet:

$$\bar{n} = \frac{A-B}{C} \quad (149)$$

wobei

$$A = \beta P_{o1}\{\mu^2+2\lambda\mu+2\lambda^2\}+\beta\{2P_{oo}+P_{o1}\}\{\mu^2-2\lambda\mu+2\lambda^2-3\alpha\lambda-2\alpha\mu+\beta\mu\} +$$
$$+ \beta P_{1o}\{\mu^2+2\lambda\mu+2\lambda^2-3\alpha\lambda-2\alpha\mu+2\beta\mu+2\beta\lambda\} \quad (150)$$

$$B = 3\alpha^2\lambda+2\alpha^2\mu-4\alpha\beta\lambda-5\alpha\beta\mu-4\alpha\lambda^2-4\alpha\lambda\mu-2\alpha\mu^2+2\beta^2\mu+2\beta\lambda\mu+2\beta\mu^2 \quad (151)$$

$$C = Q(1) = 2\beta\mu^2+2\beta\lambda\mu-2\alpha\lambda^2-\alpha\mu^2-2\alpha\lambda\mu \quad (152)$$

Die Abhängigkeit der mittleren Schlangenlänge von der Ankunftsrate ist in der Abb. 84 für die oben angegebenen Parameterkombinationen wiedergegeben.

Vergleicht man diese Ergebnisse mit der Abb. 81, dann zeigt sich, daß durch die gemeinsame Wartung der Kanäle die mittlere Schlangenlänge erheblich vergrößert wurde, die bessere Auslastung der Reparaturmannschaften wird durch eine Erhöhung der Wartezeit der Kunden erkauft.

In der Tabelle 32 ist die mittlere Schlangenlänge bei zwei nebeneinander arbeitenden Bedienungskanälen für die in diesem Kapitel untersuchten Grundmodelle von Wartesystemen mit nebeneinander arbeitenden, störanfälligen Bedienungskanälen, für Wartesysteme mit gekoppelten Kanälen und für Wartesysteme mit parallelen Kanälen mit Einzelwartung und gemeinsamer Wartung für verschiedene Parameterwerte wiedergegeben.

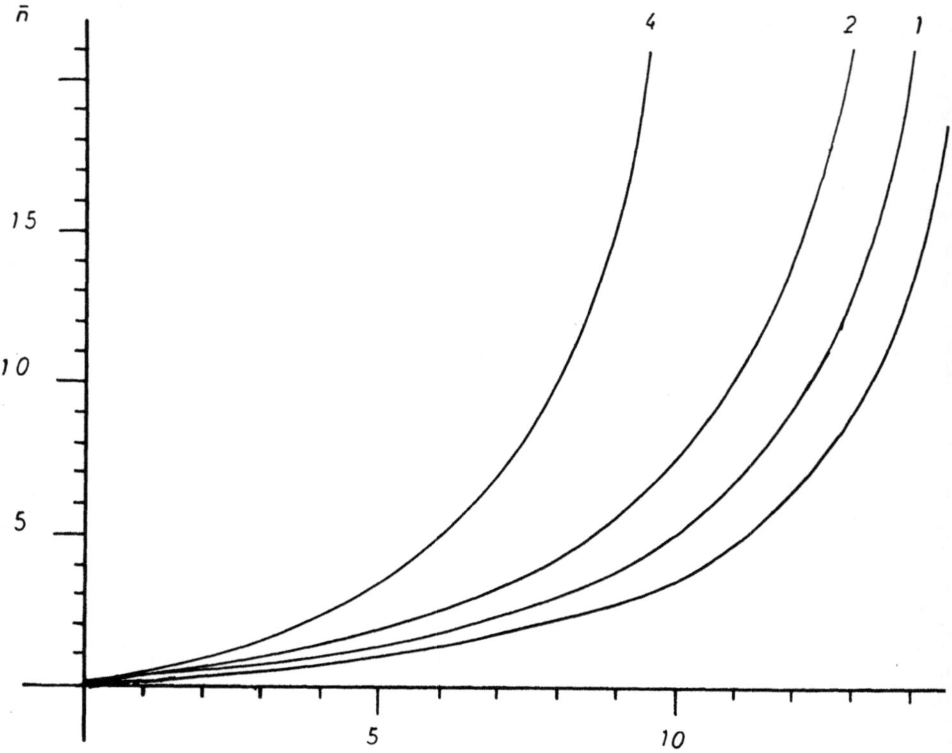

Abbildung 84: Mittlere Schlangenlänge in Wartesystemen mit zwei parallelen Bedienungskanälen, die gemeinsam gewartet werden

Tabelle 32

Mittlere Schlangenlänge bei Wartesystemen mit zwei nebeneinander arbeitenden störanfälligen Bedienungskanälen

Parameterkombination	gekoppelte Kanäle	gemeinsame Wartung	Einzel-wartung
$\alpha = 12$ $\beta = 10$ $\lambda = 0{,}2$ $\mu = 1$	27,0606	8,8621	5,8386
$\alpha = 10$ $\beta = 10$ $\lambda = 0{,}2$ $\mu = 1$	12,1984	4,7914	3,4056
$\alpha = 10$ $\beta = 10$ $\lambda = 0{,}5$ $\mu = 1$	---	26,4273	7,1846
$\alpha = 10$ $\beta = 10$ $\lambda = 0{,}4$ $\mu = 2$	7,4430	3,4147	2,6604
$\alpha = 10$ $\beta = 10$ $\lambda = 0{,}1$ $\mu = 0{,}5$	21,7184	7,4232	4,7887

Diese drei Grundmodelle unterscheiden sich im wesentlichen durch die Art der Interdependenzen zwischen den einzelnen Kanälen voneinander: während bei Einzelwartung lediglich Interdependenzen aufgrund des gemeinsamen Kundenreservoirs entstehen, ergeben sich bei gemeinsamer Wartung Interdependenzen aufgrund des gemeinsamen Kundenreservoirs und des Wartungssystems, bei gekoppelten Kanälen ergeben sich weitere Interdependenzen aufgrund des gemeinsamen Störprozesses. Wie man aus der Tabelle erkennen kann, steigt die mittlere Schlangenlänge bei allen Parameterkombinationen mit der Stärke der Koppelung zwischen den Bedienungskanälen an.

Eine Verallgemeinerung dieses Ansatzes von Mitrany auf den Fall der gemeinsamen Wartung durch mehrere Reparaturschlosser ist nicht möglich; zur Lösung des Problems der Wartung von K Bedienungskanälen durch r Schlosser müssen vielmehr Methoden der Simulation benutzt werden; wie bei der Simulation von Bedienungskanälen mit eigenem Schlosser gehen wir im folgenden davon aus, daß ein Kunde bei Unterbrechung seiner Bedienung warten muß, bis der gestörte Kanal repariert ist.

Zur Kennzeichnung der Zustände des Systems werden folgende Variable definiert:

M(I) = 0 falls Kanal I ungestört arbeitet
= 1 falls Kanal I repariert wird
= 2 falls Kanal I auf Reparatur wartet

NB(I) = 0 falls Kanal I leer steht
= 1 falls Kanal I besetzt ist

IR(J) = I falls Schlosser J mit der Reparatur des Kanals I beschäftigt ist

= 0 falls er unbeschäftigt ist

Weiter sei

N	die Zahl der Kunden im System
NS	die Zahl der auf Bedienung wartenden Kunden
MM	Zahl der gestörten Kanäle
MMM	Zahl der auf Reparatur wartenden Kanäle

Weiter werden die Systemuhr T und folgende Prozeßuhren geführt

T1A	Prozeßuhr für den Ankunftsprozeß
T1B(I)	Prozeßuhr für den Bedienungsprozeß des Kanals I (I=1,...,K)
T1S(I)	Prozeßuhr für den Störprozeß des Kanals I (I=1,...,K)
T1R(I)	Prozeßuhr für den Reparaturprozeß des Kanals I (I=1,...,K)

Zu Beginn jedes Simulationslaufes werden folgende Anfangsbedingungen gesetzt:

N = O
NS = O
MM = O
MMM = O

M(I) = O für alle I = 1,...,K
NB(I) = O für alle I = 1,...,K
IR(I) = O für alle I = 1,...,K

Weiter werden die Systemuhr auf T=O, die Prozeßuhren des Bedienungs- und des Reparaturprozesses auf eine Zahl E > TMAX gesetzt:

T1B(I) = E für alle I = 1,...,K
T1R(I) = E für alle I = 1,...,K

Schließlich werden der Zeitpunkt der ersten Ankunft T1A und die Zeitpunkte der ersten Störung T1S(I) aller Kanäle bestimmt.

Die erste Phase jedes Simulationsschrittes, die Prüfung welches Ereignis als nächstes auftritt, verläuft analog dem Vorgehen im Fall der unabhängigen Wartung der Kanäle, so daß hier auf eine Beschreibung verzichtet werden kann (vgl. das Flußdiagramm Abb. 85a).

Bei der Protokollierung der Ereignisse ergeben sich jedoch gegenüber den bisher behandelten Modellen einige Modifikationen (vgl. Abb. 85b):

Wie im Grundmodell wird bei einer Ankunft zunächst N um eins erhöht, die Systemuhr auf den Zeitpunkt der Ankunft gestellt und der Zeitpunkt T1A der nächsten Ankunft festgelegt; dann ist zu prüfen, ob ein Kanal zur Bedienung dieses Kunden frei ist, d. h. ob für einen Kanal M(I)und NB(I) gleich Null ist; erfüllt ein Kanal diese Bedingung, dann ist der Kunde diesem Kanal zuzuordnen, indem NB(I)=1 gesetzt wird und der Zeitpunkt des Abschlusses seiner Bedienung bestimmt wird. Gilt die Bedingung M(I)=NB(I)=O hingegen für keinen Kanal, ist also kein Kanal frei, dann ist die Zahl der wartenden Kunden NS um eins zu erhöhen.

Schließt der Kanal I eine Bedienung ab, dann ist zunächst die Zahl N der Kunden im System um eins zu verringern und die Systemuhr T auf den Zeitpunkt T1B(I) zu setzen. Ist NS > O, wartet also ein Kunde auf Bedienung, dann kann mit dessen Bedienung begonnen werden, dann ist NS um eins zu verringern und der Zeitpunkt T1B(I) des Abschlusses der nächsten Bedienung zu bestimmen. Ist hingegen NS=O, dann ist NB(I)=O zu setzen und die Systemuhr T1B(I) ist auf den Wert E zu stellen.

Tritt bei Kanal I eine Störung auf, dann ist, wie in dem oben beschriebenen Grundmodell, zunächst M(I)=1 zu setzen, die Systemuhr wird auf den Zeitpunkt der Störung T1S(I) gesetzt und die Zahl der Störungen MM um eins erhöht. Weiter ist zu prüfen, ob die Zahl der Störungen MM größer ist als die Zahl der Schlosser RR. In diesem Fall kann die Reparatur nicht sofort begonnen werden, die Zahl der wartenden Kanäle MM ist daher um eins zu erhöhen und M(I)=2 zu setzen; anderenfalls ist ein freier Schlosser zu suchen, indem geprüft wird, welches IR(IX)= ist. Der gestörte Kanal wird dann dem freien Schlosser IX zugeordnet, indem IR(IX)=I gesetzt wird und der Zeitpunkt der Beendigung der Reparatur T1R(I) bestimmt wird. In beiden Fäller

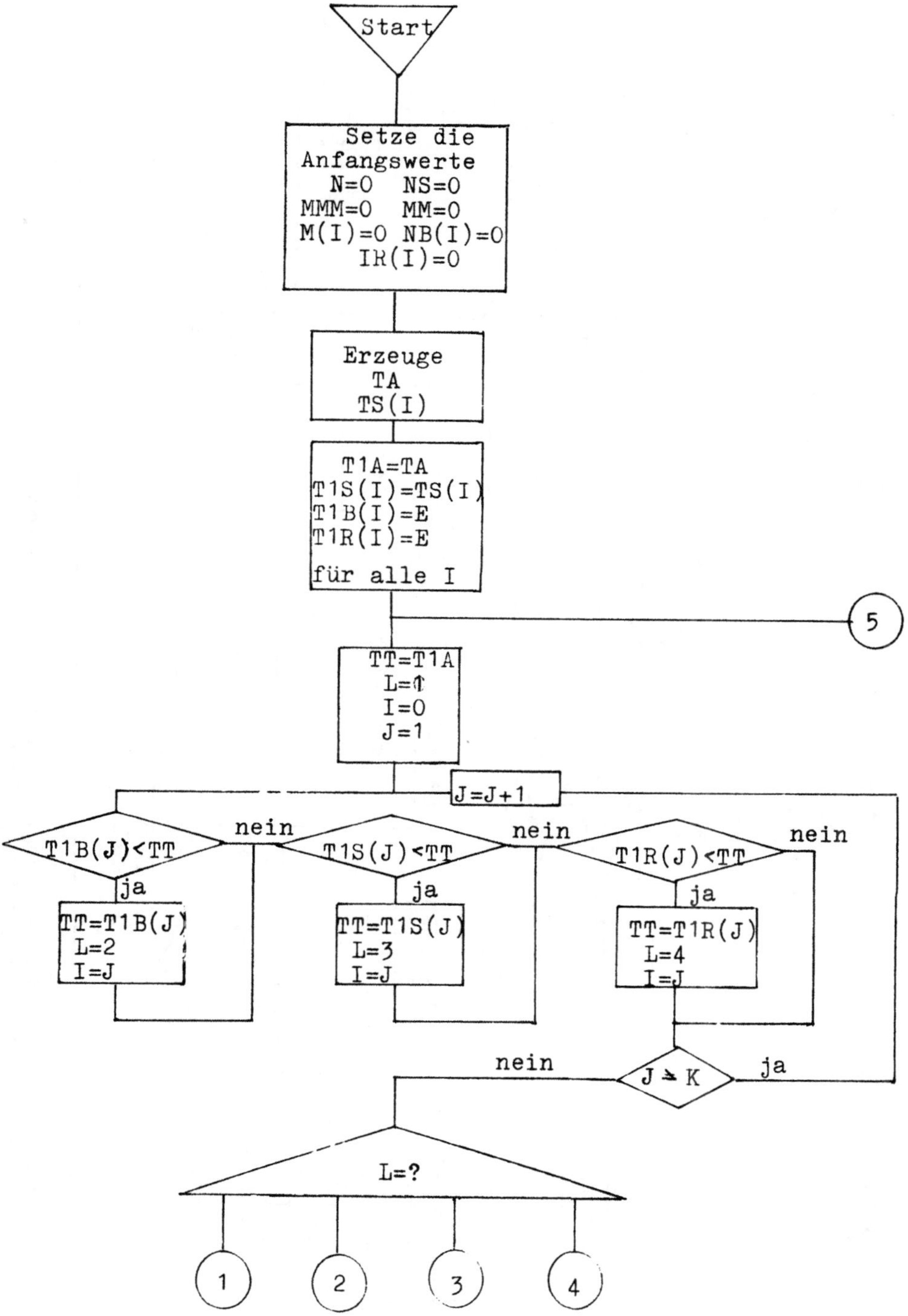

Abbildung 85a: Flußdiagramm für die Simulation nebeneinander arbeitender störanfälliger Bedienungskanäle mit gemeinsamer Wartung

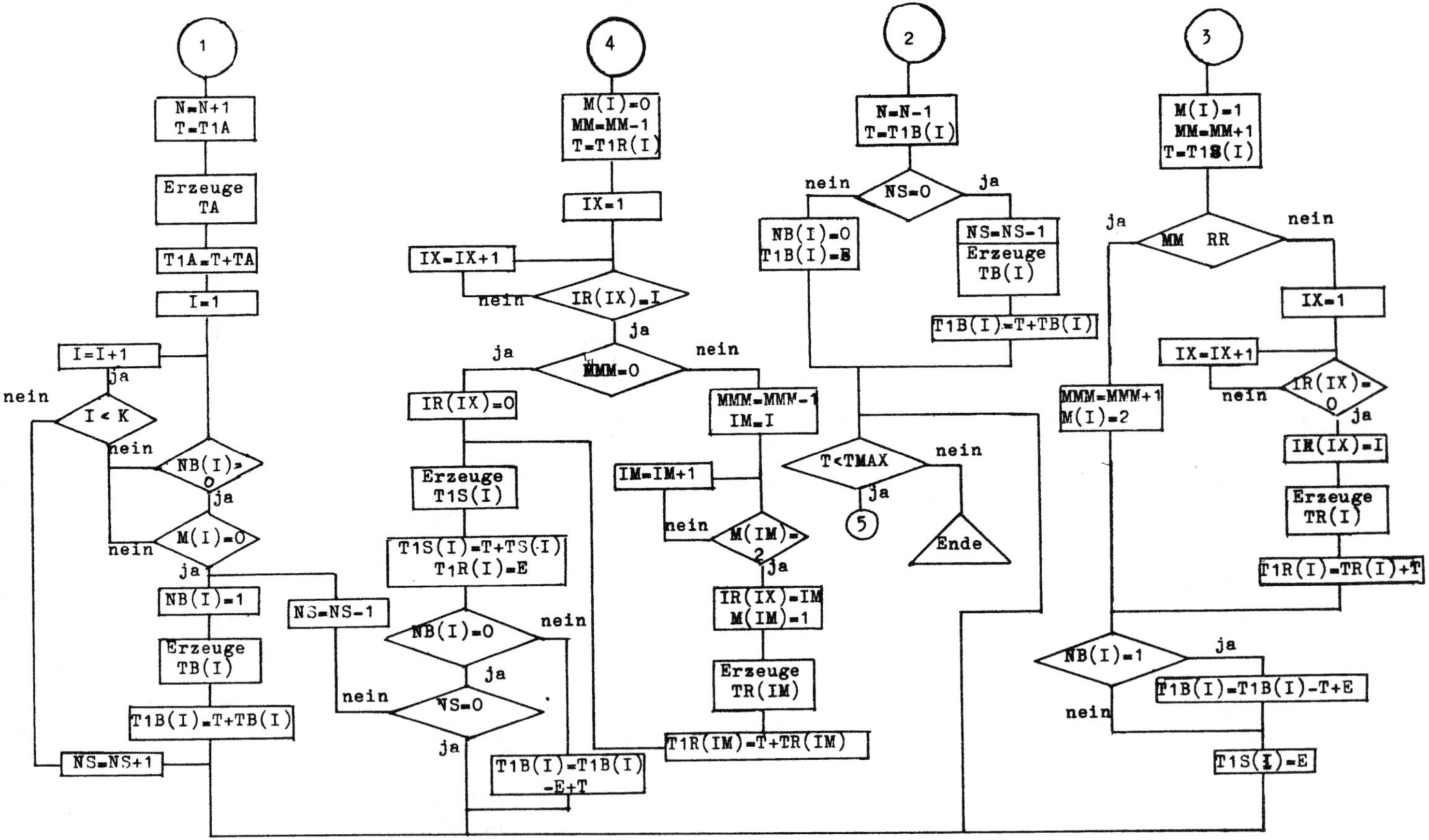

Abbildung 85b: Flußdiagramm für die Simulation nebeneinander arbeitender störanfälliger Bedienungskanäle mit gemeinsamer Wartung

ist weiter zu prüfen, ob durch die Störung eine Bedienung unterbrochen wurde, d. h. ob NB(I)=1 ist; wird eine Bedienung unterbrochen, dann wird die Systemuhr um den Wert E-T erhöht, bei Abschluß der Reparatur kann man dann leicht die Restbedienungsdauer bestimmen, indem man von T1B den Wert E abzieht.

Bei Abschluß einer Reparatur wird M(I)=0 gesetzt, die Zahl der gestörten Kanäle MM um eins verringert und die Systemuhr auf den Zeitpunkt T1R(J) gestellt. Um den weiteren Einsatz des frei gewordenen Schlossers zu regeln, ist zunächst die Nummer IX dieses Schlossers zu ermitteln. Ist MMM=0, wartet also kein Kanal auf Bedienung, dann ist IR(IX) gleich Null zu setzen. Andernfalls ist die Zahl der wartenden Kanäle MMM um eins zu verringern, eine der wartenden Maschinen IM diesem Schlosser zuzuordnen, indem IR(IX) = IM gesetzt wird, und der Zeitpunkt I1R(IM) festzulegen. In beiden Fällen ist weiter der Zeitpunkt T1S(I) der nächsten Störung des Kanals I festzulegen. Wurde durch den Ausfall des Kanals I die Bedienung eines Kunden unterbrochen, dann ist der Zeitpunkt T1B(I) der Beendigung der unterbrochenen Bedienung festzulegen, indem T1B (I) um E-T verringert wird. Ist der Kanal I hingegen frei und warten Kunden, d. h. ist NB(I)=0 und NS > 0, dann ist die Bedienung eines neuen Kunden einzuleiten.

Die Ergebnisse eines solchen Simulationsexperiments mit ITER=500 Läufen (für s=2 und 3) bzw. mit ITER=250 Läufen (für s=4 und s=5) für ein Markoff-System mit der Parameterkombination

$\alpha = 6s \qquad \mu = 0{,}2$
$\beta = 10 \qquad \lambda = 1{,}0$

sind in der Tabelle 33 zusammengestellt.

II. Die optimale Ausgestaltung von Systemen mit nebeneinander arbeitenden Maschinen

Nachdem im vorigen Abschnitt das Verhalten von Systemen mit mehreren nebeneinander arbeitenden Maschinen untersucht wurde, stellt sich nun die Frage nach der optimalen Ausgestaltung solcher Systeme, insbesondere ist zu klären,

1. wieviele Maschinen nebeneinander arbeiten sollen,
2. wieviele Schlosser zur Wartung dieser Maschinen eingesetzt werden sollen.

1) Die optimale Zahl nebeneinander arbeitender Maschinen

Bei der Entscheidung über die Zahl der Maschinen, die eingesetzt werden sollen, um einen gegebenen Strom von Werkstücken zu bearbeiten, sind folgende Kosteneinflüsse zu berücksichtigen:

1. Die Kosten für die Zwischenlagerung der Werkstücke; diese seien wie bei den oben untersuchten Modellen proportional dem durchschnittlichen Lagerbestand einschließlich des Maschinenbelages:

Tabelle 33

Mittlere Schlangenlänge und mittlere Zahl der gestörten Kanäle bei gemeinsamer Wartung

s \ r	1	2	3	4	5
	Mittlere Schlangenlänge				
2	8,82±0,87	5,52±0,41	-	-	-
3	14,88±2,18	6,12±0,35	5,49±0,24	-	-
4	23,29±3,65	6,63±0,52	5,70±0,28	5,72±0,30	-
5	39,81±7,18	7,70±0,51	6,41±0,28	6,26±0,89	6,21±0,23
	Mittlere Zahl der gestörten Kanäle				
2	0,38±0,01	0,33±0,01	-	-	-
3	0,64±0,02	0,51±0,01	0,50±0,02	-	-
4	1.00±0,03	0,69±0,03	0,66±0,02	0,66±0,02	-
5	1,42±0,05	0,89±0,02	0,84±0,02	0,83±0,02	0,83±0,02

$$K_1 = k_1\bar{n}(s) \tag{145}$$

2. Die Betriebskosten des Maschinenparks; diese seien proportional der Zahl der eingesetzten Maschinen

$$K_2 = k_2 s \tag{146}$$

3. Die Reparaturkosten; diese seien proportional der Zahl der Reparatur/Zeiteinheit

$$K_3 = k_3\bar{R}(s) \tag{147}$$

Die Funktion der relevanten Kosten hat also die Form:

$$K(s) = k_1\bar{n}(s)+k_2s+k_3\bar{R}(s) \tag{148}$$

Da die Zahl der Maschinen s nur ganzzahlige Werte annehmen kann, ist die notwendige Bedingung für ein Minimum der relevanten Kosten, daß

$$\Delta K(s_o) > 0 > \Delta K(s_o-1)$$

oder

$$-k_1\Delta\bar{n}(s_o)+k_3\Delta\bar{R}(s_o) > k_2 > -k_1\Delta\bar{n}(s_o-1)+k_3\Delta\bar{R}(s_o-1) \tag{149}$$

Die optimale Größe des Maschinenparks ist also dann erreicht, wenn

1. die Verringerung der Lagerhaltungskosten durch den Einsatz der s-ten Maschine abzüglich der dadurch verursachten Erhöhung der Reparaturkosten größer ist als die Betriebskosten einer Maschine

2. die Verringerung der Lagerkosten durch den Einsatz einer weiteren Maschine abzüglich der dadurch hervorgerufenen Erhöhung der Reparaturkosten hingegen geringer ist als die Betriebskosten einer Maschine.

Die optimale Zahl der Maschinen ist also dann erreicht, wenn die Grenzkosten der Lagerhaltung gleich den Grenzkosten der Maschinen (Betriebs- und Reparaturkosten) ist.

a) Die optimale Maschinenzahl bei gekoppelten Maschinen

Da der durchschnittliche Lagerbestand und die mittlere Zahl der Reparaturen/Zeiteinheit im Fall gekoppelter Maschinen, die bei Auftreten einer Störung gemeinsam stillgelegt werden müssen, gemäß den Formeln (18) und (22) explizit gegeben sind, soll die optimale Maschinenzahl zunächst für diesen Spezialfall bestimmt werden.

Ehe (18) und (22) in die Optimalitätsbedingung (149) eingesetzt werden können, ist jedoch zunächst zu prüfen, wie der Einsatz einer zusätzlichen Maschine die Störanfälligkeit des Systems beeinflußt. Hierbei sind folgende Fälle zu unterscheiden:

1. Durch den Einsatz einer weiteren Maschine wird die Störanfälligkeit des Systems nicht beeinflußt, so daß die Zahl der Störungen/Zeiteinheit unabhängig von der Zahl der Maschinen ist.

2. Die Störanfälligkeit steigt mit der Zahl der eingesetzten Maschinen

   $\lambda = \lambda(s)$

   Der Einfachheit halber kann vorausgesetzt werden, daß sie proportional der Zahl der eingesetzten Maschinen ist, wenn jede der Maschinen die gleiche Störanfälligkeit besitzt

   $$\lambda = ls \tag{150}$$

Im folgenden soll nur der zweite, realistischere Fall untersucht werden.

Bei der Bestimmung der optimalen Maschinenzahl gehen wir von folgenden Voraussetzungen aus:

1. Das System kann mit hinreichender Genauigkeit durch ein Markoff-Wartesystem mit gekoppelten, störanfälligen Bedienungskanälen beschrieben werden.

2. Die Systemparameter haben folgende Werte:

   $\alpha = 4{,}5 \qquad l = 0{,}05$

   $\beta = 5{,}0 \qquad \mu = 1$

3. Die Kostenparameter haben die folgenden Werte:

$k_1 = 1 \qquad k_3 = 10$

$k_2 = 2$

Wie aus der Tabelle 34 ersichtlich ist, ist die optimale Maschinenzahl gleich $s_o=2$, weil in diesem Fall die Optimalitätsbedingung (149) erfüllt ist.

Tabelle 34

Bestimmung der optimalen Maschinenzahl bei gekoppelten störanfälligen Maschinen

s	$\lambda(s)$	$\bar{n}(s)$	$\bar{R}(s)$	$\Delta\bar{n}$	$\Delta\bar{R}$	$-k_1\Delta\bar{n}+k_3\Delta\bar{R}$	K
1	0,05	21,0779	0,0476	-	-	-	23,56
2	0,10	2,1045	0,0909	-18,9734	0,0433	+19,407	7,01
3	0,15	1,9381	0,1304	- 0,1664	0,0395	+ 0,561	9,21
4	0,20	2,0414	0,1667	+ 0,1033	0,0363	+ 0,197	11,71
5	0,25	2,1852	0,2000	+ 0,1438	0,0333	+ 0,189	14,19

Aus der Tabelle 34 ist weiter zu ersehen, daß eine Reduktion der Schlangenlänge nur durch den Einsatz einer zweiten oder dritten Maschine zu erreichen ist; bei Einsatz einer vierten und fünften Maschine wird der Effekt der Kapazitätserweiterung durch die dadurch verursachte Erhöhung der Störanfälligkeit kompensiert, so daß die Schlangenlänge sogar ansteigt.

Im Optimum betragen die relevanten Kosten 7,01. Bei Erhöhung der Kanalzahl auf 3 steigen sie auf 9,21, bei Verringerung der Kanalzahl auf 1 steigen sie auf 23,56.

b) Die optimale Zahl parallel arbeitender Maschinen

Der durchschnittliche Lagerbestand bei parallel arbeitenden Maschinen kann nur für den Spezialfall s=2 explizit angegeben werden; für $s > 2$ ist es hingegen erforderlich, den mittleren Lagerbestand mit Hilfe der Simulation zu ermitteln.

Um den Rechenaufwand in vertretbaren Grenzen zu halten, ist es angebracht, wie bei den oben dargestellten Optimierungsproblemen zunächst in einem Simulationsexperiment von geringerem Umfang (z. B. mit ITER=50) für alle in Betracht kommenden Alternativen Näherungswerte für die relevanten Kosten gemäß (148) zu bestimmen und dann in umfangreicheren Simulationsexperimenten die relevanten Kosten für diejenigen Alternativen, deren relevante Kosten nicht signifikant von dem vorläufigen Kostenminimum abweichen, genauer einzugrenzen.

In der Tabelle 35 sind die Ergebnisse eines solchen Experiments für ein System parallel arbeitender Maschinen mit eigenem Schlosser wiedergegeben, das wie folgt gekennzeichnet ist:

1. Die Lieferungen und Störungen unterliegen Markoff-Prozessen mit den Parametern α = 12 und λ = 0,2.

2. Die Bearbeitungszeiten sind Weibull-verteilt mit dem Mittelwert E(B)=0,1 und dem Variationskoeffizienten C(B)=0,5. Die Reparaturzeiten sind ebenfalls Weibull-verteilt mit E(R)=1 und C(R)=0,75.

3. Die Kostenparameter haben folgende Werte:

k_1 = 1,-- DM/Zeiteinheit

k_2 = 2,-- DM/Zeiteinheit

k_3 = 20,-- DM/Zeiteinheit

Das vorläufige Minimum liegt also bei s=3. Die Abweichung der relevanten Kosten von diesem vorläufigen Minimum ist für s=4 und s=5 sigifikant; für s=2 hingegen ist diese Differenz nicht signifikant. Es ist daher erforderlich, die Zahl der Simulationsläufe für diese beiden Fälle zu erhöhen. Bei ITER=250 erhält man folgende Schätzwerte für die relevanten Kosten:

s=2: $E(\bar{K}) = 8{,}66 \pm 0{,}29$ Var(K) = 2,34

s=3: $E(\bar{K}) = 8{,}14 \pm 0{,}05$ Var(K) = 0,05

Tabelle 35

Schlangenlänge und relevante Kosten bei parallelen Maschinen

s	$E(\bar{n})$	$E(\bar{R})$	$E(\bar{K})$	Var(K)	t^*
2	4,50±0,57	0,34±0,02	8,59±0,58	1,79	1,16
3	1,81±0,08	0,48±0,02	7,93±0,11	0,07	0,00
4	1,48±0,06	0,62±0,03	9,63±0,09	0,07	2,89
5	1,43±0,09	0,82±0,06	11,64±0,11	0,07	5,97

Das Minimum der relevanten Kosten liegt also bei s=3 Maschinen. Die Abweichung der relevanten Kosten bei s=2 Maschinen von diesem Minimalwert ist mit t^*=5,26 hochsignifikant.

Bei den vorgegebenen Parameterwerten ist es also optimal, 3 Maschinen nebeneinander arbeiten zu lassen.

2) Die optimale Zahl von Maschinen und Schlossern

Im vorigen Abschnitt wurde vorausgesetzt, daß die Zahl der Schlosser vorgegeben ist bzw. daß jede Maschine von einem eigenen Schlosser oder von dem dieser Maschine zugeordneten Bedienungspersonal gewartet wird. Wird hingegen nicht jede Maschine durch einen eigenen Schlosser, sondern vielmehr mehrere Maschinen gemeinsam gewartet, dann ist neben der optimalen Zahl der Maschinen auch die optimale Zahl der Schlosser zu bestimmen. Dieses Problem führt zu einer Verbindung der Theorie der Wartesysteme mit parallelen Bedienungskanälen mit der Maschinenwartungstheorie. Ein ähnliches Problem wurde bereits im 6. Kapitel behandelt, im Gegensatz zu dem dort untersuchten Modell ergeben sich jedoch in dem hier zu untersuchenden Fall die Interdependenzen zwischen den einzelnen Maschinen nicht allein aus dem gemeinsamen Wartungssystem, sondern auch aus der Tatsache, daß alle Maschinen Werkstücke aus denselben Lieferungen bearbeiten.

Geht man wie im vorigen Abschnitt davon aus, daß die Lagerhaltungskosten proportional dem durchschnittlichen Lagerbestand, die Betriebskosten proportional der Zahl der eingesetzen Maschinen, die Reparaturkosten proportional der Zahl der Reparaturen sind und nimmt man weiter an, daß die Kosten des Wartungssystems proportional der Zahl der Schlosser ist, d. h. daß die Kosten, die ein Schlosser verursacht, gleich k_4 DM/Zeiteinheit sind, dann sind die relevanten Kosten gegeben durch:

$$K(s,r) = k_1\bar{n}(s,r)+k_2s+k_3\bar{R}(s,r)+k_4r \qquad (151)$$

Da die Abhängigkeit des mittleren Lagerbestandes und der Zahl der Reparaturen von der Maschinenzahl und der Zahl der eingesetzten Schlosser nicht explizit angegeben werden kann, ist es wiederum erforderlich, das Optimum mit Hilfe der Simulation zu bestimmen. Hierzu kann man wie im vorigen Abschnitt in einer Vorstudie mit geringem Stichprobenumfang (z. B. ITER=50) zunächst den ungefähren Verlauf der Kostenfunktion bestimmen, und dann die relevanten Kosten für diejenigen Alternativen, bei denen sie nicht signifikant von dem vorläufigen Minimum abweichen, in einem umfangreicheren Simulationsexperiment schärfer eingrenzen.

Für das oben angegebene Beispiel erhält man unter der Voraussetzung, daß die Kosten eines Schlossers gleich 10 DM/Zeiteinheit sind, die in der Tabelle 36 zusammengestellten Schätzwerte für die relevanten Kosten, deren Varianz und den t^*-Wert für die Abweichungen vom vorläufigen Minimalwert.

Die Tabelle 36 zeigt, daß der vorläufige Minimalwert bei s=3 und r=1 liegt. Während die Kosten aller anderen Alternativen hochsignifikant von diesem vorläufigen Minimum abweichen, ist die Abweichung bei s=2 und r=1 mit t^*=0,20 nicht signifikant.

Bei einer Erhöhung der Zahl der Simulationsläufe auf ITER=250 erhält man folgende Werte für die relevanten Kosten der beiden kritischen Alternativen:

s=2,r=1: $E(\bar{K})= 29{,}18 \pm 1{,}23$ $\quad Var(K) = 41.81$

s=3,r=1: $E(\bar{K})= 29{,}46 \pm 0{,}57$ $\quad Var(K) = 9{,}12$

Tabelle 36

Relevante Kosten bei gemeinsamer Wartung parallel arbeitender Maschinen

s \ r	1	2	3	4	5
	Erwartungswert der relevanten Kosten				
2	29,23±3,43	36,33±1,12	-	-	-
3	29,00±0,87	37,73±0,60	48,26±0,58	-	-
4	32,93±0,93	42,96±0,68	53,02±0,65	63,27±0,71	-
5	36,95±0,87	48,07±0,63	58,42±0,24	68,34±0,70	78,07±0,65
	Varianz der relevanten Kosten				
2	65,41	7,01	-	-	-
3	4,11	2,05	1,86	-	-
4	4,75	2,58	2,46	2,81	-
5	3,23	2,19	3,00	2,67	2,33
	t^*-Wert der Abweichung vom vorläufigen Minimum				
2	0,20	15,56	-	-	-
3	0,00	24,94	55,74	-	-
4	9,34	38,19	66,23	92,10	-
5	20,46	53,72	78,13	106,69	136,74

Der t^*-Wert ist mit 0,64 nicht signifikant. Auch bei einem Stichprobenumfang von ITER=250 ist nicht zu unterscheiden, welche der beiden Alternativen besser ist. Man könnte nun versuchen, durch noch umfangreichere Simulationsexperimente festzustellen, ob nicht doch ein Unterschied zwischen beiden Alternativen besteht; in Anbetracht des geringen Unterschiedes in den relevanten Kosten erscheint es jedoch angebracht, beide Alternativen als äquivalent anzusehen.

8. Kapitel: Betriebsstörungen bei hintereinander arbeitenden Maschinen

In den beiden letzten Kapiteln wurden die Probleme untersucht, die entstehen, wenn

1. mehrere Bedienungskanäle unabhängig voneinander arbeiten aber gemeinsam gewartet werden, die Interdependenz zwischen den einzelnen Kanälen also allein auf den Reparaturprozeß zurückzuführen ist;

2. mehrere Bedienungskanäle nebeneinander Kunden aus dem gleichen Kundenreservoir bedienen, die Interdependenz zwischen den einzelnen Kanälen auch auf den Ankunftsprozeß zurückzuführen ist.

Eine dritte Form der Interdependenz zwischen einzelnen Bedienungskanälen ergibt sich dann, wenn mehrere Kanäle hintereinandergeschaltet sind, wenn also jeder Kunde nacheinander eine Reihe von Bedienungskanälen in bestimmter Reihenfolge passieren muß, ehe seine Bedienung endgültig abgeschlossen ist.

Wartesysteme mit hintereinandergeschalteten Bedienungskanälen lassen sich nach der Möglichkeit einer Schlangenbildung zwischen den einzelnen Kanälen in folgenden Klassen einteilen [1]:

1. Wartesysteme mit unbeschränktem Warteraum vor jedem einzelnen Bedienungskanal

2. Wartesysteme ohne Warteraum zwischen den Kanälen

3. Wartesysteme mit endlichem Warteraum zwischen den Kanälen

4. Wartesysteme mit Taktarbeit: die einzelnen Kanäle arbeiten so zusammen, daß die nachgeschalteten Kanäle immer besetzt sein müssen und keine Warteschlange zwischen ihnen entstehen kann.

Bei Wartesystemen mit Betriebsstörungen ist weiter zu unterscheiden zwischen

1. Störungen, die das ganze System stillegen
2. Störungen, die nur einen einzelnen Kanal betreffen.

Zur Verdeutlichung der Problematik eines Wartesystems mit hintereinandergeschalteten Bedienungskanälen soll nun zunächst ein störungsfrei arbeitendes Wartesystem mit k hintereinandergeschalteten Bedienungskanälen mit unbeschränktem Warteraum zwischen den einzelnen Kanälen untersucht werden. Ein solches Wartesystem läßt sich unter der Voraussetzung, daß die Ankünfte vor dem ersten Kanal Poisson-verteilt sind und die Bedienungszeiten aller Kanäle exponentialverteilt sind, auf eine

Folge voneinander unabhängiger Wartesysteme des Typs (M/M/1) zurückführen. Unter diesen Voraussetzungen ist nämlich der Output jedes Kanals und damit der Input aller nachgeschalteten Kanäle unabhängig von den Bedienungsraten ein Poisson-Prozeß mit der gleichen Intensität wie der Ankunftsprozeß [2].

Ist α die Ankunftsrate und β_i die Bedienungsrate des i-ten Bedienungskanals, dann ist also die mittlere Länge der Warteschlange vor diesem Kanal:

$$\bar{n}_i = \frac{\alpha}{\beta_i - \alpha}$$

Die Gesamtzahl der Kunden im System ist dann

$$\bar{n} = \alpha \sum_{i=1}^{k} \frac{1}{\beta_i - \alpha}$$

Für Wartesysteme mit Betriebsstörungen ist dieser Weg beim derzeitigen Stand der Warteschlangentheorie nicht gangbar. Man könnte zwar, wie bei der Behandlung einzelner Bedienungskanäle gezeigt wurde, die Kanäle auf äquivalente Wartesysteme ohne Betriebsstörungen zurückführen, indem man anstelle der reinen Bedienungszeit die effektive Durchlaufzeit betrachtet; die effektive Durchlaufzeit eines Markoff-Wartesystems mit Betriebsstörungen ist jedoch, wie oben gezeigt wurde, nicht mehr exponentialverteilt. Wie Chang [3] gezeigt hat, sind die Abstände der einzelnen Bedienungen jedoch nur dann unabhängige Zufallsgrößen, wenn sowohl die Bedienungszeiten als auch die Zwischenankunftszeiten exponentialverteilt sind.

Die Rückführung eines Systems hintereinandergeschalteter Bedienungskanäle mit Betriebsstörungen führt also im allgemeinen auf Wartesysteme mit nicht-rekurrentem Input, für die noch keine praktikablen Lösungen existieren.

Für Markoff-Systeme bleibt zwar prinzipiell der Weg über die Schlangengleichungen für das ganze System offen, wenn man als Zustand des Systems die Zahl der Kunden vor den einzelnen Bedienungskanälen ansehen würde: aufgrund der sehr schnell steigenden Zahl der Zustände und des mit der Lösung der zwischen den Zustandswahrscheinlichkeiten bestehenden Rekursionsbeziehungen verbundenen Rechenaufwandes bleiben diesem Vorgehen jedoch sehr enge Grenzen gesetzt.

Im folgenden können daher nur einige Spezialfälle untersucht werden, bei denen entweder die Schlangengleichungen relativ einfach sind oder die Zurückführung auf bekannte Wartesysteme möglich ist.

I. Störungsbedingte Stauungen zwischen zwei Maschinen

Die Stauungen, die sich zwischen zwei störanfälligen Maschinen bilden, wurden von Zimmern [4] untersucht. Er geht dabei von folgenden Voraussetzungen aus:

1. Es werden zwei hintereinander arbeitende Maschinen betrachtet.

2. Beide Maschinen unterliegen Störungen, die unabhängig voneinander auftreten. Die störungsfreien Arbeitszeiten beider Maschinen sind exponentialverteilte Zufallsgrößen mit dem gleichen Parameter λ.

3. Die Reparaturdauern sind bei beiden Maschinen exponentialverteilte Zufallsgrößen mit Parameter μ.

4. Beide Maschinen arbeiten mit der gleichen, deterministischen Betriebsgeschwindigkeit; die Bearbeitungsrate ist gleich β.

5. Arbeitet die erste Maschine, während die zweite gestört ist, dann warten die Werkstücke in einem Pufferlager. Der Maximalbestand dieses Pufferlagers ist gleich S; wird diese Obergrenze erreicht, dann unterbricht auch die erste Maschine den Betrieb, bis die zweite Maschine wieder den Betrieb aufnehmen kann. Ist hingegen die erste Maschine gestört, während die zweite Maschine ungestört ist, dann baut diese zunächst das Pufferlager ab; ist dieses leer, bevor die erste Maschine den Betrieb wieder aufnehmen kann, dann muß auch die zweite Maschine den Betrieb einstellen.

Bei der Behandlung dieses Systems wird nur das Pufferlager s ($0 \leq s \leq S$) zwischen den beiden Maschinen untersucht. Zur Vereinfachung der Rechnung wird vorausgesetzt, daß dieses Zwischenlager kontinuierlich variiert. Die Probleme der Synchronisation der Anlieferung der Werkstücke vor der ersten Maschine mit dem Bedienungsprozeß werden hingegen nicht berücksichtigt, insbesondere wird nicht die Möglichkeit eines Pufferlagers vor der ersten Maschine in Betracht gezogen.

Die Entwicklung der Größe s wird dann durch einen Markoff-Prozeß beschrieben. Für die einzelnen Zustände des Systems seien die in Tabelle 37 zusammengefaßten Zustandswahrscheinlichkeiten definiert:

Zur Herleitung rekursiver Beziehungen zwischen diesen Zustandswahrscheinlichkeiten kann man von folgenden Überlegungen ausgehen:

Ein Lagerbestand von $s+\beta dt$ im Zeitpunkt $t+dt$ kann wie folgt entstanden sein:

1. Im Zeitpunkt t ist der Lagerbestand gleich s, Maschine 1 ist in Betrieb und Maschine 2 ist gestört; in dt wird weder die Maschine 1 repariert noch die Maschine 2 gestört.

   Die Wahrscheinlichkeit dieses Ereignisses ist gleich

   $f_1(s)(1-\lambda dt-\mu dt)$

2. Im Zeitpunkt t sind beide Maschinen ausgefallen, Maschine 1 wird wieder in Betrieb genommen.

   Die Wahrscheinlichkeit dieses Ereignisses ist gleich

   $f_4(s)\mu dt$

Tabelle 37

Zustandswahrscheinlichkeiten

Zustands-wahrschein-lichkeit	Länge der Warteschlange	Zustand der Maschinen
$f_1(s)ds$	zwischen s und s+ds $(0<s<S)$	Maschine 1 arbeitet " 2 gestört
$f_2(s)ds$	zwischen s und s+ds $(0<s<S)$	" 1 arbeitet " 2 arbeitet
$f_3(s)ds$	zwischen s und s+ds $(0\leq s<S)$	" 1 gestört " 2 arbeitet
$f_4(s)ds$	zwischen s und s+ds $(0<s<S)$	" 1 gestört " 2 gestört
$G_1(0)$	s=0	" 1 gestört " 2 ungestört, wartet
$G_2(0)$	s=0	Beide Maschinen ungestört
$K_1(S)$	s=S	Maschine 1 ungestört " 2 gestört Pufferlager aufgefüllt
$K_2(S)$	s=S	Beide Maschinen arbeiten

3. Im Zeitpunkt t arbeiten beide Maschinen, Maschine 2 fällt während dt aus.

   Die Wahrscheinlichkeit dieses Ereignisses ist gleich

   $f_2(s)\lambda dt$

Da sich diese drei Ereignisse gegenseitig ausschließen, gilt aufgrund des Additionstheorems:

$$f_1(s+\beta dt) = f_1(s)(1-\lambda dt-\mu dt)+f_4(s)\mu dt+f_2(s)\lambda dt \qquad (1)$$

oder

$$\beta \frac{df_1(s)}{ds} = -(\lambda+\mu)f_1(s)+\lambda f_2(s)+\mu f_4(s) \qquad (2)$$

Analog erhält man

$$-2\lambda f_2(s)+\mu f_1(s)+\mu f_3(s) = 0 \qquad (3)$$

$$-\beta \frac{df_3(s)}{ds} = -(\lambda+\mu)f_3(s)+\lambda f_2(s)+\mu f_4(s) \tag{4}$$

$$-2\mu f_4(s)+\lambda f_1(s)+\lambda f_3(s) = 0 \tag{5}$$

$$G_1(0) = K_1(S) = \frac{\beta}{\mu} f_1(s) \tag{6}$$

$$G_2(0) = K_2(S) = \frac{\beta}{\lambda} f_3(s) \tag{7}$$

Addiert man die Gleichungen (2) - (5), dann erhält man

$$\beta\left[\frac{df_1(s)}{ds} - \frac{df_3(s)}{ds}\right] = 0 \tag{8}$$

Die Differenz von $f_1(s)$ und $f_3(s)$ ist also unabhängig von s:

$$f_1(s) - f_3(s) = \text{const} \tag{9}$$

Zur Bestimmung der Größe dieser Differenz geht man davon aus, daß im stochastischen Gleichgewicht die Wahrscheinlichkeit dafür, daß die maximale Schlangenlänge erreicht wird, gleich der Wahrscheinlichkeit sein muß, daß dieser Zustand verlassen wird. Daher gilt für s=S:

$$f_1(S) - f_3(S) = 0$$

Da die Differenz von s unabhängig ist, gilt allgemein:

$$f_1(s) = f_3(s) \tag{10}$$

Subtrahiert man (2) und (4) voneinander, so erhält man wegen (10):

$$2\beta \frac{df_1(s)}{ds} = 0 \tag{11}$$

folglich gilt:

$$f_1(s) = f_2(s) = c \tag{12}$$

Aus (3) folgt dann

$$f_2(s) = c \frac{\mu}{\lambda} \tag{13}$$

und aus (5) ergibt sich

$$f_4(s) = c \frac{\lambda}{\mu} \tag{14}$$

Aus (6) und (7) erhält man schließlich

$$G_1(0) = K_1(S) = c\,\frac{\beta}{\mu} \tag{15}$$

$$G_2(0) = K_2(S) = c\,\frac{\beta}{\lambda} \tag{16}$$

Die Zustandswahrscheinlichkeiten sind also von der Schlangenlänge s unabhängig. Die Konstante c erhält man aus der Bedingung, daß die Summe der Zustandswahrscheinlichkeiten gleich 1 ist, daß also

$$\int_0^S \{f_1(s)+f_2(s)+f_3(s)+f_4(s)\}ds+G_1(0)+G_2(0)+K_1(S)+K_2(S) = 1$$

oder nach einigen Umformungen:

$$c = \frac{1}{S(2+\frac{\mu}{\lambda}+\frac{\lambda}{\mu}) + \beta(\frac{2}{\mu}+\frac{1}{\lambda})} \tag{17}$$

An dieses Erklärungsmodell läßt sich nun folgendes Optimierungsmodell anschließen [5]:

Bestimmt werden soll die optimale Kapazität des Pufferlagers zwischen den Maschinen; je größer der Warteraum zwischen den beiden Maschinen ist, desto seltener muß die Maschine 1 den Betrieb einstellen, weil Maschine 2 gestört ist und das Lager aufgefüllt ist, und desto mehr Werkstücke können bearbeitet werden.

Es sei

- g der durch die Bearbeitung eines Werkstückes zu erzielende Deckungsbeitrag/Stück
- $K_L(S)=k_L S$ die Kosten des Warteraums/Zeiteinheit

Dann ist der Gewinn/Zeiteinheit gleich

$$G = gQ(S)+k_L S \tag{18}$$

wobei

$$Q(S) = \beta\{\int_0^S (f_2+f_3)ds+G_1(0)+K_2(S)\}$$

$$= \frac{\beta(1+\frac{\mu}{\lambda})S + \frac{\beta}{\lambda}}{S(2+\frac{\lambda}{\mu}+\frac{\mu}{\lambda}) + \beta(\frac{2}{\mu}+\frac{1}{\lambda})} \tag{19}$$

der Erwartungswert der Zahl der Werkstücke, die während einer Zeiteinheit bearbeitet werden, ist. Differenziert man (18) nach S und setzt die Ableitung gleich Null, dann erhält man als notwendige Bedingung für die optimale Größe des Pufferlagers

$$S^* = \frac{-\beta(\frac{2}{\mu}+\frac{1}{\lambda}) + \beta\sqrt{(\frac{2}{\mu}+\frac{1}{\lambda})^2(1-\frac{k_L}{g}) + \frac{1}{\lambda}+\frac{1}{\mu}}}{2+\frac{\lambda}{\mu}+\frac{\mu}{\lambda}} \tag{20}$$

Eine positive Lösung existiert nur dann, wenn

$$g > \frac{\left(\frac{2}{\mu} + \frac{1}{\lambda}\right)^2}{\frac{1}{\lambda} + \frac{1}{\mu}} k_L = a(\lambda,\mu) k_L \qquad (21)$$

Unter dieser Bedingung existiert immer eine reelle Lösung.

Aus Gleichung (21) folgt, daß es nur dann sinnvoll ist, einen Warteraum einzurichten, wenn der Deckungsbeitrag/Werkstück größer ist als das a-fache der Kosten des Warteraums für ein Werkstück.

Der Faktor a hängt von der Häufigkeit der Störungen und der Schnelligkeit der Reparaturen ab; je länger und je häufiger die zweite Maschine gestört ist, desto kleiner wird a, desto größer kann k_L werden.

Das Modell von Zimmern befaßt sich nur mit einem Teilaspekt der bei hintereinander arbeitenden Maschinen auftretenden Probleme: Es wird zwar das Verhalten einer störungsbedingten Warteschlange zwischen zwei Maschinen behandelt, durch die Annahme, daß die Anlieferung unterbrochen wird, sobald die erste Maschine den Betrieb unterbrechen muß, wird jedoch ausgeschlossen, daß vor der ersten Maschine ebenfalls eine Warteschlange entsteht. Durch die Annahme, daß die Bearbeitungszeiten feste Größen sind und daß Anlieferungen und Bearbeitungen vollständig synchronisiert werden können, wird das für die hier behandelten Probleme typische Zusammentreffen von störungsbedingten und schwankungsbedingten Stauungen vermieden.

Die Behandlung dieser Probleme ist jedoch mit den von Zimmern entwickelten Methoden nicht möglich, zur Lösung ist vielmehr auf die allgemeinen Methoden der Warteschlangentheorie zurückzugreifen.

II. Markoff-Wartesysteme mit hintereinander arbeitenden Bedienungskanälen

1) Numerische Lösung der Schlangengleichungen

Die bei der Untersuchung von Wartesystemen mit hintereinander arbeitenden störanfälligen Bedienungskanälen auftretenden Probleme sollen nun anhand des folgenden Spezialfalles untersucht werden:

1. Das Wartesystem besteht aus zwei hintereinander arbeitenden Bedienungskanälen, d. h. der Output des ersten Kanals ist Input des zweiten Kanals

2. Alle Basisprozesse des Wartesystems genügen der Markoff-Eigenschaft.

3. Die Ankunftsrate vor dem ersten Kanal sei α, die Bedienungsrate sei β_1, die Bedienungsrate des zweiten Kanals sei β_2.

4. Störungen können nur dann auftreten, wenn ein Bedienungskanal tätig ist (interne Störungen).
   Der erste Kanal falle mit der Rate λ_1, der zweite mit der Rate λ_2 aus. Beide Kanäle werden unabhängig voneinander repariert, die Reparaturraten seien μ_1 und μ_2.

Die Zustände eines solchen Wartesystems sind gekennzeichnet durch:

1. die Zahl der noch nicht bedienten Kunden vor dem ersten Bedienungskanal m

2. die Zahl der noch nicht bedienten Kunden zwischen den beiden Bedienungskanälen n

3. die Zustände des Bedienungssystems

   a. beide Kanäle arbeiten
   b. Kanal I arbeitet, Kanal II gestört
   c. Kanal II gestört, Kanal I arbeitet
   d. beide Kanäle gestört

Die Zustandswahrscheinlichkeiten seien bezeichnet mit

T_{mn}: Beide Kanäle arbeiten, m Kunden warten vor dem ersten Kanal, n Kunden warten vor dem zweiten Kanal

Q_{mn}: Kanal I arbeitet, Kanal II gestört, m Kunden warten vor dem ersten Kanal, n Kunden vor dem zweiten Kanal

R_{mn}: Kanal I gestört, Kanal II arbeitet, m Kunden warten vor dem ersten Kanal, n Kunden vor dem zweiten Kanal

S_{mn}: Kanal I und II sind gestört, vor dem Kanal I warten m Kunden, vor dem Kanal II n Kunden.

Zwischen diesen Zustandswahrscheinlichkeiten bestehen im stochastischen Gleichgewicht folgende Beziehungen:

$$(\alpha+\mu_1+\mu_2)S_{mn} = \alpha S_{m-1n}+\lambda_1 Q_{mn}+\lambda_2 R_{mn} \qquad (m>1;n>0) \qquad (1)$$

$$(\alpha+\mu_1+\mu_2)S_{1n} = \lambda_1 Q_{1n}+\lambda_2 R_{1n} \qquad (m=1;n>0) \qquad (2)$$

$$(\alpha+\beta_2+\lambda_2+\mu_1)R_{mn} = \alpha R_{m-1n}+\beta_2 R_{mn+1}+\lambda_1 T_{mn}+\mu_2 S_{mn} \qquad (m>1;n>0) \qquad (3)$$

$$(\alpha+\mu_1)R_{mo} = \alpha R_{m-1o}+\beta_2 R_{m1}+\lambda_1 T_{mo} \qquad (m>1;n=0) \qquad (4)$$

$$(\alpha-\beta_2+\lambda_2+\mu_1)R_{1n} = \beta_2 R_{1n+1}+\lambda_1 T_{1n}+\mu_2 S_{1n} \qquad (m=1;n>0) \qquad (5)$$

$$(\alpha+\mu_1)R_{1o} = \beta_2 R_{11}+\lambda_1 T_{1o} \qquad (m=1;n=0) \qquad (6)$$

$$(\alpha+\beta_1+\lambda_1+\mu_2)Q_{mn} = \alpha Q_{m-1n}+\beta_1 Q_{m+1n-1}+\lambda_2 T_{mn}+\mu_1 S_{mn} \quad (m>0;n>1) \quad (7$$

$$(\alpha+\beta_1+\lambda_1+\mu_2)Q_{m1} = \alpha Q_{m-11} \qquad +\lambda_2 T_{m1}+\mu_1 S_{m1} \quad (m>0;n=1) \quad (8$$

$$(\alpha+\mu_2)Q_{on} = \beta_1 Q_{1n-1} \quad +\lambda_2 T_{on} \quad (m=0;n>1) \quad (9$$

$$(\alpha+\mu_2)Q_{o1} = \lambda_2 T_{o1} \quad (m=0;n=1) \quad (10$$

$$(\alpha+\beta_1+\beta_2+\lambda_1+\lambda_2)T_{mn} = \alpha T_{m-1n}+\beta_1 T_{m+1n-1}+\beta_2 T_{mn+1} +\mu_1 R_{mn}+\mu_2 Q_{mn} \quad (m>0;n>0) \quad (11$$

$$(\alpha+\beta_1+\lambda_1)T_{mo} = \alpha T_{m-1o}+\beta_2 T_{m1}+\mu_1 R_{mo} \quad (m>0;n=0) \quad (12$$

$$(\alpha+\beta_2+\lambda_2)T_{on} = \beta_1 T_{1n-1}+\beta_2 T_{on+1}+\mu_2 Q_{on} \quad (m=0;n>0) \quad (13$$

$$\alpha T_{oo} = \beta_2 T_{o1} \quad (m=0;n=0) \quad (14$$

Die Lösung des durch (1) bis (14) gegebenen Systems von Differenzengleichungen mit Hilfe der erzeugenden Funktionen ist nicht möglich, da die große Zahl der hierbei auftretenden Randbedingungen nicht bestimmt werden kann. Es ist daher notwendig, zur Bestimmung der Zustandswahrscheinlichkeiten numerische Methoden zu benutzen. Hierzu ist es jedoch erforderlich, das unendliche Gleichungssystem (1) bis (14) durch Einführung oberer Grenzen für die Warteschlangen vor den beiden Bedienungskanälen auf ein endliches lineares Gleichungssystem zu reduzieren. Es sei M die Maximalzahl der Kunden in der Warteschlange vor dem ersten Bedienungskanal und N die Maximalzahl der Kunden vor dem zweiten Bedienungskanal. Dann gilt zusätzlich zu (1) bis (14), die jeweils nur für $m < M$ und $n < N$ gelten:

$$(\mu_1+\mu_2)S_{Mn} = \alpha S_{M-1n}+\lambda_1 Q_{Mn}+\lambda_2 R_{Mn} \quad (m=M;0<n\leq N) \quad (1$$

$$(\beta_2+\lambda_2+\mu_1)R_{MN} = \alpha R_{M-1N}+\lambda_1 T_{MN}+\mu_2 S_{MN} \quad (m=M;n=N) \quad (1$$

$$(\beta_2+\lambda_2+\mu_1)R_{Mn} = \alpha R_{M-1n}+\lambda_1 T_{Mn}+\mu_2 S_{Mn}+\beta_2 R_{Mn+1} \quad (m=M;0<n<N) \quad (1$$

$$\mu_1 R_{Mo} = \alpha R_{M-1o}+\lambda_1 T_{Mo} \qquad +\beta_2 R_{M1} \quad (m=M;n=0) \quad (1$$

$$(\alpha+\beta_2+\lambda_2+\mu_1)R_{mN} = \alpha R_{m-1n}+\lambda_1 T_{mN}+\mu_2 S_{mN} \qquad (1<m<M;n=N) \quad (19)$$

$$(\alpha+\beta_2+\lambda_2+\mu_1)R_{1N} = \lambda_1 T_{1N}+\mu_2 S_{1N} \qquad (m=1;n=N) \quad (20)$$

$$\mu_2 Q_{MN} = \mu_1 S_{MN} \qquad (m=M;n=N) \quad (21)$$

$$(\beta_1+\lambda_1+\mu_2)Q_{Mn} = \alpha Q_{M-1n}+\lambda_2 T_{Mn}+\mu_1 S_{Mn} \qquad (m=M;1\leq n<N) \quad (22)$$

$$(\alpha+\lambda_1+\mu_2)Q_{mN} = \alpha Q_{m-1N}+\beta_1 Q_{m+1N-1}+\mu_1 S_{mN} \qquad (0<m<M;n=N) \quad (23)$$

$$(\alpha+\mu_2)Q_{oN} = \beta_1 Q_{1N-1} \qquad (m=0;n=N) \quad (24)$$

$$(\beta_2+\lambda_2)T_{MN} = \alpha T_{M-1N} +\mu_1 R_{MN}+\mu_2 Q_{MN} \qquad (m=M;n=N) \quad (25)$$

$$(\beta_1+\beta_2+\lambda_1+\lambda_2)T_{Mn} = \alpha T_{M-1n}+\beta_2 T_{Mn+1}+\mu_1 R_{Mn}+\mu_2 Q_{Mn} \qquad (m=M;0<n<N) \quad (26)$$

$$(\beta_1+\lambda_1)T_{Mo} = \alpha T_{M-1o}+\beta_2 T_{M1} +\mu_1 R_{Mo} \qquad (m=M;n=0) \quad (27)$$

$$(\alpha+\beta_2+\lambda_2)T_{mN} = \alpha T_{m-1N}+\beta_1 T_{m+1N-1}+\mu_1 R_{mN}+\mu_2 Q_{mN} \qquad (0<m<M;n=N) \quad (28)$$

$$(\alpha+\beta_2+\lambda_2)T_{oN} = \beta_1 T_{1N-1} +\mu_2 Q_{oN} \qquad (m=0;n=N) \quad (29)$$

Da das Gleichungssystem (1) bis (29) homogen ist, sind zunächst nur die Verhältnisse der Unbekannten zueinander bestimmt. Zur Bestimmung der absoluten Werte der Zustandswahrscheinlichkeiten ist es erforderlich, eine der Bestimmungsgleichungen durch die Normierungsbedingung

$$\sum_{m=o}^{M} \sum_{n=o}^{N} T_{mn}+ \sum_{m=1}^{M} \sum_{n=o}^{N} R_{mn}+ \sum_{m=o}^{M} \sum_{n=1}^{N} Q_{mn}+ \sum_{m=1}^{M} \sum_{n=1}^{N} S_{mn} = 1 \qquad (30)$$

zu ersetzen.

Das Gleichungssystem (1) bis (30) enthält die (2M+1)x(2N+1) Unbekannten

T_{mn} (m=0,1,...,M;n=0,1,...,N)
Q_{mn} (m=1,2,...,M;n=0,1,...,N)
R_{mn} (m=0,1,...,M;n=1,2,...,N)
S_{mn} (m=1,2,...,M;n=1,2,...,N)

Da aus (1) und (2)

$$S_{mn} = \sum_{k=1}^{m} \left(\frac{\alpha}{\alpha+\mu_1+\mu_2}\right)^{m-k} \left(\frac{\lambda_1}{\alpha+\mu_1+\mu_2} Q_{kn} + \frac{\lambda_2}{\alpha+\mu_1+\mu_2} R_{kn}\right) \qquad m<M \qquad (31)$$

und aus (15)

$$S_{Mn} = \frac{\alpha}{\mu_1+\mu_2} \sum_{k=1}^{M-1} \left(\frac{\alpha}{\alpha+\mu_1+\mu_2}\right)^{M-k-1} \left(\frac{\lambda_1}{\alpha+\mu_1+\mu_2} Q_{kn} + \frac{\lambda_2}{\alpha+\mu_1+\mu_2} R_{kn}\right)$$
$$+ \frac{\lambda_1}{\mu_1+\mu_2} Q_{Mn} + \frac{\lambda_2}{\mu_1+\mu_2} R_{Mn} \qquad (32)$$

folgt, kann man die Unbekannten S_{mn} eliminieren und damit die Zahl der Unbekannten auf $(M+1) \times (2N+1) + M(N+1)$ reduzieren.

Einen Anhaltspunkt dafür, wie groß die maximalen Schlangenlängen M und N mindestens angesetzt werden müssen, wenn die Lösung des Gleichungssystems brauchbare Näherungswerte für die Zustandswahrscheinlichkeiten im Fall unbeschränkter Schlangenlängen liefern soll, kann man durch folgende Überlegungen erhalten:

Das Verhalten der Warteschlange vor dem ersten Kanal wird in keiner Weise durch das Verhalten des zweiten Kanals und der Warteschlange vor diesem Kanal beeinflußt. Die Randverteilung der Schlangenlänge vor dem ersten Kanal

$$P_{om} = \sum_{n=o}^{\infty} T_{mn} + \sum_{n=1}^{\infty} Q_{mn} = \text{Prob}\left\{\begin{matrix}\text{m Kunden vor Kanal I und}\\ \text{Kanal I ungestört}\end{matrix}\right\}$$

$$P_{1m} = \sum_{n=o}^{\infty} R_{mn} + \sum_{n=1}^{\infty} S_{mn} = \text{Prob}\left\{\begin{matrix}\text{m Kunden vor Kanal I}\\ \text{und Kanal I gestört}\end{matrix}\right\}$$

muß daher gleich der Verteilung der Zustandswahrscheinlichkeiten in einem Wartesystem mit einem einzelnen Kanal mit internen unterbrechenden Störungen sein, die im 4. Kapitel, Abs. 1 c bestimmt wurde.

Die maximale Schlangenlänge M vor dem ersten Kanal ist dann so zu bestimmen, daß

$$1 - \sum_{m=o}^{M} P_{om} - \sum_{m=1}^{M} P_{1m} < \varepsilon$$

wobei ϵ, die Summe der durch das Abschneiden vernachlässigten Wahrscheinlichkeiten, ein Maß für den hierdurch verursachten Fehler ist. Geht man weiter davon aus, daß bei annähernd gleicher Kapazitätsauslastung beider Kanäle der durch das Abschneiden verursachte Fehler bei beiden Kanälen von der gleichen Größenordnung ist, dann ist es sinnvoll, die maximale Schlangenlänge für beide Kanäle gleichzusetzen.

Verlangt man, daß der maximale Fehler kleiner als $\epsilon = 0{,}005$ ist, dann müssen die Obergrenzen für die Parameterkombination

$$\alpha = 6 \qquad \lambda_1 = \lambda_2 = 0{,}2$$
$$\beta_1 = \beta_2 = 10 \qquad \mu_1 = \mu_2 = 1{,}0$$

mindestens auf M=N=45 gesetzt werden. Das Gleichungssystem (1) bis (30) wäre dann von der Ordnung 8281, das durch Eliminierung der S_{mn} reduzierte Gleichungssystem wäre noch von der Ordnung 6256.

Bei der Untersuchung von mehr als zwei hintereinander arbeitenden, störanfälligen Kanälen würde die Zahl der Unbekannten noch weiter steigen.

Der mit der Lösung von Gleichungssystemen dieser Größenordnung verbundene Rechenaufwand und die dabei auftretenden Rundungsfehler verhindern daher die praktische Untersuchung von Wartesystemen mit hintereinander geschalteten störanfälligen Bedienungskanälen durch numerische Lösung der Schlangengleichungen.

2) Ein Simulationsmodell für hintereinander arbeitende störanfällige Bedienungskanäle

Da die numerische Lösung der Schlangengleichungen bei mehreren hintereinander arbeitenden Bedienungskanälen auf unüberwindbare numerische Schwierigkeiten stößt, ist es erforderlich, die gesuchten Operationscharakteristiken mit Hilfe anderer Verfahren, insbesondere mit Hilfe der Simulation, zu bestimmen.

Bei der Entwicklung eines Simulationsmodells für hintereinander arbeitende Kanäle ist von folgenden Überlegungen auszugehen: In einem solchen Wartesystem mit Betriebsstörungen ergibt sich die Interdependenz zwischen den einzelnen Kanälen allein daraus, daß der Output des vorgelagerten Kanals gleichzeitig Input des nachgelagerten Kanals ist, daß also der Abschluß einer Bedienung gleichzeitig eine Ankunft vor dem nächsten Kanal ist. Bei der analytischen Behandlung des Problems werden hierdurch erhebliche Komplikationen hervorgerufen, weil die Abstände der einzelnen Bedienungen der vorgelagerten Kanäle und damit die Abstände der Ankünfte vor dem nachgelagerten Kanal - außer bei exponentialverteilten Ankünften und störungsfreien exponentialverteilten Bedienungszeiten - voneinander abhängige Zufallsgrößen sind.

Bei der Simulation ergeben sich hieraus hingegen keine besonderen Probleme: Hier ist es lediglich notwendig, in einem einfachen Einkanalsystem neben den Zustandsgrößen auch die Zeitpunkte zu registrieren, in denen eine Bedienung abgeschlossen worden ist. Diese Zeitpunkte können dann als Ankunftszeitpunkte in ein zweites, vom ersten unabhängig arbeitendes Einkanal-System eingegeben werden. Ein Simulationslauf setzt sich also aus S aufeinander folgenden Teilläufen zusammen, die nur durch die Bedienungs- und Ankunftszeiten miteinander verknüpft sind: Die Zeitpunkte, zu denen in dem vorhergegangenen Teillauf eine Bedienung abgeschlossen wurde, entsprechen den Ankunftszeiten für den folgenden Teillauf.

In jedem dieser Teilläufe werden neben den Systemgrößen N (Zahl der Kunden in dem betreffenden Teilsystem) und M (Index für den Zustand des betreffenden Bedienungskanals) die Parameter J für die Zahl der Ankünfte und L für die Zahl der Bedienungen seit Beginn des jeweiligen Teillaufes sowie die Zeitpunkte, in denen eine Bedienung abgeschlossen worden ist, registriert. Der Simulationsprozeß, der in der Abb. 86 als Flußdiagramm dargestellt ist, setzt sich aus zwei Teilen zusammen:

1. einem Steuerprogramm, das die Anfangsbedingungen für jeden Teillauf setzt und die Verknüpfung der Teilläufe überwacht
2. dem eigentlichen Simulationsprogramm.

Zu Beginn eines jeden Simulationslaufes setzt das Steuerprogramm zunächst den Index K (Nr. des zu simulierenden Kanals) auf den Wert 1. Im Gegensatz zu den oben beschriebenen Modellen, bei denen der Zeitpunkt der nächsten Ankunft während der Simulation nach jeder Ankunft festgelegt wurde, werden hier die Zeitpunkte aller Ankünfte vor Beginn der Simulation durch das Steuerprogramm bestimmt und in dem Bereich TAK gespeichert. Diese Technik bedingt, daß der Simulationslauf nicht nach einer vorgegebenen maximalen Prozeßzeit TMAX abgebrochen wird, sondern nachdem die vorherbestimmte Anzahl von Ankünften MAXA simuliert wurde. Weiter werden die Anfangswerte M=0, N=0, J=1, L=1 und T=0 gesetzt; dann ruft das Steuerprogramm das eigentliche Simulationsprogramm auf, das im wesentlichen den Simulationsprogrammen für einen einzelnen Bedienungskanal entspricht. Im Unterschied zu diesen Programmen wird bei jeder Ankunft der Zeitpunkt der nächsten Ankunft aus dem Bereich TAK(J) genommen und der Index J um 1 erhöht; bei jeder Bedienung wird zusätzlich der Zeitpunkt des Abschlusses dieser Bedienung in dem Bereich TBK gespeichert und der Index L um 1 erhöht.

Nach Abschluß eines jeden Simulationsschrittes wird erneut das Steuerprogramm aufgerufen. Dieses prüft, ob alle für diesen Teillauf vorgesehenen Ankünfte berücksichtigt sind, d. h. ob J=MAXA ist. Ist $J < MAXA$, dann wird das Simulationsprogramm erneut aufgerufen und der nächste Simulationsschritt durchgeführt. Ist hingegen $J > MAXA$, sind also alle für diesen Teillauf vorgesehenen Ankünfte berücksichtigt, dann prüft das Steuerprogramm, ob der Simulationslauf für alle Kanäle abgeschlossen ist, ob also K gleich S ist oder nicht. Sind noch nicht alle Teilläufe abgeschlossen, ist also K kleiner als S, dann wird der Index K um 1 erhöht, die Maximalzahl der in diesem Teillauf zu berücksichtigenden Ankünfte MAXA wird auf die Zahl der in dem vorigen Teillauf durchgeführten Bedienungen gesetzt. Schließlich werden die entsprechenden Bedienungszeitpunkte vom Bereich TBK in den für die Ankunftszeiten des nächsten Teilprozesses vorgesehenen Bereich TAK gespeichert. Nachdem die Anfangswerte für diesen Lauf neu gesetzt worden sind, beginnt

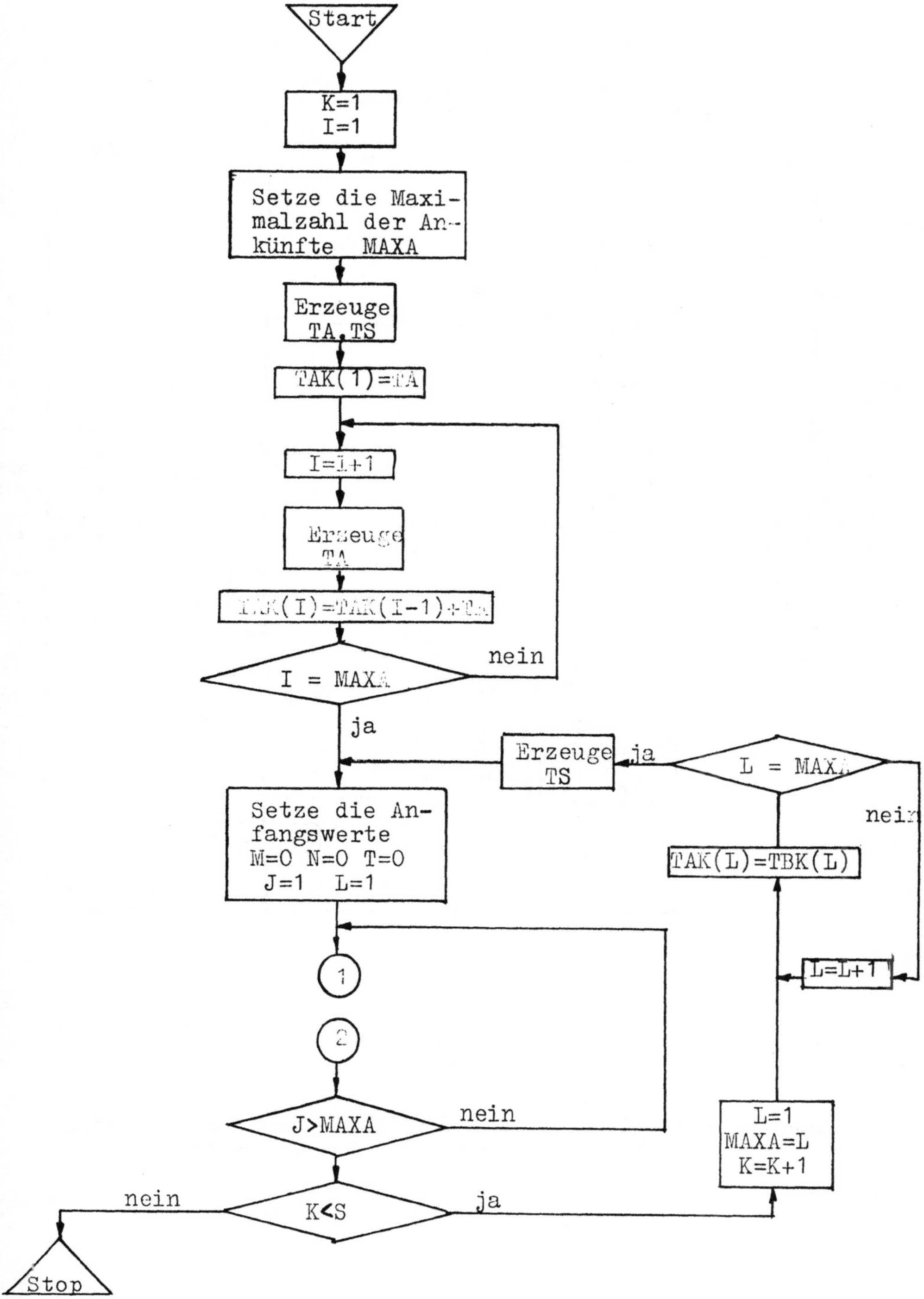

Abbildung 86a: Flußdiagramm für die Simulation von hintereinander arbeitenen störanfälligen Bedienungskanälen

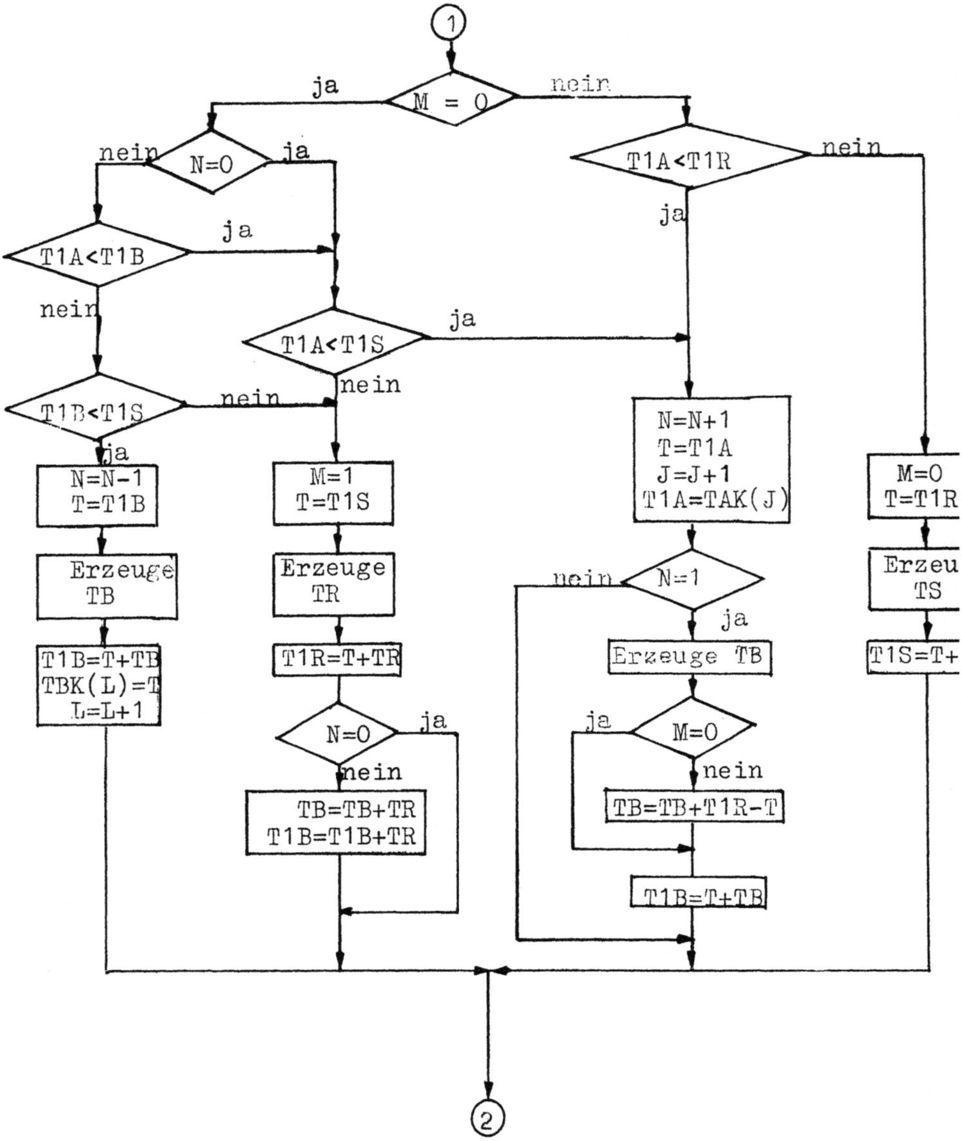

Abbildung 86b: Flußdiagramm für die Simulation hintereinander arbeitender störanfälliger Bedienungskanäle

der Simulationszyklus von vorne. Ist hingrgen K gleich S, dann ist auch die Simulation des letzten Kanals und damit der gesamte Simulationslauf abgeschlossen.

Die Ergebnisse eines solchen Simulationsexperiments von 500 Simulationsläufen mit jeweils 1000 Ankünften sind in der Tabelle 38 für verschiedene Parameterkombinationen wiedergegeben.

Tabelle 38

Erwartungswert und Varianz der Schlangenlänge vor den beiden Kanälen eines Wartesystems mit zwei hintereinander arbeitenden störanfälligen Bedienungskanälen

Parameterkombination	$E(\bar{n}_1)$	$Var(n_1)$	$E(\bar{n}_2)$	$Var(n_2)$	t^*
$\alpha=6;\beta_1=\beta_2=10$: $\lambda_1=\lambda_2=0{,}2;\mu_1=\mu_2=1$	5,95 $\pm$0,58	18,53	7,39 $\pm$0,61	20,84	5,14
$\alpha=2;\beta_1=\beta_2=10$; $\lambda_1=\lambda_2=0{,}2;\mu_1=\mu_2=1$	0,87 $\pm$0,03	0,06	0,92 $\pm$0,03	0,07	3,21
$\alpha=4;\beta_1=\beta_2=10$; $\lambda_1=\lambda_2=0{,}2;\mu_1=\mu_2=1$	2,35 $\pm$0,16	1,49	2,64 $\pm$ 0,16	1,36	3,81
$\alpha=6;\beta_1=\beta_2=10$; $\lambda_1=\lambda_2=0{,}4;\mu_1=\mu_2=1$	13,86 $\pm$1,29	92,55	14,96 $\pm$1,18	77,19	1,89
$\alpha=6;\beta_1=\beta_2=10$; $\lambda_1=\lambda_2=0{,}1;\mu_1=\mu_2=1$	3,56 $\pm$0,28	4,37	4,07 $\pm$0,32	5,63	3,59

Diese Tabelle zeigt, daß der Schätzwert für die mittlere Schlangenlänge vor dem zweiten Kanal in allen Fällen höher ist als der Schätzwert der Schlangenlänge vor dem ersten Kanal; wie der in der letzten Spalte ausgewiesene t-Wert zeigt, ist diese Abweichung mit Ausnahme der vierten Parameterkombination, bei der die Schlangenlänge sehr stark streut, hochsignifikant; im Gegensatz zu Markoff-Wartesystemen ohne Betriebsstörungen ist also die mittlere Schlangenlänge vor dem zweiten Kanal erheblich höher als die Schlangenlänge vor dem ersten Kanal.

Es stellt sich nun die Frage, worauf diese Erhöhung der Schlangenlänge zurückzuführen ist. Zur Klärung dieses Problems ist es angebracht, den Output-Prozeß des ersten Bedienungskanals, der gleichzeitig der Input-Prozeß des zweiten Kanals ist, mit Hilfe der Simulation zu untersuchen.

Hierzu wurden in einem Simulationsexperiment für ein Markoff-Wartesystem mit Betriebsstörungen mit der Normalkombination der Parameter $\alpha=6$; $\beta_1=\beta_2=10$; $\lambda_1=\lambda_2=0{,}2$; $\mu_1=\mu_2=1$ in 20 Simulationsläufen mit jeweils 1000 Ankünften insgesamt 19.911 Output-Abstände erzeugt. Die Häufigkeitsverteilung dieser Output-Abstände ist in der Abb. 87 wiedergegeben; die Abb. 88 zeigt die kumulative Häufigkeitsverteilung im Vergleich mit der Exponentialverteilung, die sich bei ungestörtem Kanal als Output-Verteilung ergeben würde. Es zeigt sich, daß kurze und sehr lange Abstände häufiger als bei der Exponentialverteilung auftreten, während mittlere Abstände seltener sind; die Streuung der Output-Abstände liegt also über der der Exponentialverteilung. Diese Verzerrung der Output-Abstände kommt wie folgt zustande: Die Bedienungsabstände ergeben sich aus folgenden Einflüssen:

1. Ist das System besetzt und ungestört, dann sind die Output-Abstände exponentialverteilt mit dem Mittelwert $1/\beta$.

2. Ist nach Abschluß einer Bedienung das System leer, dann verlängert sich die Zeit bis zur nächsten Bedienung um die Zeit, die bis zur nächsten Ankunft vergeht; der Output-Abstand ist dann gleich der Summe zweier exponentialverteilter Zufallsgrößen mit den Mittelwerten $1/\alpha$ und $1/\beta$.

3. Durch das Auftreten einer Störung verlängern sich einzelne Bedienungszeiten und damit auch einzelne Output-Abstände um die Dauer der Reparatur.

Während sich im Fall ungestörter Markoff-Wartesysteme die Einflüsse 1 und 2 so ausgleichen, daß die Output-Abstände wiederum exponentialverteilt mit dem Mittelwert $1/\alpha$ sind, wird durch das Auftreten von Störungen die Exponentialverteilung des Output-Prozesses verzerrt:

1. Die Wahrscheinlichkeit für das Auftreten von Störungen während einer Bedienung steigt mit der Dauer einer Bedienung an. Die Wahrscheinlichkeit, daß ein großer Output-Abstand durch eine Störung verlängert wird, ist daher größer als die Wahrscheinlichkeit dafür, daß ein kurzer Abstand vergrößert wird.

2. Durch das Auftreten von Störungen wird die Wahrscheinlichkeit dafür, daß das System leer steht, verringert; dadurch wird seltener eine Verlängerung des Output-Abstandes durch Leerzeiten des Bedienungskanals auftreten, so daß kurze Output-Abstände häufiger als bei der Exponentialverteilung auftreten.

Das Auftreten von Störungen führt also dazu, daß der Anteil der mittleren Output-Abstände sinkt, während der Anteil kurzer und sehr langer ansteigt; insgesamt wird also bei gleichem Mittelwert die Streuung der Output-Abstände vergrößert.

Wie bei der Behandlung einzelner Bedienungskanäle gezeigt wurde, ist die effektive Durchlaufzeit eines Markoff-Wartesystems mit Betriebsstörungen nicht exponentialverteilt. Voraussetzung für die stochastische Unabhängigkeit der Output-Abstände ist aber, daß sowohl die Zwischenankunftszeiten als auch die Bedienungszeiten, bzw. die effektiven Durchlaufzeiten bei gestörten Kanälen, exponentialverteilt sind [6].

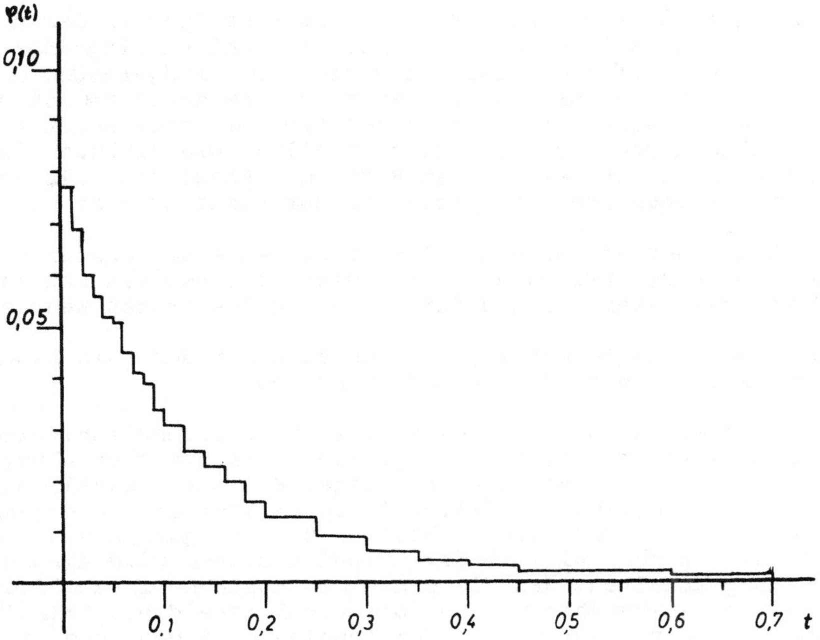

Abbildung 87: Relative Häufigkeit der Output-Abstände eines störanfälligen Bedienungskanals

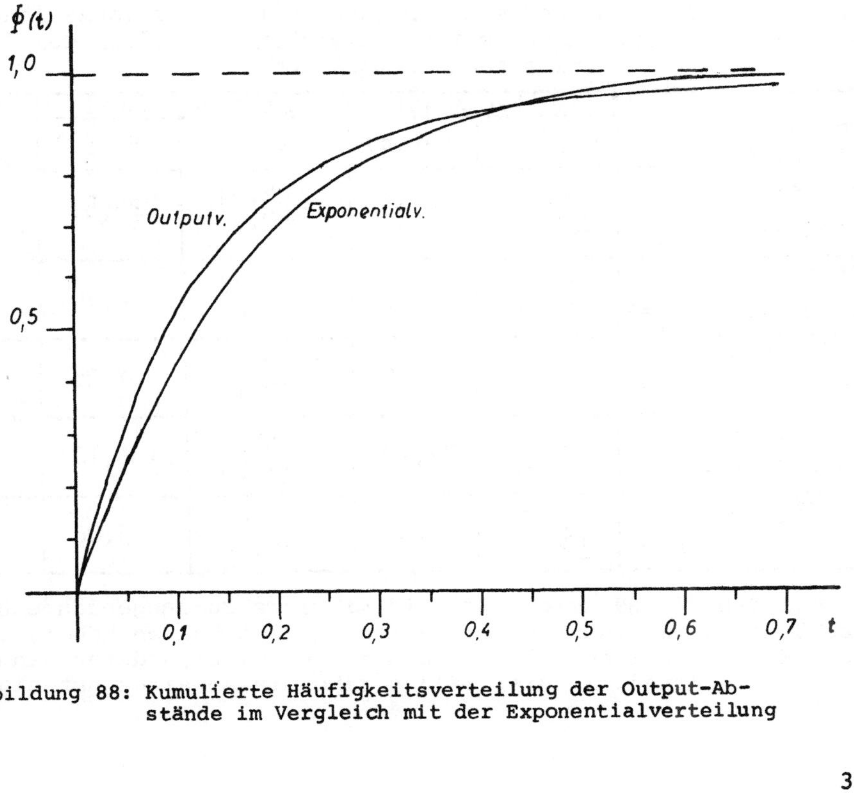

Abbildung 88: Kumulierte Häufigkeitsverteilung der Output-Abstände im Vergleich mit der Exponentialverteilung

Es ist also zu erwarten, daß die Output-Abstände in dem untersuchten Modell autokorreliert sind. Tatsächlich liegt der Autokorrelationskoeffizient für die ersten 10 Verzögerungen in dem hier beschriebenen Simulationsexperiment zwischen r=0,55 und r=0,60, ein Absinken der Autokorrelation mit steigender Zahl der Verzögerungen ist nicht festzustellen. Die Erhöhung der Schlangenlänge vor dem zweiten Bedienungskanal kann also auf zwei Auswirkungen des Störprozesses zurückzuführen sein:

1. Erhöhung der Streuung der Output-Abstände des ersten Kanals und damit der Zwischenankunftszeiten des zweiten Kanals durch die Unterbrechung der Bedienung des ersten Kanals

2. Störungsbedingte Autokorrelation zwischen den Zwischenankunftszeiten des zweiten Bedienungskanals.

Um die Auswirkungen der Autokorrelation auszuschalten, sind in einem weiteren Simulationsexperiment die Zwischenankunftszeiten eines einzelnen, störanfälligen Bedienungskanals aus der wie oben bestimmten Häufigkeitsverteilung der Output-Abstände eines anderen, störanfälligen Bedienungskanals zu generieren; die Abhängigkeit der Output-Abstände wird also dadurch ausgeschaltet, daß die einzelnen Abstände in zufälliger Reihenfolge ausgewählt werden. Die Ergebnisse dieses Simulationsexperimentes für die in der Tabelle 38 angegebenen Parameterkombinationen sind in der Tabelle 39 zusammengestellt.

Tabelle 39

Vergleich der mittleren Schlangenlänge vor dem zweiten Kanal eines störanfälligen Bedienungssystems mit der Schlangenlänge vor einem einzelnen Kanal mit der gleichen Verteilung der Zwischenankunftszeiten

Parameter-kombination	Zweiter Kanal		Einzelner Kanal		t^*
	$E(\bar{n})$	Var(n)	$E(\bar{n})$	Var(n)	
$\alpha=6;\beta_1=\beta_2=10;$ $\lambda_1=\lambda_2=0,2;\mu_1=\mu_2=1$	7,39 ±0,61	18,53	7,54 ±0,30	26,85	0,49
$\alpha=2;\beta_1=\beta_2=10;$ $\lambda_1=\lambda_2=0,2;\mu_1=\mu_2=1$	0,92 ±0,03	0,07	0,78 0,04	0,10	7,99
$\alpha=4;\beta_1=\beta_2=10;$ $\lambda_1=\lambda_2=0,2;\mu_1=\mu_2=1$	2,64 ±0,16	1,36	2,36 ±0,15	1,26	3,77
$\alpha=6;\beta_1=\beta_2=10;$ $\lambda_1=\lambda_2=0,4;\mu_1=\mu_2=1$	14,96 ±1,18	77,19	18,19 ±1,83	186,12	4,45
$\alpha=6;\beta_1=\beta_2=10;$ $\lambda_1=\lambda_2=0,1;\mu_1=\mu_2=1$	4,07 ±0,32	5,63	4,02 ±0,30	5,06	0,35

Wie die Tabelle 39 zeigt, ist die mittlere Schlangenlänge bei unabhängigen Zwischenankunftszeiten in zwei Fällen höher, in drei Fällen niedriger als vor dem hinter einem anderen Kanal arbeitenden Kanal, in drei Fällen sind die Abweichungen signifikant.

Aus diesen Ergebnissen kann geschlossen werden, daß es zwar erforderlich ist, die störungsbedingte Interdependenz der Output-Abstände vorgelagerter Kanäle zu berücksichtigen, daß es aber ex ante nicht möglich ist zu sagen, in welcher Richtung sich diese Interdependenz auswirkt.

3) Einige Spezialfälle

Während es im allgemeinen nicht möglich ist, die Operationscharakteristiken von Wartesystemen mit hintereinander arbeitenden Bedienungskanälen explizit anzugeben, lassen sich für einige Spezialfälle, in denen es die Struktur des Systems erlaubt, es auf einzelne, unabhängige Wartesysteme mit Störungen zurückzuführen, explizite Lösungen finden.

a) Störungen treten nur beim letzten Kanal auf

Ein erster Spezialfall ist durch folgende Eigenschaften des Bedienungssystems gekennzeichnet:

1. die Ankünfte der Kunden sind exponentialverteilt mit dem Parameter α;

2. die Bedienungszeiten aller Kanäle sind voneinander unabhängige, exponentialverteilte Zufallsgrößen; die mittlere Bedienungsdauer des j-ten Kanals sei $1/\beta_j$;

3. Störungen können nur bei dem letzten Bedienungskanal auftreten.

Als Beispiel für ein Wartesystem, bei dem die letzte, sehr strenge Bedingung gilt, ließe sich ein aus mehreren Stufen zusammengesetzter Produktionsvorgang anführen, bei dem die ersten k-1 Bedienungskanäle störungsfrei arbeitende Maschinen sind, während der letzte Bedienungskanal eine Kontrollstelle ist, die die bearbeiteten Werkstücke auf Fehler untersucht und gegebenenfalls nacharbeitet; das Auftreten einer Betriebsstörung würde dann bedeuten, daß die Kontrollstelle ein fehlerhaftes Werkstück gefunden hat und nachbessern muß.

Ein solches Wartesystem läßt sich durch folgende Überlegungen auf eine Sequenz voneinander unabhängiger Bedienungskanäle zurückführen: In einem Wartesystem des Typs (M/M/1) ist der Abstand zwischen zwei Bedienungen eine exponentialverteilte Zufallsgröße mit der Intensität des Ankunftsprozesses [7].

Der Output des (j-1)-ten Bedienungskanals und damit der Input des j-ten Kanals ist also ein Markoff-Prozeß, die k-1 ersten Bedienungskanäle sind dann voneinander unabhängige Markoff-Wartesysteme ohne Störungen, die Schlangenlänge vor dem j-ten Bedienungskanal ist dann gleich

$$\bar{n}_j = \frac{\alpha}{\beta_j - \alpha} \tag{31}$$

Die mittlere Schlangenlänge vor dem letzten, störanfälligen Bedienungskanal ist dann im Fall externer unterbrechender Störungen

$$\bar{n}_{ke} = \frac{\alpha\{\mu+\lambda+ \frac{\beta_k\lambda}{\mu+\lambda}\}}{\beta_k\mu-\alpha\mu-\alpha\lambda} \tag{32}$$

bzw. im Fall interner Störungen

$$\bar{n}_{ki} = \frac{\alpha\{\mu+\lambda+ \frac{\alpha\lambda}{\mu}\}}{\beta_k\mu-\alpha\mu-\alpha\lambda} \tag{33}$$

Die gesamte Zahl der Kunden im System ist dann im Fall externer Störungen

$$\bar{n}_e = \sum_{j=1}^{k-1} \frac{\alpha}{\beta_j-\alpha} + \frac{\alpha\{\mu+\lambda+ \frac{\beta_k\lambda}{\mu+\lambda}\}}{\beta_k\mu-\alpha\mu-\alpha\lambda} \tag{34}$$

und im Fall interner Störungen

$$\bar{n}_i = \sum_{j=1}^{k-1} \frac{\alpha}{\beta_j-\alpha} + \frac{\alpha\{\mu+\lambda+ \frac{\alpha\lambda}{\mu}\}}{\beta_k\mu-\alpha\mu-\alpha\lambda} \tag{35}$$

Die Annahmen über das Verhalten des letzten Kanals lassen sich ohne weiteres verallgemeinern; an die Stelle des letzten Gliedes von (34) und (35) tritt dann die entsprechende Formel für die mittlere Schlangenlänge in einem Wartesystem mit allgemeinen Bedienungs- und Reparaturzeiten.

b) Bedienung erfolgt in mehreren Phasen

Wird ein Kunde in mehreren Phasen durch mehrere hintereinandergeschaltete Bedienungskanäle bedient, und kann die Bedienung des nächsten Kunden erst dann begonnen werden, wenn eine Bedienung vollständig abgeschlossen ist, dann erhält man unter der Voraussetzung, daß

1. die Ankünfte einem Poisson-Prozeß mit der Intensität α gehorchen

2. die Bedienungszeiten aller Kanäle exponentialverteilt mit dem gleichen Mittelwert $E(B)=1/\beta$ sind

3. die Reparaturdauer bei allen Kanälen exponentialverteilt mit dem gleichen Mittelwert $E(R)=1/\mu$ sind

4. durch eine Störung alle Kanäle gleichzeitig stillgelegt werden (gekoppelte Störungen) und die Arbeits-Intervalle des Systems exponentialverteilte Zufallsgrößen mit dem Mittelwert $E(S)=1/\lambda$ sind

ein hinreichend praktikables System von Schlangengleichungen [8].

Der Zustand des Systems sei definiert durch:

1. die Zahl n der Kunden, die sich im System befinden $n \geq 0$
2. die Zahl der noch nicht beseitigten Störungen m=0,1
3. die Zahl r der Kanäle, die bis zum Abschluß der augenblicklichen Bedienung noch durchlaufen werden müssen.

Zwischen den Zuständen (r,m,n) sind im Fall interner Störungen folgende Übergänge möglich:

1. Ankunft eines Kunden mit der Rate α: $(r,m,n) \Rightarrow (r,m,n+1)$
2. Beendigung der Bedienung eines Kunden im r-ten Bedienungskanal mit der Rate β, falls m=o und $n > 0$:

   a) falls $1 < r \leq k$ $\quad (r,o,n) \Rightarrow (r-1,o,n)$
   b) falls r=1 $\quad (1,o,n) \Rightarrow (k,o,n-1)$

3. Auftreten einer Betriebsstörung mit der Rate λ, falls m=0 und $n > 0$: $(r,o,n) \Rightarrow (r,1,n)$
4. Beseitigung einer Störung mit der Rate μ, falls m=1: $(r,1,n) \Rightarrow (r,0,n)$

Bezeichnet man mit P_{rmn} die Wahrscheinlichkeit dafür, daß im stochastischen Gleichgewicht das System im Zustand (r,m,n) ist, und mit P_{oo} die Wahrscheinlichkeit dafür, daß das System im stochastischen Gleichgewicht leer steht, dann gelten folgende Beziehungen zwischen den Zustandswahrscheinlichkeiten [9]:

$$(1+\nu\rho_2)P_{r1n} = \nu\rho_2 P_{r1n-1} + \rho_1 P_{ron} \qquad (1\leq r<k;n>1) \qquad (36)$$

$$(1+\nu\rho_2)P_{r11} = \rho_1 P_{ro1} \qquad (1\leq r<k;n=1) \qquad (37)$$

$$(\rho_1+\nu+\nu\rho_2)P_{kon} = \nu\rho_2 P_{kon-1} + \nu P_{1on+1} + P_{k1n} \qquad (r=k;n>1) \qquad (38)$$

$$(\rho_1+\nu+\nu\rho_2)P_{ko1} = \nu\rho_2 P_{1oo} + \nu P_{1o2} + P_{k11} \qquad (r=k;n=1) \qquad (39)$$

$$(\rho_1+\nu+\nu\rho_2)P_{ron} = \nu\rho_2 P_{ron-1} + \nu P_{r+1on} + P_{r1n} \qquad (1\leq r\leq k;n>1) \qquad (40)$$

$$(\rho_1+\nu+\nu\rho_2)P_{ro1} = \nu P_{r+1o1} + P_{r11} \qquad (1\leq r\leq k;n=1) \qquad (41)$$

$$\nu\rho_2 P_{oo} = \nu\rho_2 P_{1o1} \qquad (42)$$

Die erzeugende Funktion dieses Systems ist definiert als

$$F(z) = P_{oo} + G_o(z) + G_1(z) \tag{43}$$

mit

$$G_m(z) = \sum_{r=1}^{k} \sum_{n=1}^{\infty} z^n P_{rmn} \qquad (m=0,1) \tag{44}$$

Multipliziert man (36) bis (42) mit den passenden Potenzen von z und summiert über alle r und n, dann erhält man nach einigen Umformungen:

$$F(z) = \frac{(1-z)(1+\nu\rho_2-\nu\rho_2 z)^k P_{oo}}{(1+\nu\rho_2-\nu\rho_2 z)^k - z\{1+\nu\rho_2(1-z)+(1+\rho_1+\nu\rho_2-\nu\rho_2 z)(1-z)\}^k} \tag{45}$$

Die Randbedingung erhält man mit Hilfe der Regel von L'Hôpital aus

$$\lim_{z\to 1} F(z) = 1$$

$$P_{oo} = 1-\rho_2(1+\rho_1) \tag{46}$$

Die Wahrscheinlichkeit, daß das System leer steht, stimmt also überein mit der entsprechenden Wahrscheinlichkeit in einem Wartesystem mit Betriebsstörungen bei einem singulären Bedienungskanal.

Differenziert man (45) an der Stelle z=1, dann erhält man als mittlere Schlangenlänge:

$$\bar{n} = \frac{\rho_2\{2(1+\rho_1) + \frac{\nu\rho_1\rho_2}{k}\} - \rho_2(1 - \frac{1}{k})(1-\rho_1^2)}{2\{1-\rho_2(1+\rho_1)\}} \tag{47}$$

III. Betriebsstörungen bei Fließbändern

Ein wichtiger Spezialfall eines Wartesystems mit hintereinander arbeitenden Bedienungskanälen, für das sich explizite Formeln für die wichtigsten Operationscharakteristiken herleiten lassen, ist schließlich ein Wartesystem, bei dem k hintereinandergeschaltete Bedienungskanäle im Takt arbeiten, so daß jeder Kanal erst dann mit der nächsten Bedienung beginnen kann, wenn alle anderen Kanäle die vorige Bedienung abgeschlossen haben.

Wichtigster Fall eines solchen Systems ist ein Fließband mit k hintereinander gelagerten Arbeitsstätten: hat ein Arbeiter seine Verrichtungen am i-ten Werkstück beendet, so muß er warten, bis alle anderen Arbeiter mit ihrem Bearbeitungsvorgang fertig sind, bevor das Fließband um einen Arbeitsplatz weiterrücken kann und der Arbeiter mit der Bearbeitung des i+1-ten Werkstückes beginnen kann. Das Modell eines solchen Fließbandes, bei dem die Kunden in einem Poisson-Prozeß ankommen und die Bedienungszeiten auf allen Stufen exponentialverteilt sind, wurde von Ferschl [10] untersucht. Im folgenden soll dieses

Modell auf den Fall störungsabhängiger Bedienungskanäle ausgedehnt werden. Das Modell sei durch folgende Annahmen gekennzeichnet:

1. Die zu bedienenden Kunden kommen in einem Poisson-Prozeß mit der Intensität α an.

2. Jeder Kunde muß nacheinander in k Bedienungskanälen bedient werden; die Bedienungszeiten aller Kanäle sind voneinander unabhängige Zufallsgrößen mit dem gleichen Mittelwert $1/\beta$.

3. Das Fließband bewegt sich im Takt, der an der jeweils längsten Bedienungszeit ausgerichtet ist; d. h. alle Kunden rücken gleichzeitig zum nächsten Bedienungskanal vor, wenn die jeweils längste Bedienung beendet ist.

4. An allen Kanälen treten interne unterbrechende Störungen auf; die störungsfreie Arbeitszeit jedes Kanals sei eine exponentialverteilte Zufallsgröße mit dem Mittelwert $1/\lambda$. Ist ein Kanal gestört, dann können die anderen Kanäle zwar zunächst weiterarbeiten, bis die jeweilige Bedienung beendet ist; sie müssen jedoch dann warten, bis die Reparatur des gestörten Kanals beendet ist und dessen Kunde bedient ist, bevor sie mit der nächsten Bedienung beginnen können, weil das Fließband erst dann weiterrücken kann.

5. Die Reparaturzeiten bei Störungen sind voneinander unabhängige, exponentialverteilte Zufallsgrößen mit dem Mittelwert $1/\mu$.

Da alle Störungen auf interne Ursachen zurückzuführen sind, Störungen also nur dann auftreten können, wenn der betreffende Kanal tätig ist, kann man, wie oben gezeigt wurde (S. 150 f.), das Fließbandmodell mit Störungen auf ein Fließbandmodell ohne Störungen zurückführen, indem man anstelle der reinen Bedienungszeiten der einzelnen Kanäle die effektive Durchlaufzeit der Kunden, d. h. die Zeit vom Beginn einer Bedienung bis zu ihrem Abschluß, betrachtet.

Unter der Voraussetzung, daß alle Bedienungszeiten exponentialverteilt sind, gilt für die Verteilung der effektiven Durchlaufzeit

$$\Phi_D(t) = a(1 - e^{-\frac{1}{2}bt}) - c(1 - e^{-\frac{1}{2}gt}) \qquad (1)$$

mit

$$a = \frac{\beta}{w}\left(1 - \frac{2\mu}{b}\right) \qquad c = \frac{\beta}{w}\left(1 - \frac{2\mu}{g}\right)$$

$$b = \beta+\lambda+\mu+w \qquad g = \beta+\lambda+\mu-w$$

$$w = \sqrt{(\beta+\lambda+\mu)^2-4\beta\mu}$$

Die Dauer eines Taktes ist gleich der maximalen Durchlaufzeit in diesem Takt. Für den Maximalwert voneinander unabhängiger Zufallsgrößen mit der Verteilung $\Phi_{Di}(t)$ gilt aber [11]:

$$\Phi_T(t) = \text{Prob}\{T\leq t\} = \text{Prob}\{D_1\leq t\}\ \text{Prob}\{D_2\leq t\}\ \ldots\ \text{Prob}\{D_k\leq t\} = \\ = \Phi_{D1}(t)\ \Phi_{D2}(t)\ \ldots \Phi_{Dk}(t) \tag{2}$$

Unter der Voraussetzung, daß die mittlere Bedienungszeit, die mittlere Reparaturzeit und der mittlere Abstand der Störungen gleich sind, gilt für die Verteilung der Taktdauer:

$$\Phi_T(t) = \{\Phi_D(t)\}^k \tag{3}$$

Die Dichte der Taktdauer ist dann

$$\psi_T(t) = \frac{d\Phi_T(t)}{dt} = k\{\Phi_D(t)\}^{k-1}\psi_D(t) \tag{4}$$

Interpretiert man nun das ganze Fließband als einen einzigen Bedienungskanal, dessen Bedienungszeit gleich der Taktdauer ist, dann ist die mittlere Zahl der vor dem System wartenden Kunden nach der Formel von Pollaczek und Khintchine:

$$\bar{n}_s = \frac{\alpha^2 E(T^2)}{2\{1-\alpha E(T)\}} \tag{5}$$

wobei

$$E(T) = \int_0^\infty t\psi_T(t)dt$$

die mittlere Taktdauer und

$$E(T^2) = \int_0^\infty t^2\psi_T(t)dt$$

das zweite Moment der Verteilung der Taktdauer sind. Wie Gumbel [12] gezeigt hat, existieren diese beiden Momente immer, wenn die entsprechenden Momente der ursprünglichen Verteilung existieren.

Da alle Kanäle im Takt arbeiten und die Bedienung unterbrochen wird, sobald der erste Kanal leer steht, sind die Kanäle 2,3,...,k immer besetzt, die Mindestzahl der Kunden im System ist also gleich k-1; die mittlere Zahl der Kunden im ersten Kanal ist gleich der Wahrscheinlichkeit dafür, daß ein einfaches Wartesystem mit der mittleren Bedienungszeit E(T) besetzt ist:

$$1-P_o = \alpha E(T) \tag{6}$$

Die durchschnittliche Zahl der Kunden im System ist dann

$$\bar{n} = (k-1) + \alpha E(T) + \bar{n}_s \tag{7}$$

Die Abb. 89 zeigt die Verteilung der Taktdauer für verschiedene Längen k des Fließbandes bei Normalkombination der Parameter:

$$\beta = 10$$

$$\lambda = 0{,}2$$

$$\mu = 1{,}0$$

Wie hieraus zu ersehen ist, verschiebt sich die Masse der Wahrscheinlichkeiten mit steigender Kanalzahl in den Bereich höherer Taktdauern.

Im Spezialfall k=2 lassen sich die Momente der Verteilung der Taktdauer folgendermaßen explizit berechnen:

Wegen (1) und (3) gilt für die Verteilung der Taktdauer bei zwei hintereinandergeschalteten Bedienungskanälen:

$$\Phi_T(t) = \{a(1-e^{-\frac{1}{2}bt})-c(1-e^{-\frac{1}{2}gt})\}^2 \tag{8}$$

Differenziert man (8), so erhält man als Dichte der Taktdauer:

$$\psi_T(t) = ab(a-c)e^{-\frac{1}{2}bt}+cg(c-a)e^{-\frac{1}{2}gt}-a^2be^{-bt}$$
$$- c^2ge^{-gt}+ac(b+g)e^{-\frac{1}{2}(b+g)t} \tag{9}$$

Die Bestimmung der Momente der Verteilung der Taktdauer erfordert also die Berechnung bestimmter Integrale der allgemeinen Form:

$$y = \int_0^\infty x^n e^{-Ax}dx$$

Für ganzzahlige n gilt bekanntlich [13]:

$$y = \frac{n!}{A^{n+1}} \tag{10}$$

Unter Berücksichtigung von (10) erhält man dann für die beiden ersten Momente der Verteilung der Taktdauer im Fall k=2:

$$E(T) = \frac{a}{b}(3a-4c) - \frac{c}{g}(4a-3c) + \frac{4ac}{b+g} \tag{11}$$

$$E(T^2) = \frac{a}{b^2}(7a-8c) - \frac{c}{g^2}(8a-7c) + \frac{8ac}{(b+g)^2} \tag{12}$$

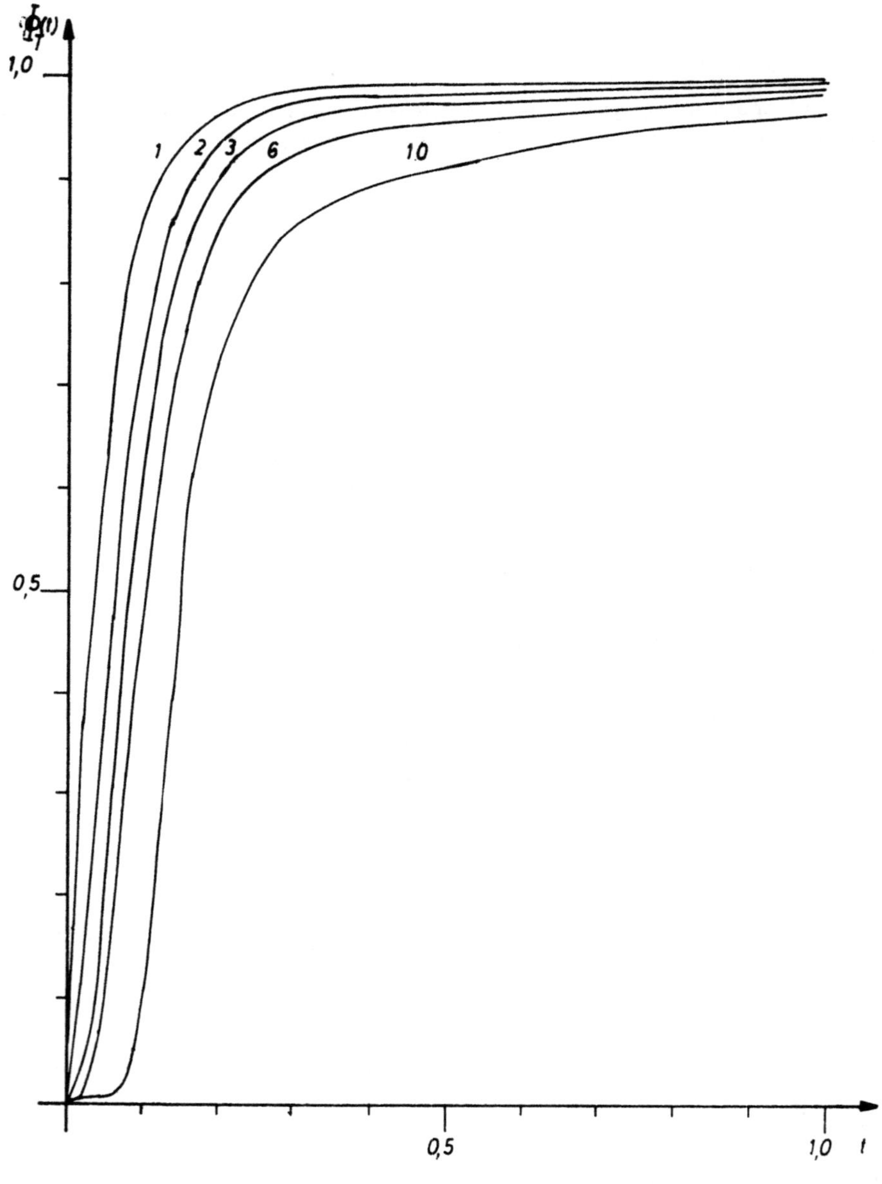

Abbildung 89: Verteilung der Taktdauer für verschiedene Kanalzahlen

Die mittlere Schlangenlänge erhält man durch Einsetzen von (11) und (12) in Gleichung (5). Die Abhängigkeit der mittleren Schlangenlänge von der Verkehrsdichte und der Störungsdichte ist in den Abb. 90 und 91 graphisch dargestellt.

Es wäre nun möglich, die beiden ersten Momente auch für die Fälle k > 2 auf ähnliche Weise zu bestimmen, dies würde jedoch zu so komplizierten Ausdrücken führen, daß der praktischen Berechnung für größere k sehr enge Grenzen gesetzt sind. Es erscheint daher sinnvoller, die bestimmten Integrale

$$E(T) = \int_0^\infty t\psi_T(t)dt = \int_0^\infty \{tk[a(1-e^{-\frac{1}{2}bt})-c(1-e^{-\frac{1}{2}gt})]^{k-1} \left[\frac{c}{2g}e^{-\frac{1}{2}gt} - \frac{a}{2b}e^{-\frac{1}{2}bt}\right]\}dt$$

und

$$E(T^2) = \int_0^\infty t^2\Psi_T(t)dt = \int_0^\infty \{t^2k[a(1-e^{-\frac{1}{2}bt})-c(1-e^{-\frac{1}{2}gt})]^{k-1} \left[\frac{c}{2g}e^{-\frac{1}{2}gt} - \frac{a}{2b}e^{-\frac{1}{2}bt}\right]\}dt$$

numerisch auszuwerten und das Ergebnis in (5) einzusetzen.

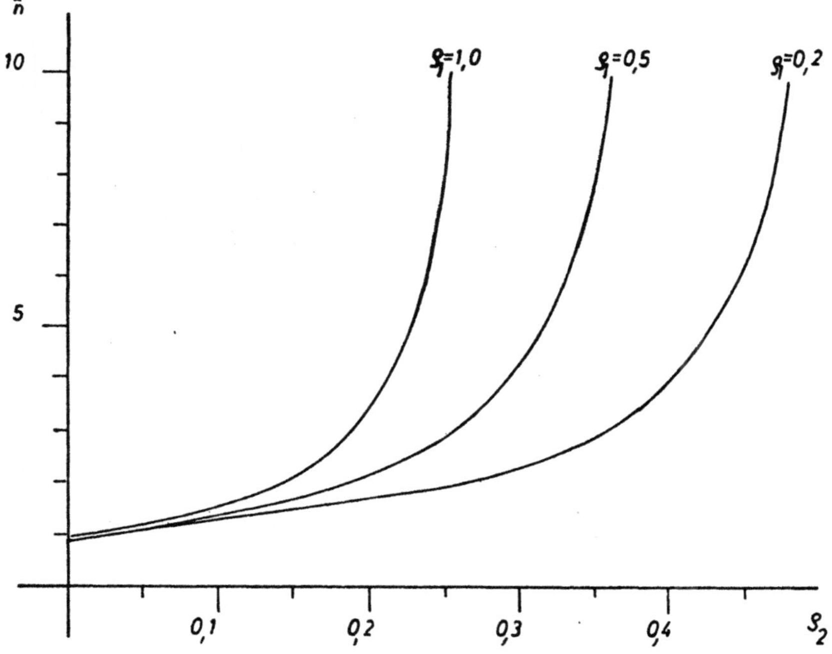

Abbildung 90: Mittlere Schlangenlänge im Fließband mit zwei Maschinen in Abhängigkeit von der Verkehrsdichte

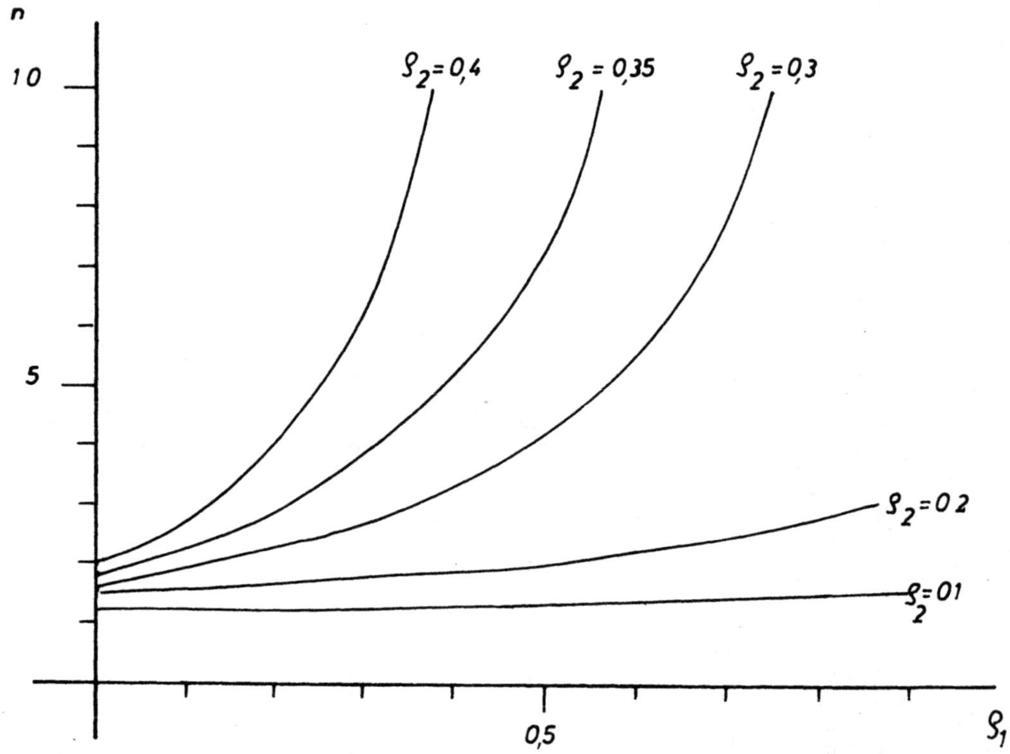

Abbildung 91: Mittlere Schlangenlänge im Fließband mit zwei Maschinen in Abhängigkeit von der Störungsdichte

Vierter Teil: Ergebnisse der Untersuchung

In der vorliegenden Arbeit konnte gezeigt werden, daß die Warteschlangentheorie Modelle zur Verfügung stellt, die es erlauben, einen bisher vernachlässigten Aspekt der Theorie der Betriebsstörungen zu berücksichtigen: Während die herkömmlichen Modelle der Unternehmensforschung, die sich mit dem Problem des Ausfalls und der Reparatur von Maschinen befassen, das Problem der störungsbedingten Ausfallzeiten nur unzulänglich erfassen, indem sie diese entweder überhaupt nicht berücksichtigen oder davon ausgehen, daß es ausreicht, die Ausfallzeiten in Form von proportionalen Ausfallkosten zu erfassen, stehen die störungsbedingten Ausfallzeiten und deren Auswirkungen auf die Kapazität der Maschinen und den Produktionsfluß im Vordergrund der Theorie der Wartesysteme mit Betriebsstörungen.

Das Grundmodell der Warteschlangentheorie ergibt sich aus dem Zusammenwirken von zwei stochastischen Prozessen, dem Ankunftsprozeß, der die Ankunft von Kunden vor einem Bedienungskanal, z. B. die Anlieferung von Werkstücken vor einer Maschine, regelt, und dem Bedienungsprozeß, der die Bedienung der Kunden, d. h. die Bearbeitung der Werkstücke, beschreibt. Die Warteschlangentheorie befaßt sich u. a. mit der Zahl der Kunden, die auf Bedienung warten, und der Wartezeit der Kunden von ihrer Ankunft bis zu ihrer Bedienung. Die Theorie der Wartesysteme mit Betriebsstörungen geht nun davon aus, daß der Bedienungsprozeß zeitweilig durch Betriebsstörungen unterbrochen wird und erst nach einer Reparatur wieder begonnen werden kann. Störungen und Reparaturen werden durch zwei weitere stochastische Prozesse, durch den Störungs- und den Reparaturprozeß beschrieben. "These service interruptions have definite influence on the waiting line; consequently the behavior of the waiting line cannot be studied without taking these interruptions into account" [1].

Unter bestimmten Voraussetzungen über die Basisprozesse stellt die Warteschlangentheorie Modelle zur Verfügung, die es erlauben, diese Einflüsse explizit zu erfassen. Im Fall reiner Markoff-Modelle, bei denen alle Basisprozesse der Markoff-Eigenschaft genügen, kann die Methode der Geburts- und Sterbegleichungen benutzt werden, deren große Flexibilität es erlaubt, eine große Zahl von Bedingungen für das Auftreten von Störungen und zahlreiche Nebenwirkungen der Störungen zu berücksichtigen.

Da die Markoff-Eigenschaft aller Basisprozesse in der Realität vielfach nicht gegeben ist und diese Annahme eine Reihe interessanter Aspekte der Theorie der Betriebsstörungen verdeckt, ist es erforderlich, die Annahmen über die Basisprozesse zu verallgemeinern. Eine solche Verallgemeinerung der Annahmen über den Bedienungs- und Reparaturprozeß ist relativ einfach; mit Hilfe der allgemeinen Phasenmethode und der Methode der eingebetteten Markoff-Kette lassen sich Wartesysteme mit beliebigen Verteilungen der Bedienungs- und Reparaturzeiten mit endlichem zweitem Moment behandeln. Hierbei zeigt es sich, daß der durchschnittliche Lagerbestand und die durchschnittliche Wartezeit nicht von dem konkreten Verteilungsmodell, sondern lediglich von den beiden ersten Momenten der Verteilungen abhängen.

Im Gegensatz dazu erlaubt es der gegenwärtige Stand der Warteschlangentheorie nicht, die Annahmen über den Ankunfts- und den Störungsprozeß auf ähnliche Weise zu verallgemeinern. Während der Fall einer regelmäßigen Wartung unter recht einschneidenden Voraussetzungen noch mit analytischen Methoden, die allerdings durch numerische Berechnungen ergänzt werden müssen, behandelt werden ksch, sind andere Verteilungsmodelle für den Störprozeß nur noch mit Hilfe von Simulationsexperimenten erfaßbar. Mit solchen Simulationsexperimenten kann gezeigt werden, daß die durchschnittliche Wartezeit und der mittlere Lagerbestand vor den Maschinen nicht nur von den ersten drei Momenten der Verteilung der Störabstände abhängt und daß die Berücksichtigung allein dieser Momente im allgemeinen auch nicht zu genügend genauen Näherungswerten führt. Im Gegensatz dazu zeigt es sich, daß der Zusammenhang zwischen den beiden ersten Momenten der Verteilung der Bedienungs- und der Reparaturzeiten und diesen Operationscharakteristiken bei nicht-exponentialverteilten Störabständen nur geringfügig gestört wird.

Maschinen sind in der Regel nicht völlig unabhängig voneinander tätig, sondern sind im Produktionsprozeß durch eine Fülle von Interdependenzbeziehungen miteinander verbunden. Es ist daher weiter zu klären, welche Auswirkungen Betriebsstörungen bei miteinander verbundenen Maschinen haben. Die Warteschlangentheorie befaßt sich mit zwei Formen von Interdependenzbeziehungen, die sich aus einem gemeinsam zu versorgenden Kundenkreis ergeben, den Fall nebeneinander und den Fall hintereinander arbeitender Maschinen. Neben diesen Interdependenzbeziehungen ergeben sich aus dem Störprozeß weitere Verbindungen, wenn die Arbeit mehrerer Maschinen durch denselben Störprozeß unterbrochen wird oder wenn mehrere Maschinen im gleichen Wartungssystem repariert werden.

Unter der Voraussetzung, daß alle Basisprozesse der Markoff-Eigenschaft genügen, lassen sich einige Modelle mit parallel arbeitenden, störanfälligen Maschinen behandeln; der Fall gemeinsamer Wartung fertigungstechnisch unabhängiger Maschinen läßt sich sogar für allgemeine Verteilungen des Bedienungsprozesses lösen. Im Gegensatz dazu ist die Behandlung hintereinander arbeitender, störanfälliger Maschinen mit erheblichen Schwierigkeiten verbunden, weil der Output-Prozeß des vorgelagerten Kanals selbst dann, wenn alle Basisprozesse der Markoff-Eigenschaft genügen, nicht mehr rekurrent ist. Lediglich für den Fall eines störanfälligen Fließbandes lassen sich explizite Ergebnisse herleiten.

Diese Erklärungsmodelle sollen nun als Grundlage für Entscheidungsmodelle dienen, deren Aufgabe es ist, Anhaltspnnkte für eine möglichst gute Ausgestaltung störanfälliger Systeme zu geben. Geht man davon aus, daß die Ausfallkosten auch von dem durchschnittlichen Bestand der Zwischenläger vor den Maschinen abhängen, dann sind im Unterschied zu den Annahmen der herkömmlichen Theorie nicht-lineare Ausfallkosten zu berücksichtigen, weil die mittlere Schlangenlänge überproportional mit der Dauer der Ausfallzeit ansteigt.

In einer ersten Gruppe von Entscheidungsmodellen wird versucht, die Parameter der Basisprozesse optimal zu beeinflussen. Hierbei zeigt es sich, daß es zwar bei gegebenen Kostenparametern möglich ist, bestimmte Optimalitätsbedingungen anzugeben, daß es aber meist nicht möglich ist, die Optimalwerte für die Parameter explizit anzugeben, weil die in die Optimalitätsbedingungen eingehenden Operationscharakteristiken so kompliziert sind, daß sie nur numerisch ausgewertet werden können.

Eine zweite Gruppe von Optimierungsmodellen befaßt sich mit der optimalen Ausgestaltung des Systems, z. B. mit der optimalen Zahl nebeneinander arbeitender Bedienungskanäle, der Frage, ob es sinnvoll ist, eine Reparatur bereits dann zu beginnen, wenn die Betriebsgeschwindigkeit einer Maschine nachläßt, oder ob es besser ist, damit bis zum Ausfall der Maschine zu warten.

Diese Optimierungsprobleme führen vielfach zu einer Verbindung der Warteschlangentheorie mit anderen Problemen der Unternehmensforschung. So führt die Frage nach der Größe der Reparaturmannschaften bei mehreren parallel arbeitenden Maschinen und bei fertigungstechnisch voneinander unabhängigen Maschinen, die gemeinsam gewartet werden sollen, zu einer Verbindung mit der Maschinenwartungstheorie; die Frage nach dem optimalen Abstand vorbeugender Wartungen führt zu einer Verbindung mit der Ersatztheorie, und die Frage nach dem optimalen Justierungsabstand bei sinkender Produktionsqualität führt auf Probleme der Qualitätskontrolle.

Leider stehen für diese Probleme meist keine geeigneten Erklärungsmodelle der Warteschlangentheorie zur Verfügung, weil die interessanten Probleme gerade auf eine Beeinflussung des Störprozesses abzielen, die bei exponential-verteilten Störabständen trivial wäre. Da aber Wartesysteme mit nicht-exponentialverteilten Störabständen nicht explizit lösbar sind, ist es in diesen Fällen erforderlich, das Optimum mit Hilfe von Simulationsexperimenten zu suchen.

Anmerkungen

1. Kapitel: Die Grundlagen einer Theorie der Betriebsstörungen

1) Gutenberg, Erich, Die Grundlagen der Betriebswirtschaftslehre, Bd. I, Die Produktion, 13. Aufl., Berlin-Heidelberg-New York 1967; Kilger, Wolfgang, Produktions- und Kostentheorie, Wiesbaden 1958; Heinen, E., Betriebswirtschaftliche Kostenlehre, Bd. 1., 2. Aufl., Wiesbaden 1965; Lücke, Wolfgang, Produktions- und Kostentheorie, Würzburg 1969; Albach, Horst, Produktionsplanung auf der Grundlage technischer Verbrauchsfunktionen, Arbeitsgemeinschaft für Forschung des Landes Nordrhein-Westfalen, Heft 105, Köln-Opladen 1962; ders., Zur Verbindung von Produktionstheorie und Investitionstheorie, in: Zur Theorie der Unternehmung, Festschrift für Erich Gutenberg, Wiesbaden 1962, S. 139 ff.
2) Gutenberg, Grundlagen, aaO., S. 288 f.
3) Klook, Josef, Betriebswirtschaftliche Input-Output-Modelle, Wiesbaden 1969, S. 64.
4) Wöhe, Günter, Einführung in die Betriebswirtschaftslehre, 6. Aufl., Berlin und Frankfurt 1964, S. 61.
5) Das Refa-Buch, Bd. 2, 6. Aufl., München 1967, S. 46.
6) Gutenberg, Erich, Unternehmensführung-Organisation und Entscheidung, Wiesbaden 1962, S. 72; ders., Grundlagen, aaO., S. 139.
7) Vgl. hierzu u.a. Duncan, Quality Control and Industrial Statistics, Homewood, Ill. 1959; Schindowski, E. und O. Schütz, Statistische Qualitätskontrolle, Berlin 1959; Kern, W., Wirtschaftliche Fertigungsüberwachung durch statistische Qualitätskontrolle, ZfhF 13 (1961), S. 269.
8) Vgl. AWF - Technische Statistik, Kontrollkarten für statistische Qualitätskontrolle, Frankfurt/M. 1956; Rice, W.B., Control Charts in Factory Management, 3. Aufl., New York 1955.
9) Vgl. Cox, D.R., Renewal Theory, London-New York 1962; Feller, William, An Introduction to Probability Theory and Its Applications, Bd. 1, 2. Aufl., New York 1957; Churchman-Ackoff-Arnoff, Operations Research Deutsche Übersetzung, Wien 1964, S. 439; Sasiani-Yaspan-Friedman, Methoden und Probleme der Unternehmensforschung, Deutsche Übersetzung, Würzburg 1962, S. 109 f.
10) Ashcroft, H., The Productivity of Several Machines Under the Care of One Operator, Journ. Roy. Stat. Soc., B12 (1950), S. 145; Cox, D.R., und Benson, The Productivity of Machines Requiring Attention at Random Intervals, Journ. Roy. Stat. Soc., B13 (1951), S. 65; Naor, P., Some Problems of Machine Interference, Proc. First Intern. Conference on OR, Baltimore 1957, S. 147.
11) Mangelsdorf, T.M., Waiting Line Theory Applied to Manufacturing Problems, in: Analysis of Industrial Operations, hrsg. v. E.H. Bowman u. R.B. Fetter, Homewood, Ill., 1959, S. 259 ff.; Palm, C., The Distribution of Repairmen in Servicing Automatic Machines, Journ. Ind. Engin., 9 (1958), S. 28.
12) Bürk, Gunter, Statistische Gesetzmäßigkeiten von Ausfallzeiten und Arbeitsintervallen an Fertigungsmaschinen - Eine Fallstudie, in: Operations Research und Datenverarbeitung in der Instandhaltungsplanung, hrsg. von K.F. Bussmann und P. Mertens, Stuttgart 1968, S. 18.
13) Opfermann, Klaus, Kostenoptimale Zuverlässigkeit produktiver Systeme, Wiesbaden 1968, S. 30.
14) Opfermann, aaO., S. 30.
15) Quelle: Bürk, aaO., S. 19.
16) Vgl. hierzu: Hoss, K., Fertigungsablaufplanung mittels operationsanalytischer Methoden, Würzburg 1965; Mensch, Gerhard, Ablaufplanung, Köln und Opladen 1968.

17) Einen Eindruck von der Dauer der Anlaufperiode geben die numerischen Ergebnisse in: Stange, K., Die Anlauflösung für den einfachen exponentiellen Bedienungskanal (mit beliebig vielen Warteplätzen), der für t=O leer ist, Unternehmensforschung 8 (1964), S. 1 ff.

2. Kapitel: Die Struktur von Wartesystemen mit Betriebsstörungen

1) Vgl. hierzu Cox, D.R. und H.D. Miller, The Theory of Stochastic Processes, New York und London 1965; Ferschl, F., Markovketten, Berlin-Heidelberg-New York 1970.
2) Ferschl, Markovketten, aaO., S. 2.
3) Ferschl, Markovketten, aaO., S. 5.
4) Ferschl, Markovketten, S. 5.
5) Ferschl, Markovketten, S. 6, Cox und Miller, aaO., S. 14.
6) Ferschl, Markovketten, S. 7.
7) Vgl. Ferschl, Markovketten, aaO., S. 7.
8) Vgl. z.B. Cox und Miller, aaO., S. 9.
9) Vgl. Cox und Miller, aaO., S. 338.
10) Bei der Interpretation der Basisprozesse als Punktprozesse ist zu beachten, daß der Parameterraum nicht notwendig mit der Kalenderzeit übereinstimmt; bei dem Bedienungsprozeß z. B. läuft der Zeitparameter lediglich während den Intervallen, in denen eine Bedienung stattfinden kann, in denen also der Kanal ungestört arbeitet und ein Kunde im System ist. Aus diesem Grund kommt verschiedenen Operationscharakteristiken, die, wie z. B. die Rekurrenzzeit, mit dem Parameterraum zusammenhängen, nur eine untergeordnete Bedeutung zu, da sie nur schwer interpretierbar sind.
11) Ferschl, Markovketten, aaO., S. 8; vgl. auch: Fisz, M., Wahrscheinlichkeitsrechnung und mathematische Statistik, 3. Aufl., Berlin 1965, S. 229.
12) Ferschl, Markovketten, aaO., S. 9.
13) Cox und Miller, aaO., S. 6.
14) Vgl. Cox und Miller, aaO., S. 147.
15) Vgl. Cox und Miller, aaO., S. 150.
16) Vgl. Cox, D.R., Renewal Theory, London und New York 1962; Feller, William, Introduction, aaO., S. 278 f.
17) Vgl. Cox und Miller, aaO., S. 340.
18) In Anlehnung an bestimmte reale Prozesse wird die Zufallsrate vielfach "Sterberate" oder "Ausfallrate" genannt. Um die Zufallsrate des allgemeinen Erneuerungsprozesses von der Zufallsrate spezieller Erneuerungsprozesse mit realer Bedeutung zu unterscheiden, ziehe ich jedoch für den Allgemeinfall den Ausdruck "Zufallsrate" als Übersetzung der englischen Bezeichnung "random rate" vor. Für die Zufallsraten der Basisprozesse werden dann die Bezeichnungen "Ankunftsrate", "Bedienungsrate", "Ausfallrate" und "Reparaturrate" benutzt.
19) Vgl. Cox, Renewal Theory, aaO., S. 4 f.
20) Vgl. Baumgarten, E., Zuverlässigkeit und Instandhaltung, Statistische Hefte 3 (1962), S. 110 f.
21) Vgl. Baumgarten, aaO., S. 112.
22) Vgl. z.B. Cox, Renewal Theory, aaO., S. 18 f.
23) Vgl. Baumgarten, aaO., S. 112.
24) Ebenso: Bürk, G., Statistische Gesetzmäßigkeiten von Ausfallzeiten und Arbeitsintervallen, aaO., S. 30.
25) Vgl. Cox, Renewal Theory, aaO., S. 18 f.
26) Vgl. Cox, Renewal Theory, aaO., S. 15 f.
27) Vgl. Cox, Renewal Theory, aaO., S. 15.
28) Vgl. Cox, Renewal Theory, aaO., S. 20 ff.
29) Vgl. Cox, Renewal Theory, aaO., S. 109.
30) Vgl. Aitchison, J. und Brown, J.A.C., The Lognormal Distribution, Cambridge, Mass., 1957; Cox, Renewal Theory, aaO., S. 22.

3. Kapitel: Methoden der Warteschlangentheorie

1) Zum Beweis dieser Formel siehe Little, J.D.R., A Proof of the Queueing Formula $L=\lambda W$, OR 9 (1961), S. 383.
2) Vgl. z.B. Churchman-Ackoff-Arnoff, aaO., S. 359 ff., Sasieni-Yaspan-Friedman, aaO., S. 135 ff.

3) Vgl. z.B. Ferschl, F., Zufallsabhängige Wirtschaftsprozesse, Grundlagen und Anwendung der Theorie der Wartesysteme, Wien und Würzburg 1964, S. 78 f.
4) Vgl. hierzu Ferschl, Zufallsabhängige Wirtschaftsprozesse, aaO., S. 179.
5) Vgl. Morse, Queues, Inventories, and Maintenance, New York 1958, S. 39; Ferschl, Zufallsabhängige Wirtschaftsprozesse, aaO., S. 130.
6) Vgl. Morse, aaO., S. 51; Ferschl, Zufallsabhängige Wirtschaftsprozesse, aaO., S. 38.
7) Vgl. Ferschl, Zufallsabhängige Wirtschaftsprozesse, aaO., S. 39.
8) Vgl. hierzu: Keilson und Kocharian, On Time-Dependent Queueing Processes, Ann. Math. Stat., Bd. 31 (1966), S. 104.
9) Zur Darstellung der allgemeinen Phasenmethode vergleiche Ferschl, aaO., S. 152 ff.
10) Vgl. Ferschl, aaO., S. 35.
11) Vgl. Ferschl, aaO., S. 176.
12) Im Anschluß an Kendall kann man die Struktur einfacher Wartesysteme durch das Triple (Ankunftsprozeß/Bedienungsprozeß/Zahl der Kanäle) kennzeichnen. Hierbei werden insbesondere folgende Symbole benutzt: M ... Markoff-Prozeß; E_k ... Erlang-Prozeß; D ... deterministischer Prozeß; GI ... rekurrenter Prozeß; G ... allgemeiner Zufallsprozeß.
13) Kendall, D.G., Some Problems in the Theory of Queues, J. Roy. Stat. Soc., Bd. B13 (1951), S. 151 ff., ders., Stochastic Processes Occuring in the Theory of Queues, Ann. Math. Stat. 24 (1953), S. 338.
14) Gaver, D.P. Jr., Imbedded Markov Chain Analysis of a Waiting-Line Process in Continuous Time, Ann. Math. Stat. 30 (1959), S. 698 ff.
15) Vgl. Ferschl, aaO., S. 55.
16) Für die recht umfangreichen Herleitungen muß hier und im folgenden auf die Originalarbeit, Gaver, Imbedded..., aaO., S. 702-706 verwiesen werden.
17) Vgl. Gaver, Imbedded..., aaO., S. 704.
18) ebenda, S. 709.
19) ebenda. S. 713.
20) Vgl. Jaiswal, N.K., Priority Queues, New York und London 1968, S. 17.
21) Vgl. Gaver, Imbedded..., aaO., S. 714.
22) ebenda, S. 713.
23) ebenda, S. 714.
24) Pollaczek, F., Über eine Aufgabe der Wahrscheinlichkeitstheorie, Math. Z. 32 (1929), S. 64-100 und 729-750; vgl. auch: Syski, R., Pollaczek Method, in: Queueing Theory, Recent Developments and Applications, London 1957, S. 33.
25) Lindley, D.V., The Theory of Queues with a Single Server, Proc. Cambridge Phil. Soc., 48 (1952), S. 277; vgl. Cox, D.R. und Smith, W.L., Queues, London und New York 1961.
26) Kingman, Inequalities in the Theory of Queues, Journ. Roy. Stat. Soc. B32 (1970), S. 102.
27) Cobham, A., Priority Assignment in Waiting-Line Problems, OR 2 (1954), S. 70-76; Holley, J.L., Waiting-Lines Subject to Priorities, OR 2 (1954), S. 341.
28) Vgl. Cobham, aaO., S. 70.
29) Müller-Merbach, H., Operations Research, Berlin 1969, S. 414.
30) Koller, H., Simulation als Methode der Betriebswirtschaftslehre, ZfB 36 (1966), S. 95.
31) Koller, aaO., S. 96.
32) Hammersley, J.M. und D.C. Handscomb, Monte Carlo-Methods, London-New York 1964.
33) Dorfmann, R., Operations Research, in: Survey of Economic Theory, Bd. II, 2. Aufl., London-New York, 1967, S. 25.
34) Vgl. Koxholt, R., Die Simulation. Ein Hilfsmittel der Unternehmensforschung, München-Wien 1967, S. 35.
35) Hammerly und Handscomb, aaO., passim.
36) Gelegentlich wird die Bezeichnung Monte-Carlo-Methode auch synonym mit Simulation verwandt; vgl. z.B. Sasieni-Yaspan-Friedman, aaO., S. 64 f., Churchman-Ackoff-Arnoff, aaO., S. 166. Weiter wird der Ausdruck für Methoden verwandt, bei denen bestimmte Kenntnisse über die Struktur des Modells benutzt werden, um die Genauigkeit der Ergebnisse zu erhöhen; vgl. z.B. Naylor et al., aaO., S. 334.

37) Vgl. Koxholt, aaO., S. 38.
38) Vgl. Conway, R.W., B. Johnson u. W.L. Maxwell, Some Problems of Digital System Simulation, MS 6 (1959), S. 94.
39) Vgl. z.B. Conway, R.W., W.L. Maxwell u. B. Johnson, An Experimental Investigation of Priority Dispatching, Journ. Ind. Eng. 12 (1961), S. 132; Hoss, K., aaO., S. 137 f.
40) Vgl. zum Problem der Erzeugung von Zufallszahlen: Naylor, Th.H., J.L. Balintfy, S.S. Burdick und K. Chu, Computer Simulation Techniques, New York-London 1966, S. 43-67; Koxholt, aaO., S. 45-51; Galliher, H.P., Simulation of Random Processes, in: Notes on Operations Research, Cambridge, Mass. 1962, S. 231; Taussky, O. und J. Todd, Generating and Testing of Pseudo-Random-Numbers, in: Symposium on Monte-Carlo-Methods, hrsg. von H.A. Meyer, New York 1960.
41) Vgl. hierzu: Gafarian, A.V. und C.J. Ancker, Meán Value Estimation from Digital Computer Simulation, OR 14 (1966), S. 25.
42) Vgl. z.B. Naylor et al., aaO., S. 44 ff.
43) Vgl. Tocher, K.D., The Application of Automatic Computers to Sampling Experiments, J.Roy. Stat. Soc., B16 (1954), S. 39-61.
44) z.B. RAND-Corp., A Million Random Digits with 100.000 Normal Deviates, Glencoe, Ill., 1955.
45) Vgl. Tocher, aaO., S. 41.
46) Vgl. Nayor, et al., aaO., S. 45.
47) Vgl. Tocher, aaO., S. 40.
48) Vgl. Naylor et al., aaO., S. 46; Koxholt, aaO., S. 45.
49) Lehmer, D.H., Mathematical Methods in Large-Scale Computing Units, Annals Computer Laboratory, Havard Univ., 26 (1951), S. 1.
50) Eine Zusammenfassung der wichtigsten Methoden siehe Koxholt, aaO., S. 45.
51) Vgl. Naylor et al., aaO., S. 55.
52) Vgl. Sasieni-Yaspan-Friedman, aaO., S. 62 f; Koxholt, aaO., S. 42.
53) Vgl. Wedekind, H., Die Konstruktion eines optimalen Zugriffsbaumes für Datenorganisationen innerhalb einer Datenbank, Manuskript eines Vortrages gehalten auf der Tagung der Deutschen Gesellschaft für Unternehmensforschung in Böblingen, 1969, S. 5.
54) Vgl. Wedekind, H., aaO., S. 5.
55) Vgl. Koxholt, aaO., S. 50.
56) Vgl. Box, G.E.P. und M.E. Muller, A Note on the Generation of Random Normal Deviates, Ann. Math. Stat. 29 (1958), S. 610.
57) Vgl. Ferschl, aaO., S. 38. Ferschl betrachtet den allgemeineren Fall, daß die Zufallsgröße S_i nur mit der Wahrscheinlichkeit p_i in die Summe aufgenommen wird. Diese Konstruktion erlaubt es auch, Zufallszahlen mit größerem Variationskoeffizient zu erzeugen.
58) Vgl. Naylor u.a., aaO., S. 88.
59) Vgl. Naylor u.a., aaO., S. 99.
60) Vgl. Conway, Johnson, Maxwell, aaO., S. 98 f; Naylor et al., aaO., S. 126 ff; Mertens, Simulation, Stuttgart, 1969, S. 19; Gafarian und Ancker, aaO., S. 26.
61) Vgl. Conway, Johnson und Maxwell, aaO., S. 99 ff.
62) Vgl. Mertens, aaO., S. 21.
63) Vgl. Naylor u.a., aaO., S. 133.
64) Vgl. Gafarian und Ancker, aaO., S. 28.
65) Vgl. Gafarian und Ancker, aaO., S. 34.

<u>4. Kapitel:</u> Modelle der Theorie der Wartesysteme mit Betriebsstörungen

1) Vgl. White, H. und L.S. Christie, Queueing with Preemptive Priorities or with Breakdowns, OR 6 (1958), S. 90.
2) Vgl. White und Christie, aaO., S. 79.
3) Vgl. White und Christie, aaO., S. 81. Die Notation wurde einheitlich abgeändert.
4) Vgl. White und Christie, aaO., S. 86.
5) Vgl. White und Christie, aaO., S. 91 ff.
6) Vgl. White und Christie, aaO., S. 92.
7) Vgl. White und Christie, aaO., S. 89 ff.
8) Vgl. White und Christie, aaO., S. 90.
9) Vgl. Formel 1, S. 39.
10) White und Christie, aaO., S. 90.

11) Heathcote, C.R., Preemptive Priority Queues, Biometrika 48 (1960), S. 62. Heathcote gibt die erzeugende Funktion und die mittlere Schlangenlänge für den etwas allgemeineren Fall der Erlang-Verteilung der Bedienungszeiten an. Hier soll jedoch zunächst der Spezialfall eines Markoff-Systems untersucht werden.
12) Vgl. Heathcote, aaO., S. 63.
13) Diese Kennzahl wird vorgeschlagen von Eisen, M., Effects of Slowdown and Failure on Stochastic Service Systems, Technometrics Bd. 5 (1963), S. 389.
14) Vgl. Avi-Itzhak, B. und B. Naor, On a Problem of Preemptive Priority Queueing, OR 9 (1961), S. 664 f.
15) Vgl. Avi-Itzhak und Naor, aaO., S. 666.
16) Zum Maschinenwartungsproblem vgl. insbesondere Feller, aaO., S. 416 ff; Naor, P., On Machine Interference, Journ. Roy. Stat. Soc., B 18 (1956), S. 280 ff; Palm, C., Arbetskraftnes Ferdelnung Vid Balganing av Automaskener, Industritidningen Norden, Bd. 75 (1947), S. 75 ff., engl. Übs.: The distribution of Repairmen Servicing Automatic Machines, Journ. Industrial Engineering, Bd. 9 (1958), S. 28 ff.
17) Vgl. Naor, aaO., S. 282.
18) Molina, E.C., Poisson's Exponential Binomial Limit, New York 1949.
19) Feller, aaO., S. 418.
20) Vgl. Avi-Itzhak und Naor, aaO., S. 670.
21) Vgl. Bürk, aaO., S. 18. Zu beachten ist, daß der Begriff der Störungen bei Bürk nicht genau mit dem hier verwendeten übereinstimmt, da Bürk auch Schwankungen in der Anlieferung von Werkstücken als betriebsbedingte Störungen ansieht.
22) Zur Theorie der Wartesysteme mit einfacher Priorität vgl. Cobham, A., Priority Assignment in Waiting Line Problems, OR 2 (1954), S. 70; Morse, aaO., S. 121.
23) Vgl. Morse, aaO., S. 121 ff. Zur Vereinheitlichung der Symbolik ist die von Morse verwandte abgewandelt.
24) Vgl. hierzu: Jordan, C., Calculus of Finite Differences, 3. Aufl., New York 1965, S. 559.
25) Vgl. Morse, aaO., S. 131.
26) Vgl. Morse, aaO., S. 131.
27) Vgl. Jordan, aaO., S. 559.
28) Die Herleitung folgt der von Gaver, A Waiting Line with Interrupted Services, Including Priorities, Journ. Roy. Stat. Soc. 24B (1962), S. 77, zur Herleitung der Verteilung der Completion Time benutzten Methode. Diese Zufallsgröße ist definiert als die Zeit vom Beginn der Bedienung eines Kunden bis zu dem Augenblick, in dem die nächste Bedienung beginnen kann, falls ein Kunde im System ist. Im Fall interner unterbrechender Störungen ist sie gleich der effektiven Durchlaufzeit, in anderen Fällen umfaßt sie u.U. auch Reparaturzeiten, die auf Leerzeiten des Kanals entfallen und daher der Durchlaufzeit nicht zugerechnet werden dürfen.
29) Vgl. Doetsch, G., Anleitung zum praktischen Gebrauch der Laplace-Transformation, 2. Aufl., München 1961, S. 229.
30) Vgl. Doetsch, aaO., S. 229.
31) Kendall, D.G., Some Problems in the Theory of Queues, J. Roy. Stat. Soc. 13B (1951), S. 151 ff; vgl. hierzu: Ferschl, F., aaO., S. 145.
32) Riordan, J., Stochastic Service Systems, New York 1962, S. 48; vgl. Ferschl, F., aaO., S. 145.
33) Vgl. Cox und Smith, aaO., S. 149.
34) Vgl. Cox und Smith, aaO., S. 158.
35) Eisen, M., Effects of Slowdown and Failure on Stochastic Server Systems, Technometrics 5 (1963), S. 385; ders., An Approximate Method for a Queueing Process with a Randomly Deteriorating Server, OR 11 (1963), S. 996; Eisen, M. und Tainiter, Stochastic Variation in Queueing Processes, OR 11 (1963), S. 922.
36) Vgl. Eisen, Effects..., aaO., S. 388.
37) Die Annahme der Existenz einer Dichtefunktion ist für die folgenden Überlegungen nicht notwendig; im Fall diskreter oder gemischter Verteilungen tritt an die Stelle der Laplace-Transformation die Laplace-Stieltjes-Transformation.
38) Vgl. Bürk, aaO., S. 29.
39) Vgl. Gaver, Interrupted Services, aaO.
40) Jaiswal, aaO., S. 732.

41) Vgl. hierzu Jaiswal, aaO., S. 735 ff.
42) Thiruvengadam, aaO., S. 62 ff.
43) Thiruvengadam, aaO., S. 65 ff. bestimmt aus (334) bis (341) zunächst die Laplace-Transformation der Differentialgleichungen und deren erzeugende Funktionen für die zeitabhängige Lösung. Die Gleichgewichtslösung berechnet er daraus mit Hilfe des Abelschen Theorems. Im folgenden soll jedoch der Grenzübergang $t \Rightarrow \infty$ bereits bei den Schlangengleichungen vollzogen werden.
44) Vgl. z.B. Ferschl, aaO., S. 35.
45) Vgl. Thiruvengadam, aaO., S. 68.
46) Vgl. Thiruvengadam, aaO., S. 69.
47) Vgl. Thiruvengadam, aaO., S. 70 f.
48) Vgl. Gaver, Interrupted Services..., aaO., S. 77.
49) Cobham, aaO., S. 70 f.
50) Holley, aaO., S. 343 f.
51) Vgl. Gaver, Interrupted Services, aaO., S. 73 ff.
52) Vgl. Gaver, Interrupted Services, aaO., S. 75.
53) Vgl. Gaver, Interrupted Services, aaO., S. 75.
54) Vgl. Gaver, Interrupted Services, aaO., S. 81.
55) Vgl. Gaver, Interrupted Services, aaO., S. 83.
56) Vgl. Gaver, Interrupted Services, aaO., S. 85.
57) Vgl. Gaver, Interrupted Services, aaO., S. 85.
58) Vgl. Gaver, Interrupted Services, aaO., S. 81.
59) Vgl. Gaver, Interrupted Services, aaO., S. 84.
60) Vgl. hierzu z.B. Cohen, J.W., The Single Server Queue, Amsterdam 1969; Prabhu, Queues and Inventories, New York-London-Sydney 1965.
61) Vgl. Kendall, D.G., Stochastic Processes Occurring in the Theory of Queues and their Analysis by the Method of the Imbedded Markov-Chain, Ann. Math. Stat., 24 (1953), S. 349; Ferschl, aaO., S. 148.
62) Vgl. hierzu für ein Wartesystem ohne Betriebsstörungen: Saaty, Th., Elements of Queueing Theory with Applications, New York 1961, S. 209 ff.
63) Vgl. Pfanzagl, J., Allgemeine Methodenlehre der Statistik, Bd. II, Berlin 1962, S. 197.
64) Vgl. Pfanzagl, aaO., S. 209 ff.
65) Pfanzagl, aaO., S. 202.

<u>5. Kapitel:</u> Entscheidungsmodelle in der Theorie der Betriebsstörungen

1) Frenckner, P., Betriebswirtschaftslehre und Verfahrensforschung; Operations Research, ZfhF 9 (1957), S. 71.
2) Dorfman, Operations Research, aaO., S. 31.
3) Vgl. Albach, H., Wirtschaftlichkeitsrechnung bei unsicheren Erwartungen, Köln-Opladen 1959, S. 8.
4) Einen Ansatzpunkt für solche taktischen Optimierungsmodelle in der Warteschlangentheorie gibt K.H.F. Meyer, Wartesysteme mit variabler Bearbeitungsrate, Lecture Notes in Economics and Mathematical Systems, Bd. 61, Berlin-Heidelberg-New York 1971, der u.a. untersucht, unter welchen Bedingungen es sinnvoll ist, bei Überfüllung eines Wartesystems die Bedienungsrate kurzfristig zu erhöhen.
5) Vgl. Schmidt, R., Kapazitätsplanung in stochastischen Produktionssystemen, Meisenheim/Glan 1968.
6) Vgl. Schmidt, aaO., S. 13 f.
7) Vgl. Albach, H., Produktionsfunktionen, aaO., S. 57 ff.
8) Vgl. Gutenberg, Grundlagen, aaO., S. 315.
9) Jacob, H., Produktionsplanung und Kostentheorie, in: Festschrift für Gütenberg, aaO., S. 205 ff.; Pack, L., Die Bestimmung der kostenoptimalen Leistungsintensität, Zeitschr. f.d.ges. Staatsw.119 (1963), S. 1; ders., Die Ermittlung der kostenminimalen Anpassungskombination, ZfbF 18 (1966), S. 466.
10) Morse, aaO., S. 23.
11) Vgl. Schüler, W., Optimaler Anlageneinsatz im Einproduktunternehmen, Diss. Bonn 1970; Dellmann, K. und Nastansky, L., Kostenminimale Produktionsplanung bei rein intensitätsmäßiger Anpassung mit differenzierten Intensitätsgraden, ZfB 39 (1969), S. 239; Karrenberg, K., und Scheer, A.W., Ableitung des kostenminimalen Einsatzes von Aggregaten zur Vorbereitung der Optimierung simultaner Planungssysteme, ZfB 40 (1970), S. 689.

12) Karrenberg und Scheer, aaO., S. 696.
13) Morse, aaO., S. 23.
14) Vgl. hierzu: Albach, H., Wissenschaftliche Methoden zur Lösung von Optimierungsproblemen in der Wirtschaft, in: Handbuch der Rationalisierung, Bd. 13, Frankfurt/M. 1967, S. 17.
15) Vgl. Bronstein-Semendjajew, Taschenbuch der Mathematik, Leipzig 1966, S. 242.
16) Dieser Wert entspricht für den Normalwert $\lambda=0{,}2$ dem bisher verwendeten Betriebskostensatz von 2.
17) Dieser Wert entspricht bei $\lambda=0{,}2$ dem Normalwert für den Reparaturkostensatz von 20.
18) Stiefel, E., Einführung in die numerische Mathematik, Stuttgart 1961, S. 81.
19) Vgl. Programm-Beschreibung des Share-Programms 1259, Programmbibliothek der Gesellschaft für Mathematik und Datenverarbeitung, Bonn-Birlinghoven.
20) Vgl. S. 221.
21) Vgl. S. 194-195.
22) Vgl. Formeln (40) und (44) des Kapitels 4.
23) Vgl. hierzu Formeln (313) und (311) des Kapitels 4.
24) Vgl. Cox, Renewal Theory, aaO., S. 117.
25) Vgl. Cox, Renewal Theory, aaO., S. 118.
26) Vgl. Cox, Renewal Theory, aaO., S. 119.
27) Barlow, R.E. und F. Proschan, Planned Replacement, in: Studies in Applied Probability and Management Science, hrsg. von K.J. Arrow, Stanford 1962.
28) Vgl. Ferschl, F., Stochastische Modelle, in: Beiträge zur Unternehmensforschung, hrsg. von G. Menges, Würzburg-Wien 1969, S. 124.
29) Vgl. z.B. Bovaird, R.L., Characeteristics of Optimal Maintenance Policies, MS 7 (1961), S. 238 f.
30) Bovaird, aaO., S. 243.
31) Vgl. Cox, Renewal Theory, aaO., S. 80 ff.
32) Doyle, Lawrence, Tool Engineering, New York 1950.
33) Hall, R.J. und S. Eilon, Production Processes Which are Subject to Trends, Manuskript des Imperial College of Science and Technology, University of London, Mechanical Engineering Department, Production Engineering Section, 1962; diess., Controlling Production Processes Which are Subject to Linear Trends, ORQ 19 (1963), S. 279. Vgl. auch: Förstner, K., Über Justierungen bei Produktionsverfahren mit zeitabhängiger Qualität der Ausbringung. Unternehmensforschung 7 (1962), S. 37; Taha, H.A., A Policy for Determining the Optimal Cycle Length for a Cutting Tool, Journ. Ind. Eng. 17 (1966), S. 157.
34) Vgl. Förstner, aaO., S. 38.
35) Vgl. Förstner, aaO., S. 39.
36) Vgl. Hall und Eilon, ORQuart, aaO., S. 238; vgl. auch Förstner, aaO., S. 38.
37) Vgl. Förstner, aaO., S. 39
38) Vgl. hierzu: Feller, aaO., S. 311 ff; Cox und Miller, Theory of Stochastic Processes, 2. Aufl., London 1968, S. 25.
39) Vgl. Förstner, aaO., S. 38.
40) Wartesysteme mit regelmäßiger Wartung entsprechen formal der Situation an einer ampelgesteuerten Straßenkreuzung: die Grünphase der Ampel läßt sich als Arbeitsintervall, die Rotphase als Wartungszeit interpretieren; der Autostau hinter der Kreuzung entspricht der Warteschlange vor dem Bedienungskanal.

    Zur Theorie der ampelgesteuerten Straßenkreuzung vgl. Beckmann, M., C.B. McGuire und C.B. Winsten, Studies in the Economics of Transportation, New Haven-London 1956, S. 10-12 u. 40-42; Newell, G.F., Queues for a Fixed-Cycle Traffic Light, Ann. Math. Stat. 31 (1960), S. 589; Meissl, P., Stochastisches Modell einer festzeitgesteuerten Rot-Grün-Signalanlage, MTW 9 (1962), S. 11-18 u. S. 65-69: ders., Zufallsmodell einer Ampelkreuzung mit mehrspurigem Stauraum, MTW 10 (1963), S. 1-4 u. S. 63-68, Kleinecke, L.C., Discrete Time Queues at a Periodic Traffic Light, OR 12 (1964), S. 809; Darroch, J.N., On the Traffic Light Queue, Ann. Math. Stat. 35 (1964), S. 380.
41) Vgl. Meissl, aaO., S. 14.

42) Vgl. Meissl, Stochastisches Modell..., aaO., S. 15.
43) Vgl. Meissl, Stochastisches Modell..., aaO., S. 16.
44) ebenda, S. 17.
45) Vgl. Meissl, Stochastisches Modell..., aaO., S. 17.
46) Vgl. Beckmann-McGuire-Winsten, aaO., S. 40 f.
47) Zur Methode vgl. Muller, D.F., A Method for Solving Algebraic Equations Using an Automatic Computer, MTAC 10 (1956), S. 208-215.
48) Vgl. Meissl, Stochastisches Modell..., aaO., S. 17.

6. Kapitel: Die gemeinsame Wartung eines Maschinenparks

1) Vgl. Kistner, K.-P., Ein Optimierungsproblem bei Wartesystemen mit Betriebsstörungen, Diskussionsarbeit Nr. 10 des Betriebswirtschaftlichen Seminars der Universität Bonn, September 1968.
2) Vgl. Anm. 10 und 11 zu Kap. 1.
3) Siehe 4. Kapitel, S. 110 ff.
4) Naor, P., Some Problems of Machine Interference, Proc. 1st. Conference on OR, Baltimore 1957, S. 147.
5) Vgl. Naor, Machine Interference..., aaO., S. 147 f.
6) Vgl. Naor, Machine Interference..., aaO., S. 147 f.
7) Palm, C., The Distribution of Repairmen in Servicing Automatic Machines, Journ. Ind. Engineering 9 (1958), S. 28.
8) Isacson, L. und J. Haldi, Linear Integer Programming 1; SHARE-Programm Nr. 3335.

7. Kapitel: Betriebsstörungen bei nebeneinander arbeitenden Maschinen

1) Vgl. Mitrany, I.L. und B. Avi-Itzhak, A Many-Server Queue with Service Interruptions, OR 16 (1968), S. 628.
2) Vgl. Mitrany und Avi-Itzhak, aaO.
3) Mitrany und Avi-Itzhak wählen als Index für den Zustand des Bedienungssystems die Zahl der tätigen Bedienungskanäle.
4) Vgl. Mitrany und Avi-Itzhak, aaO., S. 630 f.
5) Vgl. Mitrany und Avi-Itzhak, aaO., S. 632.
6) Mitrany und Avi-Itzhak, aaO., S. 633.
7) Vgl. Mitrany und Avi-Itzhak, aaO., S. 633.
8) Vgl. Mitrany und Avi-Itzhak, aaO., S. 634.
9) Vgl. Mitrany und Avi-Itzhak, aaO., S. 635.
10) Mitrany und Avi-Itzhak, aaO., S. 637.
11) Vgl. Gaver, Interrupted Services...,aaO., S. 75 ff.
12) Vgl. Gaver, Interrupted Services...,aaO., S. 77 f.
13) Vgl. Kingman, aaO., S. 108ff.

8. Kapitel: Betriebsstörungen bei hintereinander arbeitenden Maschinen

1) Hunt, G., Sequential Arrays of Waiting Lines, OR 4 (1956), S. 674.
2) Vgl. Burke, P.J., The Output of a Queueing System, OR 4 (1956), S. 699; Galliher, H.P., Queues, in: Notes on Operations Research, Cambridge, Mass. 1959, S. 123; Ferschl, aaO., S. 87.
3) Chang, Wei, Output Distribution of a Single-Channel Queue, OR 14 (1963), S. 620.
4) Zimmern, B., Etude de la propagation des arrêts aléatoires dans les chaines de production, Revue de statistique appliquée 4 (1956), S. 1. Vgl. hierzu: Lesourne, J., Unternehmensführung und Unternehmensforschung, Wien 1964, S. 425.
5) Vgl. Lesourne, aaO., S. 427.
6) Vgl. Chang, Output Distribution, aaO., S. 620.
7) Vgl. Burke, P.J., aaO., S. 699; Galliher, H.P., Queues, aaO., S. 123; Ferschl, aaO., S. 87.
8) Dieses System entspricht formal dem von Heathcote entwickelten Modell zur Bestimmung der mittleren Schlangenlänge in einem Wartesystem mit Erlang-verteilten Bedienungszeiten. Vgl. Heathcote, aaO., S. 90.
9) Vgl. Heathcote, aaO., S. 90.
10) Ferschl, aaO., S. 124 ff; vgl. auch Hunt, aaO., S. 674.

11) Vgl. Ferschl, aaO., S. 124. Die Verteilung der Taktdauer ist gleich der Extremwert-Verteilung der Verteilung der. Durchlaufzeit. Vgl. hierzu: Gumbel, E.J., Statistics of Extremes, New York 1958.
12) Vgl. Gumbel, aaO., S. 87.
13) Vgl. Bronstein-Semendjajew, aaO., S. 350.
14) Thiruvengadam, aaO., S. 62.

Literaturverzeichnis

1) Aitchison, J. und J.A.C. Brown, The Lognormal Distribution, Cambridge, Mass. 1957.
2) Albach, Horst, Wirtschaftlichkeitsrechnung bei unsicheren Erwartungen, Köln und Opladen 1959.
3) ders., Produktionsplanung auf der Grundlage technischer Verbrauchsfunktionen, Arbeitsgemeinschaft für Forschung des Landes Nordrhein-Westfalen Heft 105, Köln und Opladen 1962.
4) ders., Zur Verbindung von Produktionstheorie und Investitionstheorie, in: Zur Theorie der Unternehmung, Festschrift zum 65. Geburtstag von Erich Gutenberg, Hrsg. von H. Koch, Wiesbaden 1962, S. 139.
5) ders., Wissenschaftliche Methoden zur Lösung von Optimierungsproblemen in der Wirtschaft, in: Handbuch der Rationalisierung Bd. 13, Frankfurt/M. 1962.
6) Ashcroft, H., The Productivity of Several Machines Under the Care of One Operator, J. Roy. Stat. Soc. 12B (1950), S. 145.
7) Avi-Itzhak, B., Preemptive Repeat Priority Queues as a Special Case of the Multipurpose Server Problem, OR 11 (1963), S. 597.
8) Avi-Itzhak, B. und P. Naor, On a Problem of Preemptive Priority Queueing, OR 9 (1961), S. 664.
9) dies., Some Queueing Problems with the Server Station Subject to Breakdown OR 11 (1963), S. 303.
10) dies., Multipurpose Service Stations in Queueing Problems, Univ. North Carolina, Inst. of Stat., Manuscript Nr. 363.
11) Avi-Itzhak, B., W.L. Maxwell und L.W. Miller, Queueing with Alternating Priorities, Dep. Ind. Engineering and Administration, Cornell Univ., Ithaka, N.Y., 1964.
12) dies., Queueing with Alternating Priorities, OR 13 (1965), S. 306.
13) AWF-Technische Statistik, Kontrollkarten für statistische Qualitätskontrolle, Frankfurt/M. 1956.
14) Barlow, R.E. und F. Proschan, Planned Replacement, in: Studies in Applied Probability and Management Science, hrsg. von K.J. Arrow, Stanford 1962, S. 63f.
15) Barry, J., A Priority Queueing Problem, OR 4 (1956), S. 385.
16) Baumgarten, E., Zuverlässigkeit und Instandhaltung, Statistische Hefte 3 (1962), S. 107.
17) Beckmann, M., C.B. McGuire und C.B. Winsten, Studies in the Economics of Transportation, Yale Univ. Press, 1956.
18) Ben Israel, A. und P. Naor, A Problem of Delayed Service, Journ. Roy. Stat. Soc. 22B (1960), S. 245.
19) Benson, F. und D.R. Cox, The Productivity of Machines Requiring Attention at Random Intervalls, Journ. Roy. Stat. Soc., 13B (1951), S. 65.
20) Bovaird, R.L., Characteristics of Optimal Maintenance Policies, MS 7 (1961), S. 238.
21) Box, G.E.P. und M.E. Müller, A Note on Generation of Random Normal Deviates, Ann. Math. Stat. 29 (1958), S. 610.
22) Bronstein, I.N. und K.A. Semendjajew, Taschenbuch der Mathematik, 7. Aufl. Leipzig 1966.
23) Bürk, G., Statistische Gesetzmäßigkeiten von Ausfallzeiten und Arbeitsintervallen an Fertigungsmaschinen - Eine Fallstudie, in: Operations Research und Datenverarbeitung in der Instandhaltungsplanung, hrsg. von K.F. Bussmann und P. Mertens, Stuttgart 1968.
24) Burke, P.J., The Output of a Queueing System, OR 4(1956), S. 699.
25) Chang, W., Output Distribution of a Single-Channel Queue, OR 11 (1963), S. 620.
26) ders. Preemptive Priority Queues, OR 13 (1963), S. 820.

27) ders., Queueing with Nonpreemptive and Preemptive Resume Priorities, OR 13 (1965), S. 1020.
28) Churchman, C.W., R.L. Ackoff und E.L. Arnoff, Operations Research, 2. Aufl. Wien und München 1961.
29) Cobham, A., Priority Assignment in Waiting Line Problems, OR 2 (1954), S. 70.
30) Cohen, J.W., The Single Server Queue, Amsterdam 1969.
31) Conway, R.W., B. Johnson und W.L. Maxwell, Some Problems of Digital Systems Simulation, MS 6 (1959), S. 92.
32) dies., An Experimental Investigation of Priority Dispatching, Journ. Ind. Engineering, 11 (1966), S. 132.
33) Cox, D.R. und W.L. Smith, Queues, London 1960.
34) Cox, D.R., Renewal Theory, London-New York 1962.
35) Cox, D.R. und Miller, H.D., The Theory of Stochastic Processes, 2. Aufl. London 1968.
36) Darroch, J.N., On the Traffic Light Queue, Ann. Math. Stat. 35 (1964), S. 380.
37) Davis, R.H., Waiting-Time Distribution of a Multiserver, Priority Queueing System, OR 14 (1966), S. 133.
38) Dellmann, K., und Nastansky, Kostenminimale Produktionsplanung bei rein intensitätsmäßiger Anpassung mit differenzierten Intensitätsgraden, ZfB 39 (1969), S. 239.
39) Doetsch, G., Anleitung zum praktischen Gebrauch der Laplace-Transformation, München 1961.
40) Doyle, L., Tool Engineering, New York 1950.
41) Dorfman, R., Operations Research, In: Surveys of Economic Theory Bd. 2, 2. Aufl., London und New York 1967, S. 29.
42) Dressin, S.A. und E. Reich, Priority Assignment on a Waiting Line, OR 4 (1956), S. 393 und Quart. Applied Math. 15 (1957), S. 208.
43) Duncan, A.J., Quality Control and Industrial Statistics, Homewood, Ill., 1959.
44) Eisen, M., Effects of Slowdown and Failure on Stochastic Server Systems, Technometrics 5 (1963), S. 385.
45) ders., An Approximate Method for a Queueing Process with a Randomly Deteriorating Server, OR 11 (1963), S. 996.
46) Eisen, M. und Tainiter, Stochastic Variation in Queueing Processes, OR 11 (1963), S. 922.
47) Eisen, M. und M. Leibowitz, Some Remarks on Server Breakdown, OR 12 (1964), S. 155.
48) Feller, William, An Introduction to Prohability Theory and Its Applications, New York und London, 2. Aufl. 1957.
49) Ferschl, F., Zufallsabhängige Wirtschaftsprozesse, Grundlagen und Anwendung der Theorie der Wartesysteme, Würzburg 1964.
50) ders., Stochastische Modelle, in: Beiträge zur Unternehmensforschung, hrsg. von G. Menges, Würzburg-Wien 1969, S. 129.
51) ders., Markovketten, Berlin-Heidelberg-New York 1970.
52) Fisz, K., Wahrscheinlichkeitsrechnung und mathematische Statistik, 3. Aufl. Berlin 1965.
53) Förstner, K., Über Justierungen bei Produktionsverfahren mit zeitabhängiger Qualität der Ausbringung. Unternehmensforschung 7 (1962), S. 37.
54) Frenckner, P., Betriebswirtschaftslehre und Verfahrensforschung, Operations Research, ZfhF 9 (1957), S. 31.
55) Galliher, H.P., Queues, in: Notes on Operations Research, MIT, Cambridge, Mass. 1959.
56) ders., Simulation of Random Processes, in: Notes on Operations Research, Cambridge, Mass. 1962, S. 231.
57) Gafarian, A.V. und C.J. Ancker, Mean Value Estimation from Digital Computer Simulation, OR 14 (1966), S. 25.
58) Gaver, D.P. jr., Imbedded Markov Chain Analysis of a Waiting Line Process in Continuous Time, Ann. Math. Stat. 30 (1959), S. 698.
59) ders., A Waiting Line with Interrupted Services, Including Priorities, Journ. Roy. Stat. Soc. 24B (1962), S. 73.
60) Gumbel, E.L., Statistics of Extremes, New York 1958.
61) Gutenberg, E., Die Grundlagen der Betriebswirtschaftslehre, Bd. I, Die Produktion, Berlin-Heidelberg-New York, 13. Aufl. 1967.
62) ders., Unternehmensführung - Organisation und Entscheidung, Wiesbaden 1962.

63) Hall, R.J. und S. Eilon, Controlling Production Processes Which are Subject to Trends, Man. Imperial College of Science and Technology, Univ. London, Production and Engineering Section, 1962.
64) dies., Controlling Production Processes Which are Subject to Linear Trends, OR Quart 14 (1963), S. 279.
65) Hammersley, J.M. und D.C. Handscomb, Monte Carlo Methods, New York 1964.
66) Hawkes, A.G., Time-Dependent Solution of a Priority Queue with Bulk Arrivals, OR 13 (1965), S. 586.
67) Heathcote, C.R., The Time Dependent Pròblem for a Queue with Preemptive Priorities OR 7 (1959), S. 670.
68) ders., A Simple Queue with Several Preemptive Priority Classes, OR 8 (1960), S. 630.
69) ders., On Priority Queues, Biometrika 48 (1961), S. 57.
70) Helly, Walter, Two Doctrines for the Handling of Two Priority Traffic by a Group of Servers, OR 10 (1962), S. 268.
71) Holley, J.L., Waiting Lines Subject to Priorities, OR 2 (1954), S. 341.
72) Hoss, K., Fertigungsablaufplanung mittels operationsanalytischer Methoden, Würzburg 1965.
73) Hunt, G.C., Sequential Arrays of Waiting Lines, OR 4 (1956), S. 674.
74) Jackson, J.R., Waiting-Time Distribution for Queues with Dynamic Priorities, Naval Res. Log. Quart. 9 (1962), S. 81.
75) Jackson, J.R., Queues with Dynamic Priority Discipline, MS 8 (1961), S. 18.
76) Jacob, H., Produktionsplanung und Kostentheorie, in: Zur Theorie der Unternehmung, Festschrift zum 65. Geburtstag von E. Gutenberg, hrsg. von H. Koch, Wiesbaden 1962, S. 205.
77) Jaiswal, N.K., Preemptive Resume Priorities, OR 8 (1961), S. 732.
78) ders., Time Dependent Solution of the 'Head-of-the-Line' Priority Queue, Journ. Roy. Stat. Soc., 24B (1962), S. 91.
79) ders., Priority Queues, New York 1968.
80) Jordan, Ch., Calculus of Finite Differences, 3. Aufl., New York 1965.
81) Karrenberg, R. und A.W. Scheer, Ableitung des kostenminimalen Einsatzes von Aggregaten zur Vorbereitung der Optimierung simultaner Planungssysteme, ZfB 40 (1970), S. 689.
82) Kaufmann, A. und R. Cruon, Les Phénomènes d'Attente, Théorie et Application, Paris 1961.
83) Keilson, J. und A. Kooharian, On Time Dependent Queueing Processes, Ann. Math. Stat., 31 (1960), S. 104.
84) Keilson, J., Queues Subject to Preempted Service, ARM No. 250, Sylvania Electronic Systems Applied Research Lab., Waltham, Mass. 1961.
85) ders., Queue Subject to Service Interruption, Ann. Math. Stat., 33 (1962), S. 1314.
86) Kendall, D.G., Some Problems in the Theory of Queues, Journ. Roy. Stat. Soc., 13B (1951), S. 151.
87) ders., Stochastic Processes Occurring in the Theory of Queues, Ann. Math. Stat. 24 (1953), S. 338.
88) Kesten, H. und Runnenburg, Priority in Waiting Line Problems, Proc. Koninklijke Nederlandse Akademie van Wetenschaffen, Ser. A LX 312.
89) Kilger, W., Produktions- und Kostentheorie, Wiesbaden 1958.
90) Kern, W., Wirtschaftliche Fertigungsüberwachung durch statistische Qualitätskontrolle, ZfhF 13 (1961), S. 269.
91) Kingman, J.F.C., Inequalities in the Theory of Queues, J. Roy. Stat. Soc. 32B (1970), S. 102.
92) Kleinecke, D.C., Discrete Time Queues at a Periodic Traffic Light, OR 12 (1964), S. 809.
93) Klook, J., Betriebswirtschaftliche Input-Output-Modelle, Wiesbaden 1969.
94) Koxholt, R., Die Simulation - Ein Hilfsmittel der Unternehmensforschung, München-Wien 1967.
95) Koller, H., Simulation als Methode in der Betriebswirtschaftslehre, ZfB 36 (1966), S. 95.
96) Le Gall, P., Les Systèmes avec ou sans Attente et les Processus Stochastiques, Paris 1962.
97) Lehmer, D.H., Mathematical Methods in Large-Scale Computing Units, Ann. Com. Lab., Harvard University 26 (1951), S. 1.

98) Lesourne, J., Unternehmensführung und Unternehmensforschung, Wien 1964.
99) Lindley, D.V., The Theory of Queues with a Single Server, Proc. Cambridge Phil. Soc., 48 (1952), S. 277.
100) Little, J.D.C., A Proof for the Queueing Formula L=λW, OR 9 (1961), S. 383.
101) Luchak, G., The Solution of the Single-Channel Queueing Equations Characterized by a Time-Dependent Poisson-Distributed Arrival Rate and a General Class of Holding Times, OR 4 (1956), S. 711.
102) Lücke, W., Produktions- und Kostentheorie, Würzburg-Wien 1969.
103) Mangelsdorf, T.M., Waiting Line Theory Applied to Manufacturing Problems, in: Bowman, E.H. und R.B. Fetter, Analysis of Industrial Operations, Homewood, Ill., 1959, S. 257.
104) Meissl, P., Stochastisches Modell einer festzeitgesteuerten Rot-Grün-Signalanlage, MTW 9 (1962), S. 11 und 65.
105) ders., Zufallsmodell einer Ampelkreuzung mit mehrspurigem Stauraum, MTW 10 (1963), S. 1 und 63.
106) Mensch, G., Ablaufplanung, Köln und Opladen 1968.
107) Mertens, P., Simulation, Stuttgart 1969.
108) Meyer, K.H.F., Wartesysteme mit variabler Bearbeitungsrate, Lecture Notes in Economics and Mathematical Systems, Bd. 61, Berlin-Heidelberg-New York 1971.
109) Miller, R.G., Priority Queues, Ann. Math. Stat. 31 (1960), S. 86.
110) Mitrany, I.L. und B. Avi-Itzhak, A Many Server Queue with Service Interruptions, OR 16 (1968), S. 628.
111) Molina, E.C., Poisson's Exponential Binomial Limit, New York 1949.
112) Morse, Ph., Queues, Inventories, and Maintenance, New York 1958.
113) Müller-Merbach, H., Operations Research, Methoden und Modelle der Optimalplanung, Berlin und Frankfurt 1969.
114) Naor, P., On Machine Interference, Journ. Roy. Stat. Soc., 18B (1956), S. 280.
115) ders., Some Problems of Machine Interference, Proc. 1st. Intern. Conf. on OR, Baltimore 1957, S. 147.
116) Naylor, Th. H., J.L. Balintfy, D.S. Burdick und K. Chu, Computer Simulation Techniques, New York-London-Sydney 1966.
117) Newell, J.P., Queues for a Fixed-Cycle Traffic Light, Ann. Math. Stat., 31 (1960), S. 589.
118) Opfermann, K., Kostenoptimale Zuverlässigkeit produktiver Systeme, Wiesbaden 1961.
119) Pack, L., Die Bestimmung der kostenoptimalen Leistungsintensität, Z. ges. Staatsw., 119 (1963), S. 1.
120) ders., Die Ermittlung der kostenminimalen Anpassungskombination, ZfbF 18 (1966), S. 466.
121) Palm, Conny, Arbetskraftnes Ferdelning Vid Baljaning av Automakener, Industritidningen Norden 75 (1947), S. 75, 90 u. 119; engl. Übers.: The Distribution of Repairmen in Servicing Automatic Machines, Journ. Ind. Engin. 9 (1958), S. 28.
122) Pfanzagl, J., Allgemeine Methodenlehre der Statistik, 2 Bde., Berlin 1960/62.
123) Pollaczek, F., Über eine Aufgabe der Wahrscheinlichkeitstheorie, Math. Z., 32 (1930), S. 64 u. 729.
124) Prabhu, N.U., Queues and Inventories, New York-London, Sydney, 1965.
125) RAND Corp., A Million Random Digits with 100.000 Normal Diviates, Glencoe, Ill., 1955.
126) Rao, S.S., A Queueing Model with Balking, Reneging and Limited Server's Availability, Opsearch (India), 2 (1965), S. 31.
127) ders., Queueing Models with Balking, Reneging and Interruption, OR 13 (1965), S. 594.
128) Das Refa-Buch, Bd. 2, 6. Aufl., München 1967.
129) Rice, W.B., Control Charts in Factory Management, 3. Aufl., New York 1955.
130) Riodan, J., Stochastic Service Systems, New York 1962.
131) Saaty, T.L., Elements of Queueing Theory with Applications, New York 1961.
132) Sasieni, M., A. Yaspan und L. Friedman, Methoden und Probleme der Unternehmensforschung, Operations-Research, Würzburg 1962.
133) Schindowski, E. und O. Schütz, Statistische Qualitätskontrolle, Kontrollkarten, Berlin (Ost) 1959.

134) Schmidt, R., Kapazitätsplanung in stochastischen Produktionssystemen, Meisenheim/Glan 1968.
135) Schneeweiss, H., Zur Theorie der Warteschlangen, ZfhF 12 (1960), S. 471.
136) ders., Monte-Carlo-Methoden, in: Beiträge zur Unternehmensforschung, hrsg. von G. Menges, Würzburg-Wien 1969, S. 129.
137) Schüler, W., Optimaler Anlageneinsatz im Einproduktunternehmen, Diss. Bonn 1970.
138) Stange, K., Die Anlauflösung für den einfachen exponentiellen Bedienungskanal (mit beliebig vielen Warteplätzen), der für t=0 leer ist, Unternehmensforschung 8 (1964), S. 1.
139) Stephan, F.F., Two Queues with a Priority Rule and a Single Queue with Interrupted Servies, OR 4 (1956), S. 386.
140) ders., Two Queues Under Preemptive Priority with Poisson Arrival Rates and Service Rates, OR 6 (1958), S. 399.
141) Stiefel, Einführung in die numerische Mathematik, Stuttgart 1961.
142) Syski, Pollaczek's Method in Queueing Theory, in: Queueing Theory, Recent Developments and Applications, London 1967.
143) Taha, H.A., A Policy for Determining the Optimal Cycle Lenght for a Cutting Tool, Journ. Ind. Engin. 17 (1966), S. 157.
144) Takàcs, L., Introduction to the Theory of Queues, Oxford-New York 1962.
145) ders., Priority Queues, OR 12 (1964), S. 63.
146) Tausky, O. und J. Todd, Generating and Testing of Pseudo-Random Numbers, in: Meyer, Symposium of Monte-Carlo-Methods, New York 1956.
147) Thiruvengadam, K., Queueing with Breakdowns, OR 11 (1963), S. 62.
148) Tocher, K.D., The Art of Simulation, Princetown 1963.
149) Wedekind, H., Die Konstruktion eines optimalen Zugriffbaumes für Datenorganisationen innerhalb einer Datenbank, Man. Vortrag vor der Tagung der Deutschen Gesellschaft f. Unternehmensforschung, Böblingen, September 1969.
150) White, H. und L.S. Christie, Queueing with Preemptive Priorities or with Breakdowns, OR 6 (1958), S. 79.
151) dies., Queueing with Preemptive Priority, OR 4 (1956), S. 386.
152) Wöhe, G., Einführung in die Betriebswirtschaftslehre, 6. Aufl., Berlin-Frankfurt/M. 1964.
153) Wolff, M., Optimale Instandhaltungspolitiken in einfachen Systemen, Berlin-Heidelberg-New York 1970.
154) Zimmern, B., Etude de la propagation des arrêtes aléatoires dans une chaîne de production, Rev. Stat. Appl. 4 (1956), S. 1.

Zeitschriften

Ann. Math. Stat.	Annals of Mathematical Statistics
	Biometrika
Journ. Ind. Engin.	Journal of Industrial Engineering
Journ. Roy. Stat. Soc.	Journal of the Royal Statistical Society, Serie B, Methodological
Math. Z.	Mathematische Zeitschrift
MS	Management Science
MTW	Mathematik - Technik - Wissenschaft
Nav. Res. Log. Quart.	Naval Research Logistics Quarterly
OR	Journal of the Operations Research Society of America
OR Quart	Operational Research Quarterly
Opsearch	Journal of the Operational Research Society of India
Proc. Cambridge Phil. Soc.	Proceedings of the Cambridge Philosophical Society
Quart. App. Math.	Quarterly of Applied Mathematics
Rev. Stat. Appl.	Statistische Hefte
	Technometrics
	Unternehmensforschung
ZfB	Zeitschrift für Betriebswirtschaft
ZfbF	Zeitschrift für betriebswirtschaftliche Forschung
ZgesStaatsw.	Zeitschrift für die gesamte Staatswissenschaft
ZfhF	Zeitschrift für handelswissenschaftliche Forschung

GPSR Compliance

The European Union's (EU) General Product Safety Regulation (GPSR) is a set of rules that requires consumer products to be safe and our obligations to ensure this.

If you have any concerns about our products, you can contact us on ProductSafety@springernature.com

In case Publisher is established outside the EU, the EU authorized representative is:

Springer Nature Customer Service Center GmbH
Europaplatz 3
69115 Heidelberg, Germany

Batch number: 10809468

Printed by Printforce, the Netherlands